工业和信息化部“十四五”规划专著

周期复合材料和结构多尺度分析方法

邢誉峰　高亚贺　黄志伟　著

北京航空航天大学出版社

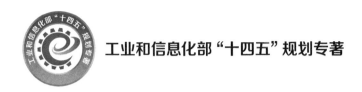

内容简介

本书系统介绍了周期复合材料和结构的几种多尺度分析方法，主要包括基于特征向量展开思想建立的多尺度特征单元方法、具有严谨数学理论基础的多尺度渐近展开方法，以及适用于三维周期梁和板的多尺度均匀化方法及其细观应力的叠加计算方法；最后介绍基于 Kirchhoff 薄板理论和 Mindlin 剪切板理论建立的层合板理论，以及基于理想界面假设建立的周期复合材料弹性参数的预测方法。

本书可以作为高等院校力学及其相关专业高年级本科生、研究生的教材，以及相关科研人员和工程技术人员的参考书。

图书在版编目(CIP)数据

周期复合材料和结构多尺度分析方法 / 邢誉峰，高亚贺，黄志伟著. -- 北京 ：北京航空航天大学出版社，2024.2

ISBN 978-7-5124-3920-7

Ⅰ. ①周… Ⅱ. ①邢… ②高… ③黄… Ⅲ. ①复合材料—分析方法 Ⅳ. ①TB33

中国国家版本馆 CIP 数据核字(2024)第 019013 号

周期复合材料和结构多尺度分析方法

邢誉峰　高亚贺　黄志伟　著

策划编辑　陈守平　　责任编辑　刘晓明

*

北京航空航天大学出版社出版发行

北京市海淀区学院路 37 号(邮编 100191)　http://www.buaapress.com.cn

发行部电话：(010)82317024　传真：(010)82328026

读者信箱：goodtextbook@126.com　　邮购电话：(010)82316936

北京建宏印刷有限公司印装　各地书店经销

*

开本：787×1 092　1/16　印张：19.75　字数：506 千字

2024 年 2 月第 1 版　2024 年 2 月第 1 次印刷　印数：1 000 册

ISBN 978-7-5124-3920-7　定价：99.00 元

若本书有倒页、脱页、缺页等印装质量问题，请与本社发行部联系调换。联系电话：(010)82317024

前　　言

现代科技离不开复合材料。编织、纺织和层合复合材料等具有周期性，具有优异力学性能、特殊功能的新材料和新结构通常也具有周期性。多尺度分析方法是周期复合材料和结构等效性能预测及其分析设计的基本方法。

利用有限元方法分析周期复合材料和结构力学性能时，计算精度和计算效率的要求通常是一对矛盾。缓解这一矛盾以平衡计算精度和计算效率的要求是构造多尺度方法的目的之一。在多尺度方法中，如何传递不同尺度之间的信息是其核心问题之一，并且通常是通过求解单胞问题或代表性体积单元问题来建立传递该信息的“桥梁”。

为了更好地平衡计算精度和计算效率的要求，本书作者及合作者基于单胞细观刚度矩阵特征向量展开概念和能量等效原理建立了特征单元方法[1-3]，其中一个单胞或几个单胞一起作为一个特征单元，其含义类似于子结构或超单元；随后提出了多尺度方法需要满足的宏观变形和细观变形（简称宏细观变形）的相似条件[4]，进而提出多尺度特征单元方法[5-10]，其中特征单元通常只具有边界结点。多尺度特征单元的形函数是根据单胞自平衡方程得到的，能够反映单胞内部细观结构特征和材料的不连续性。对所有特征单元进行组装求解可以得到宏观场（如位移），再利用特征单元形函数可以得到细观场（如细观位移和应力）。多尺度特征单元的优势是其使用的方法与有限元方法相同，可以获得与细网格有限元方法相当的精度，并且大幅度减少了计算量。

多尺度渐近展开方法是一种具有代表性的多尺度方法，也称为数学均匀化方法或渐近均匀化方法，它是预测周期复合材料和结构性能的一种主要数学方法。利用这种方法不但可以得到周期复合材料和结构的等效性能，而且可以计算周期复合材料和结构的细观位移和细观应力。对于常用的解耦渐近展开多尺度方法，其各阶展开项为不同尺度下函数的乘积，其实施过程是先求解单胞问题，再求解宏观问题，最后计算具有渐近展开形式的细观位移和细观应力。在利用多尺度渐近展开方法时，有些问题值得深入研究，譬如，单胞问题边界条件的确定、合适的展开项数的选择、周期复合材料结构边界附近的位移场和应力场的准确计算等。本书作者对有关问题进行了探索[11-17]，在揭示各阶展开项物理意义的基础上[13-14,16]，给出了展开项数选取的原则；提出了周期边界条件的超单胞确定方法[15]，以及把多尺度渐近展开方法与多尺度特征单元方法相结合以提高结构边界区域细观位移计算精度的方法[17]等。

值得强调的是，多尺度特征单元方法适用于任意周期类型的材料和结构，但多尺度渐近展开方法仅适用于独立位移方向具有周期性的材料和结构，如弹性力学面内问题(面内单胞排列具有周期性)和三维体问题(三个坐标方向都具有周期性)。对于独立位移方向的单胞排列不满足周期性要求的情况，如周期梁、板的面外(或横向)变形或弯曲问题，若通过采用多尺度渐近展开方法得到的等效弹性性能来分析均匀化位移或固有模态等，则计算精度通常较低，甚至出现错误，更不用说细观位移和应力了。为了解决这一问题，除了利用多尺度特征单元方法之外，还可以基于均匀梁、板理论来预测周期梁、板结构的等效刚度，再进行均匀化位移、细观位移和细观应力的分析。本书作者及合作者基于宏细观内虚功等效、宏细观应变能等效和宏细观变形相似条件，给出了周期梁[18-20]和板[21-24]的等效刚度预测方法，以此为基础还提出了预测三维周期梁[25]和板结构细观应力的叠加方法。该叠加方法的新颖之处在于，把求解处于广义初应变状态下的单胞问题得到的细观应力场作为Ritz基函数，再利用宏细观内虚功等效原理确定了叠加系数或Ritz坐标。

层合复合材料结构是一种应用广泛的复合材料结构，具有无穷级周期性，尤其是层合板、壳。由于层合板的结构形式的特殊性，层合板理论自然是其等效刚度的一种首选预测方法。然而，诸德超教授及其合作者基于理想界面假设建立的均匀化方法是一种比层合板理论适用范围更广、精度更高的预测等效模量的方法[26]。

本书第1、2章由高亚贺和邢誉峰撰写，第3章由黄志伟撰写，第4、5章由黄志伟和高亚贺撰写，第6章由高亚贺、邢誉峰和孟令宇撰写，第7章由邢誉峰撰写，全书由邢誉峰统稿和审读。由于作者水平有限，书中难免存在错误或不妥之处，也不能保证不遗漏重要的参考文献，恳请读者指正。

感谢国家自然科学基金项目(11672019、12002019)、高等学校博士学科点专项科研基金(20131102110039)、中国博士后科学基金(2021T140040)和高超声速飞行器热强度工业和信息化部重点实验室的资助。

作　者

2023年9月

参考文献

[1] Xing Y F, Tian J M, Zhu D C, et al. Homogenization method based on eigenvector expansions[J]. International Journal for Multiscale Computational Engineering, 2006, 4: 197-206.

[2] 邢誉峰，田金梅. 三维正交机织复合材料单胞特征单元及其应用[J]. 航空学报，2007，28(4)：881-885.

[3] 邢誉峰，杨阳. 形函数分段定义的特征梁单元[J]. 力学学报，2008，40(2)：1-7.

[4] Xing Y F, Wang X M. An eigenelement method and two homogenization conditions[J]. Acta Mechanica Sinica, 2009, 25: 345-351.

[5] Xing Y F, Yang Y, Wang X M. A multiscale eigenelement method and its application to periodical composite structures[J]. Composite Structures, 2010, 92: 2265-2275.

[6] Xing Y F, Yang Y. An eigenelement method of periodical composite structures[J]. Composite Structures, 2011, 93: 502-512.

[7] 杜传宇. 周期结构复合材料多尺度特征单元方法改进[D]. 北京: 北京航空航天大学,2014.

[8] Xing Y F, Du C Y. An improved multiscale eigenelement method of periodical composite structures[J]. Composite Structures, 2014, 118: 200-207.

[9] Xing Y F, Gao Y H, Li M. The multiscale eigenelement method in dynamic analyses of periodical composite structures[J]. Composite Structures, 2017, 172: 330-338.

[10] Xing Y F, Gao Y H. Multiscale eigenelement method for periodical composites: A review[J]. Chinese Journal of Aeronautics, 2019, 32: 104-113.

[11] 孙泽栋. 周期结构复合材料二阶数学均匀化方法[D]. 北京: 北京航空航天大学,2012.

[12] Xing Y F, Chen L. Accuracy of multiscale asymptotic expansion method[J]. Composite Structures, 2014, 112: 38-43.

[13] Xing Y F, Chen L. Physical interpretation of multiscale asymptotic expansion method [J]. Composite Structures, 2014, 116: 694-702.

[14] 邢誉峰,高亚贺. 渐进多尺度展开方法的精度和物理意义[J]. 计算力学学报, 2016,33(4): 504-508.

[15] Xing Y F, Gao Y H, Chen L, et al. Solution methods for two key problems in multiscale asymptotic expansion method[J]. Composite Structures, 2017, 160: 854-866.

[16] Gao Y H, Xing Y F. The multiscale asymptotic expansion method for three-dimensional static analyses of periodical composite structures[J]. Composite Structures, 2017, 177: 187-195.

[17] Gao Y H, Xing Y F, Huang Z W, et al. An assessment of multiscale asymptotic expansion method for linear static problems of periodic composite structures[J]. European Journal of Mechanics A/Solids, 2020, 81: 103951.

[18] Huang Z W, Xing Y F, Gao Y H. A two-scale asymptotic expansion method for periodic composite Euler beams[J]. Composite Structures, 2020, 241: 112033.

[19] Huang Z W, Xing Y F, Gao Y H. A new method of stiffness prediction for periodic beam-like structures[J]. Composite Structures, 2021, 267: 113892.

[20] Gao Y H, Huang Z W, Li G, et al. A novel stiffness prediction method with constructed microscopic displacement field for periodic beam like structures[J]. Acta Mechanica Sinica, 2022, 38: 421520.

[21] Huang Z W, Xing Y F, Gao Y H. Two-scale asymptotic homogenization method for composite kirchhoff plates with in-plane periodicity[J]. Aerospace, 2022, 9: 751.

[22] Huang Z W, Xing Y F, Gao Y H. Effective inertia coefficients prediction and cell size

effects in thickness direction of periodic composite plates[J]. International Journal of Structural Stability and Dynamics, 2022, 2350003.

[23] Huang Z W, Xing Y F, Gao Y H. A new method of stiffness prediction for composite plate structures with in-plane periodicity[J]. Composite Structures, 2022, 280: 114850.

[24] Gao Y H, Huang Z W, Xing Y F. A novel stiffness prediction method with constructed microscopic displacement field for periodic composite plates [J]. Mechanics of Advanced Materials and Structures, 2023, 30(8): 1514-1529.

[25] Xing Y F, Meng L Y, Huang Z W, et al. A novel efficient prediction method for microscopic stresses of periodic beam-like structures. Aerospace 2022, 9: 553.

[26] Chen Z R, Zhu D C, Lu M, et al. A homogenisation scheme and its application to evaluation of elastic properties of three-dimensional braided composites [J]. Composites: Part B, 2001, 32: 67-86.

缩写词

缩写词	英文全称	中文含义
V-R	Voigt-Reuss	英文姓氏首字母
H-S	Hashin-Shtrikman	英文姓氏首字母
M-T	Mori-Tanaka	英文姓氏首字母
EEM	Eigen Element Method	特征单元方法
BEEM	Bilinear Eigen Element Method	双线性特征单元方法
SEEM	Serendipity Eigen Element Method	Serendipity 特征单元方法
LEEM	Linear Eigen Element Method	线性特征单元方法
PEEM	Piecewise Eigen Element Method	分段特征单元方法
FFEM	Fined Finite Element Method	细网格(精细)有限元方法
DSEM	Deformation-Similarity based Eigenelement Method	基于变形相似的特征单元方法
MEM	Multiscale Eigenelement Method	多尺度特征单元方法
MsAEM	Multiscale Asymptotic Expansion Method	多尺度渐近展开方法
MHM	Mathematical Homogenization Method	数学均匀化方法
HMM	Heterogeneous Multiscale Method	各向异性多尺度方法
GFEM	Generalized Finite Element Method	广义有限元方法
SMEM	Static-correction based MEM	基于静力修正的多尺度特征单元方法
IMEM	Improved Multiscale Eigenelement Method	改进的多尺度特征单元方法
MSM	Mode Superposition Method	模态叠加方法
MFCs	Multi-Freedom Constraints	多自由度约束
AHM	Asymptotic Homogenization Method	渐近均匀化方法
MsAEEM	Multiscale Asymptotic Expansion Eigenelement Method	多尺度渐近展开特征单元方法
MsFEM	Multiscale Finite Element Method	多尺度有限元方法
VAM	Variational Asymptotic Method	变分渐近方法
CPT	Classical Plate Theory	经典板理论或薄板理论
NPT	Numerical Plate Testing	数值板试验(为一种均匀化方法)
VABS	Variational Asymptotic Beam Sectional analysis	变分渐近梁截面分析

目　　录

第1章　基于特征向量展开的多尺度特征单元方法

1.1　引　言

采用有限元方法对周期复合材料的细观特性进行分析，需要利用细网格，其计算量巨大甚至不可行。为了解决此问题，学者们开始关注从细观力学角度出发的均匀化方法和数学均匀化方法，其通常指的是多尺度渐近展开方法。通过力学和数学均匀化方法可以得到非均质材料的等效模量，理论上数学均匀化方法还可以用于分析非均质材料结构的细观性能，如细观位移和细观应力等。

细观力学方法主要用于分析等效模量，数学均匀化方法在分析细观物理场时存在展开项难以满足结构边界条件等问题。为了能够得到一种既能用于分析周期复合材料的宏观性能，又能有效分析周期复合材料结构细观特性的力学方法，特征单元方法被提出，它是由诸德超和邢誉峰等人基于势能等效和单胞（细观力学中的代表单元）刚度矩阵特征向量展开思想提出的[1]。提出特征单元方法的目的是在保证计算精度要求的前提下，大幅度降低计算量，或者说是为了有效地平衡计算精度和计算效率的要求。

按照特征单元形函数是否反映单胞材料组分信息和几何信息，可以将其划分为经典特征单元方法[1-5]和多尺度特征单元方法[3-4,6-8]。其中，经典特征单元方法的形函数可以是光滑的函数（类似有限元方法的形函数），或是分段或分片定义的函数，或是 Serendipity 形函数。值得指出的是，基于变形相似的特征单元方法[5]是一种重要的经典特征单元方法。多尺度特征单元方法的形函数主要是从单胞静力自平衡方程得到的，无论是对动力学还是静力学问题，其精度皆高于经典特征单元方法，经过改进后其精度可以与细网格有限元方法相当。

在发展特征单元方法的过程中，本书作者及合作者明确提出了多尺度方法需要满足的两个条件[5]：一个是能量等效，另一个是变形相似。这两个等效条件可以使多尺度方法具有保结构特性，对预测宏观、微观力学行为至关重要。

为了更好地理解周期复合材料结构特征单元方法的重要性，本章首先介绍了细观力学中基于能量原理的几种预测模量和柔度张量的方法；然后对不同特征单元方法进行了介绍[2]，把结构细网格有限元模型的结果作为参考，对特征单元方法和多尺度渐近展开方法的精度和效率进行了对比，对不同特征单元方法的优势和不足进行了分析；最后对本章内容进行了总结。

1.2　细观力学方法

细观力学方法的基本思想是以一种等效均匀材料代替所研究的非均匀复合材料，并要求该等效均匀材料和所研究的原复合材料在宏观力学上具有“相近的行为表现”。

预测复合材料等效模量（有的文献也称为“有效模量”）一般包括如下三个步骤：

① 复合材料微观(细观)参数描述。在细观力学中,材料的微观结构如夹杂的体积百分比以及形状和各组分材料的性质(如模量等)是已知的。

② 建立局部化关系。也就是建立代表单元(其平均性质与所施加的边界条件无关)各组分的微观应力或微观应变在各组分内的平均与均匀宏观边界载荷的关系。

③ 均质化。将局部应力和应变在整个代表单元内进行平均,也就是把一个非均质材料单元用一个平均意义上和它等效的均质材料单元来代替。

刚度均匀化方法和柔度均匀化方法是最简便的方法,其基本思想分别是 Voigt 的等应变假设和 Reuss 的等应力假设。Voigt 的等应变假设认为,复合材料的各组分相中的应变是相等的,都等于外加应变。Reuss 的等应力假设则认为,复合材料内的应力是均匀的。从能量原理出发可以证明,Voigt 近似解和 Reuss 近似解分别对应于真实弹性解的上限和下限。

1.2.1 Voigt - Reuss(V - R)上下限理论

在 Voigt 近似方法[9]中,假设应变是一个常量,即

$$\boldsymbol{\varepsilon} = \bar{\boldsymbol{\varepsilon}} \tag{1.2.1}$$

选取材料的代表体元,如周期复合材料的单胞,设其体积为 V,则单胞内的平均应力表达式为

$$\bar{\boldsymbol{\sigma}} = \frac{1}{V}\int_V \boldsymbol{\sigma}\,\mathrm{d}v = \frac{1}{V}\int_V \boldsymbol{C}\boldsymbol{\varepsilon}\,\mathrm{d}v = \frac{1}{V}\int_V \boldsymbol{C}\,\mathrm{d}v\bar{\boldsymbol{\varepsilon}} = \bar{\boldsymbol{C}}\,\bar{\boldsymbol{\varepsilon}} \tag{1.2.2}$$

式中

$$\bar{\boldsymbol{C}} = \frac{1}{V}\int_V \boldsymbol{C}\,\mathrm{d}v = \sum \boldsymbol{v}^{(k)}\boldsymbol{C}^{(k)} \tag{1.2.3}$$

式中:$\boldsymbol{C}^{(k)}$ 表示第 k 种组分材料的刚度张量,$\boldsymbol{v}^{(k)}$ 是第 k 种组分材料在体元中的体积分数。这种方法就是传统的刚度均匀化方法,可以用于估计材料等效模量的上限。

在 Reuss 近似方法[10]中,假设应力是一个常量,即

$$\boldsymbol{\sigma} = \bar{\boldsymbol{\sigma}} \tag{1.2.4}$$

$$\bar{\boldsymbol{\varepsilon}} = \frac{1}{V}\int_V \boldsymbol{\varepsilon}\,\mathrm{d}v = \frac{1}{V}\int_V \boldsymbol{S}\boldsymbol{\sigma}\,\mathrm{d}v = \frac{1}{V}\int_V \boldsymbol{S}\,\mathrm{d}v\bar{\boldsymbol{\sigma}} = \bar{\boldsymbol{S}}\bar{\boldsymbol{\sigma}} \tag{1.2.5}$$

$$\bar{\boldsymbol{S}} = \frac{1}{V}\int_V \boldsymbol{S}\,\mathrm{d}v = \sum \boldsymbol{v}^{(k)}\boldsymbol{S}^{(k)} \tag{1.2.6}$$

式中:$\boldsymbol{S}^{(k)}$ 表示第 k 种组分材料的柔度张量。这种方法就是传统的柔度均匀化方法,可以用于估计材料等效模量的下限。

V - R 上下限理论分别从最小势能原理和最小余能原理出发,计算简便,力学意义清楚,经常被用于估算复合材料的宏观力学性能,如等效模量。但是当组分材料参数相差比较大时,它们给出的参数范围很大,难以满足一般的工程需求。

值得指出的是,在非均匀介质中,等应变和等应力假设都是不正确的。在等应变或均匀应变场假设下,非均匀介质内将产生非平衡的应力场。该非平衡应力场将使得非均匀介质系统运动,因此,非均匀介质系统在假设均匀应变场状态下的能量大于在真实静力平衡状态下的能量,得到的等效弹性性能是真实等效弹性性能的上界。反之,在等应力或均匀应力场假设下,满足静力平衡条件,但是由此而产生的应变不相容,导致位移场不连续。在非均匀介质内部组

分相间将互相嵌入、滑移或开裂，这对于理想界面是不允许的。为消除这种现象，需要对非均匀介质系统做额外的功。因此，非均匀介质系统在假设均匀应力场状态下的能量小于在真实变形状态下的能量，得到的等效弹性性能是真实等效弹性性能的下界。

1.2.2　Hashin－Shtrikman(H－S)上下限理论

对于含多相各向同性均匀介质的复合材料，Hashin 和 Shtrikman[11] 以变分法为基础分析了等效弹性模量的上下界。其基本思想是：

① 选择一种各向同性材料作为参考，要求该参考材料与原材料有一样的几何结构和边界条件；

② 将原复合材料单胞内的位移场和应力场分成两部分，一部分是参考材料的均匀场，另一部分是扰动场；

③ 运用单胞内各相介质间的约束得到应变能的上下限。

考虑具有 n 个组分相的复合材料，各组分的体积分数记为 $v_k=V_k/V(k=1,2,\cdots,n)$。对各组分相材料的体积模量 K 和剪切弹性模量 G 进行如下排序：

$$\begin{cases}K_1<K_2<\cdots<K_n\\G_1<G_2<\cdots<G_n\end{cases}\tag{1.2.7}$$

于是，该复合材料的等效剪切模量的下限 $G^*_{\min}$ 和上限 $G^*_{\max}$ 分别为

$$\begin{cases}G^*_{\min}=G_1+\dfrac{B_1}{2(1-\beta_1B_1)}\\[2ex]G^*_{\max}=G_n+\dfrac{B_n}{2(1-\beta_nB_n)}\end{cases}\tag{1.2.8}$$

式中

$$\begin{cases}\beta_1=\dfrac{3(K_1+2G_1)}{5G_1(3K_1+4G_1)}\\[2ex]\beta_n=\dfrac{3(K_n+2G_n)}{5G_n(3K_n+4G_n)}\end{cases}\tag{1.2.9}$$

$$\begin{cases}B_1=\displaystyle\sum_{k=2}^{n}\frac{v_k}{\dfrac{1}{2(G_k-G_1)}+\beta_1}\\[4ex]B_n=\displaystyle\sum_{k=1}^{n-1}\frac{v_k}{\dfrac{1}{2(G_k-G_n)}+\beta_n}\end{cases}\tag{1.2.10}$$

等效体积模量的下限 $K^*_{\min}$ 和上限 $K^*_{\max}$ 分别为

$$\begin{cases}K^*_{\min}=K_1+\dfrac{A_1}{1-\alpha_1A_1}\\[2ex]K^*_{\max}=K_n+\dfrac{A_n}{1-\alpha_nA_n}\end{cases}\tag{1.2.11}$$

式中

$$\begin{cases}\alpha_1=\dfrac{3}{3K_1+4G_1}\\[2ex]\alpha_n=\dfrac{3}{3K_n+4G_n}\end{cases}\tag{1.2.12}$$

$$\begin{cases}A_1=\displaystyle\sum_{k=2}^{n}\dfrac{v_k}{\dfrac{1}{K_k-K_1}+\alpha_1}\\[2ex]A_n=\displaystyle\sum_{k=1}^{n-1}\dfrac{v_k}{\dfrac{1}{K_k-K_n}+\alpha_n}\end{cases}\tag{1.2.13}$$

体积模量 K 和剪切模量 G 与弹性模量和泊松比的关系为

$$E=\frac{9KG}{3K+G},\quad \nu=\frac{3K-2G}{2(3K+G)}\tag{1.2.14}$$

式(1.2.8)、式(1.2.11)和式(1.2.14)为复合材料等效弹性模量的 H－S 上下限公式。与 V－R 上下限相比，H－S 上下限属于二阶近似理论，其区间明显缩小，是目前广泛应用的上下限公式。对于包含两个组分相的复合材料($G_2>G_1$，$K_2>K_1$)，式(1.2.8)和式(1.2.11)分别变为

$$\begin{cases}G_{\min}^*=G_1+\dfrac{v_2}{\dfrac{1}{G_2-G_1}+\dfrac{6v_1(K_1+2G_1)}{5G_1(3K_1+4G_1)}}=G_1+\dfrac{v_2(G_2-G_1)}{1+2v_1\beta_1(G_2-G_1)}\\[3ex]G_{\max}^*=G_2+\dfrac{v_1}{\dfrac{1}{G_1-G_2}+\dfrac{6v_2(K_2+2G_2)}{5G_2(3K_2+4G_2)}}=G_2+\dfrac{v_1(G_1-G_2)}{1+2v_2\beta_2(G_1-G_2)}\end{cases}\tag{1.2.15}$$

$$\begin{cases}K_{\min}^*=K_1+\dfrac{v_2}{\dfrac{1}{K_2-K_1}+\dfrac{3v_1}{3K_1+4G_1}}=K_1+\dfrac{v_2(K_2-K_1)}{1+v_1\alpha_1(K_2-K_1)}\\[3ex]K_{\max}^*=K_2+\dfrac{v_1}{\dfrac{1}{K_1-K_2}+\dfrac{3v_2}{3K_2+4G_2}}=K_2+\dfrac{v_1(K_1-K_2)}{1+v_2\alpha_2(K_1-K_2)}\end{cases}\tag{1.2.16}$$

等效体积模量与等效剪切模量的 H－S 上限还可以表示为

$$\begin{aligned}K_{\max}^*&=\left[\sum_{k=1}^{n}v_k(K_0^*+K_k)^{-1}\right]^{-1}-K_0^*\\G_{\max}^*&=\left[\sum_{k=1}^{n}v_k(G_0^*+G_k)^{-1}\right]^{-1}-G_0^*\end{aligned}\tag{1.2.17}$$

式中：K_0^* 和 G_0^* 分别为

$$\begin{cases}K_0^*=\dfrac{4}{3}G_n\\[2ex]G_0^*=\dfrac{3}{2}\left(\dfrac{1}{G_n}+\dfrac{10}{9K_n+8G_n}\right)^{-1}=\dfrac{G_n(9K_n+8G_n)}{6(K_n+2G_n)}\end{cases}\tag{1.2.18}$$

等效体积模量与等效剪切模量的 H－S 下限还可以表示为

$$\begin{cases} K_{\min}^* = \left[\sum_{k=1}^{n} v_k (K_0^* + K_k)^{-1}\right]^{-1} - K_0^* \\ G_{\min}^* = \left[\sum_{k=1}^{n} v_k (G_0^* + G_k)^{-1}\right]^{-1} - G_0^* \end{cases} \tag{1.2.19}$$

式中

$$\begin{cases} K_0^* = \dfrac{4}{3} G_1 \\ G_0^* = \dfrac{3}{2}\left(\dfrac{1}{G_1} + \dfrac{10}{9K_1 + 8G_1}\right)^{-1} = \dfrac{G_1(9K_1 + 8G_1)}{6(K_1 + 2G_1)} \end{cases} \tag{1.2.20}$$

1.2.3 Mori - Tanaka(M - T)方法

M - T 方法是一种广泛应用的预测等效弹性模量的方法[12]，也是基于 Eshelby 等效夹杂原理[13-14]，其基本思想与 H - S 上下限理论类似。

考虑具有 n 个组分相的复合材料，第 r 组分相的体积分数为 v_r，令第 0(r=0)组分相为基体。基于能量原理，复合材料的等效柔度张量 S_{ijmn}^* 为

$$S_{ijmn}^* = S_{ijmn}^0 + \sum_{r=1}^{n-1} v_r (S_{ijkl}^r - S_{ijkl}^0) A_{klmn}^r \tag{1.2.21}$$

式中：S_{ijmn}^0 为基体的柔度张量，S_{ijmn}^r 为第 r 相材料的柔度张量，而 A_{klmn}^r 为第 r 相材料的平均应力$\langle \sigma_{kl} \rangle_r$ 与宏观应力 $\bar{\sigma}_{mn}$ 之间的系数张量，即

$$\langle \sigma_{kl} \rangle_r = A_{klmn}^r \bar{\sigma}_{mn} \quad \text{（也称为局部化关系）} \tag{1.2.22}$$

因此，预测复合材料等效柔度的关键在于计算局部化关系中的系数张量 A_{klmn}^r。

式(1.2.21)可以写成如下形式：

$$\boldsymbol{S}^* = \boldsymbol{S}_0 + \sum_{r=1}^{n-1} v_r (\boldsymbol{S}_r - \boldsymbol{S}_0) \boldsymbol{A}_r \tag{1.2.23}$$

复合材料的等效模量(刚度)张量 C_{ijmn}^* 的预测公式为

$$C_{ijmn}^* = C_{ijmn}^0 + \sum_{r=1}^{n-1} v_r (C_{ijkl}^r - C_{ijkl}^0) B_{klmn}^r \tag{1.2.24}$$

式中：C_{ijmn}^0 为基体的模量张量，C_{ijmn}^r 为第 r 相材料的模量张量，而 B_{klmn}^r 为第 r 相材料的平均应变$\langle \varepsilon_{kl} \rangle_r$ 与宏观应变 $\bar{\varepsilon}_{mn}$ 之间的系数张量，即

$$\langle \varepsilon_{kl} \rangle_r = B_{klmn}^r \bar{\varepsilon}_{mn} \quad \text{（也称为局部化关系）} \tag{1.2.25}$$

由此可见，预测复合材料等效模量的关键在于计算局部化关系中的系数张量 B_{klmn}^r。式(1.2.24)可以写成如下形式：

$$\boldsymbol{C}^* = \boldsymbol{C}_0 + \sum_{r=1}^{n-1} v_r (\boldsymbol{C}_r - \boldsymbol{C}_0) \boldsymbol{B}_r \tag{1.2.26}$$

在 M - T 方法中，式(1.2.26)中的 $\boldsymbol{B}_r$ 为

$$\boldsymbol{B}_r = \boldsymbol{T}_r \left[v_0 \boldsymbol{I} + \sum_{s=1}^{n-1} v_s \boldsymbol{T}_s\right]^{-1} \tag{1.2.27}$$

式中

$$\begin{cases} \boldsymbol{T}_r = [\boldsymbol{I} + \boldsymbol{P}_r (\boldsymbol{C}_r - \boldsymbol{C}_0)]^{-1} \\ \boldsymbol{T}_s = [\boldsymbol{I} + \boldsymbol{P}_r (\boldsymbol{C}_s - \boldsymbol{C}_0)]^{-1} \end{cases} \tag{1.2.28}$$

式中：$\boldsymbol{I}$ 为四阶单位张量，$\boldsymbol{P}_r\boldsymbol{C}_0=\boldsymbol{S}_r$ 为四阶 Eshelby 张量。

若 $n=2$，即只有一相夹杂材料，则式(1.2.26)可以简化为

$$\begin{aligned}\boldsymbol{C}^* &= \boldsymbol{C}_0 + v_1(\boldsymbol{C}_1-\boldsymbol{C}_0)\left[\boldsymbol{I}+v_0\boldsymbol{P}_1(\boldsymbol{C}_1-\boldsymbol{C}_0)\right]^{-1} \\ &= \boldsymbol{C}_0 + v_1\left[(\boldsymbol{C}_1-\boldsymbol{C}_0)^{-1}+v_0\boldsymbol{P}_1\right]^{-1}\end{aligned} \tag{1.2.29}$$

若基体和夹杂都是各向同性的，且夹杂为球形或颗粒，则

$$\boldsymbol{C}_0=(3K_0,2G_0),\quad \boldsymbol{C}_1=(3K_1,2G_1),\quad \boldsymbol{P}_1=(3K_p,2G_p) \tag{1.2.30}$$

$$K_p=\frac{1}{3(4G_0+3K_0)},\quad G_p=\frac{3(2G_0+K_0)}{10(4G_0+3K_0)} \tag{1.2.31}$$

于是

$$\delta\boldsymbol{C}=\boldsymbol{C}_1-\boldsymbol{C}_0=(3(K_1-K_0),2(G_1-G_0))$$

$$\boldsymbol{P}_1\delta\boldsymbol{C}=(9K_p(K_1-K_0),4G_p(G_1-G_0))$$

$$\boldsymbol{I}+\boldsymbol{P}_1\delta\boldsymbol{C}=(1+9K_p(K_1-K_0),1+4G_p(G_1-G_0))$$

$$(\boldsymbol{I}+\boldsymbol{P}_1\delta\boldsymbol{C})^{-1}=\left(\frac{1}{1+9K_p(K_1-K_0)},\frac{1}{1+4G_p(G_1-G_0)}\right)$$

$$\delta\boldsymbol{C}(\boldsymbol{I}+\boldsymbol{P}_1\delta\boldsymbol{C})^{-1}=\left(\frac{3(K_1-K_0)}{1+9K_p(K_1-K_0)},\frac{2(G_1-G_0)}{1+4G_p(G_1-G_0)}\right)$$

因此，根据式(1.2.29)可得等效体积模量和等效剪切模量为

$$\begin{cases}K^*=K_0+\dfrac{(K_1-K_0)v_1}{1+9K_p(K_1-K_0)} \\ G^*=G_0+\dfrac{(G_1-G_0)v_1}{1+4G_p(G_1-G_0)}\end{cases} \tag{1.2.32}$$

M－T 方法广泛应用于求解复合材料的等效弹性模量，但该理论的应用仍然有限制。由于 Eshelby 张量 $\boldsymbol{S}$ 是通过求解无限大基体含单个夹杂问题得到的，其中假设除夹杂外都是均匀的基体，也就是说当对多夹杂问题进行分析时要将某一夹杂外的混合物看作均匀材料，这样做削弱了夹杂间的作用，并且没有考虑夹杂的位置，因此夹杂形状也有限制。关于基于能量原理建立的各种等效模量和柔度张量的近似方法，读者可以阅读参考文献。

1.3 经典特征单元方法

上面介绍了几种细观力学均匀化方法，其目的是将非均质复合材料用一个平均意义上与之等效的均质材料来代替，以分析其宏观力学性能。而用我们提出的特征单元方法分析复合材料结构的宏观力学行为则不需要事先求出等效性能或均匀化参数。

下面先介绍特征单元方法的基本原理，然后根据发展历程介绍几种特征单元方法。在特征单元方法中，把一个单胞(或几个单胞)作为一个特征单元，根据能量等效得到特征单元刚度矩阵(或宏观单元刚度矩阵)和特征单元质量矩阵，根据外力功等效得到特征单元载荷列向量，然后进行周期复合材料结构的宏观和细观力学行为分析。

1.3.1 特征单元方法的基本原理

特征单元方法(Eigen Element Method，EEM)是基于单胞细观刚度矩阵特征向量展开而

提出的[1]，该方法可以直接获得单胞的等效刚度矩阵，是一种平衡计算精度和计算效率的方法。通常情况下，可以根据需要将一个或者多个单胞作为一个特征单元，单胞等效刚度矩阵也就是特征单元刚度矩阵。图 1.1 所示为包含一个夹杂（深色区域）的平面单胞细观模型，本章将该单胞作为一个特征单元，并以此为例对特征单元方法进行介绍。

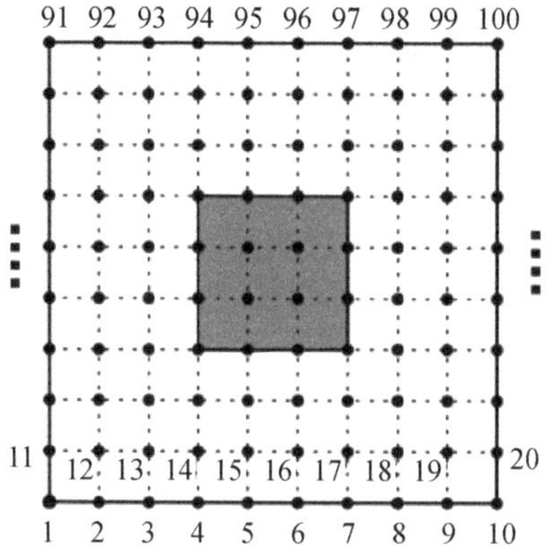

图 1.1　平面单胞细观有限元模型

在特征单元方法中，把代表单胞进行有限元离散以获得单胞的细观刚度矩阵 $\boldsymbol{K}$，这里的所谓细观刚度矩阵是指对应单胞细网格有限元模型的总体刚度矩阵，它的特征值方程为

$$\boldsymbol{K\Phi} = \boldsymbol{\Phi\Lambda} \tag{1.3.1}$$

式中：对角矩阵 $\boldsymbol{\Lambda}$ 是 $\boldsymbol{K}$ 的特征值矩阵，其对角元素为 $\boldsymbol{K}$ 的特征值；$\boldsymbol{\Phi}$ 是正交特征向量矩阵，其每一列都为 $\boldsymbol{K}$ 的特征向量，并且有

$$\boldsymbol{\Phi}^{\mathrm{T}}\boldsymbol{K\Phi} = \boldsymbol{\Lambda} \tag{1.3.2}$$

$$\boldsymbol{\Phi}^{\mathrm{T}}\boldsymbol{\Phi} = \boldsymbol{I} \tag{1.3.3}$$

式中：$\boldsymbol{I}$ 是单位对角矩阵。

特征向量矩阵 $\boldsymbol{\Phi}$ 可以张成一个完备的向量空间，所以单胞的细观结点位移向量 $\boldsymbol{u}$ 可以用其表示成

$$\boldsymbol{u} = \boldsymbol{\Phi q} \tag{1.3.4}$$

式中：$\boldsymbol{q}$ 为广义坐标列向量。在特征单元方法中，特征单元通常只在单胞边界配置结点（当然，也可以在单元内部配置结点），如在图 1.1 所示的单胞中，可以只选择 4 个角点 1、10、100 和 91 作为特征单元结点。把由特征单元结点位移组成的列向量记为 $\boldsymbol{U}$，也称为宏观结点位移向量。与有限单元法的概念相同，若已知特征单元的形函数，则单胞细观结点位移 $\boldsymbol{u}$ 可以通过特征单元位移向量 $\boldsymbol{U}$ 表示，即

$$\boldsymbol{u} = \boldsymbol{NU} \tag{1.3.5}$$

式中：矩阵 $\boldsymbol{N}$ 的元素为特征单元形函数在单胞各个细观结点上的取值，这里把矩阵 $\boldsymbol{N}$ 称为形函数矩阵。矩阵 $\boldsymbol{N}$ 也可以用特征向量矩阵 $\boldsymbol{\Phi}$ 表示，即

$$\boldsymbol{N} = \boldsymbol{\Phi Q} \tag{1.3.6}$$

式中：$\boldsymbol{Q}$ 为广义坐标矩阵。单胞的应变能可以用细观位移表示为

$$\Pi_{细} = \frac{1}{2}\boldsymbol{u}^{\mathrm{T}}\boldsymbol{Ku} \tag{1.3.7}$$

也可以用特征单元的结点位移表示为

$$\Pi_{宏}=\frac{1}{2}\boldsymbol{U}^{\mathrm{T}}\boldsymbol{K}_{\mathrm{G}}\boldsymbol{U} \tag{1.3.8}$$

式中：$\boldsymbol{K}_{\mathrm{G}}$ 为特征单元刚度矩阵，与特征单元结点位移列向量 $\boldsymbol{U}$ 对应。

为了得到单胞的等效刚度矩阵或特征单元刚度矩阵 $\boldsymbol{K}_{\mathrm{G}}$，可以**根据应变能等效原则**，即

$$\Pi_{细}=\Pi_{宏} \tag{1.3.9}$$

或

$$\left(\frac{1}{2}\boldsymbol{u}^{\mathrm{T}}\boldsymbol{K}\boldsymbol{u}\right)_{细}=\left(\frac{1}{2}\boldsymbol{U}^{\mathrm{T}}\boldsymbol{K}_{\mathrm{G}}\boldsymbol{U}\right)_{宏} \tag{1.3.10}$$

把式(1.3.5)代入上式左端得

$$\boldsymbol{K}_{\mathrm{G}}=\boldsymbol{N}^{\mathrm{T}}\boldsymbol{K}\boldsymbol{N} \tag{1.3.11}$$

根据式(1.3.2)和式(1.3.6)可以把上式变为

$$\begin{aligned}\boldsymbol{K}_{\mathrm{G}}&=\boldsymbol{N}^{\mathrm{T}}\boldsymbol{K}\boldsymbol{N}=\boldsymbol{Q}^{\mathrm{T}}\boldsymbol{\Phi}^{\mathrm{T}}\boldsymbol{K}\boldsymbol{\Phi}\boldsymbol{Q}\\&=\boldsymbol{Q}^{\mathrm{T}}\boldsymbol{\Lambda}\boldsymbol{Q}\end{aligned} \tag{1.3.12}$$

有限单元的性质由单元形函数的性质来决定，特征单元也是如此。**式(1.3.6)和式(1.3.12)说明了该方法称为特征单元方法以及它是一种基于单胞细观刚度矩阵特征向量展开方法的原因之一。**

与应变能等效类似，**细观尺度和宏观尺度的动能等效**表达式为

$$\left(\frac{1}{2}\dot{\boldsymbol{u}}^{\mathrm{T}}\boldsymbol{M}\dot{\boldsymbol{u}}\right)_{细}=\left(\frac{1}{2}\dot{\boldsymbol{U}}^{\mathrm{T}}\boldsymbol{M}_{\mathrm{G}}\dot{\boldsymbol{U}}\right)_{宏} \tag{1.3.13}$$

式中：$\boldsymbol{M}$ 为单胞细观模型质量矩阵，$\boldsymbol{M}_{\mathrm{G}}$ 为特征单元质量矩阵，根据式(1.3.5)可知其形式为

$$\boldsymbol{M}_{\mathrm{G}}=\boldsymbol{N}^{\mathrm{T}}\boldsymbol{M}\boldsymbol{N} \tag{1.3.14}$$

细观尺度和宏观尺度的外力功等效表达式为

$$(\boldsymbol{u}^{\mathrm{T}}\boldsymbol{f})_{细}=(\boldsymbol{U}^{\mathrm{T}}\boldsymbol{F}_{\mathrm{G}})_{宏} \tag{1.3.15}$$

式中：$\boldsymbol{f}$ 为单胞细观模型的载荷列向量，$\boldsymbol{F}_{\mathrm{G}}$ 为特征单元载荷列向量，根据式(1.3.5)可知其形式为

$$\boldsymbol{F}_{\mathrm{G}}=\boldsymbol{N}^{\mathrm{T}}\boldsymbol{f} \tag{1.3.16}$$

特征单元的总势能泛函为

$$\Pi_{宏}=\frac{1}{2}\boldsymbol{U}^{\mathrm{T}}\boldsymbol{K}_{\mathrm{G}}\boldsymbol{U}-\boldsymbol{U}^{\mathrm{T}}\boldsymbol{F}_{\mathrm{G}} \tag{1.3.17}$$

根据最小总势能变分原理 $\delta\Pi_{宏}=0$ 可得特征单元的静力学平衡方程为

$$\boldsymbol{K}_{\mathrm{G}}\boldsymbol{U}=\boldsymbol{F}_{\mathrm{G}} \tag{1.3.18}$$

根据特征单元的如下 Rayleigh(瑞利)商变分原理

$$\omega_{宏}^{2}=\mathrm{st}\,\frac{\frac{1}{2}\boldsymbol{U}^{\mathrm{T}}\boldsymbol{K}_{\mathrm{G}}\boldsymbol{U}}{\frac{1}{2}\boldsymbol{U}^{\mathrm{T}}\boldsymbol{M}_{\mathrm{G}}\boldsymbol{U}} \tag{1.3.19}$$

可得特征单元的广义本征值方程为

$$\boldsymbol{K}_{\mathrm{G}}\boldsymbol{U}=\omega_{宏}^{2}\boldsymbol{M}_{\mathrm{G}}\boldsymbol{U} \tag{1.3.20}$$

式中：$\boldsymbol{U}$ 表示模态向量。

对周期结构中的所有特征单元刚度矩阵 $\boldsymbol{K}_{\mathrm{G}}$、质量矩阵 $\boldsymbol{M}_{\mathrm{G}}$ 和载荷列向量 $\boldsymbol{F}_{\mathrm{G}}$ 进行组装求

解，就可以实现周期复合材料结构的静力学和动力学分析。以上公式是基于特征向量展开的各种特征单元方法的通用数学基础。

有如下几点值得强调：

(1) 矩阵 $\boldsymbol{N}$ 是传递微观尺度信息和宏观尺度信息之间的桥梁

单胞包括了周期复合材料结构的所有微结构和材料组分信息。在建立单胞细网格有限元模型(本书也称为单胞细观模型)时，通常要求细观单元内部不存在材料不连续性、质量不连续性和载荷不连续性，但单胞细观模型的总体刚度矩阵 $\boldsymbol{K}$ 反映了单胞内部材料弹性性能、几何结构等微观信息。根据式(1.3.11)得到的特征单元刚度矩阵包含单胞微观信息的多少取决于矩阵 $\boldsymbol{N}$。

(2) 特征单元方法平衡了计算精度和计算效率的要求

由于特征单元的结点只位于单胞边界，其数量取决于精度要求且远少于单胞细网格有限元模型中结点的数量，因此实现了降低计算量的目的。为了保证特征单元方法的精度，希望 $\boldsymbol{N}$ 尽可能多地反映单胞的微观信息，以期更好地把包含在 $\boldsymbol{K}$ 中的微观信息传递到宏观尺度 $\boldsymbol{K}_G$ 中。

(3) 特征单元方法概念清楚，便于应用

式(1.3.11)体现的是概念，可以这样理解：$\boldsymbol{K}_G$ 为细观单胞模型刚度矩阵 $\boldsymbol{K}$ 的一种加权。特征单元方法是基于能量原理和特征向量展开方法建立的，特征单元矩阵的组装方法和一般有限单元的相同，因此便于应用。

特征单元方法的关键在于形函数 $\boldsymbol{N}$ 的构造，见式(1.3.11)、式(1.3.14)和式(1.3.16)，它可以把图 1.1 所示细观模型中包含的微观信息传递到诸如图 1.2 所示的宏观模型中。不同类型的形函数对应不同精度的特征单元方法，下面将逐一介绍。

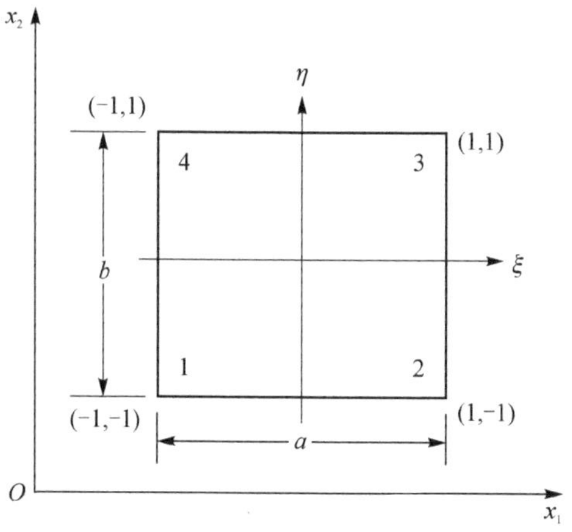

图 1.2　双线性特征单元模型

1.3.2　基于双线性形函数的特征单元方法

以图 1.1 所示的单胞细观模型为例，选单胞的 4 个角点为特征单元结点。图 1.2 所示为该 4 结点特征单元，采用如下双线性形函数，即

$$N_i(\xi,\eta)=\frac{1}{4}(1+\xi\xi_i)(1+\eta\eta_i) \tag{1.3.21}$$

式中

$$\begin{cases} \xi = \dfrac{2x_1 - x_{1,2} - x_{1,1}}{x_{1,2} - x_{1,1}} = \dfrac{1}{a}(2x_1 - x_{1,2} - x_{1,1}) \\ \eta = \dfrac{2x_2 - x_{2,4} - x_{2,1}}{x_{2,4} - x_{2,1}} = \dfrac{1}{b}(2x_2 - x_{2,4} - x_{2,1}) \end{cases} \tag{1.3.22}$$

式中：$x_{1,2}$ 和 $x_{1,1}$ 分别为结点 2 和 1 在 x_1 方向的坐标，$x_{2,4}$ 和 $x_{2,1}$ 分别为结点 4 和 1 在 x_2 方向的坐标。若单胞细观模型中的单元亦为双线性单元，则 $\boldsymbol{u}$、$\boldsymbol{N}$ 和 $\boldsymbol{U}$ 的维度分别为 200×1、200×8 和 8×1。图 1.3 给出了无因次坐标平面 $\xi-\eta$ 下结点 2 和 4 的双线性形函数示意图。本章其他形函数曲线也将在 $\xi-\eta$ 平面下给出。

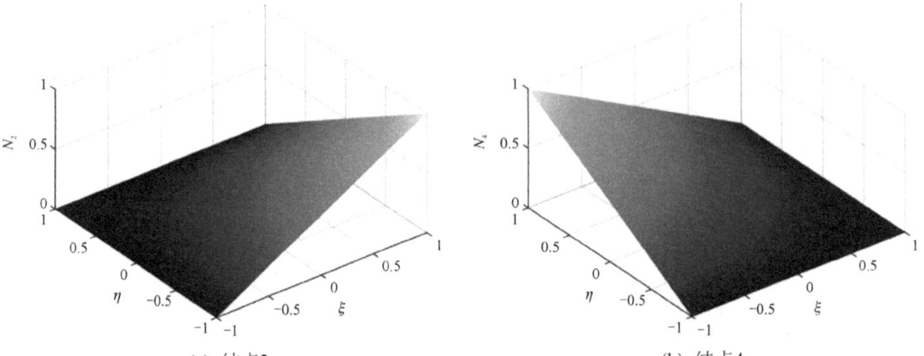

图 1.3 经典特征单元方法的双线性形函数图

与具有双线性形函数的 4 结点特征单元方法（Bilinear Eigen Element Method，BEEM）类似，Xing 等人[1]采用 8 结点特征单元研究了三维正交机织复合材料的均匀化刚度特性，参见图 1.4～图 1.6。

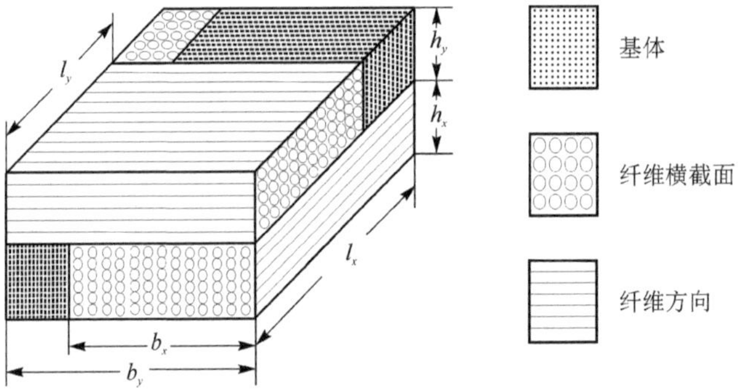

图 1.4 三维正交机织复合材料单胞

单胞的长、宽、高均为 1 mm，基体和纤维的弹性参数如表 1.1 所列。令 $h_x = h_y$ 和 $b_x = l_y = 0.5$ mm。利用图 1.6 来说明坐标方向：L3→L2 为 x_1 方向，L2→R2 为 x_2 方向，L2→L1 为 x_3 方向；沿着三个坐标方向的位移函数依次分别用 u_1、u_2 和 u_3 表示。

表 1.1 基体和纤维的弹性参数

材料组分	E(GPA)	G(GPA)	E_1(GPA)	E_2(GPA)	G_{12}(GPA)	G_{23}(GPA)	ν_{12}
基体 Epoxy resin	2.97	1.11					
纤维 AS-4			234.6	13.8	13.8	5.47	0.22

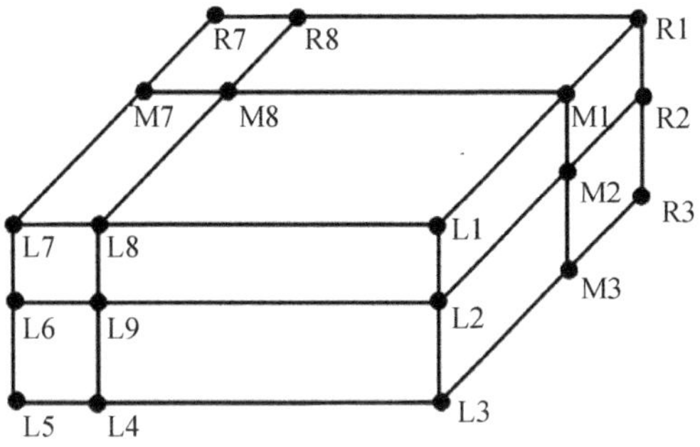

图 1.5　单胞细观模型

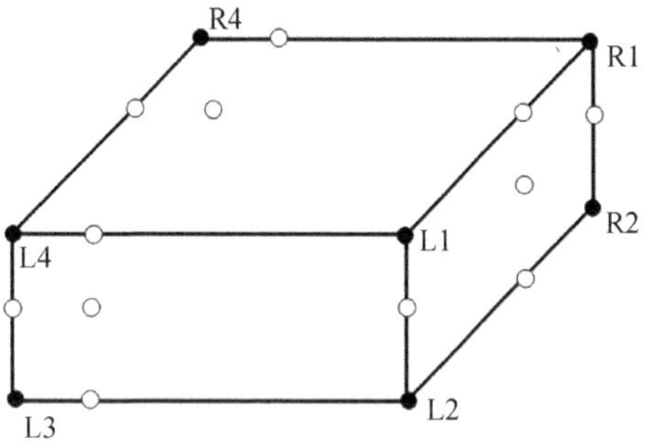

图 1.6　特征单元

特征单元刚度矩阵 $\boldsymbol{K}_{\mathrm{G}}$ 的维数是 24×24。为了简洁起见，下面只给出与 u_2 对应的用两种方法得到的 8×8 子刚度矩阵，对应的结点号顺序依次是 L1、L2、L3、L4、R1、R2、R3 和 R4，参见图 1.6。式(1.3.23)给出的是用三线性形函数得到的与 u_2 对应的特征单元刚度矩阵的子矩阵 $\boldsymbol{K}_{\mathrm{G}22}$，式(1.3.24)给出的是利用 1.2.1 小节介绍的刚度均匀化方法得到的与 u_2 对应的子矩阵 $\boldsymbol{K}_{\mathrm{H}22}$。对比两个子矩阵对角元素可以看出：

① $\boldsymbol{K}_{\mathrm{H}22}$ 的所有对角元素相同，而 $\boldsymbol{K}_{\mathrm{G}22}$ 的对角元素分为 4 对，两两相同；

② $\boldsymbol{K}_{\mathrm{G}22}$ 的两个最大的对角元素分别是第 2 和第 6 个对角元素，二者分别为结点 L2 和 R2 对应 u_2(沿着纤维的方向)的刚度，这表明特征单元能在一定程度上反映单胞内部的微观信息。

然而，由于光滑形函数难以精准捕捉单胞内部的材料和几何的复杂微观信息，因此基于双线性形函数的特征单元方法难以满足更高精度的要求。

$$
\boldsymbol{K}_{\mathrm{G}22}=\begin{bmatrix}
6.192\,3 & 5.655\,1 & 0.930\,6 & 0.519\,1 & -2.947\,4 & -6.305\,1 & -2.354\,8 & -1.689\,7\\
5.655\,1 & 22.273\,1 & 5.531\,0 & 0.930\,6 & -6.305\,1 & -19.424\,7 & -6.305\,1 & -2.354\,8\\
0.930\,6 & 5.531\,0 & 5.399\,2 & 1.436\,3 & -2.354\,8 & -6.305\,1 & -2.947\,4 & -1.689\,7\\
0.519\,1 & 0.930\,6 & 1.436\,3 & 3.811\,6 & -1.689\,7 & -2.354\,8 & -1.689\,7 & -0.963\,2\\
-2.947\,4 & -6.305\,1 & -2.354\,8 & -1.689\,7 & 5.399\,2 & 5.531\,0 & 0.930\,6 & 1.436\,3\\
-6.305\,1 & -19.424\,7 & -6.305\,1 & -2.354\,8 & 5.531\,0 & 22.273\,1 & 5.655\,1 & 0.930\,6\\
-2.354\,8 & -6.305\,1 & -2.947\,4 & -1.689\,7 & 0.930\,6 & 5.655\,1 & 6.192\,3 & 0.519\,1\\
-1.689\,7 & -2.354\,8 & -1.689\,7 & -0.963\,2 & 1.436\,3 & 0.930\,6 & 0.519\,1 & 3.811\,6
\end{bmatrix}
\tag{1.3.23}
$$

$$
\boldsymbol{K}_{\mathrm{H}22}=\begin{bmatrix}
9.419\,0 & 3.285\,4 & 0.930\,6 & 3.285\,4 & -6.570\,7 & -3.997\,4 & -2.354\,8 & -3.997\,4\\
3.285\,4 & 9.419\,0 & 3.285\,4 & 0.930\,6 & -3.997\,4 & -6.570\,7 & -3.997\,4 & -2.354\,8\\
0.930\,6 & 3.285\,4 & 9.419\,0 & 3.285\,4 & -2.354\,8 & -3.997\,4 & -6.570\,7 & -3.997\,4\\
3.285\,4 & 0.930\,6 & 3.285\,4 & 9.419\,0 & -3.997\,4 & -2.354\,8 & -3.997\,4 & -6.570\,7\\
-6.570\,7 & -3.997\,4 & -2.354\,8 & -0.997\,4 & 9.419\,0 & 3.285\,4 & 0.930\,6 & 3.285\,4\\
-3.994\,7 & -6.570\,7 & -3.997\,4 & -2.354\,8 & 3.285\,4 & 9.419\,0 & 3.285\,4 & 0.930\,6\\
-2.354\,8 & -3.997\,4 & -6.570\,7 & -3.997\,4 & 0.930\,6 & 3.285\,4 & 9.419\,0 & 3.285\,4\\
-3.997\,4 & -2.354\,8 & -3.997\,4 & -6.570\,7 & 3.285\,4 & 0.930\,6 & 3.285\,4 & 9.419\,0
\end{bmatrix}
\tag{1.3.24}
$$

1.3.3 基于 Serendipity 形函数的特征单元方法

为了提高基于双线性形函数的特征单元方法的精度，Xing 等人[3-4]提出了一种基于 Serendipity 形函数的特征单元方法，简称 Serendipity 特征单元方法（Serendipity Eigen Element Method，SEEM）。Serendipity 特征单元模型如图 1.7 所示，其特征单元结点包括图 1.1 中单胞细观模型中的所有边界结点，共 36 个结点。值得指出的是，在 Serendipity 特征单元方法中特征单元结点的选择并不是固定的，可根据精度需求来确定其结点的个数。通常情况下，选取的结点越多，该方法的精度越高。

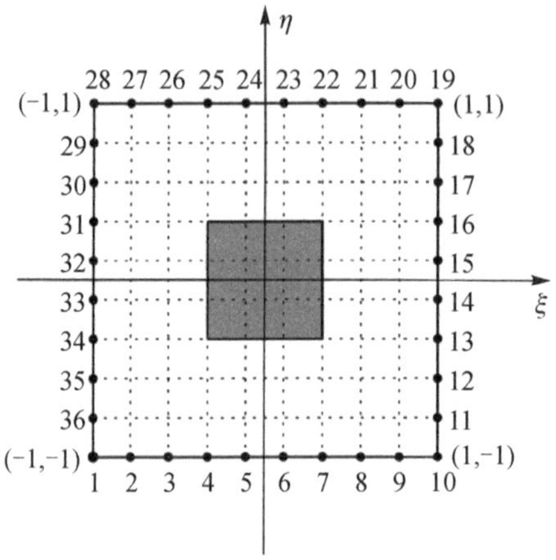

图 1.7 Serendipity 特征单元模型

在 Serendipity 特征单元方法中，单胞细观有限元模型中的结点形函数可以是双线性或其他形式的，但单胞宏观模型或特征单元中的结点形函数为 Serendipity 形函数。Serendipity 特征单元位移函数的形式如下：

$$U_1=\sum_{k=1}^{K}N_k(\xi,\eta)U_{1,k} \tag{1.3.25}$$

$$U_2=\sum_{k=1}^{K}N_k(\xi,\eta)U_{2,k} \tag{1.3.26}$$

式中：K 为特征单元结点总数；$U_{1,k}$ 和 $U_{2,k}$ 分别代表特征单元结点 k 在 x_1 和 x_2 两个直角坐标方向的位移；N_k 为对应特征单元结点 k 的 Serendipity 形函数。假定 $\xi_i\,(i=1,2,\cdots,n_\xi)$ 和 $\eta_j\,(j=1,2,\cdots,n_\eta)$ 是 $\xi-\eta$ 平面上边界结点的局部坐标，其中 n_ξ 和 n_η 分别为两个相互垂直边上配置的结点数，则在边界 $\eta=-1$ 上的 Serendipity 形函数 N_k 的形式如下：

$$N_1=\frac{(1-\xi)(1-\eta)}{4}[M_{1\xi}(\xi)+M_{1\eta}(\eta)-1] \tag{1.3.27}$$

$$N_i=L(\eta_i,\eta)L(\xi_i,\xi) \tag{1.3.28}$$

式中

$$M_{1\xi}(\xi)=\prod_{j=2}^{n_\xi-1}\frac{\xi-\xi_j}{\xi_1-\xi_j},\quad M_{1\eta}(\eta)=\prod_{j=2}^{n_\eta-1}\frac{\eta-\eta_j}{\eta_1-\eta_j} \tag{1.3.29}$$

$$L(\xi_1,\xi)=\prod_{j=1,j\neq i}^{n_\xi}\frac{\xi-\xi_j}{\xi_1-\xi_j},\quad L(\eta_i,\eta)=\prod_{j=1,j\neq i}^{n_\eta}\frac{\eta-\eta_j}{n_i-\eta_j} \tag{1.3.30}$$

其他边界上特征单元结点的 Serendipity 形函数形式和式(1.3.27)及式(1.3.28)类似。图 1.8 给出了结点 1 和结点 19 处的 Serendipity 形函数曲线。研究发现[4]：由于 Serendipity 特征单元任何一条边上的结点数目都多于两个，即任何一个方向位移场的阶次都高于或等于二次，所以 Serendipity 特征单元方法宏观解的精度高于双线性特征单元方法。然而由于 Serendipity 形函数仍然是光滑的，仍然难以反映单胞内部微观信息的突变，所以其解的精度仍值得提高。

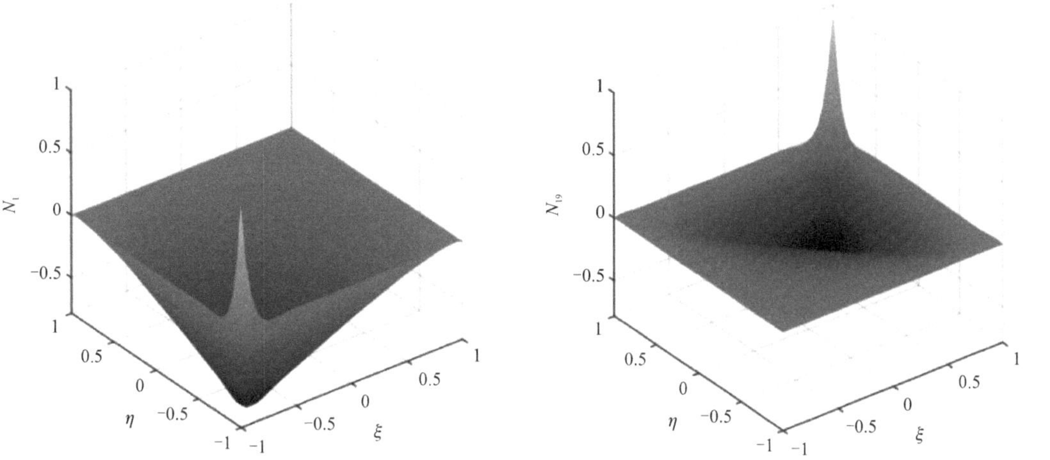

(a) 结点1　　(b) 结点19

图 1.8　Serendipity 特征单元的形函数图

1.3.4　基于分段形函数的特征单元方法

为了进一步提高特征单元方法的精度，Xing 等人[3]针对一维周期复合材料结构提出了一种新的方法来构造形函数 $\boldsymbol{N}$。该方法通过对周期杆和梁施加单位载荷来分段确定形函数，这种分段形函数的特点是连续但不光滑，可以较好地反映单胞内材料和几何的不均匀性[3,5]。这里以杆为例进行说明。

考虑一个由若干相同单胞组成的周期复合材料杆结构。每个杆单胞均是由三段杆组成的(实际上可以包含任意多个杆段)，如图 1.9 所示，各个杆段的物理和几何性质分别为 E_1A_1、l_1，E_2A_2、l_2 和 E_3A_3、l_3。一个杆单胞被视为一个特征单元，结点 1 和结点 4 为特征单元结点。为了简单起见，我们将每个材料组分相划分为一个单元，由此单胞组成的细观模型也如图 1.9 所示。值得指出的是：图 1.9 所示模型中各个单元的性质具有一般性，除了材料组分彼此不同外，几何特征也可以彼此不同。

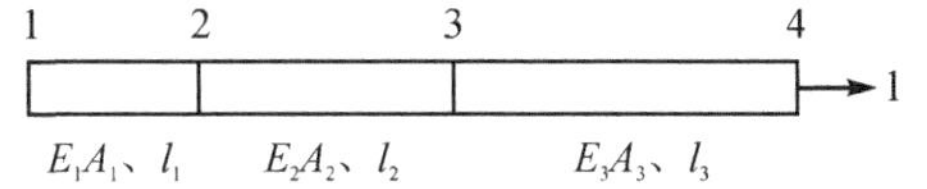

图 1.9　杆单胞细观模型

在图 1.9 所示模型中，其右端作用有单位力。由右端单位载荷作用而引起的细观结点位移向量如下：

$$\boldsymbol{u}=\begin{bmatrix}u_1\\u_2\\u_3\\u_4\end{bmatrix}=\begin{bmatrix}\delta\\\delta+A\\\delta+A+B\\\delta+A+B+C\end{bmatrix}\tag{1.3.31}$$

式中：δ 代表结点 1 处的位移，A、B 和 C 形式如下：

$$A=\frac{l_1}{E_1A_1},\quad B=\frac{l_2}{E_2A_2},\quad C=\frac{l_3}{E_3A_3}\tag{1.3.32}$$

特征单元的结点位移向量 $\boldsymbol{U}$ 为

$$\boldsymbol{U}=\begin{bmatrix}u_1\\u_4\end{bmatrix}=\begin{bmatrix}\delta\\\delta+A+B+C\end{bmatrix}\tag{1.3.33}$$

所以特征单元的位移函数可以表达为

$$U(x)=u_1N_1(x)+u_4N_2(x)\tag{1.3.34}$$

式中：N_1 和 N_2 是对应于结点 1 和结点 4 的形函数。将式(1.3.31)和式(1.3.33)代入式(1.3.5)中，可以得到矩阵 $\boldsymbol{N}$ 为

$$\boldsymbol{N}=\begin{bmatrix}a_1&b_1\\a_2&b_2\\a_3&b_3\\a_4&b_4\end{bmatrix}\tag{1.3.35}$$

为了表示刚体位移，$\boldsymbol{N}$ 的元素需要满足如下条件：

$$\sum_{i=1}^{2}N_i(x_j)=1\quad 或\quad a_j+b_j=1\tag{1.3.36}$$

式中：$j=1,2,3,4$。利用式(1.3.5)、式(1.3.31)、式(1.3.33)和式(1.3.36)，可以求解得到式(1.3.35)中 $\boldsymbol{N}$ 的所有元素，由此得

$$\boldsymbol{N}=\begin{bmatrix}1&0\\\dfrac{B+C}{A+B+C}&\dfrac{A}{A+B+C}\\\dfrac{C}{A+B+C}&\dfrac{A+B}{A+B+C}\\0&1\end{bmatrix}\tag{1.3.37}$$

式中：$\boldsymbol{N}$ 的第一列元素代表形函数 N_1 在结点 1 到结点 4 处的值，其第二列则代表形函数 N_2 在结点 1 到结点 4 处的值。利用线性插值，可以获得分段线性形函数的具体形式：

$$N_1(x)=\begin{cases}\dfrac{-Ax}{(A+B+C)l_1}+1, & [0,l_1]\\\dfrac{-Bx}{(A+B+C)l_2}+\dfrac{Bl_2+Cl_2+Bl_1}{(A+B+C)l_2}, & (l_1,l_1+l_2]\\\dfrac{-Cx}{(A+B+C)l_3}+\dfrac{Cl_1+Cl_2+Cl_3}{(A+B+C)l_3}, & (l_1+l_2,l_1+l_2+l_3]\end{cases}\tag{1.3.38}$$

$$N_2(x)=\begin{cases}\dfrac{Ax}{(A+B+C)l_1}, & [0,l_1]\\[2mm] \dfrac{Bx}{(A+B+C)l_2}+\dfrac{Al_2-Bl_1}{(A+B+C)l_2}, & (l_1,l_1+l_2]\\[2mm] \dfrac{Cx}{(A+B+C)l_3}+\dfrac{Al_3+Bl_3-Cl_1-Cl_2}{(A+B+C)l_3}, & (l_1+l_2,l_1+l_2+l_3]\end{cases}\tag{1.3.39}$$

图 1.10 所示为式(1.3.38)和式(1.3.39)的形函数曲线，其中 $l_1=l_2=l_3=1$，$A_1=A_2=A_3=1$，$E_1:E_2:E_3=1:10:2$。不同于 BEEM 和 SEEM，分段形函数可以更好地反映几何和材料的不连续性。

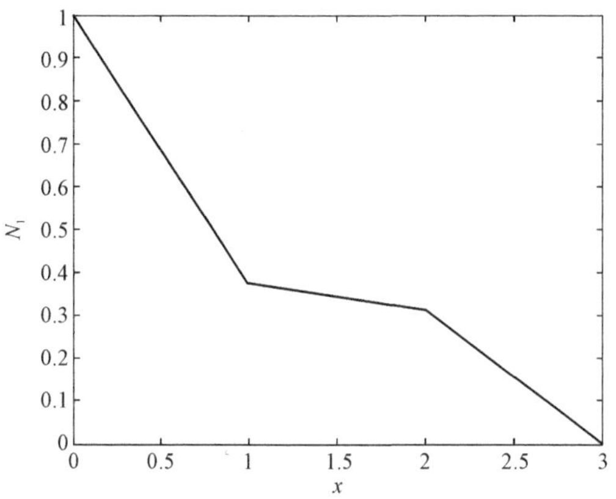

(a) 结点1形函数

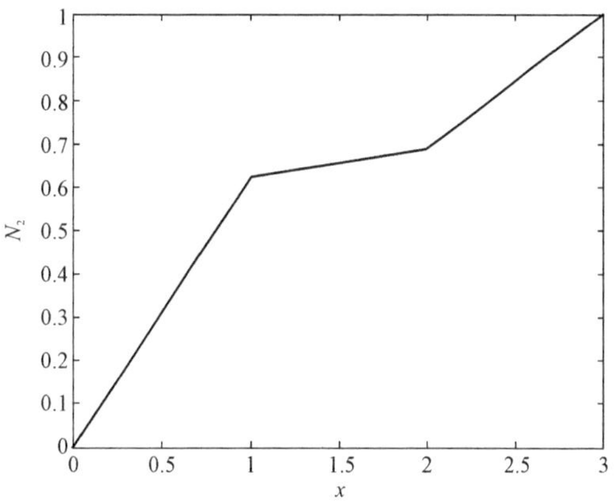

(b) 结点2形函数

图 1.10　杆特征单元的分段线性形函数曲线

对于一维问题，基于分段形函数的特征单元方法的静力学精度和固有模态精度都远高于 LEEM(Linear Eigen Element Method)和 SEEM[3]，但是该方法在实际应用中存在局限性：形函数由单位外载荷确立，因此对于二维或者三维问题，其分片或分区域形函数难以确定。Xing 等人曾尝试采用两个一维分段形函数简单相乘作为二维问题形函数，但其难以正确地捕捉单胞内几何和材料的不均匀性。

下面给出数值结果比较。考虑包含 10 个单胞的一端固支复合材料杆，如图 1.11 所示。每个杆单胞包含 3 个杆段，如图 1.9 所示。令单胞内每个杆段都是均匀的，皆视为等应变杆单元。这里仅考虑各个杆段具有不同材料的情况。把每个单胞作为一个特征单元，其中含 3 个子单元(等应变单元)，共有 10 个特征单元。在用一般有限元方法分析该问题时，采用 30 个等应变单元。下面分两种情况对各方法的数值结果进行比较。

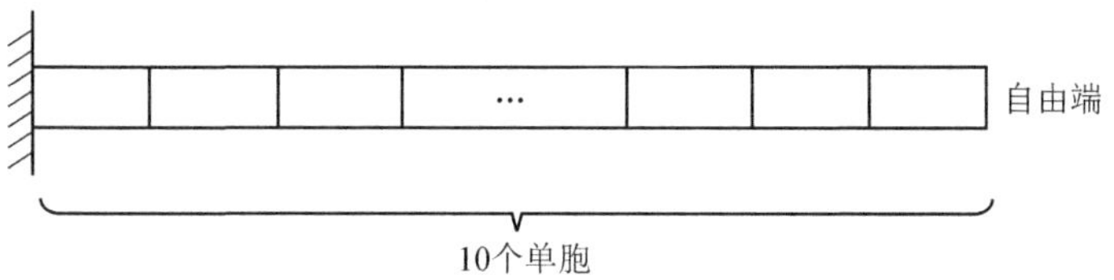

图 1.11　一维杆算例模型

对于杆件而言，线性特征单元方法(LEEM)的刚度矩阵为

$$\boldsymbol{K}_{\mathrm{G}}=\boldsymbol{N}^{\mathrm{T}}\boldsymbol{K}\boldsymbol{N}=\frac{E_1A_1l_1+E_2A_2l_2+E_3A_3l_3}{l^2}\begin{bmatrix}1 & -1\\ -1 & 1\end{bmatrix} \tag{1.3.40}$$

采用刚度均匀化方法得到的均匀化弹性模量和均匀化面积分别为

$$\begin{cases}E_{\mathrm{H}}=\dfrac{E_1A_1l_1+E_2A_2l_2+E_3A_3l_3}{A_1l_1+A_2l_2+A_3l_3}\\[2ex] A_{\mathrm{H}}=\dfrac{A_1l_1+A_2l_2+A_3l_3}{l^2}\end{cases} \tag{1.3.41}$$

因此用刚度均匀化方法(Voigt)得到的单胞单元刚度矩阵为

$$\begin{aligned}\boldsymbol{K}_{\mathrm{H}}&=\frac{E_{\mathrm{H}}A_{\mathrm{H}}}{l}\begin{bmatrix}1 & -1\\ -1 & 1\end{bmatrix}\\ &=\frac{E_1A_1l_1+E_2A_2l_2+E_3A_3l_3}{l^2}\begin{bmatrix}1 & -1\\ -1 & 1\end{bmatrix}\end{aligned} \tag{1.3.42}$$

因此 LEEM 与 Voigt 方法得到的单胞单元刚度矩阵相同。下面把 LEEM、Voigt 方法和这里构造的分段特征单元方法(Piecewise Eigen Element Method，PEEM)的结果与细网格或精细有限元方法(Fined Finite Element Method，FFEM)的结果进行比较和分析。

情况 1：静力学问题

本节构造的特征单元是考虑单胞在集中力作用情况下构造的，因此当杆上作用有集中载荷时，其计算结果与解析解和有限元解完全相同，这里不再讨论。下面仅讨论分布载荷的情况。设杆上作用均布轴向载荷，其大小为 10 kN/m。表 1.2 给出了单胞中各个子单元的弹性模量 E、截面积 A 和子单元的长度 L。

表 1.2 复合材料杆单胞参数

参 数	子单元 1	子单元 2	子单元 3
弹性模量 E/GPa	1.0	25.0	50.0
截面积 A/m^2	1.0	1.0	1.0
子单元的长度 L/m	1.0	1.0	1.0

从图 1.12 可以看出，由于 PEEM 的形函数体现了各个组分 E 的不同，因此 FFEM 和 PEEM 结果吻合得很好。而 LEEM 用线性形函数，它不能直接反映 E 的变化，因此其位移和应力的精度都比较低。在图 1.12(a)中，由于 LEEM 与 Voigt 方法的位移结果相同，因此其中不包含 LEEM 的位移。从图 1.12(b)可以看出，Voigt 方法的应力结果的精度也比较低。

情况 2：固有模态

杆的两端自由，表 1.3 给出了单胞中各个子单元的弹性模量 E、截面积 A、子单元的长度 L 和密度 ρ。表 1.4 给出了用几种方法算出的前 10 阶非零频率，其中的 Error%＝(PEEM－FFEM)/ FFEM×100%。

从表 1.4 中可以看出，PEEM 与 FFEM 结果吻合得很好，但另外两种方法的结果比 FFEM 的结果大 2 倍以上。由此可见，对于材料参数相差比较大的情况，本小节构造的特征杆单元在频率计算上也是有效的。

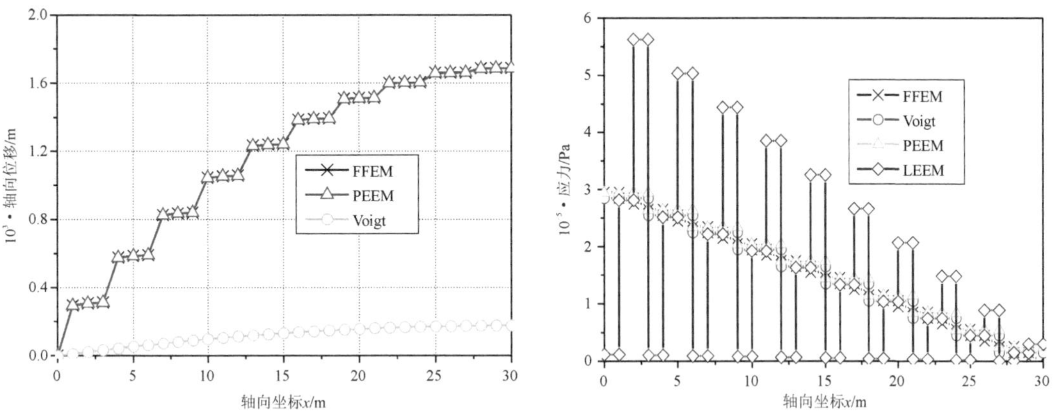

(a) 位 移　　　　(b) 应 力

图 1.12 *A* 和 *l* 相同而 *E* 不同情况下的静力结果

表 1.3 复合材料杆单胞参数

参　数	子单元 1	子单元 2	子单元 3
弹性模量 E/GPa	2.06	50.12	100.24
截面积 A/m^2	1.0	1.0	1.0
子单元的长度 L/m	1.0	1.0	1.0
密度 $\rho/(kg \cdot m^{-3})$	7 900	7 900	7 900

表 1.4 复合材料杆频率值的比较　　Hz

频率阶次	FFEM	PEEM	LEEM(Voigt)	Error%
1	14.197 69	14.206 22	42.162 84	0.060 05
2	28.297 57	28.364 37	85.367 27	0.236 06
3	42.173 98	42.391 19	130.667 9	0.515 04
4	55.643 98	56.130 39	179.098 2	0.874 14
5	68.436 45	69.312 38	231.502 8	1.279 91
6	80.163 77	81.518 36	288.054 2	1.689 77
7	90.308 83	92.167 11	347.149 6	2.057 69
8	98.249 96	100.552 4	403.496 4	2.343 44
9	103.350 2	105.956 1	446.508 8	2.521 34
10	157.882 3	158.499 8	463.005 5	0.391 14

1.3.5 基于变形相似的特征单元方法

正如 1.3.4 小节所言，一维问题分段形函数的构造思想不能直接用于二维周期复合材料结构，因此 Xing 等人[5]提出了一种基于应变能等效和变形相似的特征单元方法（Deformation-Similarity based Eigenelement Method，DSEM）。其思想是：给定单胞边界条件和施加的外载荷，利用单胞细观模型分析其静力学问题，得到单胞细观位移和细观应变能 $\Pi_{细}$；然后根据$\Pi_{细}=\Pi_{宏}$(宏观应变能)和变形相似思想确定具有相同边界条件和外载荷作用的特征单元的结点位移;根据 Voigt 方法或 Reuss 方法得到的$\boldsymbol{K}_H$来确定特征单元的刚度矩阵$\boldsymbol{K}_G$。这里所说的“变形相似”是指单胞细观模型中的两个结点位移的比值与特征单元中的两个对应结点位移的比值相等。DSEM 也可以看作是对 1.2.1 小节中介绍的 Voigt 方法[9]或 Reuss 方法[10]的一种修正。

值得指出的是,一般情况下二维和三维静力学问题没有精确解,因此通常通过有限元方法来实现 DSEM。下面利用图 1.1 所示的具有一个夹杂的平面单胞模型来简要说明 DSEM。图 1.13(a)给出了单胞力学模型边界条件,其中单胞的左侧固支,右侧作用单位分布载荷;图 1.13(b)为单胞细观模型;图 1.13(c)为具有 4 个结点的特征单元或者单胞宏观模型。

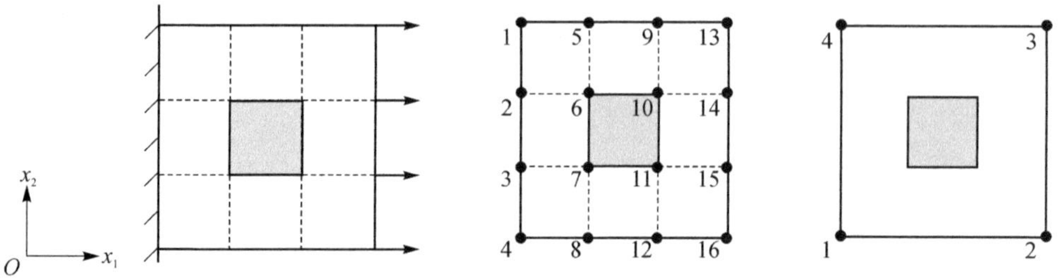

(a) 单胞边界条件　(b) 单胞细观模型　(c) 特征单元或者单胞宏观模型

图 1.13　基于变形相似特征单元方法的单胞边界条件及宏细观模型

图 1.13(a)给出了单胞静力学问题,求解图 1.13(b)所示的单胞细观模型可以得到单胞细观应变能为

$$\Pi_{细}=\frac{1}{2}\boldsymbol{f}^{\mathrm{T}}\boldsymbol{u} \tag{1.3.43}$$

式中:$\boldsymbol{f}^{\mathrm{T}}=[f_{1,1}\quad f_{2,1}\quad\cdots\quad f_{1,16}\quad f_{2,16}]$代表细观单胞模型的载荷列向量,$f_{1,1}$中的第一个下标 1 代表$x_1$方向,第二个下标 1 代表结点 1,其他类似形式的下标组合可以用同样方法来解释;$\boldsymbol{u}=[u_{1,1}\quad u_{2,1}\quad\cdots\quad u_{1,16}\quad u_{2,16}]^{\mathrm{T}}$是对应于$\boldsymbol{f}$的结点位移向量。这里有$f_{1,i}=f_{2,i}=0$ ($i=5,6,\cdots,12$)和$f_{2,13}=f_{2,14}=f_{2,15}=f_{2,16}=0$。

图 1.13(c)所示宏观单胞模型的应变能为

$$\Pi_{宏}=\frac{1}{2}\boldsymbol{F}^{\mathrm{T}}\boldsymbol{U} \tag{1.3.44}$$

式中:$\boldsymbol{F}^{\mathrm{T}}=[F_{1,1}\quad F_{2,1}\quad\cdots\quad F_{1,4}\quad F_{2,4}]$和$\boldsymbol{U}=[U_{1,1}\quad U_{2,1}\quad\cdots\quad U_{1,4}\quad U_{2,4}]^{\mathrm{T}}$分别代表特征单元的载荷和位移列向量。在用特征单元方法时,$\boldsymbol{U}$应该根据$\boldsymbol{K}_G\boldsymbol{U}=\boldsymbol{F}$来求解。对于图 1.13(c)所示单胞宏观模型,可以采用双线性形函数得到的$\boldsymbol{N}$来计算$\boldsymbol{F}$。如果边界结点增多,则可以采用 Serendipity 形函数形成的$\boldsymbol{N}$来计算$\boldsymbol{F}$。但如此求得的$\boldsymbol{U}$与$\boldsymbol{u}$之间一般不满足变形相似条件。

下面根据应变能等效和变形相似条件来求解$\boldsymbol{U}$。

根据应变能等效,有

$$\Pi_{细}=\Pi_{宏} \tag{1.3.45}$$

将式(1.3.44)代入式(1.3.45)中得到

$$\Pi_{细}=\frac{1}{2}\boldsymbol{F}^{\mathrm{T}}\boldsymbol{U}=\frac{1}{2}(F_{1,2}U_{1,2}+F_{2,2}U_{2,2}+F_{1,3}U_{1,3}+F_{2,3}U_{2,3}) \tag{1.3.46}$$

由于 $F_{2,2}=F_{2,3}=0$，所以式(1.3.46)变为

$$\Pi_{细}=\frac{1}{2}(F_{1,2}U_{1,2}+F_{1,3}U_{1,3}) \tag{1.3.47}$$

式中：$\Pi_{细}$、$F_{1,2}$ 和 $F_{1,3}$ 是已知的。然而仅通过式(1.3.47)无法求得 $U_{1,2}$ 和 $U_{1,3}$。因此，我们提出利用细观尺度变形与宏观尺度变形相似这一条件为求解提供附加方程，使其能够求解所有未知量。针对这个问题，下面给出一种变形相似条件：

$$\frac{U_{1,2}}{U_{1,3}}=\frac{u_{1,16}}{u_{1,13}} \tag{1.3.48}$$

$$\frac{U_{1,2}}{U_{2,2}}=\frac{u_{1,16}}{u_{2,16}},\quad \frac{U_{1,3}}{U_{2,3}}=\frac{u_{1,13}}{u_{2,13}} \tag{1.3.49}$$

根据式(1.3.47)和式(1.3.48)，可以求解得到 $U_{1,2}$ 和 $U_{1,3}$；通过式(1.3.49)可以进一步获得 $U_{2,2}$ 和 $U_{2,3}$。这里仅用一个简单的例子来说明如何使用变形相似条件，对于更为一般的问题可以采用类似的方法进行处理。

对于结构分析，必须知道特征单元的刚度矩阵。根据式(1.3.8)可知单胞的应变能具有如下形式：

$$\Pi_{宏}=\frac{1}{2}\boldsymbol{U}^{\mathrm{T}}\boldsymbol{K}_{\mathrm{G}}\boldsymbol{U} \tag{1.3.50}$$

式中：$\Pi_{宏}=\Pi_{细}$ 为已知量，上面根据变形相似条件也求出了其中的 U，但是仅仅通过式(1.3.50)尚无法获得关于 $\boldsymbol{K}_{\mathrm{G}}$ 的唯一解。为了简化这个问题，我们可以采用通过 Voigt 方法或 Reuss 方法获得的均匀化刚度矩阵 $\boldsymbol{K}_{\mathrm{H}}$ 作为一个参考矩阵。然后令 $\boldsymbol{K}_{\mathrm{G}}$ 和 $\boldsymbol{K}_{\mathrm{H}}$ 两者之间存在如下关系：

$$\boldsymbol{K}_{\mathrm{G}}=\alpha\boldsymbol{K}_{\mathrm{H}} \tag{1.3.51}$$

式中：α 称为加权因子或修正系数。将式(1.3.51)代入式(1.3.50)中，可以得到求解加权因子 α 的表达式

$$\alpha=\frac{2\Pi_{宏}}{\boldsymbol{U}^{\mathrm{T}}\boldsymbol{K}_{\mathrm{H}}\boldsymbol{U}} \tag{1.3.52}$$

DSEM 的关键之处在于 $\boldsymbol{U}$ 和 α 的确定，其适用于模态和频率的分析，并可以通过增加特征单元结点或改变参考矩阵 $\boldsymbol{K}_{\mathrm{H}}$ 两种方式提高精度。另外一种提高这种方法精度的途径是利用下式来计算修正系数 α：

$$\Pi_{宏}=\frac{1}{2}\alpha\boldsymbol{U}^{\mathrm{T}}\boldsymbol{K}_{\mathrm{G}}\boldsymbol{U} \tag{1.3.53}$$

式中：$\boldsymbol{K}_{\mathrm{G}}$ 为利用计算 $\boldsymbol{F}$ 的 $\boldsymbol{N}$ 得到的刚度矩阵，参见式(1.3.11)。于是有

$$\alpha=\frac{2\Pi_{宏}}{\boldsymbol{U}^{\mathrm{T}}\boldsymbol{K}_{\mathrm{G}}\boldsymbol{U}} \tag{1.3.54}$$

下面给出数值结果比较以说明 DSEM 的有效性。

考虑薄板平面应力问题，薄板长度方向(x_1)有 10 个单胞，宽度方向包含 5 个单胞，单胞的边长均为 10 mm，单胞结构如图 1.14 所示。薄板由两种各向同性材料组成，密度皆为 $\rho=5\ 000\ \mathrm{kg/m^3}$，泊松比都为 0.3，弹性模量大小分如下两种情况：

情况 1：$E_1=200$ GPa，$E_2=E_1/25$；

情况 2：$E_1=E_2/25$，$E_2=200$ GPa。

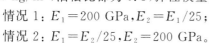

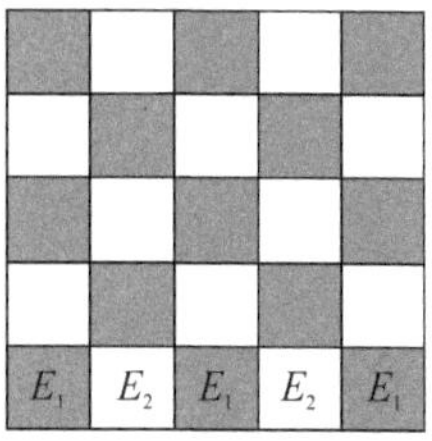

图 1.14　单胞及其模型

单胞静力学模型的边界条件和施加的外载荷与图 1.13(a)所示的相同。单胞细观有限元模型包括 25 个小单元,如图 1.14 所示。特征单元只包括 4 个结点,结点配置方式与图 1.13(c)所示的相同。采用的 K_H 是由 Voigt 方法得到的。

图 1.15 把本节提出的方法(DSEM)与细网格有限元模型(FFEM)、Voigt 方法和 Reuss 方法的结果进行了比较。可以看出,对于图 1.14 所示的复杂单胞,在组成单胞的两种材料的模量相差 25 倍的情况下,DSEM 的结果与 FFEM 解吻合得很好,并且 DSEM 表现出了一种特殊的现象:随着频率阶次的升高,其结果与 FFEM 解的相对差别不是逐渐增大,而是表现出了一种跟随性,误差的总体变化趋势甚至越来越小,这是 Voigt 方法和 Reuss 方法的结果所没有的。这种跟随性与 Hamilton 系统辛几何积分方法的跟随性类似,这一现象,印证了作者的初始想法[5]。

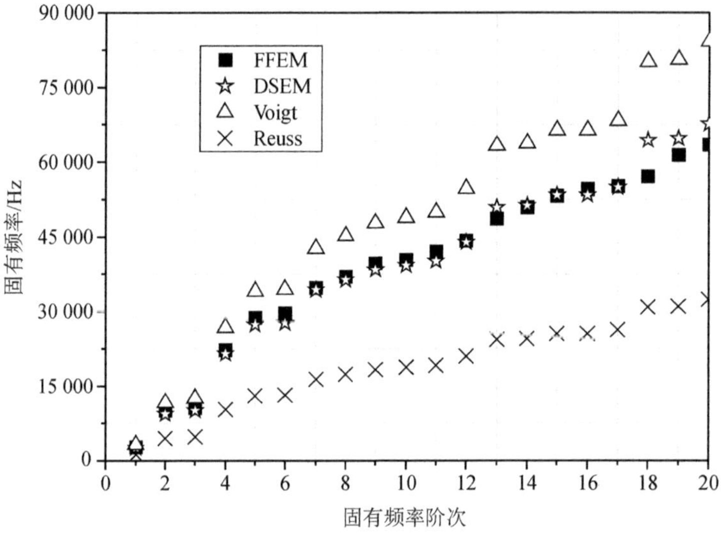

(a) 情况1: α=0.646 218

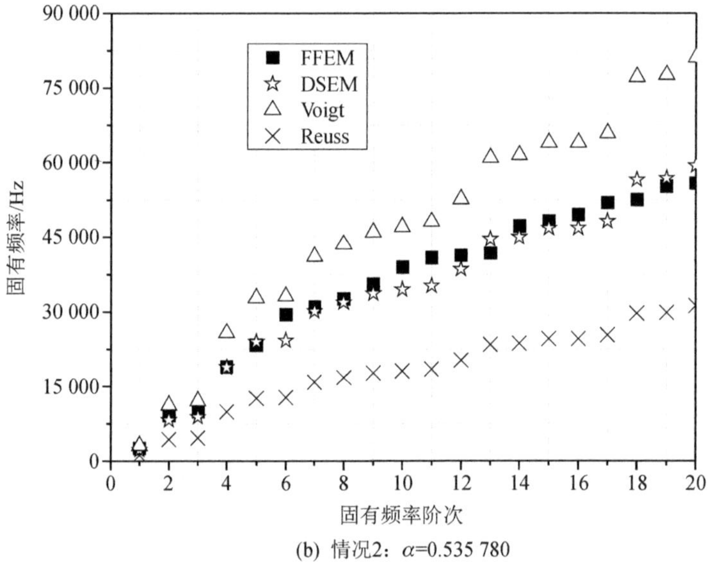

(b) 情况2: α=0.535 780

图 1.15　几种方法得到的固有频率的比较

1.4 多尺度特征单元方法及其改进方法

从 1.3.4 小节和 1.3.5 小节构造的特征单元可以看出：分段定义的形函数可以很好地反映一维周期复合材料结构的微观性质，变形相似条件也相当于要求复合材料结构微观性质得到很好的刻画。式(1.3.5)也更直接说明了这一点：细观模型的结点位移 $\boldsymbol{u}$ 可以由特征单元或宏观单元结点位移 $\boldsymbol{U}$ 进行计算；为了得到精确的 $\boldsymbol{u}$，$\boldsymbol{U}$ 也必须足够精确，而这种保证是通过由形函数在细观结点的值形成的矩阵 $\boldsymbol{N}$ 来实现的。

1.4.1 多尺度特征单元方法

为了能够更为准确地预测复合材料结构的细观力学性能，必须改善形函数使其能够更加准确地捕捉特征单元中几何和材料的复杂微观信息。为此 Xing 等人提出了多尺度特征单元方法(Multiscale Eigenelement Method，MEM)[3-4,6-8]，该方法中的形函数由单胞自平衡问题确定，单胞平衡方程的形式如下：

$$\frac{\partial}{\partial x_j}\left[E^{\varepsilon}_{ijmn}(x)\frac{1}{2}\left(\frac{\partial u^{\varepsilon}_m}{\partial x_n}+\frac{\partial u^{\varepsilon}_n}{\partial x_m}\right)\right]=0 \tag{1.4.1}$$

式中：E^{ε}_{ijmn} 是材料的四阶弹性张量，ε 表示考虑由非均匀性引起的波动或者振荡的真实解。**在特征单元方法中，把由方程(1.4.1)确定的形函数称为多尺度形函数。**

值得指出的是：其他多尺度方法，如多尺度渐近展开方法(Multiscale Asymptotic Expansion Method，MsAEM)，也称数学均匀化方法(Mathematical Homogenization Method，MHM)[15-17]、各向异性多尺度方法(Heterogeneous Multiscale Method，HMM)[18-19]、多尺度有限元方法[20-21]和广义有限元方法(Generalized Finite Element Method，GFEM)[22-23](是将单位分解方法的网格划分和一般有限元方法结合的一种方法)等，都需要求解相同或类似的问题以实现宏观和细观模型信息的传递。

实际上，我们想到通过求解单胞自平衡方程(1.4.1)来获得多尺度特征形函数 N 的思想是：对于一部分区域具有已知位移的线弹性结构，其余部分区域的位移取决于结构的细观结构和组分材料性质；或者说，给定结构上某些点的位移，其他点的位移则可以用这些已知点的位移来表示，已知位移和未知位移之间的关系由结构的固有静力学特性或刚度特性来决定，一般有限单元形函数的确定方法也可以这样理解。

方程(1.4.1)离散后的形式为

$$\boldsymbol{K}\boldsymbol{u}=\boldsymbol{0} \tag{1.4.2}$$

式(1.4.2)也可以进一步表达成如下分块矩阵的形式：

$$\begin{bmatrix}\boldsymbol{K}_{\mathrm{ee}} & \boldsymbol{K}_{\mathrm{ei}}\\ \boldsymbol{K}_{\mathrm{ie}} & \boldsymbol{K}_{\mathrm{ii}}\end{bmatrix}\begin{bmatrix}\boldsymbol{u}_{\mathrm{e}}\\ \boldsymbol{u}_{\mathrm{i}}\end{bmatrix}=\begin{bmatrix}\boldsymbol{0}\\ \boldsymbol{0}\end{bmatrix} \tag{1.4.3}$$

式中：下标“e”和“i”分别代表细观单胞模型上的边界结点和内部结点。在多尺度特征单元方法中，与 Serendipity 特征单元方法类似，细观单胞模型边界上的所有结点都可以被选作特征单元结点，如图 1.7 所示，因此 $\boldsymbol{u}_{\mathrm{e}}=\boldsymbol{U}$ 为特征单元位移向量。由式(1.4.3)可得

$$\boldsymbol{u}_{\mathrm{i}}=-\boldsymbol{K}_{\mathrm{ii}}^{-1}\boldsymbol{K}_{\mathrm{ie}}\boldsymbol{u}_{\mathrm{e}} \tag{1.4.4}$$

因此

$$\boldsymbol{u}=\begin{bmatrix}\boldsymbol{u}_{\mathrm{e}}\\ \boldsymbol{u}_{\mathrm{i}}\end{bmatrix}=\boldsymbol{NU} \tag{1.4.5}$$

式中：$\boldsymbol{N}$ 反映了单胞细观或微观结构和材料组分信息，称之为多尺度形函数在单胞细观模型各个结点上取值组成的矩阵，其形式为

$$\boldsymbol{N}=\begin{bmatrix}\boldsymbol{I}\\ -\boldsymbol{K}_{\mathrm{ii}}^{-1}\boldsymbol{K}_{\mathrm{ie}}\end{bmatrix} \tag{1.4.6}$$

把上式分别代入式(1.3.11)、式(1.3.14)和式(1.3.16)中，可得

$$\begin{cases}\boldsymbol{K}_{\mathrm{G}}=\boldsymbol{K}_{\mathrm{ee}}-\boldsymbol{c}\boldsymbol{K}_{\mathrm{ie}}\\ \boldsymbol{c}=\boldsymbol{K}_{\mathrm{ie}}^{\mathrm{T}}\boldsymbol{K}_{\mathrm{ii}}^{-\mathrm{T}}\end{cases} \tag{1.4.7}$$

$$\boldsymbol{M}_{\mathrm{G}}=\boldsymbol{M}_{\mathrm{ee}}-\boldsymbol{c}\boldsymbol{M}_{\mathrm{ie}}-\boldsymbol{M}_{\mathrm{ei}}\boldsymbol{c}^{\mathrm{T}}+\boldsymbol{c}\boldsymbol{M}_{\mathrm{ii}}\boldsymbol{c}^{\mathrm{T}} \tag{1.4.8}$$

$$\boldsymbol{F}_{\mathrm{G}}=\boldsymbol{f}_{\mathrm{e}}-\boldsymbol{c}\boldsymbol{f}_{\mathrm{i}} \tag{1.4.9}$$

从式(1.4.7)和式(1.4.8)可以看出，其形式恰巧与 Guyan 静力凝聚方法[24]的结果是相同的。另外，$\boldsymbol{U}$ 也可以称为主结点位移，$\boldsymbol{u}_{\mathrm{i}}$ 称为从结点位移，形函数矩阵 $\boldsymbol{N}$ 称为二者之间的变换矩阵，结点的主从关系经常被用来实施多结点位移结束。

对于图 1.7 所示的单胞模型，式(1.4.6)中矩阵 $\boldsymbol{N}$ 的维度为 200×72，其第 i 列元素为形函数 N_i 在 200 个结点上的取值。图 1.16 分别绘制了多尺度形函数 $\boldsymbol{N}$ 矩阵的第 19 列沿 x_1 方向和第 56 列沿 x_2 方向的形函数曲面，它们分别对应于图 1.7 中的结点 10 和结点 28。从图 1.16 中可以发现，形函数 $\boldsymbol{N}$ 是分片的。特征单元刚度矩阵 $\boldsymbol{K}_{\mathrm{G}}$、质量矩阵 $\boldsymbol{M}_{\mathrm{G}}$ 和载荷列向量 $\boldsymbol{F}_{\mathrm{G}}$ 仍通过式(1.3.11)、式(1.3.14)和式(1.3.16)计算。

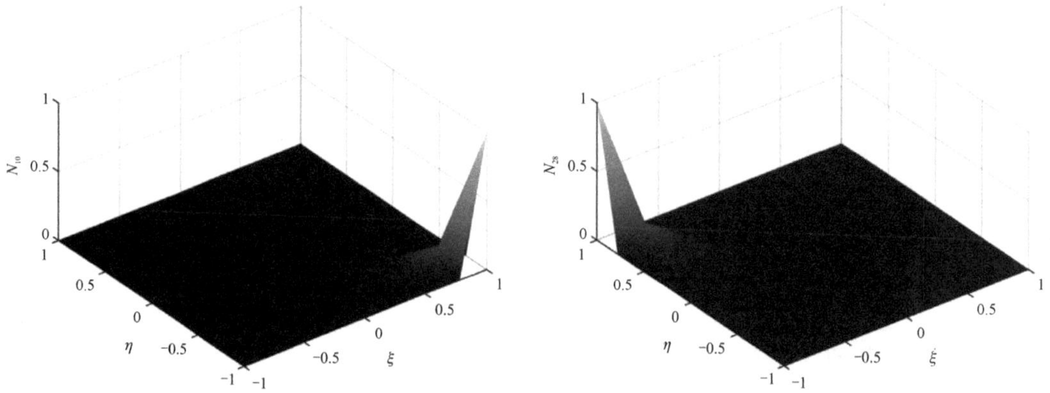

(a) 结点10　　(b) 结点28

图 1.16　多尺度特征单元方法的形函数曲面

多尺度特征单元方法同时满足应变能等效和变形相似条件，对于求解结点位移和固有频率均具有较好的精度。但是针对外载荷是体载荷的静力学问题及动力学响应问题，其计算精度仍可以提高。前面已经把特征单元刚度矩阵和质量矩阵与 Guyan 静力凝聚方法的结果进行了比较，下面通过将其与子结构方法进行比较来分析其用于求解静力学问题时的精度特性。

子结构方法常用于大型结构分析。该方法通过将大型结构划分成若干子结构(或称为超级单元)，从而可以有效求解结构的力学性能。子结构的实现原理是将一组单元通过分块求解

的方法把内部自由度消除，也称自由度凝聚。在内部自由度没有凝聚之前，子结构实质上是一个具有相当多内部自由度的超级单元。针对周期复合材料结构，可将一个或多个单胞视为一个子结构。为了方便对二者进行比较，这里将一个单胞作为一个子结构，其单胞或者子结构的静力平衡方程如下：

$$\begin{bmatrix}\boldsymbol{K}_{ee} & \boldsymbol{K}_{ei}\\ \boldsymbol{K}_{ie} & \boldsymbol{K}_{ii}\end{bmatrix}\begin{bmatrix}\boldsymbol{u}_e\\ \boldsymbol{u}_i\end{bmatrix}=\begin{bmatrix}\boldsymbol{f}_e\\ \boldsymbol{f}_i\end{bmatrix} \tag{1.4.10}$$

式中：$\boldsymbol{f}_e$ 和 $\boldsymbol{f}_i$ 为分别与 $\boldsymbol{u}_e$ 和 $\boldsymbol{u}_i$ 对应的外载荷列向量。由式(1.4.10)可以得到

$$\boldsymbol{K}_{ee}^{*}\boldsymbol{u}_e=\boldsymbol{f}_e^{*} \tag{1.4.11}$$

式中

$$\begin{cases}\boldsymbol{K}_{ee}^{*}=\boldsymbol{K}_{ee}-\boldsymbol{c}\boldsymbol{K}_{ie}\\ \boldsymbol{f}_e^{*}=\boldsymbol{f}_e-\boldsymbol{c}\boldsymbol{f}_i\end{cases} \tag{1.4.12}$$

内部结点位移 $\boldsymbol{u}_i$ 可以用外部结点位移 $\boldsymbol{u}_e$ 表示为

$$\boldsymbol{u}_i=\boldsymbol{K}_{ii}^{-1}\boldsymbol{f}_i-\boldsymbol{c}^{\mathrm{T}}\boldsymbol{u}_e \tag{1.4.13}$$

讨论：

① 从式(1.4.12)、式(1.4.7)和式(1.4.9)可以看到，通过子结构方法获得的 $\boldsymbol{K}_{ee}^{*}$ 和 $\boldsymbol{f}_e^{*}$ 与多尺度特征单元方法中 $\boldsymbol{K}_G$ 和 $\boldsymbol{F}_G$ 的形式一样，所以对于任意外载荷下的静力学问题，二者求解得到的宏观解 $\boldsymbol{u}_e=\boldsymbol{U}$ 是相同的。

② 比较式(1.4.4)和式(1.4.13)可以发现：如果结构只有边界力作用，即 $\boldsymbol{f}_i=\boldsymbol{0}$，则两种方法给出的内部结点位移 $\boldsymbol{u}_i$ 也相同；如果结构有体力作用，即 $\boldsymbol{f}_i\neq\boldsymbol{0}$，则此时两种方法给出 $\boldsymbol{u}_i$ 的差是 $\boldsymbol{K}_{ii}^{-1}\boldsymbol{f}_i$。因此对于静力学问题，该项可以作为特征单元方法的修正项，必要时用于提高多尺度特征单元法在求内部结点位移时的精度。把这种基于静力修正的多尺度特征单元方法记为 SMEM(Static-correction based MEM)。

③ 值得强调的是，多尺度特征单元方法和子结构方法的思想是不同的。多尺度特征单元方法是针对周期复合材料结构旨在平衡精度和效率的一种多尺度方法，旨在对周期复合材料结构进行宏观和细观特性分析；而子结构方法是一种针对大型结构问题进行有限元分析的一种有效实施方法，子结构通常也不是周期的。

1.4.2　改进的多尺度特征单元方法

针对 1.4.1 小节提到的多尺度特征单元方法中所存在的精度问题，Xing 等人[7,25]提出了两种改进方法。

方法 1：单胞内部增加特征结点

图 1.17 给出了特征单元的额外结点的几种选取方式，其中图 1.17(a)为经典多尺度特征单元模型，其中选取细观单胞模型上的所有边界结点为特征单元结点；图 1.17(b)和(c)在图 1.17(a)的基础上分别增添了一些额外特征单元结点。值得指出的是，该改进方法中形函数 $\boldsymbol{N}$ 的构造方式和 1.4.1 小节中的相同，见式(1.4.6)。由于采用了更多的结点作为特征单元结点，因此这种改进的多尺度特征单元方法更为准确。

方法 2：引入固支单胞模态形函数

在该方法中，把固支细观单胞模型的模态作为形函数引入到原有的位移形函数中，因此形

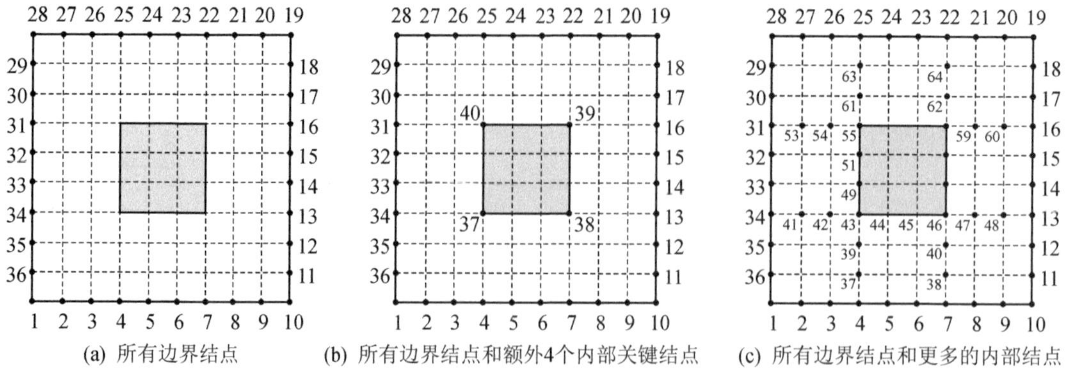

图 1.17　特征单元结点形式

函数扩展为

$$\boldsymbol{N}_m = [\boldsymbol{N} \quad \boldsymbol{\Phi}_m] \tag{1.4.14}$$

式中：$\boldsymbol{N}$ 为原多尺度特征单元的形函数矩阵，见式(1.4.6)；$\boldsymbol{\Phi}_m$ 由固支单胞细观模型的前 m 阶模态向量组成，形式如下：

$$\boldsymbol{\Phi}_m = [\boldsymbol{\varphi}_1 \quad \boldsymbol{\varphi}_2 \quad \cdots \quad \boldsymbol{\varphi}_m] \tag{1.4.15}$$

其中 $\boldsymbol{\varphi}_i(i=1,2,\cdots,m)$需要通过下面的广义特征值问题求解：

$$\boldsymbol{K\varphi} = \omega^2 \boldsymbol{M\varphi} \tag{1.4.16}$$

式中：ω 为固有圆频率，也简称为固有频率。式(1.4.16)的单胞边界条件为

$$\boldsymbol{\varphi}\,|_{\text{单胞边界}} = \boldsymbol{0} \tag{1.4.17}$$

于是式(1.3.5)变为

$$\boldsymbol{u} = [\boldsymbol{N} \quad \boldsymbol{\Phi}_m]\begin{bmatrix}\boldsymbol{U}\\ \boldsymbol{U}_m\end{bmatrix} = \boldsymbol{NU} + \boldsymbol{\Phi}_m\boldsymbol{U}_m \tag{1.4.18}$$

式中：$\boldsymbol{U}_m$ 是广义模态坐标向量或称为广义特征单元结点位移。**在这种改进方法中，单胞细观结点位移被展开成单胞细观模型特征向量叠加的形式，这进一步诠释了为何我们称该多尺度方法为多尺度特征单元方法。**

该改进方法中的特征单元刚度矩阵 $\boldsymbol{K}_G$、质量矩阵 $\boldsymbol{M}_G$ 和载荷列向量 $\boldsymbol{F}_G$ 仍可通过式(1.3.11)、式(1.3.14)和式(1.3.16)获得，只需将其中的 $\boldsymbol{N}$ 用 $\boldsymbol{N}_m$ 替代即可。替代后可以得到新的特征单元矩阵，形式如下：

$$\boldsymbol{K}_G = \boldsymbol{N}_m^{\mathrm{T}}\boldsymbol{K}\boldsymbol{N}_m = \begin{bmatrix}\boldsymbol{N}^{\mathrm{T}}\boldsymbol{KN} & \boldsymbol{N}^{\mathrm{T}}\boldsymbol{K\Phi}_m\\ \boldsymbol{\Phi}_m^{\mathrm{T}}\boldsymbol{KN} & \boldsymbol{\Phi}_m^{\mathrm{T}}\boldsymbol{K\Phi}_m\end{bmatrix} = \begin{bmatrix}\boldsymbol{N}^{\mathrm{T}}\boldsymbol{KN} & \boldsymbol{0}\\ \boldsymbol{0} & \boldsymbol{\Phi}_m^{\mathrm{T}}\boldsymbol{K\Phi}_m\end{bmatrix} \tag{1.4.19}$$

$$\boldsymbol{M}_G = \boldsymbol{N}_m^{\mathrm{T}}\boldsymbol{M}\boldsymbol{N}_m = \begin{bmatrix}\boldsymbol{N}^{\mathrm{T}}\boldsymbol{MN} & \boldsymbol{N}^{\mathrm{T}}\boldsymbol{M\Phi}_m\\ \boldsymbol{\Phi}_m^{\mathrm{T}}\boldsymbol{MN} & \boldsymbol{\Phi}_m^{\mathrm{T}}\boldsymbol{M\Phi}_m\end{bmatrix} \tag{1.4.20}$$

$$\boldsymbol{F}_G = \boldsymbol{N}_m^{\mathrm{T}}\boldsymbol{f} = \begin{bmatrix}\boldsymbol{N}^{\mathrm{T}}\boldsymbol{f}\\ \boldsymbol{\Phi}_m^{\mathrm{T}}\boldsymbol{f}\end{bmatrix} \tag{1.4.21}$$

值得注意的是，$\boldsymbol{K}_G$ 的斜对角矩阵等于零，也就是说 $\boldsymbol{N}$ 和 $\boldsymbol{\Phi}_m$ 对于 $\boldsymbol{K}$ 是正交的。证明过程如下：

$$\boldsymbol{KN}=\begin{bmatrix}\boldsymbol{K}_{\mathrm{ee}} & \boldsymbol{K}_{\mathrm{ei}}\\ \boldsymbol{K}_{\mathrm{ie}} & \boldsymbol{K}_{\mathrm{ii}}\end{bmatrix}\begin{bmatrix}\boldsymbol{I}\\ -\boldsymbol{K}_{\mathrm{ii}}^{-1}\boldsymbol{K}_{\mathrm{ie}}\end{bmatrix}=\begin{bmatrix}\boldsymbol{K}_{\mathrm{ee}}-\boldsymbol{K}_{\mathrm{ei}}\boldsymbol{K}_{\mathrm{ii}}^{-1}\boldsymbol{K}_{\mathrm{ie}}\\ \boldsymbol{K}_{\mathrm{ie}}-\boldsymbol{K}_{\mathrm{ie}}\end{bmatrix}=\begin{bmatrix}\widetilde{\boldsymbol{K}}_{\mathrm{ee}}\\ \boldsymbol{0}\end{bmatrix}$$

$$\boldsymbol{\Phi}_m^{\mathrm{T}}\boldsymbol{KN}=\boldsymbol{\Phi}_m^{\mathrm{T}}\begin{bmatrix}\widetilde{\boldsymbol{K}}_{\mathrm{ee}}\\ \boldsymbol{0}\end{bmatrix}=\begin{bmatrix}\boldsymbol{\Phi}_{m\mathrm{e}}\\ \boldsymbol{\Phi}_{m\mathrm{i}}\end{bmatrix}^{\mathrm{T}}\begin{bmatrix}\widetilde{\boldsymbol{K}}_{\mathrm{ee}}\\ \boldsymbol{0}\end{bmatrix}=\begin{bmatrix}\boldsymbol{0} & \boldsymbol{\Phi}_{m\mathrm{i}}^{\mathrm{T}}\end{bmatrix}\begin{bmatrix}\widetilde{\boldsymbol{K}}_{\mathrm{ee}}\\ \boldsymbol{0}\end{bmatrix}=\boldsymbol{0}$$

式中：$\boldsymbol{\Phi}_{m\mathrm{e}}$ 和 $\boldsymbol{\Phi}_{m\mathrm{i}}$ 是 $\boldsymbol{\Phi}_m$ 的两个子矩阵，分别对应各阶模态形函数在边界和内部结点的取值。利用正交特性，改进后的多尺度特征单元方法可以将静力学问题转化为两个独立问题进行求解，即

$$(\boldsymbol{N}^{\mathrm{T}}\boldsymbol{KN})\boldsymbol{U}=\boldsymbol{N}^{\mathrm{T}}\boldsymbol{f} \tag{1.4.22}$$

和

$$(\boldsymbol{\Phi}_m^{\mathrm{T}}\boldsymbol{K\Phi}_m)\boldsymbol{U}_m=\boldsymbol{\Phi}_m^{\mathrm{T}}\boldsymbol{f} \tag{1.4.23}$$

讨论：

① 选取的模态数 m 越多，改进的多尺度特征单元方法（Improved Multiscale Eigenelement Method，IMEM）精度越高。通常 $m=5\sim15$ 可以满足大多数问题的精度要求。

② 式(1.4.22)和式(1.4.23)说明，对于静力学问题 $\boldsymbol{U}$ 和 $\boldsymbol{U}_m$ 是解耦的，且式(1.4.22)和经典多尺度特征单元的方法一样。

③ 引入 $\boldsymbol{\Phi}_m$ 对 $\boldsymbol{u}_{\mathrm{e}}=\boldsymbol{U}$ 没有影响，或者说由于 $\boldsymbol{\Phi}_m$ 是通过固支单胞求解得到的，所以引入 $\boldsymbol{\Phi}_m$ 并不会影响相邻特征单元之间的协调性。

④ 对于静力学问题，式(1.4.16)中的 $\boldsymbol{M}$ 可由单位矩阵 $\boldsymbol{I}$ 替代，使用单位矩阵 $\boldsymbol{I}$ 的精度比使用 $\boldsymbol{M}$ 的精度更高。

⑤ 对于动力学问题，使用 $\boldsymbol{M}$ 或者 $\boldsymbol{I}$ 的结果差别较小，不过此时使用 $\boldsymbol{M}$ 计算得到的结果精度更高。

⑥ $\boldsymbol{\Phi}_m\boldsymbol{U}_m$ 也可以视作修正项。令 $\boldsymbol{M}=\boldsymbol{I}$，并将式(1.4.16)中求解得到的所有模态全部引入到原有的位移形函数中，则修正项的作用和静力修正项 $\boldsymbol{K}_{\mathrm{ii}}^{-1}\boldsymbol{f}_{\mathrm{i}}$ 的作用完全一致，附录 A 给出了证明，但使用 $\boldsymbol{K}_{\mathrm{ii}}^{-1}\boldsymbol{f}_{\mathrm{i}}$ 的计算成本较小。不过 IMEM 既适用于分析动力学问题，也适用于分析静力学问题，附录 B 证明了一个重要结论：当 m 与固支单胞细观模型自由度数相等时，IMEM 求得的固有模态就是原单胞细观模型的固有模态。

1.5　计算效率

为了更好地展示多尺度特征单元方法的优越性，表 1.5～表 1.7 对 MEM、SMEM、IMEM 和第 2 章将要讨论的 MsAEM 的时间复杂度进行了比较。表中的 a 和 b 分别是特征单元的自由度和单胞细观模型的自由度数，而 m 代表 1.4.2 小节给出的 IMEM 中使用的固支单胞模态向量个数。如果每种方法都把一个单胞作为一个粗网格单元，那么 d 指的是宏观模型的总自由度数，并且每种方法粗网格单元的自由度是不一样的，因此 d 也就不同。

从实用性角度考虑，在表 1.5～表 1.7 中 IMEM 指的是 1.4.2 小节给出的增加模态形函数的方法。值得注意的是，所有多尺度方法的计算工作都包括求解单胞问题和宏观问题两个部分，因此，其计算量也包括求解单胞和宏观问题。

表 1.7 可由表 1.5 和表 1.6 总结得出，其中比较了不同方法的时间复杂度。从表 1.7 可以看出：

① MsAEM 在求解细观问题或单胞问题时需要的计算量最大。

② 对于宏观问题，由于不同方法的粗网格单元自由度不同，因此导致结构总自由度数 d 不同，与细网格有限元模型的自由度数相比，d 要小很多，因此一般来说，MsAEM 和 MEM 相关方法可以节省大量计算资源。

表 1.5　多尺度特征单元方法的时间复杂度

类　别	计算过程和算法	时间复杂度		
		MEM	IMEM	SMEM
单胞问题	形成单胞细观模型 矩阵 $\boldsymbol{K}_{b\times b}$ 和 $\boldsymbol{M}_{b\times b}$	$O(b)$		
	求解固支单胞特征值问题 $\boldsymbol{K}_{(b-a)\times(b-a)}\boldsymbol{\varphi}_i=\omega^2\boldsymbol{M}_{(b-a)\times(b-a)}\boldsymbol{\varphi}_i$ $i=1,2,\cdots,m$	—	$(b-a)^3+O((b-a)^2)$	—
	用高斯消元法求解方程 得修正位移 $\boldsymbol{U}_{m(b-a)}$	—	—	$\frac{2}{3}(b-a)^3+O((b-a)^2)$
	形成式(1.4.6)中形函数矩阵 $\boldsymbol{N}_{b\times a}$	$\frac{2}{3}(b-a)^3+O((b-a)^2)$		
	计算 $\boldsymbol{K}_G=\boldsymbol{N}^{\mathrm{T}}\boldsymbol{K}\boldsymbol{N}$	$2ab(2b-1)$	$2(a+m)b(2b-1)$	$2ab(2b-1)$
宏观问题	构造刚度矩阵$(\sum\boldsymbol{K}_G)_{d\times d}$	$O(d)$		
	用高斯消元法 由式$(\sum\boldsymbol{K}_G)(\sum\boldsymbol{U}_G)=\sum\boldsymbol{F}_G$ 计算$(\sum\boldsymbol{U}_G)_{d\times 1}$	$\frac{2}{3}d^3+O(d^2)$		
	利用子空间迭代方法求解 结构广义特征值问题	$d^3+O(d^2)$		

表 1.6　MsAEM 的时间复杂度(平面问题)

类　别	计算过程和算法	时间复杂度
单胞问题	用高斯消元法 由式$(\boldsymbol{K}^{\varepsilon})_{b\times b}(\boldsymbol{\chi}_1)_{b\times 3}=(\boldsymbol{F}_1)_{b\times 3}$ 计算 $\boldsymbol{\chi}_1$	$3\times\frac{2}{3}b^3+O(b^2)$
	用高斯消元法 由式$(\boldsymbol{K}^{\varepsilon})_{b\times b}(\boldsymbol{\chi}_2)_{b\times 6}=(\boldsymbol{F}_1)_{b\times 6}$ 计算 $\boldsymbol{\chi}_2$	$6\times\frac{2}{3}b^3+O(b^2)$
	求均匀化弹性矩阵 $\boldsymbol{E}^{\mathrm{H}}=\frac{1}{\vert D\vert}\sum\boldsymbol{E}^{\varepsilon}(\boldsymbol{I}-\boldsymbol{B}^{\varepsilon}\boldsymbol{\chi}_1)$	$O(b)$

续表 1.6

类　别	计算过程和算法	时间复杂度
宏观问题	构造$(\boldsymbol{K}^{\mathrm{H}})_{d\times d}$	$O(d)$
	用高斯消元法 由式 $\boldsymbol{K}^{\mathrm{H}}\boldsymbol{u}^{\mathrm{H}}=\boldsymbol{F}_0$ 计算$(\boldsymbol{u}^{\mathrm{H}})_{d\times 1}$	$\frac{2}{3}d^3+O(d^2)$
	计算$\frac{\partial u_k^{\mathrm{H}}}{\partial x_l}$和$\frac{\partial^2 u_k^{\mathrm{H}}}{\partial x_l \partial x_p}$	$O(d)$
	计算展开到二阶项的细观位移 u_j^{ε}	$O(d)$
	利用子空间迭代方法 求解结构广义特征值问题	$d^3+O(d^2)$

表 1.7　时间复杂度的比较

类　别	MsAEM	MEM	IMEM	SMEM
单胞问题	$6b^3+O(b^2)$	$\frac{2}{3}(b-a)^3+O((b-a)^2)$	$\frac{5}{3}(b-a)^3+O((b-a)^2)$	$\frac{4}{3}(b-a)^3+O((b-a)^2)$
宏观问题	$\frac{5}{3}d^3+O(d^2)$	$\frac{5}{3}d^3+O(d^2)$	$\frac{5}{3}d^3+O(d^2)$	$\frac{5}{3}d^3+O(d^2)$

为了更加清晰地比较 4 种方法在求解宏观模型时的计算效率，我们分别用 c_1、c_2 和 c_3 来表示 MsAEM、(MEM、SMEM)和 IMEM 中每个粗网格单元的自由度，其中 MEM 和 SMEM 自由度相同。于是，$c_2=a$，$c_3=m+c_2$，对大多数情况，$m=5\sim15$ 即可。在应用 MsAEM 处理矩形平面问题时，通常用双线性单元作为粗网格单元，在这种情况下 MsAEM 具有最高的计算效率，但是从下一章内容可以看出这种做法的精度较低。为了提高 MsAEM 的计算精度，需要增加宏观单元的结点数，常见的增加 c_1 的方法包括使用 Serendipity 单元或者其他高阶单元。

1.6　计算过程

特征单元方法的执行过程和一般有限元方法的完全相同。对于静力学问题，可以根据最小势能原理建立静力学平衡方程；对于动力学问题，可以根据广义哈密顿(Hamilton)变分原理建立动力学平衡方程。

1.6.1　特征单元矩阵的形成

下面给出形成多尺度特征单元矩阵的步骤。

步骤 1： 建立单胞细观(或细网格)有限元模型，形成其总体刚度矩阵 $\boldsymbol{K}$、质量矩阵 $\boldsymbol{M}$、阻尼矩阵 $\boldsymbol{C}$ 和载荷列向量 $\boldsymbol{f}$。

步骤 2： 确定多尺度特征单元矩阵。

1. 对于多尺度特征单元方法(MEM)

① 求解单胞自平衡方程(1.4.2)得到结点形函数矩阵，式(1.4.6)给出了其形式，即

$$\boldsymbol{N}=\begin{bmatrix}\boldsymbol{I}\\-\boldsymbol{K}_{\mathrm{ii}}^{-1}\boldsymbol{K}_{\mathrm{ie}}\end{bmatrix}\tag{1.6.1}$$

② 单元细观位移场如式(1.4.5)所示，即

$$\boldsymbol{u}=\boldsymbol{N}\boldsymbol{U} \tag{1.6.2}$$

③ 把式(1.6.1)分别代入式(1.3.11)、式(1.3.14)和式(1.3.16)中，可得多尺度特征单元刚度矩阵、质量矩阵、阻尼矩阵和载荷列向量，分别为

$$\boldsymbol{K}_{\mathrm{G}}=\boldsymbol{N}^{\mathrm{T}}\boldsymbol{K}\boldsymbol{N} \tag{1.6.3}$$

$$\boldsymbol{M}_{\mathrm{G}}=\boldsymbol{N}^{\mathrm{T}}\boldsymbol{M}\boldsymbol{N} \tag{1.6.4}$$

$$\boldsymbol{C}_{\mathrm{G}}=\boldsymbol{N}^{\mathrm{T}}\boldsymbol{C}\boldsymbol{N} \tag{1.6.5}$$

$$\boldsymbol{F}_{\mathrm{G}}=\boldsymbol{N}^{\mathrm{T}}\boldsymbol{f} \tag{1.6.6}$$

2. 对于改进的多尺度特征单元方法(IMEM)

① 与 MEM 相同，求解单胞自平衡方程(1.4.2)得到结点形函数矩阵，见式(1.6.1)；

② 求解固支单胞细观模型的广义特征方程，见式(1.4.16)，即

$$\boldsymbol{K}\boldsymbol{\varphi}=\omega^2\boldsymbol{M}\boldsymbol{\varphi} \tag{1.6.7}$$

③ 利用前 m 阶模态形成模态矩阵，见式(1.4.15)，即

$$\boldsymbol{\Phi}_m=[\boldsymbol{\varphi}_1\quad \boldsymbol{\varphi}_2\quad \cdots\quad \boldsymbol{\varphi}_m] \tag{1.6.8}$$

④ 形成结点形函数矩阵

$$\boldsymbol{N}_m=[\boldsymbol{N}\quad \boldsymbol{\Phi}_m] \tag{1.6.9}$$

⑤ 单元细观位移场如式(1.4.18)所示，即

$$\boldsymbol{u}=[\boldsymbol{N}\quad \boldsymbol{\Phi}_m]\begin{bmatrix}\boldsymbol{U}\\ \boldsymbol{U}_m\end{bmatrix}=\boldsymbol{N}\boldsymbol{U}+\boldsymbol{\Phi}_m\boldsymbol{U}_m \tag{1.6.10}$$

⑥ 计算特征单元矩阵：

$$\boldsymbol{K}_{\mathrm{G}}=\boldsymbol{N}_m^{\mathrm{T}}\boldsymbol{K}\boldsymbol{N}_m \tag{1.6.11}$$

$$\boldsymbol{M}_{\mathrm{G}}=\boldsymbol{N}_m^{\mathrm{T}}\boldsymbol{M}\boldsymbol{N}_m \tag{1.6.12}$$

$$\boldsymbol{C}_{\mathrm{G}}=\boldsymbol{N}_m^{\mathrm{T}}\boldsymbol{C}\boldsymbol{N}_m \tag{1.6.13}$$

$$\boldsymbol{F}_{\mathrm{G}}=\boldsymbol{N}_m^{\mathrm{T}}\boldsymbol{f} \tag{1.6.14}$$

把上述特征单元矩阵进行组装，可以求解周期复合材料结构静力学问题和动力学问题。

1.6.2 组装求解静力学问题

对于静力学问题，离散系统的总势能泛函为

$$\Pi=\frac{1}{2}\boldsymbol{U}_{\mathrm{C}}^{\mathrm{T}}\boldsymbol{K}_{\mathrm{C}}\boldsymbol{U}_{\mathrm{C}}-\boldsymbol{U}_{\mathrm{C}}^{\mathrm{T}}\boldsymbol{F}_{\mathrm{C}} \tag{1.6.15}$$

式中：下标“C”代表宏观结构有限元模型，在这个宏观模型中，一个单胞被视为一个特征单元；$\boldsymbol{K}_{\mathrm{C}}$ 和 $\boldsymbol{F}_{\mathrm{C}}$ 分别为宏观模型的刚度矩阵和载荷列向量，其由特征单元矩阵或向量组装而得；$\boldsymbol{U}_{\mathrm{C}}$ 为特征单元总结点位移列向量，由特征单元结点位移列向量组装而成。

根据最小总势能变分原理 $\delta\Pi=0$ 得宏观模型的静力学平衡方程为

$$\boldsymbol{K}_{\mathrm{C}}\boldsymbol{U}_{\mathrm{C}}=\boldsymbol{F}_{\mathrm{C}} \tag{1.6.16}$$

有如下几点值得强调：

① 对于任意外载荷下的静力学问题，由利用 MEM 得到的结构宏观有限元模型式(1.6.16)求得的 $\boldsymbol{U}_{\mathrm{C}}$ 与由结构细观有限元模型求得的对应结点的位移完全相同。此时，不需要利用 IMEM。

② 如果结构只受边界力作用,即 $\boldsymbol{f}_{\mathrm{i}}=\mathbf{0}$,在 MEM 中,利用式(1.4.4)得到的单胞内部细观结点位移也与由结构细观有限元模型求得的对应结点的位移相同。此时,也不需要利用 IMEM。

③ 若结构有体力作用,即 $\boldsymbol{f}_{\mathrm{i}}\neq\mathbf{0}$,此时利用 SMEM 求出的单胞细观结点位移与由结构细观模型得到的结果相同。为了降低计算量,只需要在关注的单胞(如夹持端附近单胞)内执行 SMEM;若利用 IMEM,则求得的单胞细观结点位移的精度比 MEM 的高,但 IMEM 的精度取决于形函数矩阵中选用的固支单胞模态向量的个数,其精度通常低于 SMEM。

④ 若需要计算单胞内的细观应力,首先要根据 SMEM 或 IMEM 求得足够精确的细观结点位移以形成细观单元位移场,然后计算细观单元的结点或高斯点的应力。

1.6.3 组装求解动力学问题

对于受外载荷作用的阻尼结构动力系统,可以通过广义哈密顿变分原理获得特征单元方法的常微分方程。广义哈密顿变分原理的表达式为

$$\int_{t_1}^{t_2}\delta(T-V)\mathrm{d}t+\int_{t_1}^{t_2}\delta W\mathrm{d}t=0 \tag{1.6.17}$$

其中动能、势能和外力虚功分别为

$$\begin{cases}T=\dfrac{1}{2}\dot{\boldsymbol{u}}_{\mathrm{C}}^{\mathrm{T}}\boldsymbol{M}_{\mathrm{C}}\dot{\boldsymbol{u}}_{\mathrm{C}}\\[2ex] V=\dfrac{1}{2}\boldsymbol{u}_{\mathrm{C}}^{\mathrm{T}}\boldsymbol{K}_{\mathrm{C}}\boldsymbol{u}_{\mathrm{C}}\\[2ex] \delta W=\dot{\boldsymbol{u}}_{\mathrm{C}}^{\mathrm{T}}\boldsymbol{C}_{\mathrm{C}}\delta\boldsymbol{u}_{\mathrm{C}}+\boldsymbol{F}_{\mathrm{C}}^{\mathrm{T}}\delta\boldsymbol{u}_{\mathrm{C}}\end{cases} \tag{1.6.18}$$

式中:$\boldsymbol{M}_{\mathrm{C}}$、$\boldsymbol{C}_{\mathrm{C}}$、$\boldsymbol{u}_{\mathrm{C}}$ 和 $\boldsymbol{F}_{\mathrm{C}}$ 分别为宏观结构模型的质量矩阵、阻尼矩阵、总结点位移和载荷列向量。式(1.6.17)和下面的动力微分方程等效:

$$\boldsymbol{M}_{\mathrm{C}}\ddot{\boldsymbol{u}}_{\mathrm{C}}(t)+\boldsymbol{C}_{\mathrm{C}}\dot{\boldsymbol{u}}_{\mathrm{C}}(t)+\boldsymbol{K}_{\mathrm{C}}\boldsymbol{u}_{\mathrm{C}}(t)=\boldsymbol{F}_{\mathrm{C}}(t) \tag{1.6.19}$$

与式(1.6.19)对应的广义特征值方程为

$$\boldsymbol{K}_{\mathrm{C}}\boldsymbol{\Psi}_{\mathrm{C}}=\omega^2\boldsymbol{M}_{\mathrm{C}}\boldsymbol{\Psi}_{\mathrm{C}} \tag{1.6.20}$$

式中:ω 和 $\boldsymbol{\Psi}_{\mathrm{C}}$ 分别为结构固有振动频率和模态向量。也可以利用瑞利(Rayleigh)商变分原理得到方程(1.6.20)。对于方程(1.6.19),可采用模态叠加方法和 Newmark 方法等时间积分方法进行求解。下面给出利用模态叠加方法和 Newmark 方法求解方程(1.6.19)的步骤。

方法1:模态叠加方法(Mode Superposition Method,MSM)

步骤1: 求解方程(1.6.20)以获得结构的固有频率 ω_j 和模态 $\boldsymbol{\Psi}_{\mathrm{C}}^j$。

步骤2: 求解位移 $\boldsymbol{u}_{\mathrm{C}}$,其计算公式为

$$\begin{aligned}\boldsymbol{u}_{\mathrm{C}}=\sum_{j=1}\frac{\boldsymbol{\Psi}_{\mathrm{C}}^j}{M_{\mathrm{C}}^{\mathrm{p}j}}\Bigg[&\mathrm{e}^{-\xi_j\omega_j t}\Big(\boldsymbol{\Psi}_{\mathrm{C}}^{j\mathrm{T}}\boldsymbol{M}_{\mathrm{C}}\boldsymbol{u}_{\mathrm{C}}^0\cos\omega_{j\mathrm{d}}t+\frac{\boldsymbol{\Psi}_{\mathrm{C}}^{j\mathrm{T}}\boldsymbol{M}_{\mathrm{C}}\dot{\boldsymbol{u}}_{\mathrm{C}}^0+\xi_j\omega_j\boldsymbol{\Psi}_{\mathrm{C}}^{j\mathrm{T}}\boldsymbol{M}_{\mathrm{C}}\boldsymbol{u}_{\mathrm{C}}^0}{\omega_{j\mathrm{d}}}\sin\omega_{j\mathrm{d}}t\Big)+\\ &\frac{1}{\omega_{j\mathrm{d}}}\int_0^t\boldsymbol{\Psi}_{\mathrm{C}}^{j\mathrm{T}}\boldsymbol{F}_{\mathrm{C}}(\tau)\mathrm{e}^{-\xi_j\omega_j(t-\tau)}\sin\omega_{j\mathrm{d}}(t-\tau)\mathrm{d}\tau\Bigg]\end{aligned} \tag{1.6.21}$$

式中:$\boldsymbol{u}_{\mathrm{C}}^0$ 和 $\dot{\boldsymbol{u}}_{\mathrm{C}}^0$ 分别为宏观模型的初始位移和初始速度,$\omega_{j\mathrm{d}}=\omega_j\sqrt{1-\xi_j^2}$,$M_{\mathrm{C}}^{\mathrm{p}j}=\boldsymbol{\Psi}_{\mathrm{C}}^{j\mathrm{T}}\boldsymbol{M}_{\mathrm{C}}\boldsymbol{\Psi}_{\mathrm{C}}^j$ 为第 j 阶模态质量;$\xi_j=C_{\mathrm{C}}^{\mathrm{p}j}/(2\omega_j M_{\mathrm{C}}^{\mathrm{p}j})$ 为阻尼比,其中 $C_{\mathrm{C}}^{\mathrm{p}j}=\boldsymbol{\Psi}_{\mathrm{C}}^{j\mathrm{T}}\boldsymbol{C}_{\mathrm{C}}\boldsymbol{\Psi}_{\mathrm{C}}^j$ 为第 j 阶模态阻尼系数。

步骤3: 如果需要细观信息,那么利用 IMEM 获得的单胞内部细观结点位移为

$$\boldsymbol{u}_{\mathrm{S}i}=\boldsymbol{N}_m\boldsymbol{u}_{\mathrm{C}i} \tag{1.6.22}$$

式中：$\boldsymbol{u}_{\mathrm{C}i}$ 为第 i 个特征单元的结点位移向量，$\boldsymbol{u}_{\mathrm{S}i}$ 为第 i 个细观单胞模型的位移向量。细观速度或者加速度的表达式为

$$\begin{cases}\dot{\boldsymbol{u}}_{\mathrm{S}i}=\boldsymbol{N}_m\dot{\boldsymbol{u}}_{\mathrm{C}i}\\ \ddot{\boldsymbol{u}}_{\mathrm{S}i}=\boldsymbol{N}_m\ddot{\boldsymbol{u}}_{\mathrm{C}i}\end{cases} \tag{1.6.23}$$

值得指出的是，特征单元内部结点的动力响应也可以采用与式(1.6.21)相同的方式进行计算，其精度与用式(1.6.22)和式(1.6.23)计算的相同，但用式(1.6.22)和式(1.6.23)计算的效率要高于式(1.6.21)。

方法 2：Newmark 方法

步骤 1：初始计算。

① 形成宏观结构模型总体刚度矩阵 $\boldsymbol{K}_{\mathrm{C}}$、阻尼矩阵 $\boldsymbol{C}_{\mathrm{C}}$、质量矩阵 $\boldsymbol{M}_{\mathrm{C}}$ 和载荷列向量 $\boldsymbol{F}_{\mathrm{C}}$；

② 初始化加速度 $\ddot{\boldsymbol{u}}_{\mathrm{C}}^0$：

$$\ddot{\boldsymbol{u}}_{\mathrm{C}}^0=\boldsymbol{M}_{\mathrm{C}}^{-1}(\boldsymbol{F}_{\mathrm{C}}^0-\boldsymbol{C}_{\mathrm{C}}\dot{\boldsymbol{u}}_{\mathrm{C}}^0-\boldsymbol{K}_{\mathrm{C}}\boldsymbol{u}_{\mathrm{C}}^0) \tag{1.6.24}$$

式中：$\boldsymbol{F}_{\mathrm{C}}^0$ 为初始载荷列向量，$\dot{\boldsymbol{u}}_{\mathrm{C}}^0$ 和 $\boldsymbol{u}_{\mathrm{C}}^0$ 分别为宏观模型的初始速度和位移向量；

③ 选择合适的积分步长 Δt，以及参数 β、γ，并计算积分常数：

$$\begin{cases}\alpha_0=\dfrac{1}{\gamma\Delta t^2},\quad \alpha_1=\dfrac{\beta}{\gamma\Delta t},\quad \alpha_2=\dfrac{1}{\gamma\Delta t},\quad \alpha_3=\dfrac{1}{2\gamma}-1,\quad \alpha_4=\dfrac{\beta}{\gamma}-1,\\ \alpha_5=\dfrac{\Delta t}{2}\left(\dfrac{\beta}{\gamma}-2\right),\quad \alpha_6=\Delta t(1-\beta),\quad \alpha_7=\beta\Delta t\end{cases} \tag{1.6.25}$$

④ 形成有效刚度矩阵 $\bar{\boldsymbol{K}}_{\mathrm{C}}$：

$$\bar{\boldsymbol{K}}_{\mathrm{C}}=\boldsymbol{K}_{\mathrm{C}}+\alpha_0\boldsymbol{M}_{\mathrm{C}}+\alpha_1\boldsymbol{C}_{\mathrm{C}} \tag{1.6.26}$$

步骤 2：对每个时间步长的计算。

① 计算 $t+\Delta t$ 时刻的有效载荷列向量：

$$\bar{\boldsymbol{F}}_{\mathrm{C}}^{t+\Delta t}=\boldsymbol{F}_{\mathrm{C}}^{t+\Delta t}+\boldsymbol{M}_{\mathrm{C}}(\alpha_0\boldsymbol{u}_{\mathrm{C}}^t+\alpha_2\dot{\boldsymbol{u}}_{\mathrm{C}}^t+\alpha_3\ddot{\boldsymbol{u}}_{\mathrm{C}}^t)+\boldsymbol{C}_{\mathrm{C}}(\alpha_1\boldsymbol{u}_{\mathrm{C}}^t+\alpha_4\dot{\boldsymbol{u}}_{\mathrm{C}}^t+\alpha_5\ddot{\boldsymbol{u}}_{\mathrm{C}}^t) \tag{1.6.27}$$

② 求解 $t+\Delta t$ 时刻的结构宏观模型位移：

$$\bar{\boldsymbol{K}}_{\mathrm{C}}\boldsymbol{u}_{\mathrm{C}}^{t+\Delta t}=\bar{\boldsymbol{F}}_{\mathrm{C}}^{t+\Delta t} \tag{1.6.28}$$

③ 计算 $t+\Delta t$ 时刻的宏观结构速度和加速度：

$$\ddot{\boldsymbol{u}}_{\mathrm{C}}^{t+\Delta t}=\alpha_0(\boldsymbol{u}_{\mathrm{C}}^{t+\Delta t}-\boldsymbol{u}_{\mathrm{C}}^t)-\alpha_2\dot{\boldsymbol{u}}_{\mathrm{C}}^t-\alpha_3\ddot{\boldsymbol{u}}_{\mathrm{C}}^t \tag{1.6.29}$$

$$\dot{\boldsymbol{u}}_{\mathrm{C}}^{t+\Delta t}=\dot{\boldsymbol{u}}_{\mathrm{C}}^t+\alpha_6\ddot{\boldsymbol{u}}_{\mathrm{C}}^t+\alpha_7\ddot{\boldsymbol{u}}_{\mathrm{C}}^{t+\Delta t} \tag{1.6.30}$$

步骤 3：计算特征单元内部结点响应。与模态叠加法类似，如果需要考虑单胞内部细观信息，仍可通过式(1.6.22)和式(1.6.23)进行高效计算。

1.7 数值比较和分析

首先对特征单元的特点进行总结：

① 双线性特征单元方法(BEEM)和 Serendipity 特征单元方法(SEEM)中的形函数是光滑的；多尺度特征单元方法(MEM)和改进多尺度特征单元方法(IMEM)中的形函数是分段或分片定义的；基于变形相似的特征单元方法(DSEM)可以不使用或使用光滑形函数。

② 所有特征单元方法都满足应变能等效条件，此外，DSEM、MEM 和 IMEM 还满足变形相似条件。

③ 由于在 BEEM 和 SEEM 中形函数构造不需要求逆，所以计算效率最高；MEM 和 IMEM 精度最高，不过两种方法在构造形函数矩阵 **N** 的过程中需要求矩阵的逆，一定程度上降低了计算效率，但二者适用于求解大多数静动力学问题。下面采用算例对特征单元方法的优越性进行说明。

1.7.1　不同特征单元方法计算固有频率精度的比较

为了比较不同特征单元方法之间的精度，下面对如图 1.18 所示的二维周期复合材料板进行研究。结构尺寸为 $a\times b=45\ \text{mm}\times 22.5\ \text{mm}$ 且包含 5×5 个单胞，每个单胞形式如图所示，单胞中间包含一个矩形夹杂，单胞被划分为 9×9 个子单元。表 1.8 给出了基体和夹杂的相关材料参数。

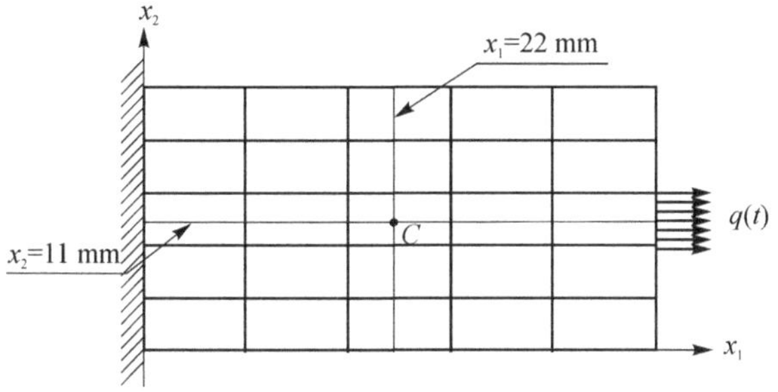

(a) 结构模型

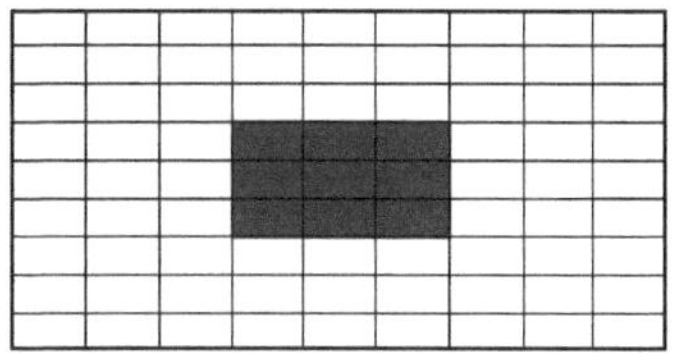

(b) 单胞细观模型

图 1.18　二维周期复合材料结构及其单胞

表 1.8　基体和夹杂的材料参数

类　别	弹性模量/GPa	密度/(kg·m^{-3})	泊松比
基体(Al)	70	2 700	0.33
夹杂(SiC)	428	3 163	0.17

表 1.9 比较了用几种特征单元方法求出的前 10 阶无因次频率 $\lambda=\omega a/c$，其中 $c=(E_1/\rho_1)^{1/2}$，E_1 和 ρ_1 分别为基体的弹性模量和质量密度。IMEMm 代表用 IMEM 得到的结果，其中引入了固支单胞的前 m 阶模态；FFEM 代表结构细观模型的结果，细观模型中每个单胞的细观模型如图 1.18(b)所示，因此结构细观模型单元数为 45×45。图 1.19 为不同特征单元方法的前 50 阶无因次频率 λ 的相对误差比较，其中相对误差的定义为

$$\text{RDiff}=\frac{\text{本方法}-\text{FFEM}}{\text{FFEM}}\times 100\% \tag{1.7.1}$$

表 1.9　不同特征单元方法的无因次频率 λ 比较

阶　次	FFEM	BEEM	SEEM	MEM	IMEM5
1	0.466 2	0.554 8	0.482 5	0.466 2	0.466 2
2	1.712 3	1.973 6	1.776 5	1.715 1	1.712 4

续表 1.9

阶　次	FFEM	BEEM	SEEM	MEM	IMEM5
3	1.755 3	2.217 5	1.816 0	1.757 3	1.755 4
4	3.667 3	4.890 0	3.799 7	3.685 3	3.668 0
5	4.665 0	5.990 4	4.809 1	4.711 5	4.666 9
6	4.963 7	6.067 6	5.184 3	5.027 5	4.966 1
7	5.820 5	7.104 7	6.051 4	5.897 9	5.824 4
8	6.071 2	8.126 7	6.312 5	6.154 5	6.075 2
9	6.585 9	8.208 3	6.866 9	6.693 3	6.590 1
10	6.621 7	8.424 3	6.939 6	6.758 7	6.627 1

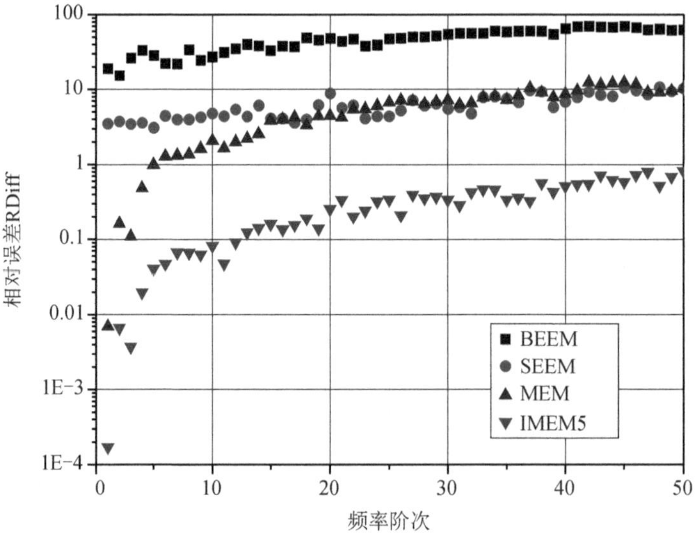

图 1.19　不同特征单元方法前 50 阶无因次频率的相对误差比较(平面夹杂问题)

从表 1.9 和图 1.19 可以看出，这几种特征单元方法的精度从高到低依次为 IMEM、MEM、SEEM 和 BEEM。

概括来说，不同特征单元方法均有自己的优势和不足，在应用中可根据实际需求选择合适的方法。根据前面对不同特征单元方法的相关介绍与这里的数值比较可知，多尺度特征单元方法及其改进方法的精度优势较为明显。

1.7.2　利用不同单夹杂平面问题比较 MEM 和 MsAEM

为了更好地展现 MEM 的精度优势，这里将其与 MsAEM 进行比较。关于 MsAEM，读者可以阅读第 2 章。考虑图 1.20 所示四边固支的由 6×6 个单胞组成的周期复合材料结构，每个特征单元或单胞的尺寸为 15 mm×15 mm。图 1.20 中的右图“单胞 A”即为 IMEM 求解的固支单胞细观模型。图 1.21(a)给出了 MEM 中单元结点配置方法和单胞细观模型。在下面的结果比较中，MEM4 是指增加了 4 个内部结点的 MEM，参见图 1.21(b)；MEM# 指的是增加了两排两列宏观结点的 MEM，参见图 1.21(c)；MsAEM 和 MsAEMc 均代表摄动到二阶项的多尺度渐近展开方法。在本小节的 MsAEM 中，为了提高计算精度，把图 1.21(a)所示的单胞细观模型用作单胞宏观模型，因此这里 MsAEM 的计算量要远大于 IMEM 和 SMEM，但实际中并不是这样使用 MsAEM 的。在 MsAEMc 中，每个单胞都是一个矩形双线性单元，只有 4 个结点，这样做通常是为了节省计算资源，但会大幅降低计算精度，不过这是运用 MsAEM 的实际可行方法。FFEM 代表结构细观模型的结果，其中每个单元都是尺寸为 1 mm×1 mm 的双线性单元。

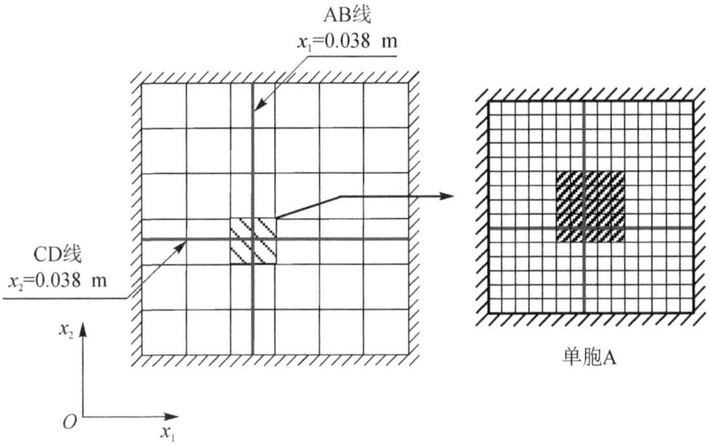

图 1.20　6×6 个单胞组成的周期性复合材料结构

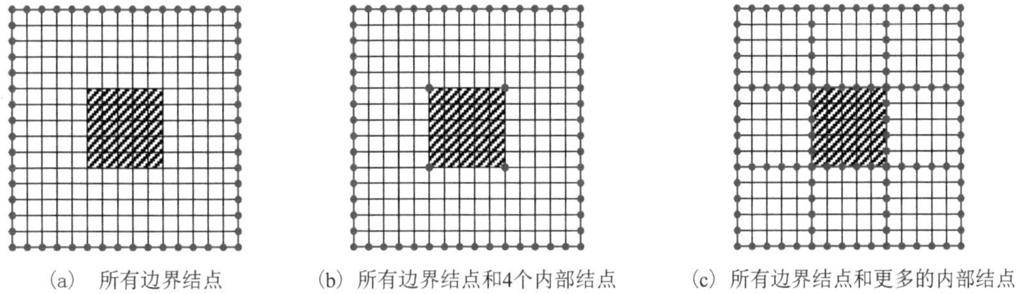
(a)　所有边界结点
(b) 所有边界结点和4个内部结点
(c) 所有边界结点和更多的内部结点

图 1.21　多尺度特征单元结点

表 1.10 中列出了三种情况的材料弹性模量 E、剪切模量 G、泊松比 ν 和质量密度 ρ，各向同性夹杂的弹性模量 $E_1=E_2$，正交各向异性夹杂 E_1 是 x_1 方向的弹性模量，E_2 是 x_2 方向的弹性模量。在静力分析中结构承受沿水平 x_1 方向大小为 10^5 N/m^2 的均布载荷。变量 u_1 和 u_2 分别表示沿 x_1 和 x_2 方向的结点位移。

表 1.10　基体和夹杂的材料参数

算　例	基　体			夹　杂				
	E/GPa	ν	ρ/(kg·m^{-3})	E_1/GPa	ν	E_2/GPa	G/GPa	ρ/(kg·m^{-3})
情况 1	2	0.33	1 240	60	0.33	60	—	1 740
情况 2	60	0.33	1 740	2	0.33	2	—	1 240
情况 3	2	0.33	1 240	185	0.28	10.5	7.3	1 600

情况 1：各向同性硬夹杂复合材料

这种情况的材料参数参见表 1.10 中的情况 1。图 1.22 和图 1.23 给出的是图 1.20 所示 AB 线以及 CD 线上所有结点的位移，图 1.24 给出的是 AB 线、CD 线在单胞 A 内结点的 von Mises 应力。从图中可以看出，沿 x_2 方向的位移，MEM 及其改进算法的结果与 FFEM 吻合得很好，几乎与 FFEM 相同，这主要因为载荷方向为 x_1。对于 x_1 方向的位移，MEM♯ 和 IMEM5 要比 MsAEM 更加精确，结点 von Mises 应力的精度也有类似的规律。

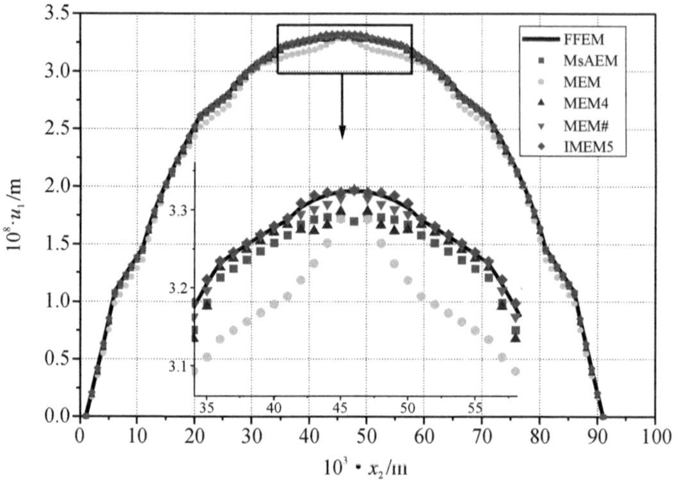

(a) x_1方向的位移

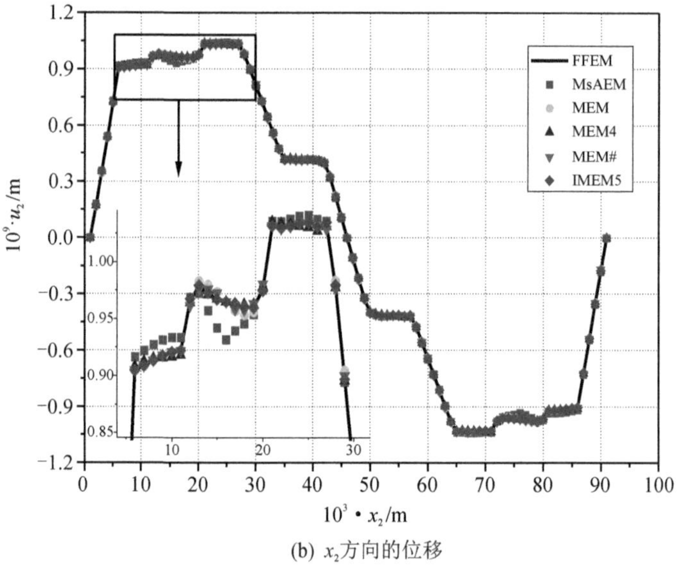

(b) x_2方向的位移

图 1.22　AB 线上结点位移（x_1=0.038 m，情况 1）

图 1.25 给出了 IMEM5 引用的固支单胞细观模型的前 5 阶模态图，从中可以看出：基体处于弹性变形的状态，而夹杂几乎只产生刚体位移；前两阶模态分别是以两个坐标方向变形为主的模态。

从表 1.11 中势能泛函的结果可以看出，IMEM 是最精确的方法，其次是 MEM♯，这意味

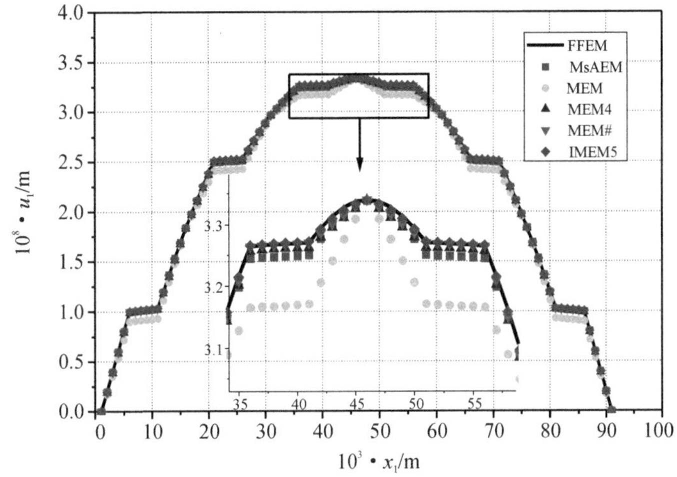

(a) x_1方向的位移

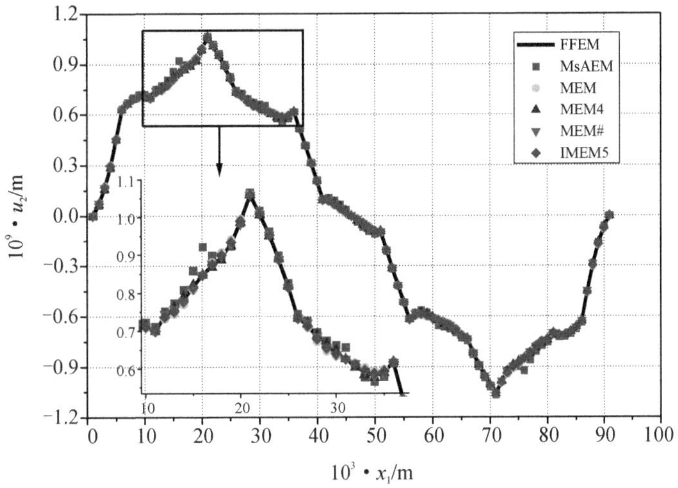

(b) x_2方向的位移

图 1.23　CD 线上结点位移（x_2=0.038 m,情况 1）

着为了提高精度,在特征单元形函数中引入少量的模态函数要比在特征单元内部增加宏观结点具有更显著的作用。

表 1.11　总势能泛函(情况 1)

类　别	FFEM	MsAEM	MEM	MEM4	MEM＃	IMEM5
$10^6 \cdot \Pi$	−6.710 5	−6.673 3	−6.495 0	−6.638 9	−6.690 4	−6.706 0
RDiff/%	—	0.554 6	3.211 3	1.067 0	0.298 9	0.066 3

对自由振动的分析(通常是分析固有模态),图 1.26 给出了 5 种方法计算的前 100 阶固有频率以及与 FFEM 结果之间的相对误差。从图 1.26 可以看出,MEM 和改进的方法所求得的低阶固有频率与 FFEM 的结果吻合得很好,但只有 MEM＃ 和 IMEM5 的高阶频率也与

FFEM 的吻合得很好。

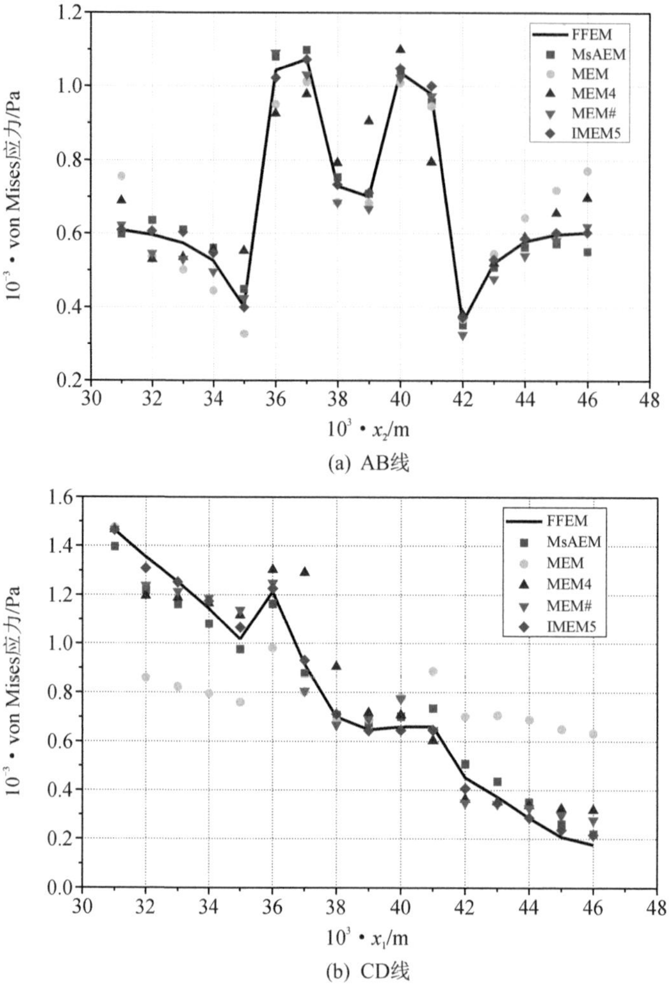

图 1.24 AB 线、CD 线在单胞 A 内结点的 von Mises 应力(情况 1)

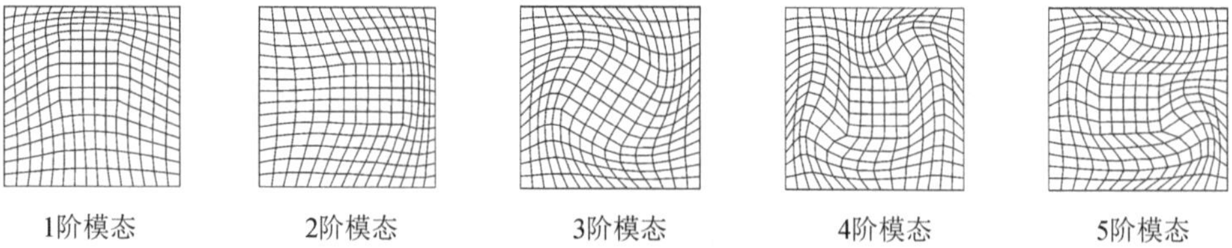

图 1.25 固支单胞前 5 阶模态图(情况 1)

情况 2：各向同性柔性夹杂复合材料

情况 1 中的夹杂比基体刚硬，本情况中的夹杂比基体软，材料参数参见表 1.10 中的情况 2。图 1.27 中给出了本情况固支单胞细观模型的前 5 阶模态图，可以看出夹杂的变形远比基体剧烈。

图 1.28 和图 1.29 给出了 AB 线和 CD 线上的所有细观结点位移值的计算结果，图 1.30 给

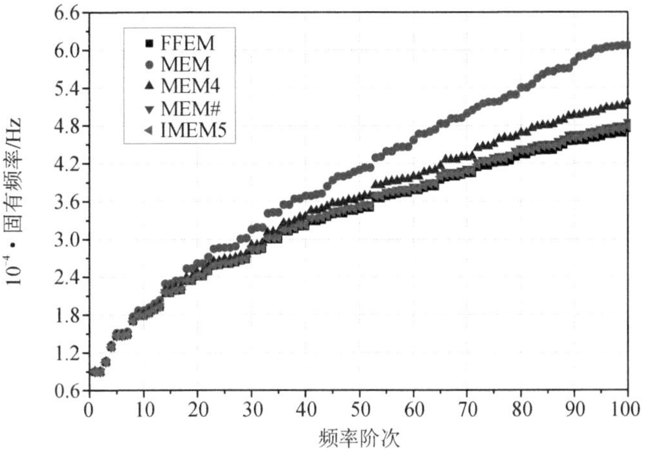

(a) 固有频率

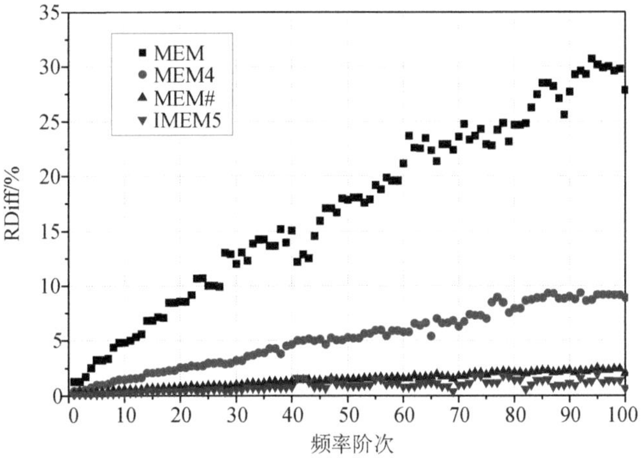

(b) 固有频率误差

图 1.26　前 100 阶固有频率比较(情况 1)

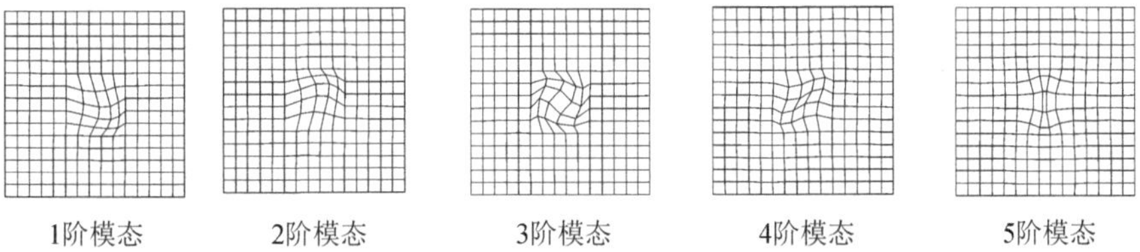

图 1.27　固支单胞细观模型的前 5 阶模态图(情况 2)

出了 AB 线、CD 线在单胞 A 内结点的 von Mises 应力，表 1.12 给出了不同方法的总势能泛函。

表 1.12　总势能泛函(情况 2)

类　别	FFEM	MsAEM	MEM	MEM4	MEM#	IMEM5	IMEM15
$10^6 \cdot \Pi$	−3.570 5	−3.506 9	−3.472 1	−3.499 6	−3.538 1	−3.523 9	−3.567 9
RDiff/%	—	1.781 3	2.755 9	1.985 7	0.907 4	1.305 1	0.072 8

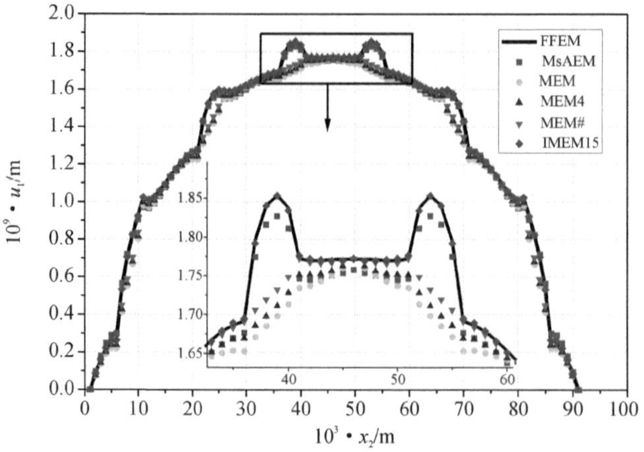

(a) x_1方向的位移

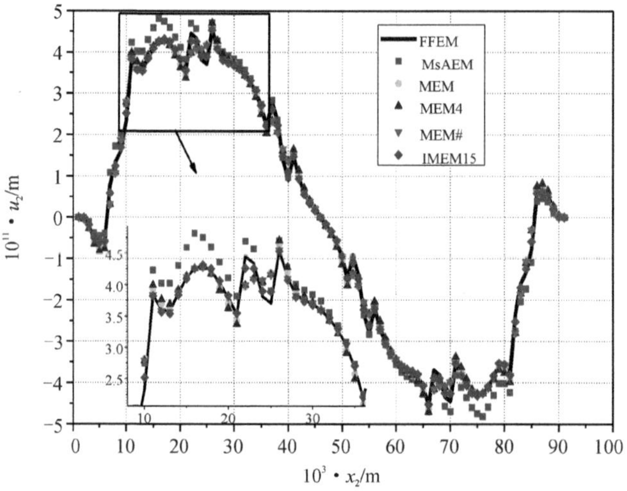

(b) x_2方向的位移

图 1.28　AB 线上结点位移（$x_1=0.038$ m，情况 2）

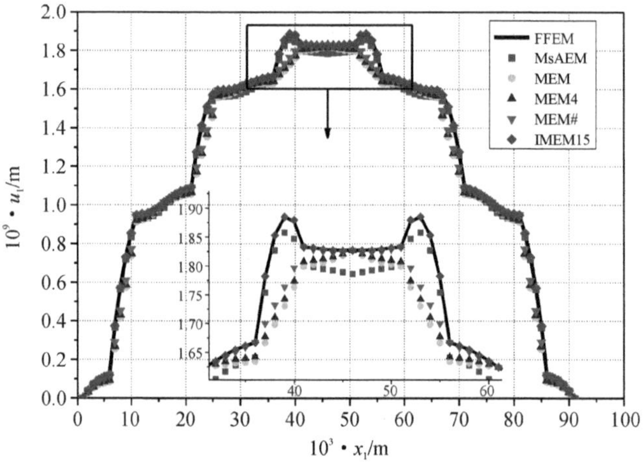

(a) x_1方向的位移

图 1.29　CD 线上结点位移（$x_2=0.038$ m，情况 2）

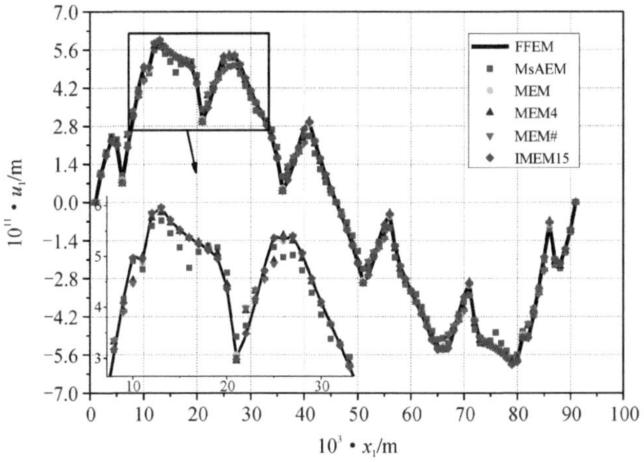

(b) x_2方向的位移

图 1.29　CD 线上结点位移（x_2=0.038 m，情况 2）（续）

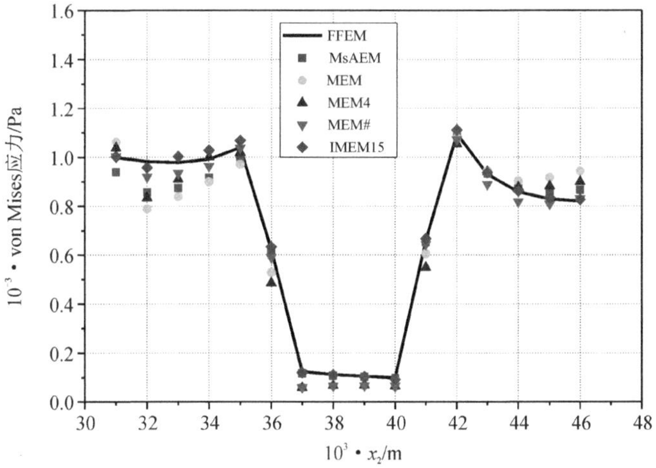

(a) AB线

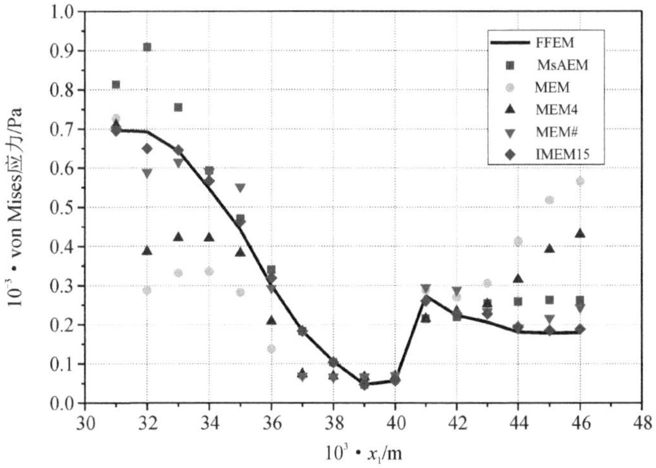

(b) CD线

图 1.30　AB 线、CD 线在单胞 A 内结点的 von Mises 应力（情况 2）

从这些结果可以看出，在该情况下的静力学分析中，IMEM15 相比于其他方法具有更高的精度。与情况 1 相比，这里 IMEM 采用前 15 阶单胞细观模态，这是因为夹杂的变形比基体更加剧烈，只选用前 5 阶模态难以达到收敛结果。从表 1.12 可以清楚地看出，引入前 15 阶模态的精度更高。

对于固有频率的结果，从图 1.31 中可以得出与硬夹杂情况同样的结论，引入模态形函数可以大幅度提高固有频率的计算精度。

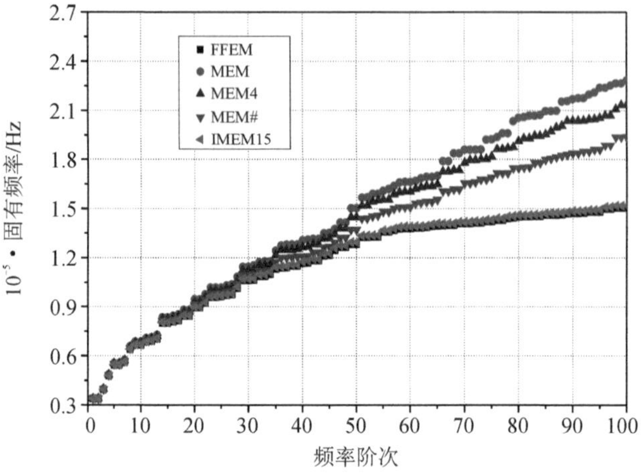

(a) 固有频率

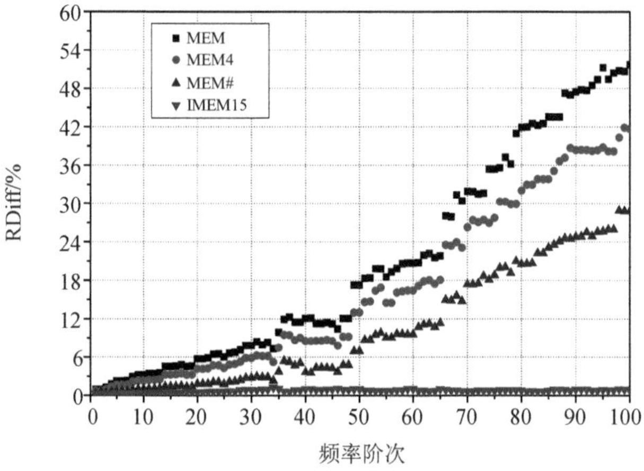

(b) 固有频率误差

图 1.31　前 100 阶固有频率比较(情况 2)

情况 3：正交各向异性夹杂复合材料

在前两种情况下，尽管基体和夹杂有不同的弹性性能，但都属于各向同性材料。在本情况下，基体是各向同性材料，夹杂是正交各向异性材料，材料参数见表 1.10 中的情况 3。图 1.32 是 IMEM5 引用的固支单胞细观模型的前 5 阶模态图，从中可以看出：前 2 阶模态图分别以两个坐标方向变形为主，三四阶模态图主要以面内扭转变形为主，第 5 阶主要体现的是基体沿着两个坐标方向的高阶变形。

图 1.33 和图 1.34 分别给出了 AB 线和 CD 线上所有细观结点位移，图 1.35 是 AB 线、

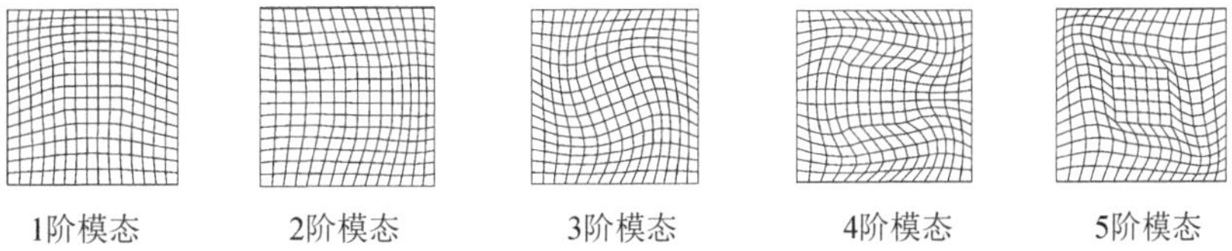

图 1.32　固支单胞细观模型的前 5 阶模态图(情况 3)

CD 线在单胞 A 内结点的 von Mises 应力。图 1.36 给出了固有频率的比较。表 1.13 给出了几种方法的势能泛函。从这些结果可以看出：

① IMEM5 具有最高的精度。

② MsAEM 要比 MsAEMc 精确。这是因为 MsAEMc 中的单胞宏观模型采用的是双线性矩形单元，而 MsAEM 在均匀化分析时，单胞宏观模型与单胞细观模型相同，采用与 FFEM 相同的 15×15 的网格划分，如图 1.20 所示。

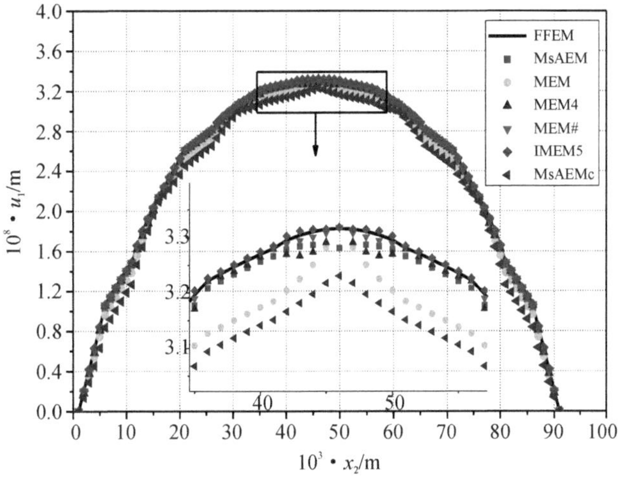

(a) x_1方向的位移

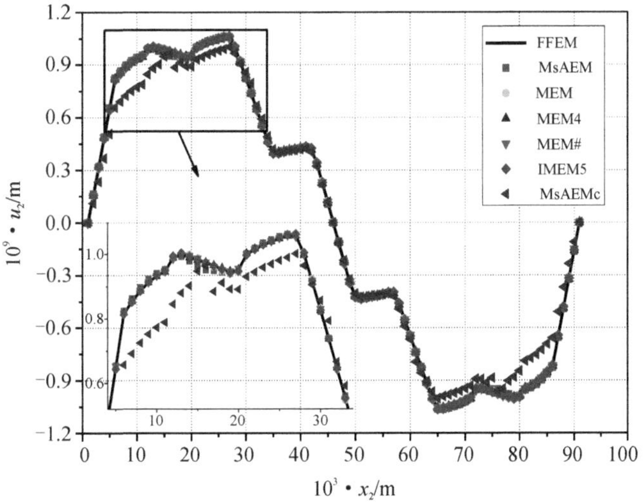

(b) x_2方向的位移

图 1.33　AB 线上结点位移 (x_1=0.038 m，情况 3)

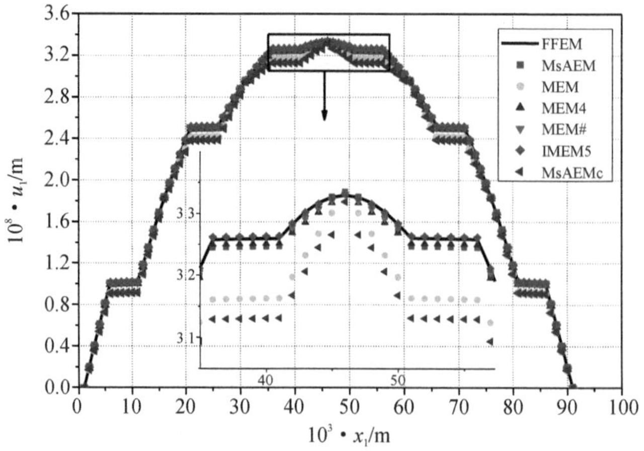

(a) x_1方向的位移

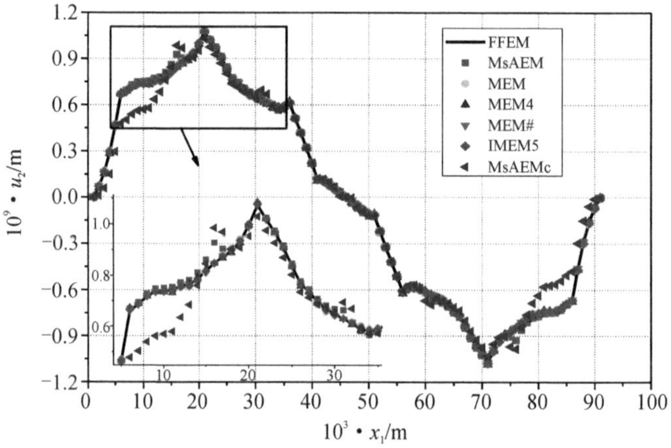

(b) x_2方向的位移

图 1.34　CD 线上结点位移（x_2=0.038 m，情况 3）

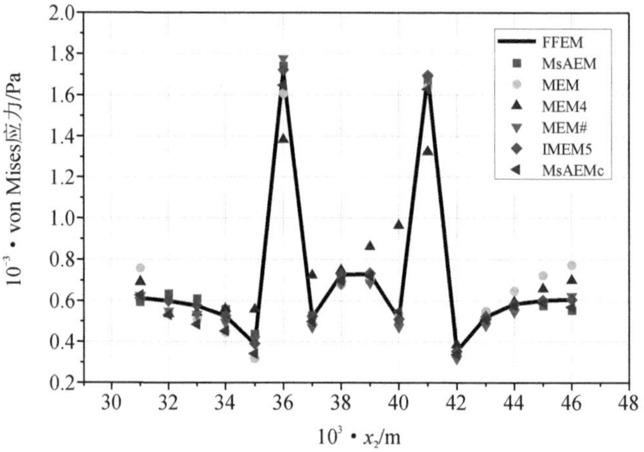

(a) AB线

图 1.35　AB 线、CD 线在单胞 A 内结点的 von Mises 应力(情况 3)

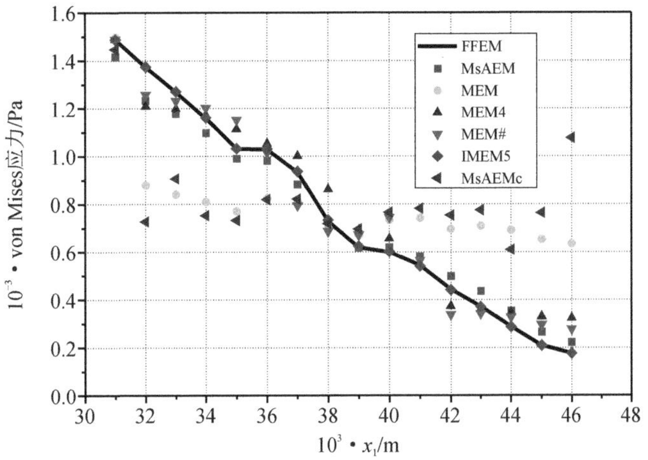

(b) CD线

图 1.35　AB 线、CD 线在单胞 A 内结点的 von Mises 应力(情况 3)(续)

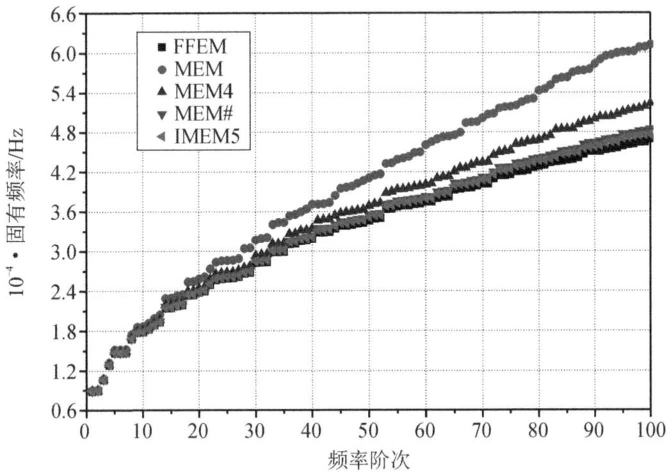

(a) 固有频率

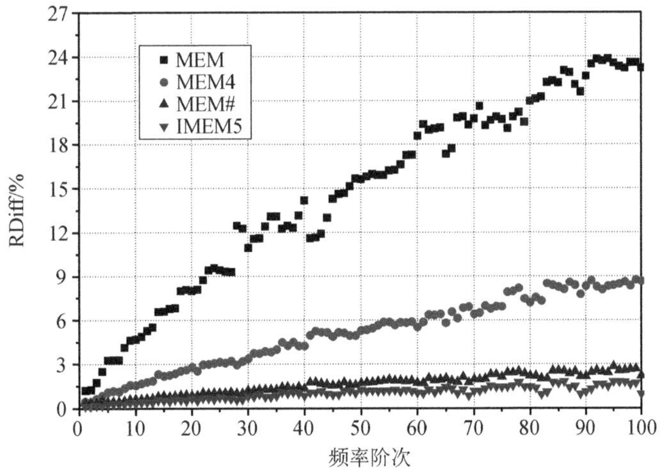

(b) 固有频率误差

图 1.36　前 100 阶固有频率比较(情况 3)

表 1.13　总势能泛函比较(情况 3)

类　别	FFEM	MsAEM	MsAEMc	MEM	MEM4	MEM#	IMEM5
$10^6 \cdot \Pi$	−6.705 5	−6.673 8	−6.288 9	−6.489 7	−6.633 1	−6.685 1	−6.700 8
RDiff/%	—	0.398 2	6.212 8	3.084 0	1.079 7	0.304 2	0.070 1

因此可以得出结论：在应用 MsAEM 时，如果要获得较精确的结果，则需要用较细网格的均匀化模型，或应用微分求积有限单元[26-27]等高阶粗网格单元，但计算效率会下降。

1.7.3　利用拟编织周期复合材料结构静力问题比较各种 MEM

前面几小节的数值结果分析和比较针对的是含夹杂的复合材料结构的静动力分析问题，得到的结论是：与细网格有限元模型结果(FFEM)相比，较精确的多尺度特征单元方法包括考虑前m 阶固支单胞细观模态函数的 IMEMm 和采用较多单元内部结点的 MEM#。

下面利用 IMEMm、MEM#、SMEM 和 FFEM 对二维拟编织复合材料结构作静力学分析，以期更好地比较这三种多尺度特征单元方法的精度。结构模型与 1.7.2 小节的相同，见图 1.20，只是单胞换成了图 1.37 所示的复杂编织单胞，其中每个子单元材料都是正交各向异性材料，如表 1.14 所列。下面考虑两种载荷情况，分别分析图 1.20 中标注的 AB 线和 CD 线上的所有细观结点位移、在单胞 A 内结点的 von Mises 应力以及总势能泛函。

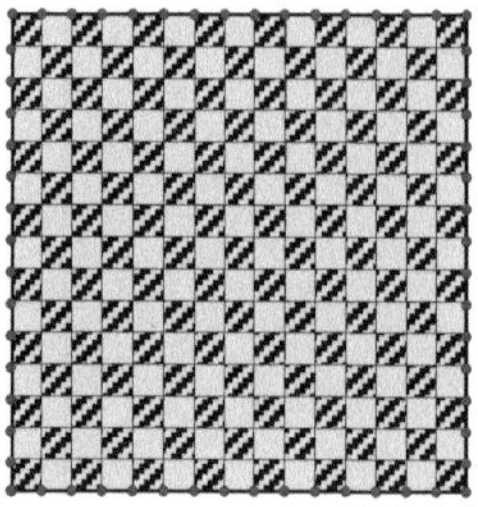

(a) 特征单元结点和单胞细观模型

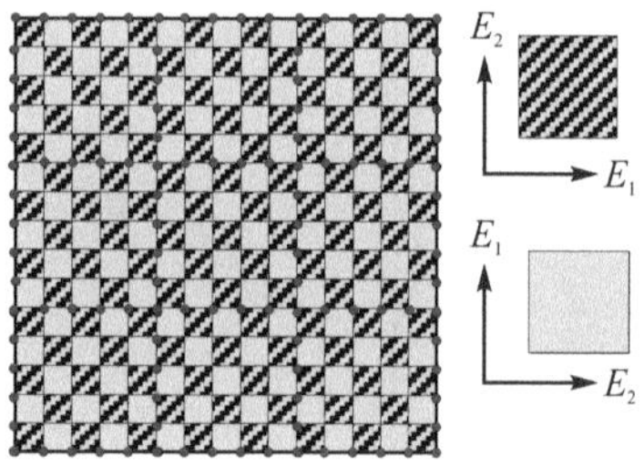

(b) MEM#配置的额外内部结点

图 1.37　拟编织单胞模型

表 1.14　正交各向异性材料参数

E_1/GPa	ν_1	E_2/GPa	G	ρ/(kg・m^{-3})
185	0.28	10.5	7.3	1 600

图 1.38 给出了 IMEM5 引入的固支单胞细观模型的前 5 阶模态图，从中可以看出：前 2 阶模态图分别以两个坐标方向变形为主，三四阶模态图主要是面内扭转(剪切)变形，第 5 阶体现的是坐标 x_1 方向的高阶变形。

情况 1：结构受沿 x_1 方向均匀分布载荷 $f=10^7$ N/m^2 作用

针对这种均匀分布载荷情况，图 1.39 和图 1.40 分别给出了 AB 线和 CD 线上结点沿着两个坐标方向的位移，表 1.15 给出了几种方法的总势能泛函，图 1.41 给出的是 AB 线和 CD 线在单胞 A 内结点的 von Mises 应力。从这些结果可以看出：

① 由于分布载荷沿着 x_1 方向，因此与 u_1 相比，几种多尺度特征单元方法得到的 u_2 与 FFEM 的更加接近；

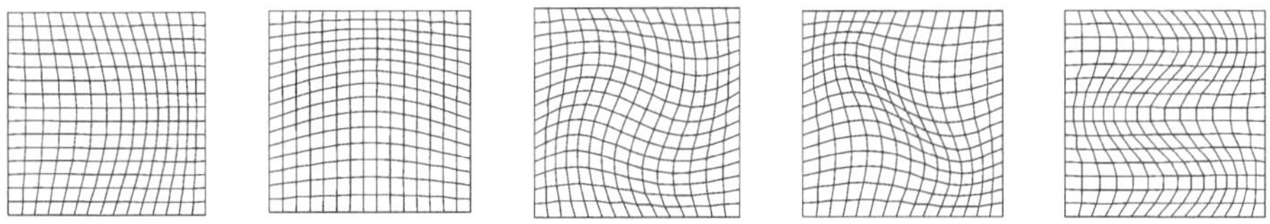

1阶模态　2阶模态　3阶模态　4阶模态　5阶模态

图 1.38　固支单胞细观模型的前 5 阶模态图

② 计算精度由高到低的顺序是 SMEM、IMEM、MEM＃和 MEM，尤其是 SMEM 的结果，其与 FFEM 的相同。

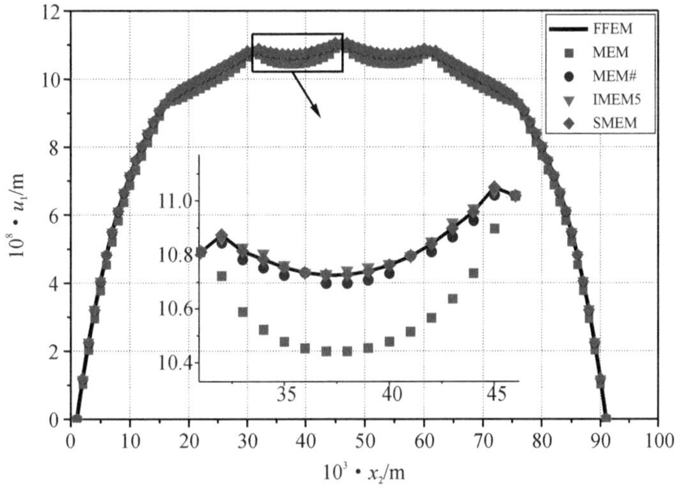

(a) x_1方向的位移

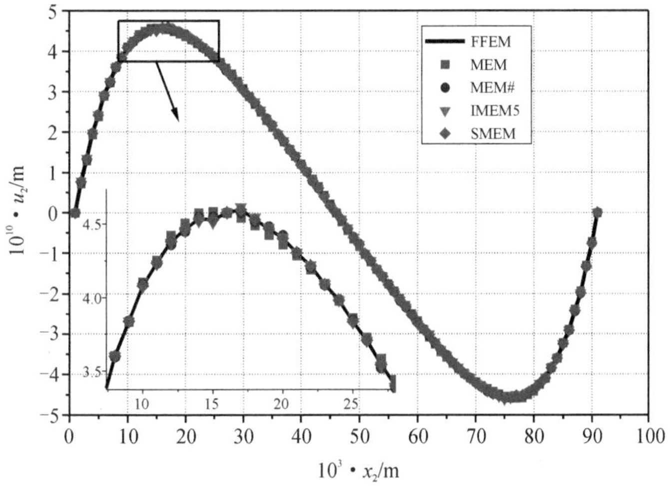

(b) x_2方向的位移

图 1.39　AB 线上结点位移 (x_1＝0.038 m，情况 1)

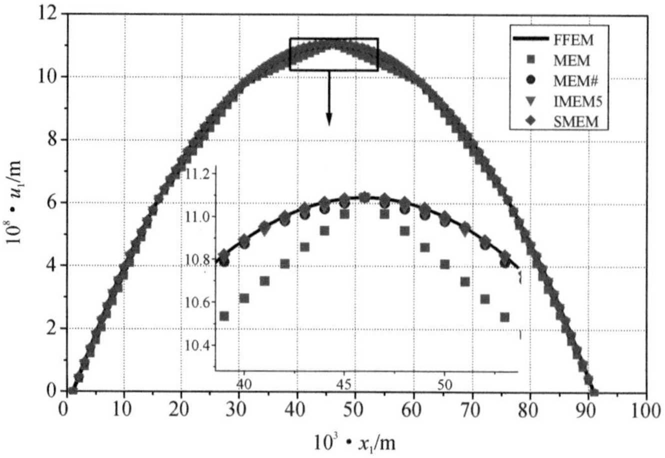

(a) x_1方向的位移

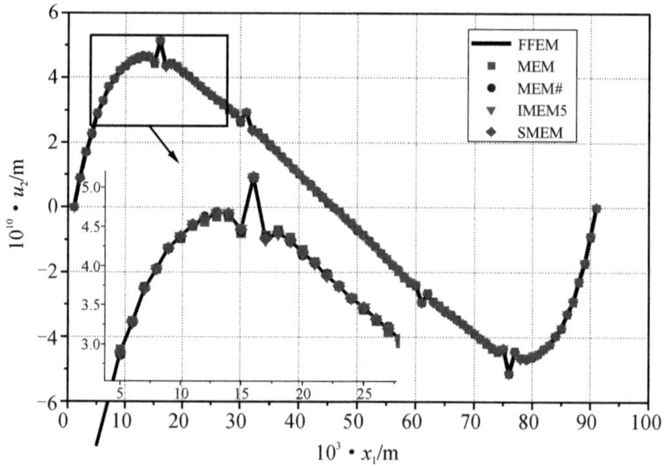

(b) x_2方向的位移

图 1.40　CD 线上结点位移（x_2=0.038 m，情况 1）

表 1.15　总势能泛函(情况 1)

类　别	FFEM	MEM	MEM#	IMEM5	SMEM
$10^3 \cdot \Pi$	−2.505 0	−2.441 1	−2.498 3	−2.502 7	−2.505 0
RDiff/%	—	2.550 9	0.267 5	0.091 8	0

情况 2：结构受沿 x_1 方向线性分布载荷 $f=(10^5+10^7x_1)$N/m² 作用

对这种线性分布载荷情况，图 1.42 和图 1.43 分别给出了 AB 线和 CD 线上结点沿着两个坐标方向的结点位移，表 1.16 比较了几种方法的总势能泛函，图 1.44 给出的是 AB 线和 CD 线位于单胞 A 内细观结点的 von Mises 应力。从这些结果可以得到与情况 1 完全相同的结论。

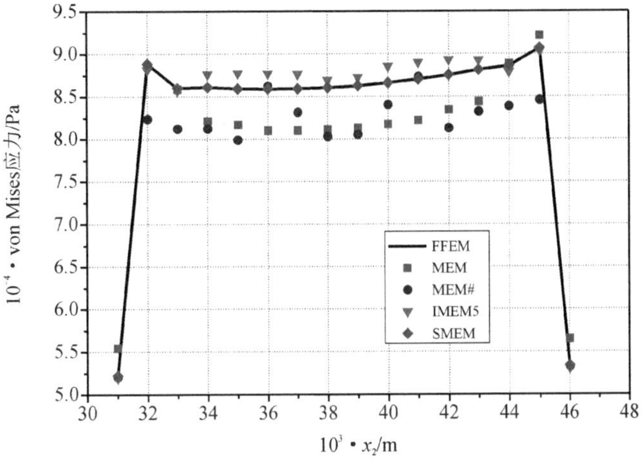

(a) AB线

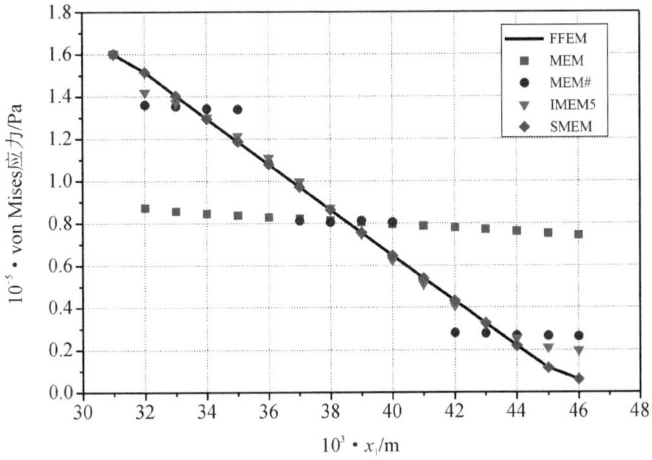

(b) CD线

图 1.41　AB 线和 CD 线在单胞 A 内结点的 von Mises 应力

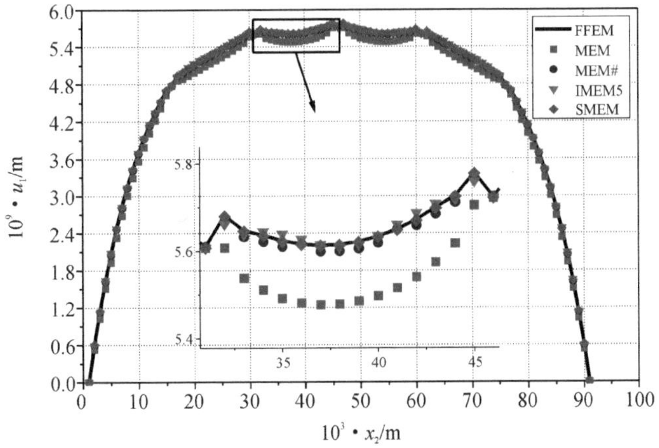

(a) x_1方向的位移

图 1.42　AB 线上结点位移（x_1 = 0.038 m，情况 2）

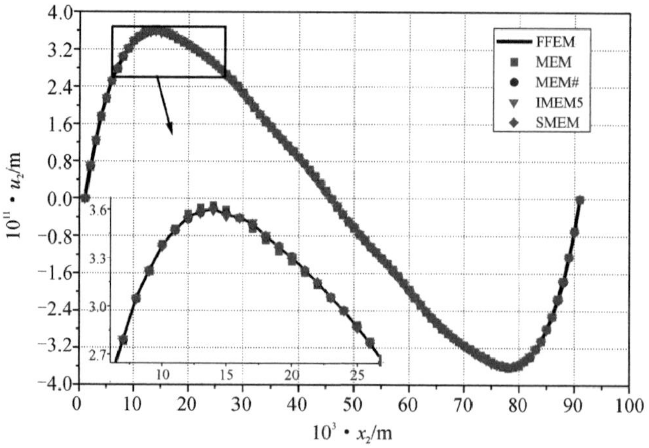

(b) x_2方向的位移

图 1.42　AB 线上结点位移（$x_1=0.038$ m，情况 2）（续）

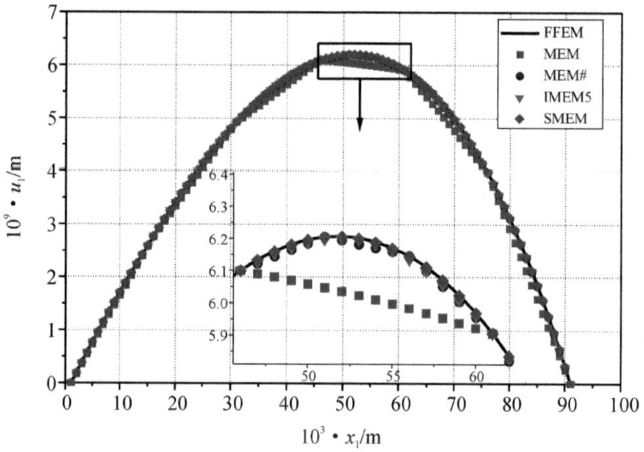

(a) x_1方向的位移

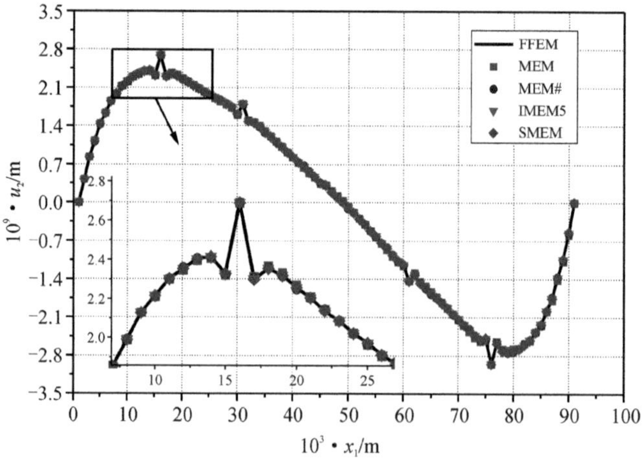

(b) x_2方向的位移

图 1.43　CD 线上结点位移（$x_2=0.038$ m，情况 2）

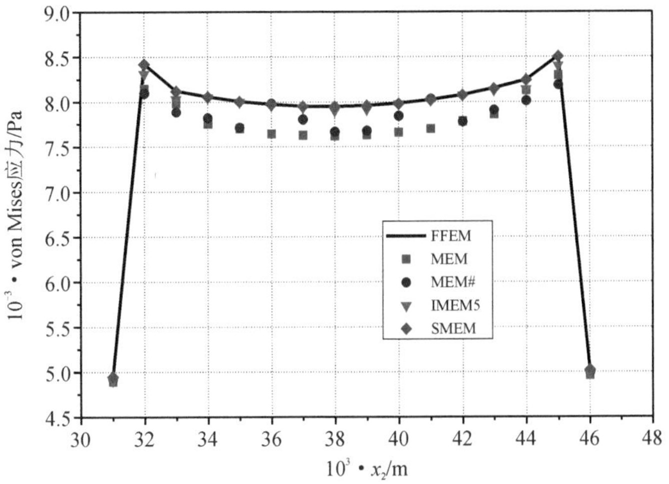

(a) AB线

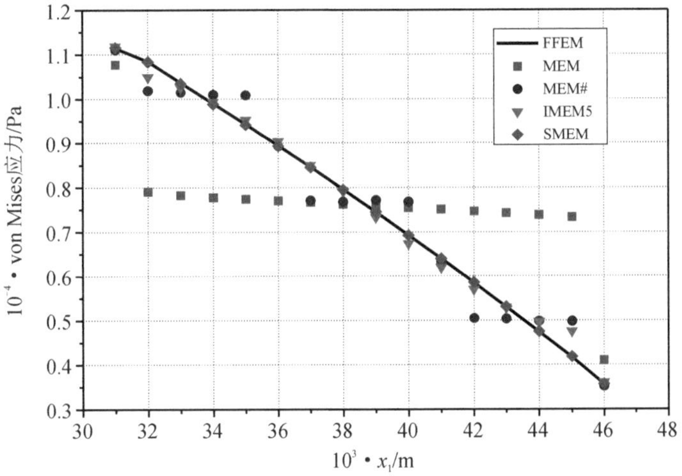

(b) CD线

图 1.44　AB 线和 CD 线在单胞 A 内结点的 von Mises 应力

表 1.16　总势能泛函(情况 2)

类　别	FFEM	MEM	MEM#	IMEM5	SMEM
$10^6 \cdot \Pi$	−7.953 9	−7.718 2	−7.929 2	−7.945 2	−7.953 9
RDiff/%	—	2.963 3	0.267 5	0.109 3	0

1.7.4　周期杆和平面夹杂问题的动力学响应

前面通过静力学和固有模态的分析，比较了特征单元方法的精度。下面利用多尺度特征单元方法分析固支-自由杆和平面夹杂问题的受迫振动和自由振动响应。一种有限单元方法是否能够精确预测动态响应，取决于它是否能够给出精确的固有模态，因此下面首先给出系统的固有频率。

情况 1：周期杆的受迫振动和冲击响应

图 1.45(a)为周期复合材料杆模型，其左端固支，右端自由，杆的长度 L 和横截面积 A 分别为 1 m 和 0.002 5 m^2。该结构包含 50 个单胞，单胞细观模型如图 1.45(b)所示，其被划分为 20 个均匀线性单元。基体和夹杂的弹性模量分别为 E_1=8.96 GPa 和 E_2=210 GPa，质量密度分别为 $\rho_1=1.6\times10^3$ kg/m^3 和 $\rho_2=7.8\times10^3$ kg/m^3。

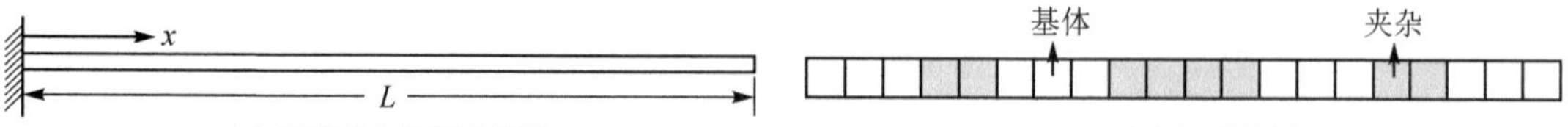

(a) 周期复合材料杆模型　　(b) 单胞细观模型

图 1.45　周期复合材料杆及单胞

通过柔度均匀化方法获得的等效弹性模量为

$$E^{H}=\frac{(p+q)E_1E_2}{qE_1+pE_2} \tag{1.7.2}$$

式中：p 和 q 分别为单胞细观模型中基体和夹杂的单元个数。平均体积密度为

$$\rho^{H}=\frac{p\rho_1+q\rho_2}{q+p} \tag{1.7.3}$$

引入无因次时间 $\tau=tc/L$，其中 t 为实际时间，$c=(E_1/\rho_1)^{1/2}$，E_1 和 ρ_1 分别为基体的弹性模量和质量密度。

图 1.46 给出了杆前 50 阶无因次频率 $\lambda=\omega L/c$ 及其相对误差比较，从图中可以看出 MEM 的结果仅在低阶频率上与 FFEM 结果吻合得较好，然而 IMEM 给出的前 50 阶频率基本上都与 FFEM 的一致，尤其是 IMEM3 和 IMEM5。

表 1.17 针对 MEM 和 IMEM 的精度和效率进行了比较，分析发现：

① 多尺度特征单元方法相比细网格有限元方法，可以大幅降低结构求解总自由度数，从而提高计算效率；

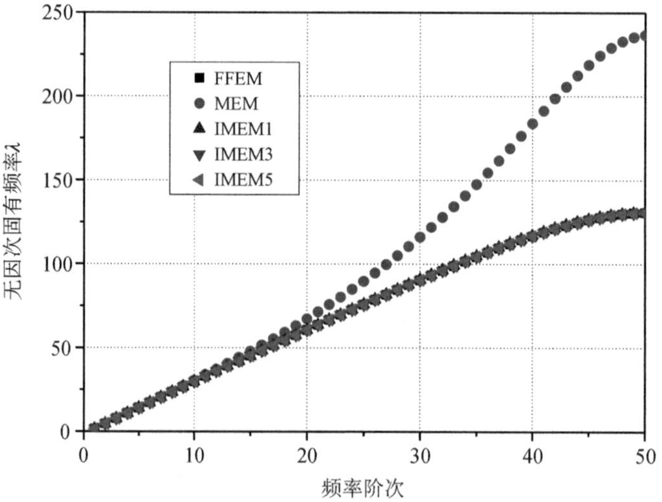

(a) 固有频率

图 1.46　周期复合材料杆前 50 阶无因次固有频率比较

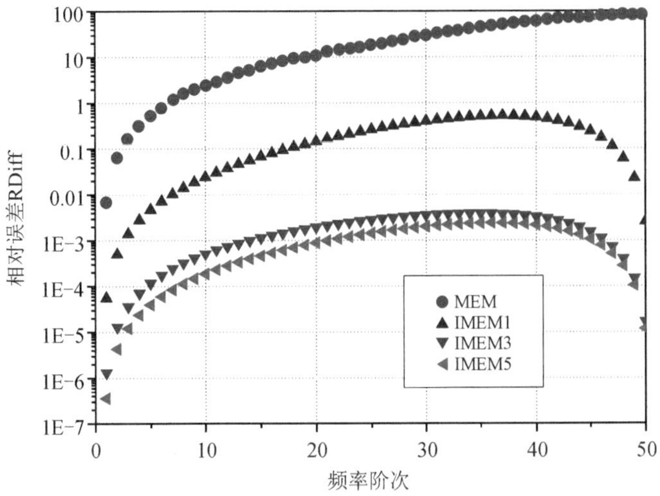

(b) 固有频率相对误差

图 1.46　周期复合材料杆前 50 阶无因次固有频率比较(续)

② 仅通过引入固支单胞的第 1 阶模态到原有形函数中得到 IMEM1，便可使第 50 阶频率的相对误差从 80.80%降低到 0.002 6%。

表 1.17　MEM 和 IMEM 的精度与效率比较

类　别	单元自由度数	单元总数	总自由度数	λ_{50} 相对误差/%
FFEM	2	1 000	1 001	—
MEM	2	50	51	80.80
IMEM1	3	50	101	0.002 6
IMEM3	5	50	201	0.000 017
IMEM5	7	50	301	0.000 012

工况 1：受迫振动问题

给定零初始位移和零初始速度，自由端受外力 $F(t)=F_0\sin(20\ 000\pi t)$的作用。在该工况下，模态叠加法选取前 30 阶主振动进行叠加即可，Newmark 法的时间步长为 $\Delta\tau=0.001$。

图 1.47 和图 1.48 为周期复合材料杆中点无因次位移比较曲线，其中 u 为纵向位移，FFEM_MSM 代表在细网格有限元模型中，采用结构的所有模态进行叠加计算得到的结果；IMEMm_MSMn 代表在 IMEMm 中，采用结构的前 n 阶模态进行叠加计算得到的结果，其他符号含义类似。从图 1.47 中可以看出，即使只引入固支单胞细观模型的第 1 阶模态(IMEM1)，其精度仍比 MEM 高得多。一般来说 IMEMm 中 m 越大，IMEM 的精度越高；另外，从图 1.48 中可以看到，通过模态叠加法和 Newmark 法都可以实现 IMEM，二者都可以保证计算精度。

工况 2：弹性瞬态冲击问题

弹性冲击问题本质上属于自由振动问题。这里假设一刚性球以速度 v_0 碰撞杆的自由端，且在碰撞之后始终保持与杆接触，见图 1.49。假定质量比 $\alpha=m/M=2$，其中 m 和 M 分别为

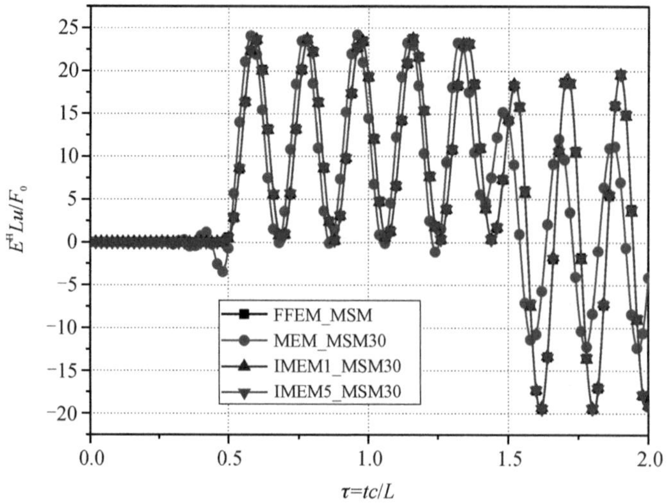

图 1.47 周期复合材料杆中点无因次位移比较

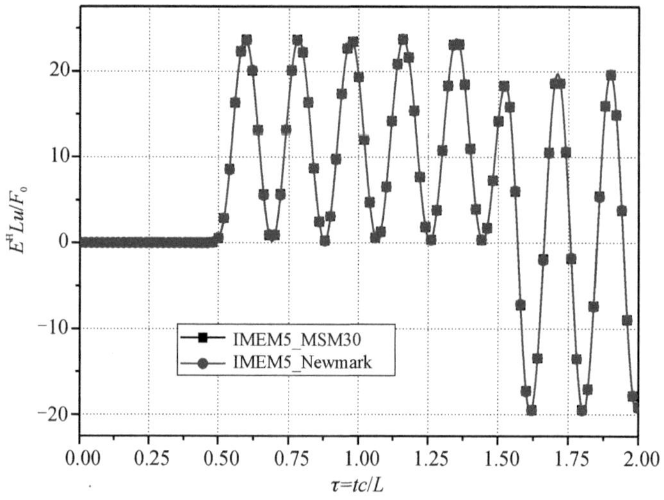

图 1.48 用 MSM 和 Newmark 方法得到的杆中点无因次位移比较

球和杆的质量。在该工况下,模态叠加法取前 50 阶模态进行叠加,Newmark 法中时间步长 $\Delta\tau=0.01$。

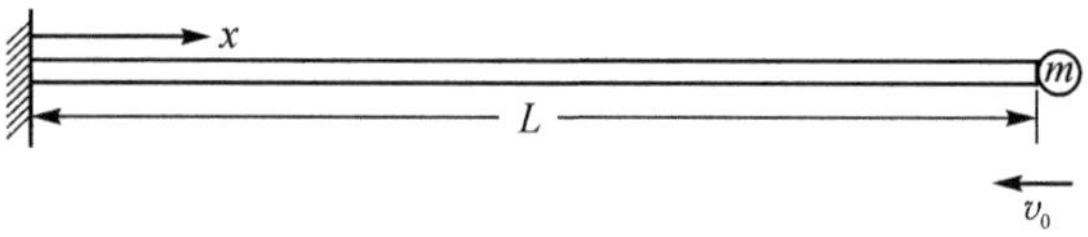

图 1.49 杆冲击示意图

图 1.50、图 1.51 和图 1.52 分别给出了冲击点的无因次位移 u、速度 v 以及加速度 a 的比较。从图中可以看出,MEM 和 IMEM5 求得的速度和位移几乎没有可视区别,然而,后者的加速度精度比前者高。针对 IMEM5 模型,图 1.53 中比较了用 MSM 和 Newmark 方法获得的冲击点无因次加速度,从图中可以看出,对于该冲击自由振动问题,也可以通过 MSM 和

Newmark 方法求解，两种方法之间存在的细小差异是由于两种方法误差因素不同所致：MSM 法的误差因素为模态截断，Newmark 方法的误差因素则为时间步长。

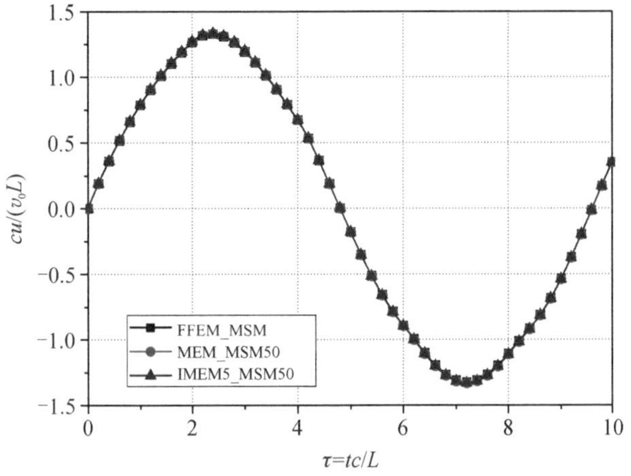

图 1.50　冲击点无因次位移比较

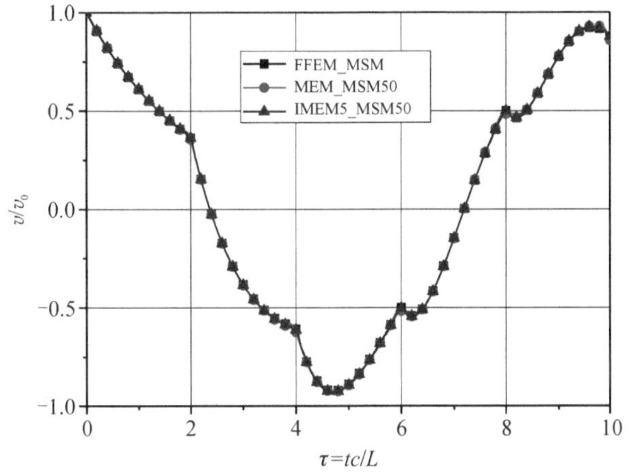

图 1.51　冲击点无因次速度比较

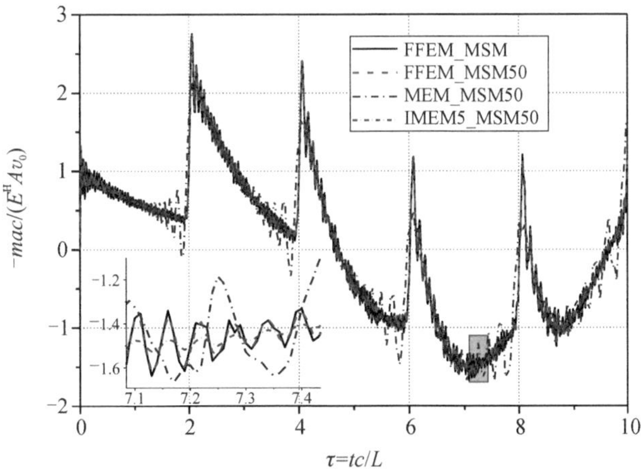

图 1.52　冲击点无因次加速度比较

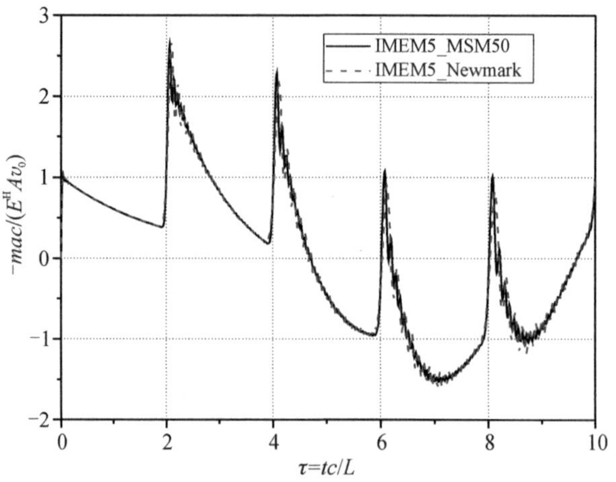

图 1.53　MSM 和 Newmark 方法得到的冲击点无因次加速度比较

下面将通过具有解析解的均匀杆冲击问题来进一步验证 IMEM 的精度。均匀杆结构冲击力学模型仍如图 1.45(a)所示，保持杆的长度 L 和横截面积 A 不变，材料的弹性模量和质量密度分别为 $E=8.96$ GPa 和 $\rho=1.6\times10^3$ kg/m^3。图 1.54 把不同方法的无因次加速度与解析解进行了比较，从图中可以看出：IMEM5 的结果相比 FFEM 更为光滑，从图 1.52 也可以看出此结论，这说明 IMEM 在解决冲击问题上优于 FFEM，这种优势源于 IMEM 可以消除精度较低的高阶模态的影响。$\tau=2$ 为纵波从冲击点传播到左端固支点又返回到冲击点的一个往返过程所用的无因次时间。在时刻 $\tau=2,4,6,\cdots$，无因次加速度阶跃为 2。

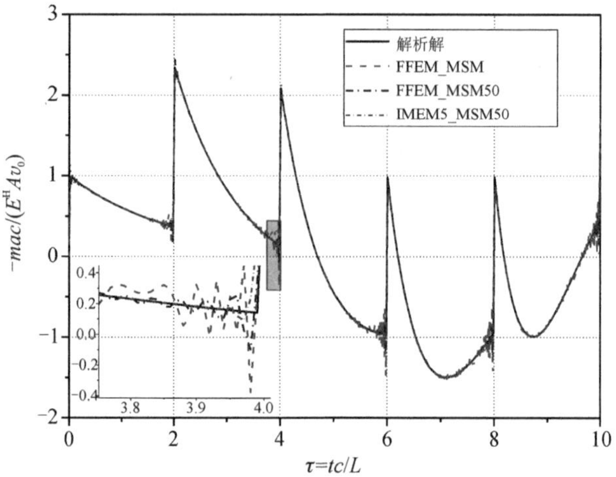

图 1.54　均匀杆中不同方法与解析解的无因次加速度比较

1.4 节曾经给出结论：如果把固支单胞的所有模态向量全部引入到原有形函数矩阵 **N** 中，那么无论是对于静力学问题还是动力学问题，IMEM 和 FFEM 的结果均一致。对于这里讨论的问题，在零初始条件下两种方法得到的受迫振动响应相同；但对于非零初始条件下的问题，两者并不严格一致。其原因在于：在 IMEM 中，只采用宏观或特征单元结点的初始条件作为求解的初始条件，这些结点的初始条件和有限元细观模型中结点的初始条件一一对应，但是通过式(1.6.22)和式(1.6.23)获得的特征单元内部结点的初始条件和细观模型中对应的结点的初始条件并不严格一致。不过由于实际结构中单胞的尺寸要远小于结构的尺寸，因此这种差异的影响很小，可以忽略。

情况 2：平面问题的受迫振动和自由振动响应

针对图 1.18 所示二维周期复合材料结构进行研究。定义 $c=(E_1/\rho_1)^{1/2}$，其中 E_1 和 ρ_1 分别为基体的弹性模量和质量密度。

图 1.55 给出了前 100 阶无因次固有频率 $\lambda=\omega a/c$ 及其相对误差。从图中可以看出，MEM 仅在低阶频率上与 FFEM 结果吻合得较好，然而 IMEM 给出的前 100 阶频率基本上与 FFEM 的保持一致。

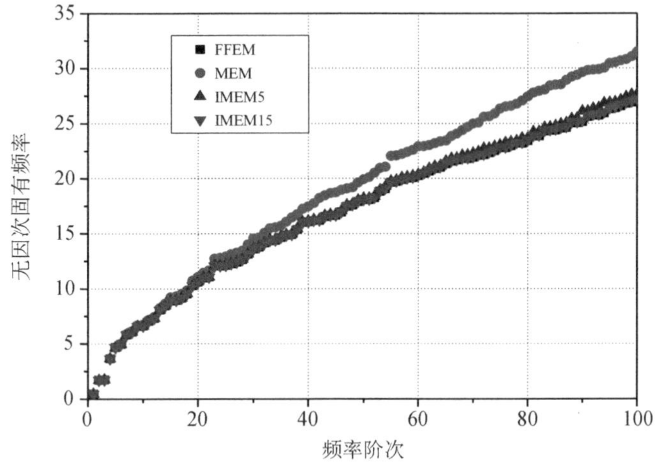

(a) 固有频率

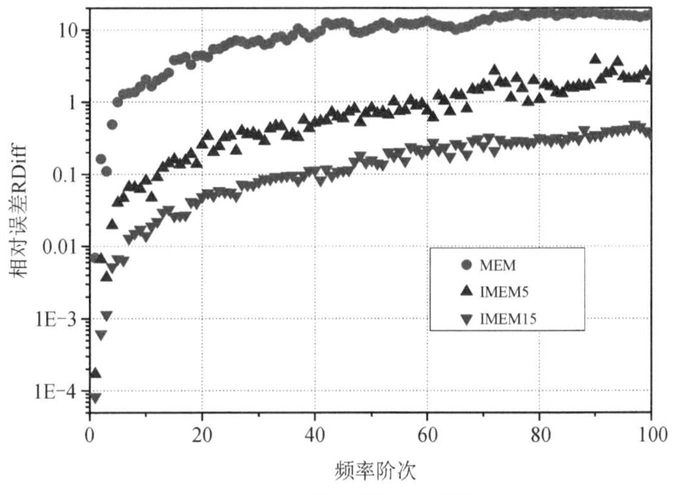

(b) 固有频率相对误差

图 1.55　二维周期复合材料结构前 100 阶无因次频率比较

表 1.18 比较了 MEM 和 IMEM 的精度和效率，发现仅通过引入固支单胞的前 5 阶模态得到 IMEM5，便可使第 100 阶频率的相对误差从 16.14%降低到 1.94%，而用 IMEM15 得到的第 100 阶固有频率的相对误差仅为 0.34%。值得指出的是，由于本例中结构包含单胞数量及单胞内子单元数量均较少，所以 MEM 和 IMEM 的效率优势并不明显。

表 1.18　二维周期复合材料结构的精度与效率比较

类　别	单元自由度数	单元总数	总自由度数	相对误差/%	
				λ_{50}	λ_{100}
FFEM	8	2 025	4 232	—	—
MEM	72	25	1 032	10.37	16.14
IMEM5	77	25	1 157	0.82	1.94
IMEM15	87	25	1 407	0.16	0.34

工况 1：受迫振动

初始位移和初始速度都为零，在结构右侧 $x_2=9\sim13.5$ mm 之间作用分布载荷 $q(t)=4\ 000\sin(5\times10^5\pi t)$ N/m，如图 1.18(a)所示。在该工况下，模态叠加法选用前 200 阶模态进行叠加。

图 1.56 为结构中 C 点沿 x_1 方向位移比较曲线，其中 C 点位置参见图 1.18(a)。从图 1.56 中可以看出 IMEM5、IMEM15 和 FFEM 的曲线几乎完全重合，而 MEM 的精度较差。

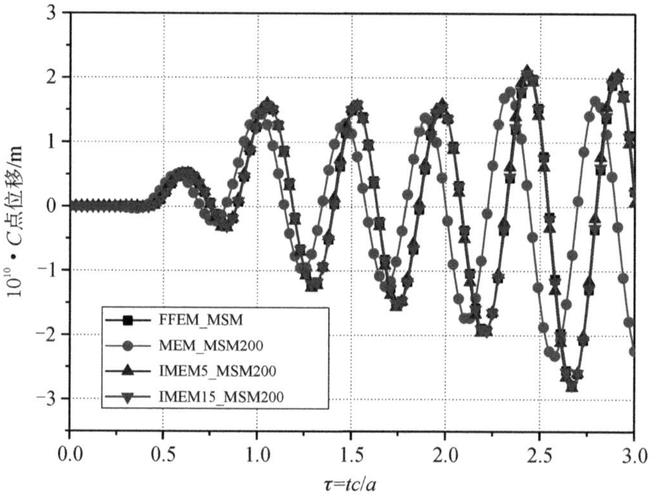

图 1.56　受迫振动情况下 C 点沿 x_1 方向位移比较

工况 2：自由振动

在结构右侧边界作用有 x_1 正向的分布载荷 $q=4\ 000$ N/m，把其产生的静力位移作为初始位移，初始速度为零。这里选取的叠加模态数与工况 1 的相同。

图 1.57、图 1.58 和图 1.59 分别为 C 点沿 x_1 方向位移、速度和加速度曲线，从图中可以看到：

① IMEM15 与 FFEM 吻合得更好；

② 位移精度最高，速度精度次之，加速度精度最差，因此在求解速度或者加速度时，建议引入更多的固支单胞细观模型的模态向量到原有形函数矩阵 $\mathbf{N}$ 中以提高精度；

③ 证实了式(1.6.22)和式(1.6.23)的精度。

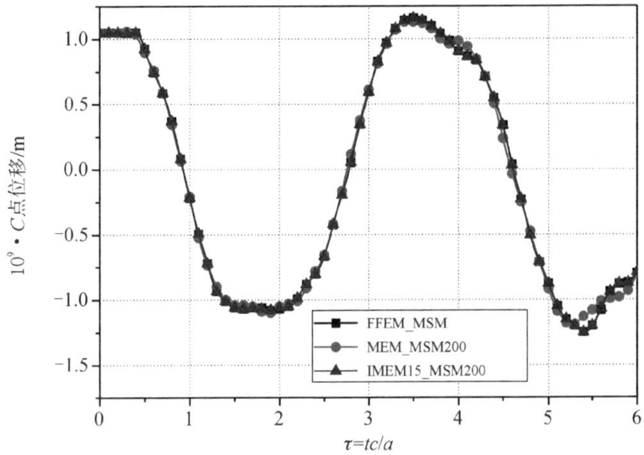

图 1.57　自由振动情况下 C 点沿 x_1 方向位移比较

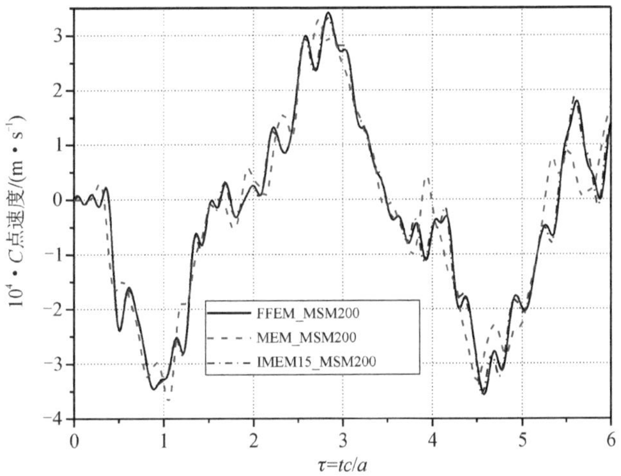

图 1.58　自由振动情况下 C 点沿 x_1 方向速度比较

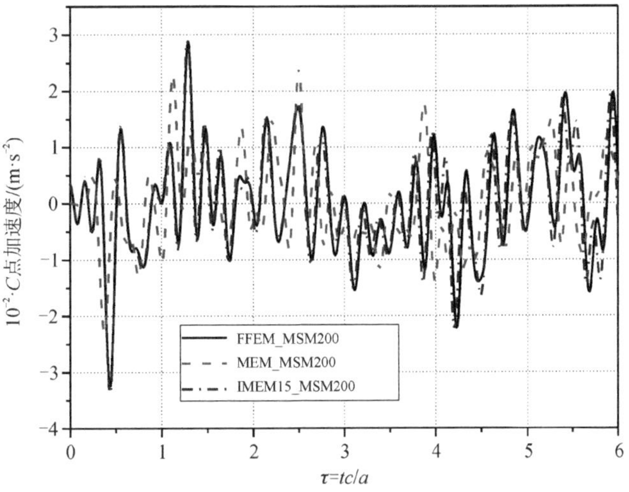

图 1.59　自由振动情况下 C 点沿 x_1 方向加速度比较

1.8 总　结

提出特征单元方法的初衷是为了能够在考虑尽可能多的周期复合材料结构细观信息(细观结构和材料属性)的前提下实现均匀化分析工作。为了达到此目的,我们提出了构造多尺度方法的能量等效原则和变形相似条件。周期复合材料的细观信息包含在单胞的细观力学模型之中,也就是包含在单胞细观力学模型的刚度矩阵和质量矩阵之中。对于静力学问题而言,细观信息仅包含在单胞细观模型的总体刚度矩阵中,于是细观信息可以用单胞细观模型总体刚度矩阵的特征向量来刻画。

从单胞自平衡方程出发构造多尺度形函数的过程类似于 Guyan 凝聚方法,但分段或分片定义的多尺度形函数具有明确的物理意义。如此构造的特征单元方法满足能量等效原则和变形相似条件,且具有如下精度特性:

① 对于任意外载荷,利用该方法得到的特征单元结点(宏观结点)位移与利用结构细观有限元模型(简称为结构细观模型)得到的相应结点位移相同;

② 利用静力修正技术,该方法也可以得到任意载荷工况下的细观结点位移;

③ 在仅有边界载荷作用的情况下,两种方法得到的细观场信息也相同;

④ 利用该方法能得到满足精度要求的低阶固有模态。

通过在形函数矩阵中引入固支单胞细观模型的特征向量,可以得到精度更高的多尺度特征单元方法,称为改进多尺度特征单元方法。该方法对于任意载荷工况和固有振动问题,其精度都与结构细观有限元模型的精度相当,但可以大幅度节约计算量。

值得指出的是,多尺度特征单元方法通常只用来计算宏观结点位移等信息,只有在必要时,才用来分析关注的单胞内的细观信息。大量数值结果说明,多尺度特征单元方法能够有效处理周期复合材料结构线性静、动力学问题。从其扎实的理论基础和实施方法可以看出,多尺度特征单元是一种具有实用价值的方法,可以将其发展用于分析周期复合材料结构的材料非线性、几何非线性和破坏问题等。

多尺度特征单元方法具有兼容性,可以和其他多尺度方法如多尺度渐近展开方法相结合[28]。关于复合材料细观力学方法,如 Hashin Shtrikman 上下限理论和 Mori Tanaka 方法等,读者还可以参阅参考文献[29-31]。

附录 A　SMEM 和 IMEM 的一种等价性

在 IMEM 中,形函数矩阵为

$$\boldsymbol{N}_m = [\boldsymbol{N} \quad \boldsymbol{\Phi}_m] \tag{A.1}$$

式中:$\boldsymbol{\Phi}_m$ 的形式如下:

$$\boldsymbol{\Phi}_m = [\boldsymbol{\varphi}_1 \quad \boldsymbol{\varphi}_2 \quad \cdots \quad \boldsymbol{\varphi}_m] \tag{A.2}$$

其中 $\boldsymbol{\varphi}_i\,(i=1,2,\cdots,m)$是从下面固支细观单胞模型的广义特征值问题求解得到的:

$$\boldsymbol{K\varphi} = \omega^2 \boldsymbol{M\varphi} \tag{A.3}$$

$$\boldsymbol{\varphi}\,|_{\text{单胞边界}} = \boldsymbol{0} \tag{A.4}$$

这里仅考虑 m 等于单胞细观模型自由度数的情况。宏观和细观结点位移向量的关系为

$$\boldsymbol{u}=[\boldsymbol{N}\quad \boldsymbol{\Phi}_m]\begin{bmatrix}\boldsymbol{U}\\ \boldsymbol{U}_m\end{bmatrix}=\boldsymbol{N}\boldsymbol{U}+\boldsymbol{\Phi}_m\boldsymbol{U}_m \tag{A.5}$$

其中特征单元结点位移向量 $\boldsymbol{U}$ 和广义结点位移或广义坐标 $\boldsymbol{U}_m$ 分别由下面两个方程求得，即

$$(\boldsymbol{N}^{\mathrm{T}}\boldsymbol{K}\boldsymbol{N})\boldsymbol{U}=\boldsymbol{N}^{\mathrm{T}}\boldsymbol{f} \tag{A.6}$$

$$(\boldsymbol{\Phi}_m^{\mathrm{T}}\boldsymbol{K}\boldsymbol{\Phi}_m)\boldsymbol{U}_m=\boldsymbol{\Phi}_m^{\mathrm{T}}\boldsymbol{f} \tag{A.7}$$

令正整数 m 等于单胞细观模型的自由度数，并且质量矩阵 $\boldsymbol{M}=\boldsymbol{I}$，下面证明由式(A.5)计算的细观位移 $\boldsymbol{u}$ 与式(1.4.13)中的相同。为了证明此结论，下面先从方程(A.7)推导出 $\boldsymbol{U}_m$ 的表达式。

与式(1.4.3)中刚度矩阵分块矩阵对应，下面把 $\boldsymbol{\Phi}_m$ 也分成两块的形式，即

$$\boldsymbol{\Phi}_m=\begin{bmatrix}\boldsymbol{\Phi}_{m\mathrm{e}}\\ \boldsymbol{\Phi}_{m\mathrm{i}}\end{bmatrix}=\begin{bmatrix}\boldsymbol{0}\\ \boldsymbol{\Phi}_{m\mathrm{i}}\end{bmatrix} \tag{A.8}$$

式中：$\boldsymbol{\Phi}_{m\mathrm{e}}$ 对应固支单胞边界，因此为零矩阵。把刚度矩阵 $\boldsymbol{K}$ 的分块形式和式(A.8)代入式(A.7)得

$$(\boldsymbol{\Phi}_{m\mathrm{i}}^{\mathrm{T}}\boldsymbol{K}_{\mathrm{ii}}\boldsymbol{\Phi}_{m\mathrm{i}})\boldsymbol{U}_m=\boldsymbol{\Phi}_{m\mathrm{i}}^{\mathrm{T}}\boldsymbol{f}_{\mathrm{i}} \tag{A.9}$$

因为 $\boldsymbol{M}=\boldsymbol{I}$，因此方程(A.3)变成如下形式：

$$\begin{cases}\boldsymbol{\Phi}_m^{\mathrm{T}}\boldsymbol{K}\boldsymbol{\Phi}_m=\boldsymbol{\Lambda}\\ \boldsymbol{\Phi}_m^{\mathrm{T}}\boldsymbol{\Phi}_m=\boldsymbol{I}\end{cases} \tag{A.10}$$

式中：对角矩阵 $\boldsymbol{\Lambda}$ 的对角元素为各阶固有频率的平方。在式(A.10)中引入单胞固支边界条件得

$$\begin{cases}\boldsymbol{\Phi}_{m\mathrm{i}}^{\mathrm{T}}\boldsymbol{K}_{\mathrm{ii}}\boldsymbol{\Phi}_{m\mathrm{i}}=\boldsymbol{\Lambda}_{\mathrm{i}}\\ \boldsymbol{\Phi}_{m\mathrm{i}}^{\mathrm{T}}\boldsymbol{\Phi}_{m\mathrm{i}}=\boldsymbol{I}\end{cases} \tag{A.11}$$

式中：$\boldsymbol{\Lambda}_{\mathrm{i}}$ 的对角元素非零，其维数小于 $\boldsymbol{\Lambda}$ 的维数。把式(A.11)代入式(A.9)得

$$\boldsymbol{U}_m=\boldsymbol{\Lambda}_{\mathrm{i}}^{-1}\boldsymbol{\Phi}_{m\mathrm{i}}^{\mathrm{T}}\boldsymbol{f}_{\mathrm{i}} \tag{A.12}$$

将式(A.12)、式(1.4.6)和式(A.8)一起代入式(A.5)得

$$\begin{aligned}\boldsymbol{u}_{\mathrm{i}}&=\boldsymbol{N}\boldsymbol{U}+\boldsymbol{\Phi}_m\boldsymbol{U}_m\\&=-\boldsymbol{K}_{\mathrm{ii}}^{-1}\boldsymbol{K}_{\mathrm{ie}}\boldsymbol{u}_{\mathrm{e}}+\boldsymbol{\Phi}_{m\mathrm{i}}\boldsymbol{U}_m\\&=-\boldsymbol{K}_{\mathrm{ii}}^{-1}\boldsymbol{K}_{\mathrm{ie}}\boldsymbol{u}_{\mathrm{e}}+\boldsymbol{\Phi}_{m\mathrm{i}}\boldsymbol{\Lambda}_{\mathrm{i}}^{-1}\boldsymbol{\Phi}_{m\mathrm{i}}^{\mathrm{T}}\boldsymbol{f}_{\mathrm{i}}\end{aligned} \tag{A.13}$$

由式(A.11)得

$$\boldsymbol{\Phi}_{m\mathrm{i}}^{-1}\boldsymbol{K}_{\mathrm{ii}}^{-1}\boldsymbol{\Phi}_{m\mathrm{i}}^{-\mathrm{T}}=\boldsymbol{\Lambda}_{\mathrm{i}}^{-1}\Rightarrow\boldsymbol{K}_{\mathrm{ii}}^{-1}=\boldsymbol{\Phi}_{m\mathrm{i}}\boldsymbol{\Lambda}_{\mathrm{i}}^{-1}\boldsymbol{\Phi}_{m\mathrm{i}}^{\mathrm{T}} \tag{A.14}$$

将式(A.14)代入式(A.13)得

$$\boldsymbol{u}_{\mathrm{i}}=-\boldsymbol{K}_{\mathrm{ii}}^{-1}\boldsymbol{K}_{\mathrm{ie}}\boldsymbol{u}_{\mathrm{e}}+\boldsymbol{K}_{\mathrm{ii}}^{-1}\boldsymbol{f}_{\mathrm{i}} \tag{A.15}$$

结论得证。

附录 B　用 IMEM 求固有模态的精度

单胞细观模型的广义本征值方程为

$$\boldsymbol{K}\bar{\boldsymbol{\varphi}}=\bar{\omega}^2\boldsymbol{M}\bar{\boldsymbol{\varphi}} \tag{B.1}$$

将式(B.1)写成分块矩阵的形式为

$$\begin{bmatrix} \boldsymbol{K}_{ee} & \boldsymbol{K}_{ei} \\ \boldsymbol{K}_{ie} & \boldsymbol{K}_{ii} \end{bmatrix} \begin{bmatrix} \bar{\boldsymbol{\varphi}}_e \\ \bar{\boldsymbol{\varphi}}_i \end{bmatrix} = \bar{\omega}^2 \begin{bmatrix} \boldsymbol{M}_{ee} & \boldsymbol{M}_{ei} \\ \boldsymbol{M}_{ie} & \boldsymbol{M}_{ii} \end{bmatrix} \begin{bmatrix} \bar{\boldsymbol{\varphi}}_e \\ \bar{\boldsymbol{\varphi}}_i \end{bmatrix} \tag{B.2}$$

将式(B. 2)展开得

$$\begin{cases} \boldsymbol{K}_{ee}\bar{\boldsymbol{\varphi}}_e + \boldsymbol{K}_{ei}\bar{\boldsymbol{\varphi}}_i = \bar{\boldsymbol{\omega}}^2 \boldsymbol{M}_{ee}\bar{\boldsymbol{\varphi}}_e + \bar{\boldsymbol{\omega}}^2 \boldsymbol{M}_{ei}\bar{\boldsymbol{\varphi}}_i \\ \boldsymbol{K}_{ie}\bar{\boldsymbol{\varphi}}_e + \boldsymbol{K}_{ii}\bar{\boldsymbol{\varphi}}_i = \bar{\boldsymbol{\omega}}^2 \boldsymbol{M}_{ie}\bar{\boldsymbol{\varphi}}_e + \bar{\boldsymbol{\omega}}^2 \boldsymbol{M}_{ii}\bar{\boldsymbol{\varphi}}_i \end{cases} \tag{B.3}$$

或

$$\begin{cases} (\boldsymbol{K}_{ee} - \bar{\omega}^2 \boldsymbol{M}_{ee})\bar{\boldsymbol{\varphi}}_e + (\boldsymbol{K}_{ei} - \bar{\omega}^2 \boldsymbol{M}_{ei})\bar{\boldsymbol{\varphi}}_i = \boldsymbol{0} \\ (\boldsymbol{K}_{ie} - \bar{\omega}^2 \boldsymbol{M}_{ie})\bar{\boldsymbol{\varphi}}_e + (\boldsymbol{K}_{ii} - \bar{\omega}^2 \boldsymbol{M}_{ii})\bar{\boldsymbol{\varphi}}_i = \boldsymbol{0} \end{cases} \tag{B.4}$$

上述单胞本征值问题没有设置边界条件。

根据式(1. 4. 19)和式(1. 4. 20)可知,IMEM 的广义本征值方程为

$$\begin{bmatrix} \boldsymbol{N}^T\boldsymbol{K}\boldsymbol{N} & \boldsymbol{0} \\ \boldsymbol{0} & \boldsymbol{\Phi}_m^T\boldsymbol{K}\boldsymbol{\Phi}_m \end{bmatrix} \boldsymbol{\psi} = \omega^2 \begin{bmatrix} \boldsymbol{N}^T\boldsymbol{M}\boldsymbol{N} & \boldsymbol{N}^T\boldsymbol{M}\boldsymbol{\Phi}_m \\ \boldsymbol{\Phi}_m^T\boldsymbol{M}\boldsymbol{N} & \boldsymbol{\Phi}_m^T\boldsymbol{M}\boldsymbol{\Phi}_m \end{bmatrix} \boldsymbol{\psi} \tag{B.5}$$

或

$$\begin{bmatrix} \boldsymbol{N}^T\boldsymbol{K}\boldsymbol{N} & \boldsymbol{0} \\ \boldsymbol{0} & \boldsymbol{\Phi}_m^T\boldsymbol{K}\boldsymbol{\Phi}_m \end{bmatrix} \begin{bmatrix} \boldsymbol{\psi}_e \\ \boldsymbol{\psi}_{ii} \end{bmatrix} = \omega^2 \begin{bmatrix} \boldsymbol{N}^T\boldsymbol{M}\boldsymbol{N} & \boldsymbol{N}^T\boldsymbol{M}\boldsymbol{\Phi}_m \\ \boldsymbol{\Phi}_m^T\boldsymbol{M}\boldsymbol{N} & \boldsymbol{\Phi}_m^T\boldsymbol{M}\boldsymbol{\Phi}_m \end{bmatrix} \begin{bmatrix} \boldsymbol{\psi}_e \\ \boldsymbol{\psi}_{ii} \end{bmatrix} \tag{B.6}$$

与附录 A 相同,这里仅考虑 m 为固支单胞细观模型自由度数的情况。把式(B. 6)展开得

$$\begin{cases} \boldsymbol{N}^T\boldsymbol{K}\boldsymbol{N}\boldsymbol{\psi}_e = \omega^2(\boldsymbol{N}^T\boldsymbol{M}\boldsymbol{N}\boldsymbol{\psi}_e + \boldsymbol{N}^T\boldsymbol{M}\boldsymbol{\Phi}_m\boldsymbol{\psi}_{ii}) \\ \boldsymbol{\Phi}_m^T\boldsymbol{K}\boldsymbol{\Phi}_m\boldsymbol{\psi}_{ii} = \omega^2(\boldsymbol{\Phi}_m^T\boldsymbol{M}\boldsymbol{N}\boldsymbol{\psi}_e + \boldsymbol{\Phi}_m^T\boldsymbol{M}\boldsymbol{\Phi}_m\boldsymbol{\psi}_{ii}) \end{cases} \tag{B.7}$$

式中

$$\boldsymbol{N}^T\boldsymbol{K}\boldsymbol{N} = \begin{bmatrix} \boldsymbol{I} \\ -\boldsymbol{K}_{ii}^{-1}\boldsymbol{K}_{ie} \end{bmatrix}^T \begin{bmatrix} \boldsymbol{K}_{ee} & \boldsymbol{K}_{ei} \\ \boldsymbol{K}_{ie} & \boldsymbol{K}_{ii} \end{bmatrix} \begin{bmatrix} \boldsymbol{I} \\ -\boldsymbol{K}_{ii}^{-1}\boldsymbol{K}_{ie} \end{bmatrix} = \boldsymbol{K}_{ee} - \boldsymbol{K}_{ie}^T\boldsymbol{K}_{ii}^{-T}\boldsymbol{K}_{ie}$$

$$\begin{aligned} \boldsymbol{N}^T\boldsymbol{M}\boldsymbol{N} &= \begin{bmatrix} \boldsymbol{I} \\ -\boldsymbol{K}_{ii}^{-1}\boldsymbol{K}_{ie} \end{bmatrix}^T \begin{bmatrix} \boldsymbol{M}_{ee} & \boldsymbol{M}_{ei} \\ \boldsymbol{M}_{ie} & \boldsymbol{M}_{ii} \end{bmatrix} \begin{bmatrix} \boldsymbol{I} \\ -\boldsymbol{K}_{ii}^{-1}\boldsymbol{K}_{ie} \end{bmatrix} \\ &= \boldsymbol{M}_{ee} - \boldsymbol{K}_{ie}^T\boldsymbol{K}_{ii}^{-T}\boldsymbol{M}_{ie} - \boldsymbol{M}_{ei}\boldsymbol{K}_{ii}^{-1}\boldsymbol{K}_{ie} + \boldsymbol{K}_{ie}^T\boldsymbol{K}_{ii}^{-T}\boldsymbol{M}_{ii}\boldsymbol{K}_{ii}^{-1}\boldsymbol{K}_{ie} \end{aligned}$$

$$\boldsymbol{\Phi}_m^T\boldsymbol{K}\boldsymbol{\Phi}_m = \begin{bmatrix} \boldsymbol{0} \\ \boldsymbol{\Phi}_{mi} \end{bmatrix}^T \begin{bmatrix} \boldsymbol{K}_{ee} & \boldsymbol{K}_{ei} \\ \boldsymbol{K}_{ie} & \boldsymbol{K}_{ii} \end{bmatrix} \begin{bmatrix} \boldsymbol{0} \\ \boldsymbol{\Phi}_{mi} \end{bmatrix} = \boldsymbol{\Phi}_{mi}^T\boldsymbol{K}_{ii}\boldsymbol{\Phi}_{mi}$$

$$\boldsymbol{\Phi}_m^T\boldsymbol{M}\boldsymbol{\Phi}_m = \begin{bmatrix} \boldsymbol{0} \\ \boldsymbol{\Phi}_{mi} \end{bmatrix}^T \begin{bmatrix} \boldsymbol{M}_{ee} & \boldsymbol{M}_{ei} \\ \boldsymbol{M}_{ie} & \boldsymbol{M}_{ii} \end{bmatrix} \begin{bmatrix} \boldsymbol{0} \\ \boldsymbol{\Phi}_{mi} \end{bmatrix} = \boldsymbol{\Phi}_{mi}^T\boldsymbol{M}_{ii}\boldsymbol{\Phi}_{mi}$$

$$\boldsymbol{\Phi}_m^T\boldsymbol{M}\boldsymbol{N} = \begin{bmatrix} \boldsymbol{0} \\ \boldsymbol{\Phi}_{mi} \end{bmatrix}^T \begin{bmatrix} \boldsymbol{M}_{ee} & \boldsymbol{M}_{ei} \\ \boldsymbol{M}_{ie} & \boldsymbol{M}_{ii} \end{bmatrix} \begin{bmatrix} \boldsymbol{I} \\ -\boldsymbol{K}_{ii}^{-1}\boldsymbol{K}_{ie} \end{bmatrix} = \boldsymbol{\Phi}_{mi}^T\boldsymbol{M}_{ie} - \boldsymbol{\Phi}_{mi}^T\boldsymbol{M}_{ii}\boldsymbol{K}_{ii}^{-1}\boldsymbol{K}_{ie}$$

$$\boldsymbol{N}^T\boldsymbol{M}\boldsymbol{\Phi}_m = \begin{bmatrix} \boldsymbol{I} \\ -\boldsymbol{K}_{ii}^{-1}\boldsymbol{K}_{ie} \end{bmatrix}^T \begin{bmatrix} \boldsymbol{M}_{ee} & \boldsymbol{M}_{ei} \\ \boldsymbol{M}_{ie} & \boldsymbol{M}_{ii} \end{bmatrix} \begin{bmatrix} \boldsymbol{0} \\ \boldsymbol{\Phi}_{mi} \end{bmatrix} = \boldsymbol{M}_{ei}\boldsymbol{\Phi}_{mi} - \boldsymbol{K}_{ie}^T\boldsymbol{K}_{ii}^{-T}\boldsymbol{M}_{ii}\boldsymbol{\Phi}_{mi}$$

把上面各式代入式(B. 7)得

$$\begin{cases} [\boldsymbol{K}_{ee} - \omega^2\boldsymbol{M}_{ee} - \boldsymbol{K}_{ie}^T\boldsymbol{K}_{ii}^{-T}(\boldsymbol{K}_{ie} - \omega^2\boldsymbol{M}_{ie}) + \omega^2(\boldsymbol{M}_{ei} - \boldsymbol{K}_{ie}^T\boldsymbol{K}_{ii}^{-T}\boldsymbol{M}_{ii})\boldsymbol{K}_{ii}^{-1}\boldsymbol{K}_{ie}]\,\boldsymbol{\psi}_e - \\ \quad \omega^2(\boldsymbol{M}_{ei} - \boldsymbol{K}_{ie}^T\boldsymbol{K}_{ii}^{-T}\boldsymbol{M}_{ii})\boldsymbol{\Phi}_{mi}\boldsymbol{\psi}_{ii} = \boldsymbol{0} \\ \omega^2\boldsymbol{\Phi}_{mi}^T(\boldsymbol{M}_{ie} - \boldsymbol{M}_{ii}\boldsymbol{K}_{ii}^{-1}\boldsymbol{K}_{ie})\boldsymbol{\psi}_e + \boldsymbol{\Phi}_{mi}^T(\omega^2\boldsymbol{M}_{ii} - \boldsymbol{K}_{ii})\boldsymbol{\Phi}_{mi}\boldsymbol{\psi}_{ii} = \boldsymbol{0} \end{cases} \tag{B.8}$$

根据式(1. 4. 18)可知,由 IMEM 求得的模态向量为

$$\begin{bmatrix}\boldsymbol{\psi}_{e}\\ \boldsymbol{\psi}_{i}\end{bmatrix}=[\boldsymbol{N}\quad \boldsymbol{\Phi}_{m}]\begin{bmatrix}\boldsymbol{\psi}_{e}\\ \boldsymbol{\psi}_{ii}\end{bmatrix}=\begin{bmatrix}\boldsymbol{I}\\ -\boldsymbol{K}_{ii}^{-1}\boldsymbol{K}_{ie}\end{bmatrix}\boldsymbol{\psi}_{e}+\begin{bmatrix}\boldsymbol{0}\\ \boldsymbol{\Phi}_{mi}\end{bmatrix}\boldsymbol{\psi}_{ii} \tag{B.9}$$

因此

$$\boldsymbol{\Phi}_{mi}\boldsymbol{\psi}_{ii}=\boldsymbol{\psi}_{i}+\boldsymbol{K}_{ii}^{-1}\boldsymbol{K}_{ie}\boldsymbol{\psi}_{e} \tag{B.10}$$

把式(B.10)代入式(B.8)中的第 2 式可得

$$\boldsymbol{\Phi}_{mi}^{\mathrm{T}}[(\omega^{2}\boldsymbol{M}_{ie}-\omega^{2}\boldsymbol{M}_{ii}\boldsymbol{K}_{ii}^{-1}\boldsymbol{K}_{ie})\boldsymbol{\psi}_{e}+(\omega^{2}\boldsymbol{M}_{ii}-\boldsymbol{K}_{ii})(\boldsymbol{\psi}_{i}+\boldsymbol{K}_{ii}^{-1}\boldsymbol{K}_{ie}\boldsymbol{\psi}_{e})]=\boldsymbol{0}$$

或

$$(\boldsymbol{K}_{ie}-\omega^{2}\boldsymbol{M}_{ie})\boldsymbol{\psi}_{e}+(\boldsymbol{K}_{ii}-\omega^{2}\boldsymbol{M}_{ii})\boldsymbol{\psi}_{i}=0 \tag{B.11}$$

再把(B.10)代入式(B.8)中的第 1 式得

$$[\boldsymbol{K}_{ee}-\omega^{2}\boldsymbol{M}_{ee}-\boldsymbol{K}_{ie}^{\mathrm{T}}\boldsymbol{K}_{ii}^{-\mathrm{T}}(\boldsymbol{K}_{ie}-\omega^{2}\boldsymbol{M}_{ie})+\omega^{2}(\boldsymbol{M}_{ei}-\boldsymbol{K}_{ie}^{\mathrm{T}}\boldsymbol{K}_{ii}^{-\mathrm{T}}\boldsymbol{M}_{ii})\boldsymbol{K}_{ii}^{-1}\boldsymbol{K}_{ie}]\boldsymbol{\psi}_{e}-\omega^{2}(\boldsymbol{M}_{ei}-\boldsymbol{K}_{ie}^{\mathrm{T}}\boldsymbol{K}_{ii}^{-\mathrm{T}}\boldsymbol{M}_{ii})(\boldsymbol{\psi}_{i}+\boldsymbol{K}_{ii}^{-1}\boldsymbol{K}_{ie}\boldsymbol{\psi}_{e})=\boldsymbol{0}$$

或

$$[\boldsymbol{K}_{ee}-\omega^{2}\boldsymbol{M}_{ee}-\boldsymbol{K}_{ie}^{\mathrm{T}}\boldsymbol{K}_{ii}^{-\mathrm{T}}(\boldsymbol{K}_{ie}-\omega^{2}\boldsymbol{M}_{ie})]\boldsymbol{\psi}_{e}-\omega^{2}(\boldsymbol{M}_{ei}-\boldsymbol{K}_{ie}^{\mathrm{T}}\boldsymbol{K}_{ii}^{-\mathrm{T}}\boldsymbol{M}_{ii})\boldsymbol{\psi}_{i}=\boldsymbol{0} \tag{B.12}$$

把式(B.11)代入式(B.12)整理得

$$(\boldsymbol{K}_{ee}-\omega^{2}\boldsymbol{M}_{ee})\boldsymbol{\psi}_{e}+(\boldsymbol{K}_{ei}-\omega^{2}\boldsymbol{M}_{ei})\boldsymbol{\psi}_{i}=\boldsymbol{0} \tag{B.13}$$

把式(B.11)和式(B.13 与式(B.4)进行比较可知，由 IMEM 得到的固有模态和单胞原问题式(B.4)的解相同。

参考文献

[1] Xing Y F, Tian J M, Zhu D C. Homogenization method based on eigenvector expansions [J]. International Journal for Multiscale Computational Engineering, 2006, 4: 197-206.

[2] Xing Y F, Gao Y H. Multiscale eigenelement method for periodical composites: A review[J]. Chinese Journal of Aeronautics, 2019, 32: 104-113.

[3] 杨阳. 周期复合材料结构特征单元分析方法研究[D]. 北京，北京航空航天大学，2010.

[4] Xing Y F, Yang Y. An eigenelement method of periodical composite structures[J]. Composite Structures, 2011, 93: 502-512.

[5] Xing Y, Wang X. An eigenelement method and two homogenization conditions[J]. Acta Mechanica Sinica, 2009, 25: 345-351.

[6] Xing Y F, Yang Y, Wang X M. A multiscale eigenelement method and its application to periodical composite structures[J]. Composite Structures, 2010, 92: 2265-2275.

[7] Xing Y F, Du C Y. An improved multiscale eigenelement method of periodical composite structures[J]. Composite Structures, 2014, 118: 200-207.

[8] Xing Y F, Gao Y H, Li M. The multiscale eigenelement method in dynamic analyses of periodical composite structures[J]. Composite Structures, 2017, 172: 330-338.

[9] Voigt W. Ueber die Beziehung zwischen den beiden Elasticitätsconstanten isotroper Körper[J]. Wied Ann, 1889, 274: 573-587.

[10] Reuss A. Berechnung der Fließgrenze von Mischkristallen auf Grund der Plastizitätsbedingung für Einkristalle[J]. Zeitschrift für Angewandte Mathematik und

Mechanik, 1929, 9: 49-58.

[11] Hashin Z, Shtrikman S. A variational approach to the theory of the elastic behavior of multiphase materials[J]. Journal of the Mechanics and Physics of Solids, 1963, 11(2): 127-140.

[12] Mori T, Tanaka K. Average stress in matrix and average elastic energy of materials with misfitting inclusions [J]. Acta Metall, 1973, 21(5): 571-574.

[13] Eshelby J D. The determination of the elastic field of ellipsoidal inclusion and related problem [J]. Proc Roy Soc London, 1957, A241(1226): 376-396.

[14] Eshelby J D. The elastic field outside an ellipsoidal inclusion [J]. Proc Roy Soc London, 1959, A252(1271): 561-569.

[15] Babuška I. Solution of interface problems by homogenization, Parts I, II [J]. SIAM Journal on Mathematical Analysis, 1976, 7: 603-645.

[16] Benssousan A, Lions J L. Asymptotic Analysis for Periodic Structures [M]. North-Holland: Amsterdam, 1978.

[17] Oleinik O A, Shamaev A V, et al. Mathematical Problems in Elasticity and Homogenization [M]. North-Holland: Amsterdam, 1992.

[18] E W, Engquist B. The heterogeneous multiscale methods [J]. Communications in Mathematical Sciences, 2003, 1: 87-132.

[19] E W, Ming P B, Zhang P W. Analysis of the heterogeneous multiscale method for elliptic homogenization problems [J]. Journal of the American Mathematical Society, 2005, 18: 121-156.

[20] Babuška I, Caloz G, Osborn E. Special finite element methods for a class of second order elliptic problems with rough coefficients[J]. Journal on Numerical Analysis, 1994, 31(4): 945-981.

[21] Hou T, Wu X. A multiscale finite element method for elliptic problems in composite materials and porous media [J]. Journal of Computational Physics, 1997, 134: 169-189.

[22] Strouboulis T, Babuška I, Copps K. The generalized finite element method [J]. Computer Methods in Applied Mechanics and Engineering, 2001, 190: 4081-4193.

[23] Strouboulis T, Babuška I, Copps K. The design and analysis of the generalized finite element method [J]. Computer Methods in Applied Mechanics and Engineering, 2000, 181: 43-69.

[24] Guyan R J. Reduction of stiffness and mass matrices[J]. AIAA J, 1965, 3(2): 380.

[25] 杜传宇. 周期结构复合材料多尺度特征单元方法改进[D]. 北京：北京航空航天大学,2014.

[26] Xing Y F,Liu B. High-accuracy differential quadrature finite element method and its application to free vibrations of thin plate with curvilinear domain[J]. International Journal for Numerical Methods in Engineering,2009,80: 1718-1742.

[27] Xing Y F, Liu B. A differential quadrature finite element method[J]. International Journal of Applied Mechanics, 2010, 2(1): 207-227.

[28] Gao Y, Xing Y, Huang Z, et al. An assessment of multiscale asymptotic expansion method for linear static problems of periodic composite structures[J]. European Journal of Mechanics/A Solids 81, 2020: 103951.
[29] 杜善义,王彪. 复合材料细观力学[M]. 北京:科学出版社,1998.
[30] 沈观林,胡更开,刘彬. 复合材料力学[M]. 2 版. 北京:清华大学出版社,2013.
[31] 黄克智,黄永刚. 固体本构关系[M]. 北京:清华大学出版社,1999.

第 2 章　全周期复合材料结构的多尺度渐近展开方法

2.1 引　言

多尺度渐近展开方法[1]是 20 世纪 70 年代发展起来的，该方法具有严谨的数学理论基础，也被称作数学均匀化方法或渐近均匀化方法，目前已经被应用于许多其他物理和工程领域当中，如热传导、多孔介质中的流体流动或磁-电-力耦合问题。该方法的基本思想是用等效的均质材料结构和具有周期性且能反映细观信息的非均质代表单胞来描述原非均匀周期复合材料结构。具体做法是：在不同尺度坐标系下，将场变量表达成具有不同尺度坐标的函数，并利用能够反映尺度特征信息的小参数进行渐近展开，将其代入到控制方程中，通过求解一系列不同阶场变量的控制方程获得场变量的各阶影响函数等信息。

多尺度渐近展开方法的计算精度主要取决于各阶单胞影响函数的计算精度和渐近展开阶次的选取等。尽管均匀化解能够较好地反映材料结构的宏观特性，但难以刻画局部涨落信息，因此无法直接用于强度分析等，因此借助展开项直达细观场十分必要。**由于有无穷阶展开项，但各阶展开项的作用机理不明，导致在选择展开项数时存在困难，因此有必要明晰各阶展开项的物理意义，并以此为基础给出展开阶次的选取原则**。理论上，选择的展开项数越多，结果越精确，但存在无法回避的计算困难。

此外，单胞问题的解需要满足周期性以反映细观结构的周期特性。但通常仅由单胞问题的周期性条件无法获得唯一解。经典的做法是通过让变量在单胞区域内积分为零来实现唯一性[2]。为确定非均匀材料等效性能，Chung 等人[3]指出可以通过指定一个结点位移来实现解的唯一性，而且给定的值可以是任意的，因为等效弹性参数只和一阶影响函数梯度有关。Cao 等人[4-6]采用齐次 Dirichlet 边界条件来求解几何结构中心对称的单胞问题，证明了单胞问题在经典周期边界条件和齐次 Dirichlet 边界条件下都具有适定性。Xing 等人[7-10]同样应用 Dirichlet 齐次边界条件或固支边界条件求解了单胞问题，发现单胞边界附近细观位移场精度较差，并指出其原因：包含细观信息的各阶影响函数在单胞边界上为零，故在边界上展开项对位移场没有修正作用。Xing 和 Gao[9-10]在此基础上提出采用过取样技术来提高影响函数的精度。对于对称单胞，可以直接推导得到求解一阶影响函数时单胞边界条件的具体形式[11-13]，这个过程利用了一阶虚拟载荷特性，不适用于高阶影响函数的求解。**由于不同的单胞周期边界条件会对宏细观场变量产生不同的影响，因此对不同周期边界条件的适用范围进行探讨并进行改进具有重要意义。**

本章旨在通过讨论各阶展开项的物理意义、展开阶次的确定原则及其对计算精度的影响[9-10,14]、不同单胞边界条件的适用范围以及结构边界物理场精度如何改进等问题[15]，**对多尺度渐近展开方法在线弹性静力学问题中的应用给出一个全方位的指导原则**，以促进该方法的实际应用。在本章最后，还对各向异性多尺度方法、多尺度有限元方法、广义有限元方法的思想、实现步骤、相似性和适用范围进行了介绍。

2.2　多尺度渐近展开方法基本公式

本节针对周期复合材料结构线弹性静力学问题，以双尺度展开法为例，介绍多尺度渐近展开方法的分析过程。考虑如图 2.1 所示的周期复合材料结构，其细观结构是由具有代表性的单胞(或代表单元)周期分布而成的，宏观尺度坐标 $\boldsymbol{x}$ 和细观尺度坐标 $\boldsymbol{y}$ 之间有如下关系：

$$\boldsymbol{y}=\boldsymbol{x}/\varepsilon \tag{2.2.1}$$

式中：小参数 $\varepsilon(0<\varepsilon\ll 1)$ 表示单胞尺寸和结构尺寸之比。对于二维问题，$\boldsymbol{x}=[x_1\quad x_2]^{\mathrm{T}}$，$\boldsymbol{y}=[y_1\quad y_2]^{\mathrm{T}}$，如图 2.1 所示。当结构受外载荷作用时，位移或应力等结构场变量将随宏观尺度坐标 $\boldsymbol{x}$ 的变化而变化。同时，细观结构的高度非均匀性会使得这些结构场变量在宏观尺度坐标 $\boldsymbol{x}$ 附近较小的邻域内快速涨落。依赖于细观坐标 $\boldsymbol{y}$ 的函数在细观尺度 $\boldsymbol{y}$ 上具有周期性，这个性质通常被称为 Y-周期。

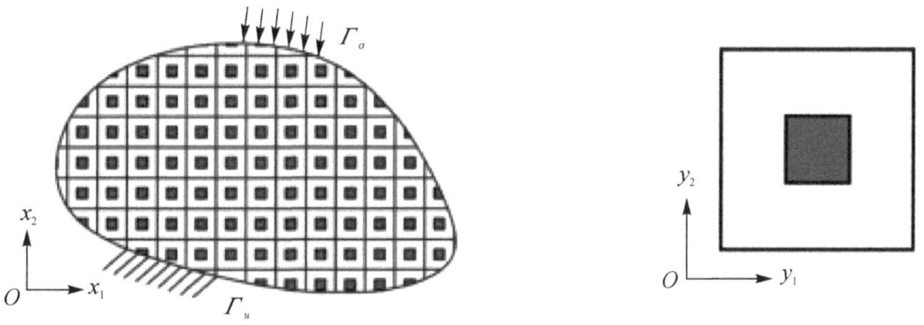

(a) 结构域 Ω 和边界 Γ　　　(b) 单胞域 D

图 2.1　二维周期复合材料结构及其单胞

对于图 2.1 所示的周期复合材料结构线弹性静力学问题，其基本方程如下：

$$\frac{\partial \sigma_{ij}^{\varepsilon}}{\partial x_j}+f_i=0 \tag{2.2.2}$$

$$e_{ij}^{\varepsilon}=\frac{1}{2}\left(\frac{\partial u_i^{\varepsilon}}{\partial x_j}+\frac{\partial u_j^{\varepsilon}}{\partial x_i}\right) \tag{2.2.3}$$

$$\sigma_{ij}^{\varepsilon}=E_{ijkl}^{\varepsilon}e_{kl}^{\varepsilon} \tag{2.2.4}$$

式中：任何一项中的重复指标如式(2.2.4)中的 kl 都表示 Einstein 约定求和，$\sigma_{ij}^{\varepsilon}$ 和 e_{ij}^{ε} 分别表示二阶应力和应变张量，u_i^{ε} 表示沿着 x_i 方向的细观位移，f_i 表示沿着 x_i 方向作用的体力，四阶弹性张量 E_{ijmn}^{ε} 满足 Voigt 对称性，即

$$E_{ijkl}^{\varepsilon}=E_{jikl}^{\varepsilon}=E_{ijlk}^{\varepsilon}=E_{klij}^{\varepsilon} \tag{2.2.5}$$

且

$$E_{ijkl}^{\varepsilon}(\boldsymbol{x})=E_{ijkl}(\boldsymbol{x}/\varepsilon)=E_{ijkl}(\boldsymbol{y}) \tag{2.2.6}$$

由式(2.2.3)及弹性张量 E_{ijmn} 的对称性，式(2.2.5)可将式(2.2.4)表达成为

$$\sigma_{ij}^{\varepsilon}=E_{ijmn}^{\varepsilon}e_{mn}^{\varepsilon}=\frac{1}{2}E_{ijmn}^{\varepsilon}\left(\frac{\partial u_m^{\varepsilon}}{\partial x_n}+\frac{\partial u_n^{\varepsilon}}{\partial x_m}\right)=E_{ijmn}^{\varepsilon}\frac{\partial u_m^{\varepsilon}}{\partial x_n} \tag{2.2.7}$$

将细观位移场 u_i^ε 渐近展开：

$$u_i^\varepsilon(\boldsymbol{x})=u_i(\boldsymbol{x},\boldsymbol{y})=u_i^0(\boldsymbol{x})+\varepsilon u_i^1(\boldsymbol{x},\boldsymbol{y})+\varepsilon^2 u_i^2(\boldsymbol{x},\boldsymbol{y})+\cdots \tag{2.2.8}$$

式中：u_i^0 为均匀化位移，只与宏观尺度坐标 $\boldsymbol{x}$ 有关；u_i^r 为沿着 x_i 方向的第 r 阶摄动位移，其在细观尺度 $\boldsymbol{y}$ 上具有周期性。可以把 u_i^0 看作是第 0 阶摄动位移。

根据微分链式法则，对于任意函数 $F^\varepsilon(\boldsymbol{x})$有

$$\begin{cases}\dfrac{\partial F^\varepsilon(\boldsymbol{x})}{\partial x_i}=\dfrac{\partial F(\boldsymbol{x},\boldsymbol{y})}{\partial x_i}+\dfrac{1}{\varepsilon}\dfrac{\partial F(\boldsymbol{x},\boldsymbol{y})}{\partial y_i}\\[2ex] \dfrac{\partial^2 F^\varepsilon(\boldsymbol{x})}{\partial \boldsymbol{x}^2}=\dfrac{\partial^2 F(\boldsymbol{x},\boldsymbol{y})}{\partial \boldsymbol{x}^2}+\dfrac{2}{\varepsilon}\dfrac{\partial^2 F(\boldsymbol{x},\boldsymbol{y})}{\partial \boldsymbol{x}\partial \boldsymbol{y}}+\dfrac{1}{\varepsilon^2}\dfrac{\partial^2 F(\boldsymbol{x},\boldsymbol{y})}{\partial \boldsymbol{y}^2}\end{cases} \tag{2.2.9}$$

将式(2.2.8)代入式(2.2.7)中，可得到关于细观应力的渐近展开形式：

$$\sigma_{ij}^\varepsilon(\boldsymbol{x})=\sigma_{ij}(\boldsymbol{x},\boldsymbol{y})=\sigma_{ij}^0(\boldsymbol{x},\boldsymbol{y})+\varepsilon\sigma_{ij}^1(\boldsymbol{x},\boldsymbol{y})+\varepsilon^2\sigma_{ij}^2(\boldsymbol{x},\boldsymbol{y})+\cdots \tag{2.2.10}$$

其中各阶摄动应力 σ_{ij}^r 的形式如下：

$$\sigma_{ij}^r=E_{ijkl}^\varepsilon\left(\frac{\partial u_k^r}{\partial x_l}+\frac{\partial u_k^{r+1}}{\partial y_l}\right) \tag{2.2.11}$$

将式(2.2.10)代入式(2.2.2)，并利用链式法则公式(2.2.9)，通过让不同幂次 ε 系数为零，可得到一系列如下控制方程：

$$\begin{cases}O(\varepsilon^{-1})：\dfrac{\partial\sigma_{ij}^0}{\partial y_j}=0\\[2ex] O(\varepsilon^0)：\dfrac{\partial\sigma_{ij}^1}{\partial y_j}+\dfrac{\partial\sigma_{ij}^0}{\partial x_j}+f_i=0\\ \quad\vdots \qquad\qquad \vdots\\ O(\varepsilon^r)：\dfrac{\partial\sigma_{ij}^{r+1}}{\partial y_j}+\dfrac{\partial\sigma_{ij}^r}{\partial x_j}=0,\quad r=1,2,\cdots\end{cases} \tag{2.2.12}$$

在下面的推导过程中，仅考虑前三阶摄动项。下面分别给出用于求解各阶摄动位移的控制方程，并给出其解的形式。

$O(\varepsilon^{-1})$：

平衡方程如下：

$$\frac{\partial\sigma_{ij}^0}{\partial y_j}=0 \tag{2.2.13}$$

将式(2.2.11)代入式(2.2.13)，可以得到

$$\frac{\partial}{\partial y_j}\left[E_{ijmn}(\boldsymbol{y})\left(\frac{\partial u_m^0}{\partial x_n}+\frac{\partial u_m^1}{\partial y_n}\right)\right]=0 \tag{2.2.14}$$

该方程的解 u_i^1 有如下形式：

$$u_i^1(\boldsymbol{x},\boldsymbol{y})=\chi_{1i}^{kl}(\boldsymbol{y})\frac{\partial u_k^0}{\partial x_l}+\tilde{u}_i^1(\boldsymbol{x}) \tag{2.2.15}$$

其中 $\tilde{u}_i^1(\boldsymbol{x})$可以理解为对应一阶摄动位移 u_i^1 的宏观小量。将式(2.2.15)代入式(2.2.14)可得到

$$\left\{\frac{\partial}{\partial y_j}\left[E_{ijkl}(\boldsymbol{y})+E_{ijmn}(\boldsymbol{y})\frac{\partial\chi_{1m}^{kl}(\boldsymbol{y})}{\partial y_n}\right]\right\}\frac{\partial u_k^0}{\partial x_l}=0 \tag{2.2.16}$$

由上式可得一阶影响函数(influence function)χ_{1i}^{kl} 的控制方程为

$$\frac{\partial}{\partial y_j}\left[E_{ijmn}(\boldsymbol{y})\frac{\partial \chi_{1m}^{kl}(\boldsymbol{y})}{\partial y_n}+E_{ijkl}(\boldsymbol{y})\right]=0 \tag{2.2.17}$$

其中一阶影响函数 χ_{1i}^{kl} 刻画了单胞内部不同相材料之间相互作用的细观信息。由于 E_{ijkl} 中指标 kl 是对称的,因此 χ_{1i}^{kl} 的指标 kl 也是对称的,即

$$\chi_{1i}^{kl}=\chi_{1i}^{lk} \tag{2.2.18}$$

$O(\varepsilon^0)$:

平衡方程如下:

$$\frac{\partial \sigma_{ij}^1}{\partial y_j}+\frac{\partial \sigma_{ij}^0}{\partial x_j}+f_i=0 \tag{2.2.19}$$

对于单胞域内 D 的任意周期函数 $F(\boldsymbol{x},\boldsymbol{y})$,其平均算子定义如下:

$$\langle F(\boldsymbol{x},\boldsymbol{y})\rangle=\frac{1}{|D|}\int_D F(\boldsymbol{x},\boldsymbol{y})\mathrm{d}D \tag{2.2.20}$$

若要使方程(2.2.19)具有适定性,要求:

$$\left\langle \frac{\partial \sigma_{ij}^0}{\partial x_j}+f_i\right\rangle=0 \tag{2.2.21}$$

将式(2.2.11)、式(2.2.15)代入式(2.2.21)可得

$$\frac{\partial}{\partial x_j}\left(D_{ijkl}^0\frac{\partial \boldsymbol{u}_k^0}{\partial x_l}\right)+f_i=0 \tag{2.2.22}$$

式中:D_{ijkl}^0 为零阶均匀化(或宏观)弹性张量系数,其定义如下:

$$D_{ijkl}^0=\langle E_{ijkl}^0\rangle \tag{2.2.23}$$

$$E_{ijkl}^0=E_{ijkl}+E_{ijmn}\frac{\partial \chi_{1m}^{kl}}{\partial y_n} \tag{2.2.24}$$

根据式(2.2.5)中的指标对称性和式(2.2.24)可知,D_{ijkl}^0 的指标也具有对称性,即

$$D_{ijkl}^0=D_{jikl}^0=D_{ijlk}^0=D_{klij}^0 \tag{2.2.25}$$

将式(2.2.11)代入式(2.2.19),并利用式(2.2.15)和式(2.2.22)可得

$$\frac{\partial}{\partial y_j}\left(E_{ijmn}\frac{\partial u_m^2}{\partial y_n}\right)+\left[\frac{\partial}{\partial y_p}(E_{ipmj}\chi_{1m}^{kl})+E_{ijkl}^0-D_{ijkl}^0\right]\frac{\partial^2 \boldsymbol{u}_k^0}{\partial x_j\partial x_l}+\frac{\partial E_{ijmn}}{\partial y_j}\frac{\partial \tilde{u}_m^1}{\partial x_n}=0 \tag{2.2.26}$$

该方程的解 u_i^2 具有如下形式:

$$u_i^2(\boldsymbol{x},\boldsymbol{y})=\chi_{2i}^{klp}(\boldsymbol{y})\frac{\partial^2 \boldsymbol{u}_k^0}{\partial x_p\partial x_l}+\chi_{1i}^{kl}(\boldsymbol{y})\frac{\partial \tilde{u}_k^1(\boldsymbol{x})}{\partial x_l}+\tilde{u}_i^2(\boldsymbol{x}) \tag{2.2.27}$$

其中 $\tilde{u}_i^2(\boldsymbol{x})$可以理解为对应二阶摄动位移 u_i^2 的宏观小量。将式(2.2.27)代入式(2.2.26),可得

$$\left[\frac{\partial}{\partial y_j}\left(E_{ijmn}\frac{\partial \chi_{2m}^{klp}}{\partial y_n}+E_{ijmp}\chi_{1m}^{kl}\right)+E_{ipkl}^0-D_{ipkl}^0\right]\frac{\partial^2 \boldsymbol{u}_k^0}{\partial x_p\partial x_l}+\left[\frac{\partial}{\partial y_j}\left(E_{ijmn}\frac{\partial \chi_{1m}^{kl}}{\partial y_n}+E_{ijkl}\right)\right]\frac{\partial \tilde{u}_k^1}{\partial x_l}=0 \tag{2.2.28}$$

把一阶影响函数控制方程(2.2.17)代入上式左端第 2 项,于是可得到二阶影响函数 χ_{2i}^{klp} 的控制方程为

$$\frac{\partial}{\partial y_j}\left(E_{ijmn}\frac{\partial \chi_{2m}^{klp}}{\partial y_n}+E_{ijmp}\chi_{1m}^{kl}\right)+E_{ipkl}^{0}-D_{ipkl}^{0}=0 \tag{2.2.29}$$

其中二阶影响函数 χ_{2i}^{klp} 刻画了单胞内部不同相材料之间相互作用的高阶细观信息。由于张量 D_{ipkl}^{0} 和 E_{ipkl}^{0} 关于下标 kl 对称，且一阶单胞影响函数 χ_{1m}^{kl} 是关于指标 kl 对称的张量，因此张量 χ_{2m}^{klp} 也关于指标 kl 对称，即

$$\chi_{2i}^{klp}=\chi_{2i}^{lkp} \tag{2.2.30}$$

根据式(2.2.29)给出如下定义：

$$D_{ijklp}^{1}=\langle E_{ijklp}^{1}\rangle \tag{2.2.31}$$

$$E_{ijklp}^{1}=E_{ijmn}\frac{\partial \chi_{2m}^{klp}}{\partial y_n}+E_{ijmp}\chi_{1m}^{kl} \tag{2.2.32}$$

可以把 D_{ijklp}^{1} 理解为一阶均匀化弹性系数。

$O(\varepsilon)$：

平衡方程如下：

$$\frac{\partial \sigma_{ij}^{2}}{\partial y_j}+\frac{\partial \sigma_{ij}^{1}}{\partial x_j}=0 \tag{2.2.33}$$

若要使式(2.2.33)具有适定性，要求：

$$\left\langle \frac{\partial \sigma_{ij}^{1}}{\partial x_j}\right\rangle=0 \tag{2.2.34}$$

将式(2.2.11)、式(2.2.15)及式(2.2.27)代入式(2.2.34)可得

$$\left\langle E_{ijmn}\frac{\partial \chi_{2m}^{klp}}{\partial y_n}+E_{ijmp}\chi_{1m}^{kl}\right\rangle\frac{\partial^3 u_k^0}{\partial x_j\partial x_p\partial x_l}+\left\langle E_{ijkl}+E_{ijmn}\frac{\partial \chi_{1m}^{kl}}{\partial y_n}\right\rangle\frac{\partial^2 \tilde{u}_k^1}{\partial x_j\partial x_l}=0 \tag{2.2.35}$$

利用式(2.2.23)和式(2.2.31)，可将式(2.2.35)写成如下形式：

$$D_{ijklp}^{1}\frac{\partial^3 u_k^0}{\partial x_j\partial x_p\partial x_l}+D_{ijkl}^{0}\frac{\partial^2 \tilde{u}_k^1}{\partial x_j\partial x_l}=0 \tag{2.2.36}$$

将式(2.2.11)代入式(2.2.33)，并利用式(2.2.15)和式(2.2.27)可得

$$\begin{aligned}&\frac{\partial}{\partial y_j}\left(E_{ijmn}\frac{\partial u_m^3}{\partial y_n}\right)+\left[\frac{\partial}{\partial y_j}(E_{ijmq}\chi_{2m}^{klp})+E_{iqmn}\frac{\partial \chi_{2m}^{klp}}{\partial y_n}+E_{iqmp}\chi_{1m}^{kl}\right]\frac{\partial^3 u_k^0}{\partial x_q\partial x_p\partial x_l}+\\&\left[\frac{\partial}{\partial y_j}(E_{ijmp}\chi_{1m}^{kl})+E_{ipmn}\frac{\partial \chi_{1m}^{kl}}{\partial y_n}+E_{ipkl}\right]\frac{\partial^2 \tilde{u}_k^1}{\partial x_p\partial x_l}+\frac{\partial E_{ijmn}}{\partial y_j}\frac{\partial \tilde{u}_m^2}{\partial x_n}=0\end{aligned} \tag{2.2.37}$$

该方程的解 u_i^3 的形式为

$$u_i^3(\boldsymbol{x},\boldsymbol{y})=\chi_{3i}^{klpq}(\boldsymbol{y})\frac{\partial^3 u_k^0}{\partial x_q\partial x_p\partial x_l}+\chi_{2i}^{klp}(\boldsymbol{y})\frac{\partial^2 \tilde{u}_k^1(\boldsymbol{x})}{\partial x_p\partial x_l}+\chi_{1i}^{kl}(\boldsymbol{y})\frac{\partial \tilde{u}_k^2(\boldsymbol{x})}{\partial x_l}+\tilde{u}_i^3(\boldsymbol{x}) \tag{2.2.38}$$

将式(2.2.38)代入式(2.2.37)可得

$$\begin{aligned}&\left[\frac{\partial}{\partial y_j}\left(E_{ijmn}\frac{\partial \chi_{3m}^{klpq}}{\partial y_n}+E_{ijmq}\chi_{2m}^{klp}\right)+E_{iqmn}\frac{\partial \chi_{2m}^{klp}}{\partial y_n}+E_{iqmp}\chi_{1m}^{kl}\right]\frac{\partial^3 u_k^0}{\partial x_q\partial x_p\partial x_l}+\\&\left[\frac{\partial}{\partial y_j}\left(E_{ijmn}\frac{\partial \chi_{2m}^{klp}}{\partial y_n}+E_{ijmp}\chi_{1m}^{kl}\right)+E_{ipmn}\frac{\partial \chi_{1m}^{kl}}{\partial y_n}+E_{ipkl}\right]\frac{\partial^2 \tilde{u}_k^1}{\partial x_p\partial x_l}+\\&\frac{\partial}{\partial y_j}\left(E_{ijmn}\frac{\partial \chi_{1m}^{kl}}{\partial y_n}+E_{ijkl}\right)\frac{\partial \tilde{u}_k^2(\boldsymbol{x})}{\partial x_l}=0\end{aligned} \tag{2.2.39}$$

根据式(2.2.36)可以把式(2.2.39)变为如下形式：

$$\left[\frac{\partial}{\partial y_j}\left(E_{ijmn}\frac{\partial \chi_{3m}^{klpq}}{\partial y_n}+E_{ijmq}\chi_{2m}^{klp}\right)+E_{iqmn}\frac{\partial \chi_{2m}^{klp}}{\partial y_n}+E_{iqmp}\chi_{1m}^{kl}-D_{iqklp}^{1}\right]\frac{\partial^3 u_k^0}{\partial x_q \partial x_p \partial x_l}+$$

$$\left[\frac{\partial}{\partial y_j}\left(E_{ijmn}\frac{\partial \chi_{2m}^{klp}}{\partial y_n}+E_{ijmp}\chi_{1m}^{kl}\right)+E_{ipmn}\frac{\partial \chi_{1m}^{kl}}{\partial y_n}+E_{ipkl}-D_{ipkl}^{0}\right]\frac{\partial^2 \tilde{u}_k^1}{\partial x_p \partial x_l}+$$

$$\frac{\partial}{\partial y_j}\left(E_{ijmn}\frac{\partial \chi_{1m}^{kl}}{\partial y_n}+E_{ijkl}\right)\frac{\partial \tilde{u}_k^2(\boldsymbol{x})}{\partial x_l}=0 \tag{2.2.40}$$

把一阶影响函数控制方程(2.2.17)和二阶影响函数控制方程(2.2.29)一起代入方程(2.2.40)，可以得到三阶影响函数 χ_{3i}^{klpq} 的控制方程为

$$\frac{\partial}{\partial y_j}\left(E_{ijmn}\frac{\partial \chi_{3m}^{klpq}}{\partial y_n}+E_{ijmq}\chi_{2m}^{klp}\right)+E_{iqmn}\frac{\partial \chi_{2m}^{klp}}{\partial y_n}+E_{iqmp}\chi_{1m}^{kl}-D_{iqklp}^{1}=0 \tag{2.2.41}$$

从式(2.2.36)可以看出，若忽略宏观小量及其各阶导数或令它们为零，则有 $D_{iqklp}^{1}=0$，因此三阶影响函数的控制方程变为

$$\frac{\partial}{\partial y_j}\left(E_{ijmn}\frac{\partial \chi_{3m}^{klpq}}{\partial y_n}+E_{ijmq}\chi_{2m}^{klp}\right)+E_{iqmn}\frac{\partial \chi_{2m}^{klp}}{\partial y_n}+E_{iqmp}\chi_{1m}^{kl}=0 \tag{2.2.42}$$

由式(2.2.42)可知张量 χ_{3m}^{klpq} 关于指标 kl 对称。根据式(2.2.41)可以做出如下定义：

$$D_{ijklpq}^{2}=\langle E_{ijklpq}^{2}\rangle \tag{2.2.43}$$

$$E_{ijklpq}^{2}=E_{ijmn}\frac{\partial \chi_{3m}^{klpq}}{\partial y_n}+E_{ijmq}\chi_{2m}^{klp} \tag{2.2.44}$$

可以把 D_{ijklpq}^{2} 理解为二阶均匀化弹性系数。

值得指出的是，用于求解 χ_{1m}^{kl}、χ_{2m}^{klp} 和 χ_{3m}^{klpq} 在单胞上施加的约束条件是相同的。这里以 χ_{1m}^{kl} 为例，施加的边界条件如下：

$$\begin{cases}\chi_{1m}^{kl}\big|_{S_{\text{pn}-}}=\chi_{1m}^{kl}\big|_{S_{\text{pn}+}}\\ \langle \chi_{1m}^{kl}\rangle=0\end{cases} \tag{2.2.45}$$

式中：$S_{\text{pn}\pm}$ 为单胞周期面。式(2.2.45)中的第一个关系式是影响函数的周期边界条件，第二个关系式为归一化条件。通常采用主从自由度消除等方法施加周期边界条件，采用拉格朗日乘子法施加归一化条件，参见 2.3.2 小节内容。

从上面推导得到的各阶影响函数的控制方程可以看出，仅依赖于宏观坐标 $\boldsymbol{x}$ 的高阶宏观小量 $\tilde{u}_i^r$ 不影响刻画细观信息的影响函数，参见式(2.2.17)、式(2.2.29)和式(2.2.41)，但 $\tilde{u}_i^r$ 影响各阶摄动位移，参见式(2.2.15)、式(2.2.27)和式(2.2.38)。

2.3　渐近展开方法执行过程和有限元列式

本节将给出多尺度渐近展开方法的计算流程，并利用伽辽金加权残量方法对 2.2 节得到的控制微分方程进行有限元离散，以方便该方法的应用。

另外值得指出的是，这里仅考虑前三阶摄动项，并且在后面计算各阶摄动位移时，将忽略各阶宏观小量的影响，即不考虑 $\tilde{u}_i^r$，于是前三阶摄动位移具有如下分离变量(或解耦)的形式：

$$u_i^1(\boldsymbol{x},\boldsymbol{y})=\chi_{1i}^{kl}(\boldsymbol{y})\frac{\partial u_k^0(\boldsymbol{x})}{\partial x_l} \tag{2.3.1}$$

$$u_i^2(\boldsymbol{x},\boldsymbol{y})=\chi_{2i}^{klp}(\boldsymbol{y})\frac{\partial^2 u_k^0(\boldsymbol{x})}{\partial x_p \partial x_l} \tag{2.3.2}$$

$$u_i^3(\boldsymbol{x},\boldsymbol{y})=\chi_{3i}^{klpq}(\boldsymbol{y})\frac{\partial^3 u_k^0(\boldsymbol{x})}{\partial x_q \partial x_p \partial x_l} \tag{2.3.3}$$

2.3.1 计算流程

多尺度渐近展开方法包括如下几个计算步骤：

步骤 1：求解单胞问题

建立单胞的几何模型和细观有限元模型。

① 求解方程(2.2.17)得到影响函数 χ_{1m}^{kl}。

② 根据式(2.2.23)计算零阶均匀化弹性张量 D_{ijkl}^0。

③ 求解方程(2.2.29)得到影响函数 χ_{2m}^{klp}。

④ 求解方程(2.2.42)得到影响函数 χ_{3m}^{klpq}。

上面 4 项求解工作需要按照顺序依次进行。

步骤 2：求解宏观结构力学问题

① 求解方程(2.2.22)得到均匀化(或宏观)位移 u_k^0。

② 计算宏观位移对宏观坐标 $\boldsymbol{x}$ 的各阶导数$\frac{\partial u_k^0}{\partial x_l}$、$\frac{\partial^2 u_k^0}{\partial x_p \partial x_l}$和$\frac{\partial^3 u_k^0}{\partial x_q \partial x_p \partial x_l}$。

步骤 3：计算细观位移和细观应力

① 根据式(2.2.8)计算细观位移 $u_i(\boldsymbol{x},\boldsymbol{y})$。

② 根据式(2.2.10)计算细观应力 $\sigma_{ij}(\boldsymbol{x},\boldsymbol{y})$。

2.3.2 有限元列式

本小节包含如下内容：宏观位移弱形式控制方程，单胞影响函数弱形式控制方程，求解单胞影响函数的有限元列式，求解宏观位移的有限元列式，求解细观应力和宏观应力的有限元列式，以及求解单胞影响函数时边界条件的施加方法。

(1) 宏观位移弱形式控制方程

首先给出方程(2.2.22)的弱形式。方程(2.2.22)的加权残量形式为

$$\int_\Omega \left[\frac{\partial}{\partial x_j}\left(D_{ijkl}^0 \frac{\partial u_k^0}{\partial x_l}\right)+f_i\right]\delta u^0 \mathrm{d}\Omega=0 \tag{2.3.4}$$

其弱形式为

$$\int_\Omega D_{ijkl}^0 \frac{\partial u_k^0}{\partial x_l}\frac{\partial \delta u^0}{\partial x_j}\mathrm{d}\Omega=\int_\Omega f_i \delta u^0 \mathrm{d}\Omega \tag{2.3.5}$$

式中：Ω 表示结构域，如图 2.1 所示。

(2) 单胞影响函数弱形式控制方程

下面以式(2.2.29)给出的二阶影响函数控制方程为例，给出影响函数弱形式控制方程的确定方法。把式(2.2.29)变为

$$\frac{\partial}{\partial y_j}\left(E_{ijmn}\frac{\partial \chi_{2m}^{klp}}{\partial y_n}+E_{ijmp}\chi_{1m}^{kl}\right)+E_{ipmn}\frac{\partial \chi_{1m}^{kl}}{\partial y_n}+E_{ipkl}-D_{ipkl}^0=0 \tag{2.3.6}$$

上式的加权残量形式为

$$\int_D \left[\frac{\partial}{\partial y_j}\left(E_{ijmn}\frac{\partial \chi_{2m}^{klp}}{\partial y_n}+E_{ijmp}\chi_{1m}^{kl}\right)+E_{ipmn}\frac{\partial \chi_{1m}^{kl}}{\partial y_n}+E_{ipkl}-D_{ipkl}^{0}\right]\delta\chi_2 \mathrm{d}D=0 \quad (2.3.7)$$

从式(2.3.7)可得式(2.2.29)的弱形式

$$\int_D E_{ijmn}\frac{\partial \chi_{2m}^{klp}}{\partial y_n}\frac{\partial \delta\chi_2}{\partial y_j}\mathrm{d}D=\int_D E_{ipmn}\frac{\partial \chi_{1m}^{kl}}{\partial y_n}\delta\chi_2\mathrm{d}D-\int_D E_{ijmp}\chi_{1m}^{kl}\frac{\partial \delta\chi_2}{\partial y_j}\mathrm{d}D+\int_D (E_{ipkl}-D_{ipkl}^{0})\delta\chi_2\mathrm{d}D \quad (2.3.8)$$

类似地,可以给出一阶影响函数控制方程(2.2.17)和三阶影响函数控制方程(2.2.42)的弱形式,如下:

$$\int_D E_{ijmn}\frac{\partial \chi_{1m}^{kl}}{\partial y_n}\frac{\partial \delta\chi_1}{\partial y_j}\mathrm{d}D=-\int_D E_{ijmp}\frac{\partial \delta\chi_1}{\partial y_j}\mathrm{d}D \quad (2.3.9)$$

$$\int_D E_{ijmn}\frac{\partial \chi_{3m}^{klpq}}{\partial y_n}\frac{\partial \delta\chi_3}{\partial y_j}\mathrm{d}D=\int_D E_{iqmn}\frac{\partial \chi_{2m}^{klp}}{\partial y_n}\delta\chi_3\mathrm{d}D-\int_D E_{ijmq}\chi_{2m}^{klp}\frac{\partial \delta\chi_3}{\partial y_j}\mathrm{d}D+\int_D E_{iqmp}\chi_{1m}^{kl}\delta\chi_3\mathrm{d}D \quad (2.3.10)$$

(3) 求解单胞影响函数的有限元列式

从影响函数控制方程(2.3.9)、方程(2.3.8)和方程(2.3.10)的形式可以看出,其有限元离散形式具有如下统一形式:

$$\delta\boldsymbol{\chi}_r^{\mathrm{T}}\boldsymbol{K}\boldsymbol{\chi}_r=\delta\boldsymbol{\chi}_r^{\mathrm{T}}\boldsymbol{F}_r \quad (2.3.11)$$

于是有

$$\boldsymbol{K}\boldsymbol{\chi}_r=\boldsymbol{F}_r \quad (2.3.12)$$

$$\boldsymbol{K}=\sum_{e=1}\int_{D^e}\boldsymbol{B}^{\mathrm{T}}\boldsymbol{E}^{e}\boldsymbol{B}\mathrm{d}D^e \quad (2.3.13)$$

$$\boldsymbol{\chi}_r=\sum_{e=1}\boldsymbol{\chi}_r^e \quad (2.3.14)$$

式中:$r=1,2,\cdots$为展开阶次;$\boldsymbol{K}$ 为单胞细网格刚度矩阵;$\boldsymbol{\chi}_r$ 为影响函数矩阵;$\boldsymbol{F}_r$ 可看作载荷矩阵;$\boldsymbol{B}$ 为几何矩阵,其中包含形函数 $\boldsymbol{N}$ 对坐标 $\boldsymbol{y}$ 的导数。值得强调的是,方程(2.3.12)的解域为单胞域 D,其中 D^e 表示单胞细网格模型的第 e 个单元区域。

从方程(2.3.12)可以看出,$\boldsymbol{K}$ 与有限单元方法中刚度矩阵的形式是相同的,所以可以将影响函数 $\boldsymbol{\chi}_r$ 看作一般意义上的位移,称之为**虚拟位移**;对应地可以把 $\boldsymbol{F}_r$ 看作是一般意义上的载荷,称为**虚拟载荷**,它不是真正意义上的外加载荷,而是由于材料不均匀性引起的。虚拟载荷具有自平衡性质,意味着**自平衡虚拟载荷 $\boldsymbol{F}_r$ 的积分为零或所有单元结点虚拟载荷之和等于零**。式(2.3.12)的含义可以理解为:一组平衡力 $\boldsymbol{F}_r$ 使单胞处于静平衡状态,其变形为 $\boldsymbol{\chi}_r$。值得注意的是,$\boldsymbol{\chi}_r$ 的单位由 $\boldsymbol{F}_r$ 的单位决定。

对于不同维度问题,虚拟载荷 $\boldsymbol{F}_r$ 的形式稍有不同,下面将分别针对一维、二维以及三维问题给出相应的矩阵形式。

一维问题(1D)

$$\boldsymbol{F}_1=-\sum_{e=1}\int_{D^e}E^{e}\boldsymbol{B}^{\mathrm{T}}\mathrm{d}D^e \quad (2.3.15)$$

$$\boldsymbol{F}_2=\sum_{e=1}\left\{\int_{D^e}(E^\varepsilon-D^0)\boldsymbol{N}^{\mathrm{T}}\mathrm{d}D^e+\int_{D^e}E^\varepsilon\boldsymbol{N}^{\mathrm{T}}\boldsymbol{B}\boldsymbol{\chi}_1\mathrm{d}D^e-\int_{D^e}E^\varepsilon\boldsymbol{B}^{\mathrm{T}}\boldsymbol{N}\boldsymbol{\chi}_1\mathrm{d}D^e\right\} \tag{2.3.16}$$

$$\boldsymbol{F}_3=\sum_{e=1}\int_{D^e}(E^\varepsilon\boldsymbol{N}^{\mathrm{T}}\boldsymbol{N}\boldsymbol{\chi}_1+E^\varepsilon\boldsymbol{N}^{\mathrm{T}}\boldsymbol{B}\boldsymbol{\chi}_2-E^\varepsilon\boldsymbol{B}^{\mathrm{T}}\boldsymbol{N}\boldsymbol{\chi}_2)\mathrm{d}D^e \tag{2.3.17}$$

对于一维线性两结点杆单元而言，形函数矩阵为

$$\boldsymbol{N}=[N_1 \quad N_2] \tag{2.3.18}$$

其中形函数为

$$N_i=\frac{1}{2}(1+\xi\xi_i) \tag{2.3.19}$$

式中：ξ 为单元局部坐标，其原点位于单元中点；ξ_i 为结点局部坐标值。

对应 2 个结点的线性单元，几何矩阵 $\boldsymbol{B}$ 为 1(1 个应力)×2(2 个结点)阶矩阵，$\boldsymbol{\chi}_1^e$ 为 2×1 阶矩阵，$\boldsymbol{\chi}_2^e$ 为 2×1 阶矩阵，$\boldsymbol{\chi}_3^e$ 为 2×1 阶矩阵。χ_{1m}^{kl} 的上标 kl 组合为[11]，表示矩阵 $\boldsymbol{\chi}_1^e$ 的 1 列；χ_{2m}^{klp} 的上标 klp 组合为[111]，表示矩阵 $\boldsymbol{\chi}_2^e$ 的 1 列；χ_{3m}^{klpq} 的上标 $klpq$ 组合为[1111]，表示矩阵 $\boldsymbol{\chi}_3^e$ 的 1 列。

二维问题(2D)

$$\boldsymbol{F}_1=-\sum_{e=1}\int_{D^e}\boldsymbol{B}^{\mathrm{T}}\boldsymbol{E}^\varepsilon\mathrm{d}D^e \tag{2.3.20}$$

$$\begin{aligned}\boldsymbol{F}_2=&\sum_{e=1}\int_{D^e}\boldsymbol{N}^{\mathrm{T}}\left[(\boldsymbol{E}_1^\varepsilon-\boldsymbol{D}_1^0)\quad(\boldsymbol{E}_2^\varepsilon-\boldsymbol{D}_2^0)\right]\mathrm{d}D^e+\\&\sum_{e=1}\int_{D^e}\boldsymbol{N}^{\mathrm{T}}[\boldsymbol{E}_1^\varepsilon\boldsymbol{B}\boldsymbol{\chi}_1\quad\boldsymbol{E}_2^\varepsilon\boldsymbol{B}\boldsymbol{\chi}_1]\mathrm{d}D^e-\sum_{e=1}\int_{D^e}\boldsymbol{B}^{\mathrm{T}}[\boldsymbol{E}_3^\varepsilon\boldsymbol{N}\boldsymbol{\chi}_1\quad\boldsymbol{E}_4^\varepsilon\boldsymbol{N}\boldsymbol{\chi}_1]\mathrm{d}D^e\end{aligned} \tag{2.3.21}$$

$$\begin{aligned}\boldsymbol{F}_3=&\sum_{e=1}\int_{D^e}\boldsymbol{N}^{\mathrm{T}}[\boldsymbol{E}_5^\varepsilon\boldsymbol{N}\boldsymbol{\chi}_1\quad\boldsymbol{E}_6^\varepsilon\boldsymbol{N}\boldsymbol{\chi}_1\quad\boldsymbol{E}_7^\varepsilon\boldsymbol{N}\boldsymbol{\chi}_1\quad\boldsymbol{E}_8^\varepsilon\boldsymbol{N}\boldsymbol{\chi}_1]\mathrm{d}D^e+\\&\sum_{e=1}\int_{D^e}\boldsymbol{N}^{\mathrm{T}}[\boldsymbol{E}_1^\varepsilon\boldsymbol{B}\boldsymbol{\chi}_2\quad\boldsymbol{E}_2^\varepsilon\boldsymbol{B}\boldsymbol{\chi}_2]\mathrm{d}D^e-\sum_{e=1}\int_{D^e}\boldsymbol{B}^{\mathrm{T}}[\boldsymbol{E}_3^\varepsilon\boldsymbol{N}\boldsymbol{\chi}_2\quad\boldsymbol{E}_4^\varepsilon\boldsymbol{N}\boldsymbol{\chi}_2]\mathrm{d}D^e\end{aligned} \tag{2.3.22}$$

对于平面双线性 4 结点单元来说，形函数矩阵为

$$\boldsymbol{N}=\begin{bmatrix}N_1 & 0 & N_2 & 0 & N_3 & 0 & N_4 & 0\\ 0 & N_1 & 0 & N_2 & 0 & N_3 & 0 & N_4\end{bmatrix} \tag{2.3.23}$$

$$N_i=\frac{1}{4}(1+\xi\xi_i)(1+\eta\eta_i) \tag{2.3.24}$$

式中：(ξ,η)为单元局部坐标，其原点位于单元中点；(ξ_i,η_i)为结点局部坐标值。

对于 4 结点平面双线性矩形单元，几何矩阵 $\boldsymbol{B}$ 为 3(3 个应力)×8(8 个结点位移)阶矩阵，$\boldsymbol{\chi}_1^e$ 为 8×3(由于 $\boldsymbol{\chi}_1^e$ 关于 kl 对称，因此 kl 有 3 种组合)阶矩阵，$\boldsymbol{\chi}_2^e$ 为 8×6(klp 有 3×2=6 种组合)阶矩阵，$\boldsymbol{\chi}_3^e$ 为 8×12($klpq$ 有 3×2×2=12 种组合)阶矩阵。χ_{1m}^{kl} 的上标 kl 组合为[11,22,12]，依次表示矩阵 $\boldsymbol{\chi}_1^e$ 的 3 列；χ_{2m}^{klp} 的上标 klp 组合为[111,221,121,112,222,122]，依次表示矩阵 $\boldsymbol{\chi}_2^e$ 的 6 列；χ_{3m}^{klpq} 的上标 $klpq$ 组合为[1111,2211,1211,1121,2221,1221,1112,2212,1212,1122,2222,1222]，依次表示矩阵 $\boldsymbol{\chi}_3^e$ 的 12 列。

由弹性矩阵和弹性张量分量的对应关系，可以将弹性矩阵 $\boldsymbol{D}^0$ 和 $\boldsymbol{E}^\varepsilon$ 写成

$$\begin{cases} \boldsymbol{D}^0 = \begin{bmatrix} D^0_{1111} & D^0_{1122} & D^0_{1112} \\ D^0_{2211} & D^0_{2222} & D^0_{2212} \\ D^0_{1211} & D^0_{1222} & D^0_{1212} \end{bmatrix} \\ \boldsymbol{E}^\varepsilon = \begin{bmatrix} E^\varepsilon_{1111} & E^\varepsilon_{1122} & E^\varepsilon_{1112} \\ E^\varepsilon_{2211} & E^\varepsilon_{2222} & E^\varepsilon_{2212} \\ E^\varepsilon_{1211} & E^\varepsilon_{1222} & E^\varepsilon_{1212} \end{bmatrix} \end{cases} \tag{2.3.25}$$

其中张量系数下标“$ijmn$”中的“ij”或“mn”等于 11、22 和 12，分别表示二维 3×3 弹性矩阵的第 1 行(或列)、第 2 行(或列)和第 3 行(或列)，参见本构关系表达式(2.2.4)，其中“ij”对应弹性矩阵的行，“kl”对应弹性矩阵的列。其他相关弹性矩阵形式如下：

$$\boldsymbol{D}^0_1 = \begin{bmatrix} D^0_{1111} & D^0_{1122} & D^0_{1112} \\ D^0_{1211} & D^0_{1222} & D^0_{1212} \end{bmatrix}, \quad \boldsymbol{D}^0_2 = \begin{bmatrix} D^0_{1211} & D^0_{1222} & D^0_{1212} \\ D^0_{2211} & D^0_{2222} & D^0_{2212} \end{bmatrix}$$

$$\boldsymbol{E}^\varepsilon_1 = \begin{bmatrix} E^\varepsilon_{1111} & E^\varepsilon_{1122} & E^\varepsilon_{1112} \\ E^\varepsilon_{1211} & E^\varepsilon_{1222} & E^\varepsilon_{1212} \end{bmatrix}, \quad \boldsymbol{E}^\varepsilon_2 = \begin{bmatrix} E^\varepsilon_{1211} & E^\varepsilon_{1222} & E^\varepsilon_{1212} \\ E^\varepsilon_{2211} & E^\varepsilon_{2222} & E^\varepsilon_{2212} \end{bmatrix}$$

$$\boldsymbol{E}^\varepsilon_3 = \begin{bmatrix} E^\varepsilon_{1111} & E^\varepsilon_{1112} \\ E^\varepsilon_{2211} & E^\varepsilon_{2212} \\ E^\varepsilon_{1211} & E^\varepsilon_{1212} \end{bmatrix}, \quad \boldsymbol{E}^\varepsilon_4 = \begin{bmatrix} E^\varepsilon_{1112} & E^\varepsilon_{1122} \\ E^\varepsilon_{2212} & E^\varepsilon_{2222} \\ E^\varepsilon_{1212} & E^\varepsilon_{1222} \end{bmatrix}$$

$$\boldsymbol{E}^\varepsilon_5 = \begin{bmatrix} E^\varepsilon_{1111} & E^\varepsilon_{1112} \\ E^\varepsilon_{1211} & E^\varepsilon_{1212} \end{bmatrix}, \quad \boldsymbol{E}^\varepsilon_6 = \begin{bmatrix} E^\varepsilon_{1112} & E^\varepsilon_{1122} \\ E^\varepsilon_{1212} & E^\varepsilon_{1222} \end{bmatrix}$$

$$\boldsymbol{E}^\varepsilon_7 = \begin{bmatrix} E^\varepsilon_{1211} & E^\varepsilon_{1212} \\ E^\varepsilon_{2211} & E^\varepsilon_{2212} \end{bmatrix}, \quad \boldsymbol{E}^\varepsilon_8 = \begin{bmatrix} E^\varepsilon_{1212} & E^\varepsilon_{1222} \\ E^\varepsilon_{2212} & E^\varepsilon_{2222} \end{bmatrix}$$

所以 $\boldsymbol{D}^0_i(i=1,2)$ 和 $\boldsymbol{E}^\varepsilon_i(i=1,2,3,4,5,6,7,8)$ 可以用对应的弹性矩阵元素分别表示为

$$\boldsymbol{D}^0_1 = \begin{bmatrix} \boldsymbol{D}^0(1,1) & \boldsymbol{D}^0(1,2) & \boldsymbol{D}^0(1,3) \\ \boldsymbol{D}^0(3,1) & \boldsymbol{D}^0(3,2) & \boldsymbol{D}^0(3,3) \end{bmatrix}, \quad \boldsymbol{D}^0_2 = \begin{bmatrix} \boldsymbol{D}^0(3,1) & \boldsymbol{D}^0(3,2) & \boldsymbol{D}^0(3,3) \\ \boldsymbol{D}^0(2,1) & \boldsymbol{D}^0(2,2) & \boldsymbol{D}^0(2,3) \end{bmatrix}$$

$$\boldsymbol{E}^\varepsilon_1 = \begin{bmatrix} \boldsymbol{E}^\varepsilon(1,1) & \boldsymbol{E}^\varepsilon(1,2) & \boldsymbol{E}^\varepsilon(1,3) \\ \boldsymbol{E}^\varepsilon(3,1) & \boldsymbol{E}^\varepsilon(3,2) & \boldsymbol{E}^\varepsilon(3,3) \end{bmatrix}, \quad \boldsymbol{E}^\varepsilon_2 = \begin{bmatrix} \boldsymbol{E}^\varepsilon(3,1) & \boldsymbol{E}^\varepsilon(3,2) & \boldsymbol{E}^\varepsilon(3,3) \\ \boldsymbol{E}^\varepsilon(2,1) & \boldsymbol{E}^\varepsilon(2,2) & \boldsymbol{E}^\varepsilon(2,3) \end{bmatrix}$$

$$\boldsymbol{E}^\varepsilon_3 = \begin{bmatrix} \boldsymbol{E}^\varepsilon(1,1) & \boldsymbol{E}^\varepsilon(1,3) \\ \boldsymbol{E}^\varepsilon(2,1) & \boldsymbol{E}^\varepsilon(2,3) \\ \boldsymbol{E}^\varepsilon(3,1) & \boldsymbol{E}^\varepsilon(3,3) \end{bmatrix}, \quad \boldsymbol{E}^\varepsilon_4 = \begin{bmatrix} \boldsymbol{E}^\varepsilon(1,3) & \boldsymbol{E}^\varepsilon(1,2) \\ \boldsymbol{E}^\varepsilon(2,3) & \boldsymbol{E}^\varepsilon(2,2) \\ \boldsymbol{E}^\varepsilon(3,3) & \boldsymbol{E}^\varepsilon(3,2) \end{bmatrix}$$

$$\boldsymbol{E}^\varepsilon_5 = \begin{bmatrix} \boldsymbol{E}^\varepsilon(1,1) & \boldsymbol{E}^\varepsilon(1,3) \\ \boldsymbol{E}^\varepsilon(3,1) & \boldsymbol{E}^\varepsilon(3,3) \end{bmatrix}, \quad \boldsymbol{E}^\varepsilon_6 = \begin{bmatrix} \boldsymbol{E}^\varepsilon(1,3) & \boldsymbol{E}^\varepsilon(1,2) \\ \boldsymbol{E}^\varepsilon(3,3) & \boldsymbol{E}^\varepsilon(3,2) \end{bmatrix}$$

$$\boldsymbol{E}^\varepsilon_7 = \begin{bmatrix} \boldsymbol{E}^\varepsilon(3,1) & \boldsymbol{E}^\varepsilon(3,3) \\ \boldsymbol{E}^\varepsilon(2,1) & \boldsymbol{E}^\varepsilon(2,3) \end{bmatrix}, \quad \boldsymbol{E}^\varepsilon_8 = \begin{bmatrix} \boldsymbol{E}^\varepsilon(3,3) & \boldsymbol{E}^\varepsilon(3,2) \\ \boldsymbol{E}^\varepsilon(2,3) & \boldsymbol{E}^\varepsilon(2,2) \end{bmatrix}$$

三维问题(3D)

上面针对一维和二维问题给出了前三阶单胞影响函数控制方程的有限元列式。对于三维问题，由于指标较多，一一列出较为繁琐，故下面只给出前两阶虚拟载荷有限元列式和相关矩阵。

$$\boldsymbol{F}_1 = -\sum_{e=1}\int_{D^e}\boldsymbol{B}^{\mathrm{T}}\boldsymbol{E}^{\varepsilon}\,\mathrm{d}D^e \tag{2.3.26}$$

$$\begin{aligned}\boldsymbol{F}_2 = \sum_{e=1}\Big\{&\int_{D^e}\boldsymbol{N}^{\mathrm{T}}\left[(\boldsymbol{E}_1^{\varepsilon}-\boldsymbol{D}_1^0)\quad(\boldsymbol{E}_2^{\varepsilon}-\boldsymbol{D}_2^0)\quad(\boldsymbol{E}_3^{\varepsilon}-\boldsymbol{D}_3^0)\right]\mathrm{d}D^e + \\ &\int_{D^e}\left[\boldsymbol{b}_{14}\boldsymbol{\chi}_1^e\quad \boldsymbol{b}_{25}\boldsymbol{\chi}_1^e\quad \boldsymbol{b}_{36}\boldsymbol{\chi}_1^e\right]\mathrm{d}D^e\Big\}\end{aligned} \tag{2.3.27}$$

式中

$$\begin{cases}\boldsymbol{b}_{14} = \boldsymbol{N}^{\mathrm{T}}\boldsymbol{E}_1^{\varepsilon}\boldsymbol{B} - \boldsymbol{B}^{\mathrm{T}}\boldsymbol{E}_4^{\varepsilon}\boldsymbol{N}\\ \boldsymbol{b}_{25} = \boldsymbol{N}^{\mathrm{T}}\boldsymbol{E}_2^{\varepsilon}\boldsymbol{B} - \boldsymbol{B}^{\mathrm{T}}\boldsymbol{E}_5^{\varepsilon}\boldsymbol{N}\\ \boldsymbol{b}_{36} = \boldsymbol{N}^{\mathrm{T}}\boldsymbol{E}_3^{\varepsilon}\boldsymbol{B} - \boldsymbol{B}^{\mathrm{T}}\boldsymbol{E}_6^{\varepsilon}\boldsymbol{N}\end{cases} \tag{2.3.28}$$

对于 8 结点六面体单元而言,$\boldsymbol{N}$ 的形式如下:

$$\boldsymbol{N} = \begin{bmatrix} N_1 & 0 & 0 & N_2 & 0 & 0 & \cdots & N_8 & 0 & 0\\ 0 & N_1 & 0 & 0 & N_2 & 0 & \cdots & 0 & N_8 & 0\\ 0 & 0 & N_1 & 0 & 0 & N_2 & \cdots & 0 & 0 & N_8\end{bmatrix} \tag{2.3.29}$$

而几何矩阵 $\boldsymbol{B}$ 为 6(6 个应力)×24(24 个结点位移)阶矩阵,$\boldsymbol{\chi}_1$ 为 24×6(kl 有 6 种组合)阶矩阵,$\boldsymbol{\chi}_2$ 为 24×18(klp 有 6×3 种组合)阶矩阵,$\boldsymbol{\chi}_3$ 为 24×54(klp 有 6×3×3 种组合)阶矩阵。

用弹性张量系数表示的弹性矩阵的具体形式如下:

$$\boldsymbol{D}^0 = \begin{bmatrix} D_{1111}^0 & D_{1122}^0 & D_{1133}^0 & D_{1123}^0 & D_{1113}^0 & D_{1112}^0\\ D_{2211}^0 & D_{2222}^0 & D_{2233}^0 & D_{2223}^0 & D_{2213}^0 & D_{2212}^0\\ D_{3311}^0 & D_{3322}^0 & D_{3333}^0 & D_{3323}^0 & D_{3313}^0 & D_{3312}^0\\ D_{2311}^0 & D_{2322}^0 & D_{2333}^0 & D_{2323}^0 & D_{2313}^0 & D_{2312}^0\\ D_{1311}^0 & D_{1322}^0 & D_{1333}^0 & D_{1323}^0 & D_{1313}^0 & D_{1312}^0\\ D_{1211}^0 & D_{1222}^0 & D_{1233}^0 & D_{1223}^0 & D_{1213}^0 & D_{1212}^0\end{bmatrix} \tag{2.3.30}$$

$$\boldsymbol{E}^{\varepsilon} = \begin{bmatrix} E_{1111}^{\varepsilon} & E_{1122}^{\varepsilon} & E_{1133}^{\varepsilon} & E_{1123}^{\varepsilon} & E_{1113}^{\varepsilon} & E_{1112}^{\varepsilon}\\ E_{2211}^{\varepsilon} & E_{2222}^{\varepsilon} & E_{2233}^{\varepsilon} & E_{2223}^{\varepsilon} & E_{2213}^{\varepsilon} & E_{2212}^{\varepsilon}\\ E_{3311}^{\varepsilon} & E_{3322}^{\varepsilon} & E_{3333}^{\varepsilon} & E_{3323}^{\varepsilon} & E_{3313}^{\varepsilon} & E_{3312}^{\varepsilon}\\ E_{2311}^{\varepsilon} & E_{2322}^{\varepsilon} & E_{2333}^{\varepsilon} & E_{2323}^{\varepsilon} & E_{2313}^{\varepsilon} & E_{2312}^{\varepsilon}\\ E_{1311}^{\varepsilon} & E_{1322}^{\varepsilon} & E_{1333}^{\varepsilon} & E_{1323}^{\varepsilon} & E_{1313}^{\varepsilon} & E_{1312}^{\varepsilon}\\ E_{1211}^{\varepsilon} & E_{1222}^{\varepsilon} & E_{1233}^{\varepsilon} & E_{1223}^{\varepsilon} & E_{1213}^{\varepsilon} & E_{1212}^{\varepsilon}\end{bmatrix} \tag{2.3.31}$$

其中张量系数下标“$ijmn$”中的“ij”或“mn”等于 11、22、33、23、13 和 12,分别表示三维 6×6 阶弹性矩阵的第 1 行(或列)、第 2 行(或列)直至第 6 行(或列)。其他相关矩阵为

$$\boldsymbol{D}_1^0 = \begin{bmatrix} D_{1111}^0 & D_{1122}^0 & D_{1133}^0 & D_{1123}^0 & D_{1113}^0 & D_{1112}^0\\ D_{1211}^0 & D_{1222}^0 & D_{1233}^0 & D_{1223}^0 & D_{1213}^0 & D_{1212}^0\\ D_{1311}^0 & D_{1322}^0 & D_{1333}^0 & D_{1323}^0 & D_{1313}^0 & D_{1312}^0\end{bmatrix}$$

$$\boldsymbol{D}_2^0 = \begin{bmatrix} D_{1211}^0 & D_{1222}^0 & D_{1233}^0 & D_{1223}^0 & D_{1213}^0 & D_{1212}^0\\ D_{2211}^0 & D_{2222}^0 & D_{2233}^0 & D_{2223}^0 & D_{2213}^0 & D_{2212}^0\\ D_{2311}^0 & D_{2322}^0 & D_{2333}^0 & D_{2323}^0 & D_{2313}^0 & D_{2312}^0\end{bmatrix}$$

$$\boldsymbol{D}_3^0=\begin{bmatrix} D_{1311}^0 & D_{1322}^0 & D_{1333}^0 & D_{1323}^0 & D_{1313}^0 & D_{1312}^0 \\ D_{2311}^0 & D_{2322}^0 & D_{2333}^0 & D_{2323}^0 & D_{2313}^0 & D_{2312}^0 \\ D_{3311}^0 & D_{3322}^0 & D_{3333}^0 & D_{3323}^0 & D_{3313}^0 & D_{3312}^0 \end{bmatrix}$$

$$\boldsymbol{E}_1^\varepsilon=\begin{bmatrix} E_{1111}^\varepsilon & E_{1122}^\varepsilon & E_{1133}^\varepsilon & E_{1123}^\varepsilon & E_{1113}^\varepsilon & E_{1112}^\varepsilon \\ E_{1211}^\varepsilon & E_{1222}^\varepsilon & E_{1233}^\varepsilon & E_{1223}^\varepsilon & E_{1213}^\varepsilon & E_{1212}^\varepsilon \\ E_{1311}^\varepsilon & E_{1322}^\varepsilon & E_{1333}^\varepsilon & E_{1323}^\varepsilon & E_{1313}^\varepsilon & E_{1312}^\varepsilon \end{bmatrix}$$

$$\boldsymbol{E}_2^\varepsilon=\begin{bmatrix} E_{1211}^\varepsilon & E_{1222}^\varepsilon & E_{1233}^\varepsilon & E_{1223}^\varepsilon & E_{1213}^\varepsilon & E_{1212}^\varepsilon \\ E_{2211}^\varepsilon & E_{2222}^\varepsilon & E_{2233}^\varepsilon & E_{2223}^\varepsilon & E_{2213}^\varepsilon & E_{2212}^\varepsilon \\ E_{2311}^\varepsilon & E_{2322}^\varepsilon & E_{2333}^\varepsilon & E_{2323}^\varepsilon & E_{2313}^\varepsilon & E_{2312}^\varepsilon \end{bmatrix}$$

$$\boldsymbol{E}_3^\varepsilon=\begin{bmatrix} E_{1311}^\varepsilon & E_{1322}^\varepsilon & E_{1333}^\varepsilon & E_{1323}^\varepsilon & E_{1313}^\varepsilon & E_{1312}^\varepsilon \\ E_{2311}^\varepsilon & E_{2322}^\varepsilon & E_{2333}^\varepsilon & E_{2323}^\varepsilon & E_{2313}^\varepsilon & E_{2312}^\varepsilon \\ E_{3311}^\varepsilon & E_{3322}^\varepsilon & E_{3333}^\varepsilon & E_{3323}^\varepsilon & E_{3313}^\varepsilon & E_{3312}^\varepsilon \end{bmatrix}$$

$$\boldsymbol{E}_4^\varepsilon=\begin{bmatrix} E_{1111}^\varepsilon & E_{1112}^\varepsilon & E_{1113}^\varepsilon \\ E_{2211}^\varepsilon & E_{2212}^\varepsilon & E_{2213}^\varepsilon \\ E_{3311}^\varepsilon & E_{3312}^\varepsilon & E_{3313}^\varepsilon \\ E_{2311}^\varepsilon & E_{2312}^\varepsilon & E_{2313}^\varepsilon \\ E_{1311}^\varepsilon & E_{1312}^\varepsilon & E_{1313}^\varepsilon \\ E_{1211}^\varepsilon & E_{1212}^\varepsilon & E_{1213}^\varepsilon \end{bmatrix},\quad \boldsymbol{E}_5^\varepsilon=\begin{bmatrix} E_{1112}^\varepsilon & E_{1122}^\varepsilon & E_{1123}^\varepsilon \\ E_{2212}^\varepsilon & E_{2222}^\varepsilon & E_{2223}^\varepsilon \\ E_{3312}^\varepsilon & E_{3322}^\varepsilon & E_{3323}^\varepsilon \\ E_{2312}^\varepsilon & E_{2322}^\varepsilon & E_{2323}^\varepsilon \\ E_{1312}^\varepsilon & E_{1322}^\varepsilon & E_{1323}^\varepsilon \\ E_{1212}^\varepsilon & E_{1222}^\varepsilon & E_{1223}^\varepsilon \end{bmatrix},\quad \boldsymbol{E}_6^\varepsilon=\begin{bmatrix} E_{1113}^\varepsilon & E_{1123}^\varepsilon & E_{1133}^\varepsilon \\ E_{2213}^\varepsilon & E_{2223}^\varepsilon & E_{2233}^\varepsilon \\ E_{3313}^\varepsilon & E_{3323}^\varepsilon & E_{3333}^\varepsilon \\ E_{2313}^\varepsilon & E_{2323}^\varepsilon & E_{2333}^\varepsilon \\ E_{1313}^\varepsilon & E_{1323}^\varepsilon & E_{1333}^\varepsilon \\ E_{1213}^\varepsilon & E_{1223}^\varepsilon & E_{1233}^\varepsilon \end{bmatrix}$$

(4) 求解宏观位移的有限元列式

针对宏观问题的弱形式方程，对其进行离散化有

$$\boldsymbol{K}^0\boldsymbol{u}^0=\boldsymbol{F}_0 \tag{2.3.32}$$

其中宏观刚度矩阵和载荷列向量分别为

$$\begin{cases} \boldsymbol{K}^0=\sum\limits_{g=1}\int_{\Omega^g}\boldsymbol{B}^{g\,\mathrm{T}}\boldsymbol{D}^0\boldsymbol{B}^g\,\mathrm{d}\Omega^g \\ \boldsymbol{F}_0=\sum\limits_{g=1}\int_{\Omega^g}\mathbf{N}^{\mathrm{T}}\boldsymbol{f}\,\mathrm{d}\Omega^g \end{cases} \tag{2.3.33}$$

式中：$\mathbf{N}$ 及几何矩阵 $\boldsymbol{B}^g$ 中的形函数 $\mathbf{N}$ 为坐标 $\boldsymbol{x}$ 的函数，其与结构宏观问题有关，而单胞问题有限元列式中的以及下面用到的几何矩阵 $\boldsymbol{B}$ 中的形函数 $\mathbf{N}$ 则为坐标 $\boldsymbol{y}$ 的函数，其与单胞问题有关。式(2.3.33)中形函数均匀化弹性矩阵为

$$\boldsymbol{D}^0=\frac{1}{|D|}\sum_{e=1}\int_{\Omega^e}(\boldsymbol{E}^\varepsilon+\boldsymbol{E}^\varepsilon\boldsymbol{B}\boldsymbol{\chi}_1^e)\,\mathrm{d}\Omega^e \tag{2.3.34}$$

(5) 计算细观应力和宏观应力的有限元列式

根据式(2.2.11)计算式(2.2.10)中的细观应力 σ_{ij}^0 得

$$\sigma_{ij}^0=\left(E_{ijkl}+E_{ijmn}\frac{\partial\chi_{1m}^{kl}}{\partial y_n}\right)\frac{\partial u_k^0}{\partial x_l} \tag{2.3.35}$$

上式相当于考虑了一阶摄动位移，其矩阵(或离散)形式为

$$\boldsymbol{\sigma}^0(x,y)=(\boldsymbol{E}^\varepsilon+\boldsymbol{E}^\varepsilon\boldsymbol{B}\boldsymbol{\chi}_1)\boldsymbol{B}^g\boldsymbol{u}^0(\boldsymbol{x}) \tag{2.3.36}$$

类似地有

$$\sigma_{ij}^{1}=E_{ijkl}^{\varepsilon}\left(\frac{\partial u_{k}^{1}}{\partial x_{l}}+\frac{\partial u_{k}^{2}}{\partial y_{l}}\right)=\left(E_{ijmp}^{\varepsilon}\chi_{1m}^{kl}+E_{ijmn}^{\varepsilon}\frac{\partial\chi_{2m}^{klp}}{\partial y_{n}}\right)\frac{\partial^{2}u_{k}^{0}}{\partial x_{p}\partial x_{l}} \tag{2.3.37}$$

考虑前二阶摄动位移贡献的细观应力为

$$\sigma_{ij}(\boldsymbol{x},\boldsymbol{y})=\sigma_{ij}^{0}(\boldsymbol{x},\boldsymbol{y})+\varepsilon\sigma_{ij}^{1}(\boldsymbol{x},\boldsymbol{y}) \tag{2.3.38}$$

宏观应力可以理解为单胞内零阶细观应力的平均值，即

$$\bar{\sigma}_{ij}=\frac{1}{|D|}\int_{D}\sigma_{ij}^{0}\,\mathrm{d}D=D_{ijkl}^{0}\frac{\partial u_{k}^{0}}{\partial x_{l}}=\frac{1}{2}D_{ijkl}^{0}\left(\frac{\partial u_{k}^{0}}{\partial x_{l}}+\frac{\partial u_{l}^{0}}{\partial x_{k}}\right)=D_{ijkl}^{0}e_{kl}^{0} \tag{2.3.39}$$

(6) 求解单胞影响函数边界条件的施加方法

在上述给出的有限元列式的基础上，为了求解各阶单胞影响函数，需要在式(2.3.12)中引入周期边界条件和归一化约束。下面给出具体施加过程。

首先施加式(2.2.45)中给出的周期边界条件。

周期边界条件本质上是一种多自由度约束(Multi-Freedom Constraints，MFCs)。常用于求解多自由度约束问题的方法有主从自由度消除法、惩罚增广法和拉格朗日乘子法等。这里将采用主从自由度消除法处理周期边界条件。所谓周期边界条件，是指单胞对边或对面的相应结点具有一致变形。在任意一对满足周期性的结点中，可以选择其中的任意一个结点作为主结点，另一个结点作为从结点。选取方式不影响单胞影响函数 $\boldsymbol{\chi}_r$。确定了主从结点后，利用主从结点之间的关系式可以将从结点删除，模型中只保留主结点，因此影响函数 $\boldsymbol{\chi}_r$(同时包含主从结点)就可以缩减成 $\breve{\boldsymbol{\chi}}_r$(只包含主结点)，两者之间的关系式为

$$\boldsymbol{\chi}_{r}=\boldsymbol{T}\breve{\boldsymbol{\chi}}_{r} \tag{2.3.40}$$

下面通过一个简单例子来说明如何确定变换矩阵 $\boldsymbol{T}$[16]。假定系统中第 I 个自由度和第 J 个自由度具有主从关系($I\neq J$)，且两个自由度所对应的结构场变量值相同(满足周期性)，若将第 I 个自由度设为主自由度，则有变换矩阵 $\boldsymbol{T}$：

$$\boldsymbol{T}=\begin{array}{c}\begin{matrix}1 & 2 & \cdots & I & \cdots & n-1\end{matrix}\\ \left[\begin{matrix}1 & 0 & \cdots & 0 & \cdots & 0\\ 0 & 1 & \cdots & 0 & \cdots & 0\\ \vdots & \vdots & & \vdots & & \vdots\\ 0 & 0 & \cdots & 1 & \cdots & 0\\ \vdots & \vdots & & \vdots & & \vdots\\ 0 & 0 & \cdots & 1 & \cdots & 0\\ \vdots & \vdots & & \vdots & & \vdots\\ 0 & 0 & \cdots & 0 & \cdots & 1\end{matrix}\right]\begin{matrix}1\\ 2\\ \vdots\\ I\\ \vdots\\ J\\ \vdots\\ n\end{matrix}\end{array} \tag{2.3.41}$$

式中：n 是模型的自由度数。

下面考虑归一化约束条件。

将式(2.2.45)中的归一化约束进行离散可得

$$\boldsymbol{C}\boldsymbol{\chi}_{r}=\boldsymbol{0} \tag{2.3.42}$$

式中

$$\boldsymbol{C}=\sum_{e=1}\int_{D^{e}}[\boldsymbol{N}]\,\mathrm{d}D^{e} \tag{2.3.43}$$

式中：$\boldsymbol{N}$ 为形函数矩阵。通过拉格朗日乘子法将离散后的归一化约束式(2.3.42)引入式(2.3.11)得

$$\delta\boldsymbol{\chi}_r^{\mathrm{T}}\boldsymbol{K}\boldsymbol{\chi}_r+\delta\boldsymbol{\lambda}^{\mathrm{T}}\boldsymbol{C}\boldsymbol{\chi}_r+\delta\boldsymbol{\chi}_r^{\mathrm{T}}\boldsymbol{C}^{\mathrm{T}}\boldsymbol{\lambda}=\delta\boldsymbol{\chi}_r^{\mathrm{T}}\boldsymbol{F}_r \tag{2.3.44}$$

于是有

$$\begin{bmatrix}\boldsymbol{K} & \boldsymbol{C}^{\mathrm{T}}\\ \boldsymbol{C} & \boldsymbol{0}\end{bmatrix}\begin{bmatrix}\boldsymbol{\chi}_r\\ \boldsymbol{\lambda}\end{bmatrix}=\begin{bmatrix}\boldsymbol{F}_r\\ \boldsymbol{0}\end{bmatrix} \tag{2.3.45}$$

将式(2.3.40)代入式(2.3.44)可得

$$\begin{bmatrix}\boldsymbol{T}^{\mathrm{T}}\boldsymbol{K}\boldsymbol{T} & \boldsymbol{T}^{\mathrm{T}}\boldsymbol{C}^{\mathrm{T}}\\ \boldsymbol{C}\boldsymbol{T} & \boldsymbol{0}\end{bmatrix}\begin{bmatrix}\breve{\boldsymbol{\chi}}_r\\ \boldsymbol{\lambda}\end{bmatrix}=\begin{bmatrix}\boldsymbol{T}^{\mathrm{T}}\boldsymbol{F}_r\\ \boldsymbol{0}\end{bmatrix} \tag{2.3.46}$$

通过求解方程(2.3.46)并利用式(2.3.40)可以得到 $\boldsymbol{\chi}_r$。

2.3.3　单夹杂杆单胞问题的有限元解

考虑包含一个夹杂的周期复合材料杆的单胞，如图 2.2 所示。从式(2.2.17)、式(2.2.29)和式(2.2.41)可以看出，杆单胞的一阶、二阶和三阶影响函数分别是分段线性、二次函数和三次函数。在单胞内，这些影响函数连续但不光滑。为了书写简洁，该单胞细观模型仅包含三个线性杆单元，并且考虑一种特殊的周期边界条件：单胞两端的各阶影响函数都等于零。对于该问题，$m=k=l=p=q=1$，用 E_1 和 E_2 分别表示基体和夹杂的弹性模量，L 为单元长度，A 为其横截面积。单元坐标 y 的原点在左端点，指向右端点为其正方向，无因次坐标的定义为

$$\xi=\frac{2y-L}{L} \tag{2.3.47}$$

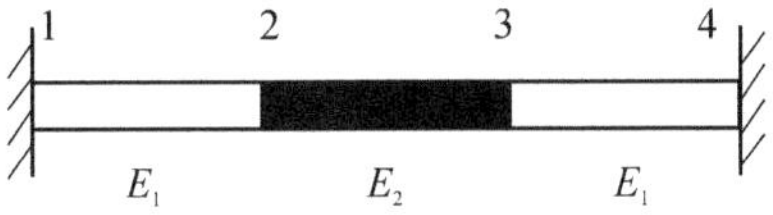

图 2.2　一维周期复合材料杆单胞

形函数矩阵为

$$\boldsymbol{N}=[N_1\quad N_2]$$

其中结点形函数为

$$N_1=\frac{1}{2}(1-\xi),\quad N_2=\frac{1}{2}(1+\xi)$$

应变和位移之间的几何关系矩阵为

$$\boldsymbol{B}=\begin{bmatrix}\dfrac{\mathrm{d}N_1}{\mathrm{d}y} & \dfrac{\mathrm{d}N_2}{\mathrm{d}y}\end{bmatrix}=\frac{2}{L}\begin{bmatrix}\dfrac{\mathrm{d}N_1}{\mathrm{d}\xi} & \dfrac{\mathrm{d}N_2}{\mathrm{d}\xi}\end{bmatrix}=\frac{1}{L}[-1\quad 1]$$

(1) 形成单胞有限元模型的总体刚度矩阵

对于一维问题，式(2.3.13)变为

$$\boldsymbol{K}=A\sum_{e=1}^{3}\int_{-1}^{1}\boldsymbol{B}^{\mathrm{T}}E^{e}\boldsymbol{B}\,\frac{L}{2}\mathrm{d}\xi$$

$$=\frac{A}{L}\begin{bmatrix} E_1 & -E_1 & 0 & 0 \\ -E_1 & E_1+E_2 & -E_2 & 0 \\ 0 & -E_2 & E_2+E_1 & -E_1 \\ 0 & 0 & -E_1 & E_1 \end{bmatrix} \tag{2.3.48}$$

其中，对于从左至右三个单元，E^ε 分别等于 E_1、E_2 和 E_1。

(2) 形成一阶虚拟载荷列向量

$$\boldsymbol{F}_1=-\frac{LA}{2}\sum_{e=1}^{3}\int_{-1}^{1}E^\varepsilon\boldsymbol{B}^{\mathrm{T}}\mathrm{d}\xi=A\begin{bmatrix}E_1 & E_2-E_1 & E_1-E_2 & -E_1\end{bmatrix}^{\mathrm{T}} \tag{2.3.49}$$

从上式可以看出，对于这里考虑的对称单胞，相邻两个单胞的一阶虚拟载荷向量组装时，公共结点处一阶虚拟载荷为零；单胞内部结点的一阶虚拟载荷与相邻单元模量差值成正比。

(3) 求解一阶影响函数列向量

令式(2.3.12)中的 $r=1$，把式(2.3.49)和式(2.3.48)一起代入其中得

$$\frac{A}{L}\begin{bmatrix} E_1 & -E_1 & 0 & 0 \\ -E_1 & E_1+E_2 & -E_2 & 0 \\ 0 & -E_2 & E_2+E_1 & -E_1 \\ 0 & 0 & -E_1 & E_1 \end{bmatrix}\begin{bmatrix}(\chi_{11}^{11})_1 \\ (\chi_{11}^{11})_2 \\ (\chi_{11}^{11})_3 \\ (\chi_{11}^{11})_4\end{bmatrix}=A\begin{bmatrix}E_1 \\ E_2-E_1 \\ E_1-E_2 \\ -E_1\end{bmatrix} \tag{2.3.50}$$

其中一阶影响函数$(\chi_{11}^{11})_i$ $(i=1,2,3,4)$的下标 i 表示结点号。在式(2.3.50)中引入如下周期边界条件

$$(\chi_{11}^{11})_1=(\chi_{11}^{11})_4=0$$

可得

$$\frac{A}{L}\begin{bmatrix}E_1+E_2 & -E_2 \\ -E_2 & E_2+E_1\end{bmatrix}\begin{bmatrix}(\chi_{11}^{11})_2 \\ (\chi_{11}^{11})_3\end{bmatrix}=A\begin{bmatrix}E_2-E_1 \\ E_1-E_2\end{bmatrix} \tag{2.3.51}$$

解之得

$$\begin{bmatrix}(\chi_{11}^{11})_2 \\ (\chi_{11}^{11})_3\end{bmatrix}=\frac{E_2-E_1}{E_1+2E_2}L\begin{bmatrix}1 \\ -1\end{bmatrix} \tag{2.3.52}$$

由此式可以看出，若材料是均匀的或 $E_1=E_2$，则影响函数等于零；对下面求出的二阶和三阶影响函数也有类似的特点。

(4) 根据一阶影响函数求均匀化弹性模量

根据式(2.3.34)得

$$\begin{aligned}D^0&=\frac{A}{3LA}\sum_{e=1}^{3}\int_{-1}^{1}(E^\varepsilon+E^\varepsilon\boldsymbol{B}\boldsymbol{\chi}_1^e)\frac{L}{2}\mathrm{d}\xi\\&=\frac{1}{6}\sum_{e=1}^{3}\int_{-1}^{1}E^\varepsilon(1+\boldsymbol{B}\boldsymbol{\chi}_1^e)\mathrm{d}\xi\\&=\frac{3E_1E_2}{E_1+2E_2}\end{aligned} \tag{2.3.53}$$

由此式可以看出，若材料是均匀的或 $E_1=E_2$，则均匀化弹性模量与材料模量相等。

(5) 形成二阶虚拟载荷列向量并求二阶影响函数向量

根据一阶影响函数和均匀化弹性模量以及式(2.3.16)可得到二阶虚拟载荷为

$$\boldsymbol{F}_2=\frac{ALE_1(E_2-E_1)}{2(E_1+2E_2)}[1\quad -1\quad -1\quad 1]^{\mathrm{T}} \tag{2.3.54}$$

从式(2.3.54)可以看出，对于这里考虑的对称单胞，相邻两个单胞的二阶虚拟载荷组装时，公共结点处二阶虚拟载荷不为零，这不同于一阶虚拟载荷：单胞上任何结点的二阶虚拟载荷都与基体与夹杂的模量差成正比。令式(2.3.12)中的 $r=2$，引入周期边界条件 $(\chi_{21}^{11})_1=(\chi_{21}^{11})_4=0$ 解之得二阶影响函数为

$$\boldsymbol{\chi}_2=\frac{L^2(E_2-E_1)}{2(E_1+2E_2)}[0\quad -1\quad -1\quad 0]^{\mathrm{T}} \tag{2.3.55}$$

(6) 形成三阶虚拟载荷列向量并求对应的虚拟位移列向量

根据式(2.3.17)可得

$$\boldsymbol{F}_3=-\frac{AL^2(E_2-E_1)}{3(E_1+2E_2)}[E_1\quad E_2-E_1\quad E_1-E_2\quad -E_1]^{\mathrm{T}} \tag{2.3.56}$$

从式(2.3.56)可以看出，单胞内部结点的三阶虚拟载荷的大小与基体与夹杂模量差的平方成正比。令式(2.3.12)中的 $r=3$，引入周期边界条件 $(\chi_{31}^{11})_1=(\chi_{31}^{11})_4=0$ 解之得

$$\boldsymbol{\chi}_3=\frac{L^3(E_2-E_1)^2}{3(E_1+2E_2)^2}[0\quad -1\quad 1\quad 0]^{\mathrm{T}} \tag{2.3.57}$$

2.4　各阶展开项的物理意义及项数选取原则

在多尺度渐近展开方法中，展开项有无穷阶，且各阶作用机理不明，导致展开项数选取困难。在本节中，将从影响函数的物理意义等不同角度出发，对展开项的选取给出建议。

2.4.1　各阶影响函数的物理意义

多尺度渐近展开方法的物理意义本质上和影响函数(虚拟位移)$\boldsymbol{\chi}_r$ 或引起虚拟位移的自平衡虚拟载荷 $\boldsymbol{F}_r$ 的物理意义是等价的。多尺度渐近展开方法细观位移表达式(2.2.8)可以写成如下形式：

$$\begin{aligned}u_i(\boldsymbol{x},\boldsymbol{y})&=u_i^0(\boldsymbol{x})+\varepsilon u_i^1(\boldsymbol{x},\boldsymbol{y})+\varepsilon^2u_i^2(\boldsymbol{x},\boldsymbol{y})+\varepsilon^3u_i^3(\boldsymbol{x},\boldsymbol{y})+\cdots\\&=u_i^0(\boldsymbol{x})+\chi_{1i}^{kl}(\boldsymbol{y})\frac{\partial u_k^0}{\partial x_l}+\varepsilon^2\chi_{2i}^{klp}(\boldsymbol{y})\frac{\partial^2u_k^0}{\partial x_p\partial x_l}+\varepsilon^3\chi_{3i}^{klpq}(\boldsymbol{y})\frac{\partial^3u_k^0}{\partial x_q\partial x_p\partial x_l}+\cdots\end{aligned} \tag{2.4.1}$$

其中均匀化位移 u_k^0 及其导数的物理意义是清楚的，唯独影响函数的物理意义不明确。因此，如果知道了影响函数的物理意义，就可以解释各阶展开项的物理意义，进而可以解释多尺度渐近展开方法的物理意义。

从式(2.4.1)可以看出，对于二维问题，一阶摄动位移函数 u_i^1 是 3 个彼此独立的一阶影响函数的叠加，其叠加系数为宏观位移的一阶导数(2 个正应变和 1 个剪切应变)，也可以把一阶影响函数看作基函数，把宏观位移的一阶导数看作坐标；以此类推，二阶摄动位移函数 u_i^2 是 6 个彼此独立的二阶影响函数的叠加，其叠加系数为宏观位移的二阶导数(正应变和剪切应变沿着坐标方向的变化率)。

对于周期复合材料结构，虚拟载荷 $\boldsymbol{F}_r$ 反映了单胞内部材料组分相互作用的细观信息。从 2.3.2 小节给出的虚拟载荷有限元列式可以看出：一阶虚拟载荷 $\boldsymbol{F}_1$ 的单位为牛顿(N)，由单胞的材料参数决定，而单胞细观模型的刚度矩阵 $\boldsymbol{K}$ 的单位为牛顿/米(N/m)，所以一阶虚拟位移 $\boldsymbol{\chi}_1$ 的单位为 m；二阶虚拟载荷 $\boldsymbol{F}_2$ 的单位为 N·m，因此二阶虚拟位移 $\boldsymbol{\chi}_2$ 的单位为 m^2；三阶虚拟载荷 $\boldsymbol{F}_3$ 的单位为 $\mathrm{N\cdot m^2}$，因此三阶虚拟位移 $\boldsymbol{\chi}_3$ 的单位为 m^3。各阶摄动位移的单位都是 m。

1. 单夹杂单胞情况

为了清楚起见，先以二维周期复合材料平面结构为例进行阐述，其单胞形式如图 2.3 所示。单胞尺寸为 $a_1\times a_2=9\ \mathrm{mm}\times 9\ \mathrm{mm}$，单胞内部包含一块夹杂，基体和夹杂的弹性模量分别为 $E_1=75$ GPa，$E_2=400$ GPa，泊松比分别为 0.3 和 0.2。单胞被划分为 9×9 个双线性单元。

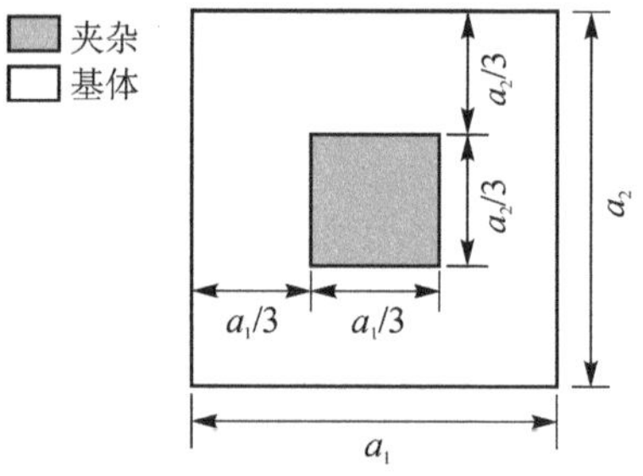

图 2.3　含有方形夹杂的二维单胞

从单胞影响函数的有限元控制方程(2.3.12)可以看出，其左端项系数矩阵为单胞细观模型的刚度矩阵，所以可以把方程的右端项比拟为**虚拟载荷**，各阶单胞影响函数就可以比拟为在虚拟载荷作用下的**虚拟位移**[8]。对于二维问题的前两阶影响函数，有 $kl=11,22,12$ 和 $klp=111,221,121,112,222,122$。对于第二阶，则有 $klpq=1111,2211,1211,1121,2221,1221,1112,2212,1212,1122,2222,1222$。图 2.4～图 2.8 为不同阶次虚拟载荷和虚拟位移示意图。由于第三阶影响函数矩阵的列数(也就是 $klpq$ 的组合数)较多，这里只给出了部分虚拟载荷图。下面对不同阶展开项的物理意义进行讨论。

① 从式(2.3.20)中可以看出，一阶虚拟载荷 $\boldsymbol{F}_1$ 只与材料弹性参数有关，与单胞边界条件无关。图 2.4 为 $\boldsymbol{F}_1$ 的三个列向量示意图，从图中可以看出，$\boldsymbol{F}_1$ 的三个列向量可以看作是三种相互独立的载荷工况，类似于平面问题中两个方向的拉伸载荷和剪切载荷；**三种独立虚拟载荷作用在基体和夹杂的交界面处和单胞边界处，而在基体和夹杂的内部为零，因此其反映的是基体和夹杂界面之间的相互作用**。

② 图 2.5 为在 $\boldsymbol{F}_1$ 作用下产生的第一阶影响函数 $\boldsymbol{\chi}_1$ 的示意图。**可以看出，$\boldsymbol{\chi}_1$ 相当于平**

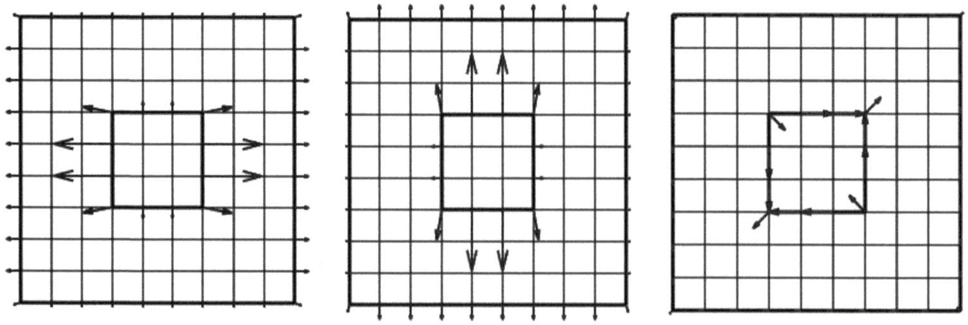

(a) kl=11　　(b) kl=22　　(c) kl=12

图 2.4　二维单胞一阶虚拟载荷($-\boldsymbol{F}_1$)各列示意图

面弹性问题中三个彼此独立的细观变形模式，u^1 就是这三种变形模式的叠加，每种模式的贡献取决于与之对应的宏观位移的一阶导数；换言之，三种细观变形模式叠加系数或坐标为宏观位移的一阶导数。

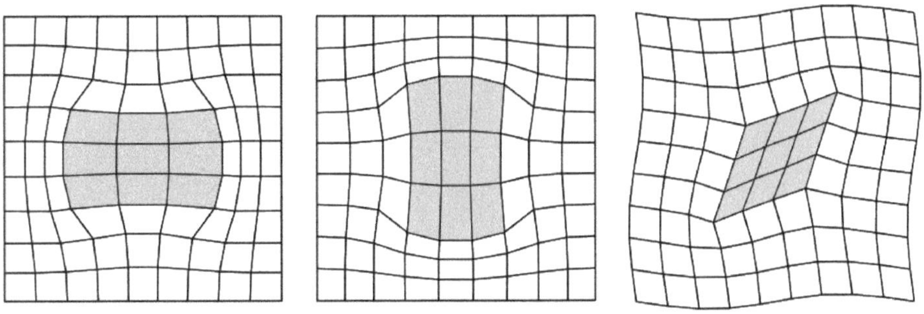

(a) kl=11　　(b) kl=22　　(c) kl=12

图 2.5　二维单胞一阶虚拟位移($-\boldsymbol{\chi}_1$)示意图

③ 图 2.6 为二阶虚拟载荷 $\boldsymbol{F}_2$ 的 6 个列向量示意图。从中可以看出，$\boldsymbol{F}_2$ 是作用在整个单胞域上的面载荷，其作用位置不再局限于基体和夹杂交界面以及单胞边界处，还包括基体内部和夹杂内部。因此 χ_2 相比 χ_1 来说，反映的基体和夹杂间的相互作用细观信息更多。但是观察式(2.3.20)～式(2.3.22)可知，F_1 和 F_2 中均包含只与材料相关的项，而 F_3 没有。通常可认为，前两阶展开项为主项，其他展开项为次要项，且三阶以上的高阶项在多数情况下都可以不考虑。

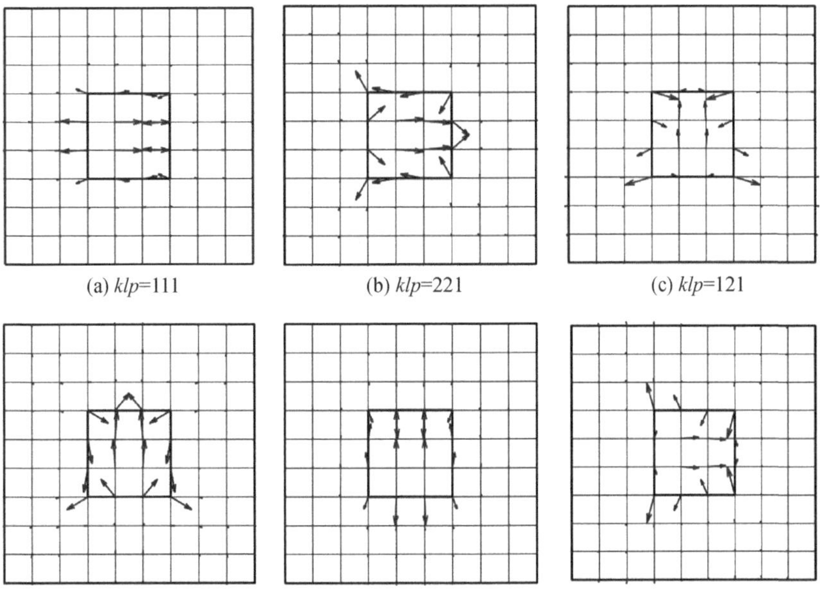

(a) klp=111　　(b) klp=221　　(c) klp=121

(d) klp=112　　(e) klp=222　　(f) klp=122

图 2.6　二维单胞二阶虚拟载荷($-\boldsymbol{F}_2$)各列示意图

④ 图 2.7 为二阶影响函数 $\boldsymbol{\chi}_2$ 的示意图，它表达了 6 种彼此独立的细观变形模式，每种模式的贡献取决于与之对应的宏观位移的二阶导数；换言之，6 种变形模式叠加系数或坐标为宏

观位移的二阶导数。相对于 χ_1 而言,它是高阶的单胞变形模式,相当于 χ_1 对坐标的一阶导数,表示了更多的局部信息。

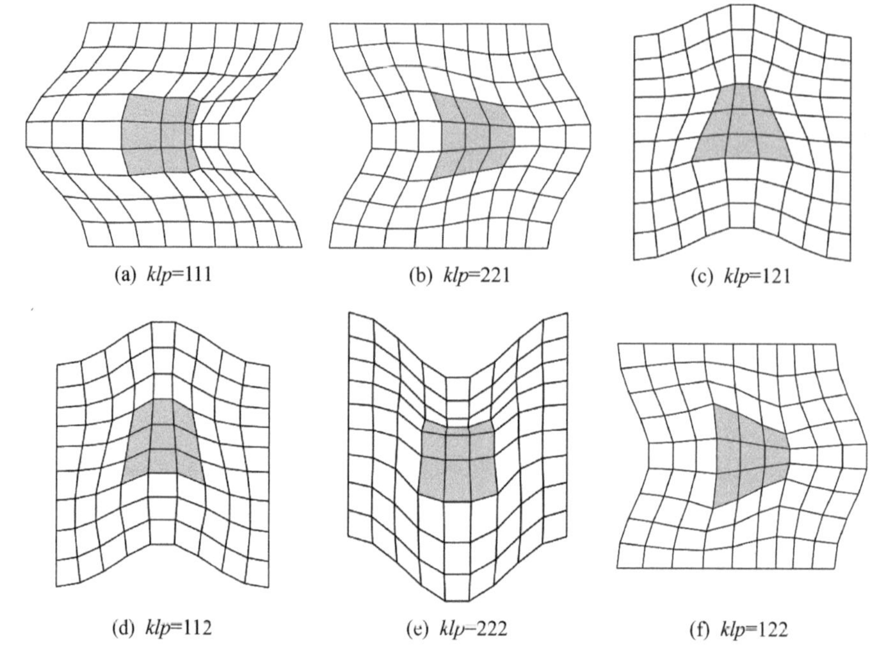

图 2.7　二维单胞二阶虚拟位移($-\chi_2$)示意图

对于三阶展开项,参见图 2.8。

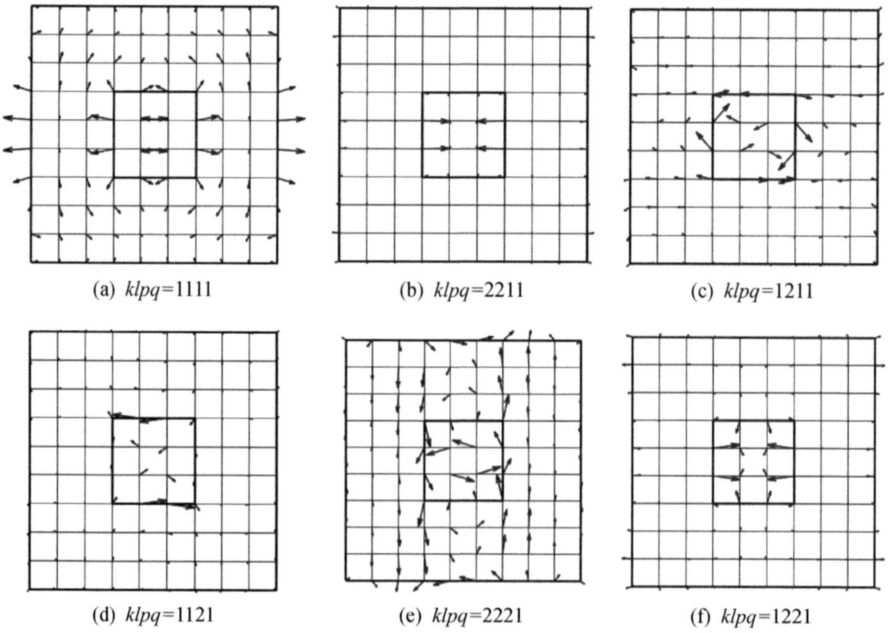

图 2.8　二维单胞三阶虚拟载荷($-F_3$)各列示意图

值得指出的是，对于一维周期复合材料杆和三维周期复合材料结构，也可采用上述过程进行分析，其影响函数的物理意义也是类似的。对于一维结构，有 $kl=11$ 和 $klp=111$，参见 2.2.3 小节内容；对于三维结构，$kl=11,22,33,23,13,12$ 和 $klp=111,221,331,231,131,121,112,222,332,232,132,122,113,223,333,233,133,123$。图 2.9 和图 2.10 分别给出了一维和三维结构下的一阶虚拟载荷示意图，以供参考。值得注意的是，为更好地反映单胞内部的载荷分布情况，图 2.10 中没有画出三维单胞边界处的载荷。

图 2.9　一维单胞一阶虚拟载荷（$-\boldsymbol{F}_1$）示意图

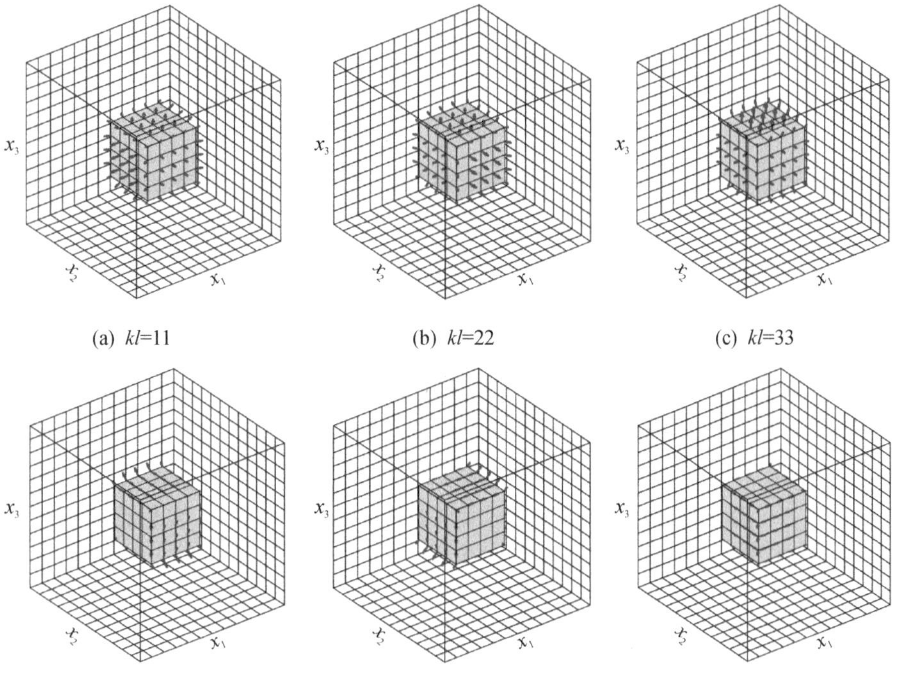

(a) kl=11　(b) kl=22　(c) kl=33

(d) kl=23　(e) kl=13　(f) kl=12

图 2.10　三维单胞一阶虚拟载荷（$-\boldsymbol{F}_1$）各列示意图

2. 四夹杂平面单胞情况

前面的单夹杂情况中，基体和硬夹杂的弹性模量差别较大，虽然能够清楚地看出基体和夹杂界面处的虚拟载荷分布状态，但其他区域的虚拟载荷分布状态不清楚。

图 2.11 为包含 4 个夹杂的单胞被细分网格后的模型，为了更加清晰地给出虚拟载荷矩阵中每一列的矢量图，以便对虚拟载荷和影响函数的物理意义给出更细致的解释，这里选取的夹杂和基体的弹性模量分别为 50 GPa 和 60 GPa，泊松比均为 0.2，图中 15×15 个单元均为双线性方形单元。在下面的各阶虚拟载荷矢量图中，没有画出单胞边界虚拟载荷分布的情况，也不分析单胞边界虚拟载荷分布的性质。

(1) $\boldsymbol{\chi}_1$ 和 $\boldsymbol{F}_1$

图 2.12 给出了一阶虚拟载荷 $\boldsymbol{F}_1$ 矩阵的第一、第二、第三列向量示意图。从中可以看出，对于这里考虑的单胞结构，只要各个夹杂的材料性质相同，则各个方形夹杂相同位置结点的虚拟载荷矢量也相同。此外：

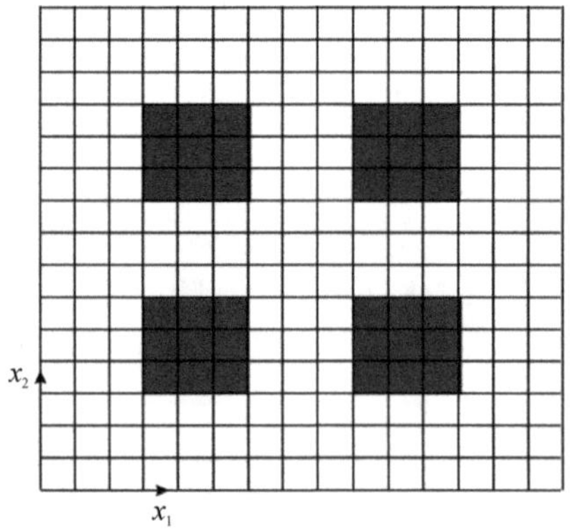

图 2.11　含 4 个夹杂的二维单胞模型

① 在图 2.12(a)中的任一夹杂上，载荷矢量在结点 2，3，8，9 处的 x_1 方向上的分量等于 0，而在结点 5，6，11，12 处的 x_2 方向上的分量等于 0，在夹杂 4 个角结点的两个方向上的分量都不为 0。对图 2.12 (b)进行分析可得类似的结论。

② 在图 2.12(c)中的任一夹杂上，载荷矢量在结点 2，3，8，9 处的 x_2 方向上的分量等于 0，而在结点 5，6，11，12 处的 x_1 方向上的分量等于 0。

③ $\boldsymbol{F}_1$ 是由单胞的材料属性所决定的，参见式(2.3.20)，它是作用在基体和夹杂界面的载荷，但既可以包含面内分量，也可以包含面外分量。因为在基体和夹杂内部一阶虚拟载荷为零，因此其反映了夹杂和基体之间的最基本相互作用，$\boldsymbol{F}_1$ 和 $\boldsymbol{\chi}_1$ 的单位分别为 N 和 m 也可以说明这一点。对于一般的周期复合材料来说，如果基体和夹杂的弹性模量相差不大，通常展开到一阶项的数学均匀化方法就具有足够的精度。

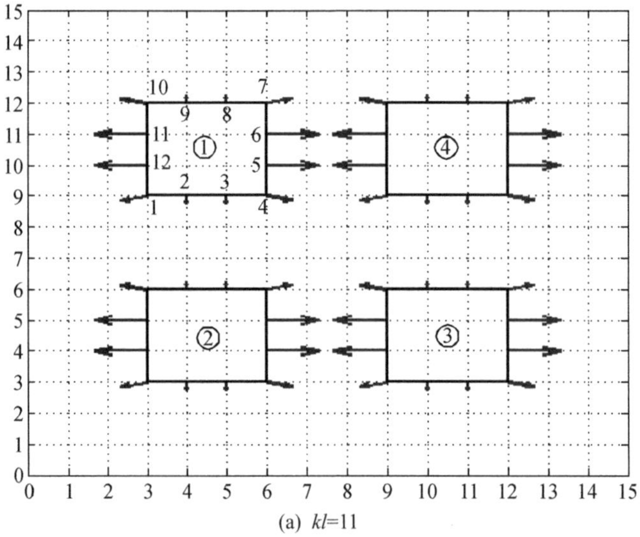

(a) kl=11

图 2.12　四夹杂单胞的一阶虚拟载荷($-\boldsymbol{F}_1$)矢量图

④ 摄动位移 $\boldsymbol{u}^1$ 为一阶主项，为影响函数 χ_{1m}^{11}、χ_{1m}^{22}、χ_{1m}^{12} 的线性组合，组合系数分别为均匀化位移的一阶导数$\partial u_1^0/\partial x_1$、$\partial u_2^0/\partial x_2$ 和$(\partial u_1^0/\partial x_2+\partial u_2^0/\partial x_1)$，它们都随着结构所承受的外载

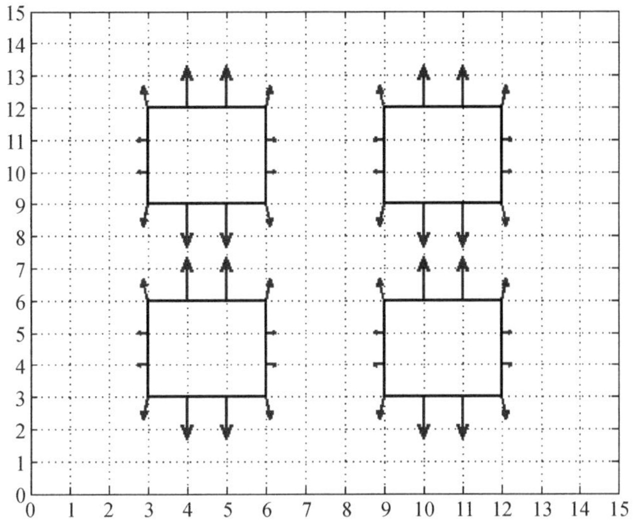

(b) kl=22

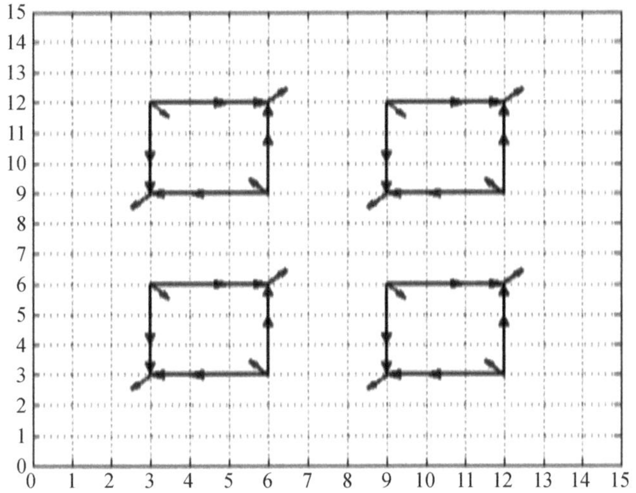

(c) kl=12

图 2.12　四夹杂单胞的一阶虚拟载荷($-\boldsymbol{F}_1$)矢量图(续)

荷的变化而变化。

(2) $\boldsymbol{\chi}_2$ 和 $\boldsymbol{F}_2$

图 2.13 给出了用于求解二阶影响函数 $\boldsymbol{\chi}_2$ 的二阶虚拟载荷 $\boldsymbol{F}_2$ 的矢量图。

① 如式(2.3.21)所示，$\boldsymbol{F}_2$ 表达式中的第 1 项只包含材料弹性模量和均匀化弹性模量之差，与单胞边界条件无关，所以 $\boldsymbol{u}^2$ 和 $\boldsymbol{u}^1$ 一样同为主项而不可忽略。$\boldsymbol{F}_2$ 表达式中的后两项与 $\boldsymbol{\chi}_1$ 有关，其结果与单胞边界条件相关。由于均匀化弹性模量应该与单胞边界条件无关，因此这也就解释了学者们把一阶均匀化弹性模量作为材料均匀化弹性模量的理由，因为它只与一阶影响函数的斜率有关。

② 在图 2.13 中可以观察到，各结点二阶虚拟载荷矢量的大小以夹杂为中心向周围逐渐变小。这是由两个原因造成的，一是由于夹杂的弹性模量与均匀化弹性模量的差值大于基体

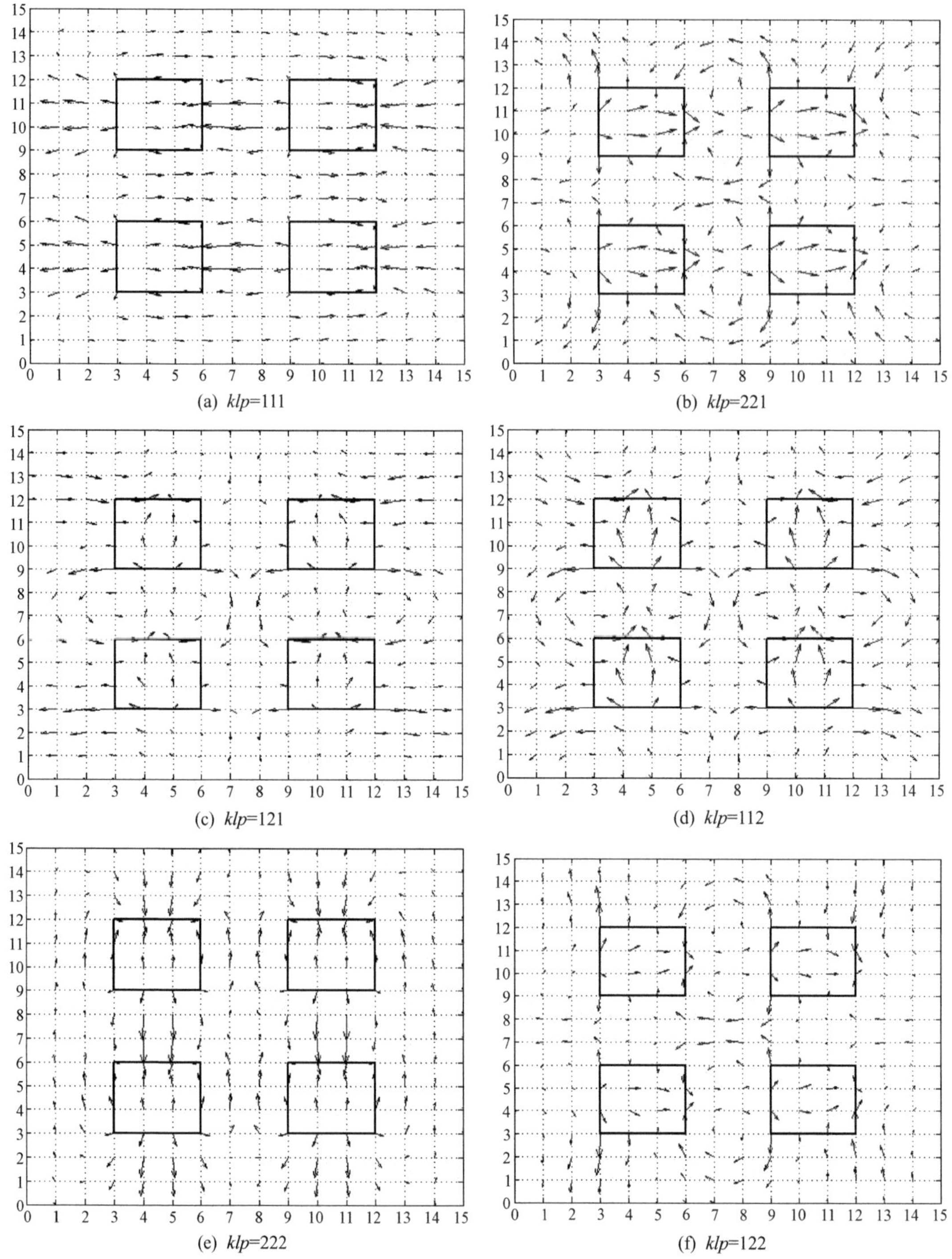

图 2.13　四夹杂单胞的二阶虚拟载荷($-\boldsymbol{F}_2$)矢量图

的弹性模量与均匀化弹性模量的差值；二是由于二阶虚拟载荷后两项包含一阶虚拟位移，见式(2.3.21)，而一阶虚拟位移朝着单胞边界方向和远离界面处是逐渐变小并且愈加平缓的。

③ 图 2.13 中的(a)与(e)、(b)与(d)、(c)与(f)都存在关于 x_1 和 x_2 方向的对称性，但需要

强调的是，该对称性只有在单胞结构和夹杂形状及位置存在关于 x_1 和 x_2 的对称性时才成立。

④ 二阶虚拟载荷的单位为 N·m，是力矩单位；二阶影响函数的单位为 m^2，难以直接解释其物理意义。一阶影响函数指标组合为 $kl=11,22,12$，顺序对应 χ_{1m}^{11}、χ_{1m}^{22}、χ_{1m}^{12}，其组合系数分别为两个正应变 $\partial u_1^0/\partial x_1$、$\partial u_2^0/\partial x_2$ 和剪应变 $(\partial u_1^0/\partial x_2+\partial u_2^0/\partial x_1)$。值得指出的是：$\chi_{1m}^{11}$、$\chi_{1m}^{22}$、$\chi_{1m}^{12}$ 的变形模式与 $\partial u_1^0/\partial x_1$、$\partial u_2^0/\partial x_2$ 和 $(\partial u_1^0/\partial x_2+\partial u_2^0/\partial x_1)$ 的宏观变形状态是一一对应的。二阶影响函数指标组合为 $klp=111,221,121,112,222,122$，对应的二阶影响函数的组合系数分别为 $\partial u_1^0/\partial x_1$、$\partial u_2^0/\partial x_2$ 和 $\partial u_1^0/\partial x_2+\partial u_2^0/\partial x_1$ 沿着两个坐标 x_1 和 x_2 方向的变化率，即 $\partial^2 u_1^0/\partial x_1\partial x_1$、$\partial^2 u_2^0/\partial x_2\partial x_1$、$\partial^2 u_1^0/\partial x_2\partial x_1+\partial^2 u_2^0/\partial x_1\partial x_1$、$\partial^2 u_1^0/\partial x_1\partial x_2$、$\partial^2 u_2^0/\partial x_2\partial x_2$、$\partial^2 u_1^0/\partial x_2\partial x_2+\partial^2 u_2^0/\partial x_1\partial x_2$，由此可以推断二阶影响函数表示的是比一阶影响函数高一阶的变形状态，并且与组合系数表示的宏观状态对应，参见图 2.5 和图 2.7。类似地可以分析更高阶摄动项的物理意义。

(3) $\boldsymbol{\chi}_3$ 和 $\boldsymbol{F}_3$

图 2.14 给出了用于求解三阶影响函数 $\boldsymbol{\chi}_3$ 的三阶虚拟载荷 $\boldsymbol{F}_3$ 的矢量图。

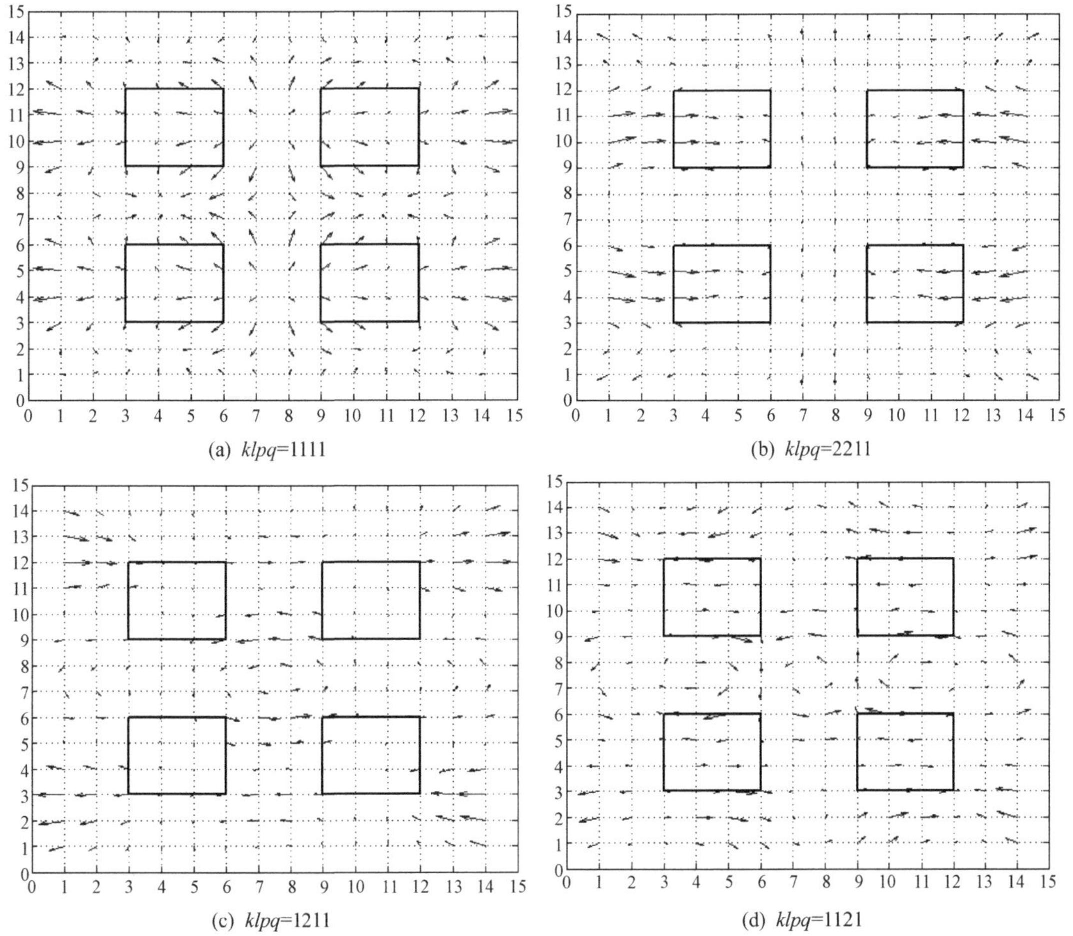

图 2.14　四夹杂单胞的三阶虚拟载荷($-\boldsymbol{F}_3$)矢量图

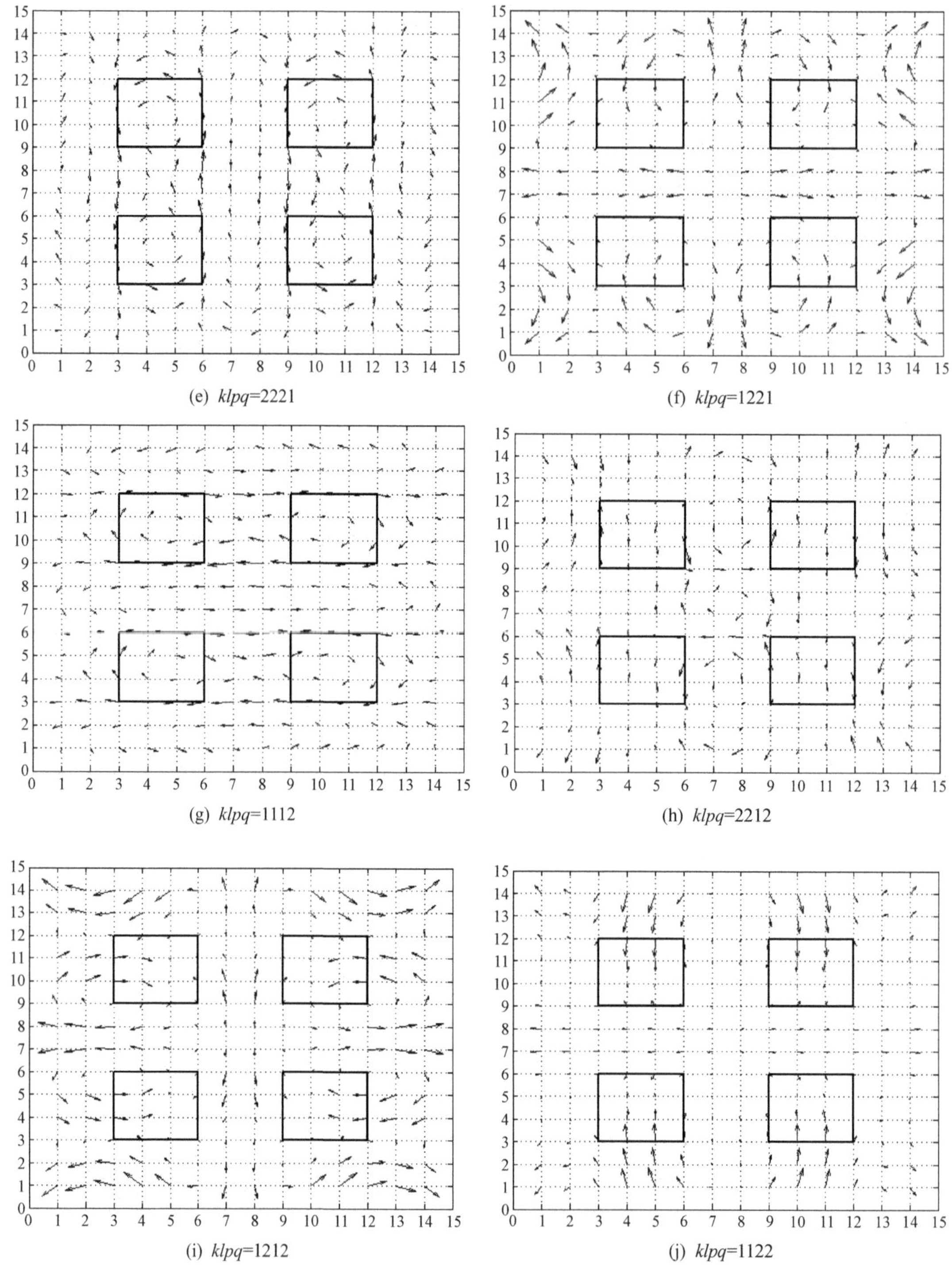

(e) *klpq*=2221　(f) *klpq*=1221

(g) *klpq*=1112　(h) *klpq*=2212

(i) *klpq*=1212　(j) *klpq*=1122

图 2.14　四夹杂单胞的三阶虚拟载荷($-\boldsymbol{F}_3$)矢量图(续)

① 由式(2.3.22)可以看出，$\boldsymbol{F}_3$ 与 $\boldsymbol{F}_1$ 和 $\boldsymbol{F}_2$ 的区别是它的矩阵表达式中同时含有 $\boldsymbol{\chi}_1$ 和 $\boldsymbol{\chi}_2$，即其结果与单胞边界条件相关，并且不存在只与材料组分模量和均匀化模量相关的项。

② 从矢量图可以看出，$\boldsymbol{F}_3$ 分布形式比 $\boldsymbol{F}_2$ 更复杂，较长的矢量不再只集中在夹杂周围，也在基体内部出现，致使基体的虚拟位移变大，说明三阶虚拟载荷 $\boldsymbol{F}_3$ 刻画了更加细微的单胞信息。与主项 $\boldsymbol{u}^1$ 和 $\boldsymbol{u}^2$ 相比，$\boldsymbol{u}^3$ 可以看作是高阶摄动项，并且 $r\geqslant 3$ 时的虚拟载荷矩阵表达式都有类似的形式。

2.4.2 渐近展开项数选取原则

若只是实现材料均质化，即只用多尺度渐近展开方法确定均匀化模量(一般为弹性矩阵)时，称多尺度渐近展开方法为数学均匀化方法，也称之为渐近均匀化方法(Asymptotic Homogenization Method，AHM)，这时关心的是宏观特性或刚度特性，如复合材料周期结构的低阶固有模态。本章的目的不局限于此，这种方法还被用于分析细观位移(也称为真实位移)和细观应力(如强度)。由于摄动项一般不满足结构边界条件，尤其是位移边界条件，因此多尺度渐近展开方法仅适用于求解周期复合材料结构内部的细观位移和应力，其在结构边界附近的精度较差，见 2.7 节。

从式(2.2.8)和式(2.3.1)～式(2.3.3)，或从式(2.4.1)可以看出，影响多尺度渐近展开方法计算精度的三个关键因素包括小参数 ε、单胞影响函数及均匀化位移导数。下面针对这三个因素分别阐述如何确定展开或摄动阶次。

(1) 小参数 ε

它代表尺度分离的限度，当 ε 趋于零时，渐近展开项的作用几乎可以忽略；但当结构为小尺度分离，即 ε 值较大时，则需要考虑渐近展开项的作用。

(2) 单胞影响函数

根据单胞影响函数控制方程(2.3.12)的形式，其右端项被看作虚拟载荷，影响函数被视作虚拟位移。下面以二维周期复合材料结构为例进行讨论。首先进一步考察式(2.3.20)～式(2.3.22)，即

$$\begin{cases}\boldsymbol{F}_1=-\sum\limits_{e=1}\int_{D^e}\boldsymbol{B}^{\mathrm{T}}\boldsymbol{E}^{\varepsilon}\,\mathrm{d}D^e\\ \boldsymbol{F}_2=\sum\limits_{e=1}\int_{D^e}\boldsymbol{N}^{\mathrm{T}}\left[(\boldsymbol{E}_1^{\varepsilon}-\boldsymbol{D}_1^0)\quad(\boldsymbol{E}_2^{\varepsilon}-\boldsymbol{D}_2^0)\right]\mathrm{d}D^e+\\ \qquad\sum\limits_{e=1}\int_{D^e}\boldsymbol{N}^{\mathrm{T}}\left[\boldsymbol{E}_1^{\varepsilon}\boldsymbol{B}\boldsymbol{\chi}_1\boldsymbol{E}_2^{\varepsilon}\boldsymbol{B}\boldsymbol{\chi}_1\right]\mathrm{d}D^e-\sum\limits_{e=1}\int_{D^e}\boldsymbol{B}^{\mathrm{T}}\left[\boldsymbol{E}_3^{\varepsilon}\boldsymbol{N}\boldsymbol{\chi}_1\boldsymbol{E}_4^{\varepsilon}\boldsymbol{N}\boldsymbol{\chi}_1\right]\mathrm{d}D^e\\ \boldsymbol{F}_3=\sum\limits_{e=1}\int_{D^e}\boldsymbol{N}^{\mathrm{T}}\left[\boldsymbol{E}_5^{\varepsilon}\boldsymbol{N}\boldsymbol{\chi}_1\quad\boldsymbol{E}_6^{\varepsilon}\boldsymbol{N}\boldsymbol{\chi}_1\quad\boldsymbol{E}_7^{\varepsilon}\boldsymbol{N}\boldsymbol{\chi}_1\quad\boldsymbol{E}_8^{\varepsilon}\boldsymbol{N}\boldsymbol{\chi}_1\right]\mathrm{d}D^e+\\ \qquad\sum\limits_{e=1}\int_{D^e}\boldsymbol{N}^{\mathrm{T}}\left[\boldsymbol{E}_1^{\varepsilon}\boldsymbol{B}\boldsymbol{\chi}_2\boldsymbol{E}_2^{\varepsilon}\boldsymbol{B}\boldsymbol{\chi}_2\right]\mathrm{d}D^e-\sum\limits_{e=1}\int_{D^e}\boldsymbol{B}^{\mathrm{T}}\left[\boldsymbol{E}_3^{\varepsilon}\boldsymbol{N}\boldsymbol{\chi}_2\boldsymbol{E}_4^{\varepsilon}\boldsymbol{N}\boldsymbol{\chi}_2\right]\mathrm{d}D^e\end{cases}\tag{2.4.2}$$

从式(2.4.2)可以看出：

① 一阶虚拟载荷直接反映了材料组分弹性模量的差异，因此无论对均匀化模量 D_{ijmn}^0 的预测还是细观位移和应力的计算都不可忽略。

② 二阶虚拟载荷中第一项直接反映了组分材料模量与均匀化模量的差异，相当于刻画了材料模量相对于均匀化模量的变化程度，对于细观信息计算不可忽略，因此二阶展开项也是主项。

③ 随着材料差异的减小，各阶展开项的作用会减弱。相对于第一展开项的作用而言，第二项的作用更小。对于一般情况而言，展开到二阶的多尺度渐近展开方法具有足够的细观计算精度，参见 2.4.1 小节的内容。

(3) 均匀化位移导数

渐近展开的阶次 r 与体载荷的幂次密切相关。考虑均匀化方程(2.2.22)，则

$$\frac{\partial}{\partial x_j}\left[D^0_{ijmn}\frac{1}{2}\left(\frac{\partial u^0_m}{\partial x_n}+\frac{\partial u^0_n}{\partial x_m}\right)\right]+f_i=0 \tag{2.4.3}$$

从式(2.4.3)可以看出，若体载荷函数 f_i 的幂次为 k，那么均匀化位移 u^0 的最高阶非零导数则应为 $k+2$。也就是说，对于均匀体载荷($k=0$)，r 应该为 $k+2=2$；若体载荷为二次函数($k=2$)，那么渐近展开的阶次 r 不应该超过 $k+2=4$。因此，当体载荷函数幂次较高时，高阶展开项的作用不可忽略，参见 2.5.2 小节的内容。

总而言之，一般情况下，可以反映材料模量绝对信息的一阶展开项具有主导作用，不可忽略；相对于一阶展开项，二阶展开项可以反映材料模量的相对大小等细观信息，因此对于细观信息的计算，该项也为主项；根据体载荷函数幂次的大小决定是否选择三阶及以上展开项，即使体载荷幂次较高，但由于空间单元通常较小，因此三阶展开项足以。

2.5 渐近展开解精度

基于 2.4 节对各阶展开项的物理意义以及展开项阶次选取方法的分析，本节将分别以一维周期复合材料杆、二维周期复合材料平面结构和三维周期复合材料结构为例，通过数值结果来验证展开到不同阶次对细观结构场(如位移和应力)计算精度的影响，可以验证 2.4 节得到的结论。数值结果中，**各阶单胞影响函数都是利用式(2.2.45)给出的单胞周期边界条件和归一化条件求得的，等效弹性矩阵是根据式(2.3.34)计算的**，见 2.3.2 小节的内容，并且 FFEM 代表由细观有限元模型得到的参考解；HOM 代表数学均匀化方法的结果，即分析等效弹性矩阵为 $\boldsymbol{D}^0$ 的均质材料结构得到的结果；MsAEMr 代表采用展开到前 r 阶的多尺度渐近展开方法得到的结果。

在给出数值结果之前，首先介绍一下这里求解均匀化位移各阶导数的方法。当单元形函数的完备阶次小于求导阶次时，可采用下式计算。

$$\frac{\partial^r u^0}{\partial x^r}=\sum_{i=1}^{m}\frac{\partial N_i}{\partial x}\frac{\partial^{r-1}u^0_i}{\partial x^{r-1}} \tag{2.5.1}$$

式中：r 为求导阶次，m 为单元结点数量，N_i 为单元结点形函数。当单元形函数的完备阶次不小于求导阶次时，可直接对形函数进行高阶求导，也可以采用式(2.5.1)计算各阶导数。

2.5.1 一维周期复合材料杆结构位移

考虑由对称单胞和非对称单胞组成的周期杆结构[15]。杆单胞的横截面积 $A=1\ \text{mm}^2$，单

胞的长度为 l。基体和夹杂的弹性模量分别为 $E_1=8.96$ GPa 和 $E_2=210$ GPa。杆由 5 个周期单胞组成，且受均布载荷 $f=10^2$ N/m 的作用。下面将针对两种周期杆结构分别进行研究，来说明不同展开阶次对计算精度的影响。

情况 1

对称周期杆结构中每个单胞的细网格离散形式如图 2.15 所示，单元类型为二次杆单元。单胞关于几何和材料对称，且 $l=6$ mm。

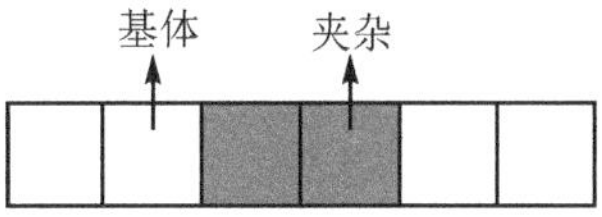

图 2.15　对称杆单胞

根据式(2.3.34)计算的单胞等效或均匀弹性模量 D^0 为 13.16 GPa。图 2.16 给出了两端固支杆和左端固支杆结构的位移比较曲线。从图中可以看出：

① HOM 结果变化平滑，可以反映结构整体的变化趋势；

② MsAEM1 和 MsAEM2 结果基本吻合，但从局部放大图来看，MsAEM2 结果和 FFEM 的更为接近。这说明了二阶展开项可以反映更多细观信息。

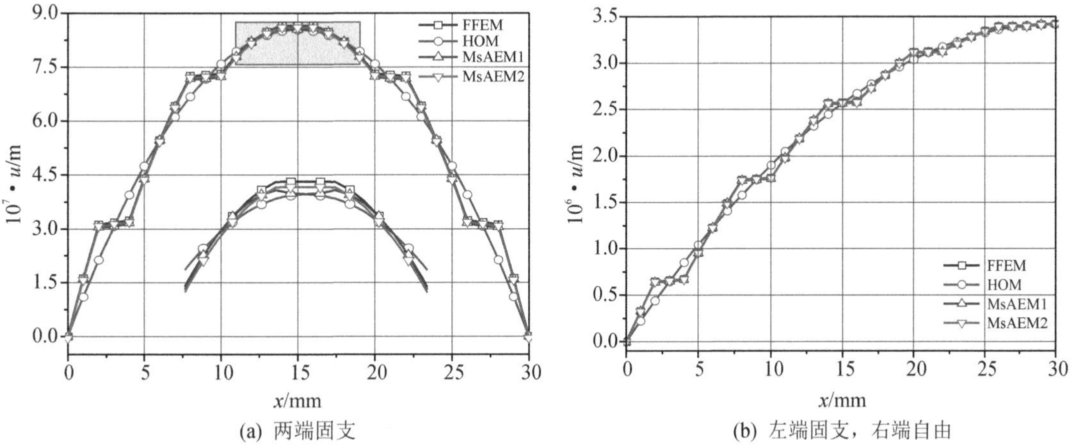

图 2.16　对称周期杆位移比较

情况 2

非对称周期杆结构中每个单胞的长度 $l=8$ mm。单胞的细观有限元模型如图 2.17 所示，单元类型为二次杆单元。该非对称单胞的等效弹性参数 D^0 为 11.78 GPa。图 2.18 给出了两端固支杆和左端固支杆的位移比较曲线。其结论和情况 1 类似。

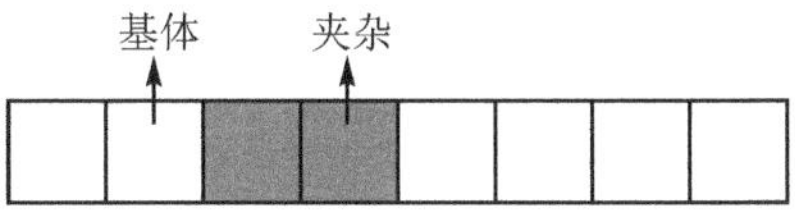

图 2.17　非对称杆单胞

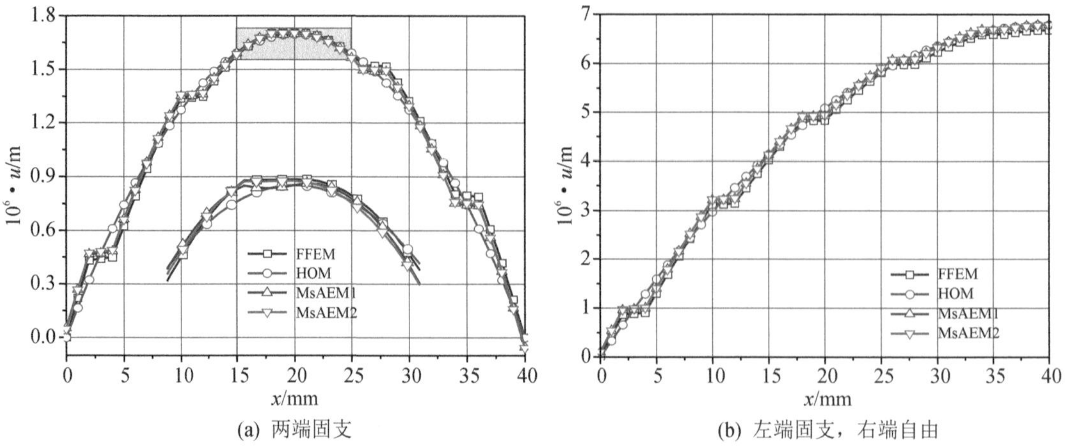

图 2.18 非对称周期杆位移比较

2.5.2 二维周期复合材料平面结构位移

针对二维周期复合材料结构，将通过如下几种情况来说明不同展开阶次对计算精度的影响。

情况 1

考虑如图 2.19 所示的由 5×5 个单胞组成的平面结构。其中，单胞尺寸为 10 mm×10 mm，基体的弹性模量为 3.5 GPa，泊松比为 0.35；夹杂的弹性模量为 70 GPa，泊松比为 0.2。中心夹杂的体积分数为 0.3。结构中每个单胞的细网格划分如图 2.19 中右图所示，且使用二次平面单元。结构四边固支且承受 x_1 方向的均布面载荷 $f_1=0.1$ MPa 的作用。

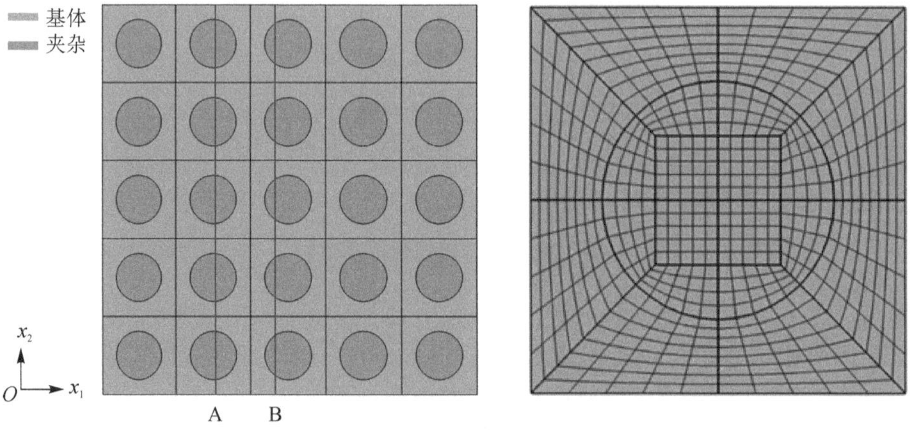

图 2.19 含 5×5 圆形夹杂的二维周期复合材料结构(四边固支)及其单胞细观有限元模型

等效弹性矩阵为

$$\boldsymbol{D}^0 = \begin{bmatrix} 6.4517 & 1.9398 & 0 \\ 1.9398 & 6.4517 & 0 \\ 0 & 0 & 1.9316 \end{bmatrix} \text{GPa} \tag{2.5.2}$$

图 2.20 分别给出了图 2.19 中 A 线(x_1＝15 mm)和 B 线(x_1＝23 mm)的位移比较，从中可以看出：

① HOM 的结果由于无法刻画细节，故与参考解或 FFEM 的结果相差较大；

② MsAEM1 的精度远高于 HOM，但仍低于 MsAEM2；

③ 除靠近结构边界处外，MsAEM2 比 MsAEM1 更加接近 FFEM。这进一步说明了展开到二阶的必要性。

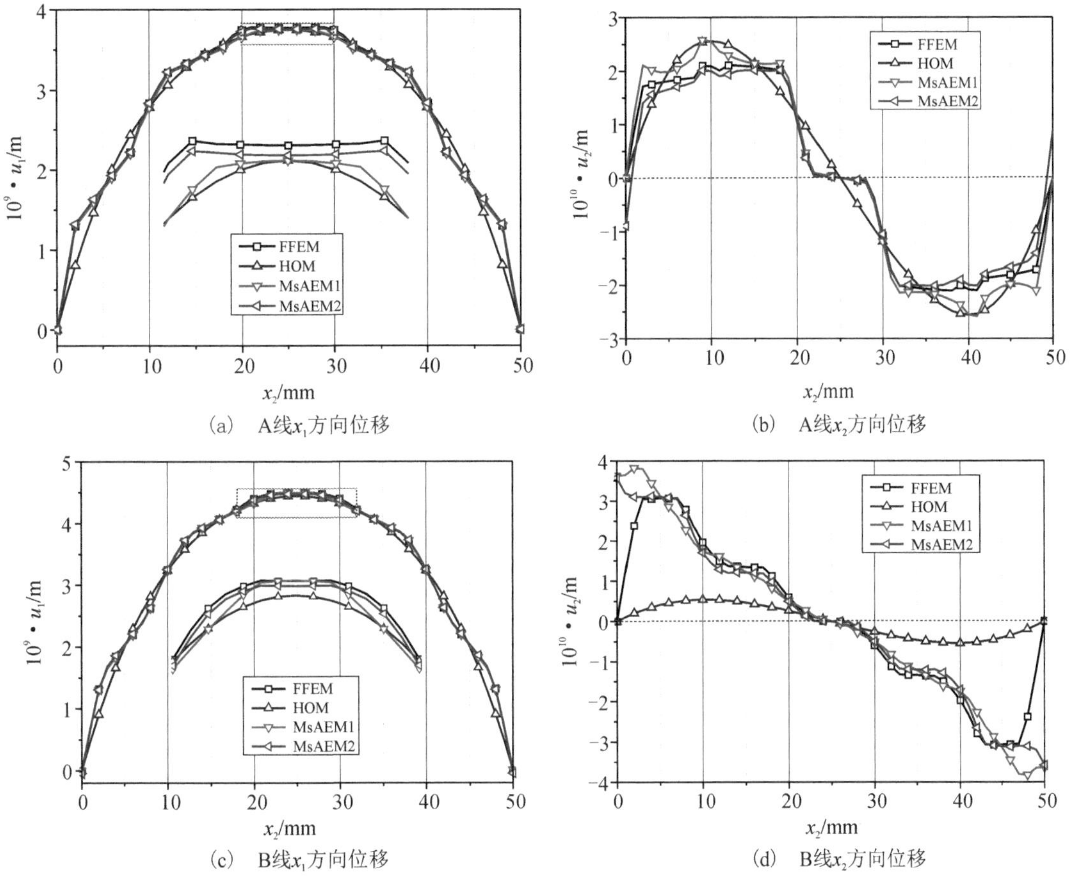

(a)　A线x_1方向位移　　(b)　A线x_2方向位移

(c)　B线x_1方向位移　　(d)　B线x_2方向位移

图 2.20　含 5×5 圆形夹杂的四边固支结构位移比较(均布面载荷)

情况 2

考虑图 2.21 中所示的二维平面结构，该结构由图 2.3 中所示的单胞组成，单胞尺寸为 9 mm×9 mm，基体和夹杂的弹性模量分别为 E_1＝75 GPa 和 E_2＝400 GPa，泊松比分别为 0.3 和 0.2。单胞细网格有限元模型包含 9×9 个二次矩形单元。结构左端固支，右端承受沿 x_1 方向大小为 10^6 N/m 的分布载荷。

等效弹性矩阵为

$$\boldsymbol{D}^0 = \begin{bmatrix} 94.299 & 27.284 & 0 \\ 27.284 & 94.299 & 0 \\ 0 & 0 & 32.559 \end{bmatrix} \text{GPa} \tag{2.5.3}$$

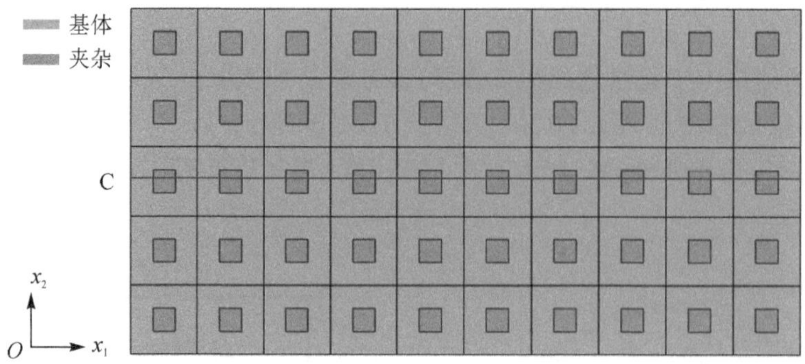

图 2.21　含 10×5 方形夹杂的二维周期复合材料结构(左端固支)

图 2.22 给出了图 2.21 中 C 线(x_2=23 mm)的位移比较。通过对其结果进行分析,结论如下:

① HOM 的结果仍只能反映平均变化趋势,与参考解 FFEM 相差较大;

② 除靠近结构边界处外,MsAEM1 和 MsAEM2 结果的精度相当,都和参考解吻合得较好。这说明对于此简单的载荷工况,二阶展开项作用较小,此时摄动到一阶即可满足细观位移计算精度的要求。

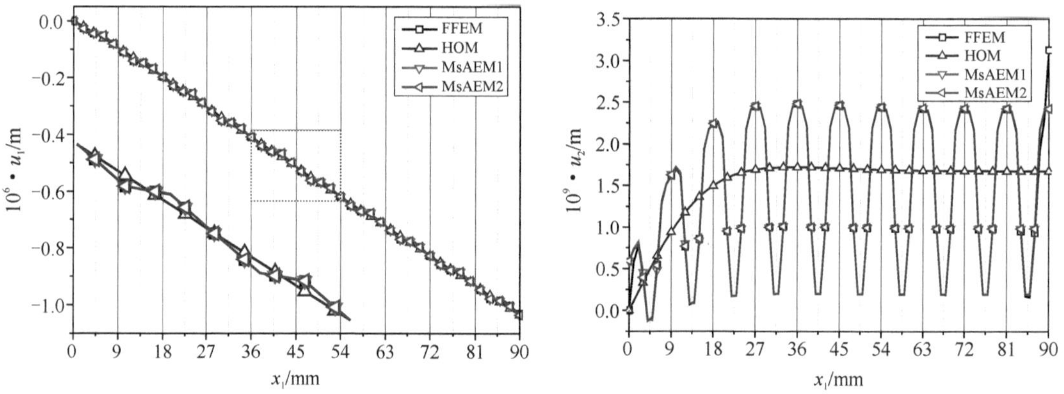

(a) C线x_1方向位移　　(b) C线x_2方向位移

图 2.22　含 10×5 方形夹杂的左边固支结构位移比较(右侧作用线分布载荷)

情况 3

如图 2.23 所示,该周期复合材料平面结构包含 5×5 个图 2.3 中所示的单胞,单胞尺寸为 9 mm×9 mm。基体和夹杂的弹性模量分别为 E_1=2.97 GPa 和 E_2=90.585 GPa,泊松比均为 0.33。单胞细观模型采用 36×36 个双线性单元。结构四边固支且承受 x_1 方向的面载荷 $f_1=\sin(4\pi x_1/L)$ MPa,其中 L 为结构的长度。

等效弹性矩阵为

$$\boldsymbol{D}^0=\begin{bmatrix}4.0084 & 1.2509 & 0\\ 1.2509 & 4.0084 & 0\\ 0 & 0 & 1.3004\end{bmatrix}\text{GPa} \tag{2.5.4}$$

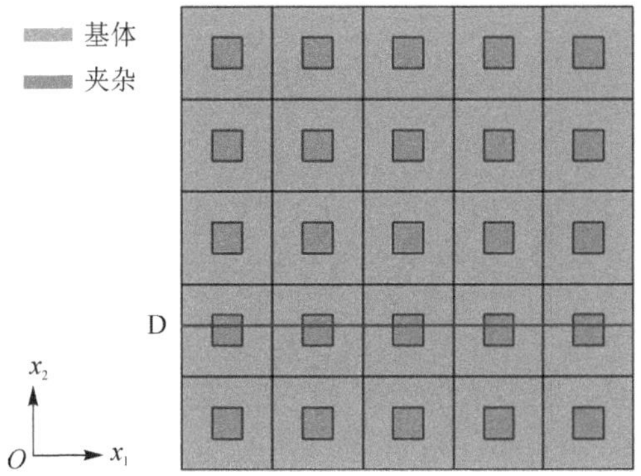

图 2.23　含 5×5 方形夹杂的二维周期复合材料结构(四边固支)

图 2.24 为图 2.23 所示 D 线(x_2=14 mm)在两个坐标方向的位移比较曲线。从图中可以看出：

① 对于主要位移 u_1，MsAEM2 和 MsAEM3 均与参考解拟合得较好，而 MsAEM1 则不然；

② 对于位移 u_2，除靠近结构边界处外，MsAEM3 的精度高于 MsAEM1 和 MsAEM2。这说明了在高阶载荷作用的情况下，三阶及更高阶展开项保证精度的必要性。

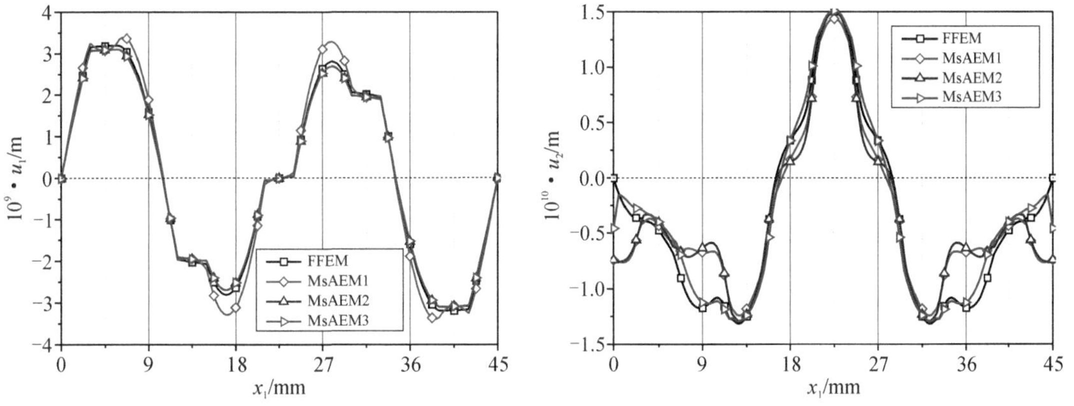

(a)　D线x_1方向位移　　(b)　D线x_2方向位移

图 2.24　含 5×5 方形夹杂的四边固支结构位移比较(简谐分布载荷)

2.5.3　三维周期复合材料结构位移和应力

本小节将研究图 2.25 所示的三维周期复合材料结构，其尺寸为 60 mm×60 mm×60 mm，包含 5×5×5 个立方单胞，每个单胞中心位置有一块立方夹杂，其边长是单胞边长的 1/3。基体和夹杂的弹性模量分别为 E_1=2.97 GPa 和 E_2=90.585 GPa，泊松比均为 0.33。单胞细网格有限元模型采用 9×9×9 个二次单元。

该单胞的等效弹性矩阵为

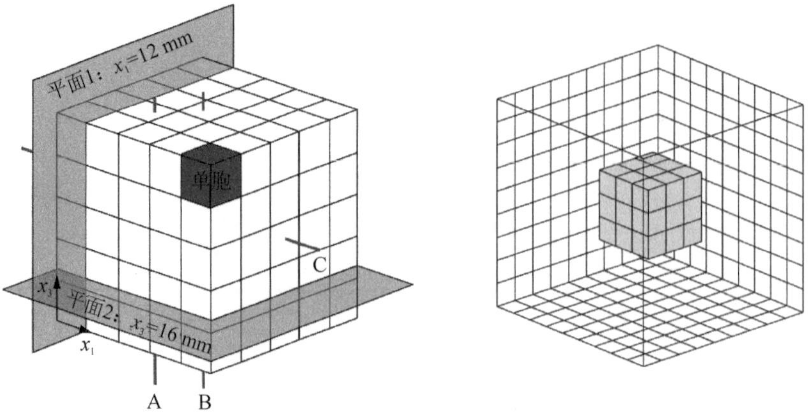

(a) 复合材料结构　　(b) 单胞细网格模型

图 2.25　三维周期复合材料结构及其单胞

$$
\boldsymbol{D}^0=\begin{bmatrix}
4.7458 & 2.2606 & 2.2606 & & & \\
2.2606 & 4.7458 & 2.2606 & & & \\
2.2606 & 2.2606 & 4.7458 & & & \\
 & & & 1.2089 & & \\
 & & & & 1.2089 & \\
 & & & & & 1.2089
\end{bmatrix}\text{GPa} \quad (2.5.5)
$$

下面将通过两种情况讨论多尺度渐近展开方法在用于求解三维周期复合材料结构静力学问题时的精度。在情况 1 中，对图 2.25 所示的周期复合材料结构施加均布体载荷；而在情况 2 中，结构承受位移载荷。

情况 1

结构边界固支，并承受沿 x_1 方向的均布体载荷 $F_1=10^5\ \text{N/m}^3$。图 2.26 给出了图 2.25 中 A 线（$x_1=20$ mm，$x_2=18$ mm）和 B 线（$x_1=29$ mm，$x_2=29$ mm）的位移比较。可以看出：不考虑结构边界附近，MsAEM2 的精度远高于 MsAEM1，这进一步说明了渐近展开到二阶的必要性，尤其对当前考虑的三维问题更是如此。

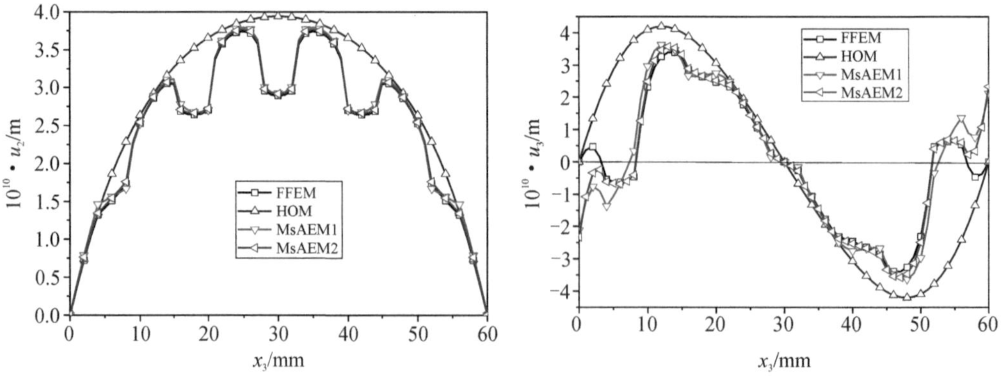

(a) A线x_2方向位移　　(b) A线x_3方向位移

图 2.26　三维周期复合材料结构位移比较（体载荷）

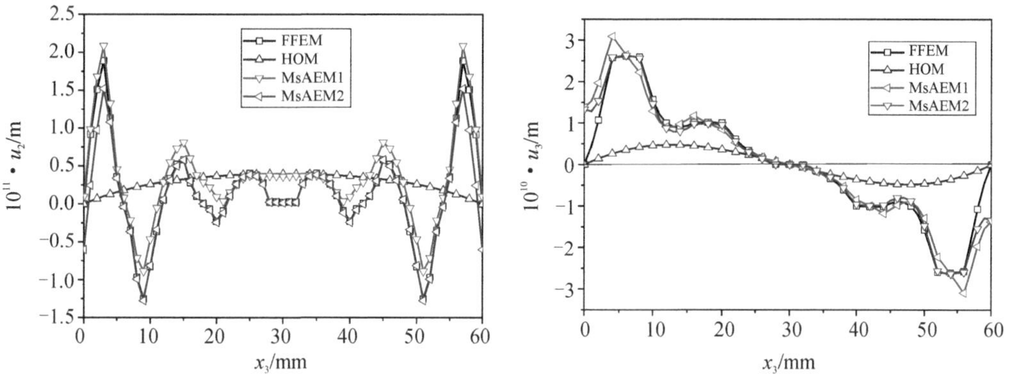

(c) B线x_2方向位移　　(d) B线x_3方向位移

图 2.26 三维周期复合材料结构位移比较(体载荷)(续)

应力分析在结构设计中十分重要，尤其是对于结构强度问题。下面以应力作为衡量标准来评定不同阶次展开项的作用。HOM 的应力计算公式为 $\bar{\sigma}_{ij}=D^0_{ijkl}e^0_{kl}$，见式(2.3.39)；MsAEM1 的应力为 σ^0_{ij}，见式(2.3.35)；MsAEM2 的应力计算公式为 $\sigma^0_{ij}+\varepsilon\sigma^1_{ij}$，见式(2.3.38)。

图 2.27 给出了图 2.25 所示平面 1 的切应力 σ_{23} 的云图。可以看出：

① HOM 的应力和参考解 FFEM 相差很大。这说明等效材料结构仅适用于刚度分析，并不适用于强度分析。

② 与 MsAEM1 相比，MsAEM2 和参考解 FEM 吻合得更好。这说明了二阶展开项对于保证应力结果精度的必要性。

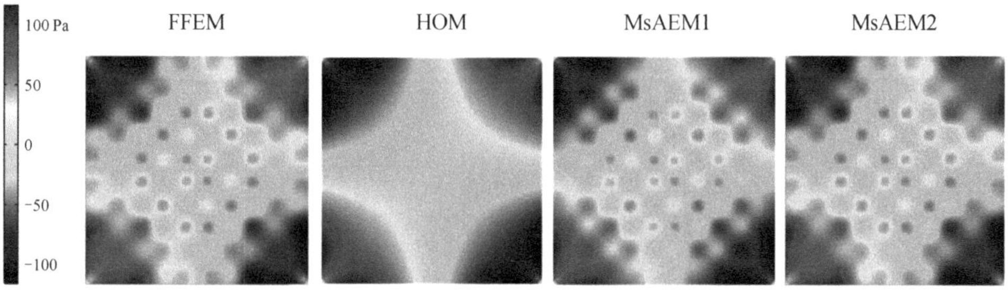

图 2.27 均布体载荷作用下三维复合材料结构中平面 1 的切应力云图

情况 2

结构上平面 $x_3=60$ mm 的法向位移为 -1 mm，其他 5 个边界平面的法向位移均为 0。图 2.28 给出了图 2.25 中 A 线和 C 线($x_2=30$ mm，$x_3=32$ mm)的真实位移比较。从比较结果可以看出：MsAEM1 和 MsAEM2 结果之间几乎没有差别，其原因在于均匀化位移的二阶导数值很小，因此其二阶展开项的作用可以忽略不计。图中关于 $\boldsymbol{u}^0$ 的曲线近似为线性也进一步说明了其二阶导数为小量。

图 2.29 为图 2.25 所示结构中平面 2 的切应力云图，从图中可以看出：

① HOM 应力和参考解存在很大误差；

② 与位移结果类似，MsAEM1 和 MsAEM2 的应力结果几乎没有区别，且和参考解吻合。

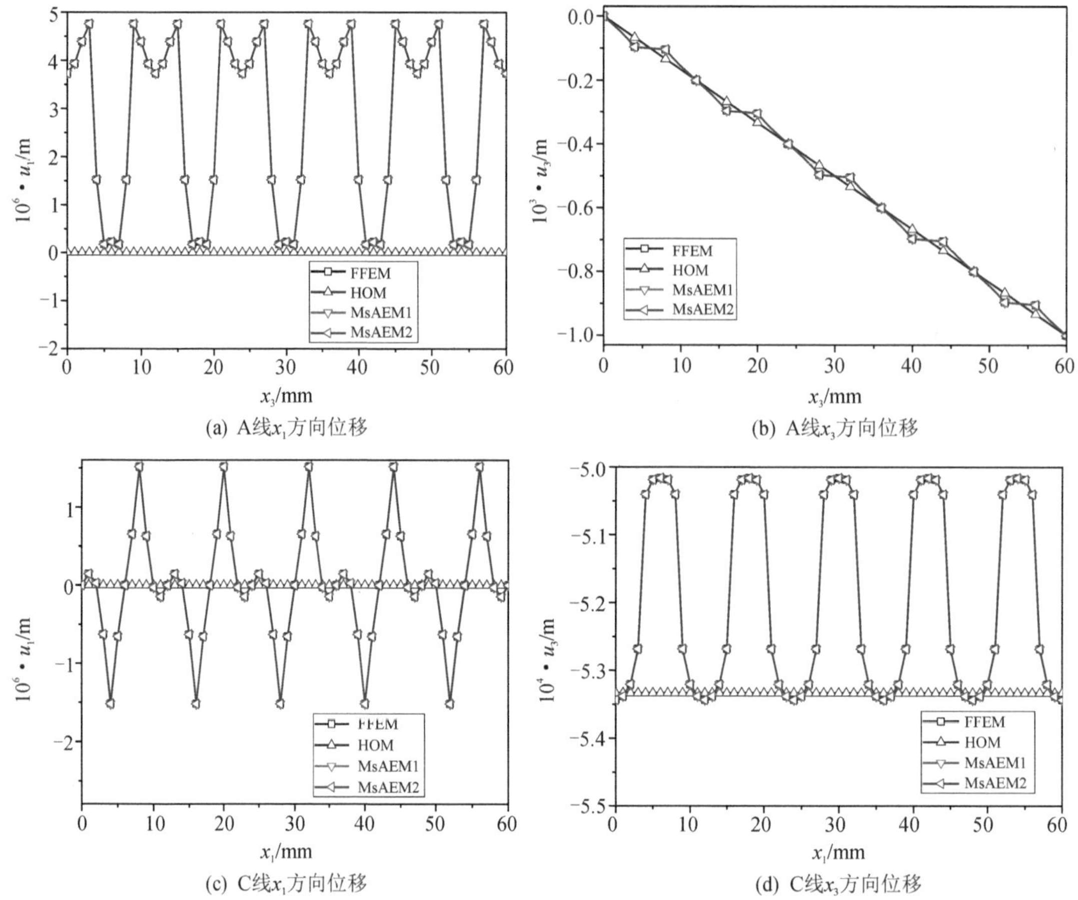

(a) A线x_1方向位移　(b) A线x_3方向位移

(c) C线x_1方向位移　(d) C线x_3方向位移

图 2.28　三维周期复合材料结构位移比较(位移载荷)

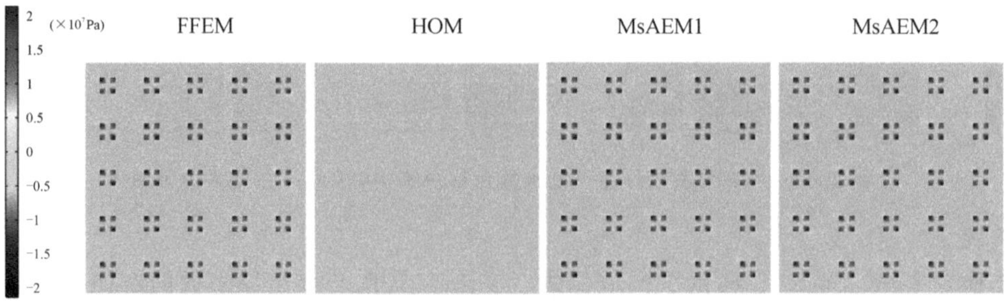

图 2.29　位移载荷作用下三维复合材料结构中平面 2 的切应力云图

2.6　单胞边界条件

在本章 2.5 节的数值结果中,均是对单胞施加了经典周期边界条件,参见式(2.2.45)。但是正如本章引言中提到的,不同学者对单胞施加的周期边界条件存在一定的差异。利用不同周期边界条件求得的各阶单胞影响函数 $\boldsymbol{\chi}_r$ 并不相同,将导致细观位移解 $\boldsymbol{u}^{\varepsilon}$ 也不同,参考式(2.2.8)、式(2.3.1)～式(2.3.3)。由于均匀化弹性模量 $\boldsymbol{D}^0$ 以及均匀化位移 $\boldsymbol{u}^0$ 只与一阶影响函数 $\boldsymbol{\chi}_1$ 的梯度有关,见式(2.2.23)和式(2.2.24),所以不同的单胞周期边界条件对它们的影响较小。

本节将探讨不同单胞周期边界条件对各阶影响函数和宏细观结构场计算精度的影响。考虑三种单胞周期边界条件,包括经典周期边界条件、固支边界条件以及超单胞过取样边界条件。下面的数值结果中,记经典周期边界条件为方法 1,单胞固支边界条件为方法 2,超单胞过取样下的边界条件为方法 3。下面简单介绍几种方法。

方法 1:经典周期边界条件

其实施过程可参见 2.3.2 小节的内容。

方法 2:单胞固支边界条件

在求解式(2.3.12)中的影响函数矩阵 $\boldsymbol{\chi}_r$ 时,可采用图 2.30 中所示的固支边界条件。固支边界条件与齐次 Dirichlet 边界条件等价[4-6],这种边界条件不但满足周期性假设,且易于实现。如果采用这种周期边界条件求解单胞影响函数,在单胞边界处有 $\boldsymbol{\chi}_r=\boldsymbol{0}$,这意味着在单胞边界处 $\boldsymbol{u}^\varepsilon=\boldsymbol{u}^0$,即展开项 $\boldsymbol{u}^r\,(r\geqslant1)$ 在单胞边界处没有贡献。因此,通常导致在单胞边界区域附近的细观解的精度较低。

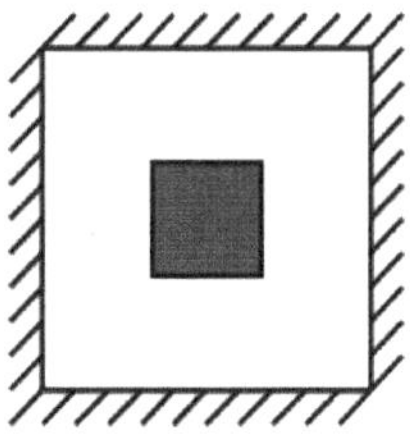

图 2.30　单胞固支边界条件

方法 3:超单胞过取样下的边界条件

为了能较好地反映 $\boldsymbol{\chi}_r$ 在单胞边界处的周期振荡性以刻画其在结构中的实际情况,本书作者提出过取样技术[9],其具体实施过程如下:

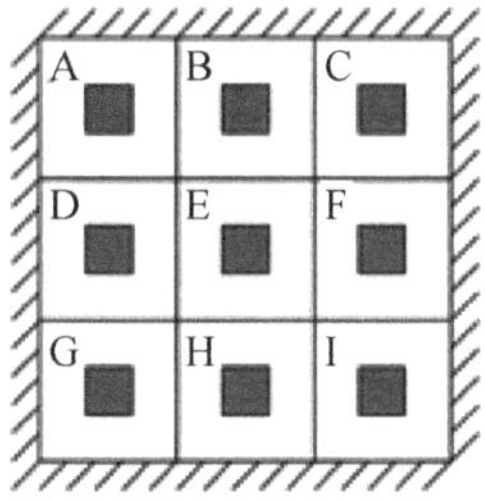

图 2.31　超单胞固支边界条件

① 对代表单胞进行过取样以构造超单胞。对三维问题,可以选取 3×3×3 个单胞作为超单胞,对于二维问题则可选取图 2.31 中所示的 3×3 个单胞(A,B,…,G)作为一个超单胞。

② 对该超单胞施加固支边界条件,求解各阶影响函数 $\boldsymbol{\chi}_r$。

③ 提取中间单胞 E 的影响函数结果,并对相应周期边结果进行平均以满足周期性条件。利用如此得到的单胞影响函数可以计算均匀化弹性模量,也可以用于计算细观位移和应力。

2.6.1　杆问题

这里分别对图 2.15 中对称单胞和图 2.17 中非对称单胞进行研究来说明不同周期边界条件对影响函数的影响。单胞的材料参数和几何尺寸与 2.5.1 小节中的相同。

情况 1:一维对称单胞

图 2.32 给出了利用三种方法得到的对称杆单胞的前两阶影响函数。值得指出的是:本章中所有关于影响函数的对比图均是在假设 $\varepsilon=1$ 情况下绘制的,不同的 ε 只改变影响函数的幅值,对影响函数随着空间坐标的变化规律没有影响,这说明影响函数类似于振动力学中的模态函数。从图 2.32 中可以看出:

① 三种方法的一阶影响函数 $\boldsymbol{\chi}_1$ 是完全一致的；

② 方法 2 和方法 3 的二阶影响函数 $\boldsymbol{\chi}_2$ 也相同；

③ 三种方法的一阶影响函数 $\boldsymbol{\chi}_1$ 和二阶影响函数 $\boldsymbol{\chi}_2$ 的梯度均一致。

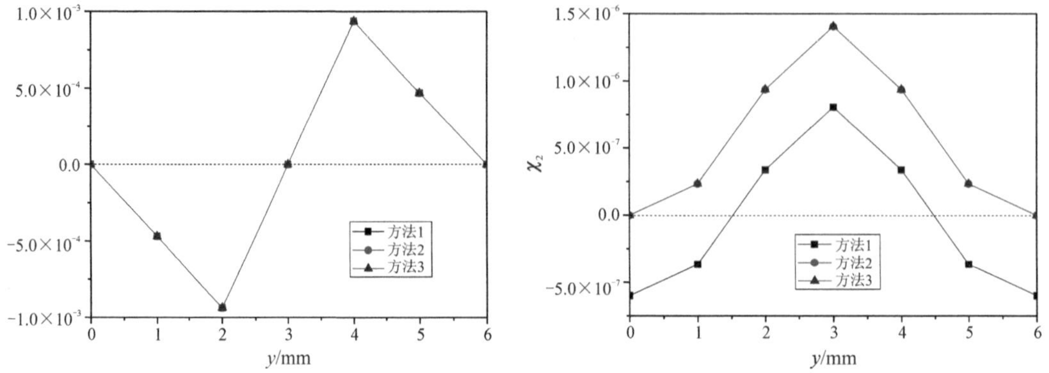

图 2.32　对称杆单胞的前两阶影响函数

这些结果与预期相符，下面给出解释。

① 方法 2 和方法 3 之所以有相同的 $\boldsymbol{\chi}_1$ 和 $\boldsymbol{\chi}_2$，是因为两种方法都使用了固支边界条件，且超单胞内部三个单胞在虚拟载荷 $\boldsymbol{F}_1$ 和 $\boldsymbol{F}_2$ 作用下产生的变形模式（或虚拟位移）相同。这一结论不一定适用于更高阶影响函数。

② 三种方法的 $\boldsymbol{\chi}_1$ 都是在同一虚拟载荷 $\boldsymbol{F}_1$ 下产生的虚拟位移，参见式(2.3.15)。由于三种方法确定的边界处影响函数均满足周期性，只是确定唯一解的方式不同，所以三种方法的 $\boldsymbol{\chi}_1$ 的梯度相同。方法 1 中的归一化约束可以看成是在固支边界条件下的轴向刚体平移，只是由固支边界条件得到的 $\boldsymbol{\chi}_1$ 恰好满足归一化约束，所以三种方法的 $\boldsymbol{\chi}_1$ 完全相同。

③ 由于式(2.3.16)中二阶虚拟载荷 $\boldsymbol{F}_2$ 取决于弹性常数和 $\boldsymbol{\chi}_1$，而三种方法的 $\boldsymbol{\chi}_1$ 相同，所以用三种方法得到的 $\boldsymbol{\chi}_2$ 具有相同的梯度。由于方法 2 的 $\boldsymbol{\chi}_2$ 不满足归一化约束，所以此时方法 1 的 $\boldsymbol{\chi}_2$ 相当于在方法 2 结果的基础上进行了轴向刚体平移，导致其在单胞边界上的值不为零。

情况 2：一维非对称单胞

图 2.33 比较了用三种方法得到的前两阶影响函数。从图 2.33 中可以得到如下结论：

① 因为方法 2 和方法 3 都使用了固支边界条件，且超单胞内部三个单胞在虚拟载荷 $\boldsymbol{F}_1$ 和 $\boldsymbol{F}_2$ 作用下其变形模式相同，所以对于非对称单胞，方法 2 和方法 3 的一阶影响函数 $\boldsymbol{\chi}_1$ 和二阶影响函数 $\boldsymbol{\chi}_2$ 也一致。

② 与对称情况不同，方法 2 的 $\boldsymbol{\chi}_1$ 不再满足归一化约束，所以这里方法 1 的 $\boldsymbol{\chi}_1$ 相当于在方法 2 和方法 3 结果的基础上进行了轴向刚体平移。所以方法 1 的 $\boldsymbol{\chi}_1$ 尽管与其他两种方法的不同，但仍具有相同梯度。

③ 由于方法 1 的 $\boldsymbol{\chi}_1$ 与方法 2 和方法 3 的存在差异，而式(2.3.16)中二阶虚拟载荷 $\boldsymbol{F}_2$ 又与 $\boldsymbol{\chi}_1$ 直接相关，所以方法 1 的 $\boldsymbol{F}_2$ 与其他两种方法的 $\boldsymbol{F}_2$ 不再相同。在这种情况下，方法 1 的 $\boldsymbol{\chi}_2$ 不再与其他两种方法的一致，即使是梯度。

从上述两种情况来看，无论是对于对称单胞还是非对称单胞，三种方法的一阶单胞影响函数 $\boldsymbol{\chi}_1$ 均具有相同的梯度，这说明对于一维周期杆问题，其 $\boldsymbol{\chi}_1$ 的梯度与周期边界条件无关；进

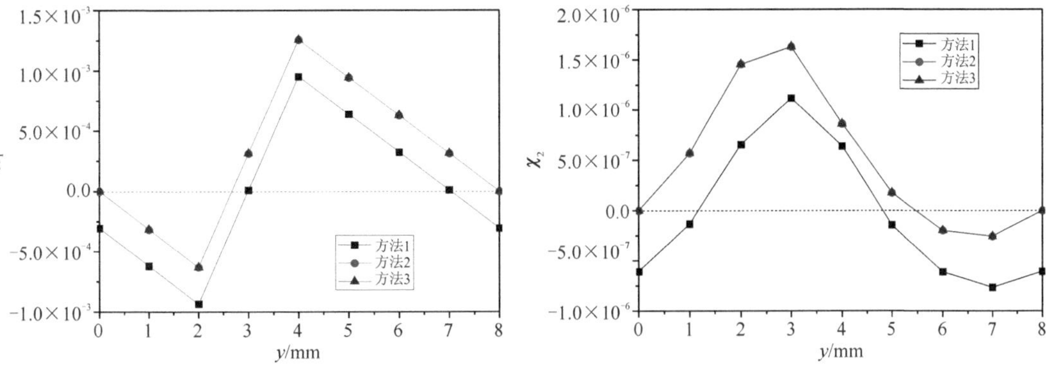

图 2.33　非对称杆单胞的前两阶影响函数

而通过三种方法所获得的等效或均匀弹性模量 D^0 也相同，参见式(2.2.23)和式(2.2.24)；由于细观位移 u^ε 与影响函数值本身有关，参见式(2.2.8)、式(2.2.15)、式(2.2.27)和式(2.2.38)，所以可以推断，利用方法 1 和后两种方法所获得的细观位移 u^ε 并不相同。

下面通过一个算例来进一步说明不同周期边界条件对细观结构场变量的影响。本节数值结果中，仍然用 FFEM 代表利用结构细观模型得到的结果，HOM 代表等效均匀化结果，MsAEMr 代表采用多尺度渐近展开方法展开到前 r 阶的结果。后缀"_NP""_UC""_SUC"分别代表采用经典归一周期边界条件(方法 1)、固支边界条件(方法 2)、超单胞过取样边界条件(方法 3)计算影响函数所获得的细观位移。

算例：考虑由 5 个单胞组成的周期复合材料杆，单胞形式如图 2.17 所示。杆受均布载荷 $f=10^2$ N/m 的作用。采用二次杆单元计算位移。

针对两端固支杆，图 2.34 给出了不同方法的位移及其相对误差比较曲线。式(2.6.1)给出了某个方向上位移相对误差 Error 的定义，其中 $u^{\varepsilon,r}$ 代表多尺度渐近展开方法展开到前r 阶的位移结果。值得指出的是，由于方法 2 和方法 3 所获得的前两阶影响函数相同，因此这里只将方法 1 和方法 2 的结果进行比较。

从图 2.34 中可以看出：

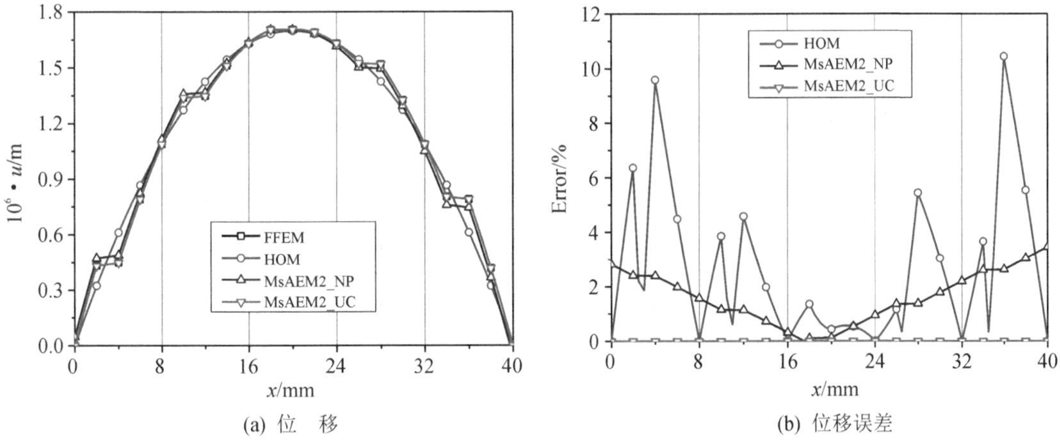

图 2.34　两端固支杆位移比较

① 均匀化位移无法捕捉细观尺度上由于材料变化引起的局部波动。

② 由于经典归一化周期边界条件下的前两阶影响函数 $\boldsymbol{\chi}_1$ 和 $\boldsymbol{\chi}_2$ 在边界处不为零，导致其对应的各阶展开位移 $u^r(r\geqslant 1)$ 在边界处不满足结构两端固支边界条件，所以在固支端附近，MsAEM2_NP 的精度较差。

③ MsAEM2_UC 与 FFEM 的结果一致，原因主要包括两点。首先，对于均布载荷作用的杆，其精确位移函数为分段二次函数，此时有 $\mathrm{d}^n u^0/\mathrm{d}x^n=0(n\geqslant 3)$，所以展开到 2 次即可。其次，基于固支边界条件所获得的前两阶影响函数 $\boldsymbol{\chi}_1$ 和 $\boldsymbol{\chi}_2$ 在单胞边界处其值为零，故其对应的 $u^r(r\geqslant 1)$ 在边界处满足结构端部的固支边界条件。

$$\mathrm{Error}=\frac{|u^{\varepsilon,r}-\mathrm{FEM}|}{\|\mathrm{FEM}\|_{\infty}} \tag{2.6.1}$$

对于左端固支、右端自由杆，图 2.35 给出了不同方法的位移及其误差比较曲线。从图 2.35 中可以看出：

① 在结构自由端附近，所有方法的结果都与 FFEM 的结果不一致。

② 在结构固支端处，MsAEM2_NP 的精度仍然最低。

实际上，即使对于简单的一维杆问题，通过多尺度渐近展开方法来准确预测结构自由边界附近的细观结构场也十分困难，甚至不可能。

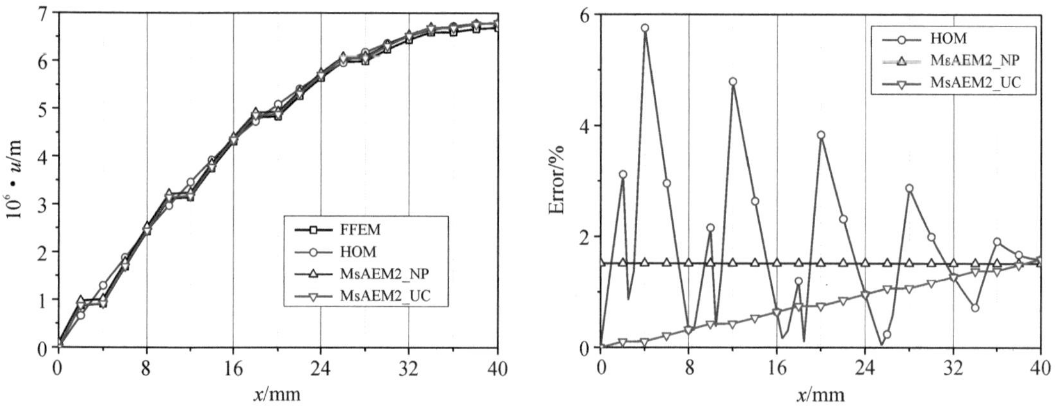

(a) 位　移　　(b) 位移误差

图 2.35　左端固支杆位移比较

2.6.2　平面问题

为了进一步评估利用三种单胞周期边界条件得到的影响函数和细观位移的差异，这里还考虑了二维对称和非对称单胞的情况。基体和夹杂的弹性模量分别为 $E_1=2.97$ GPa 和 $E_2=90.585$ GPa，泊松比均为 0.33。在下面的求解过程中，均采用双线性单元进行计算。

情况 1：二维对称单胞

考虑图 2.3 所示的方形单胞，其尺寸为 $a_1\times a_2=9\ \mathrm{mm}\times 9\ \mathrm{mm}$，其内部中心处包含一个 3 mm×3 mm 的夹杂。单胞细观模型包含 36×36 个双线性单元。

图 2.36 和图 2.37 比较了三种方法的一阶影响函数矩阵 $\boldsymbol{\chi}_1$ 的两个列向量；图 2.38、图 2.39 以及图 2.40 比较了三种方法的二阶影响函数矩阵 $\boldsymbol{\chi}_2$ 的三个列向量。由于单胞在两个方向是

对称的，故没有给出前两阶影响函数所有列向量的对比图。从图中可以看出：

① 对于前两阶影响函数来说，方法 1 的结果和方法 3 的结果变化趋势非常相似，且都在单胞边界处具有明显振荡，而方法 2 的则不同，这与 2.6.1 小节中针对一维杆问题所得到的结论明显不同。

② 尽管方法 1 和方法 3 的结果变化趋势相似，但方法 3 所获得的二阶影响函数 $\boldsymbol{\chi}_2$ 的幅值与方法 1 的存在一些差异，参见图 2.38 和图 2.39。

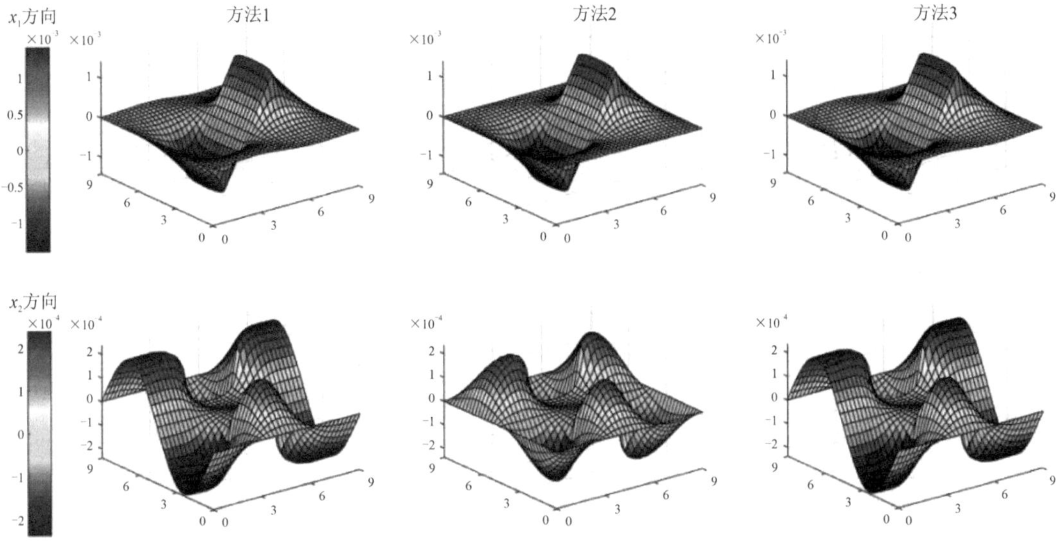

图 2.36　一阶影响函数 $\boldsymbol{\chi}_1$，$kl=11$

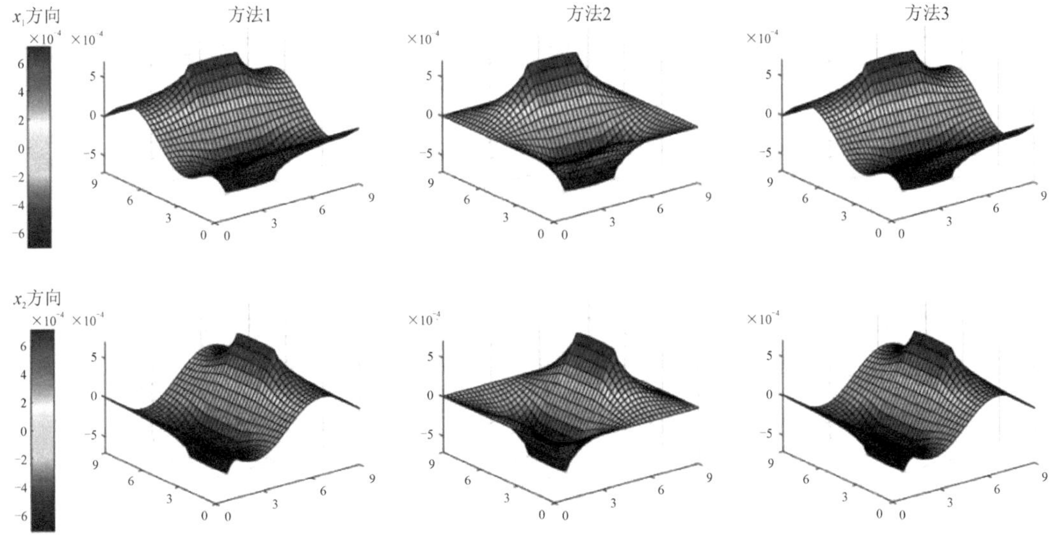

图 2.37　一阶影响函数 $\boldsymbol{\chi}_1$，$kl=12$

另外，与一维情况不同的是，即使对于图 2.3 所示的对称单胞，三种方法所获得的一阶单胞影响函数 $\boldsymbol{\chi}_1$ 的梯度也不相同。这种差异对于等效弹性矩阵 $\boldsymbol{D}^0$ 的影响可参考表 2.1，从中可以看出：

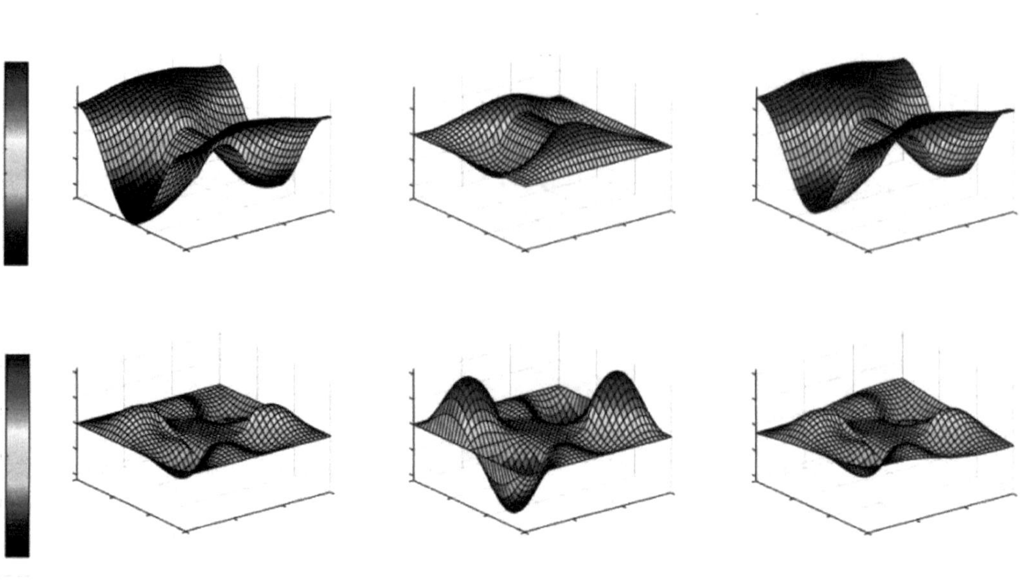

图 2.38　二阶影响函数 χ_2，$klp=111$

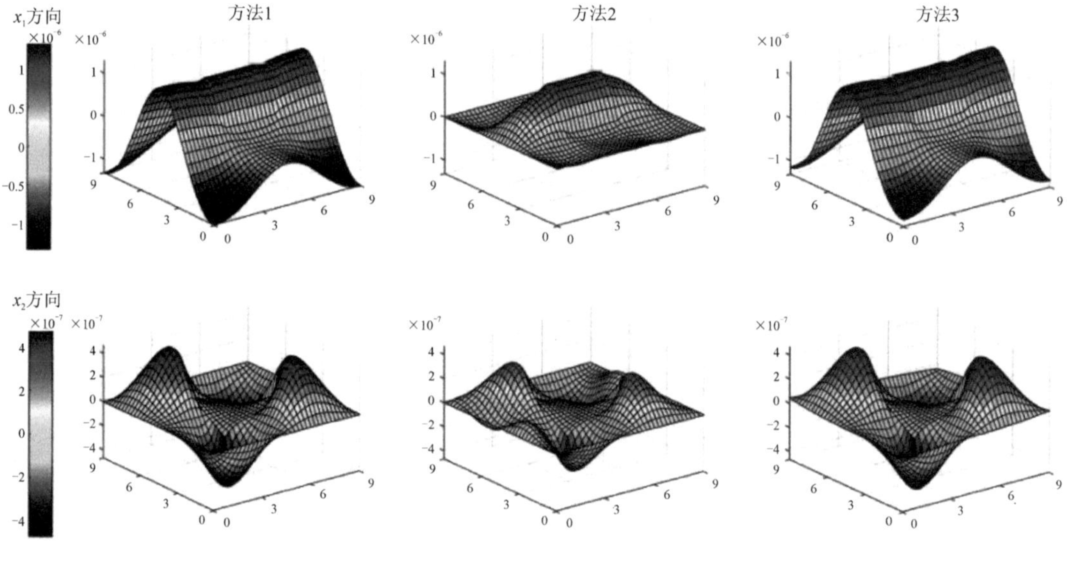

图 2.39　二阶影响函数 χ_2，$klp=221$

① 尽管不同方法的 $\boldsymbol{\chi}_1$ 的梯度不同，但其对 $\boldsymbol{D}^0$ 的影响较小，甚至可以忽略，尤其是方法 1 和方法 3 的结果。其原因在于：在式(2.2.23)和式(2.2.24)中，均匀化弹性系数 $\boldsymbol{D}^0$ 与 $\boldsymbol{\chi}_1$ 的梯度直接相关，而不是 $\boldsymbol{\chi}_1$ 本身，而 $\boldsymbol{\chi}_1$ 本身相比 $\boldsymbol{\chi}_1$ 的梯度更易受边界条件的影响，所以尽管三种方法的 $\boldsymbol{\chi}_1$ 不同，但三种方法的 $\boldsymbol{D}^0$ 相差很小。

② 由于使用固支单胞或者固支超单胞会增加单胞的刚度，所以表 2.1 中给出的方法 2 和方法 3 的等效弹性常数略高于方法 1 的结果。

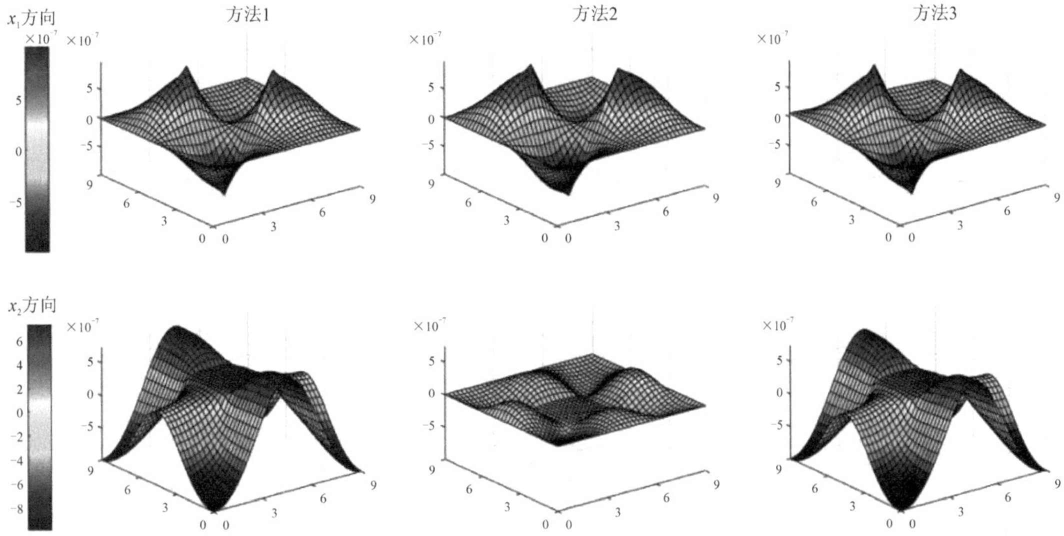

图 2.40　二阶影响函数 χ_2, $klp=121$

表 2.1　二维对称单胞的等效均匀弹性矩阵

类　别	方法 1	方法 2	方法 3
$\boldsymbol{D}^0$	$\begin{bmatrix} 4.0084\text{e}9 & 1.2509\text{e}9 & 0 \\ 1.2509\text{e}9 & 4.0084\text{e}9 & 0 \\ 0 & 0 & 1.3004\text{e}9 \end{bmatrix}$	$\begin{bmatrix} 4.0156\text{e}9 & 1.2488\text{e}9 & 0 \\ 1.2488\text{e}9 & 4.0156\text{e}9 & 0 \\ 0 & 0 & 1.3291\text{e}9 \end{bmatrix}$	$\begin{bmatrix} 4.0089\text{e}9 & 1.2509\text{e}9 & 0 \\ 1.2509\text{e}9 & 4.0089\text{e}9 & 0 \\ 0 & 0 & 1.3017\text{e}9 \end{bmatrix}$

下面将通过几个算例进一步说明不同周期边界条件对于细观解的影响。

算例 1： 考虑如图 2.41 所示的二维周期复合材料结构。该结构包含 5×5 个单胞，其单胞的几何和材料属性在本小节开始处已经给出。结构四边固支，且承受沿 x_1 方向的均布面载荷 $f_1=0.1$ MPa。

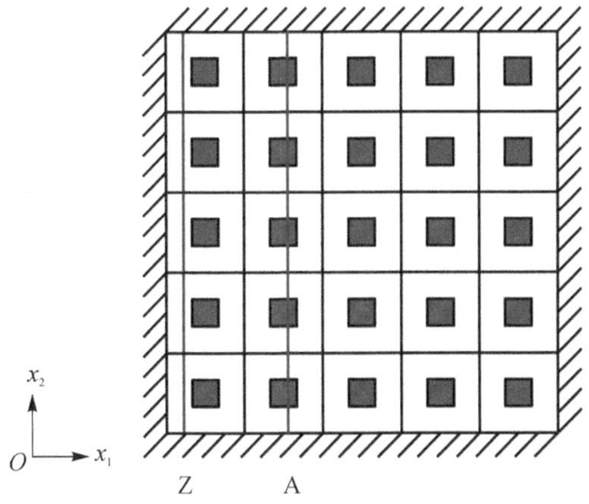

图 2.41　由对称单胞组成的二维周期复合材料结构(四边固支)

图 2.42 为图 2.41 中所示 A 线($x_1=14$ mm)在两个方向的位移及其误差比较。从图中可以看出：

① MsAEM2_NP 和 MsAEM2_SUC 在远离结构边界处的区域均与参考解 FEM 吻合得很好，但是其在结构边界附近区域精度较低，尤其是对于 x_2 方向的位移。MsAEM2_NP 和 MsAEM2_SUC 之所以在结构边界附近区域精度较差，是因为通过经典归一化周期边界条件和超单胞过取样边界条件所获得的各阶单胞影响函数的值在单胞边界处具有振荡性，其值不为零，因此与影响函数有关的各阶摄动位移不满足结构位移边界条件。由于边界处的结构场往往是工程上较为关心的，所以需要对方法 1 和方法 3 的渐近展开解进行改进，以在结构全域上获得高精度解，见 2.7 节。

② 与 MsAEM2_NP 相比，尽管 MsAEM2_UC 在域内和参考解的吻合程度一般，但由于利用方法 1 得到的各阶摄动位移在单胞边界处为零，因此 MsAEM2_UC 的位移解严格满足结构位移边界条件。

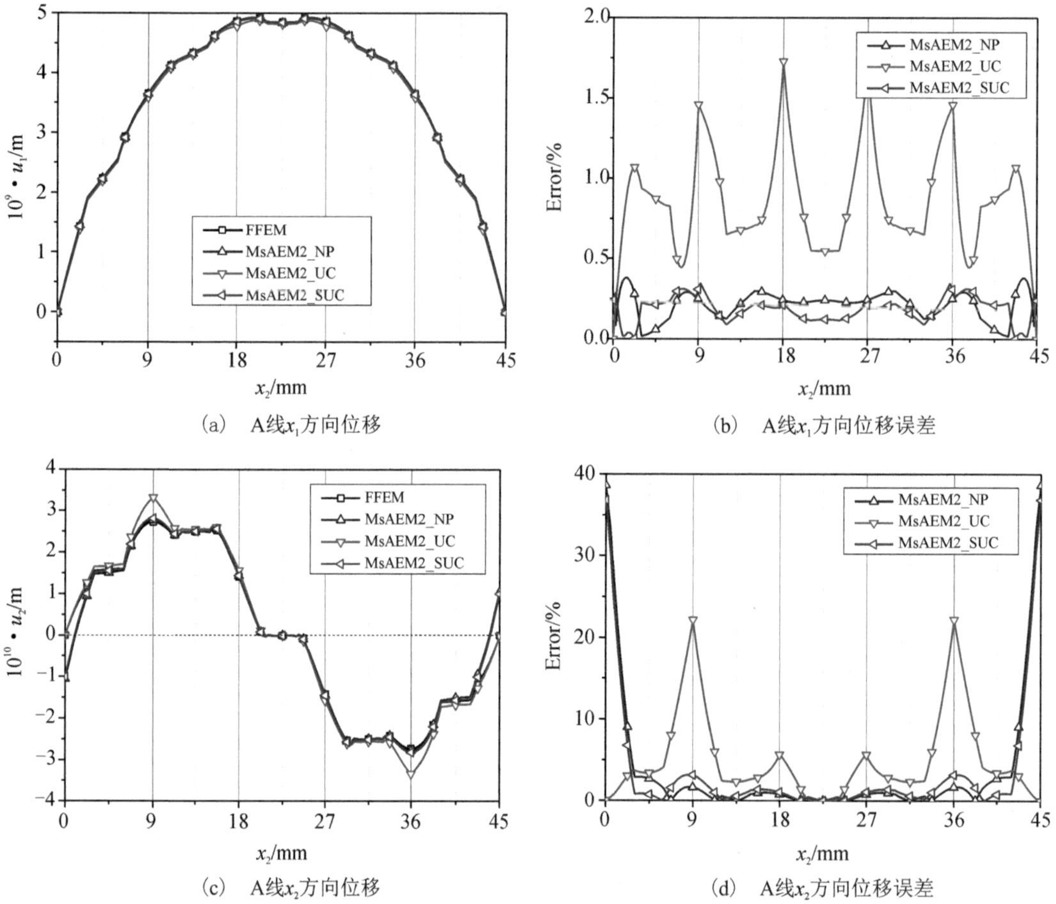

(a) A线x_1方向位移　(b) A线x_1方向位移误差

(c) A线x_2方向位移　(d) A线x_2方向位移误差

图 2.42　对称单胞组成的四边固支结构位移比较

算例 2：考虑如图 2.43 所示的二维周期复合材料结构。该结构包含 15×5 个单胞，单胞的几何和材料属性同算例 1。结构左边固支，且承受沿 x_1 方向作用的均布面载荷 f_1 = 0.1 MPa。

图 2.44 比较了图 2.43 中所示 C 线（x_2 = 23 mm）、D 线（x_1 = 66 mm）以及 E 线（x_1 = 135 mm）的位移。从中可以看出：

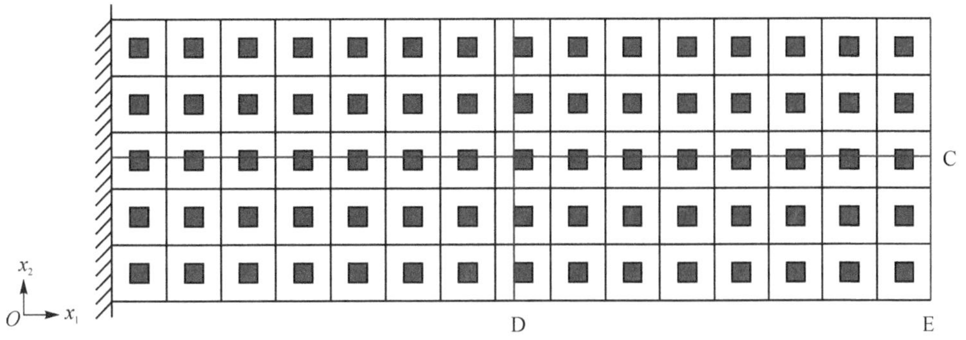

图 2.43　由对称单胞组成的二维周期复合材料结构(左边固支)

① 相比 MsAEM_UC，MsAEM_SUC 和 MsAEM_NP 与参考解 FFEM 吻合得更好，尤其是在单胞边界处，参见图 2.44(b)。其原因在于：通过方法 2 所获得的各阶单胞影响函数在单胞边界处为零，因此在单胞边界处 MsAEMr_UC 下的位移与均匀解 HOM 相同，故其在单胞边界附近精度较差。

② 由于载荷作用在 x_1 方向，所以主要位移 u_1 足够准确，参见图 2.44(a)、(c)和(e)。值得指出的是，由于纵坐标轴的缩放，导致直观上看不同方法的 u_1 与参考解相差较大，但是实际上它们的误差很小，可参见图 2.45(a)和(b)中所给出的误差曲线。相比主要位移 u_1，次要位移 u_2 的精度较低，特别是在结构自由边界附近区域，参见图 2.44(f)。这一方面是由于 MsAEM2 捕捉细观信息的能力尚不足；另一方面是边界处已经不具有周期性，MsAEM 已经不适用分析边界细观位移。有关改进工作将在下一节中介绍。

情况 2：二维非对称单胞

考虑图 2.46 所示的二维非对称单胞。该单胞的长、宽相同，即 $a_1=a_2$，且细观单胞模型包含 32×32 个双线性单元。对于该非对称单胞，表 2.2 给出了通过不同单胞周期边界条件所求解得到的等效弹性矩阵 $\boldsymbol{D}^0$。从表 2.2 中可以看出：三种方法的 $\boldsymbol{D}^0$ 存在一定差异，尤其是对于 $\boldsymbol{D}^0(1,3)$和 $\boldsymbol{D}^0(2,3)$等耦合项，但不同周期边界条件对于主要刚度 $\boldsymbol{D}^0(1,1)$和 $\boldsymbol{D}^0(2,2)$的影响较小。这说明不同周期边界条件对 $\boldsymbol{D}^0$ 的影响与单胞微结构形式相关。

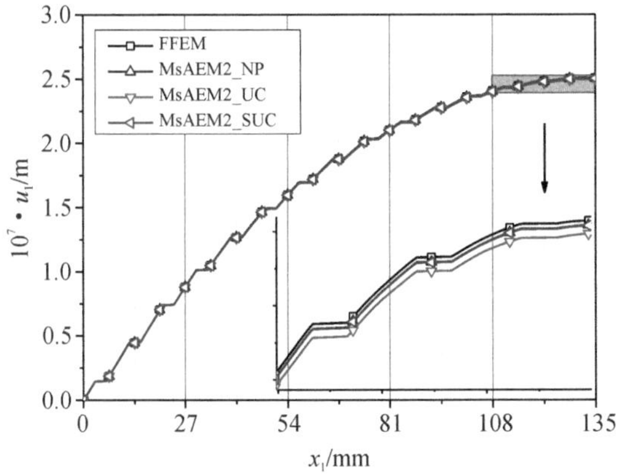

(a) C线x_1方向位移

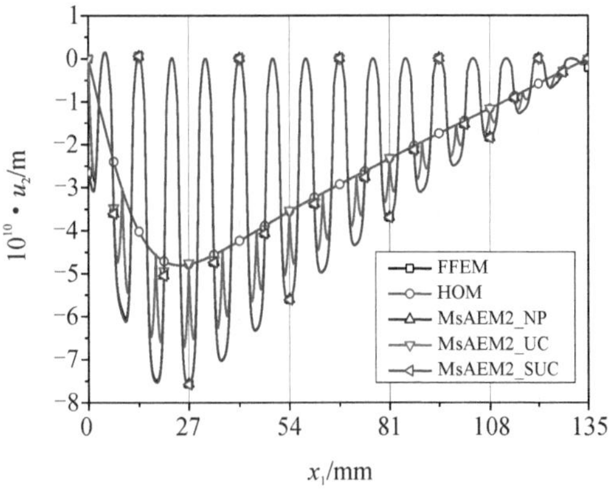

(b) C线x_2方向位移

图 2.44　对称单胞组成的左边固支平面结构位移比较

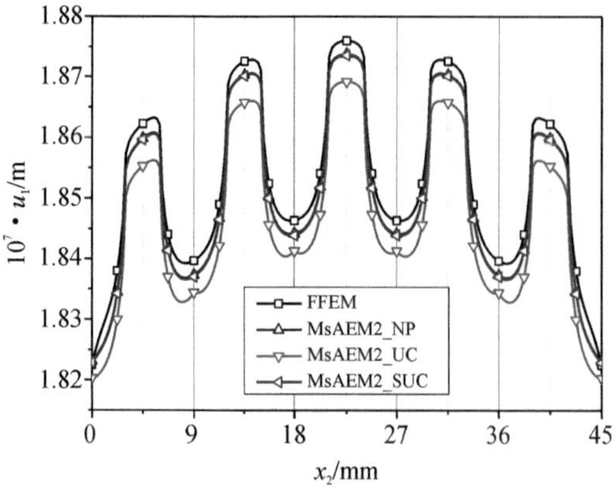

(c) D线x_1方向位移

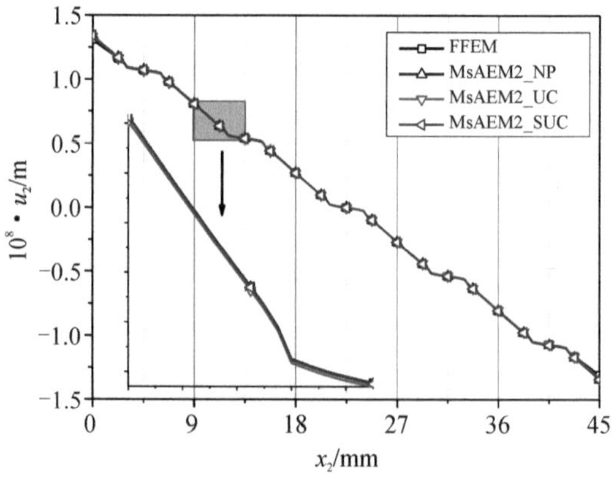

(d) D线x_2方向位移

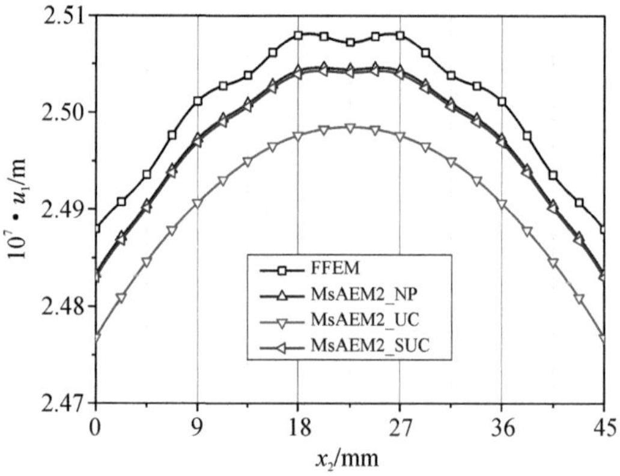

(e) E线x_1方向位移

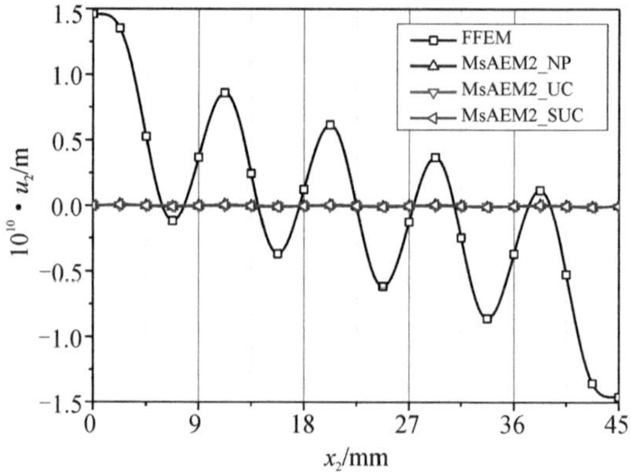

(f) E线x_2方向位移

图 2.44　对称单胞组成的左边固支平面结构位移比较(续)

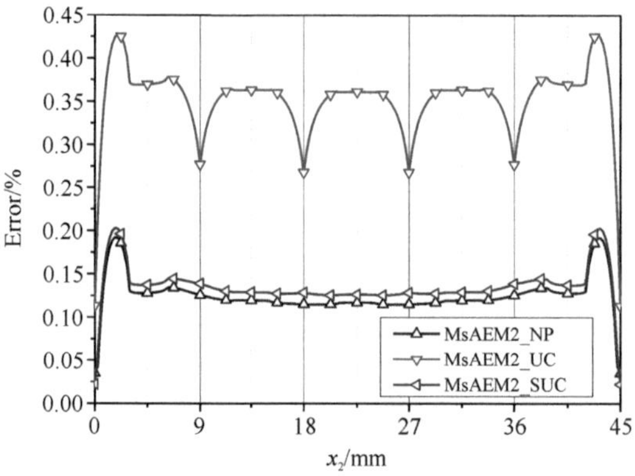

(a) D线x_1方向位移误差

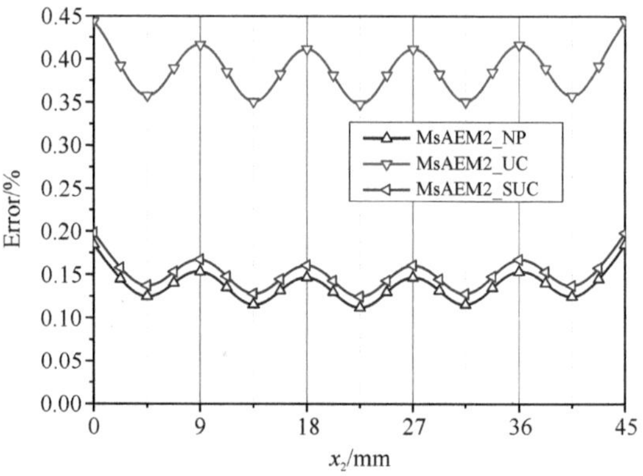

(b) E线x_1方向位移误差

图 2.45　对称单胞组成的左边固支平面结构位移误差比较

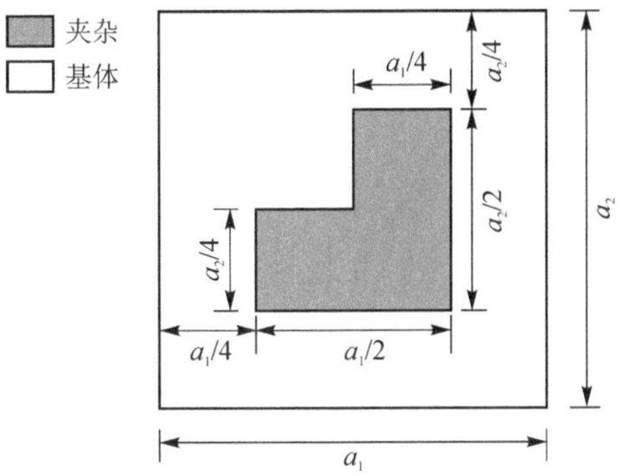

图 2.46　二维非对称平面单胞

表 2.2　二维非对称平面单胞的等效均匀弹性矩阵

类　别	方法 1	方法 2	方法 3
$\boldsymbol{D}^0$	$\begin{bmatrix} 4.7126e9 & 1.3726e9 & 6.4645e7 \\ 1.3726e9 & 4.7126e9 & 6.4645e7 \\ 6.4645e7 & 6.4645e7 & 1.4780e9 \end{bmatrix}$	$\begin{bmatrix} 4.7460e9 & 1.3785e9 & 8.7437e7 \\ 1.3785e9 & 4.7460e9 & 8.7437e7 \\ 8.7437e7 & 8.7437e7 & 1.5742e9 \end{bmatrix}$	$\begin{bmatrix} 4.7162e9 & 1.3734e9 & 6.7649e7 \\ 1.3734e9 & 4.7162e9 & 6.7649e7 \\ 6.6386e7 & 6.6386e7 & 1.4846e9 \end{bmatrix}$

算例 3：考虑图 2.47 所示的二维周期复合材料结构，其尺寸为 40 mm×40 mm，由 5×5 个非对称单胞组成，即单胞尺寸为 $a_1 \times a_2 = 8$ mm×8 mm。结构四边固支，且承受 x_1 方向的均布面载荷 $f_1 = 0.1$ MPa。

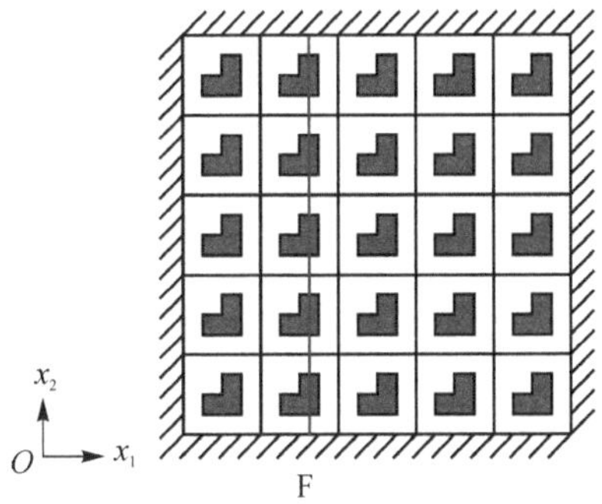

图 2.47　由 5×5 个非对称单胞组成的二维周期复合材料结构(四边固支)

图 2.48 为图 2.47 中所示 F 线($x_1 = 13$ mm)的位移及其误差比较。从中可以看出，不同于 MsAEM2_UC，MsAEM2_NP 和 MsAEM2_SUC 在远离结构边界处的区域均与参考解 FFEM 吻合得很好。

算例 4：在本节前述算例中，为清楚说明高阶项的影响，研究的结构的尺度分离特征较弱，基本上 $\varepsilon = 1/5$。为了对比，本例研究一个尺度分离较强的结构，见图 2.49。该结构四边固支，尺寸仍为 40 mm×40 mm，由 10×10 个非对称单胞组成，即 $\varepsilon = 1/10$。该结构的材料和承受的载荷与上一算例相同。

图 2.50 为图 2.49 中所示 P 线($x_1 = 15$ mm)的位移及误差比较。结果表明，随着结构尺

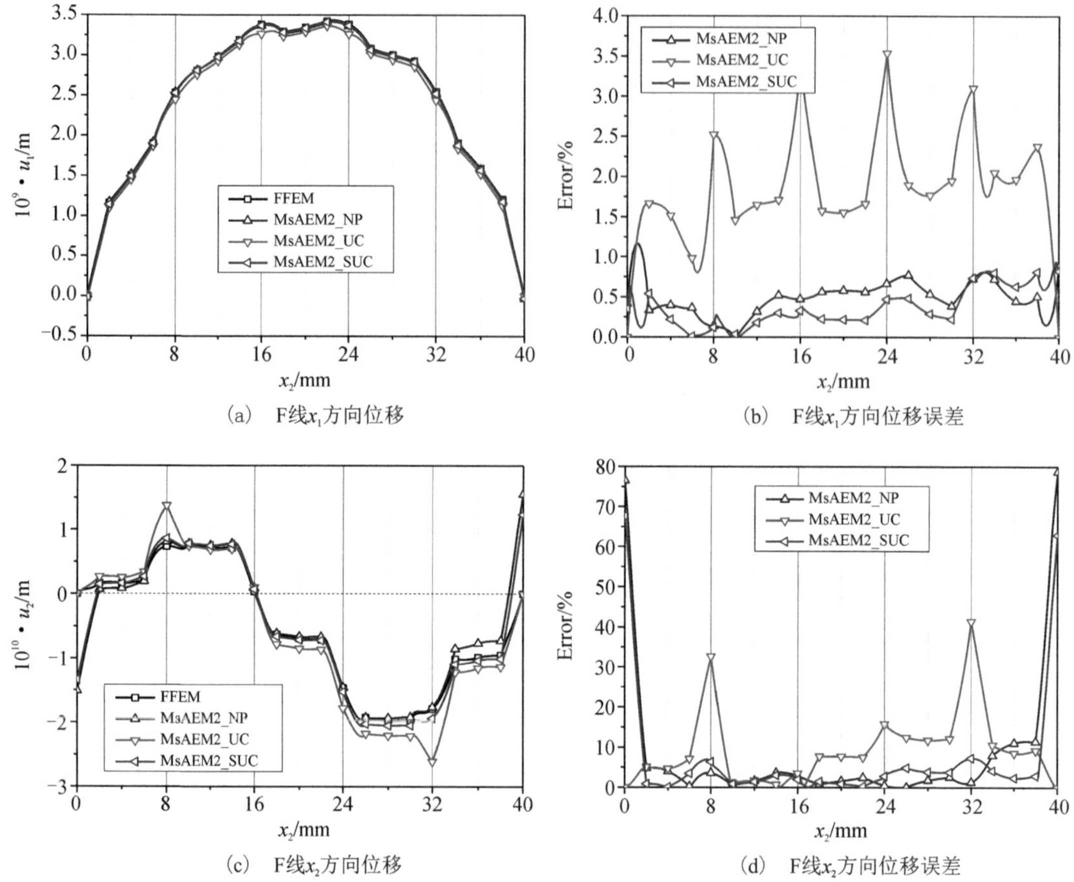

(a) F线x_1方向位移　(b) F线x_1方向位移误差

(c) F线x_2方向位移　(d) F线x_2方向位移误差

图 2.48　5×5 个非对称单胞组成的四边固支平面结构位移及误差比较

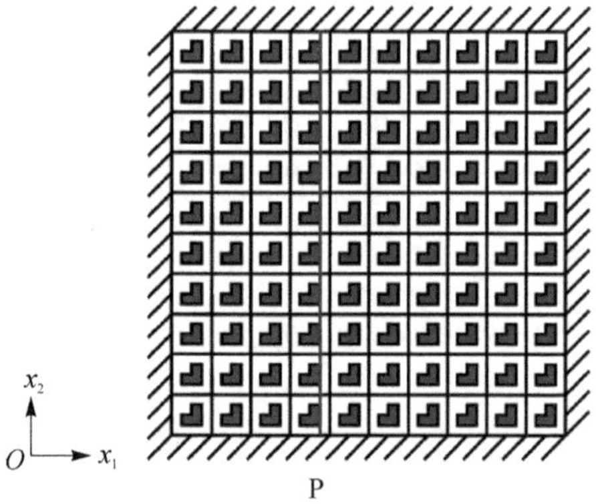

图 2.49　由 10×10 个非对称单胞组成的二维周期复合材料结构(四边固支)

度分离程度的增大，除结构边界附近区域外，MsAEM2_NP 和 MsAEM2_SUC 的结果与参考解 FFEM 的吻合程度有所提升，即误差值有所下降。这说明尺度分离特征对多尺度渐近展开方法计算精度的重要影响：若展开阶次相同，则尺度分离程度越大，精度越高。

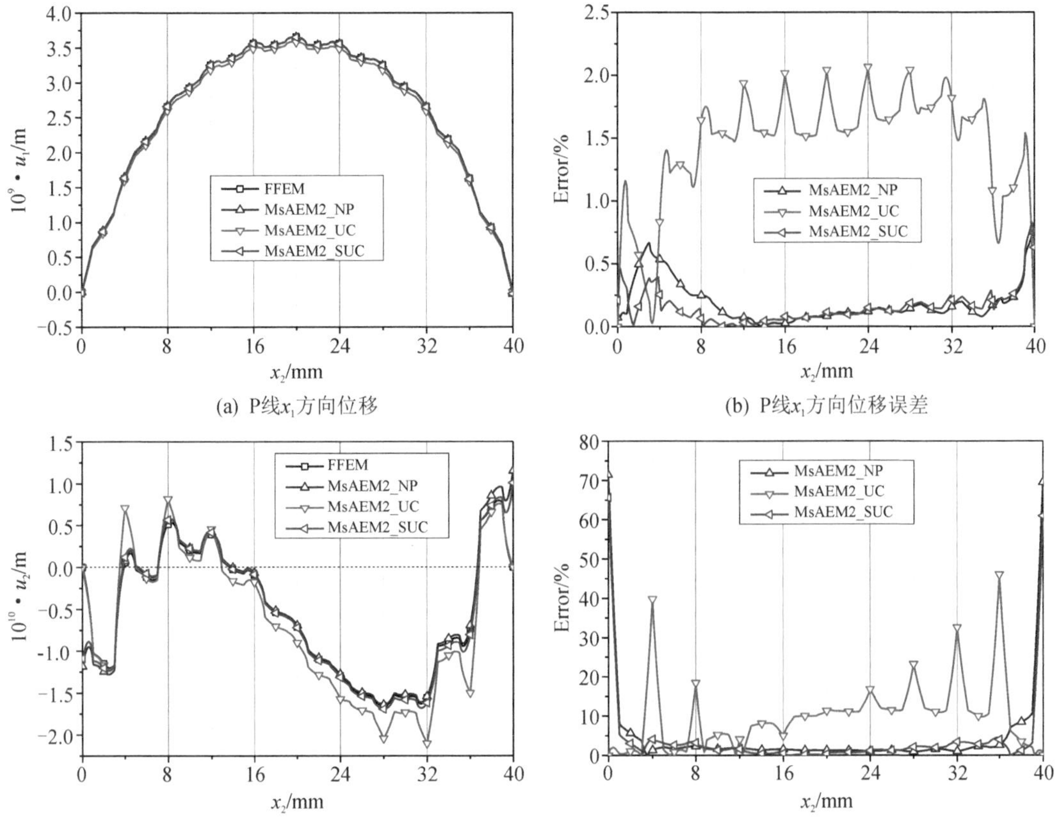

(a) P线x_1方向位移　(b) P线x_1方向位移误差

(c) P线x_2方向位移　(d) P线x_2方向位移误差

图 2.50　10×10 个非对称单胞组成的四边固支平面结构位移及误差比较

2.7　与多尺度特征单元方法结合

从前面各节介绍的数值结果中可以发现：在多尺度渐近展开方法中，利用经典归一周期边界条件和超单胞过取样边界条件求解各阶单胞影响函数，可以使远离结构边界的细观位移场具有较高的精度，然而在结构边界附近区域，精度不理想。其原因在于与单胞影响函数相关的各阶摄动位移 u^r 不满足结构位移边界条件。

为了能够使多尺度渐近展开方法可以有效处理具有任意边界条件的周期复合材料问题，本节将该方法与第 1 章介绍的多尺度特征单元方法[17-20]（MEM）进行结合，以提高结构边界处细观解的精度。这样做的原因主要基于两点：

① 在多尺度特征单元方法中，不需要引入单胞边界条件，可以直接施加结构位移边界条件；

② 多尺度特征单元方法精度较高，对静力问题该方法可以得到与结构细观模型相同的结果。

下面以 2.6.2 小节中的算例 2 为例，借助 MsAEMr_NP 来说明这种结合方法的实施过程。

第 1 步：在多尺度渐近展开方法中，利用归一化单胞周期边界条件求得各阶影响函数，进而得到细观位移，将其结果仍然记为 MsAEMr_NP。

第 2 步：选取合适的边界层单胞作为一个新的结构，见图 2.51，该新结构的位移边界 Γ_u 和原结构相同；此外，该新结构还具有一个新的位移约束 B_u，其值可以从 MsAEMr_NP 的结果中提取。边界单胞层数选取视具体情况而定，通常选取 1～3 层即可满足精度要求。

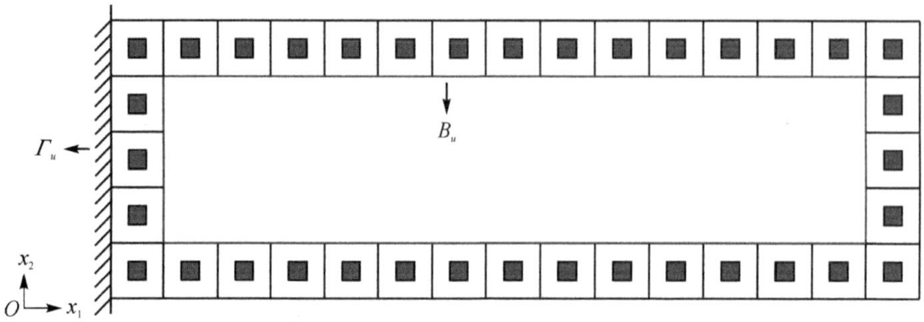

图 2.51　边界层单胞选取示意图

第 3 步：对图 2.51 所示新结构采用基于固支单胞特征向量的改进多尺度特征单元方法(IMEM)[19-20]进行求解，其中该新结构所受载荷和原结构相同，即同样受沿 x_1 方向的均布面载荷 $f_1=0.1$ MPa。这里之所以采用 IMEM 进行求解，是因为经典多尺度特征单元方法对于面载荷作用下的细观结点位移求解精度有限，当然也可以采用 SMEM。在 IMEM 中，可以获得由特征单元组装而成的宏观刚度矩阵 $\boldsymbol{K}_{\mathrm{C}}$ 和载荷列向量 $\boldsymbol{F}_{\mathrm{C}}$，其平衡方程如下：

$$\begin{bmatrix}\boldsymbol{K}_{\mathrm{Cbb}} & \boldsymbol{K}_{\mathrm{Cbe}}\\ \boldsymbol{K}_{\mathrm{Ceb}} & \boldsymbol{K}_{\mathrm{Cee}}\end{bmatrix}\begin{bmatrix}\boldsymbol{u}_{\mathrm{Cb}}\\ \boldsymbol{u}_{\mathrm{Ce}}\end{bmatrix}=\begin{bmatrix}\boldsymbol{F}_{\mathrm{Cb}}\\ \boldsymbol{F}_{\mathrm{Ce}}\end{bmatrix} \tag{2.7.1}$$

式中：$\boldsymbol{u}_{\mathrm{Cb}}$ 代表新结构中已知边界 Γ_u 和 B_u 所对应的位移向量，未知向量 $\boldsymbol{u}_{\mathrm{Ce}}$ 可通过下式求解：

$$\boldsymbol{u}_{\mathrm{Ce}}=\boldsymbol{K}_{\mathrm{Cee}}^{-1}\boldsymbol{F}_{\mathrm{Ce}}-\boldsymbol{K}_{\mathrm{Cee}}^{-1}\boldsymbol{K}_{\mathrm{Ceb}}\boldsymbol{u}_{\mathrm{Cb}} \tag{2.7.2}$$

由于 $\boldsymbol{u}_{\mathrm{Ce}}$ 仅为特征单元结点所对应的位移向量，故通过多尺度形函数获得特征单元内部细观结点位移，具体可参考 1.4.2 小节的内容。

第 4 步：将两部分区域结果整合就可以获得结构全域结果。其中第一部分为远离结构边界的区域，其结果由第 1 步中 MsAEMr_NP 获得；另一部分则为选取的边界层单胞域，其结果通过第 2 步和第 3 步计算获得。最后将该步所获得的整合结果简记为 MsAEEM(Multiscale Asymptotic Expansion Eigenelement Method)。

针对 2.6.2 小节算例 2 中 E 线($x_1=135$ mm)以及算例 1 中 Z 线($x_1=2$ mm)，图 2.52 给出了 MsAEM2_NP 和 MsAEEM 与参考解 FFEM 的对比。其中：

① 实施 MsAEEM 过程中，新结构的位移边界 B_u 来自于 MsAEM2_NP 的结果。

② 在使用 IMEM 求解新结构问题时，这里采用了固支单胞的前 15 阶模态作为该方法中特征单元形函数的修正。

从图 2.52 中可以看出，所有位移精度都得到了提高，尤其是 x_2 方向位移 u_2，参见图 2.52(e)和(f)。此外，尽管 MsAEM2_NP 的位移 u_1 已经较为准确，但 MsAEEM 仍然比 MsAEM2_

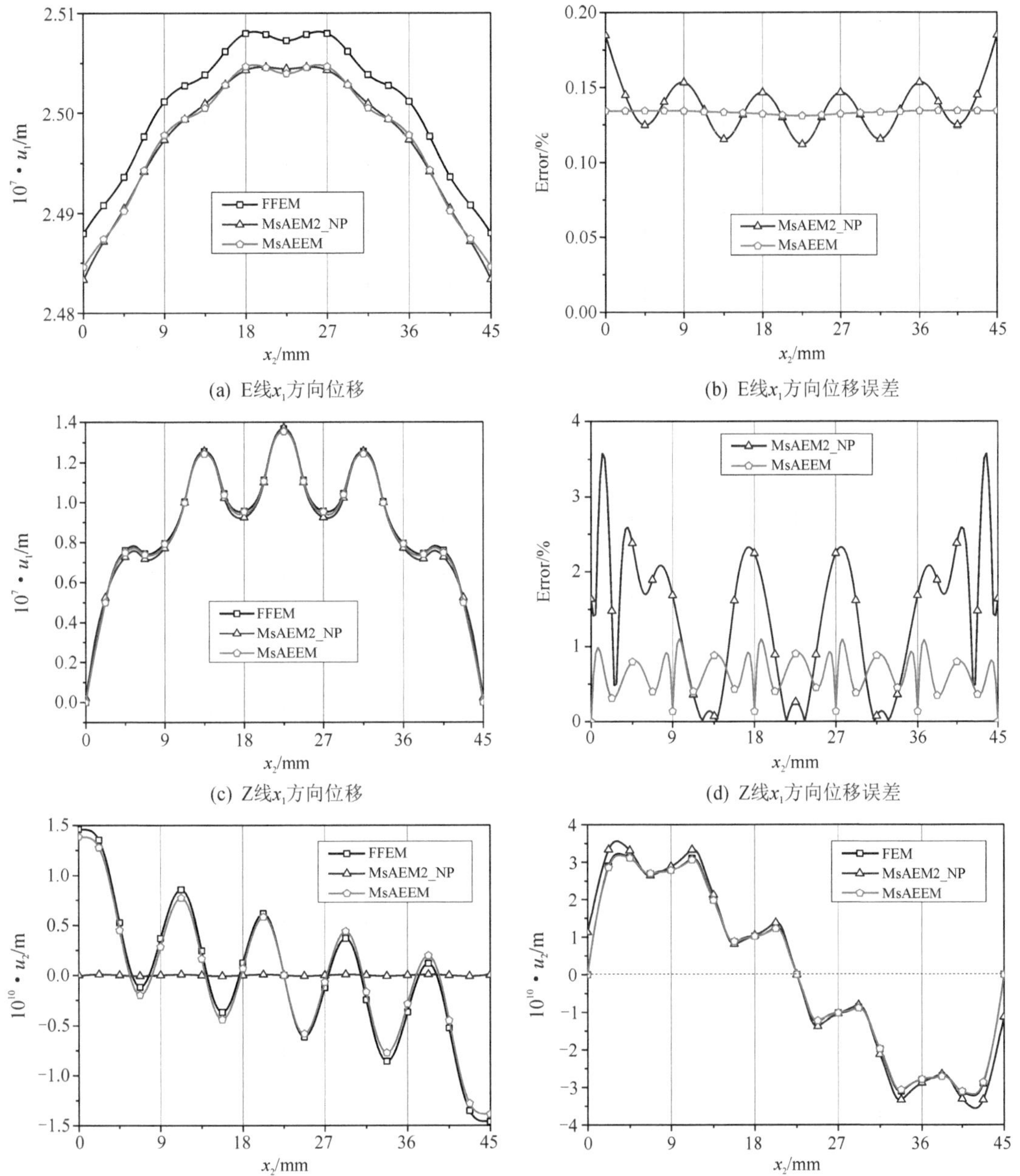

(a) E线x_1方向位移　(b) E线x_1方向位移误差

(c) Z线x_1方向位移　(d) Z线x_1方向位移误差

(e) E线x_2方向位移　(f) Z□x_2□□□□

图 2.52　多尺度渐近展开特征单元方法下的位移比较

NP 更精确，参见图 2.52(b)和(d)中的误差幅度，其中，图 2.52(b)中的 MsAEEM 的误差曲线近似水平，这说明通过 MsAEEM 所获得的位移与参考解具有相当一致的梯度。

综上可见，MsAEEM 可有效改善结构边界附近细观场的计算精度。需要强调的是，由于在 MsAEEM 中需要利用 MsAEM 的解作为新结构的边界条件，所以仅当 MsAEM 提供的位移边界满足精度要求时，MsAEEM 才有效。

2.8 其他几种多尺度方法

除了上面介绍的具有代表性的多尺度渐近展开方法[1-2,21]之外，学者们还提出了其他多尺度方法，如各向异性多尺度方法[22-23]（Heterogeneous Multiscale Method，HMM）、多尺度有限元方法[24-25]（Multiscale Finite Element Method，MsFEM）和广义有限元方法[26-27]（Generalized Finite Element Method，GFEM）等。这些方法在实施过程中具有相似之处。

2.8.1 各向异性多尺度方法

各向异性多尺度方法用来求解宏观变量，如宏观位移、固有模态等。实现 HMM 包含两个环节，一是在宏观网格或者是粗网格 H 上（可以把一个单胞看作是一个单元，称为单胞单元）选取宏观变量的计算方法，如有限元方法等；二是通过求解单胞局部或细尺度问题以估计漏掉的宏观信息。

考虑周期复合材料结构力学问题，其控制方程可以用位移表示为

$$\begin{cases}-\dfrac{\partial}{\partial x_j}\left[E^{\varepsilon}_{ijmn}(\boldsymbol{x})\,\dfrac{1}{2}\left(\dfrac{\partial u^{\varepsilon}_m}{\partial x_n}+\dfrac{\partial u^{\varepsilon}_n}{\partial x_m}\right)\right]=f_i(\boldsymbol{x}), & \text{域内}\quad \Omega \\ \boldsymbol{u}^{\varepsilon}(\boldsymbol{x})=\boldsymbol{u}_{\partial\Omega}(\boldsymbol{x}), & \text{边界}\quad \partial\Omega\end{cases} \tag{2.8.1}$$

在进行宏观计算之前，需要确定等效或均匀化弹性张量 D^0_{ijmn}，为此把结构的应变能 U 写成如下形式：

$$U=\frac{1}{2}\int_{\Omega}D^0_{ijmn}(\boldsymbol{x})e^0_{ij}(\boldsymbol{x})e^0_{mn}(\boldsymbol{x})\mathrm{d}\Omega=\frac{1}{2}\sum_{D^e\in \mathrm{H}}(\boldsymbol{u}^0)^{\mathrm{T}}\boldsymbol{K}^0\boldsymbol{u}^0 \tag{2.8.2}$$

式中：$\boldsymbol{u}^0$ 和 $\boldsymbol{K}^0$ 分别是粗网格或单胞单元 D^e（e 为单胞或单胞单元的编号）的结点位移列向量和刚度矩阵。宏观应变和位移的关系为

$$e^0_{ij}=\frac{1}{2}\left[\frac{\partial u^0_i(\boldsymbol{x})}{\partial x_j}+\frac{\partial u^0_j(\boldsymbol{x})}{\partial x_i}\right] \tag{2.8.3}$$

对于平面问题，利用有限元方法中双线性单元可以将单胞单元的位移函数写成

$$u^0_i(x)=\sum_{j=1}^{4}u^0_{ij}N_j \tag{2.8.4}$$

式中：N_j 是双线性形函数，其表达式可参见式(2.3.24)，结点位移列向量为

$$\boldsymbol{u}^0=(u^0_{ij})_{8\times 1},\quad i=1,2;j=1,2,3,4 \tag{2.8.5}$$

为了求解均匀化位移 $\boldsymbol{u}^0$，必须先确定刚度矩阵 $\boldsymbol{K}^0$，下面介绍其确定方法。

如果均匀化弹性张量 $D^0_{ijmn}(\boldsymbol{x})$ 有显式，那么通过数值积分方法可以直接计算刚度矩阵 $\boldsymbol{K}^0$，否则只能借助单胞的细观弹性张量 E^{ε}_{ijmn} 来计算 $\int_{\Omega}D^0_{ijmn}(\boldsymbol{x})e^0_{ij}(\boldsymbol{x})e^0_{mn}(\boldsymbol{x})\mathrm{d}\Omega$。把应变能的数值积分表达式写成

$$U=\frac{1}{2}\sum_{D^e\in \mathrm{H}}|D^e|\sum_{\boldsymbol{x}_l\in D^e}\alpha_l D^0_{ijmn}(\boldsymbol{x}_l)e^0_{ij}(\boldsymbol{x}_l)e^0_{mn}(\boldsymbol{x}_l) \tag{2.8.6}$$

式中：$\boldsymbol{x}_l$ 和 α_l 分别是单元 D^e 的积分点和积分权重。由于缺少 D^0_{ijmn} 的信息，故无法按照式(2.8.6)进行计算。为了计算应变能 U，HMM 在积分点 $\boldsymbol{x}_l$ 附近的小区域 $I_{\delta}(\boldsymbol{x}_l)$ 上近似计

算 $D^0_{ijmn}(\boldsymbol{x}_l)e^0_{ij}(\boldsymbol{x}_l)e^0_{mn}(\boldsymbol{x}_l)$。考虑如下单胞自平衡方程：

$$\begin{cases}\dfrac{\partial}{\partial x_j}\left[E^{\varepsilon}_{ijkh}(\boldsymbol{x})\dfrac{1}{2}\left(\dfrac{\partial v^{\varepsilon}_k(\boldsymbol{x})}{\partial x_h}+\dfrac{\partial v^{\varepsilon}_h(\boldsymbol{x})}{\partial x_k}\right)\right]=0, & \boldsymbol{x}\in I_\delta(\boldsymbol{x}_l)\\ v^{\varepsilon}_i(\boldsymbol{x})=u^0_i(\boldsymbol{x}), & \boldsymbol{x}\in\partial I_\delta(\boldsymbol{x}_l)\end{cases}\tag{2.8.7}$$

式中：$I_\delta(\boldsymbol{x}_l)$是以积分点 $\boldsymbol{x}_l$ 为中心、大小为 δ 的正方形。对于周期复合材料，$I_\delta(\boldsymbol{x}_l)$定义为 $\boldsymbol{x}_l+\delta\boldsymbol{I}$，并且 $\boldsymbol{I}=[-1/2,1/2]^2$，如图 2.53 所示。

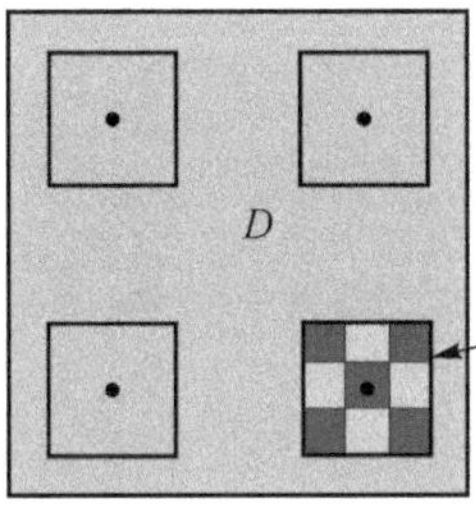

图 2.53　HMM 方法中平面问题单胞内积分点附近区域

为了确定刚度矩阵，可以通过解析方法、有限元方法或是有限差分方法在一个较小的区域求解方程，而不必在单胞精细尺度网格上求解。此时，对于平面问题，式(2.8.6)可以改写为

$$\begin{aligned}U&=\frac{1}{2}\sum_{D^e}|D^e|\sum_{\boldsymbol{x}_l\in D^e}\alpha_l\int_{I_\delta(\boldsymbol{x}_l)}\frac{E^{\varepsilon}_{ijmn}(\boldsymbol{x})}{\delta^2}e_{ij}(\boldsymbol{x})e_{mn}(\boldsymbol{x})\mathrm{d}I\\&=\frac{1}{2}\sum_{D^e}(\boldsymbol{u}^0)^{\mathrm{T}}\boldsymbol{K}^0\boldsymbol{u}^0\end{aligned}\tag{2.8.8}$$

可以用从方程(2.8.7)求出的 v^{ε}_i 替换式(2.2.3)中的 u^{ε}_i 以得到式(2.8.8)中的局部应变 e_{ij}。值得注意的是，u^0_i 和 v^{ε}_i 构成了宏观单元的位移场，只不过 v^{ε}_i 定义在小区域 $I_\delta(\boldsymbol{x}_l)$上，它反映了单元内的局部信息。为了建立求解宏观位移场的方程，可以利用如下最小总势能变分原理：

$$\min_{\boldsymbol{u}^0}\sum_{D^e\in\mathrm{H}}\left[U-\int_{D^e}f_i(\boldsymbol{x})u^0_i(\boldsymbol{x})\mathrm{d}D^e\right]\tag{2.8.9}$$

值得注意的是，HMM 方法的计算量与 δ 的大小有关。对于可以尺度分离的问题，HMM 方法具有优势；但是对于不可尺度分离问题，其计算量和细网格有限元相近。

众所周知，细观位移信息 $u^{\varepsilon}_i(\boldsymbol{x})$对局部应力分析有重要的意义，上面求得的宏观位移场 $u^0_i(\boldsymbol{x})$不能直接反映细观信息，但通过后处理可以获得局部细观位移。若只关心局部区域或者是一个单胞单元 D，则可以对该区域进行网格细分，求解如下局部问题：

$$\begin{cases}-\dfrac{\partial}{\partial x_j}\left\{E^{\varepsilon}_{ijmn}(\boldsymbol{x})\left[\dfrac{\partial u^{\varepsilon}_m(\boldsymbol{x})}{\partial x_n}+\dfrac{\partial u^{\varepsilon}_n(\boldsymbol{x})}{\partial x_m}\right]\right\}=f_i(\boldsymbol{x}), & \boldsymbol{x}\in D\subset\Omega\\ u^{\varepsilon}_i(\boldsymbol{x})=u^0_i(\boldsymbol{x}), & \boldsymbol{x}\in\partial D\end{cases}\tag{2.8.10}$$

式中：单胞边界处的宏观位移是该问题的边界条件，可以证明这种方法误差较小[23]。本书作者认为，另一种方法是借鉴多尺度渐近展开方法，其展开到一阶项的细观位移表达式为

$$u^{\varepsilon}_i(\boldsymbol{x})=u^0_i(\boldsymbol{x})+\varepsilon\chi^{kl}_i\frac{\partial u^0_k}{\partial x_l}\tag{2.8.11}$$

其中一阶影响函数的求解方法可以参见 2.3.2 小节的内容。

HMM 与其他细网格有限元方法相比之所以可以节省计算量，是因为在求解有效刚度矩阵的时候用的区域 $I_\delta(\boldsymbol{x}_l)$ 比单元尺寸 D 小。但是，区域 $I_\delta(\boldsymbol{x}_l)$ 的大小取决于很多因素，包括精度和计算量的要求、尺度分离的程度和 $E^\varepsilon_{ijmn}(\boldsymbol{x})$ 中的微结构形式等。

上面关于 HMM 的阐述的前提是 $E^\varepsilon_{ijmn}(\boldsymbol{x})$ 为光滑、对称弹性张量。但是对于复合材料，由于存在材料性能的突变，不可能严格满足该假设。如果小区域 $I_\delta(\boldsymbol{x}_l)$ 内存在两种材料，如图 2.54 所示，那么在利用均匀化位移边界条件求解方程(2.8.7)时的误差较大，因为该位移边界条件不能模拟 $I_\delta(\boldsymbol{x}_l)$ 边界上的材料突变。

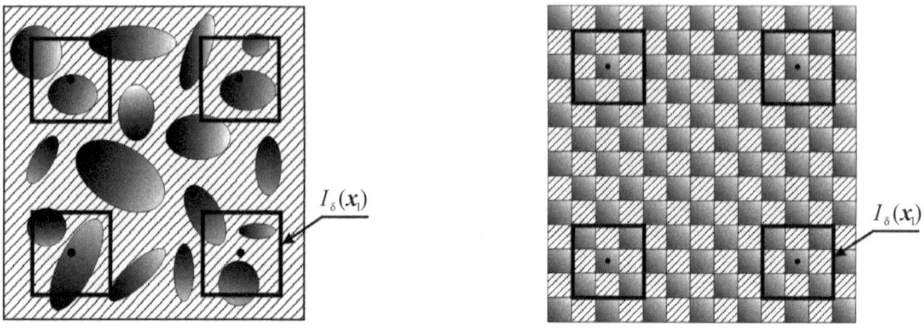

(a) 颗粒增强单胞内的 $I_\delta(\boldsymbol{x}_1)$　　(b) 格栅单胞内的 $I_\delta(\boldsymbol{x}_1)$

图 2.54　单胞积分点附近区域

下面对于 E^ε_{ijmn} 没有显式的情况，把实施 HMM 的主要步骤总结如下：

① 在粗网格积分点附近区域求解式(2.8.7)所示的局部问题或单胞自平衡问题，其边界条件为宏观位移。这一步的作用是把 v_i^0 用 u_i^0 来表示，相当于考虑了细观信息的作用。

② 由式(2.8.8)估计有效刚度矩阵 $\boldsymbol{K}^0$。

③ 利用有限元方法求解均匀化问题(2.8.9)得到宏观位移 u_i^0。

④ 通过求解式(2.8.10)或利用式(2.8.11)计算细观位移 $u_i^\varepsilon(\boldsymbol{x})$。

2.8.2　多尺度有限元方法

为了解决如复合材料等一系列具有多重空间尺度的椭圆问题，学者们提出了多尺度有限元方法(MsFEM)，其核心内容是求出能够反映细观信息的形函数。本小节以平面问题为例着重介绍基于过取样技术的 MsFEM，该方法可以降低单元的边界效应，类似 2.6 节介绍的超单胞过取样方法。

对于任意的四边形单元 $D\in \mathrm{H}$，4 个结点分别为 $\{\boldsymbol{x}_i^D\}_{i=1}^4$，其中 H 表示粗网格或宏观尺度上的网格。利用定义在 D 上的函数 $P_1(D)$ 代替一般单元上的线性多项式，$P_1(D)$ 的基满足 $\phi_i^D(\boldsymbol{x}_j^D)=\delta_{ij}\ (i,j=1,2,3,4)$；$S=S(D)$ 是包含区域 D 的宏观单元并且对于任意的正常数 C_1 满足 $|S|\leqslant C_1|D|$ 和 $\mathrm{dist}(\partial D,\partial S)\geqslant \delta_0|D|$，$\delta_0$ 不依赖于 $|D|$，如图 2.55 所示。对于格栅状的复合材料结构，S 区域的选取也影响计算精度，图 2.55(c) 中利用选取区域的计算精度优于图 2.55(b)。

在 MsFEM 中，宏观单元 S 的形函数 $\psi_i^S(i=1,2,3,4)$ 是下面问题的解：

$$\begin{cases}\dfrac{\partial}{\partial x_j}\left(E^\varepsilon_{ijmn}(\boldsymbol{x})\dfrac{\psi^S_{mk}(\boldsymbol{x})}{\partial x_n}\right)=0, & \boldsymbol{x}\in S\\ \psi^S_{mk}(\boldsymbol{x})=\phi^S_k(\boldsymbol{x}), & \boldsymbol{x}\in\partial S\end{cases}\tag{2.8.12}$$

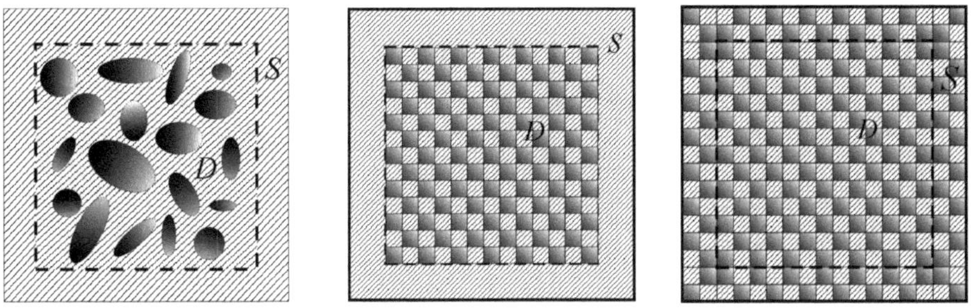

(a) 增强颗粒单胞　(b) 格栅单胞均匀边界　(c) 格栅单胞复杂边界

图 2.55　宏观单元 S 的选取

式中：$k=1,2,3,4,m=1,2,\psi_{mk}^{S}$ 表示与位移函数 u_m 相关的第 k 个形函数；ϕ_k^S 是线性单元 S 的基，存在 $\phi_i^S(x_j^S)=\delta_{ij}(i,j=1,2,3,4)$。从式(2.8.12)可以看出，对于非均质的复合材料而言，不同的位移函数可能有不同的位移形函数，并且如此求得的形函数可以在一定程度上反映单胞的细观信息。

为了在不影响理解的情况下简化公式，可以把 ψ_{mk}^{S} 记为 ψ_k^S，即略去其中与 u_m 对应的下标 m。于是，多尺度有限元单元在区域 D 上的形函数定义为

$$\bar{\psi}_i^D=c_{ij}^D\psi_j^S,\quad 定义域为 D \tag{2.8.13}$$

其中常数 c_{ij}^D 可以通过如下方法获得：

$$\phi_i^D=c_{ij}^D\phi_j^S,\quad 定义域为 D \tag{2.8.14}$$

由于$\{\phi_i^S\}_{i=1}^4$ 也是 $P_1(D)$基的表现形式，因此常数 c_{ij}^D 的存在性得到了保证。也可以通过条件 $\bar{\psi}_i^D(\boldsymbol{x}_j)=\delta_{ij}$ 得到常数 c_{ij}^D。

过取样 MsFEM 采用的也是最小总势能变分原理求位移 $\boldsymbol{v}$，即

$$\min_{\boldsymbol{v}}\sum_{D^e\in \mathrm{H}}\left[\frac{1}{2}\int_{D^e}E_{ijmn}^{\varepsilon}(\boldsymbol{x})e_{ij}(\boldsymbol{x})e_{mn}(\boldsymbol{x})\mathrm{d}D^e-\int_{D^e}f_i(\boldsymbol{x})v_i(x)\mathrm{d}D^e\right] \tag{2.8.15}$$

其中 v_i 和 e_{ij} 的关系与式(2.2.3)相同。当 $\varepsilon\to 0$ 时，多尺度有限元解收敛于均匀化解。

下面给出了过取样 MsFEM 的具体实现步骤：

① 由式(2.8.12)求解辅助形函数 ψ_i^S；

② 利用 ψ_i^S 在粗网格或者单胞单元上估计多尺度有限单元的形函数 $\bar{\psi}_i^D$，参见式(2.8.13)。对于平面问题，如果利用四结点单元，则单胞单元位移为

$$v_i=\sum_{j=1}^{4}v_{ij}\bar{\psi}_j^D \tag{2.8.16}$$

③ 通过一般有限元方法求解宏观问题。

2.8.3　广义有限元方法

广义有限元方法(GFEM)是将单位分解方法的网格划分和一般有限元方法相结合的一种方法，其优势是网格划分不依赖或者部分依赖于几何和材料属性，且可以灵活地构造试函数空间。

1983 年，Babuška[28]等人提出了 GFEM 的概念并用于求解具有振荡性系数的一维问题，其本质是一种改进了位移函数的有限元方法。与标准有限元方法相比，GFEM 通过选择特殊

形函数或手册(handbook)函数可以在有限元计算时考虑局部的几何和材料的突变[26]。

对于具有振荡系数的二维问题,在GFEM中不需要进行精细网格划分。将一个单胞单元作为一个有限单元D,其中包含几何或者材料的非均匀性,如颗粒增强、格栅结构、孔洞或者裂纹等。根据材料和几何特征可以将单元D划分为一组不重叠的小单元τ_j,$j=1,\cdots,n_{\text{elem}}$。

$$D=\bigcup_{j=1}^{n_{\text{elem}}}\tau_j \quad 和 \quad \tau_j\cap\tau_k=\varnothing,\quad \forall j\neq k \tag{2.8.17}$$

假设X_i是网格τ_j的第i个顶点,D_i是共享同一顶点X_i的若干小单元τ_j的组合,如图2.56所示。函数ϕ_i是从属于区域$D_i(i=1,\cdots,n)$的C^0阶的单位分解,具有如下性质:

$$\begin{cases}\text{supp}(\phi_i)\subset D_i, & \forall i\\ \sum\limits_i\phi_i(\boldsymbol{x})=1, & \forall \boldsymbol{x}\in D\end{cases} \tag{2.8.18}$$

$$\begin{cases}\phi_i(\boldsymbol{x})=1, & \boldsymbol{x}=X_i\\ \phi_i(\boldsymbol{x})=0, & \boldsymbol{x}\in\partial D_i\end{cases} \tag{2.8.19}$$

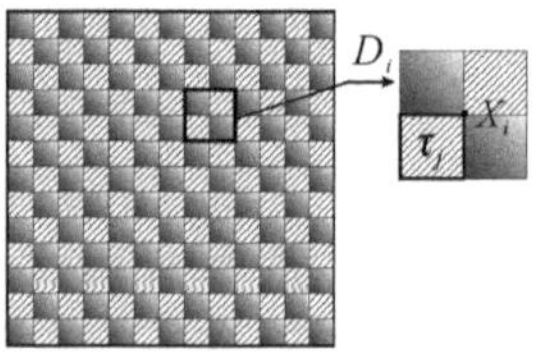

图2.56 共顶点X_i的区域D_i

对应于顶点X_i或区域D_i的"帽子基函数"ϕ_i满足式(2.8.18)和式(2.8.19)中的条件,可以通过联合共顶点X_i小单元的形函数得到,能够保证宏观单元的连续性。通过手册函数$\psi_j^{(i)}$反映区域D_i的细观性能,GFEM包含有关单胞D的全部信息,其位移函数为

$$u_{\text{GFEM}}=u_{\text{PUM}}+\sum_{k=1}^{n_{\text{FEM}}}b_k\tilde{\phi}_k \tag{2.8.20}$$

式中:$\tilde{\phi}_k$是对应第k个有限元自由度的分段的边界和内部结点的形函数,n_{FEM}是有限单元边界和内部结点数。区域D上单位分解方法的解u_{PUM}可以表示为

$$u_{\text{PUM}}=\sum_{i=1}^{n_{\text{patch}}}\phi_i\left(\sum_{j=1}^{n_{\text{fun}(D_i)}}a_j^{(i)}\psi_j^{(i)}\right) \tag{2.8.21}$$

式中:n_{patch}是在单元顶点上帽子函数的个数,n_{fun}是对应于顶点X_i的手册函数$\psi_j^{(i)}$的个数。在广义有限元方法中,粗网格的自由度总数为

$$n=\sum_{i=1}^{n_{\text{patch}}}n_{\text{fun}}+n_{\text{FEM}} \tag{2.8.22}$$

手册函数可以通过解析或数值的方法求解一系列的Dirichlet或者Neumann问题得到。对于格栅形的周期复合材料结构,根据Dirichlet或Neumann边界条件,通过细网格有限元方法求解如下单胞自平衡方程:

$$\frac{\partial}{\partial x_j}\left[E_{ijmn}^{\varepsilon}(\boldsymbol{x})\frac{\partial\psi_m(\boldsymbol{x})}{\partial x_n}\right]=0,\quad \boldsymbol{x}\in D\subset\Omega \tag{2.8.23}$$

可以得到手册函数。在实际应用中,可以在一个略大的区域求解一系列满足相容性条件的Dirichlet或者Neumann边界条件问题以获得手册函数,如图2.57所示,这与MsFEM类似。

对于复合材料问题,该方法的计算量庞大。针对周期复合材料结构问题,GFEM的计算步骤可以总结如下:

① 针对不同的问题,在不同边界条件下求解方程(2.8.23)得到手册函数;

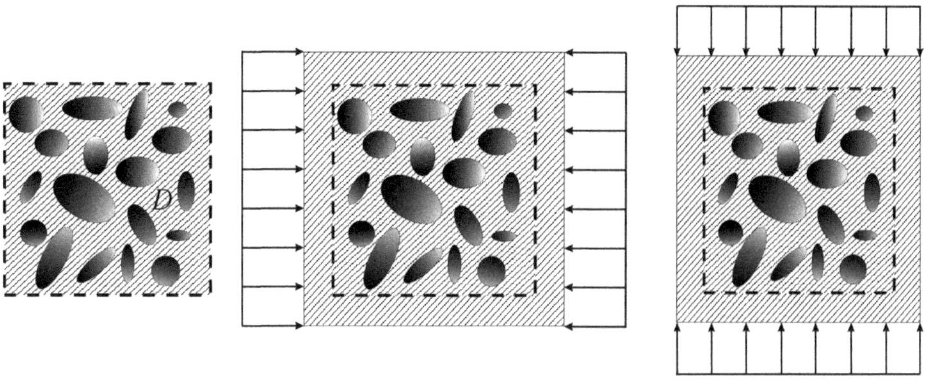

图 2.57　Dirichlet 或 Neumann 边界条件的施加区域

② 确定网格背景下的帽子函数；

③ 利用有限元方法求解宏观问题，式(2.8.20)给出了单元位移函数。

2.8.4　几种多尺度方法的比较

除了第 1 章介绍的多尺度特征单元方法(MEM)之外，本章在详细介绍多尺度渐近展开方法(MsAEM)的基础上，对 HMM、MsFEM、GFEM 进行了简要介绍。下面总结各种方法的基本思想、实现步骤、相似性和适用范围。

多尺度方法是否能用于分析复合材料结构力学问题，在很大程度上依赖于材料系数的分布规律，若其满足多尺度方法的假设条件则计算量较小，否则多尺度方法将退化为细网格有限元方法。幸运的是，大部分复合材料，如编织或机织复合材料以及现代功能复合材料都具有周期性。

从构造方面看，这里介绍的多尺度方法都求解了宏观结构问题和单胞细观问题。为了捕捉单胞细观信息，求解了单胞自平衡方程(2.8.23)。借助该方程，MsAEM 得到了一阶影响函数的控制方程，HMM 得到了有效刚度矩阵，MsFEM 获得了辅助形函数，GFEM 得到了手册函数，MEM 得到了多尺度形函数。**值得强调的是：除了 MEM 不使用边界条件之外，其他方法在求解单胞自平衡方程时，都用到了 Dirichlet 或 Neumann 边界条件。**

从适用性方面看，MsAEM 适用于求解一般周期性问题尤其是尺度分离问题；HMM 方法适用于求解尺度可以分离的问题，比如周期性参数或随机稳定参数问题；MsFEM 适用于求解具有周期性参数或者局部特征的问题；GFEM 适用于求解具有空洞、裂纹的问题；MEM 适用于求解周期复合材料结构力学问题。可以说，MsAEM 和 MEM 具有更一般的实用性。

2.9　总　结

本章以全周期复合材料结构作为对象，详细给出了涉及三阶的多尺度渐近展开方法静力学相关理论公式，并通过加权残量方法将其转化成为易于编程的有限元形式。在该方法中，各阶单胞影响函数和渐近展开阶次是影响其计算精度的两个关键因素，因此本章围绕这两个因素所涉及的基础问题展开了讨论。

针对渐近展开阶次如何选取的问题，首先从影响函数的有限元列式出发，将方程右端项比拟为虚拟载荷，而相应的影响函数可看作是在虚拟载荷作用下的虚拟位移，从而揭示了各阶影响函数的物理意义。得到的结论包括：一阶虚拟载荷主要刻画的是基体和夹杂交界面处的相互作用，而二阶虚拟载荷则作用在整个单胞域，三阶及更高阶分布虚拟载荷的形式更为复杂。一般情况下，可认为前两阶虚拟载荷即可反映不同材料间的主要作用模式。

各阶摄动位移为其相应阶次影响函数及均匀化位移各阶导数的乘积，因此展开项作用的大小不仅与影响函数所能刻画的材料间的相互作用模式相关，还与均匀化位移各阶导数有关。由于一阶导数为均匀化应变，而应变又是弹性力学中的基本变量，所以一阶展开项为摄动主项，不可忽略；一般来说，在计算细观位移和应力时不可忽略二阶展开项的贡献。此外，渐近展开阶次还与体载荷幂次相关，理论上体载荷函数幂次越高，所需展开项也应该越多。但是高阶展开项的引入会增加计算的复杂度以及成本，所以为了平衡精度和效率的需求，并考虑各阶影响函数的物理意义，认为对一般问题选取前两阶展开项即可。

影响函数的计算精度依赖于单胞周期边界条件的选择。在归一化周期边界条件中，把确保周期解唯一性的归一条件作为全局约束，通常会增加计算复杂度且会破坏矩阵的带状稀疏特性；单胞固支边界容易施加，但是单胞边界处细观位移计算精度低；基于过取样技术而提出的超单胞边界条件实施起来相对简单，且通过该方法所获得的影响函数具有较高精度，因此可以作为一种有效方法用于求解各阶单胞影响函数。

由于等效弹性系数仅与一阶影响函数的梯度相关，所以讨论的三种单胞边界条件对等效弹性系数影响较小。其中，对于一维周期杆结构的等效弹性系数没有影响；对于二维对称单胞，其影响可以忽略；而对于二维非对称单胞，利用不同周期边界条件计算的等效弹性系数尽管存在一定差异，但对主要弹性系数的影响仍可忽略。不同于对等效弹性系数的影响，单胞边界条件对结构细观位移和应力的影响较大，尤其是在单胞边界处。

受单胞周期边界条件的限制，利用多尺度渐近展开方法得到的细观位移不满足结构位移边界条件，导致结构边界附近精度较差。本章在多尺度渐近展开方法所获得的位移场基础上，利用多尺度特征单元方法无需引入单胞边界条件的优势，将两种多尺度方法进行了结合，大幅度提高了结构边界附近区域的计算精度。

综上所述，本章从不同角度出发对多尺度渐近展开方法在线弹性静力学问题中所涉及的一些基本问题进行了全面分析和讨论，为该方法的实际应用奠定了基础。

参考文献

[1] Bensoussan A, Lions J L, Papanicolaou G. Asymptotic analysis for periodic structures [M]. Amsterdam: North-Holland, 1978.

[2] Oleinik O A, Shamaev A S, Yosifian G A. Mathematical problems in elasticity and homogenization[M]. Amsterdam: North-Holland, 1992.

[3] Chung P W, Tamma K K, Namburu R R. Asymptotic expansion homogenization for heterogeneous media: computational issues and applications[J]. Composites Part A Applied Science and Manufacturing, 2001, 32: 1291-1301.

[4] Cao L Q, Cui J Z, Zhu D C. Multiscale asymptotic analysis and numerical simulation for the second order Helmholtz equations with rapidly oscillating coefficients over general

convexdomains[J]. SIAM Journal on Numerical Analysis, 2002, 40: 543-577.

[5] Cao L Q, Cui J Z. Asymptotic expansions and numerical algorithms of eigenvalues and eigenfunctions of the Dirichlet problem for second order elliptic equations in perforated domains[J]. Numerische Mathematik, 2004, 96: 525-581.

[6] Wang X, Cao L Q, Wong Y S. Multiscale computation and convergence for coupled thermoelastic system in composite materials[J]. Multiscale Modeling and Simulation, 2015, 13: 661-690.

[7] Xing Y F, Chen L. Accuracy of multiscale asymptotic expansion method[J]. Composite Structures, 2014, 112: 38-43.

[8] Xing Y F, Chen L. Physical interpretation of multiscale asymptotic expansion method [J]. Composite Structures, 2014, 116: 694-702.

[9] Xing Y F, Gao Y H, Chen L, et al. Solution methods for two key problems in multiscale asymptotic expansion method[J]. Composite Structures, 2017, 160: 854-866.

[10] Gao Y H, Xing Y F. The multiscale asymptotic expansion method for three-dimensional static analyses of periodical composite structures[J]. Composite Structures, 2017, 177: 187-195.

[11] Hassani B. A direct method to derive the boundary conditions of the homogenization equation for symmetric cells[J]. Communications in Numerical Methods in Engineering, 1996, 12: 185-196.

[12] Hassani B, Hinton E. A review of homogenization and topology opimization II—analytical and numerical solution of homogenization equations[J]. Computers & Structures, 1998, 69: 719-738.

[13] Yang Q S, Becker W. A comparative investigation of different homogenization methods for prediction of the macroscopic properties of composites[J]. CMES-Computer Modeling in Engineering & Sciences, 2004, 6: 319-332.

[14] 孙泽栋. 周期结构复合材料二阶数学均匀化方法[D]. 北京：北京航空航天大学,2012.

[15] Gao Y H, Xing Y F, Huang Z W, et al. An assessment of multiscale asymptotic expansion method for linear static problems of periodic composite structures[J]. European Journal of Mechanics A/Solids, 2020, 81:103951.

[16] Yang Q S, Becker W. Effective stiffness and microscopic deformation of an orthotropic plate containing arbitrary holes[J]. Computers & Structures, 2004, 82: 2301-2307.

[17] Xing Y F, Yang Y, Wang X M. A multiscale eigenelement method and its application to periodical composite structures[J]. Composite Structures, 2010, 92: 2265-2275.

[18] Xing Y F, Yang Y. An eigenelement method of periodical composite structures[J]. Composite Structures, 2011, 93: 502-512.

[19] Xing Y F, Du C Y. An improved multiscale eigenelement method of periodical composite structures[J]. Composite Structures, 2014, 118: 200-207.

[20] Xing Y F, Gao Y H, Li M. The multiscale eigenelement method in dynamic analyses of periodical composite structures[J]. Composite Structures, 2017, 172: 330-338.

[21] Babuška I. Solution of interface problems by homogenization, Parts I, II [J]. SIAM Journal on Mathematical Analysis, 1976, 7: 603-645.

[22] E W N, Engquist B. The heterogeneous multiscale methods [J]. Communications in Mathematical Sciences, 2003, 1: 87-132.

[23] E W N, Ming P B, Zhang P W. Analysis of the heterogeneous multiscale method for elliptic homogenization problems [J]. Journal of the American Mathematical Society, 2005, 18: 121-156.

[24] Babuška I, Caloz G, Osborn E. Special finite element methods for a class of second order elliptic problems with rough coefficients[J]. Journal on Numerical Analysis, 1994, 31(4): 945-981.

[25] Hou T, Wu X. A multiscale finite element method for elliptic problems in composite materials and porous media [J]. Journal of Computational Physics, 1997, 134: 169-189.

[26] Strouboulis T, Babuška I, Copps K. The generalized finite element method [J]. Computer Methods in Applied Mechanics and Engineering, 2001, 190: 4081-4193.

[27] Strouboulis T, Babuška I, Copps K. The design and analysis of the generalized finite element method [J]. Computer Methods in Applied Mechanics and Engineering, 2000, 181: 43-69.

[28] Babuška I, Osborn J. Generalized finite element methods: their performance and their relation to mixed methods [J]. SIAM Journal on Numerical Analysis, 1983, 20: 510-536.

第3章　周期长梁和薄板的多尺度渐近展开方法

3.1　引　言

梁、板是工程中最为常见的结构件，广泛应用于航天、航空、船舶等工程领域。随着复合材料设计与制造技术的进步，具有周期微结构的复合材料梁、板因具有卓越的力学性能和可设计性等特点，受到工程界和学术界的广泛关注。由于周期梁、板的微结构复杂，在对其刚度等宏观特性进行分析时，为了兼顾计算效率和计算精度，通常将细长周期梁等效为均匀的一维 Euler - Bernoulli(欧拉-伯努利)梁，简称欧拉梁。把周期薄板等效为二维 Kirchhoff - Love(基尔霍夫-勒夫)板，简称基尔霍夫板。由于周期梁、板具有宏观和细观两个尺度特征，一般利用多尺度分析方法对其进行均匀化分析。在 20 世纪八九十年代，Kolpakov[1-3] 和 Kalamkarov[4] 在三维理论框架之下，根据周期梁、板仅在轴向或者面内具有周期性的特点，建立了不同尺度坐标之间的变换关系，并将渐近展开的结构场变量代入到三维弹性力学平衡方程中，得到了周期梁、板的渐近均匀化理论。Cai 和 Yi 等人[5-6] 利用有限元软件已有的单元库和建模技术对该理论进行后期编程处理，提出了一种基于渐近均匀化理论的新数值求解方法，从而使 Kolpakov 和 Kalamkarov 的理论得到进一步推广和应用。然而，Kolpakov 和 Kalamkarov 提出的理论难以求解周期梁、板的双尺度位移场。多尺度渐近展开方法[7-8] 具有严格的数学理论基础，是一种分析周期复合材料结构的有效方法。**已有的多尺度渐近展开方法主要针对二维和三维全向周期材料和结构问题，而周期梁、板结构虽然其微结构在轴向、面内具有周期性，但在其主要位移方向也就是厚度方向的材料微结构却不满足周期性假设，因此基于全向周期假设的多尺度渐近展开方法不能直接用于分析周期梁、板结构的横向变形问题[9-12]。**

本章首先基于欧拉梁和基尔霍夫板的理论框架，推导了周期长梁、薄板结构的弯曲刚度，从而将三维的周期梁、板结构简化为一维的周期长梁或者二维的周期薄板模型，然后提出了一种针对周期欧拉梁和基尔霍夫板的多尺度渐近展开方法[13-14]。本章共分为 8 节，3.2 节介绍了欧拉梁和基尔霍夫板的基本理论，并将三维的周期细长梁和薄板问题简化为含有周期振荡系数的一维四阶常微分方程和二维四阶椭圆型偏微分方程的求解问题；3.3 节以周期薄板问题为例，介绍了含有周期振荡系数的四阶椭圆型偏微分方程的多尺度渐近展开解法；3.4 节提出了单胞问题的约束条件，进而得到了一维周期梁以及二维周期层状板单胞问题的解析解，并给出了求解一般单胞问题的有限元列式；3.5 节讨论了各阶单胞影响函数的物理意义；3.6 节针对四阶椭圆型偏微分方程，给出了其适定性以及渐近展开解的收敛性证明；3.7 节通过一系列动力学以及静力学的数值算例说明了渐近展开方法求解周期欧拉梁和基尔霍夫板问题的有效性以及高阶展开项的必要性；3.8 节对全章内容进行总结。

3.2 欧拉梁和基尔霍夫板的基本理论

虽然三维弹性理论是研究梁、板的静、动力学问题最精确的理论，但三维模型维数较高，且复杂的微结构给梁、板力学行为的数值求解带来巨大的挑战。为了保证计算精度和计算效率，通常将厚度相对较小的周期细长梁和薄板等效为均匀的欧拉梁和基尔霍夫板。下面介绍欧拉梁理论和基尔霍夫板理论。

3.2.1 欧拉梁理论

本章考虑复合材料细长直梁在主平面内的弯曲问题，且其挠度大小满足小变形假设。取梁剖面中心线为 x_1 轴，弯曲平面为(x_1, x_3)平面。欧拉梁理论的基本假设包括：变形前垂直于梁中心线的剖面，变形后仍为垂直于梁中心线的平面；梁中心线不存在轴向位移。根据这两条假设，梁内各点的位移可以用梁中心线的挠度 $w^\varepsilon(x_1)$表示如下：

$$\begin{cases} u_1^\varepsilon(x_1, x_2, x_3) = -x_3 \dfrac{\mathrm{d}w^\varepsilon(x_1)}{\mathrm{d}x_1} \\ u_2^\varepsilon(x_1, x_2, x_3) = 0 \\ u_3^\varepsilon(x_1, x_2, x_3) = w^\varepsilon(x_1) \end{cases} \tag{3.2.1}$$

式中：u_i^ε 为沿 x_i 方向的位移，$u_3^\varepsilon(x_1, x_2, x_3) = w^\varepsilon(x_1)$也称为挠度，是欧拉梁理论中唯一的广义位移，因此剖面上各点挠度皆相同。

由公式(3.2.1)可知，欧拉梁弯曲变形时只存在轴向正应变，即

$$\varepsilon_1^\varepsilon = \frac{\partial u_1^\varepsilon}{\partial x_1} = -x_3 \frac{\mathrm{d}^2 w^\varepsilon}{\mathrm{d}x_1^2} \tag{3.2.2}$$

梁弯矩(可以理解为广义应力)的定义为

$$M^\varepsilon = \int_S x_3 \sigma_1^\varepsilon \mathrm{d}S = \int_S E^\varepsilon \left(-x_3^2 \frac{\mathrm{d}^2 w^\varepsilon}{\mathrm{d}x_1^2}\right) \mathrm{d}S = -D^\varepsilon \frac{\mathrm{d}^2 w^\varepsilon}{\mathrm{d}x_1^2} \tag{3.2.3}$$

式中：σ_1^ε 表示梁剖面上的正应力，$E^\varepsilon(x_1)$为材料的弹性模量，S 为截面面积，D^ε 为梁截面绕 x_2 轴的弯曲刚度，且有

$$D^\varepsilon = \int_S x_3^2 E^\varepsilon \mathrm{d}S \tag{3.2.4}$$

设作用在梁中心线上的法向(垂直梁中心线方向)分布外载荷为 $q(x_1)$，其正向与 x_3 方向相同，则 M^ε 应满足方程

$$\frac{\mathrm{d}^2 M^\varepsilon}{\mathrm{d}x_1^2} + q = 0, \quad x_1 \in \Omega \tag{3.2.5}$$

将式(3.2.3)代入式(3.2.5)得到用挠度表示的域内控制方程为

$$\frac{\mathrm{d}^2}{\mathrm{d}x_1^2}\left(D^\varepsilon \frac{\mathrm{d}^2 w^\varepsilon}{\mathrm{d}x_1^2}\right) = q, \quad x_1 \in \Omega \tag{3.2.6}$$

值得注意的是，不同于均匀的细长梁问题，由于 $E^\varepsilon(x_1)$沿着轴向具有周期性或者截面微结构沿着轴向具有周期性，因此周期欧拉梁的控制方程是含有周期振荡系数的四阶常微分方程。在 3.3 节，将给出这类方程的双尺度渐近展开解法。

3.2.2 基尔霍夫板理论

这里考虑承受横向载荷作用的周期薄板问题。基尔霍夫板理论[15-16]是分析薄板弯曲问题的最简单的理论,也称薄板理论。薄板理论有两条基本假设:

① 变形前垂直于中面的直线段在弯曲变形后没有伸缩,并且保持垂直于变形后的中面。这意味着不考虑板的横向剪切变形和挠度沿厚度的变化,即

$$\gamma_{13}^{\varepsilon}=\gamma_{23}^{\varepsilon}=\varepsilon_{3}^{\varepsilon}=0 \tag{3.2.7}$$

或

$$\frac{\partial u_1^{\varepsilon}}{\partial x_3}+\frac{\partial u_3^{\varepsilon}}{\partial x_1}=0,\quad \frac{\partial u_2^{\varepsilon}}{\partial x_3}+\frac{\partial u_3^{\varepsilon}}{\partial x_2}=0,\quad \frac{\partial u_3^{\varepsilon}}{\partial x_3}=0 \tag{3.2.8}$$

② 板中面没有面内位移,只有横向位移(挠度),即

$$u_1^{\varepsilon}(x_1,x_2,x_3)\big|_{\text{中面}}=0,\quad u_2^{\varepsilon}(x_1,x_2,x_3)\big|_{\text{中面}}=0 \tag{3.2.9}$$

根据薄板假设,板内各点的位移可以用中面的挠度 $w^{\varepsilon}(x_1,x_2)$表示如下:

$$\begin{cases} u_1^{\varepsilon}(x_1,x_2,x_3)=-x_3\dfrac{\partial w^{\varepsilon}(x_1,x_2)}{\partial x_1}\\ u_2^{\varepsilon}(x_1,x_2,x_3)=-x_3\dfrac{\partial w^{\varepsilon}(x_1,x_2)}{\partial x_2}\\ u_3^{\varepsilon}(x_1,x_2,x_3)=w^{\varepsilon}(x_1,x_2) \end{cases} \tag{3.2.10}$$

因此薄板理论只有一个广义位移,即挠度。板的广义几何方程为

$$\boldsymbol{\varepsilon}^{\varepsilon}=x_3\boldsymbol{\kappa}^{\varepsilon} \tag{3.2.11}$$

$$\boldsymbol{\varepsilon}^{\varepsilon}=\begin{bmatrix}\varepsilon_1^{\varepsilon}\\ \varepsilon_2^{\varepsilon}\\ \gamma_{12}^{\varepsilon}\end{bmatrix}=\begin{bmatrix}-x_3\dfrac{\partial^2 w^{\varepsilon}}{\partial x_1^2}\\ -x_3\dfrac{\partial^2 w^{\varepsilon}}{\partial x_2^2}\\ -2x_3\dfrac{\partial^2 w^{\varepsilon}}{\partial x_1\partial x_2}\end{bmatrix},\quad \boldsymbol{\kappa}^{\varepsilon}=\begin{bmatrix}\kappa_{11}^{\varepsilon}\\ \kappa_{22}^{\varepsilon}\\ 2\kappa_{12}^{\varepsilon}\end{bmatrix}=\begin{bmatrix}-\dfrac{\partial^2 w^{\varepsilon}}{\partial x_1^2}\\ -\dfrac{\partial^2 w^{\varepsilon}}{\partial x_2^2}\\ -2\dfrac{\partial^2 w^{\varepsilon}}{\partial x_1\partial x_2}\end{bmatrix} \tag{3.2.12}$$

式中:$\boldsymbol{\kappa}^{\varepsilon}$ 为板的广义应变,$\kappa_{11}^{\varepsilon}$ 和 $\kappa_{22}^{\varepsilon}$ 分别指绕 x_2 和 x_1 轴的曲率,$\kappa_{12}^{\varepsilon}$ 为扭率。

由于薄板的面外应力分量远小于面内应力,所以薄板理论采用平面应力问题的物理方程,于是有

$$\boldsymbol{\sigma}^{\varepsilon}=\boldsymbol{E}^{\varepsilon}\boldsymbol{\varepsilon}^{\varepsilon} \tag{3.2.13}$$

式中:材料的弹性矩阵 $\boldsymbol{E}^{\varepsilon}$ 和应力列向量分别为

$$\boldsymbol{E}^{\varepsilon}=\frac{E^{\varepsilon}}{1-(\nu^{\varepsilon})^2}\begin{bmatrix}1 & \nu^{\varepsilon} & 0\\ \nu^{\varepsilon} & 1 & 0\\ 0 & 0 & (1-\nu^{\varepsilon})/2\end{bmatrix} \tag{3.2.14}$$

$$\boldsymbol{\sigma}^{\varepsilon}=\begin{bmatrix}\sigma_{11}^{\varepsilon} & \sigma_{22}^{\varepsilon} & \sigma_{12}^{\varepsilon}\end{bmatrix}^{\mathrm{T}} \tag{3.2.15}$$

根据两个弯矩和扭矩的定义可得其与曲率和扭率的关系,即薄板的广义本构关系:

$$\boldsymbol{M}^{\varepsilon}=\int_{\partial h}x_3\boldsymbol{\sigma}^{\varepsilon}\mathrm{d}x_3=\boldsymbol{D}^{\varepsilon}\boldsymbol{\kappa}^{\varepsilon} \tag{3.2.16}$$

式中:

$$\boldsymbol{M}^{\varepsilon}=\begin{bmatrix}M_{11}^{\varepsilon} & M_{22}^{\varepsilon} & M_{12}^{\varepsilon}\end{bmatrix}^{\mathrm{T}} \tag{3.2.17}$$

$$\boldsymbol{D}^{\varepsilon}=\int_{\partial h} x_3^2 \boldsymbol{E}^{\varepsilon} \mathrm{d}x_3 \tag{3.2.18}$$

式中：$\boldsymbol{D}^{\varepsilon}$ 为薄板的弹性弯曲刚度矩阵。对于均匀板而言，$\boldsymbol{D}^{\varepsilon}$ 变为 $\boldsymbol{D}^{0}$，若坐标原点选在板的中面上，则从式(3.2.18)可知 $\boldsymbol{D}^{0}$ 的形式为

$$\boldsymbol{D}^{0}=\frac{h^3 E}{12(1-\nu^2)}\begin{bmatrix}1 & \nu & 0\\ \nu & 1 & 0\\ 0 & 0 & (1-\nu)/2\end{bmatrix} \tag{3.2.19}$$

式中：h 为板的厚度。

设作用在板中面上的分布外载荷为 $q(x_1,x_2)$。根据板微元的受力分析，参见图 3.1，可以得到板的横向平动平衡方程和两个转动平衡方程，即

$$\frac{\partial Q_{13}^{\varepsilon}}{\partial x_1}+\frac{\partial Q_{23}^{\varepsilon}}{\partial x_2}+q=0, \quad \boldsymbol{x}\in\Omega \tag{3.2.20}$$

$$\frac{\partial M_{11}^{\varepsilon}}{\partial x_1}+\frac{\partial M_{21}^{\varepsilon}}{\partial x_2}-Q_{13}^{\varepsilon}=0, \quad \boldsymbol{x}\in\Omega \tag{3.2.21}$$

$$\frac{\partial M_{12}^{\varepsilon}}{\partial x_1}+\frac{\partial M_{22}^{\varepsilon}}{\partial x_2}-Q_{23}^{\varepsilon}=0, \quad \boldsymbol{x}\in\Omega \tag{3.2.22}$$

式中：$\boldsymbol{x}^{\mathrm{T}}=[x_1,x_2]$，$Q_{13}^{\varepsilon}$ 和 Q_{23}^{ε} 为板的剪力，Ω 表示结构域。

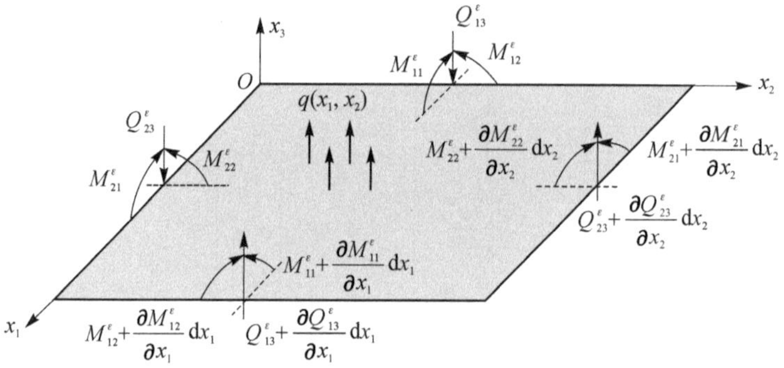

图 3.1 板微元受力分析

在薄板理论中，内力 Q_{13}^{ε} 和 Q_{23}^{ε} 不产生应变，因而不做功[17]。从式(3.3.20)～式(3.2.22)中消去 Q_{13}^{ε} 和 Q_{23}^{ε} 可得

$$\frac{\partial^2 M_{ij}^{\varepsilon}}{\partial x_i \partial x_j}+q=0, \quad \boldsymbol{x}\in\Omega \tag{3.2.23}$$

式中：$i,j=1,2$。如无特别说明，重复指标表示 Einstein 约定求和。

将式(3.2.12)和式(3.2.16)代入式(3.2.23)可得到用挠度表示的域内控制方程：

$$\frac{\partial^2}{\partial x_i \partial x_j}\left(D_{ijkl}^{\varepsilon}\frac{\partial^2 w^{\varepsilon}}{\partial x_k \partial x_l}\right)=q, \quad \boldsymbol{x}\in\Omega \tag{3.2.24}$$

式中：D_{ijkl}^{ε} 为与矩阵 $\boldsymbol{D}^{\varepsilon}$ 对应的四阶刚度张量系数。

由式(3.2.24)可以看出，周期薄板的控制方程是含有周期振荡系数的四阶椭圆型偏微分方程，其面内周期性可以来自材料或微结构。对比式(3.2.6)和式(3.2.24)可以看出，周期欧

拉梁的控制方程是周期薄板的控制方程的一维情形，所以周期薄板问题的渐近展开解的一维形式即为周期欧拉梁问题的渐近展开解。因此，在 3.3 节～3.6 节将主要针对周期薄板问题研究其渐近展开解及其性质，相关结论可以直接推广到周期欧拉梁问题。

3.3 双尺度渐近展开理论解

本节将针对周期线弹性薄板静力学问题，介绍双尺度渐近展开法的分析过程。考虑如图 3.2 所示的周期薄板结构，其控制方程为式(3.2.24)。根据双尺度渐近展开方法，宏观尺度坐标 $\boldsymbol{x}$ 和细观尺度坐标 $\boldsymbol{y}$ 满足如下关系：

$$\boldsymbol{y}=\frac{\boldsymbol{x}}{\varepsilon} \tag{3.3.1}$$

式中：尺度参数 ε 表示单胞与板结构的相对大小，且 ε 是个小量。

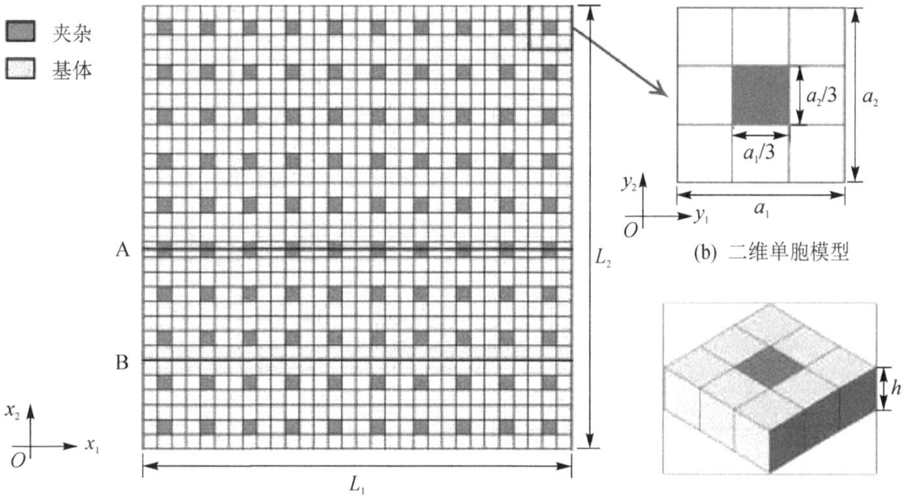

(a) 含有单夹杂的二维周期板 (b) 二维单胞模型 (c) 三维单胞模型

图 3.2 二维周期薄板及其单胞示意图

在外载荷作用下，薄板挠度是 $\boldsymbol{x}$ 的函数。由于单胞细观结构的高度非均匀性以及周期性，挠度将发生快速且依赖于 $\boldsymbol{y}$ 的周期振荡。因此，在双尺度渐近展开方法中，周期薄板问题的挠度 w^{ε} 可以渐近展开为如下形式：

$$w^{\varepsilon}(\boldsymbol{x})=w^{0}(\boldsymbol{x})+\varepsilon w^{1}(\boldsymbol{x},\boldsymbol{y})+\varepsilon^{2}w^{2}(\boldsymbol{x},\boldsymbol{y})+\varepsilon^{3}w^{3}(\boldsymbol{x},\boldsymbol{y})+\cdots \tag{3.3.2}$$

式中：w^{0} 表示均匀化挠度，其只与宏观尺度 $\boldsymbol{x}$ 有关；$w^{r}(r=1,2,\cdots)$表示摄动挠度，它表征了板的非均匀性，r 为摄动阶次。对于均匀板，各阶摄动挠度均为零。

根据链式求导法则，任意关于两尺度坐标的函数 $\Psi^{\varepsilon}(\boldsymbol{x})=\Psi(\boldsymbol{x},\boldsymbol{x}/\varepsilon)$，满足如下关系：

$$\begin{cases}\dfrac{\partial\Psi^{\varepsilon}(\boldsymbol{x})}{\partial\boldsymbol{x}}=\dfrac{\partial\Psi(\boldsymbol{x},\boldsymbol{y})}{\partial\boldsymbol{x}}+\dfrac{1}{\varepsilon}\dfrac{\partial\Psi(\boldsymbol{x},\boldsymbol{y})}{\partial\boldsymbol{y}}\\[2ex]\dfrac{\partial^{2}\Psi^{\varepsilon}(\boldsymbol{x})}{\partial\boldsymbol{x}^{2}}=\dfrac{\partial^{2}\Psi(\boldsymbol{x},\boldsymbol{y})}{\partial\boldsymbol{x}^{2}}+\dfrac{2}{\varepsilon}\dfrac{\partial^{2}\Psi(\boldsymbol{x},\boldsymbol{y})}{\partial\boldsymbol{x}\partial\boldsymbol{y}}+\dfrac{1}{\varepsilon^{2}}\dfrac{\partial^{2}\Psi(\boldsymbol{x},\boldsymbol{y})}{\partial\boldsymbol{y}^{2}}\end{cases} \tag{3.3.3}$$

根据式(3.3.3)给出的关系，式(3.2.24)可以变为

$$\left(\frac{1}{\varepsilon^4}A_0+\frac{2}{\varepsilon^3}A_1+\frac{1}{\varepsilon^2}A_2+\frac{2}{\varepsilon}A_3+A_4\right)w^\varepsilon(\boldsymbol{x})=q,\quad \boldsymbol{x}\in\Omega \tag{3.3.4}$$

式中

$$\begin{cases}A_0=\dfrac{\partial^2}{\partial y_i\partial y_j}\left(D_{ijmn}^\varepsilon\ \dfrac{\partial^2}{\partial y_m\partial y_n}\right)\\ A_1=\dfrac{\partial^2}{\partial x_i\partial y_j}\left(D_{ijmn}^\varepsilon\ \dfrac{\partial^2}{\partial y_m\partial y_n}\right)+\dfrac{\partial^2}{\partial y_i\partial y_j}\left(D_{ijmn}^\varepsilon\ \dfrac{\partial^2}{\partial x_m\partial y_n}\right)\\ A_2=\dfrac{\partial^2}{\partial x_i\partial x_j}\left(D_{ijmn}^\varepsilon\ \dfrac{\partial^2}{\partial y_m\partial y_n}\right)+\dfrac{\partial^2}{\partial y_i\partial y_j}\left(D_{ijmn}^\varepsilon\ \dfrac{\partial^2}{\partial x_m\partial x_n}\right)+\dfrac{4\partial^2}{\partial x_i\partial y_j}\left(D_{ijmn}^\varepsilon\ \dfrac{\partial^2}{\partial x_m\partial y_n}\right)\\ A_3=\dfrac{\partial^2}{\partial x_i\partial x_j}\left(D_{ijmn}^\varepsilon\ \dfrac{\partial^2}{\partial x_m\partial y_n}\right)+\dfrac{\partial^2}{\partial x_i\partial y_j}\left(D_{ijmn}^\varepsilon\ \dfrac{\partial^2}{\partial x_m\partial x_n}\right)\\ A_4=\dfrac{\partial^2}{\partial x_i\partial x_j}\left(D_{ijmn}^\varepsilon\ \dfrac{\partial^2}{\partial x_m\partial x_n}\right)\end{cases} \tag{3.3.5}$$

把式(3.3.2)代入式(3.3.4)，并令 ε 各次幂的多项式系数为零，可以得到一系列控制方程：

$$O(\varepsilon^{-4}):\quad A_0w^0=0,\quad \boldsymbol{x}\in\Omega \tag{3.3.6}$$

$$O(\varepsilon^{-3}):\quad A_0w^1=-2A_1w^0,\quad \boldsymbol{x}\in\Omega \tag{3.3.7}$$

$$O(\varepsilon^{-2}):\quad A_0w^2=-2A_1w^1-A_2w^0,\quad \boldsymbol{x}\in\Omega \tag{3.3.8}$$

$$O(\varepsilon^{-1}):\quad A_0w^3=-2A_1w^2-A_2w^1-2A_3w^0,\quad \boldsymbol{x}\in\Omega \tag{3.3.9}$$

$$O(1):\quad A_0w^4=q-2A_1w^3-A_2w^2-2A_3w^1-A_4w^0,\quad \boldsymbol{x}\in\Omega \tag{3.3.10}$$

$$O(\varepsilon^r):\quad A_0w^{r+4}=-2A_1w^{r+3}-A_2w^{r+2}-2A_3w^{r+1}-A_4w^r,\quad r\geqslant 1,\quad \boldsymbol{x}\in\Omega \tag{3.3.11}$$

值得注意的是，板在空间上的周期性意味着各阶展开项或摄动挠度在单胞域 D 上具有周期性，这个性质被称为 Y-周期，即

$$\begin{cases}w^r(\boldsymbol{x},\boldsymbol{y})=w^r(\boldsymbol{x},\boldsymbol{y}+\boldsymbol{Y})\\ \dfrac{\partial w^r(\boldsymbol{x},\boldsymbol{y})}{\partial y_{\text{法向}}}=\dfrac{\partial w^r(\boldsymbol{x},\boldsymbol{y}+\boldsymbol{Y})}{\partial y_{\text{法向}}}\end{cases} \tag{3.3.12}$$

对于本章讨论的欧拉梁和薄板问题，各阶摄动挠度的周期性还包括摄动挠度沿着截面法向导数的周期性，这与均匀欧拉梁和均匀薄板的位移连续条件包括挠度和挠度的法向导数情况类似。这不同于第 2 章中讨论的 C^0 问题，那里只要求摄动位移本身满足周期性。

下面将给出控制方程(3.3.6)～方程(3.3.10)的分离变量解法。

在两尺度渐近展开方法中，细观挠度是在均匀化挠度 w^0 附近渐近展开的，w^0 是不依赖于细观尺度 $\boldsymbol{y}$ 的函数，因此方程(3.3.6)自动得到满足。

由于 w^0 只是 $\boldsymbol{x}$ 的函数，故式(3.3.7)可以简化为

$$A_0w^1=0,\quad \boldsymbol{x}\in\Omega \tag{3.3.13}$$

结合式(3.3.12)和式(3.3.13)可知，w^1 也是不依赖于 $\boldsymbol{y}$ 的函数。然而，需要注意的是，在渐近展开式(3.3.2)中，w^0 为均匀化位移，其余展开项为关于 $\boldsymbol{y}$ 的摄动位移。因此，在周期薄板的渐近展开解中，**第一阶展开项应该等于零**，即

$$w^1(\boldsymbol{x},\boldsymbol{y})=0 \tag{3.3.14}$$

将 w^0 和 w^1 代入控制方程(3.3.8)得到

$$\frac{\partial^2}{\partial y_i \partial y_j}\left(D^{\varepsilon}_{ijmn}\frac{\partial^2 w^2}{\partial y_m \partial y_n}\right) = -\frac{\partial^2}{\partial y_i \partial y_j}\left(D^{\varepsilon}_{ijmn}\frac{\partial^2 w^0}{\partial x_m \partial x_n}\right),\quad \boldsymbol{x}\in\Omega \tag{3.3.15}$$

令上式的解 w^2 具有分离变量的形式，即

$$w^2(\boldsymbol{x},\boldsymbol{y}) = \chi_2^{kl}(\boldsymbol{y})\frac{\partial^2 w^0(\boldsymbol{x})}{\partial x_k \partial x_l} \tag{3.3.16}$$

式中：χ_2^{kl} 为二阶影响函数，其表征了单胞的非均匀性，并且 χ_2^{kl} 关于指标 k 和 l 对称，其独立分量只有 3 个，即 $\boldsymbol{\chi}_2 = [\chi_2^{11}\quad \chi_2^{22}\quad \chi_2^{12}]$。

将式(3.3.16)代入式(3.3.15)得到关于 χ_2^{kl} 的控制方程：

$$\frac{\partial^2}{\partial y_i \partial y_j}\left(D^{\varepsilon}_{ijmn}\frac{\partial^2 \chi_2^{kl}}{\partial y_m \partial y_n}\right) = -\frac{\partial^2 D^{\varepsilon}_{ijkl}}{\partial y_i \partial y_j},\quad \boldsymbol{y}\in D \tag{3.3.17}$$

类似地，式(3.3.9)中的 w^3 也可以表示成如下分离变量的形式：

$$w^3(\boldsymbol{x},\boldsymbol{y}) = \chi_3^{klp}(\boldsymbol{y})\frac{\partial^3 w^0(\boldsymbol{x})}{\partial x_k \partial x_l \partial x_p} \tag{3.3.18}$$

式中：χ_3^{klp} 为三阶影响函数，且关于指标 k 和 l 对称，因此其独立变量只有 6 个，即

$$\boldsymbol{\chi}_3 = [\chi_3^{111}\quad \chi_3^{221}\quad \chi_3^{121}\quad \chi_3^{112}\quad \chi_3^{222}\quad \chi_3^{122}]$$

将 w^0 和 w^1 以及式(3.3.16)、式(3.3.18)代入式(3.3.9)，可得到关于 χ_3^{klp} 的控制方程为

$$\frac{\partial^2}{\partial y_i \partial y_j}\left(D^{\varepsilon}_{ijmn}\frac{\partial^2 \chi_3^{klp}}{\partial y_m \partial y_n}\right) = -\frac{2\partial D^{\varepsilon}_{ipkl}}{\partial y_i} - \frac{2\partial}{\partial y_i}\left(D^{\varepsilon}_{ipmn}\frac{\partial^2 \chi_2^{kl}}{\partial y_m \partial y_n}\right) - \frac{2\partial^2}{\partial y_i \partial y_j}\left(D^{\varepsilon}_{ijmp}\frac{\partial \chi_2^{kl}}{\partial y_m}\right),\quad \boldsymbol{y}\in D \tag{3.3.19}$$

把式(3.3.10)在单胞域 D 上积分得

$$\frac{1}{|D|}\int_D A_0 w^4 \mathrm{d}D = \frac{1}{|D|}\int_D (q - 2A_1 w^3 - A_2 w^2 - 2A_3 w^1 - A_4 w^0)\mathrm{d}D \tag{3.3.20}$$

式中：$|D|$ 为单胞的面积。考虑到摄动项 w^r 的周期性式(3.3.12)，式(3.3.20)可以简化为

$$\frac{\partial^2}{\partial x_i \partial x_j}\left(D^0_{ijkl}\frac{\partial^2 w^0}{\partial x_k \partial x_l}\right) = q,\quad \boldsymbol{x}\in\Omega \tag{3.3.21}$$

式中：D^0_{ijkl} 为等效刚度系数，且有

$$D^0_{ijkl} = \frac{1}{|D|}\int_D \left(D^{\varepsilon}_{ijkl} + D^{\varepsilon}_{ijmn}\frac{\partial^2 \chi_2^{kl}}{\partial y_m \partial y_n}\right)\mathrm{d}D \tag{3.3.22}$$

值得强调的是：

① 在推导式(3.3.21)时，除了用到周期性式(3.3.12)之外，还用到了 3.4.1 小节将介绍的**虚拟弯矩和虚拟剪力的周期性**；

② 第 2 章用多尺度渐近展开方法分析全周期平面问题和三维问题时，得到的是**等效模量(或弹性)矩阵**，而这里是**等效刚度矩阵**。

由式(3.3.22)可知，周期板的等效刚度与单胞的刚度分布以及二阶影响函数的二阶导数有关，这不同于第 2 章的式(2.2.23)，其中等效弹性模量与一阶影响函数的一阶导数有关。一般地，将关于影响函数的控制方程(3.3.17)和控制方程(3.3.19)称为**单胞问题**。下一节将介绍周期板单胞问题的求解方法。

3.4 单胞问题的求解

单胞问题是双尺度渐近展开方法中的核心问题，也是连接周期板宏观尺度和细观尺度信息的桥梁。单胞问题的求解精度直接影响渐近展开解的计算精度。本节将首先给出周期薄板单胞问题的约束条件；然后针对周期欧拉梁以及二维周期层状板结构，给出单胞问题的解析解；最后针对一般的二维周期板单胞问题，给出求解影响函数的有限元列式。

3.4.1 单胞问题的约束条件

影响函数约束条件的选取是求解单胞问题式(3.3.17)和式(3.3.19)的关键。这里仅考虑二阶和三阶展开项。由于展开项 $w^r(r=2,3)$ 在单胞 Y 上具有周期性，这意味着影响函数 $\boldsymbol{\chi}_r(r=2,3)$ 在细观尺度 $\boldsymbol{y}$ 上也具有相应的周期性，即

$$\begin{cases}\boldsymbol{\chi}_r\big|_{\partial Y_{1-}}=\boldsymbol{\chi}_r\big|_{\partial Y_{1+}}\\ \boldsymbol{\chi}_r\big|_{\partial Y_{2-}}=\boldsymbol{\chi}_r\big|_{\partial Y_{2+}}\end{cases} \tag{3.4.1}$$

式中：$\partial Y_{1\pm}$ 和 $\partial Y_{2\pm}$ 分别表示平行 y_2 轴和 y_1 轴的两对单胞边界，如图 3.3 所示。本质上，式(3.4.1)表示影响函数（或称虚拟位移）在相邻单胞交界处的连续性。值得注意的是，式(3.4.1)同时也约束了虚拟位移绕 y_2 轴和 y_1 轴的刚体转动。

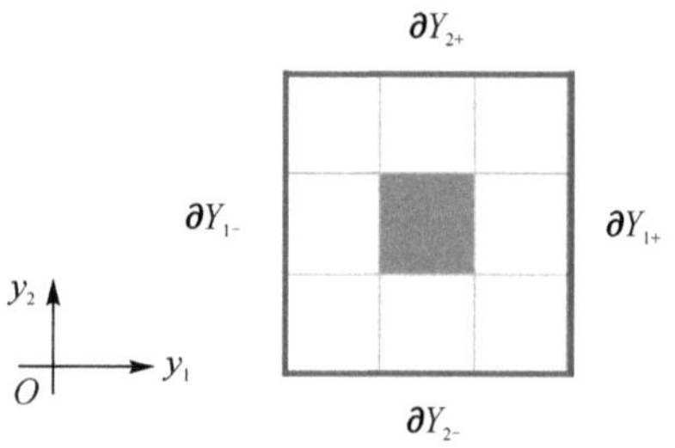

图 3.3 单胞边界示意图

根据薄板理论，在两相邻单胞交界处，法向虚拟转角、法向虚拟弯矩以及虚拟剪力应满足连续性要求，因此有如下单胞周期边界条件：

$$\begin{cases}\left.\dfrac{\partial\boldsymbol{\chi}_r}{\partial y_1}\right|_{\partial Y_{1-}}=\left.\dfrac{\partial\boldsymbol{\chi}_r}{\partial y_1}\right|_{\partial Y_{1+}}\\ \left.\dfrac{\partial\boldsymbol{\chi}_r}{\partial y_2}\right|_{\partial Y_{2-}}=\left.\dfrac{\partial\boldsymbol{\chi}_r}{\partial y_2}\right|_{\partial Y_{2+}}\end{cases} \tag{3.4.2}$$

$$\begin{cases}\boldsymbol{M}_{11}^r\big|_{\partial Y_{1-}}=\boldsymbol{M}_{11}^r\big|_{\partial Y_{1+}},\quad \boldsymbol{M}_{11}^r=-D_{11kl}^{\varepsilon}\dfrac{\partial^2\boldsymbol{\chi}_r}{\partial y_k\partial y_l}\\ \boldsymbol{M}_{22}^r\big|_{\partial Y_{2-}}=\boldsymbol{M}_{22}^r\big|_{\partial Y_{2+}},\quad \boldsymbol{M}_{22}^r=-D_{22kl}^{\varepsilon}\dfrac{\partial^2\boldsymbol{\chi}_r}{\partial y_k\partial y_l}\end{cases} \tag{3.4.3}$$

$$\begin{cases} \boldsymbol{V}_{13}^{r}\big|_{\partial Y_{1-}}=\boldsymbol{V}_{13}^{r}\big|_{\partial Y_{1+}}, & \boldsymbol{V}_{13}^{r}=\boldsymbol{Q}_{13}^{r}+\dfrac{\partial \boldsymbol{M}_{12}^{r}}{\partial y_2}=-\dfrac{\partial}{\partial y_1}\left(D_{11kl}^{\varepsilon}\dfrac{\partial^2\boldsymbol{\chi}_r}{\partial y_k\partial y_l}\right)-\dfrac{2\partial}{\partial y_2}\left(D_{12kl}^{\varepsilon}\dfrac{\partial^2\boldsymbol{\chi}_r}{\partial y_k\partial y_l}\right) \\ \boldsymbol{V}_{23}^{r}\big|_{\partial Y_{2-}}=\boldsymbol{V}_{23}^{r}\big|_{\partial Y_{2+}}, & \boldsymbol{V}_{23}^{r}=\boldsymbol{Q}_{23}^{r}+\dfrac{\partial \boldsymbol{M}_{12}^{r}}{\partial y_1}=-\dfrac{\partial}{\partial y_2}\left(D_{22kl}^{\varepsilon}\dfrac{\partial^2\boldsymbol{\chi}_r}{\partial y_k\partial y_l}\right)-\dfrac{2\partial}{\partial y_1}\left(D_{12kl}^{\varepsilon}\dfrac{\partial^2\boldsymbol{\chi}_r}{\partial y_k\partial y_l}\right) \end{cases} \tag{3.4.4}$$

然而,因为存在厚度方向的虚拟刚体位移,仅利用周期边界条件(3.4.1)～式(3.4.4)还不足以确定单胞问题式(3.3.17)和式(3.3.19)的唯一解。为了消除厚度方向的虚拟刚体位移,$\boldsymbol{\chi}_r$ 需要满足如下的全局约束条件:

$$\frac{1}{|D|}\int_D \boldsymbol{\chi}_r \,\mathrm{d}D=\boldsymbol{0} \tag{3.4.5}$$

此条件也就是归一化条件。

此外,根据薄板理论,细观位移 w^{ε} 在两相邻单胞交界处应满足 C^1 连续性要求。因此,根据渐近展开式(3.3.2)、式(3.3.16)、式(3.3.18)以及式(3.3.3)可知,切向虚拟转角在单胞交界处也需要满足连续性要求,即有

$$\begin{cases} \left.\dfrac{\partial\boldsymbol{\chi}_r}{\partial y_2}\right|_{\partial Y_{1-}}=\left.\dfrac{\partial\boldsymbol{\chi}_r}{\partial y_2}\right|_{\partial Y_{1+}} \\ \left.\dfrac{\partial\boldsymbol{\chi}_r}{\partial y_1}\right|_{\partial Y_{2-}}=\left.\dfrac{\partial\boldsymbol{\chi}_r}{\partial y_1}\right|_{\partial Y_{2+}} \end{cases} \tag{3.4.6}$$

利用所提出的单胞约束条件式(3.4.1)～式(3.4.6),对于简单结构,如一维周期欧拉梁或二维层状周期薄板,可以得到单胞问题式(3.3.17)和式(3.3.19)的解析解;而对于比较复杂的周期薄板问题,则需要借助有限单元法进行求解。在得到 $\boldsymbol{\chi}_2$ 的解后,利用式(3.3.22)可求得周期薄板的等效刚度矩阵。值得注意的是,摄动挠度 $w^r(r=2,3)$ 为影响函数 $\boldsymbol{\chi}_r$ 与均匀化挠度 w^0 的 r 阶导数的乘积,而 $\boldsymbol{\chi}_r$ 取决于单胞细观性质,w^0 取决于等效刚度矩阵以及结构承受的外载荷。一般情形下,w^0 满足周期板的位移边界条件;而 w^r 不能满足板的位移边界条件,这导致细观挠度 w^{ε} 在结构边界处的计算精度较低。

3.4.2　一维周期梁单胞问题的解析解

本小节考虑如图 3.4 所示的周期欧拉梁问题,给出其影响函数以及等效刚度的解析表达式。从形式上看,周期欧拉梁是周期薄板的一维形式。为清晰起见,表 3.1 给出了一维周期欧拉梁的前三阶摄动位移及其影响函数的控制方程。

表 3.1　周期欧拉梁的摄动位移及其影响函数的控制方程

摄动位移	影响函数控制方程
$w^1=0$	—
$w^2(x_1,y_1)=\chi_2(y_1)\dfrac{\mathrm{d}^2w^0(x_1)}{\mathrm{d}x_1^2}$	$\dfrac{\mathrm{d}^2}{\mathrm{d}y_1^2}\left(D^{\varepsilon}\dfrac{\mathrm{d}^2\chi_2}{\mathrm{d}y_1^2}\right)=-\dfrac{\mathrm{d}^2D^{\varepsilon}}{\mathrm{d}y_1^2}$
$w^3(x_1,y_1)=\chi_3(y_1)\dfrac{\mathrm{d}^3w^0(x_1)}{\mathrm{d}x_1^3}$	$\dfrac{\mathrm{d}^2}{\mathrm{d}y_1^2}\left(D^{\varepsilon}\dfrac{\mathrm{d}^2\chi_3}{\mathrm{d}y_1^2}\right)=-\dfrac{2\mathrm{d}D^{\varepsilon}}{\mathrm{d}y_1}-\dfrac{2\mathrm{d}}{\mathrm{d}y_1}\left(D^{\varepsilon}\dfrac{\mathrm{d}^2\chi_2}{\mathrm{d}y_1^2}\right)-\dfrac{2\mathrm{d}^2}{\mathrm{d}y_1^2}\left(D^{\varepsilon}\dfrac{\mathrm{d}\chi_2}{\mathrm{d}y_1}\right)$

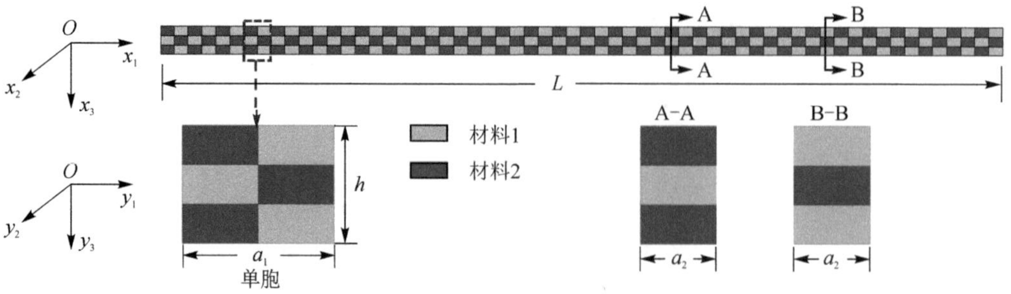

图 3.4　三层周期复合材料梁及其单胞

周期欧拉梁的等效截面弯曲刚度为

$$D^0=\frac{1}{|a_1|}\int_0^{a_1}\left(D^\varepsilon+D^\varepsilon\frac{\mathrm{d}^2\chi_2}{\mathrm{d}y_1^2}\right)\mathrm{d}y_1 \tag{3.4.7}$$

其中 D^ε 的计算公式可以由式(3.2.4)得到，即

$$D^\varepsilon=\int_S y_3^2E^\varepsilon\mathrm{d}S \tag{3.4.8}$$

式中：S 表示单胞截面。该单胞问题的约束条件为

$$\chi_r\big|_{\partial Y_-}=\chi_r\big|_{\partial Y_+} \tag{3.4.9a}$$

$$\left.\frac{\mathrm{d}\chi_r}{\mathrm{d}y_1}\right|_{\partial Y_-}=\left.\frac{\mathrm{d}\chi_r}{\mathrm{d}y_1}\right|_{\partial Y_+} \tag{3.4.9b}$$

$$\left.-D^\varepsilon\frac{\mathrm{d}^2\chi_r}{\mathrm{d}y_1^2}\right|_{\partial Y_-}=\left.-D^\varepsilon\frac{\mathrm{d}^2\chi_r}{\mathrm{d}y_1^2}\right|_{\partial Y_+}\quad(\text{虚拟弯矩连续}) \tag{3.4.9c}$$

$$\left.-\frac{\mathrm{d}}{\mathrm{d}y_1}\left(D^\varepsilon\frac{\mathrm{d}^2\chi_r}{\mathrm{d}y_1^2}\right)\right|_{\partial Y_-}=\left.-\frac{\mathrm{d}}{\mathrm{d}y_1}\left(D^\varepsilon\frac{\mathrm{d}^2\chi_r}{\mathrm{d}y_1^2}\right)\right|_{\partial Y_+}\quad(\text{虚拟剪力连续}) \tag{3.4.9d}$$

$$\frac{1}{|a_1|}\int_0^{a_1}\chi_r\mathrm{d}y_1=0 \tag{3.4.9e}$$

需要指出的是，周期欧拉梁问题中的影响函数的控制方程是含有周期性振荡系数的四阶常微分方程，只需要四个边界条件即可确定方程的唯一解。在下面求解影响函数过程中，约束条件式(3.4.9d)自然得到满足。

对表 3.1 中的控制方程进行积分，根据约束条件式(3.4.9a)，可得二阶和三阶影响函数的解析表达式为

$$\chi_2=-\frac{y_1^2}{2}+C_1y_1\int_0^{y_1}\frac{1}{D^\varepsilon}\mathrm{d}y_1-C_1\int_0^{y_1}\frac{y_1}{D^\varepsilon}\mathrm{d}y_1+C_2y_1+C_3 \tag{3.4.10}$$

$$\chi_3=\frac{y_1^3}{3}-C_1\int_0^{y_1}\frac{y_1^2}{D^\varepsilon}\mathrm{d}y_1+2C_1y_1\int_0^{y_1}\frac{y_1}{D^\varepsilon}\mathrm{d}y_1-C_1y_1^2\int_0^{y_1}\frac{1}{D^\varepsilon}\mathrm{d}y_1-C_2y_1^2-2C_3y_1+C_4 \tag{3.4.11}$$

式中

$$C_1 = \langle 1/D^{\varepsilon} \rangle^{-1}$$

$$C_2 = -\frac{a_1}{2} + \langle 1/D^{\varepsilon} \rangle^{-1} \langle y_1/D^{\varepsilon} \rangle$$

$$C_3 = -\frac{a_1^2}{12} + \frac{a_1}{2}\langle 1/D^{\varepsilon} \rangle^{-1} \langle y_1/D^{\varepsilon} \rangle - \frac{1}{2}\langle 1/D^{\varepsilon} \rangle^{-1} \langle y_1^2/D^{\varepsilon} \rangle$$

$$C_4 = -\frac{1}{3}\langle 1/D^{\varepsilon} \rangle^{-1} \langle y_1^3/D^{\varepsilon} \rangle + \frac{a_1}{2}\langle 1/D^{\varepsilon} \rangle^{-1} \langle y_1^2/D^{\varepsilon} \rangle - \frac{a_1^2}{6}\langle 1/D^{\varepsilon} \rangle^{-1} \langle y_1/D^{\varepsilon} \rangle \tag{3.4.12}$$

式中：a_1 为梁单胞的长度，而

$$\langle \bullet \rangle = a_1^{-1}\int_0^{a_1} \bullet \, \mathrm{d}y_1 \tag{3.4.13}$$

表示平均算子。

将式(3.4.10)代入式(3.4.7)可得到等效弯曲刚度为

$$D^0 = \langle 1/D^{\varepsilon} \rangle^{-1} \tag{3.4.14}$$

式(3.4.14)表明周期欧拉梁的等效弯曲刚度为单胞弯曲刚度的调和平均数，其大小与梁单胞的选取方式无关。

3.4.3　二维周期层状薄板单胞问题的解析解

这里考虑具有面内层状分布的二维周期薄板结构，如图 3.5 所示。该周期层状板的材料仅沿 x_1 轴周期变化，其刚度是 y_1 的函数，即

$$D_{ijkl}^{\varepsilon}(y_1, y_2) = D_{ijkl}^{\varepsilon}(y_1), \quad \boldsymbol{y} \in D \tag{3.4.15}$$

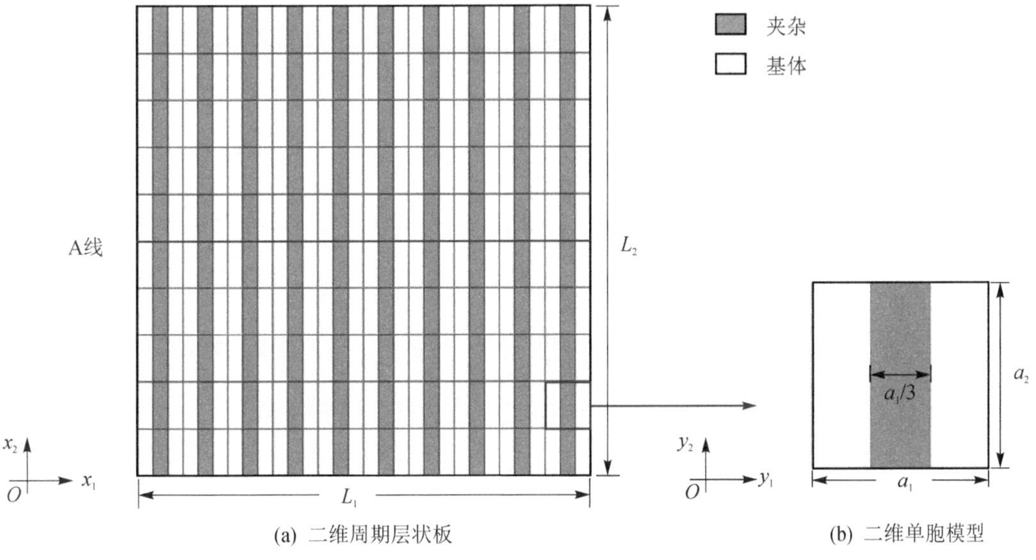

图 3.5　二维周期层状板及其单胞

考虑约束条件式(3.4.1)～式(3.4.6)及周期层状板刚度的单向周期性分布，单胞问题的解仅为 y_1 的函数，即

$$\boldsymbol{\chi}_2 = \boldsymbol{\chi}_2(y_1), \quad \boldsymbol{y} \in D \tag{3.4.16}$$

把式(3.4.16)分别代入式(3.3.17)和式(3.3.19),可以分别得到两个常微分方程:

$$\frac{\mathrm{d}^2}{\mathrm{d}y_1^2}\left(D_{1111}^{\varepsilon}\frac{\mathrm{d}^2\chi_2^{kl}}{\mathrm{d}y_1^2}\right)=-\frac{\mathrm{d}^2D_{11kl}^{\varepsilon}}{\mathrm{d}y_1^2},\quad y_1\in D \tag{3.4.17}$$

$$\frac{\mathrm{d}^2}{\mathrm{d}y_1^2}\left(D_{1111}^{\varepsilon}\frac{\mathrm{d}^2\chi_3^{klp}}{\mathrm{d}y_1^2}\right)=-\frac{2\mathrm{d}D_{1pkl}^{\varepsilon}}{\mathrm{d}y_1}-\frac{2\mathrm{d}}{\mathrm{d}y_1}\left(D_{1p11}^{\varepsilon}\frac{\mathrm{d}^2\chi_2^{kl}}{\mathrm{d}y_1^2}\right)-\frac{2\mathrm{d}^2}{\mathrm{d}y_1^2}\left(D_{111p}^{\varepsilon}\frac{\mathrm{d}\chi_2^{kl}}{\mathrm{d}y_1}\right),\quad y_1\in D \tag{3.4.18}$$

把式(3.4.16)代入式(3.3.22)得等效刚度为

$$D_{ijkl}^{0}=\frac{1}{|D|}\int_D\left(D_{ijkl}^{\varepsilon}+D_{ij11}^{\varepsilon}\frac{\mathrm{d}^2\chi_2^{kl}}{\mathrm{d}y_1^2}\right)\mathrm{d}D \tag{3.4.19}$$

利用约束条件式(3.4.1)~式(3.4.5)可求得 χ_2^{kl} 如下:

$$\chi_2^{kl}=-y_1\int_0^{y_1}\frac{D_{11kl}^{\varepsilon}}{D_{1111}^{\varepsilon}}\mathrm{d}y_1+\int_0^{y_1}\frac{y_1D_{11kl}^{\varepsilon}}{D_{1111}^{\varepsilon}}\mathrm{d}y_1+C_1y_1\int_0^{y_1}\frac{1}{D_{1111}^{\varepsilon}}\mathrm{d}y_1-C_1\int_0^{y_1}\frac{y_1}{D_{1111}^{\varepsilon}}\mathrm{d}y_1+C_2y_1+C_3 \tag{3.4.20}$$

式中

$$C_1=\langle 1/D_{1111}^{\varepsilon}\rangle^{-1}\langle D_{11kl}^{\varepsilon}/D_{1111}^{\varepsilon}\rangle$$

$$C_2=-\langle y_1D_{11kl}^{\varepsilon}/D_{1111}^{\varepsilon}\rangle+C_1\langle y_1/D_{1111}^{\varepsilon}\rangle$$

$$C_3=\frac{1}{2}\langle y_1^2D_{11kl}^{\varepsilon}/D_{1111}^{\varepsilon}\rangle-\frac{a_1}{2}\langle y_1D_{11kl}^{\varepsilon}/D_{1111}^{\varepsilon}\rangle-\frac{1}{2}C_1\langle y_1^2/D_{1111}^{\varepsilon}\rangle+\frac{a_1}{2}C_1\langle y_1/D_{1111}^{\varepsilon}\rangle$$

根据周期条件式(3.4.2)和式(3.4.3)可以从方程(3.4.17)得到 $\mathrm{d}^2\chi_2^{kl}/\mathrm{d}y_1^2$,即

$$\frac{\mathrm{d}^2\chi_2^{kl}}{\mathrm{d}y_1^2}=\frac{1}{D_{1111}^{\varepsilon}}\left(\frac{\langle D_{11kl}^{\varepsilon}/D_{1111}^{\varepsilon}\rangle}{\langle D_{1111}^{\varepsilon\;-1}\rangle}-D_{11kl}^{\varepsilon}\right),\quad y_1\in D \tag{3.4.21}$$

其中 $\langle\cdot\rangle=\frac{1}{|D|}\int_D\mathrm{d}D$。将式(3.4.21)代入式(3.4.19)可得到周期层状板的等效弯曲刚度的解析表达式为

$$\begin{cases}D_{1111}^{0}=\langle D_{1111}^{\varepsilon\;-1}\rangle^{-1}\\ D_{1122}^{0}=\left\langle\dfrac{D_{1122}^{\varepsilon}}{D_{1111}^{\varepsilon}}\right\rangle\langle D_{1111}^{\varepsilon\;-1}\rangle^{-1}\\ D_{1112}^{0}=\left\langle\dfrac{D_{1112}^{\varepsilon}}{D_{1111}^{\varepsilon}}\right\rangle\langle D_{1111}^{\varepsilon\;-1}\rangle^{-1}\\ D_{2222}^{0}=\left\langle\dfrac{D_{2211}^{\varepsilon}}{D_{1111}^{\varepsilon}}\right\rangle\left\langle\dfrac{D_{1122}^{\varepsilon}}{D_{1111}^{\varepsilon}}\right\rangle\langle D_{1111}^{\varepsilon\;-1}\rangle^{-1}+\left\langle D_{2222}^{\varepsilon}-\dfrac{D_{2211}^{\varepsilon}D_{1122}^{\varepsilon}}{D_{1111}^{\varepsilon}}\right\rangle\\ D_{2212}^{0}=\left\langle\dfrac{D_{2211}^{\varepsilon}}{D_{1111}^{\varepsilon}}\right\rangle\left\langle\dfrac{D_{1112}^{\varepsilon}}{D_{1111}^{\varepsilon}}\right\rangle\langle D_{1111}^{\varepsilon\;-1}\rangle^{-1}+\left\langle D_{2212}^{\varepsilon}-\dfrac{D_{2211}^{\varepsilon}D_{1112}^{\varepsilon}}{D_{1111}^{\varepsilon}}\right\rangle\\ D_{1212}^{0}=\left\langle\dfrac{D_{1211}^{\varepsilon}}{D_{1111}^{\varepsilon}}\right\rangle\left\langle\dfrac{D_{1112}^{\varepsilon}}{D_{1111}^{\varepsilon}}\right\rangle\langle D_{1111}^{\varepsilon\;-1}\rangle^{-1}+\left\langle D_{1212}^{\varepsilon}-\dfrac{D_{1211}^{\varepsilon}D_{1112}^{\varepsilon}}{D_{1111}^{\varepsilon}}\right\rangle\end{cases} \tag{3.4.22}$$

由式(3.4.22)可知,层状板的等效刚度与单胞材料的刚度系数的关系具有高度非线性。此外,对于高阶影响函数,由于其控制方程更为复杂,得到高阶影响函数的解析解将变得更为艰难,甚至不可能。因此,对于周期薄板单胞问题,更为普遍的做法是通过有限元方法求解单胞影响函数。

3.4.4 二维周期薄板单胞问题的有限元列式

不同于一般的薄板静力学问题，二维周期薄板单胞问题式(3.3.17)、式(3.3.19)的虚拟载荷的形式更为复杂。其次，相比于薄板静力学问题中的 Dirichlet 位移边界条件，单胞周期边界条件式(3.4.1)、式(3.4.2)、式(3.4.6)以及单胞全局约束条件式(3.4.5)的实现也是有限元方法中必须解决的问题。这里通过拉格朗日乘子法和主从自由度消除法实现单胞位移约束条件的施加，并基于虚功原理，给出单胞问题的有限元列式。

从单胞问题的控制方程(3.3.17)、方程(3.3.19)的形式来看，方程右端项本质上为单胞承受的虚拟载荷。因此，利用拉格朗日乘子法和虚功原理，单胞问题式(3.3.17)、式(3.3.19)可分别表示为

$$\int_D D^{\varepsilon}_{ijmn}\frac{\partial^2\chi_2^{kl}}{\partial y_m\partial y_n}\frac{\partial^2\delta\chi_2}{\partial y_i\partial y_j}\mathrm{d}D+\int_D D^{\varepsilon}_{ijkl}\frac{\partial^2\delta\chi_2}{\partial y_i\partial y_j}\mathrm{d}D+\lambda_2^{kl}\int_D\delta\chi_2\,\mathrm{d}D+\delta\lambda_2\int_D\chi_2^{kl}\,\mathrm{d}D=0 \tag{3.4.23}$$

$$\begin{aligned}&\int_D D^{\varepsilon}_{ijmn}\frac{\partial^2\chi_3^{klp}}{\partial y_m\partial y_n}\frac{\partial^2\delta\chi_3}{\partial y_i\partial y_j}\mathrm{d}D+\lambda_3^{klp}\int_D\delta\chi_3\,\mathrm{d}D+\delta\lambda_3\int_D\chi_3^{klp}\,\mathrm{d}D+\\&\int_D\left(2D^{\varepsilon}_{ipkl}\frac{\partial\delta\chi_3}{\partial y_i}-2D^{\varepsilon}_{ipmn}\frac{\partial^2\chi_2^{kl}}{\partial y_m\partial y_n}\frac{\partial\delta\chi_3}{\partial y_i}+2D^{\varepsilon}_{ijmp}\frac{\partial\chi_2^{kl}}{\partial y_m}\frac{\partial^2\delta\chi_3}{\partial y_i\partial y_j}\right)\mathrm{d}D=0\end{aligned} \tag{3.4.24}$$

式中：λ_2^{kl} 和 λ_3^{klp} 为拉格朗日乘子。

考虑到四阶刚度张量 D^{ε}_{ijkl} 满足 Voigt 对称性，式(3.4.23)和式(3.4.24)可分别离散如下：

$$\delta\boldsymbol{\chi}_2^{\mathrm{T}}\boldsymbol{K}\boldsymbol{\chi}_2+\delta\boldsymbol{\lambda}_2^{\mathrm{T}}\boldsymbol{C}\boldsymbol{\chi}_2+\delta\boldsymbol{\chi}_2^{\mathrm{T}}\boldsymbol{C}^{\mathrm{T}}\boldsymbol{\lambda}_2=\delta\boldsymbol{\chi}_2^{\mathrm{T}}\boldsymbol{F}_2 \tag{3.4.25}$$

$$\delta\boldsymbol{\chi}_3^{\mathrm{T}}\boldsymbol{K}\boldsymbol{\chi}_3+\delta\boldsymbol{\lambda}_3^{\mathrm{T}}\boldsymbol{C}\boldsymbol{\chi}_3+\delta\boldsymbol{\chi}_3^{\mathrm{T}}\boldsymbol{C}^{\mathrm{T}}\boldsymbol{\lambda}_3=\delta\boldsymbol{\chi}_3^{\mathrm{T}}\boldsymbol{F}_3 \tag{3.4.26}$$

于是有

$$\begin{bmatrix}\boldsymbol{K} & \boldsymbol{C}^{\mathrm{T}}\\ \boldsymbol{C} & 0\end{bmatrix}\begin{bmatrix}\boldsymbol{\chi}_2\\ \boldsymbol{\lambda}_2\end{bmatrix}=\begin{bmatrix}\boldsymbol{F}_2\\ \boldsymbol{0}\end{bmatrix} \tag{3.4.27}$$

$$\begin{bmatrix}\boldsymbol{K} & \boldsymbol{C}^{\mathrm{T}}\\ \boldsymbol{C} & 0\end{bmatrix}\begin{bmatrix}\boldsymbol{\chi}_3\\ \boldsymbol{\lambda}_3\end{bmatrix}=\begin{bmatrix}\boldsymbol{F}_3\\ \boldsymbol{0}\end{bmatrix} \tag{3.4.28}$$

式中

$$\boldsymbol{K}=\sum_{e=1}\int_{D^e}\boldsymbol{B}_2^{\mathrm{T}}\boldsymbol{D}^{\varepsilon}\boldsymbol{B}_2\,\mathrm{d}D^e \tag{3.4.29}$$

$$\boldsymbol{C}=\sum_{e=1}\int_{D^e}\boldsymbol{N}\,\mathrm{d}D^e \tag{3.4.30}$$

$$\boldsymbol{\chi}_r=\sum_{e=1}\boldsymbol{\chi}_r^e,\quad (r=2,3) \tag{3.4.31}$$

$$\boldsymbol{\lambda}_2=\begin{bmatrix}\lambda_2^{11} & \lambda_2^{22} & \lambda_2^{12}\end{bmatrix} \tag{3.4.32}$$

$$\boldsymbol{\lambda}_3=\begin{bmatrix}\lambda_3^{111} & \lambda_3^{221} & \lambda_3^{121} & \lambda_3^{112} & \lambda_3^{222} & \lambda_3^{122}\end{bmatrix} \tag{3.4.33}$$

$$\boldsymbol{F}_2=-\sum_{e=1}\int_{D^e}\boldsymbol{B}_2^{\mathrm{T}}\boldsymbol{D}^{\varepsilon}\,\mathrm{d}D^e \tag{3.4.34}$$

$$\boldsymbol{F}_3=\sum_{e=1}\int_{D^e}\left\{2\boldsymbol{B}_1^{\mathrm{T}}\boldsymbol{D}_1^{\varepsilon}+2\boldsymbol{B}_1^{\mathrm{T}}\begin{bmatrix}\boldsymbol{D}_2^{\varepsilon}\boldsymbol{B}_2\boldsymbol{\chi}_2^e & \boldsymbol{D}_3^{\varepsilon}\boldsymbol{B}_2\boldsymbol{\chi}_2^e\end{bmatrix}-2\boldsymbol{B}_2^{\mathrm{T}}\begin{bmatrix}\boldsymbol{D}_4^{\varepsilon}\boldsymbol{B}_1\boldsymbol{\chi}_2^e & \boldsymbol{D}_5^{\varepsilon}\boldsymbol{B}_1\boldsymbol{\chi}_2^e\end{bmatrix}\right\}\mathrm{d}D^e \tag{3.4.35}$$

$$\boldsymbol{B}_1=\begin{bmatrix}\partial\mathbf{N}/\partial y_1\\\partial\mathbf{N}/\partial y_2\end{bmatrix},\quad \boldsymbol{B}_2=\begin{bmatrix}\partial^2\mathbf{N}/\partial y_1^2\\\partial^2\mathbf{N}/\partial y_2^2\\2\partial^2\mathbf{N}/\partial y_1\partial y_2\end{bmatrix}\tag{3.4.36}$$

$$\boldsymbol{D}_1^\varepsilon=\begin{bmatrix}D_{1111}^\varepsilon & D_{1122}^\varepsilon & D_{1112}^\varepsilon & D_{1211}^\varepsilon & D_{1222}^\varepsilon & D_{1212}^\varepsilon\\D_{1211}^\varepsilon & D_{1222}^\varepsilon & D_{1212}^\varepsilon & D_{2211}^\varepsilon & D_{2222}^\varepsilon & D_{2212}^\varepsilon\end{bmatrix}\tag{3.4.37}$$

$$\boldsymbol{D}_2^\varepsilon=\begin{bmatrix}D_{1111}^\varepsilon & D_{1122}^\varepsilon & D_{1112}^\varepsilon\\D_{1211}^\varepsilon & D_{1222}^\varepsilon & D_{1212}^\varepsilon\end{bmatrix},\quad \boldsymbol{D}_3^\varepsilon=\begin{bmatrix}D_{1211}^\varepsilon & D_{1222}^\varepsilon & D_{1212}^\varepsilon\\D_{2211}^\varepsilon & D_{2222}^\varepsilon & D_{2212}^\varepsilon\end{bmatrix}\tag{3.4.38}$$

$$\boldsymbol{D}_4^\varepsilon=\begin{bmatrix}D_{1111}^\varepsilon & D_{1112}^\varepsilon\\D_{2211}^\varepsilon & D_{2212}^\varepsilon\\D_{1211}^\varepsilon & D_{1212}^\varepsilon\end{bmatrix},\quad \boldsymbol{D}_5^\varepsilon=\begin{bmatrix}D_{1112}^\varepsilon & D_{1122}^\varepsilon\\D_{2212}^\varepsilon & D_{2222}^\varepsilon\\D_{1212}^\varepsilon & D_{1222}^\varepsilon\end{bmatrix}\tag{3.4.39}$$

式中：$\boldsymbol{K}$ 为细观单胞模型的全局刚度矩阵；D^e 为单胞细观模型中单元 e 的定义域；$\mathbf{N}(\boldsymbol{y})$为定义在单胞细观单元上的形函数行向量，其列数为单元自由度数；$\boldsymbol{F}_2$ 和 $\boldsymbol{F}_3$ 分别为二阶和三阶虚拟载荷矩阵。

考虑到薄板单元的结点参数至少包括挠度以及两个转角，因此，可通过主从自由度法将周期边界条件式(3.4.1)、式(3.4.2)、式(3.4.6)引入到离散方程(3.4.27)和方程(3.4.28)中。为此，分别定义两对周期边界$\partial Y_{1\pm}$和$\partial Y_{2\pm}$为主从边界，如图 3.3 所示，并要求主从边界上的有限单元的结点参数($\boldsymbol{\chi}_r,\partial\boldsymbol{\chi}_r/\partial\boldsymbol{x}_1,\partial\boldsymbol{\chi}_r/\partial\boldsymbol{x}_2$)相等。然后，利用多自由度约束消除从边界上的结点自由度得到

$$\boldsymbol{\chi}_2=\boldsymbol{T}\tilde{\boldsymbol{\chi}}_2\tag{3.4.40}$$

$$\boldsymbol{\chi}_3=\boldsymbol{T}\tilde{\boldsymbol{\chi}}_3\tag{3.4.41}$$

式中：$\boldsymbol{T}$ 为主从自由度转换矩阵，参见 2.3.2 小节中的式(2.3.41)。分别将式(3.4.40)、式(3.4.41)代入式(3.4.25)、式(3.4.26)得到

$$\begin{bmatrix}\boldsymbol{T}^{\mathrm{T}}\boldsymbol{K}\boldsymbol{T} & \boldsymbol{T}^{\mathrm{T}}\boldsymbol{C}^{\mathrm{T}}\\\boldsymbol{C}\boldsymbol{T} & 0\end{bmatrix}\begin{bmatrix}\tilde{\boldsymbol{\chi}}_2\\\boldsymbol{\lambda}_2\end{bmatrix}=\begin{bmatrix}\boldsymbol{T}^{\mathrm{T}}\boldsymbol{F}_2\\\boldsymbol{0}\end{bmatrix}\tag{3.4.42}$$

$$\begin{bmatrix}\boldsymbol{T}^{\mathrm{T}}\boldsymbol{K}\boldsymbol{T} & \boldsymbol{T}^{\mathrm{T}}\boldsymbol{C}^{\mathrm{T}}\\\boldsymbol{C}\boldsymbol{T} & 0\end{bmatrix}\begin{bmatrix}\tilde{\boldsymbol{\chi}}_3\\\boldsymbol{\lambda}_3\end{bmatrix}=\begin{bmatrix}\boldsymbol{T}^{\mathrm{T}}\boldsymbol{F}_3\\\boldsymbol{0}\end{bmatrix}\tag{3.4.43}$$

通过求解式(3.4.42)、式(3.4.43)并结合式(3.4.40)和式(3.4.41)可得到 $\boldsymbol{\chi}_2$ 和 $\boldsymbol{\chi}_3$。利用得到的 $\boldsymbol{\chi}_2$ 和式(3.3.22)，可求得周期薄板等效刚度矩阵的数值解：

$$\boldsymbol{D}^0=\frac{1}{|D|}\sum_{e=1}\int_{D^e}(\boldsymbol{D}^\varepsilon+\boldsymbol{D}^\varepsilon\boldsymbol{B}_2\boldsymbol{\chi}_2^e)\mathrm{d}D^e\tag{3.4.44}$$

对于承受横向分布载荷 q 的静力学问题，通过有限元方法可以求得板的均匀化位移场，其有限元列式如下：

$$\boldsymbol{K}^0\boldsymbol{W}^0=\boldsymbol{F}^0\tag{3.4.45}$$

$$\boldsymbol{K}^0=\sum_{e=1}\int_{\Omega^e}\boldsymbol{B}_2^{\mathrm{T}}(\boldsymbol{x})\boldsymbol{D}^0\boldsymbol{B}_2(\boldsymbol{x})\mathrm{d}\Omega^e\tag{3.4.46}$$

$$\boldsymbol{F}^0=\sum_{e=1}\int_{\Omega^e}\boldsymbol{N}^{\mathrm{T}}(\boldsymbol{x})q\,\mathrm{d}\Omega^e\tag{3.4.47}$$

$$\boldsymbol{W}^0 = \sum_{e=1} \boldsymbol{W}_e^0 \tag{3.4.48}$$

$$\boldsymbol{B}_2 = \begin{bmatrix} \partial^2 \boldsymbol{N}(\boldsymbol{x})/\partial x_1^2 \\ \partial^2 \boldsymbol{N}(\boldsymbol{x})/\partial x_2^2 \\ 2\partial^2 \boldsymbol{N}(\boldsymbol{x})/\partial x_1 \partial x_2 \end{bmatrix} \tag{3.4.49}$$

式中：Ω^e 为板的一个宏观单元域，$\boldsymbol{N}(\boldsymbol{x})$为定义在板宏观单元上的形函数行向量，$\boldsymbol{K}^0$ 和 $\boldsymbol{F}^0$ 为板宏观全局刚度矩阵和载荷列向量，$\boldsymbol{W}_e^0$ 为单元结点位移参数列向量。根据式(3.3.2)、式(3.3.16)和式(3.3.18)可得到周期板渐近展开单元细观挠度的数值解：

$$w_e^\varepsilon = \boldsymbol{N}(\boldsymbol{x})\boldsymbol{W}_e^0 + \varepsilon^2(\boldsymbol{N}(\boldsymbol{y})\boldsymbol{\chi}_2^e)^{\mathrm{T}}\boldsymbol{B}_2(\boldsymbol{x})\boldsymbol{W}_e^0 + \varepsilon^3(\boldsymbol{N}(\boldsymbol{y})\boldsymbol{\chi}_3^e)^{\mathrm{T}}\boldsymbol{B}_3(\boldsymbol{x})\boldsymbol{W}_e^0 \tag{3.4.50}$$

式中

$$\boldsymbol{B}_3 = \begin{bmatrix} \partial^3 \boldsymbol{N}(\boldsymbol{x})/\partial x_1^3 \\ \partial^3 \boldsymbol{N}(\boldsymbol{x})/\partial x_1 \partial x_2^2 \\ 2\partial^3 \boldsymbol{N}(\boldsymbol{x})/\partial x_1^2 \partial x_2 \\ \partial^3 \boldsymbol{N}(\boldsymbol{x})/\partial x_1^2 \partial x_2 \\ \partial^3 \boldsymbol{N}(\boldsymbol{x})/\partial x_2^3 \\ 2\partial^3 \boldsymbol{N}(\boldsymbol{x})/\partial x_1 \partial x_2^2 \end{bmatrix} \tag{3.4.51}$$

由式(3.3.2)、式(3.3.16)和式(3.3.18)可知，渐近展开解的计算精度取决于均匀化位移及其高阶导数的精度。需要注意的是，当均匀化位移场求导阶次大于单元形函数 $\boldsymbol{N}(\boldsymbol{x})$的完备阶次时，可采用如下多次插值求导的方式：

$$\frac{\partial^n w_e^0}{\partial x_i^n} = \frac{\partial \boldsymbol{N}(\boldsymbol{x})}{\partial x_i} \frac{\partial^{n-1} \boldsymbol{W}_e^0}{\partial x_i^{n-1}} \tag{3.4.52}$$

式中：n 为求导阶次。当 $\boldsymbol{N}(\boldsymbol{x})$的完备阶次不小于求导阶次 n 时，可直接对 $\boldsymbol{N}(\boldsymbol{x})$进行 n 阶求导，得到 w_e^0 的 n 阶导数。

3.5　影响函数的物理意义

渐近展开方法具有严格数学理论基础。针对具有 C^0 连续性的平面问题和三维问题，第 2 章已经分析了渐近展开方法展开项的物理意义。本章将渐近展开方法用于具有 C^1 连续性的欧拉梁和薄板问题，其展开项的物理意义与第 2 章的不同。下面针对周期薄板，从力学角度阐述多尺度渐近展开方法的物理意义，便于读者对该方法的理解和应用。

在渐近展开方法中，板的细观(或双尺度)挠度 w^ε 是均匀化挠度 w^0 与各阶摄动挠度 w^r $(r\geqslant 2)$的叠加，式中 w^r 为 $\boldsymbol{\chi}_r$ 与 w^0 的 r 阶导数的乘积。因为 w^0 的物理意义明确，所以渐近展开方法的物理意义本质上与影响函数 $\boldsymbol{\chi}_r$，或者说与求解 $\boldsymbol{\chi}_r$ 的虚拟载荷 $\boldsymbol{F}_r$ 的物理意义是等价的。

由单胞控制方程(3.3.17)、方程(3.3.19)以及虚拟载荷矩阵式(3.4.34)、式(3.4.35)可知，虚拟载荷 $\boldsymbol{F}_r$ 与外力无关，是由单胞的非均匀性引起的，仅取决于单胞的弹性刚度矩阵 $\boldsymbol{D}^\varepsilon$ 及其微结构形式。因此，对于均匀板问题，$\boldsymbol{F}_r$ 的值为零，对应的影响函数 $\boldsymbol{\chi}_r$ 也为零。

为了便于说明，这里借助一个简单薄板单胞来说明渐近展开方法的物理意义。考虑如

图 3.6 所示的含有单夹杂的二维周期薄板单胞。单胞厚度为 1 cm,面内尺寸为 $a_1 \times a_2 = 3\ \text{cm} \times 3\ \text{cm}$。单胞由各向同性的夹杂和基体材料组成,其中夹杂和基体的弹性模量分别为 $E_I = 10$ GPa 和 $E_M = 100$ GPa,泊松比均为 0.3。单胞细观有限元模型包括 15×15 个 4 结点 12 参数的非协调薄板矩形单元,记为 ACM12 单元[18]。

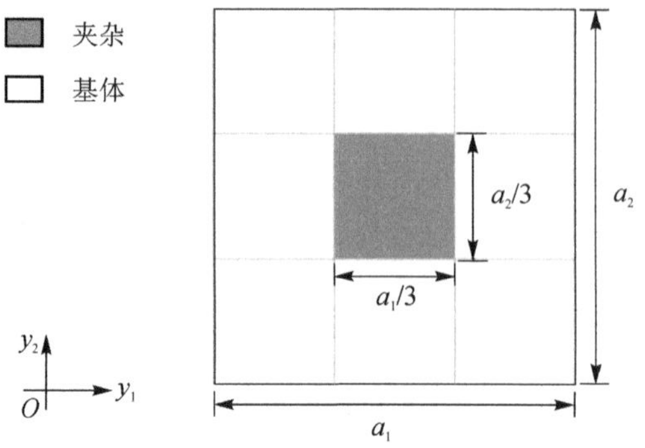

图 3.6 含有单夹杂的板单胞

图 3.7 和图 3.8 分别给出了单夹杂板单胞二阶和三阶的虚拟载荷矢量图。图中:Q_3 为结点的横向剪力,M_{11} 和 M_{22} 分别为绕 y_2 轴和 y_1 轴的结点弯矩。图 3.7 依次对应 $\boldsymbol{F}_2$ 矩阵中 3 列向量,即 $kl = 11,22,12$,图 3.8 则对应 $\boldsymbol{F}_3$ 矩阵中 6 列向量,即 $klp = 111,221,121,112,222,122$。

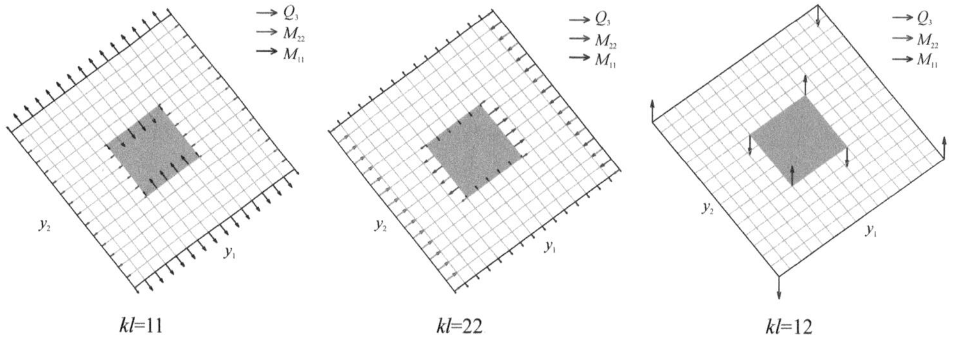

图 3.7 单夹杂板单胞二阶虚拟载荷矢量图

① 二阶虚拟载荷 $\boldsymbol{F}_2$ 有三种相互独立的分布形式,其中 $\boldsymbol{F}_2^{11}$ 和 $\boldsymbol{F}_2^{22}$ 为单位虚拟弯矩,也就是只存在结点弯矩,没有结点剪力,平行于 y_2 轴的箭头表示 M_{11},平行于 y_1 轴的箭头表示 M_{22};而 $\boldsymbol{F}_2^{12}$ 是由单位虚拟扭矩引起的,即只存在结点剪力,没有结点弯矩,垂直于(y_1,y_2)平面的箭头表示箭力 Q_3。不同于 $\boldsymbol{F}_2$,三阶虚拟载荷 $\boldsymbol{F}_3$ 有六种相互独立的分布形式,并且所有的工况中均存在非零的结点弯矩和结点剪力。

② $\boldsymbol{F}_2$ 和 $\boldsymbol{F}_3$ 在单胞上是自平衡的,即单胞上所有结点的合力(矩)为零。$\boldsymbol{F}_2$ 和 $\boldsymbol{F}_3$ 与单胞上的外载荷无关,仅与单胞的材料非均匀分布有关。对于均匀分布的薄板,虚拟载荷为零。

③ $\boldsymbol{F}_2$ 是虚拟线载荷,其分布形式较为简单,仅在基体与夹杂界面及单胞边界处具有非零值,这说明 $\boldsymbol{F}_2$ 是反映单胞非均匀性的最基本的虚拟载荷,因此 w^2 是渐近展开解的主要摄动项。$\boldsymbol{F}_3$ 是虚拟面载荷,其分布形式较为复杂,在各结点处均存在非零结点弯矩和结点剪力,因

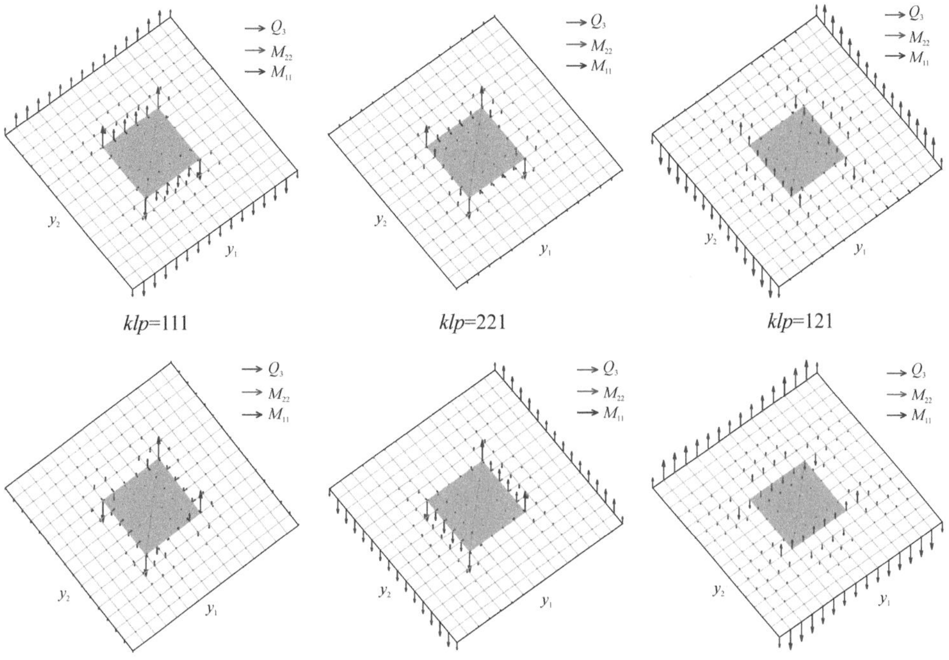

klp=111　*klp*=221　*klp*=121

klp=112　*klp*=222　*klp*=122

图 3.8　单夹杂板单胞三阶虚拟载荷矢量图

此在 $\boldsymbol{F}_2$ 的基础上,$\boldsymbol{F}_3$ 进一步反映了非均匀性介质的相互作用。一般而言,周期薄板的渐近展开解摄动至前三阶就足够精确。

④ 二阶影响函数的单位是 m^2,其对应的虚拟载荷矢量图表征单胞上的三种不同分布形式的虚拟力偶。由于 w^2 是 $\boldsymbol{\chi}_2$ 与 w^0 二阶导数的乘积,因此类比结构振动的模态叠加方法,可以把 $\boldsymbol{\chi}_2$ 比拟为三种基本的模态函数,而 w^0 的二阶导数可以比拟为广义模态坐标。需要说明的是,$\boldsymbol{\chi}_2$ 的三种变形模式之间不具有正交性。

⑤ 三阶影响函数的单位是 m^3,其对应的虚拟载荷的量纲为 $\mathrm{N}\cdot\mathrm{m}^2$,物理意义尚不明确。与 $\boldsymbol{F}_3$ 对应的影响函数 $\boldsymbol{\chi}_3$ 包含六种相互独立的细观变形,但这六种变形模式之间不存在正交性。由于 w^3 是 $\boldsymbol{\chi}_3$ 与 w^0 三阶导数的乘积,因此 $\boldsymbol{\chi}_3$ 可以比拟为六种基本的模态函数,而 w^0 的三阶导数可以比拟为广义模态坐标。当然,也可以把 $\boldsymbol{\chi}_2$ 和 $\boldsymbol{\chi}_3$ 比拟为 Ritz 基函数。

需要特别说明的是,上述关于周期薄板渐近展开方法的物理意义的结论具有一般性,即不限于本节所列举的单夹杂薄板单胞的情况。

3.6　适定性和收敛性

本节针对具有周期振荡系数的四阶椭圆型偏微分方程(3.2.24),运用 Lax - Milgram 定理证明其解的存在性和唯一性,然后根据双尺度收敛方法证明其渐近展开解的收敛性。

3.6.1　泛函分析的预备知识

首先简要介绍下面将用到的与泛函分析有关的概念、定义和定理,更多关于泛函分析的具体内容，读者可参见参考文献[19-21]。

定义 3.6.1 设 $1\leqslant p\leqslant\infty$，$f:\Omega\rightarrow\mathbb{R}^N$（$N$ 维 Euclidean 空间）表示 Lebesgue 测度函数（随机变量），定义 L^p 范数为

$$\|f\|_{L^p(\Omega)}=\begin{cases}\left(\int_\Omega|f|^p\mathrm{d}x\right)^{\frac{1}{p}}, & 1\leqslant p<\infty\\ \operatorname*{ess\,sup}_\Omega|f|, & p=\infty\end{cases}\tag{3.6.1}$$

其中使用了如下记号：

$$\operatorname*{ess\,sup}_\Omega=\inf\{C,|f|\leqslant C\quad \text{a. e. 在 }\Omega\text{ 上}\}$$

式中：a. e. 表示针对 Lebesgue 的测度；式(3.6.1)中的范数可简写成 $\|f\|_{L^p}$；“sup”(supremum) 表示上确界，“inf”(infimum)表示下确界，“ess”(essential) 表示本质上。

定义 3.6.2 设 w 为 Ω 内平方可积函数，其一阶和二阶弱导数存在且平方可积，定义如下的 Sobolev 空间 $H^2(\Omega)$：

$$H^2(\Omega)=\{w\,|\,w,\partial^1 w,\partial^2 w\in L^2(\Omega)\}$$

$H^2(\Omega)$是可分的 Hilbert 空间，其内积和范数分别定义为

$$(w,v)_{H^2(\Omega)}=(w,v)_{L^2(\Omega)}+\sum_{|\alpha|=|\beta|=2}(\partial^\alpha w,\partial^\beta v)_{L^2(\Omega)}\tag{3.6.2}$$

$$\|w\|_{H^2(\Omega)}=\sqrt{\|w\|^2_{L^2(\Omega)}+\sum_{|\alpha|=2}\|\partial^\alpha w\|^2_{L^2(\Omega)}}\tag{3.6.3}$$

$$\partial^\alpha w=\frac{\partial^{|\alpha|}w}{\partial x_1^{\alpha_1}\partial x_2^{\alpha_2}\cdots\partial x_N^{\alpha_N}}$$

式中：$\alpha=(\alpha_1,\alpha_2,\cdots,\alpha_N)\in\mathbf{N}^N$（$N$ 维自然数空间），且有$|\alpha|=\alpha_1+\alpha_2+\cdots+\alpha_N$。

定义 3.6.3 Sobolev 空间 $H_0^2(\Omega)$是基于 $H^2(\Omega)$范数而得到的 $C_0^\infty(\Omega)$的完备化空间，定义其范数为

$$\|w\|_{H_0^2(\Omega)}=\sum_{|\alpha|=2}\|\partial^\alpha w\|^2_{L^2(\Omega)}\tag{3.6.4}$$

命题 3.6.4 范数 $\|\cdot\|_{H^2(\Omega)}$与 $\|\cdot\|_{H_0^2(\Omega)}$是等价的。

证明： 根据 Poincaré 不等式，对于$\mathbb{R}^N$ 上的有界开集 Ω，存在只依赖于 Ω 的常数 C_Ω 使得任意 $w\in H_0^2(\Omega)$满足

$$\|w\|_{L^2(\Omega)}\leqslant C_\Omega\sum_{|\alpha|=1}\|\partial^\alpha w\|^2_{L^2(\Omega)},\quad\forall w\in H_0^2(\Omega)\tag{3.6.5}$$

类似地，存在常数 $\widetilde{C}_\Omega$ 使得

$$\sum_{|\alpha|=1}\|\partial^\alpha w\|^2_{L^2(\Omega)}\leqslant\widetilde{C}_\Omega\sum_{|\alpha|=2}\|\partial^\alpha w\|^2_{L^2(\Omega)},\quad\forall w\in H_0^2(\Omega)\tag{3.6.6}$$

由此可知范数式(3.6.3)与范数式(3.6.4)是等价的。值得说明的是，在参考文献[22]中，Hilbert 空间 $H^2(\Omega)$的范数定义为

$$\|w\|_{H^2(\Omega)}=\sqrt{\|w\|^2_{L^2(\Omega)}+\sum_{|\alpha|=1}\|\partial^\alpha w\|^2_{L^2(\Omega)}+\sum_{|\alpha|=2}\|\partial^\alpha w\|^2_{L^2(\Omega)}}\tag{3.6.7}$$

范数式(3.6.3)、范数式(3.6.4)与范数式(3.6.7)是等价的。

定理 3.6.5 Lax－Milgram 定理 设 H 为具有范数 $\|\cdot\|$ 和内积$(\cdot,\cdot)$的 Hilbert 空间，$\langle\cdot,\cdot\rangle_{H^*,H}$ 表示 H^* 和 H 之间的对偶对，设双线性映射 $a(w,v)$：$H\times H\rightarrow\mathbb{R}$ 满足如下

关系：

① (椭圆性) 存在常数 $\alpha>0$，使得

$$|a(w,w)|\geqslant \alpha \|w\|^2,\quad \forall w\in H \tag{3.6.8}$$

② (连续性) 存在常数 $\beta>0$，使得

$$|a(w,v)|\leqslant \beta \|w\| \|v\|,\quad \forall w,v\in H \tag{3.6.9}$$

另设 $q: H\to\mathbb{R}$ 为 H 上的有界线性泛函，则存在唯一元素 $w\in H$ 和任意的 $v\in H$，使得

$$a(w,v)=\int_\Omega \langle q,v\rangle_{H^*,H}\mathrm{d}\Omega \tag{3.6.10}$$

需要说明的是，定理 3.6.5 中讨论的是一般的 Hilbert 空间。

定义 3.6.6　设函数 $f:\mathbb{R}^d\to\mathbb{R}$ 满足

$$f(\boldsymbol{y}+Y)=f(\boldsymbol{y}),\quad \forall \boldsymbol{y}\in\mathbb{R}^d$$

则称 f 为 Y 周期函数。定义 Hilbert 空间 $L^2(\Omega;L^2(Y)):=L^2(\Omega\times Y)$，其内积和范数分别为

$$(w,v)_{L^2(\Omega\times Y)}=\int_\Omega\int_Y w(\boldsymbol{x},\boldsymbol{y})v(\boldsymbol{x},\boldsymbol{y})\mathrm{d}Y\mathrm{d}\Omega \tag{3.6.11}$$

$$\|w\|^2_{L^2(\Omega\times Y)}=\int_\Omega\int_Y w(\boldsymbol{x},\boldsymbol{y})^2\mathrm{d}Y\mathrm{d}\Omega \tag{3.6.12}$$

定义 3.6.7　设 w^ε 是 $L^2(\Omega)$ 中的一个序列，对于任意测试函数 $\phi\in L^2(\Omega;C_{\text{per}}(Y))$ 都有

$$\lim_{\varepsilon\to 0}\int_\Omega w^\varepsilon(\boldsymbol{x})\phi(\boldsymbol{x},\boldsymbol{x}/\varepsilon)\mathrm{d}\Omega=\int_\Omega\int_Y w^0(\boldsymbol{x},\boldsymbol{y})\phi(\boldsymbol{x},\boldsymbol{y})\mathrm{d}Y\mathrm{d}\Omega \tag{3.6.13}$$

式中：$\phi(\boldsymbol{x},\boldsymbol{y})$ 由 $\psi_1(\boldsymbol{y})$ 和 $\psi_2(\boldsymbol{x},\boldsymbol{y})$ 构成，并且 $\psi_1\in L^\infty_{\text{per}}(Y)$，$\psi_2\in L^2(\Omega;C_{\text{per}}(Y))$，则称 w^ε 双尺度收敛于 $w^0(\boldsymbol{x},\boldsymbol{y})\in L^2(\Omega\times Y)$，并记为 $w^\varepsilon\xrightarrow{2}w^0$。下标符号“per”(period) 表示周期。

3.6.2　四阶椭圆型偏微分方程的适定性

本小节将研究二维周期薄板静力学问题的适定性，即含有周期振荡系数的二维椭圆型偏微分方程解的存在性以及唯一性问题，该问题也是本章内容的基础。下面将运用 Lax－Milgram 定理证明这类问题解的存在性和唯一性。

考虑如下 Dirichlet 边值问题：

$$\begin{cases}\Delta\cdot(\boldsymbol{D}^\varepsilon\Delta w^\varepsilon)=q, & \boldsymbol{x}\in\Omega\\ w^\varepsilon=0,\quad \dfrac{\partial w^\varepsilon}{\partial x_1}=\dfrac{\partial w^\varepsilon}{\partial x_2}=0, & \boldsymbol{x}\in\partial\Omega\end{cases} \tag{3.6.14}$$

式中

$$\Delta w^\varepsilon=\left(\frac{\partial^2 w^\varepsilon}{\partial x_1^2},\frac{\partial^2 w^\varepsilon}{\partial x_2^2},2\frac{\partial^2 w^\varepsilon}{\partial x_1\partial x_2}\right)^{\mathrm{T}}$$

式中：$\boldsymbol{D}^\varepsilon(\boldsymbol{x},\boldsymbol{x}/\varepsilon)=\boldsymbol{D}(\boldsymbol{x},\boldsymbol{y})$ 是 Y 周期的正定矩阵，并且存在常数 $0<\alpha\leqslant\beta$ 与向量 $\boldsymbol{\xi}\in\mathbb{R}^2$ 使得

$$\begin{cases}\displaystyle\int_\Omega \boldsymbol{\xi}^{\mathrm{T}}\boldsymbol{D}^\varepsilon\boldsymbol{\xi}\mathrm{d}\Omega\geqslant\alpha|\boldsymbol{\xi}|^2\\ |\boldsymbol{D}^\varepsilon\boldsymbol{\xi}|\leqslant\beta|\boldsymbol{\xi}|\end{cases} \tag{3.6.15}$$

边值问题式(3.6.14)的弱解就是找到 $w^\varepsilon\in H_0^2(\Omega)$ 使得

$$a(w^\varepsilon,v)=\int_\Omega\langle q,v\rangle_{H^{-2}(\Omega),H_0^2(\Omega)}\mathrm{d}\Omega,\quad\forall v\in H_0^2(\Omega) \tag{3.6.16}$$

式中

$$a(w^{\varepsilon},v)=\int_{\Omega}D_{ijkl}^{\varepsilon}\frac{\partial^{2}w^{\varepsilon}}{\partial x_{i}\partial x_{j}}\frac{\partial^{2}v}{\partial x_{k}\partial x_{l}}\mathrm{d}\Omega=(\boldsymbol{D}^{\varepsilon}\Delta w^{\varepsilon},\Delta v) \tag{3.6.17}$$

$\langle\cdot,\cdot\rangle_{H^{-2},H_0^2}$ 表示 $H_0^2(\Omega)$和其对偶 $H^{-2}(\Omega)$所形成的对偶对；$(\cdot,\cdot)$ 是 $L^2(\Omega)$中的标准内积。

定理 3.6.8 若边值问题式(3.6.14)中的系数矩阵 $\boldsymbol{D}^{\varepsilon}$ 满足式(3.6.15)，则其存在满足式(3.6.16)的唯一弱解 $w^{\varepsilon}\in H_0^2(\Omega)$，且如下估计成立：

$$\|w\|_{H_0^2(\Omega)}\leqslant\frac{C_{\Omega}}{\alpha}\|q\|_{H^{-2}(\Omega)} \tag{3.6.18}$$

证明： 首先验证 Lax - Milgram 定理的条件。先验证椭圆性条件。由矩阵 $\boldsymbol{D}^{\varepsilon}$ 的正定性可得

$$a(w^{\varepsilon},w^{\varepsilon})=(\boldsymbol{D}^{\varepsilon}\Delta w^{\varepsilon},\Delta w^{\varepsilon})\geqslant\alpha\int_{\Omega}|\Delta w^{\varepsilon}|^{2}\mathrm{d}\Omega=\alpha\|w^{\varepsilon}\|_{H_0^2(\Omega)}^{2} \tag{3.6.19}$$

接下来验证连续性条件。利用式(3.6.15)以及 Cauchy - Schwarz 不等式可得

$$\begin{aligned}a(w^{\varepsilon},v)&=(\boldsymbol{D}^{\varepsilon}\Delta w^{\varepsilon},\Delta v)\leqslant\beta\int_{\Omega}|\Delta w^{\varepsilon}||\Delta v|\mathrm{d}\Omega\\&\leqslant\beta\left(\int_{\Omega}|\Delta w^{\varepsilon}|^{2}\mathrm{d}\Omega\right)^{\frac{1}{2}}\left(\int_{\Omega}|\Delta v|^{2}\mathrm{d}\Omega\right)^{\frac{1}{2}}=\beta\|w^{\varepsilon}\|_{H_0^2(\Omega)}\|v\|_{H_0^2(\Omega)}\end{aligned} \tag{3.6.20}$$

因此，双线性形式 $a(w^{\varepsilon},v)$满足 Lax - Milgram 定理的两个充分条件，式(3.6.14)存在唯一弱解 $w^{\varepsilon}\in H_0^2(\Omega)$。下面证明估计式(3.6.18)。

由连续性条件，有

$$\alpha\|w^{\varepsilon}\|_{H_0^2(\Omega)}^{2}\leqslant a(w^{\varepsilon},w^{\varepsilon})=\int_{\Omega}\langle q,w^{\varepsilon}\rangle_{H^{-2}(\Omega),H_0^2(\Omega)}\mathrm{d}\Omega \tag{3.6.21}$$

根据 Poincaré 不等式以及 Cauchy - Schwarz 不等式，可得

$$\int_{\Omega}\langle q,w^{\varepsilon}\rangle_{H^{-2}(\Omega),H_0^2(\Omega)}\mathrm{d}\Omega\leqslant C_{\Omega}\|q\|_{H^{-2}(\Omega)}\|w^{\varepsilon}\|_{H_0^2(\Omega)} \tag{3.6.22}$$

式中：C_{Ω} 是依赖于域 Ω 的常数。结合式(3.6.21)和式(3.6.22)可得估计式(3.6.18)。

3.6.3 渐近展开解的收敛性

本小节运用双尺度收敛方法证明具有周期振荡系数和 Dirichlet 边界条件的四阶椭圆型偏微分方程的两个均匀化定理。这两个均匀化定理既是对 3.3 节中的双尺度渐近展开方法的数学证明，也为推导周期薄板问题的均匀化方程提供了新的思路。

定理 3.6.9 设 w^{ε} 是边值问题式(3.6.14)的弱解，w^0 是如下均匀化问题的弱解：

$$\begin{cases}\Delta_x\cdot(\boldsymbol{D}^0\Delta_x w^0)=q, & \boldsymbol{x}\in\Omega\\ w^0=0,\quad \dfrac{\partial w^0}{\partial x_1}=\dfrac{\partial w^0}{\partial x_2}=0, & \boldsymbol{x}\in\partial\Omega\end{cases} \tag{3.6.23}$$

式中：$\boldsymbol{D}^0$ 为

$$\boldsymbol{D}^0=\frac{1}{|D|}\int_{D}(\boldsymbol{D}^{\varepsilon}+\boldsymbol{D}^{\varepsilon}\Delta_y\boldsymbol{\chi}_2)\mathrm{d}D \tag{3.6.24}$$

并且 $\boldsymbol{\chi}_2$ 是如下单胞问题的弱解：

$$\Delta_y\cdot(\boldsymbol{D}^{\varepsilon}\Delta_y\boldsymbol{\chi}_2)=-\Delta_y\cdot\boldsymbol{D}^{\varepsilon} \tag{3.6.25}$$

其中微分符号 $\Delta_x w^0$ 和 $\Delta_y \boldsymbol{\chi}_2$ 分别定义如下：

$$\Delta_x w^0 = \begin{bmatrix} \partial^2 w^0/\partial x_1^2 \\ \partial^2 w^0/\partial x_2^2 \\ 2\partial^2 w^0/\partial x_1 \partial x_2 \end{bmatrix}, \quad \Delta_y \boldsymbol{\chi}_2 = \begin{bmatrix} \partial^2 \boldsymbol{\chi}_2/\partial y_1^2 \\ \partial^2 \boldsymbol{\chi}_2/\partial y_2^2 \\ 2\partial^2 \boldsymbol{\chi}_2/\partial y_1 \partial y_2 \end{bmatrix}$$

那么，在 $H_0^2(\Omega)$上有如下弱收敛：

$$w^\varepsilon \rightarrow w^0$$

并在 $L^2(\Omega)$上有如下强收敛：

$$w^\varepsilon \rightarrow w^0$$

定理 3.6.10　设 $q \in L^2(\Omega)$且$\partial\Omega$ 充分光滑，$w^0 \in H^4(\Omega) \cap H_0^2(\Omega)$为均匀化问题式(3.6.23)的弱解，并且 $\boldsymbol{\chi}_2 \in C_{\text{per}}^2(Y)$是单胞问题式(3.6.25)的解，则在 $H^2(\Omega)$上有如下强收敛：

$$w^\varepsilon \rightarrow w^0$$

即

$$\lim_{\varepsilon \to 0} \| w^\varepsilon - (w^0 + \varepsilon^2 \boldsymbol{\chi}_2 \cdot \Delta_x w^0) \|_{H^2(\Omega)} = 0$$

下面给出定理 3.6.9 的证明。证明过程分为以下 4 步：第 1 步是运用能量估计推导 w^ε 具有双尺度收敛子序列，这个子序列是通过一对函数$[w^0(\boldsymbol{x}), w^2(\boldsymbol{x}, \boldsymbol{y})]$定义的；第 2 步是为了表征双尺度极限，构建关于$[w^0, w^2]$函数的双尺度方程，这些方程统称为双尺度系统；第 3 步是运用 Lax - Milgram 定理证明双尺度系统弱解的存在性以及唯一性；第 4 步是运用分离变量方法解耦双尺度系统，证明其引起的均匀化方程(3.6.23)～方程(3.6.25)与 3.3 节中的渐近展开解是相等的。

定义 3.6.11　定义 Hilbert 空间 $H = H_0^2(\Omega) \times L^2(\Omega; \mathbf{H}^2)$，其内积和范数分别为

$$(\boldsymbol{W}, \boldsymbol{V})_H = (\Delta_x w^0, \Delta_x v^0)_{L^2(\Omega)} + (\Delta_y w^2, \Delta_y v^2)_{L^2(\Omega \times Y)} \tag{3.6.26}$$

$$\| \boldsymbol{W} \|_{\mathrm{H}}^2 = \| \Delta w^0 \|_{L^2(\Omega)}^2 + \| \Delta_y w^2 \|_{L^2(\Omega \times Y)}^2 \tag{3.6.27}$$

式中：$\boldsymbol{W} = \lceil w^0, w^2 \rceil$，$\boldsymbol{V} = \lceil v^0, v^2 \rceil$。

引理 3.6.12　设 w^ε 是满足定理 3.6.9 假设条件下方程(3.6.14)的解，则存在函数 $\{w^0, w^2\} \in H$，使得 w^ε 和 Δw^ε 分别双尺度收敛于 w^0 和 $\Delta_x w^0 + \Delta_y w^2$。

证明：考虑到 Ω 是二维 Euclidean 空间$\mathbb{R}^2$上的有界集，由式(3.6.5)、式(3.6.6)可知，存在只依赖于 Ω 的常数 C 使得

$$\| w^\varepsilon \|_{H_0^2(\Omega)} \leqslant C$$

根据 Rellich 紧性定理，在 $L^2(\Omega)$存在一个子序列强收敛于极限 w^0，并在 $H_0^2(\Omega)$弱收敛于极限 w^0。

注意到函数 w^ε 可表示为如下形式：

$$w^\varepsilon(\boldsymbol{x}) = w^0(\boldsymbol{x}, \boldsymbol{x}/\varepsilon) + \varepsilon w^1(\boldsymbol{x}, \boldsymbol{x}/\varepsilon) + \varepsilon^2 w^2(\boldsymbol{x}, \boldsymbol{x}/\varepsilon) + o(\varepsilon^3) \tag{3.6.28}$$

式中：$w^i \in C(\Omega; C_{\text{per}}(Y))(i = 0, 1, 2)$。

设 $\phi \in L^2(\Omega; C_{\text{per}}(Y))$，并定义

$$f_i(\boldsymbol{x}, \boldsymbol{y}) = w^i(\boldsymbol{x}, \boldsymbol{y})\phi(\boldsymbol{x}, \boldsymbol{y}), \quad i = 0, 1, 2 \tag{3.6.29}$$

则有

$$\int_\Omega w^\varepsilon(\boldsymbol{x})\phi(\boldsymbol{x}, \boldsymbol{x}/\varepsilon)\mathrm{d}\Omega = \int_\Omega f_0^\varepsilon(\boldsymbol{x})\mathrm{d}\Omega + \varepsilon\int_\Omega f_1^\varepsilon(\boldsymbol{x})\mathrm{d}\Omega + \varepsilon^2\int_\Omega f_2^\varepsilon(\boldsymbol{x})\mathrm{d}\Omega$$

式中

$$f_i^\varepsilon(\boldsymbol{x}) = f_i(\boldsymbol{x}, \boldsymbol{x}/\varepsilon) = f_i(\boldsymbol{x}, \boldsymbol{y})$$

当 $i=0,1,2$ 时，有 $f_i^\varepsilon \in L^2(\Omega; C_{\text{per}}(Y))$，可知 f_0^ε 在 $L^2(\Omega)$ 中弱收敛于单胞 D 的均值，即

$$\bar{f}_0(\boldsymbol{x}) := \int_D f_0(\boldsymbol{x}, \boldsymbol{y}) \mathrm{d}D$$

这个弱收敛对于任意 $\psi \in L^2(\Omega)$ 都成立，即

$$(\psi, f_0^\varepsilon) \rightarrow (\psi, \bar{f}_0)$$

令 $\psi = 1$，则有

$$\int_\Omega f_0^\varepsilon(\boldsymbol{x}) \mathrm{d}\Omega \rightarrow \int_\Omega \int_Y f_0(\boldsymbol{x}, \boldsymbol{y}) \mathrm{d}Y \mathrm{d}\Omega = \int_\Omega \int_D w^0(\boldsymbol{x}, \boldsymbol{y}) \phi(\boldsymbol{x}, \boldsymbol{y}) \mathrm{d}D \mathrm{d}\Omega$$

类似地，由于 f_1^ε 和 f_2^ε 在 $L^2(\Omega)$ 上弱收敛，则其在 $L^2(\Omega)$ 有界，那么由 ε 的收敛性以及 Cauchy－Schwarz 不等式可得

$$\varepsilon \left| \int_\Omega f_1^\varepsilon(\boldsymbol{x}) \mathrm{d}\Omega \right| \leqslant \varepsilon C_1 \| f_1^\varepsilon \|_{L^2(\Omega)} \rightarrow 0$$

$$\varepsilon^2 \left| \int_\Omega f_2^\varepsilon(\boldsymbol{x}) \mathrm{d}\Omega \right| \leqslant \varepsilon^2 C_2 \| f_2^\varepsilon \|_{L^2(\Omega)} \rightarrow 0$$

对于关于 $o(\varepsilon^3)$ 的项，根据 Cauchy－Schwarz 不等式，可得

$$0 \leqslant \lim_{\varepsilon \to 0} \left| \int_\Omega o(\varepsilon^3) \phi\left(x, \frac{x}{\varepsilon}\right) \mathrm{d}\Omega \right| \leqslant \lim_{\varepsilon \to 0} |o(\varepsilon^3)| C_3 \| \phi \|_{L^2(\Omega)} = 0$$

由夹逼定理可知

$$\lim_{\varepsilon \to 0} \int_\Omega o(\varepsilon^3) \phi\left(x, \frac{x}{\varepsilon}\right) \mathrm{d}\Omega = 0$$

因此，w^ε 双尺度收敛于 w^0。

设$\partial\Omega$ 充分光滑并满足 Lipschitz 连续性，那么 w^ε 和$\varepsilon^2 \Delta w^\varepsilon$ 均为 $L^2(\Omega)$中的有界序列，则沿着子序列存在函数 $w^0 \in L^2(\Omega; H^2)$和 $w^2 \in L^2(\Omega; H^2)$使得 Δw^ε 双尺度收敛于 $\Delta_x w^0 + \Delta_y w^2$。

下面说明 $[w^0, w^2]$ 满足如下双尺度方程，也称为双尺度系统。

$$\begin{cases} \Delta_y \cdot [\boldsymbol{D}^\varepsilon(\Delta_x w^0 + \Delta_y w^2)] = 0, & \text{在 } \Omega \times Y \text{ 上} \\ \Delta_x \cdot \left[\int_D \boldsymbol{D}^\varepsilon(\Delta_x w^0 + \Delta_y w^2) \mathrm{d}D\right] = q, & \text{在 } \Omega \text{ 上} \\ w^0 = 0, \quad \dfrac{\partial w^0}{\partial x_1} = \dfrac{\partial w^0}{\partial x_2} = 0, & \text{在 } \partial\Omega \text{ 上} \\ w^2(\boldsymbol{x}, \boldsymbol{y}) \in C_{\text{per}}^2(\Omega; Y) \end{cases} \tag{3.6.30}$$

双尺度系统式(3.6.30)的弱形式定义为如下的双线性形式：

$$a(\boldsymbol{W}, \boldsymbol{\Phi}) = \int_\Omega \int_D \langle \boldsymbol{D}^\varepsilon(\Delta_x w^0 + \Delta_y w^2), \Delta_x \phi_0 + \Delta_y \phi_2 \rangle \mathrm{d}D \mathrm{d}\Omega \tag{3.6.31}$$

式中：$\boldsymbol{\Phi} := [\phi_0, \phi_2]$。双尺度系统的弱解旨在找到 $\boldsymbol{W} \in H$，使得

$$a(\boldsymbol{W}, \boldsymbol{\Phi}) = (q, \phi_0) \tag{3.6.32}$$

引理 3.6.13 设 w^ε 是满足定理 3.6.9 假设条件下方程(3.6.14)的弱解，则引理 3.6.11 中任意极限点 $[w^0, w^2]$ 是双尺度系统式(3.6.30)的弱解。

证明： 方程(3.6.14)的弱解即为找到 $w^\varepsilon \in H_0^2(\Omega)$ 并满足

$$\int_\Omega \langle \boldsymbol{D}^\varepsilon \Delta w^\varepsilon, \Delta \phi^\varepsilon \rangle \mathrm{d}\Omega = (q, \phi^\varepsilon), \quad \forall \phi^\varepsilon \in H_0^2(\Omega) \tag{3.6.33}$$

式中测试函数为

$$\phi^\varepsilon(\boldsymbol{x}) = \phi_0(\boldsymbol{x}) + \varepsilon^2 \phi_2(\boldsymbol{x}, \boldsymbol{y}) \tag{3.6.34}$$

并且 $\phi_0 \in C_0^\infty(\Omega)$，$\phi_2 \in C_0^\infty(\Omega; C_{\text{per}}^\infty(D))$，$\phi^\varepsilon \in H_0^2(\Omega)$。将式(3.6.34)代入式(3.6.33)并重新组合各项可得

$$I_1 + \varepsilon I_2 + \varepsilon^2 I_3 = (q, \phi_0 + \varepsilon^2 \phi_2)$$

式中

$$I_1 = \int_\Omega \langle \Delta w^\varepsilon, \boldsymbol{D}^\varepsilon (\Delta_x \phi_0 + \Delta_y \phi_2) \rangle \mathrm{d}\Omega$$

$$I_2 = 2\int_\Omega \langle \Delta w^\varepsilon, \boldsymbol{D}^\varepsilon \Delta_{xy} \phi_2 \rangle \mathrm{d}\Omega$$

$$I_3 = \int_\Omega \langle \Delta w^\varepsilon, \boldsymbol{D}^\varepsilon \Delta_x \phi_2 \rangle \mathrm{d}\Omega$$

其中微分算子 $\Delta_{xy}\phi_2$ 定义如下：

$$\Delta_{xy}\phi = \begin{bmatrix} \partial^2 \phi / \partial x_1 \partial y_1 \\ \partial^2 \phi / \partial x_2 \partial y_2 \\ \partial^2 \phi / \partial x_2 \partial y_1 + \partial^2 \phi / \partial x_1 \partial y_2 \end{bmatrix}$$

值得注意的是，对于任意双尺度函数 $\boldsymbol{\Psi}^\varepsilon = \boldsymbol{\Psi}(\boldsymbol{x}, \boldsymbol{y})$，微分算子 Δ_x、Δ_y 和 Δ_{xy} 满足如下关系：

$$\Delta \boldsymbol{\Psi}^\varepsilon(\boldsymbol{x}) = \Delta_x \boldsymbol{\Psi}(\boldsymbol{x}, \boldsymbol{y}) + \frac{2}{\varepsilon} \Delta_{xy} \boldsymbol{\Psi}(\boldsymbol{x}, \boldsymbol{y}) + \frac{1}{\varepsilon^2} \Delta_y \boldsymbol{\Psi}(\boldsymbol{x}, \boldsymbol{y}) \tag{3.6.35}$$

对于 I_1，由于 $\boldsymbol{D}^\varepsilon \in L^\infty(D)$ 并且

$$(\Delta_x \phi_0 + \Delta_y \phi_2) \in L^\infty(\Omega; C_{\text{per}}(D))$$

可以将 $\boldsymbol{D}^\varepsilon(\Delta_x \phi_0 + \Delta_y \phi_2)$ 作为一个测度函数，通过双尺度极限可得

$$\lim_{\varepsilon \to 0} I_1 = \int_\Omega \int_D \langle \boldsymbol{D}^\varepsilon (\Delta_x w^0 + \Delta_y w^2), \Delta_x \phi_0 + \Delta_y \phi_2 \rangle \mathrm{d}D\,\mathrm{d}\Omega$$

类似地，对于 I_2 和 I_3，$\boldsymbol{D}^\varepsilon \Delta_{xy} \phi_2$ 和 $\boldsymbol{D}^\varepsilon \Delta_x \phi_2$ 也可作为容许测度函数。在 I_2 和 I_3 中，分别通过双尺度极限可得到 $\varepsilon I_2 \to 0$ 以及 $\varepsilon^2 I_3 \to 0$。

此外，在 $L^2(\Omega)$ 空间，$\phi_0 + \varepsilon^2 \phi_2$ 弱收敛于 ϕ_0，于是

$$(q, \phi_0 + \varepsilon^2 \phi_2) \to (q, \phi_0)$$

综上可得

$$\int_\Omega \int_D \langle \boldsymbol{D}^\varepsilon (\Delta_x w^0 + \Delta_y w^2), \Delta_x \phi_0 + \Delta_y \phi_2 \rangle \mathrm{d}D\,\mathrm{d}\Omega = (q, \phi_0) \tag{3.6.36}$$

引理得证。

引理 3.6.14　在定理 3.6.9 假设条件下，双尺度系统有唯一弱解 $[w^0, w^2] \in H$。

证明： 双尺度系统的弱形式由式(3.6.31)给出。下面将验证双尺度系统的双线性形式式(3.6.31)满足 Lax - Milgram 定理的充分条件，即椭圆性条件和连续性条件。

首先验证椭圆性条件。由于矩阵 $\boldsymbol{D}^\varepsilon$ 满足式(3.6.15)，因此有

$$a(\boldsymbol{W}, \boldsymbol{W}) = \int_\Omega \int_D \langle \boldsymbol{D}^\varepsilon (\Delta_x w^0 + \Delta_y w^2), \Delta_x w^0 + \Delta_y w^2 \rangle \mathrm{d}D\,\mathrm{d}\Omega$$

$$\geqslant \alpha\int_{\Omega}\int_{D}|\Delta_x w^0+\Delta_y w^2|^2\mathrm{d}D\mathrm{d}\Omega \tag{3.6.37}$$

根据散度定理以及 $w^i(i=0,2)$在 Y 上的周期性可知：

$$\int_{\Omega}\int_{D}\langle\Delta_x w^0,\Delta_y w^2\rangle\mathrm{d}D\mathrm{d}\Omega=\int_{\Omega}\int_{D}\Delta_y\cdot(w^2\Delta_x w^0)\mathrm{d}D\mathrm{d}\Omega=0 \tag{3.6.38}$$

结合式(3.6.27)可知

$$a(\boldsymbol{W},\boldsymbol{W})\geqslant\alpha\|\boldsymbol{W}\|_H^2 \tag{3.6.39}$$

下面进行连续性证明。由于 $\boldsymbol{D}^\varepsilon$ 在 $L^\infty(\Omega;\mathbb{R}^2)$有界，运用 Cauchy－Schwarz 不等式可得

$$\begin{aligned}a(\boldsymbol{W},\boldsymbol{\Phi})&=\int_{\Omega}\int_{D}\langle\boldsymbol{D}^\varepsilon(\Delta_x w^0+\Delta_y w^2),\Delta_x\phi_0+\Delta_y\phi_1\rangle\mathrm{d}D\mathrm{d}\Omega\\&\leqslant\beta\int_{\Omega}\int_{D}|\Delta_x w^0+\Delta_y w^2||\Delta_x\phi_0+\Delta_y\phi_1|\mathrm{d}D\mathrm{d}\Omega\\&\leqslant\beta\|\boldsymbol{W}\|_H\|\boldsymbol{\Phi}\|_H\end{aligned} \tag{3.6.40}$$

于是，双线性形式 $a(\boldsymbol{W},\boldsymbol{\Phi})$满足椭圆性和连续性要求，根据 Lax－Milgram 定理可证双尺度系统有唯一弱解 $[w^0,w^2]\in H$。

下面将叙述形如 3.3 节中均匀化方程形式的双尺度系统，也是定理 3.6.9 证明过程中的最后一步。

引理 3.6.15 在定理 3.6.9 的假设下，双尺度系统的唯一解 $[w^0,w^2]\in H$，其中 w^0 是均匀化方程(3.6.23)的唯一解，并且 w^2 由如下分离变量形式给出：

$$w^2(\boldsymbol{x},\boldsymbol{y})=\boldsymbol{\chi}_2(\boldsymbol{y})\cdot\Delta_x w^0(\boldsymbol{x}) \tag{3.6.41}$$

式中：$\boldsymbol{\chi}_2$ 为单胞问题式(3.6.25)的解。

证明： 将式(3.6.41)代入式(3.6.30)可得

$$\Delta_y\cdot(\boldsymbol{D}^\varepsilon\Delta_x w^0)=\Delta_y\cdot(\boldsymbol{D}^\varepsilon\Delta_y\boldsymbol{\chi}_2\cdot\Delta_x w^0) \tag{3.6.42}$$

由于 $\Delta_x w^0$ 不依赖于细观尺度 $\boldsymbol{y}$，因此单胞问题式(3.6.25)的解也是式(3.6.42)的解。根据双尺度系统式(3.6.30)和式(3.6.41)，可得

$$\Delta_x\cdot\left[\int_D(\boldsymbol{D}^\varepsilon-\boldsymbol{D}^\varepsilon\Delta_y\boldsymbol{\chi}_2)\right]\mathrm{d}D)\Delta_x w^0=q \tag{3.6.43}$$

因此，

$$\Delta_x\cdot\boldsymbol{D}^0\Delta_x w^0=q \tag{3.6.44}$$

其中均匀化弹性刚度矩阵由式(3.6.24)给出。

因此，如果 w^0 满足均匀化方程(3.6.44)，那么形如式(3.6.41)中的 w^2 可用于求解双尺度系统，这意味着函数集 $[w^0,w^2]\in H$ 是确定双尺度系统挠度可能的集合，这已经由论证的存在性和唯一性所决定。

下面对定理 3.6.9 的证明进行总结。引理 3.6.11 证明了沿着一个子序列，w^ε 双尺度收敛于$[w^0,w^2]$，并且 w^ε 在 $H_0^2(\Omega)$上弱收敛，在 $L^2(\Omega)$上强收敛。引理 3.6.12 和引理 3.6.13 证明了极限点$[w^0,w^2]$是唯一的且是双尺度系统的弱解。由子序列原理知，整个序列必然收敛。引理 3.6.14 证明了双尺度系统的弱解 w^0 正是均匀化问题的弱解。至此，完成定理 3.6.9 的全部证明。

接下来证明定理 3.6.10。根据定理 3.6.9，w^ε 在 $L^2(\Omega)$强收敛于 w^0。因此，为了证明定理 3.6.10，只需要证明

$$\lim_{\varepsilon \to 0} \| \Delta w^{\varepsilon} - \Delta(w^0 + \varepsilon^2 w^2) \|_{L^2(\Omega;\mathbf{R}^2)} = 0 \tag{3.6.45}$$

根据式(3.6.35)以及 $w^0 = w^0(\boldsymbol{x})$，式(3.6.45)可表示为

$$\lim_{\varepsilon \to 0} \| \Delta w^{\varepsilon} - (\Delta_x w^0 + \Delta_y w^2) - 2\varepsilon \Delta_{xy} w^2 - \varepsilon^2 \Delta_x w^2 \|_{L^2(\Omega;\mathbf{R}^2)} = 0 \tag{3.6.46}$$

由式(3.6.41)以及 $\boldsymbol{\chi}_2$ 是单胞域 D 上的有界集，运用 Cauchy - Schwarz 不等式可得

$$\begin{aligned} \| \Delta_{xy} w^2 \|_{L^2(\Omega;\mathbf{R}^2)} &= \| \Delta_{xy} \boldsymbol{\chi}_2 \cdot (\Delta_{xy} \cdot \Delta_x^{\mathrm{T}} w^0) \|_{L^2(\Omega;\mathbf{R}^2)} \leqslant \\ & \| \Delta_{xy} \boldsymbol{\chi}_2 \|_{L^2(\Omega;\mathbf{R}^2)} \cdot \| \Delta_{xy} \cdot \Delta_x^{\mathrm{T}} w^0 \|_{L^2(\Omega;\mathbf{R}^2)} = C_1 \\ \| \Delta_x w^2 \|_{L^2(\Omega;\mathbf{R}^2)} &= \| \boldsymbol{\chi}_2 \cdot (\Delta_x \cdot \Delta_x^{\mathrm{T}} w^0) \|_{L^2(\Omega;\mathbf{R}^2)} \\ & \leqslant \| \boldsymbol{\chi}_2 \|_{L^2(\Omega;\mathbf{R}^2)} \cdot \| \Delta_x \cdot \Delta_x^{\mathrm{T}} w^0 \|_{L^2(\Omega;\mathbf{R}^2)} = C_2 \end{aligned}$$

式中：C_1 和 C_2 为关于 Ω 的常数。因此当 $\varepsilon \to 0$ 时，

$$\| \varepsilon \Delta_{xy} w^2 \|_{L^2(\Omega;\mathbf{R}^2)} \to 0$$
$$\| \varepsilon^2 \Delta_x w^2 \|_{L^2(\Omega;\mathbf{R}^2)} \to 0$$

于是，为了证明式(3.6.46)，只需要证明

$$\lim_{\varepsilon \to 0} \| \Delta w^{\varepsilon} - (\Delta_x w^0 + \Delta_y w^2) \|_{L^2(\Omega;\mathbf{R}^2)} = 0 \tag{3.6.47}$$

考虑到系数矩阵 $\boldsymbol{D}^{\varepsilon}$ 的一致椭圆性，可得到

$$\begin{aligned} \alpha \| \Delta w^{\varepsilon} - (\Delta_x w^0 + \Delta_y w^2) \|_{L^2(\Omega;\mathrm{R}^2)} &= \alpha \int_{\Omega} | \Delta w^{\varepsilon} - (\Delta_x w^0 + \Delta_y w^2) |^2 \mathrm{d}\Omega \\ &\leqslant \int_{\Omega} \langle \boldsymbol{D}^{\varepsilon} (\Delta w^{\varepsilon} - \Delta_x w^0 - \Delta_y w^2), \Delta w^{\varepsilon} - \Delta_x w^0 - \Delta_y w^2 \rangle \mathrm{d}\Omega \\ &= (q, w^{\varepsilon}) + I_1^{\varepsilon} + I_2^{\varepsilon} \end{aligned} \tag{3.6.48}$$

式中

$$(q, w^{\varepsilon}) = \int_{\Omega} \langle \boldsymbol{D}^{\varepsilon} \Delta w^{\varepsilon}, \Delta w^{\varepsilon} \rangle \mathrm{d}\Omega$$

$$I_1^{\varepsilon} = \int_{\Omega} \langle \Delta_x w^0 + \Delta_y w^2, \boldsymbol{D}^{\varepsilon} (\Delta_x w^0 + \Delta_y w^2) \rangle \mathrm{d}\Omega$$

$$I_2^{\varepsilon} = -2 \int_{\Omega} \langle \Delta w^{\varepsilon}, \boldsymbol{D}^{\varepsilon} (\Delta_x w^0 + \Delta_y w^2) \rangle \mathrm{d}\Omega$$

根据定理 3.6.9，w^{ε} 在 $L^2(\Omega)$强收敛于 w^0，这意味着 w^{ε} 在 $H^2(\Omega)$也必然弱收敛于 w^0，那么可得

$$(q, w^{\varepsilon}) \to (q, w^0) = a(\boldsymbol{W}, \boldsymbol{W}) \tag{3.6.49}$$

考虑到 $\boldsymbol{D}^{\varepsilon} \in [L^{\infty}(\Omega \times D)]^{2\times 2}$，$\boldsymbol{D}^{\varepsilon}(\Delta_x w^0 + \Delta_y w^2)$可作为 I_1^{ε} 和 I_2^{ε} 中的测度函数。通过双尺度极限可得

$$\lim_{\varepsilon \to 0} I_1^{\varepsilon} = \int_{\Omega} \int_{D} \langle \Delta_x w^0 + \Delta_y w^2, \boldsymbol{D}^{\varepsilon} (\Delta_x w^0 + \Delta_y w^2) \rangle \mathrm{d}D \, \mathrm{d}\Omega \tag{3.6.50}$$

$$\lim_{\varepsilon \to 0} I_2^{\varepsilon} = -2 \int_{\Omega} \int_{D} \langle \boldsymbol{D}^{\varepsilon} (\Delta_x w^0 + \Delta_y w^2), (\Delta_x w^0 + \Delta_y w^2) \rangle \mathrm{d}D \, \mathrm{d}\Omega \tag{3.6.51}$$

结合式(3.6.49)～式(3.6.51)可知

$$\lim_{\varepsilon \to 0} \| \Delta w^{\varepsilon} - (\Delta_x w^0 + \Delta_y w^2) \|_{L^2(\Omega;\mathbf{R}^2)} \leqslant a(\boldsymbol{W}, \boldsymbol{W}) + a(\boldsymbol{W}, \boldsymbol{W}) - 2a(\boldsymbol{W}, \boldsymbol{W}) = 0$$

因此，

$$\lim_{\varepsilon \to 0} \| \Delta w^{\varepsilon} - (\Delta_x w^0 + \Delta_y w^2) \|_{L^2(\Omega;\mathbf{R}^2)} = 0$$

定理 3.6.10 证明完毕。

下面对 3.6 节进行总结。本节通过构建双尺度系统,实现了具有周期振荡系数的四阶椭圆型偏微分方程的均匀化求解,并证明了均匀化方程的存在性以及均匀化解的收敛性。需要强调的是,通过解耦双尺度系统的方式得到相应的均匀化问题及其渐近展开式的首项并不总是可能的,比如含有周期性系数的线性运输偏微分方程的问题[21]。从这个角度看,双尺度系统比均匀化方程更具基础性,因为前者对应方程的适定系统,而后者可能不存在。

3.7 数值比较和分析

本节将分别针对周期复合材料梁、板问题,研究其在不同边界条件下的动、静力学行为,并以此验证双尺度渐近展开方法的有效性和准确性。在数值结果的比较中,MsAEM 表示多尺度渐近展开方法的结果,HOM 表示均匀化结果,FFEM 表示细网格有限元模型结果。

3.7.1 周期长梁

这里以两类具有周期微结构的细长直梁为研究对象,用以分析双尺度渐近展开方法的计算精度。

算例 1:三层周期梁结构

考虑如图 3.4 所示的二层周期梁结构。梁总长度为 $L=60$ cm,由 30 个单胞组成,每个单胞大小为 $a_1\times a_2\times h=2\ \text{cm}\times 1\ \text{cm}\times 1.5\ \text{cm}$,单胞由两种各向同性的材料组成,材料参数如下:

材料 1:弹性模量 $E_1=70$ GPa,泊松比 $\nu_1=0.3$,密度 $\rho_1=1\ 760\ \text{kg/m}^3$;

材料 2:弹性模量 $E_2=100$ GPa,泊松比 $\nu_2=0.3$,密度 $\rho_1=2\ 580\ \text{kg/m}^3$。

根据欧拉梁理论,由式(3.2.4)可得到周期梁截面 A 和 B 的弯曲刚度分别为

$$D_{\mathrm{A}}^{\varepsilon}=\int_{\mathrm{A}} x_3^2 E^{\varepsilon}\,\mathrm{d}S=\frac{bh^3}{12}\left(\frac{1}{27}E_1+\frac{26}{27}E_2\right)=2.781\ 2\times 10^2\ \mathrm{N\cdot m^2} \tag{3.7.1}$$

$$D_{\mathrm{B}}^{\varepsilon}=\int_{\mathrm{B}} x_3^2 E^{\varepsilon}\,\mathrm{d}S=\frac{bh^3}{12}\left(\frac{26}{27}E_1+\frac{1}{27}E_2\right)=2.000\ 0\times 10^2\ \mathrm{N\cdot m^2} \tag{3.7.2}$$

根据式(3.4.10)和式(3.4.11),可得到单胞二阶和三阶影响函数的解析表达式,其曲线如图 3.9 所示。由式(3.4.7)可知,周期梁等效截面刚度取决于二阶影响函数的二阶导数,其值为 $D^0=2.326\ 8\times 10^2\ \mathrm{N\cdot m^2}$。周期梁等效密度为单胞材料密度的体积平均,即

$$\rho^0=\frac{1}{|D|}\int_D \rho^{\varepsilon}\,\mathrm{d}D=2\ 170\ \mathrm{kg/m^3} \tag{3.7.3}$$

为了验证本章给出的渐近展开方法的有效性和计算精度,考虑如图 3.4 所示的两端固支三层周期梁的自由振动问题。

表 3.2 和表 3.3 分别给出前 4 阶弯曲固有频率以及相对应的模态。需要说明的是,"HOM"表示等效均质梁的解析解,其等效刚度由式(3.4.7)求得,"FEM"为利用 ABAQUS 得到的结果,其中周期梁被划分为 13 500 个六面体二次减缩积分(C3D20R)单元。由表 3.2 和表 3.3 可看出,对于前 4 阶固有模态,HOM 与 FEM 吻合得较好;随着模态阶次的升高,由于梁局部变形越来越大或非均质作用越来越大,二者的差别也逐渐变大。

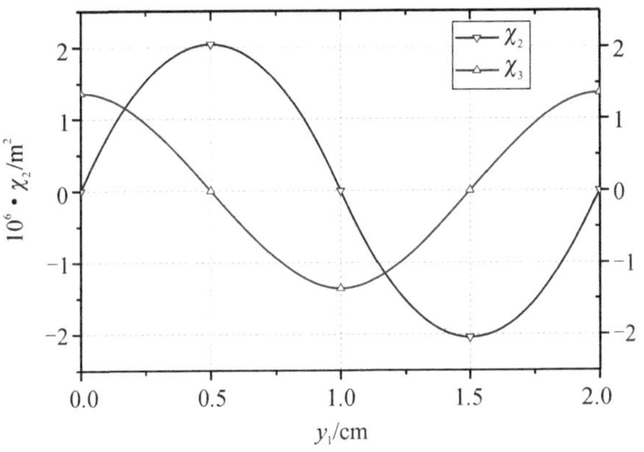

图 3.9　三层周期梁单胞的二阶和三阶影响函数

表 3.2　两端固支三层周期梁前四阶弯曲固有频率

阶　次	FEM/Hz	HOM/Hz	相对误差/%
1	$0.263\ 8\times10^3$	$0.264\ 5\times10^3$	0.27
2	$0.723\ 3\times10^3$	$0.729\ 0\times10^3$	0.91
3	$1.407\ 7\times10^3$	$1.429\ 1\times10^3$	1.52
4	$2.306\ 1\times10^3$	$2.362\ 4\times10^3$	2.44

表 3.3　两端固支三层周期梁前四阶弯曲模态

阶　次	FEM(ABAQUS)	HOM
1		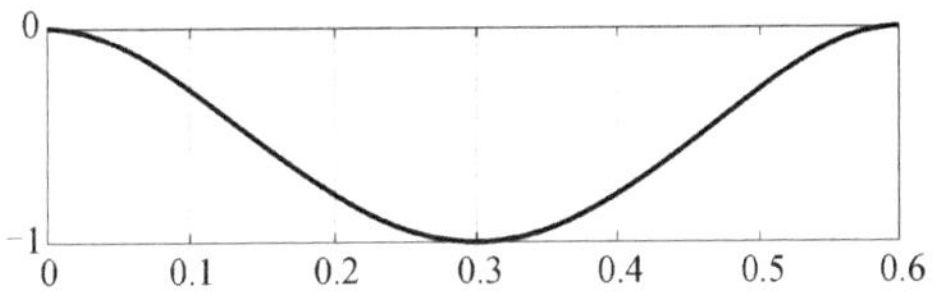
2		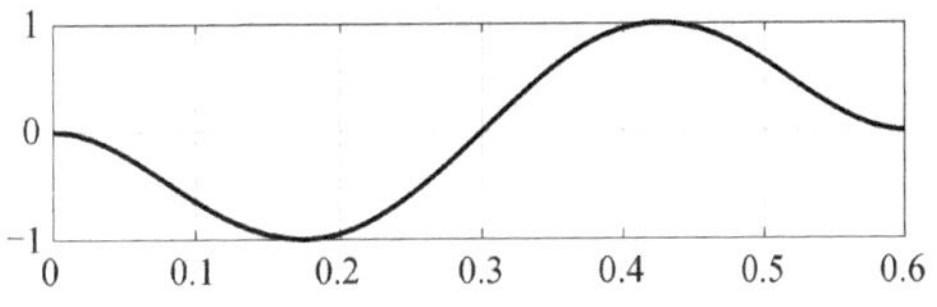
3		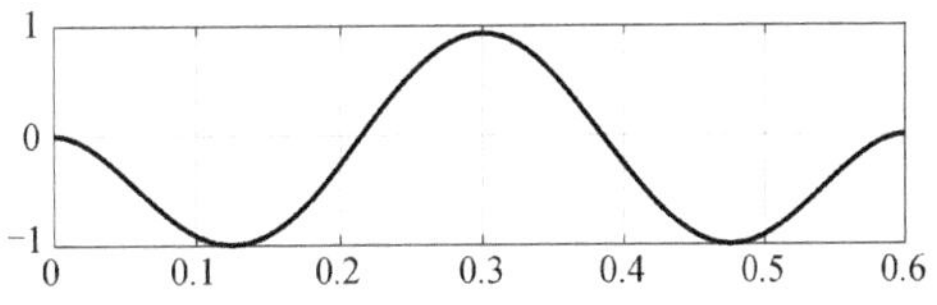
4		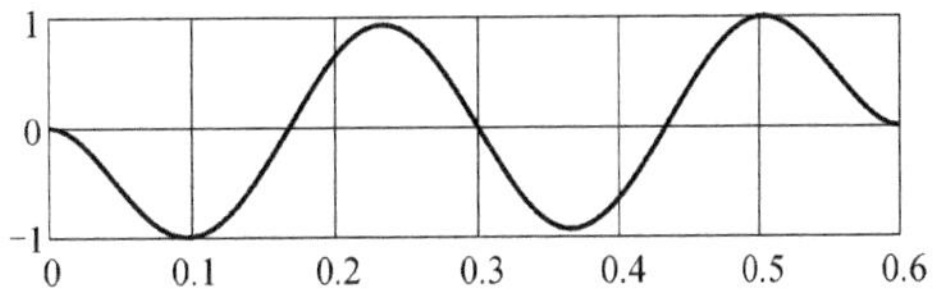

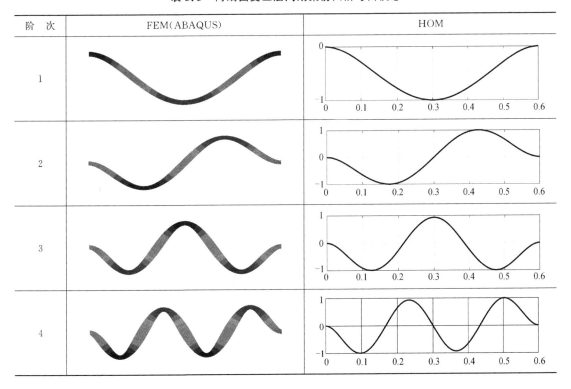

下面分析两端固支三层周期梁承受均布载荷 $q=1\ 000\ \mathrm{N/m}$ 作用的静力学问题。根据周期梁的控制方程(3.2.24)以及固支边界条件,可得到其挠度的解析解为

$$
\begin{aligned}
w^{\varepsilon}=&\frac{qx_1}{2}\int_0^{x_1}\frac{x_1^2}{D^{\varepsilon}}\mathrm{d}x_1-\frac{q}{2}\int_0^{x_1}\frac{x_1^3}{D^{\varepsilon}}\mathrm{d}x_1+C_1x_1\int_0^{x_1}\frac{x_1}{D^{\varepsilon}}\mathrm{d}x_1-\\
&C_1\int_0^{x_1}\frac{x_1^2}{D^{\varepsilon}}\mathrm{d}x_1+C_2x_1\int_0^{x_1}\frac{1}{D^{\varepsilon}}\mathrm{d}x_1-C_2\int_0^{x_1}\frac{x_1}{D^{\varepsilon}}\mathrm{d}x_1
\end{aligned}
\tag{3.7.4}
$$

式中

$$
C_1=\frac{q\int_0^{L}\frac{x_1^3}{D^{\varepsilon}}\mathrm{d}x_1\cdot\int_0^{L}\frac{1}{D^{\varepsilon}}\mathrm{d}x_1-q\int_0^{L}\frac{x_1^2}{D^{\varepsilon}}\mathrm{d}x_1\cdot\int_0^{L}\frac{x_1}{D^{\varepsilon}}\mathrm{d}x_1}{2\int_0^{L}\frac{x_1}{D^{\varepsilon}}\mathrm{d}x_1\cdot\int_0^{L}\frac{x_1}{D^{\varepsilon}}\mathrm{d}x_1-2\int_0^{L}\frac{x_1^2}{D^{\varepsilon}}\mathrm{d}x_1\cdot\int_0^{L}\frac{1}{D^{\varepsilon}}\mathrm{d}x_1}
$$

$$
C_2=\frac{q\int_0^{L}\frac{x_1^2}{D^{\varepsilon}}\mathrm{d}x_1\cdot\int_0^{L}\frac{x_1^2}{D^{\varepsilon}}\mathrm{d}x_1-q\int_0^{L}\frac{x_1^3}{D^{\varepsilon}}\mathrm{d}x_1\cdot\int_0^{L}\frac{x_1}{D^{\varepsilon}}\mathrm{d}x_1}{2\int_0^{L}\frac{x_1}{D^{\varepsilon}}\mathrm{d}x_1\cdot\int_0^{L}\frac{x_1}{D^{\varepsilon}}\mathrm{d}x_1-2\int_0^{L}\frac{x_1^2}{D^{\varepsilon}}\mathrm{d}x_1\cdot\int_0^{L}\frac{1}{D^{\varepsilon}}\mathrm{d}x_1}
$$

对于两端固支周期梁,其均匀化挠度的解析解为

$$
w^{0}=\frac{1}{D^{0}}\left(\frac{qx_1^4}{24}-\frac{qLx_1^3}{12}+\frac{qL^2x_1^2}{24}\right)\tag{3.7.5}
$$

结合单胞影响函数以及均匀化挠度的解析表达式,可以得到两端固支周期梁的渐近展开解,其结果如图 3.10 所示,其中“HOM”为由式(3.7.5)算出的均匀化挠度解析结果;

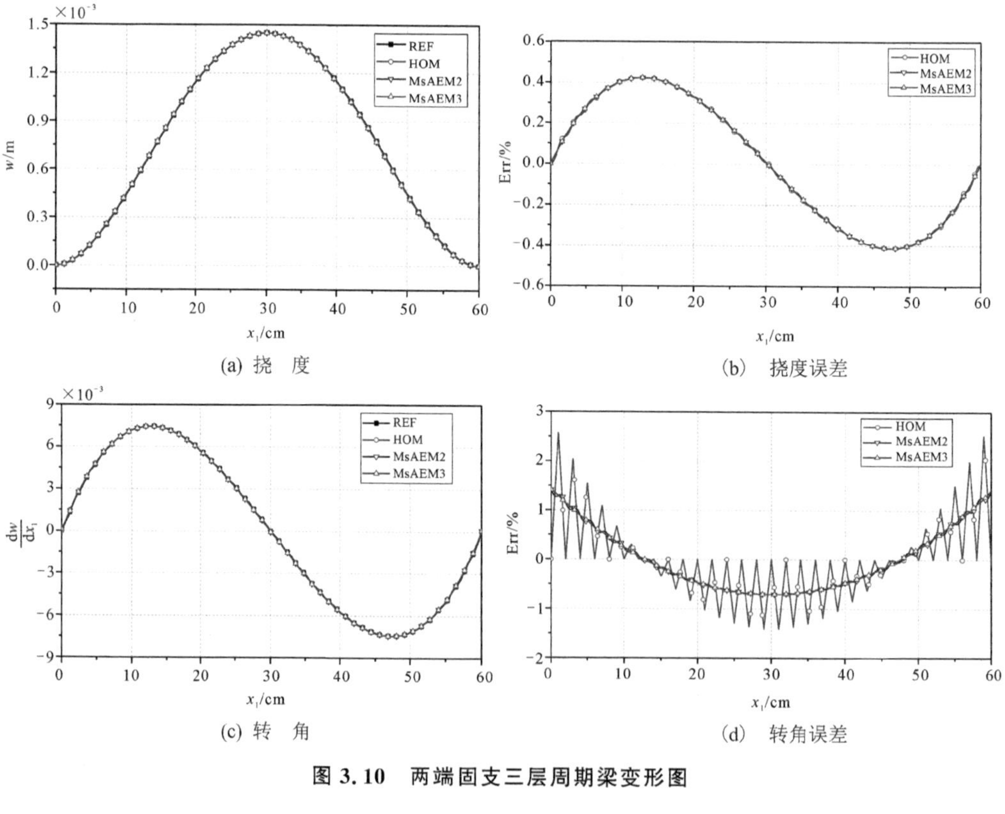

(a) 挠　度　　(b) 挠度误差

(c) 转　角　　(d) 转角误差

图 3.10　两端固支三层周期梁变形图

“MsAEM2”以及“MsAEM3”分别为摄动到二阶以及三阶的解析结果，其中的二阶和三阶影响函数的解析解由式(3.4.10)和式(3.4.11)给出；“REF”为细观挠度的解析解，见式(3.7.4)。

为了便于比较梁挠度的渐近展开解与解析解的差别，下面定义误差 Err 评价梁上各点的计算精度，定义无量纲残差平方和 DRSS 来综合评价渐近展开解的计算精度。

$$\mathrm{Err}=\frac{(\mathrm{MsAEM}-\mathrm{REF})}{\|\mathrm{REF}\|_{L^{\infty}(\mathrm{Line})}}=\frac{(\mathrm{MsAEM}-\mathrm{REF})}{\max\limits_{\mathrm{Line}}(|\mathrm{REF}|)} \tag{3.7.6}$$

$$\mathrm{DRSS}=\frac{\|\mathrm{MsAEM}-\mathrm{REF}\|_{L^{2}(\Omega)}}{\|\mathrm{REF}\|_{L^{\infty}(\Omega)}}=\frac{\sqrt{\int_{\Omega}(\mathrm{MsAEM}-\mathrm{REF})^{2}\mathrm{d}\Omega}}{\max\limits_{\Omega}(|\mathrm{REF}|)} \tag{3.7.7}$$

梁挠度的 Err 和 DRSS 的结果分别如图 3.10 所示和表 3.4 所列，从中可以看出：

① MsAEM 解析解与 REF 吻合得较好；

② 对于承受均布载荷作用的周期梁，HOM 和 MsAEM 得到的挠度解析解精度无明显差别，但 MsAEM 的转角更为精确；

③ 对于两端固支周期梁，由于各阶摄动挠度不满足结构边界条件，因此 MsAEM 的结果在梁边界处精度较低。

表 3.4　两端固支三层周期梁的 DRSS

均匀化和渐近展开解析解	w	$\mathrm{d}w/\mathrm{d}x_1$
HOM	0.164 3	0.399 0
MsAEM2	0.164 3	0.346 6
MsAEM3	0.164 3	0.346 0

算例 2：九层周期梁结构

考虑如图 3.11 所示的由 30 个周期单胞组成的九层周期梁结构。梁的长度、截面积及材料属性与算例 1 相同，两端简支。根据欧拉梁理论，周期梁截面 A 和 B 的刚度分别为

$$D_{\mathrm{A}}^{\varepsilon}=\int_{\mathrm{A}}x_3^2E^{\varepsilon}\mathrm{d}S=\frac{bh^3}{12}\left(\frac{244}{729}E_1+\frac{485}{729}E_2\right)=2.251\ 2\times10^2\ \mathrm{N\cdot m^2} \tag{3.7.8}$$

$$D_{\mathrm{B}}^{\varepsilon}=\int_{\mathrm{B}}x_3^2E^{\varepsilon}\mathrm{d}S=\frac{bh^3}{12}\left(\frac{485}{729}E_1+\frac{244}{729}E_2\right)=2.530\ 1\times10^2\ \mathrm{N\cdot m^2} \tag{3.7.9}$$

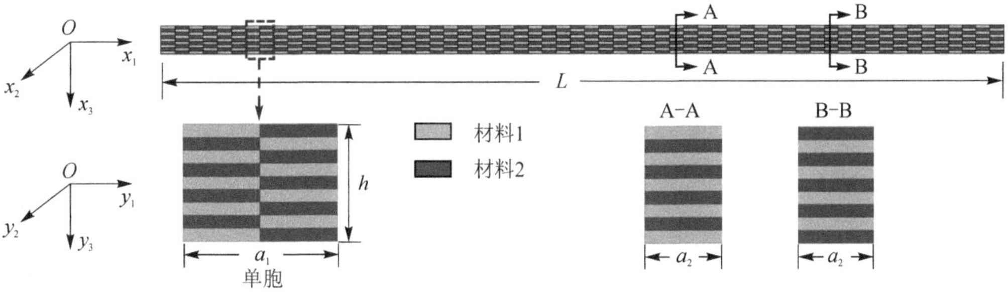

图 3.11　九层周期复合材料梁及其单胞

根据式(3.4.10)和式(3.4.11)可以确定二阶和三阶影响函数的解析解，如图 3.12 所示。根据二阶影响函数和式(3.4.7)可知周期梁的等效截面弯曲刚度为 $D^0=2.326\ 8\times10^2\ \mathrm{N\cdot m^2}$。

由于九层周期梁与三层周期梁具有相同高度，且材料沿着厚度分布的方式相同，因此二者含有相同的体积分数，且等效密度也是一致的，即 $\rho^0=2\ 170\ \text{kg/m}^3$。

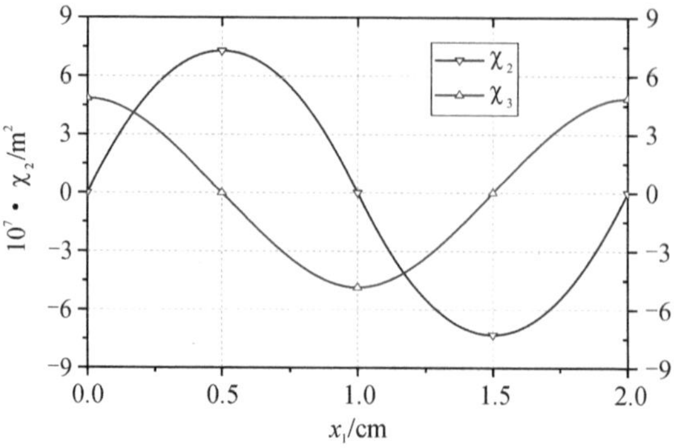

图 3.12　九层周期梁单胞的二阶和三阶影响函数

下面给出图 3.11 所示的两端简支九层周期梁的动力学和静力学特性。表 3.5 和表 3.6 给出了分别采用 FEM 和 MsAEM(HOM)得到的前四阶弯曲固有频率和模态。从表 3.5 和表 3.6 可以得到与算例 1 相同的结论，这表明欧拉梁理论在物理上适用于描述周期细长梁的横向弯曲变形。

表 3.5　两端简支九层周期梁前四阶固有弯曲频率

阶　次	FEM/Hz	HOM/Hz	相对误差/%
1	$0.117\ 6\times10^3$	$0.118\ 0\times10^3$	0.34
2	$0.468\ 8\times10^3$	$0.472\ 2\times10^3$	0.72
3	$1.049\ 6\times10^3$	$1.062\ 4\times10^3$	1.22
4	$1.852\ 9\times10^3$	$1.888\ 8\times10^3$	1.94

表 3.6　两端简支九层周期梁前四阶固有弯曲模态

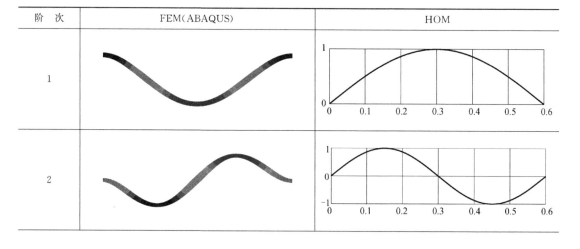

阶　次	FEM(ABAQUS)	HOM
1		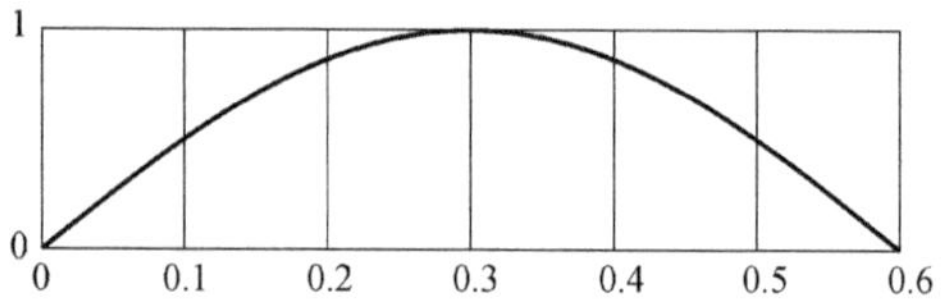
2		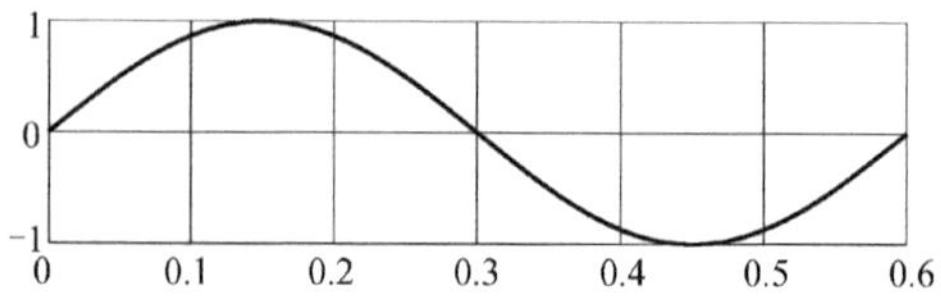

续表 3.6

阶　次	FEM(ABAQUS)	HOM
3		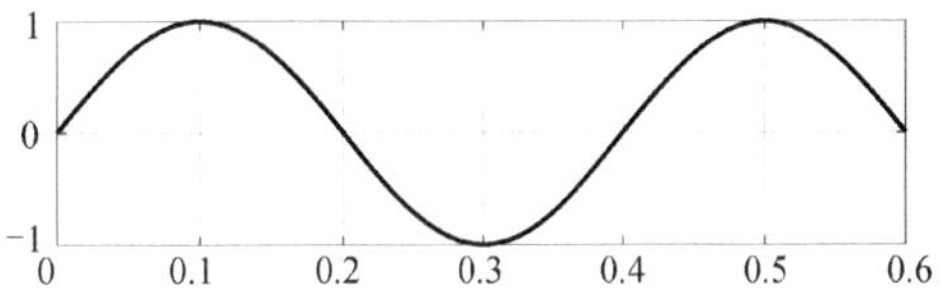
4		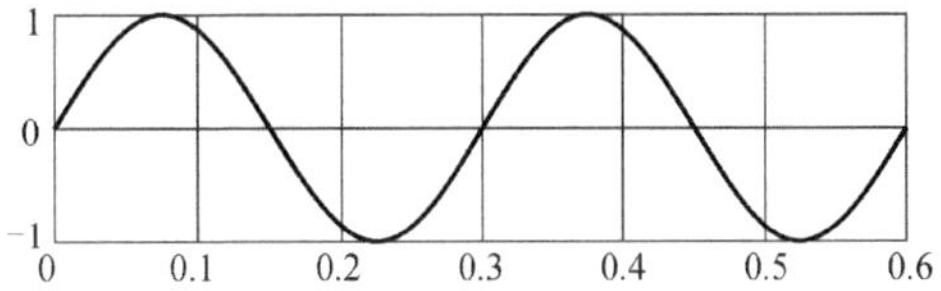

下面给出两端简支九层周期梁在承受分布载荷 $q=1\ 000\sin(\pi x_1/5a_1)$ N/m 作用下的静挠度解析解。根据周期梁的控制方程(3.2.6)以及两端简支边界条件,可得到其挠度的解析解(REF)为

$$w^{\varepsilon}=\frac{q_0}{n^2}\int_0^{x_1}\frac{x_1\sin nx_1}{D^{\varepsilon}}\mathrm{d}x_1-\frac{q_0}{n^2}x_1\int_0^{x_1}\frac{\sin nx_1}{D^{\varepsilon}}\mathrm{d}x_1+$$
$$x_1\left(\frac{q_0}{n^2}\int_0^{L}\frac{\sin nx_1}{D^{\varepsilon}}\mathrm{d}x_1-\frac{q_0}{n^2L}\int_0^{L}\frac{x_1\sin nx_1}{D^{\varepsilon}}\mathrm{d}x_1\right) \tag{3.7.10}$$

式中:$q_0=1\ 000$,$n=\pi/(5a_1)$。均匀化挠度解析解(HOM)为

$$w^0=\frac{q_0}{n^4D^0}\sin nx_1 \tag{3.7.11}$$

图 3.13 和表 3.7 给出了两端简支九层周期梁的挠度及其斜率结果以及相应的误差结果。从中可以看到,随着摄动阶次的升高,MsAEM 的解析结果更加趋近式(3.7.10)给出的解析解。此外,与算例 1 中静力学结果进行对比可以看出,若分布载荷的幂次增加,为了达到相同精度,将需要高阶展开项。一般而言,对于周期欧拉梁问题,摄动到二阶便可得到足够精确的挠度和转角。

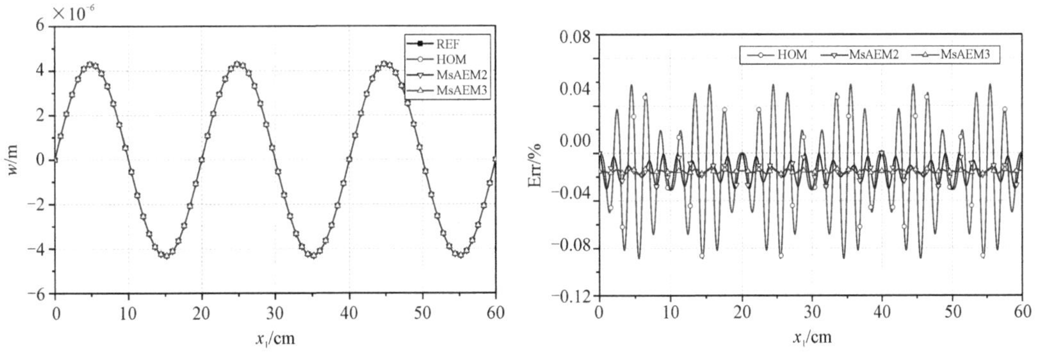

(a) 挠　度　　(b) 挠度误差

图 3.13　两端简支九层周期梁位移及误差

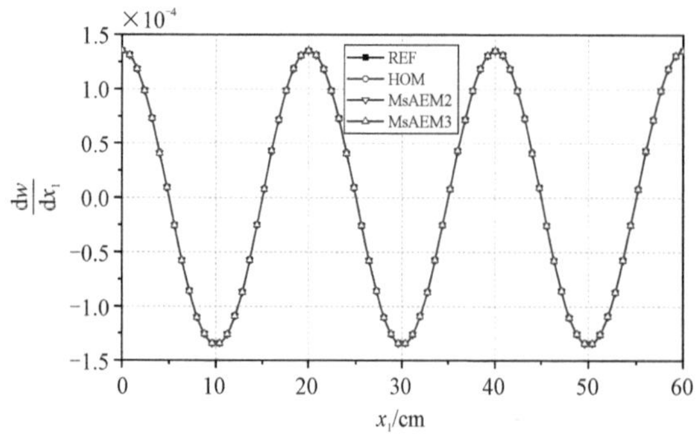

(c) 转 角

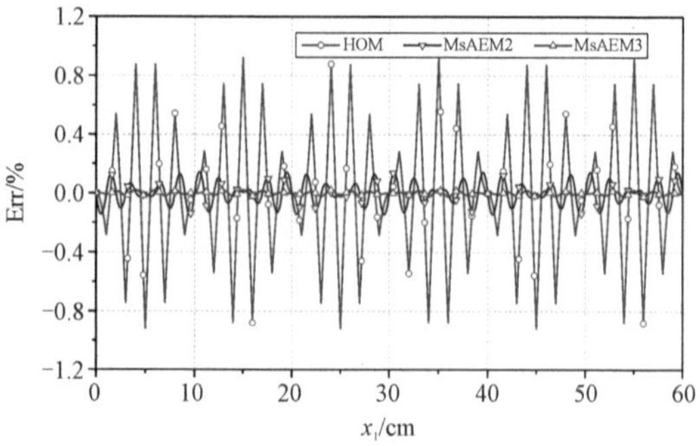

(d) 转角误差

图 3.13 两端简支九层周期梁位移及误差(续)

表 3.7 两端简支九层周期梁的 DRSS

均匀化和渐近展开解析解	w	$\mathrm{d}w/\mathrm{d}x_1$
HOM	0.023 0	0.208 0
MsAEM2	0.009 4	0.041 0
MsAEM3	0.008 4	0.006 1

3.7.2 周期薄板

本小节将以三类具有周期微结构的薄板为研究对象，用以分析双尺度渐近展开方法对周期薄板动、静力学问题的计算精度。

算例 1：单夹杂单层周期板结构

考虑如图 3.2 所示的单夹杂周期板，板的尺寸为 $L_1 \times L_2 \times h = 30\ \mathrm{cm} \times 30\ \mathrm{cm} \times 1\ \mathrm{cm}$，包含 10×10 个单胞，单胞大小为 $a_1 \times a_2 = 3\ \mathrm{cm} \times 3\ \mathrm{cm}$，并包含一块正方形软夹杂。夹杂和基体均为各向同性材料：

夹杂：弹性模量 $E_\mathrm{I} = 10\ \mathrm{GPa}$，泊松比 $\nu_\mathrm{I} = 0.3$，密度 $\rho_\mathrm{I} = 1\ 142\ \mathrm{kg/m^3}$。

基体：弹性模量 $E_\mathrm{M} = 100\ \mathrm{GPa}$，泊松比 $\nu_\mathrm{M} = 0.3$，密度 $\rho_\mathrm{M} = 2\ 774\ \mathrm{kg/m^3}$。

根据薄板理论，可以分别得到夹杂及基体的弯曲刚度为

$$\boldsymbol{D}_\mathrm{I}^\varepsilon = \begin{bmatrix} 9.157\ 5 & 2.747\ 3 & 0 \\ 2.747\ 3 & 9.157\ 5 & 0 \\ 0 & 0 & 3.205\ 1 \end{bmatrix} \times 10^2\ \mathrm{N \cdot m} \tag{3.7.12}$$

$$\boldsymbol{D}_\mathrm{M}^\varepsilon = \begin{bmatrix} 9.157\ 5 & 2.747\ 3 & 0 \\ 2.747\ 3 & 9.157\ 5 & 0 \\ 0 & 0 & 3.205\ 1 \end{bmatrix} \times 10^3\ \mathrm{N \cdot m} \tag{3.7.13}$$

需要注意的是，定义在单位宽度上的薄板弯曲刚度的单位是 N·m，而定义在梁截面上的弯曲刚度的单位是 $\mathrm{N \cdot m^2}$。

为了计算等效弯曲刚度矩阵，把单胞划分为 30×30 个 ACM12 单元。图 3.14 和图 3.15 分别给出了二阶和三阶影响函数图。从中可以看到，三阶影响函数比二阶影响函数能够刻画更多的微观信息，这一结果与 3.5 节中所预测的是一致的。

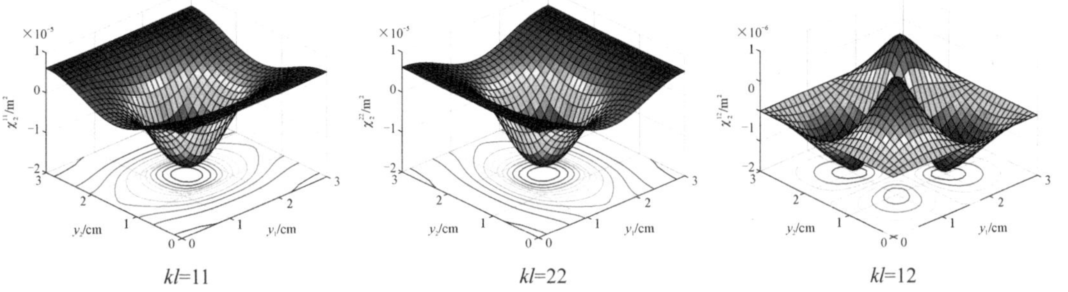

图 3.14　单夹杂薄板单胞二阶影响函数

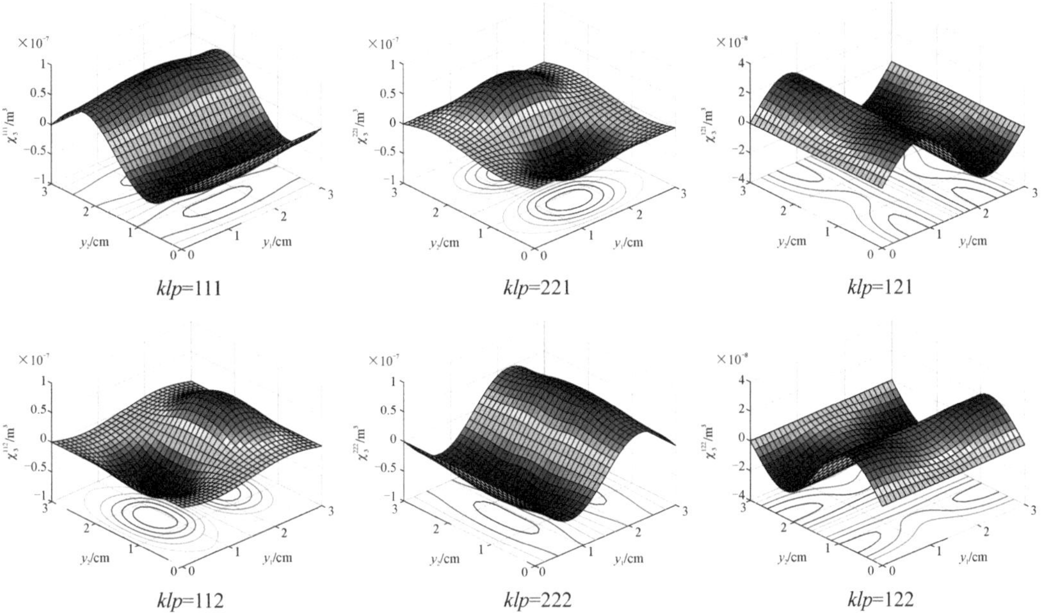

图 3.15　单夹杂薄板单胞三阶影响函数

在求得二阶影响函数后，利用式(3.4.44)可得到等效弯曲刚度矩阵为

$$\boldsymbol{D}^0 = \begin{bmatrix} 7.4706 & 1.8731 & 0 \\ 1.8731 & 7.4706 & 0 \\ 0 & 0 & 2.8352 \end{bmatrix} \times 10^3\ \text{N} \cdot \text{m} \tag{3.7.14}$$

周期板的等效密度取决于夹杂以及基体在单胞上的体积分数，其计算结果如下：

$$\rho^0 = \frac{1}{|D|}\int_D \rho^\varepsilon \, \mathrm{d}D = 2.5927 \times 10^3\ \text{kg/m}^3 \tag{3.7.15}$$

为了验证 MsAEM 对周期薄板问题的适用性，考虑四边固支边界条件下的自由振动问题。表 3.8 和表 3.9 分别给出前 4 阶固有频率和模态，其中“FEM”为 ABAQUS 采用 24 300 个 C3D20R 单元计算得到的三维细网格有限元结果，并作为参考解。由表 3.8 和表 3.9 可看出，对于前 4 阶固有模态，基于薄板理论的均匀化解与三维细网格有限元结果吻合得较好。

表 3.8　四边固支单夹杂周期板前四阶固有频率

阶　次	10^{-3} · FEM/Hz	10^{-3} · HOM/Hz	相对误差/%
1	1.061 0	1.081 3	1.92
2	2.146 6	2.205 1	2.72
3	2.146 6	2.205 1	2.72
4	3.137 7	3.253 4	3.69

表 3.9　四边固支单夹杂周期板前四阶模态

阶　次	FEM	HOM
1	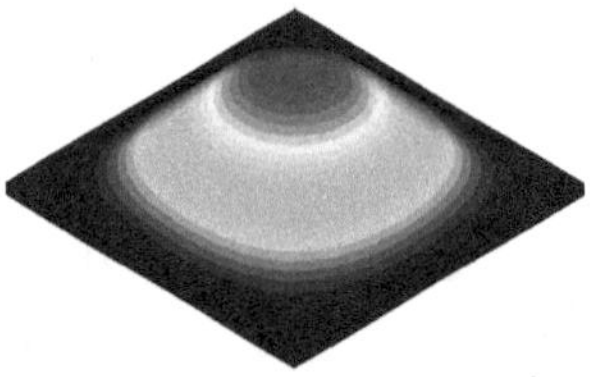	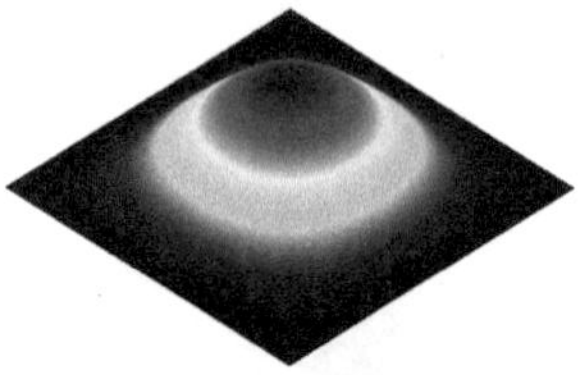
2	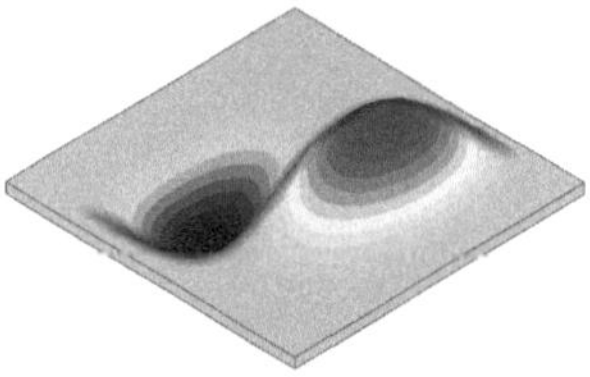	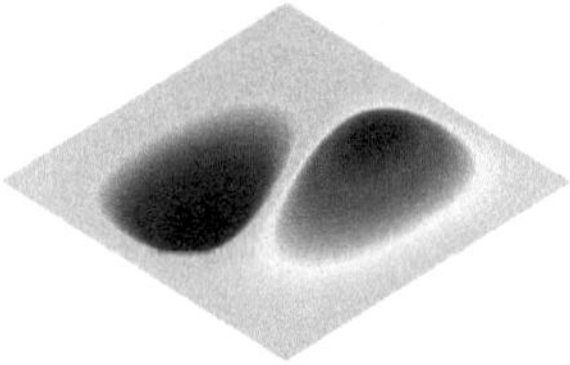
3		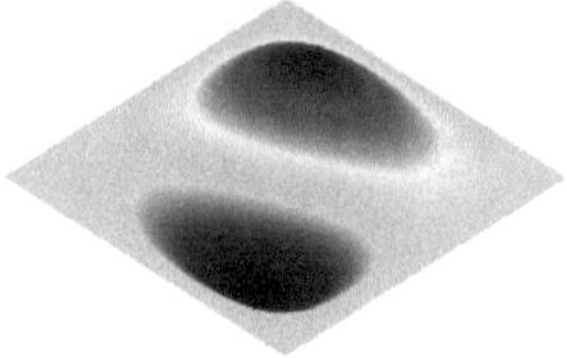
4	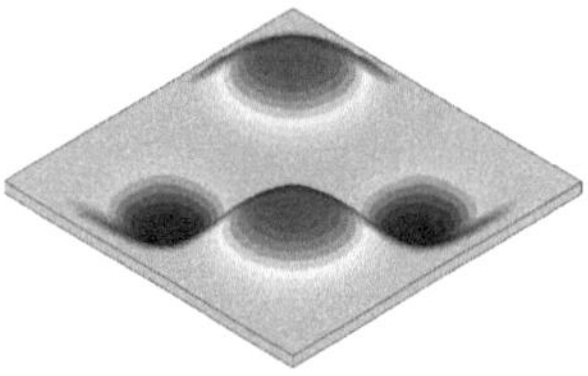	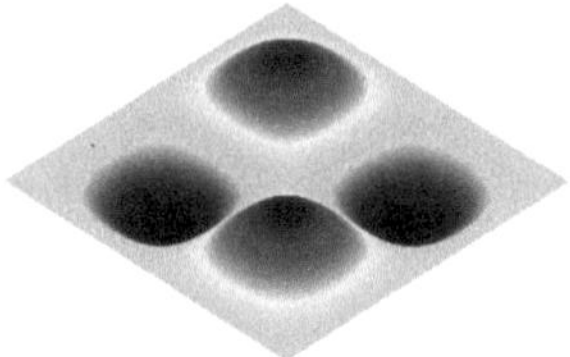

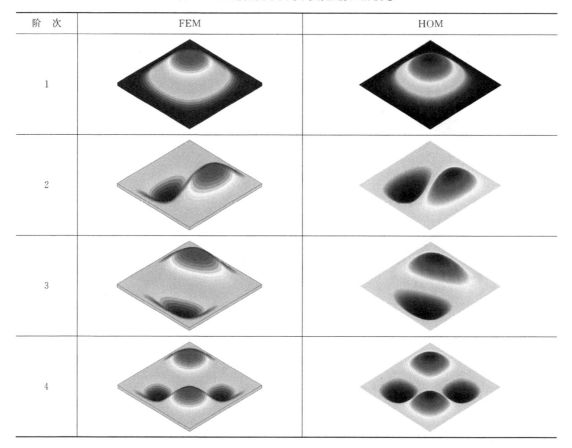

下面给出该四边固支板在均布载荷 $q=1\ 000\ \mathrm{N/m^2}$ 作用下的静力学结果。图 3.16 和图 3.17 分别给出四边固支板沿图 3.2 所示 A 线和 B 线的挠度。在以下数值结果中,“FEM”均表示基于薄板理论并采用二维细网格有限元方法得到的参考解,单元类型为 ACM12 单元。表 3.10 给出了 DRSS。根据图 3.16、图 3.17 以及表 3.10,可得到以下结论:

① MsAEM 结果与有限元解吻合得较好。摄动到不同阶次的挠度的计算精度差异不大,但转角的计算精度随着摄动阶次的增加而提高。

② 板边界附近 MsAEM 结果的精度一般低于远离板边界处结果的精度,这是因为影响函数的周期边界条件使得各阶摄动挠度一般不满足板的边界条件。

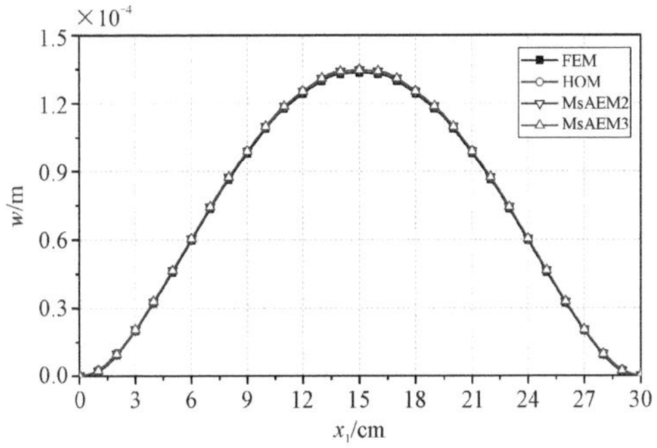

(a) 挠度w

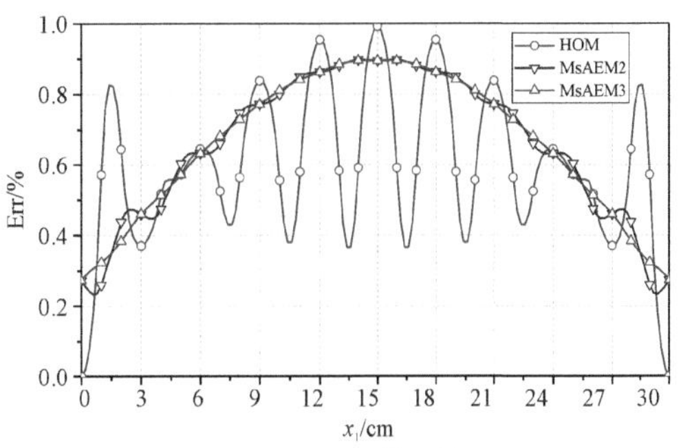

(b) 挠度w的误差

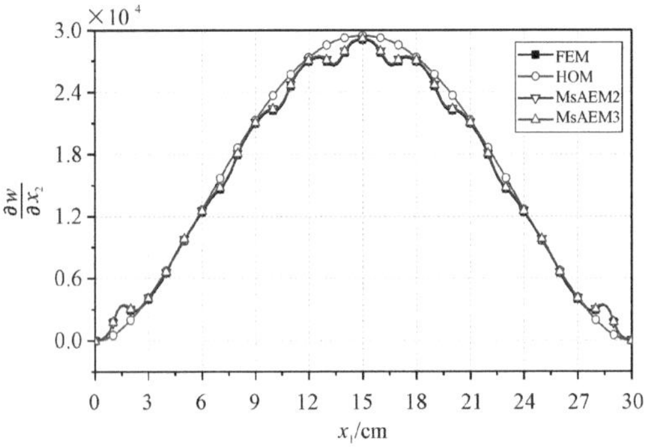

(c) 转角$\partial w/\partial x_2$

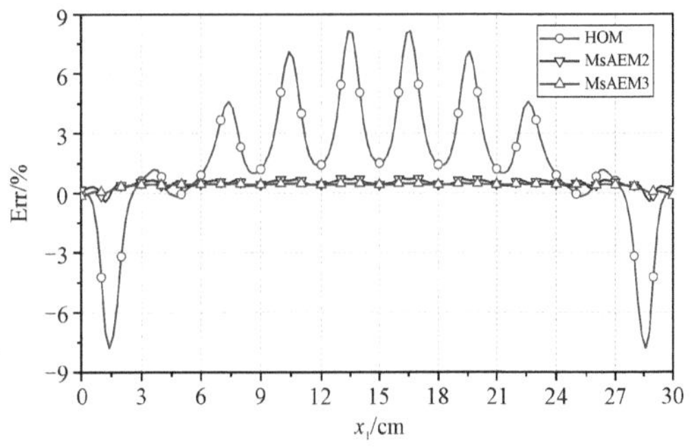

(d) 转角$\partial w/\partial x_2$的误差

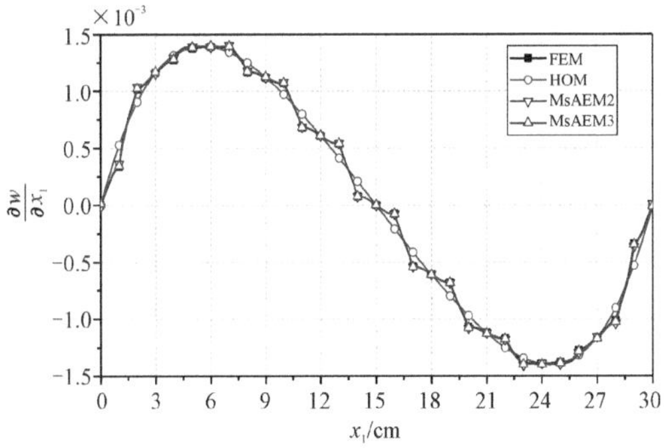

(e) 转角$\partial w/\partial x_1$

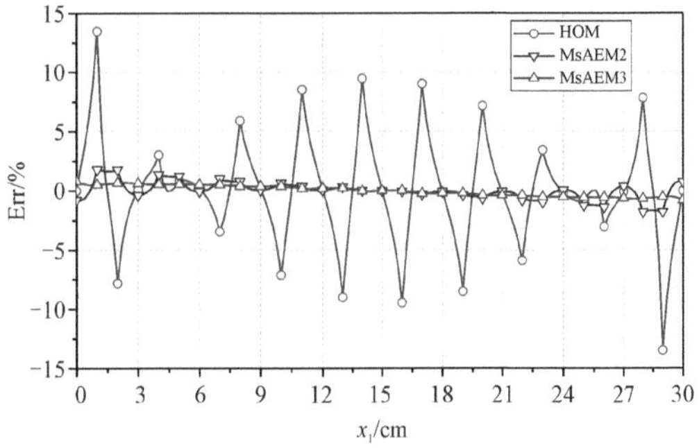

(f) 转角$\partial w/\partial x_1$的误差

图 3.16　四边固支单夹杂周期薄板沿 A 线挠度及斜率

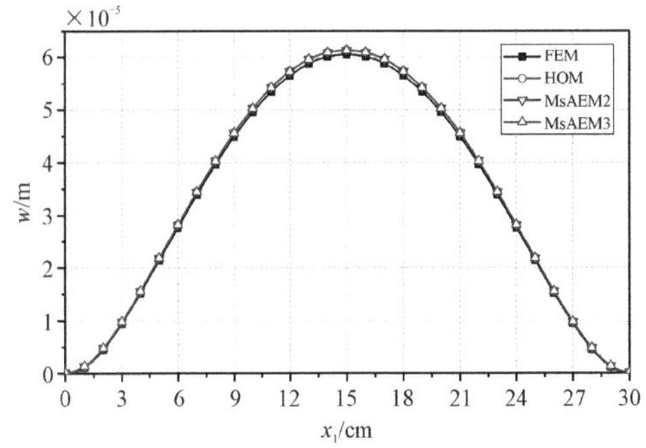

(a) 挠度w

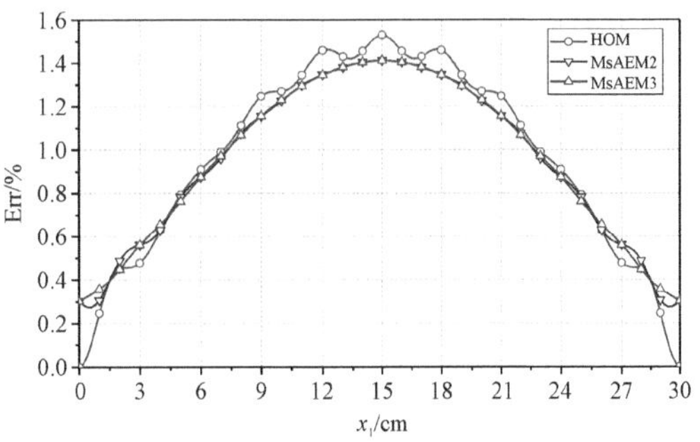

(b) 挠度w的误差

图 3.17　四边固支单夹杂周期薄板沿 B 线挠度及斜率

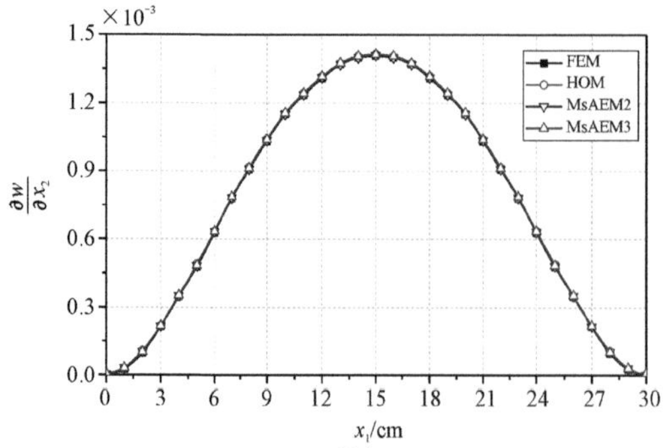

(c) 转角$\partial w/\partial x_2$

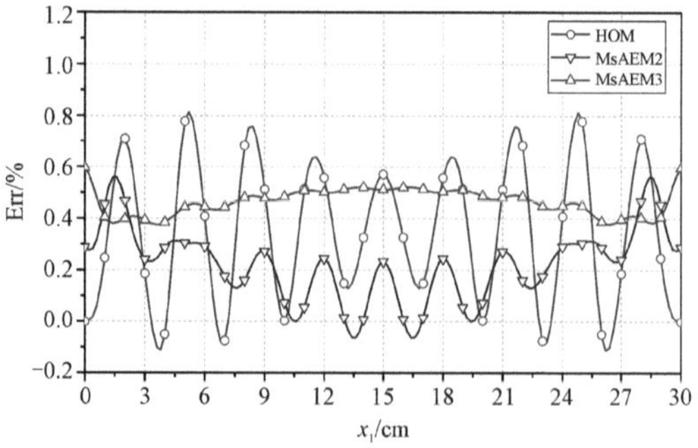

(d) 转角$\partial w/\partial x_2$的误差

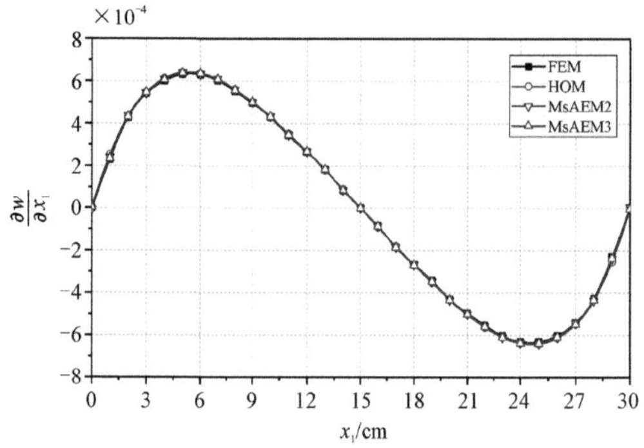

(e) 转角$\partial w/\partial x_1$

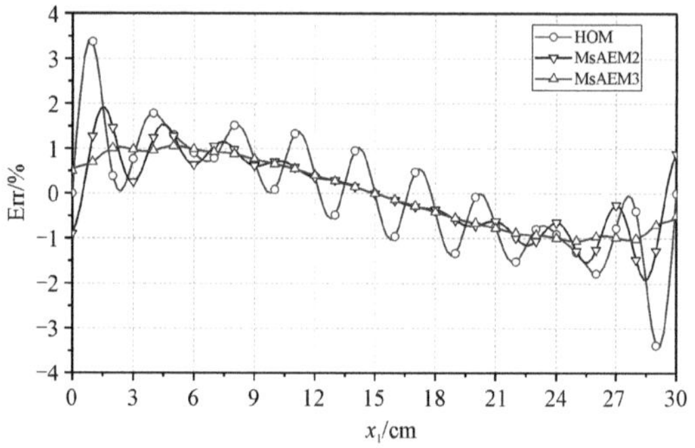

(f) 转角$\partial w/\partial x_1$的误差

图 3.17 四边固支单夹杂周期薄板沿 B 线挠度及斜率(续)

表 3.10 四边固支单夹杂周期薄板的 DRSS

展开解	w	$\partial w/\partial x_2$	$\partial w/\partial x_1$
HOM	0.787 5	2.572 0	2.572 0
MsAEM2	0.773 5	0.719 6	0.719 6
MsAEM3	0.774 5	0.552 8	0.552 8

算例 2：多夹杂四层周期板结构

考虑如图 3.18 所示由 10×10 个单胞组成的多夹杂四层周期板，其中板和单胞尺寸均与算例 1 相同。板由各向同性的基体和夹杂组成，其材料属性如下：

夹杂：弹性模量 $E_{\mathrm{I}}=10$ GPa，泊松比 $\nu_{\mathrm{I}}=0.3$，密度 $\rho_{\mathrm{I}}=1\ 958\ \mathrm{kg/m^3}$。

基体：弹性模量 $E_{\mathrm{M}}=100$ GPa，泊松比 $\nu_{\mathrm{M}}=0.3$，密度 $\rho_{\mathrm{M}}=2\ 366\ \mathrm{kg/m^3}$。

根据薄板理论，可得到叠层板的弯曲刚度为

$$\boldsymbol{D}_1^{\varepsilon}=\begin{bmatrix}1.946\ 0 & 0.583\ 8 & 0\\ 0.583\ 8 & 1.946\ 0 & 0\\ 0 & 0 & 0.681\ 1\end{bmatrix}\times 10^3\ \mathrm{N\cdot m} \tag{3.7.16}$$

$$\boldsymbol{D}_2^{\varepsilon}=\begin{bmatrix}8.127\ 3 & 2.483\ 2 & 0\\ 2.483\ 2 & 8.127\ 3 & 0\\ 0 & 0 & 2.844\ 6\end{bmatrix}\times 10^3\ \mathrm{N\cdot m} \tag{3.7.17}$$

式中：$\boldsymbol{D}_1^{\varepsilon}$ 对应的板的上下两层材料是夹杂、中间两层材料是基体；$\boldsymbol{D}_2^{\varepsilon}$ 对应的板的上下两层材料是基体、中间两层材料是夹杂，见图 3.18(a)中的三维单胞示意图。

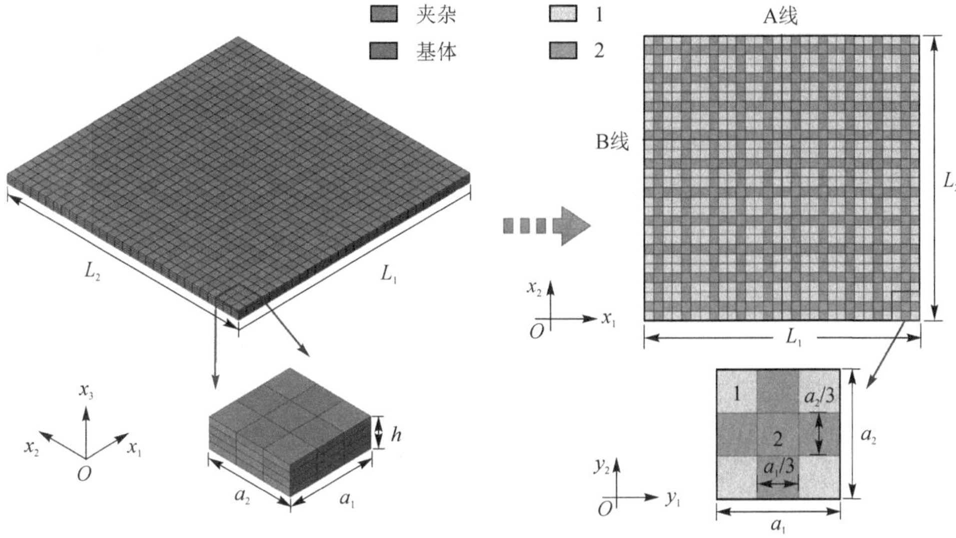

(a) 含有多单夹杂的四层周期板　　(b) 二维多夹杂周期板及其单胞

图 3.18　多夹杂四层周期板

将板单胞划分为 30×30 个 ACM12 单元，根据单元的位置选择由式(3.7.16)和式(3.7.17)给出的刚度，因此可以得到单胞二阶与三阶影响函数，如图 3.19 和图 3.20 所示。利用求得的二阶影响函数和式(3.4.44)，可以得到等效弯曲刚度为

$$\boldsymbol{D}^0=\begin{bmatrix}4.5384 & 1.0667 & 0\\ 1.0667 & 4.5384 & 0\\ 0 & 0 & 1.8528\end{bmatrix}\times 10^3\ \mathrm{N\cdot m} \tag{3.7.18}$$

而通过体积分数方法得到的等效密度为

$$\rho^0=\frac{1}{|D|}\int_D \rho^\varepsilon \mathrm{d}D=2\ 162\ \mathrm{kg/m^3} \tag{3.7.19}$$

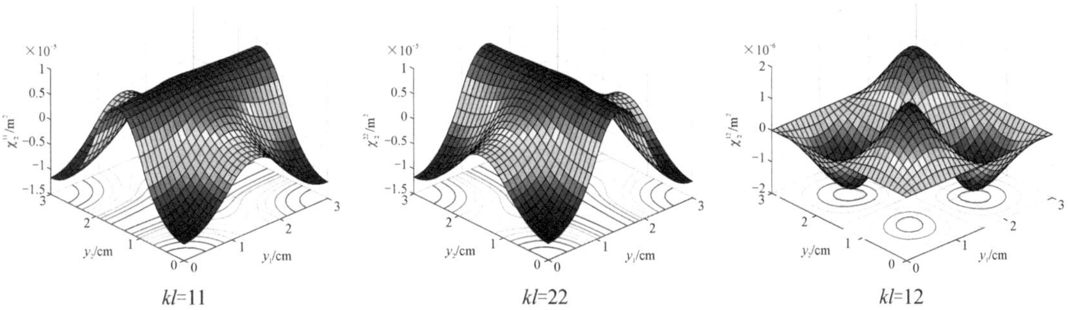

图 3.19　多夹杂薄板单胞二阶影响函数

下面以图 3.18 所示多夹杂板的静力学问题来验证所建立方法的有效性。板的边界条件为：一对边($x_2=0$ 和 $x_2=L_2$)简支、另一对边($x_1=0$ 和 $x_1=L_1$)自由，作用的分布载荷为$q=10^7\sin(3\pi x_1/L_1)\sin(4\pi x_2/L_2)\mathrm{N/m^2}$。图 3.21 和图 3.22 给出了板沿 A 线和 B 线的挠度和斜率。表 3.11 给出了挠度以及斜率的 DRSS。

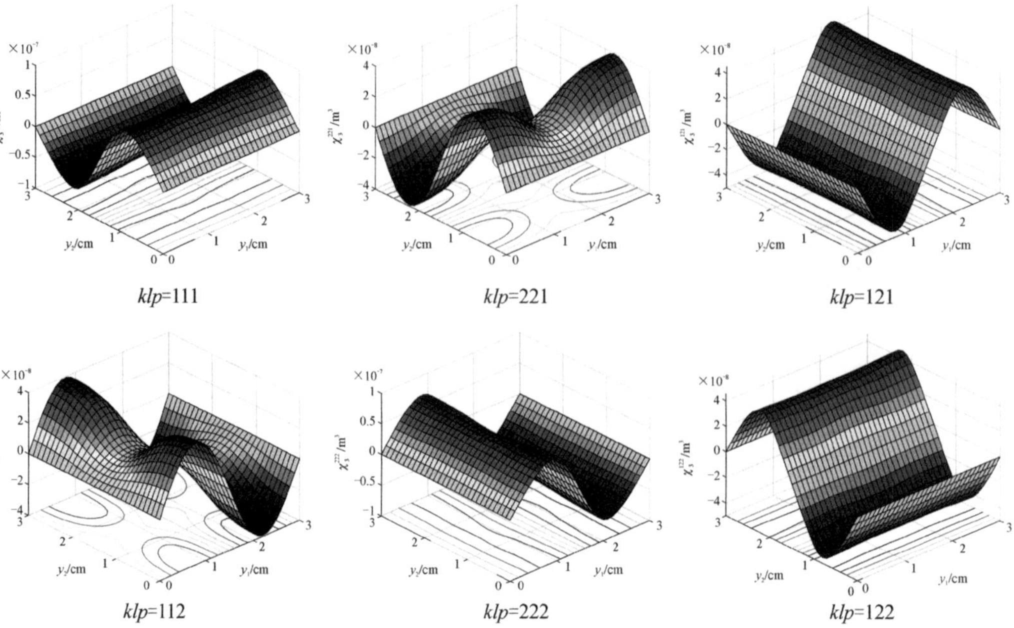

图 3.20　多夹杂薄板单胞三阶影响函数

由图 3.21、图 3.22 以及表 3.11 可得到与算例 1 相同的结论。此外，值得注意的是，随着板上分布载荷幂次的提高，获得更为精确的挠度和转角需要摄动到三阶甚至更高阶。

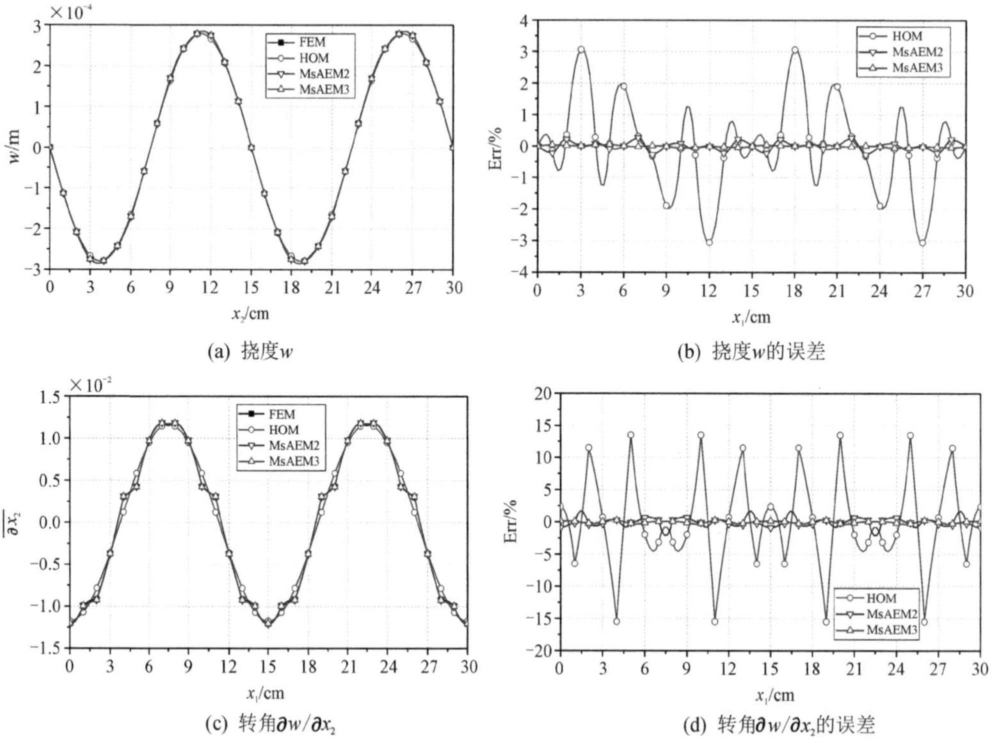

图 3.21　一对边简支多夹杂周期薄板沿 A 线挠度及转角

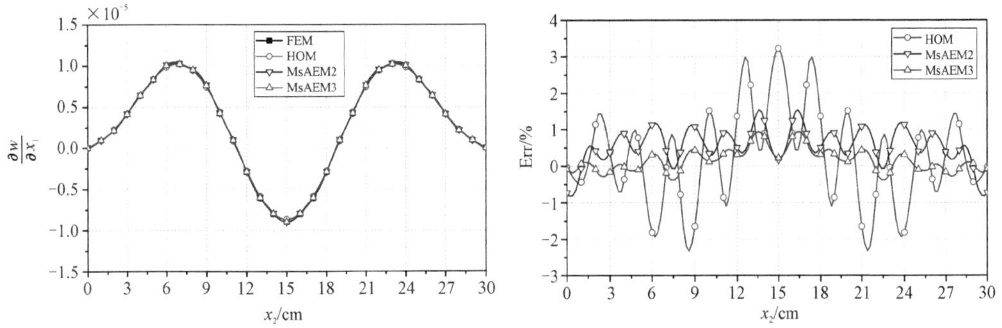

(e) 转角$\partial w/\partial x_1$　　(d) 转角$\partial w/\partial x_1$的误差

图 3.21　一对边简支多夹杂周期薄板沿 A 线挠度及转角(续)

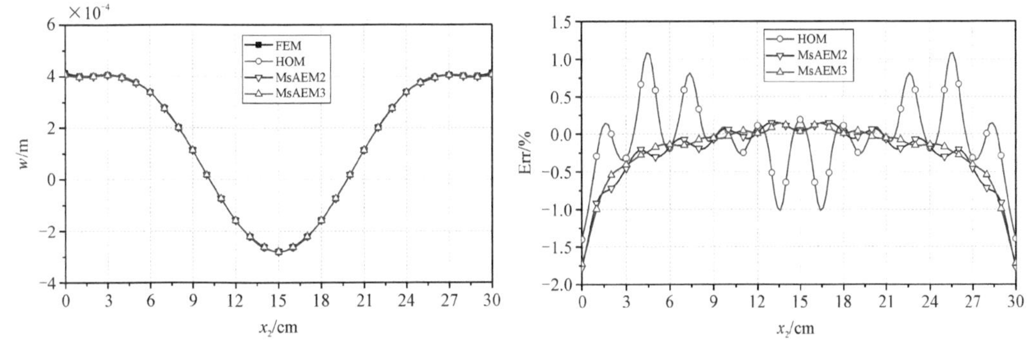

(a) 挠度w　　(b) 挠度w的误差

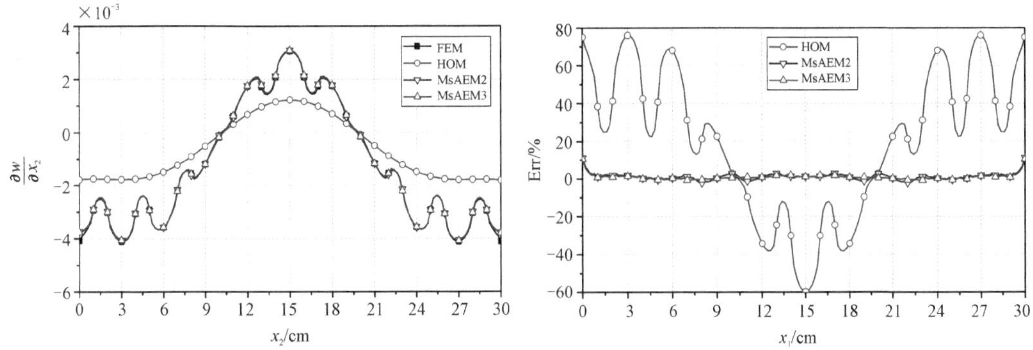

(c) 转角$\partial w/\partial x_2$　　(d) 转角$\partial w/\partial x_2$的误差

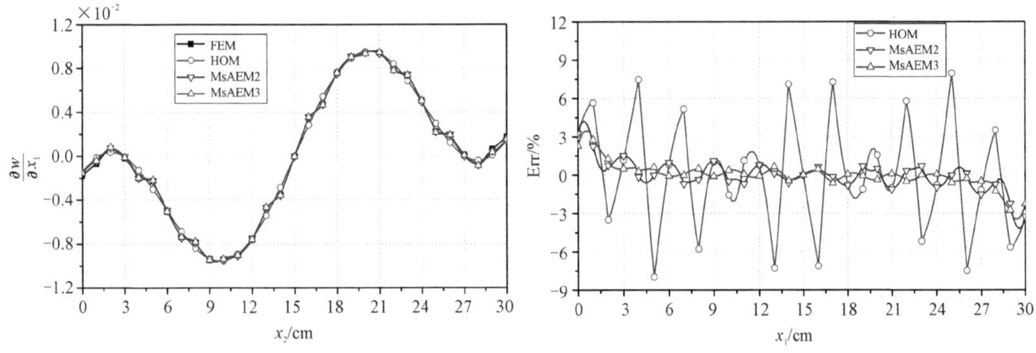

(e) 转角$\partial w/\partial x_1$　　(d) 转角$\partial w/\partial x_1$的误差

图 3.22　一对边简支多夹杂周期薄板沿 B 线挠度及转角

表 3.11　一对边简支多夹杂周期薄板的 DRSS

展开解	w	$\partial w/\partial x_2$	$\partial w/\partial x_1$
HOM	0.689 7	4.170 1	2.505 0
MsAEM2	0.545 7	2.018 7	1.818 7
MsAEM3	0.560 3	1.816 9	1.635 1

算例 3：面内层状周期薄板结构

考虑图 3.5 所示的面内层状周期薄板，其左右两边固支，其余两边自由。单胞大小以及材料属性与算例 1 相同。将单胞划分为 30×30 个 ACM12 单元，可以得到单胞二阶与三阶影响函数，如图 3.23 和图 3.24 所示。从中可以看到，层状薄板单胞影响函数只是 y_1 的函数，这也验证了 3.4.3 小节中影响函数的解析结果。此外，二阶影响函数只有两项非零，三阶影响函数有三项非零。

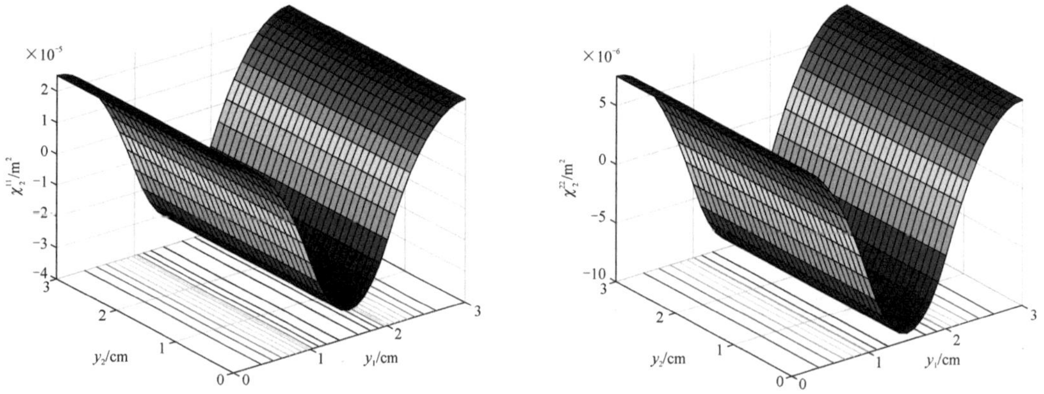

kl=11　　*kl*=22

图 3.23　层状薄板单胞二阶影响函数

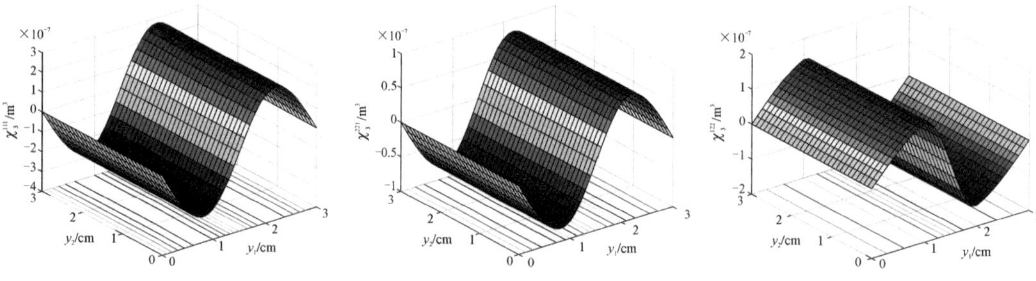

klp=111　　*klp*=221　　*klp*=122

图 3.24　层状薄板单胞三阶影响函数

利用求得的二阶影响函数有限元解，可求得等效弯曲刚度矩阵为

$$\boldsymbol{D}^0 = \begin{bmatrix} 2.289\,4 & 0.686\,8 & 0 \\ 0.686\,8 & 6.039\,4 & 0 \\ 0 & 0 & 2.243\,6 \end{bmatrix} \times 10^3 \text{ N} \cdot \text{m} \tag{3.7.20}$$

下面给出该层状周期薄板在均布载荷 $q=10^5\ \text{N/m}^2$ 作用下的静力学行为。图 3.25 和

表 3.12 分别给出了沿 A 线的变形图以及相应的 DRSS。从中可以看出，MsAEM 得到的A 线的挠度 w 和转角$\partial w/\partial x_1$ 与 FEM 的结果吻合得较好，均匀化挠度也具有较高的精度，但展开项数越多，$\partial w/\partial x_1$ 的精度越高。

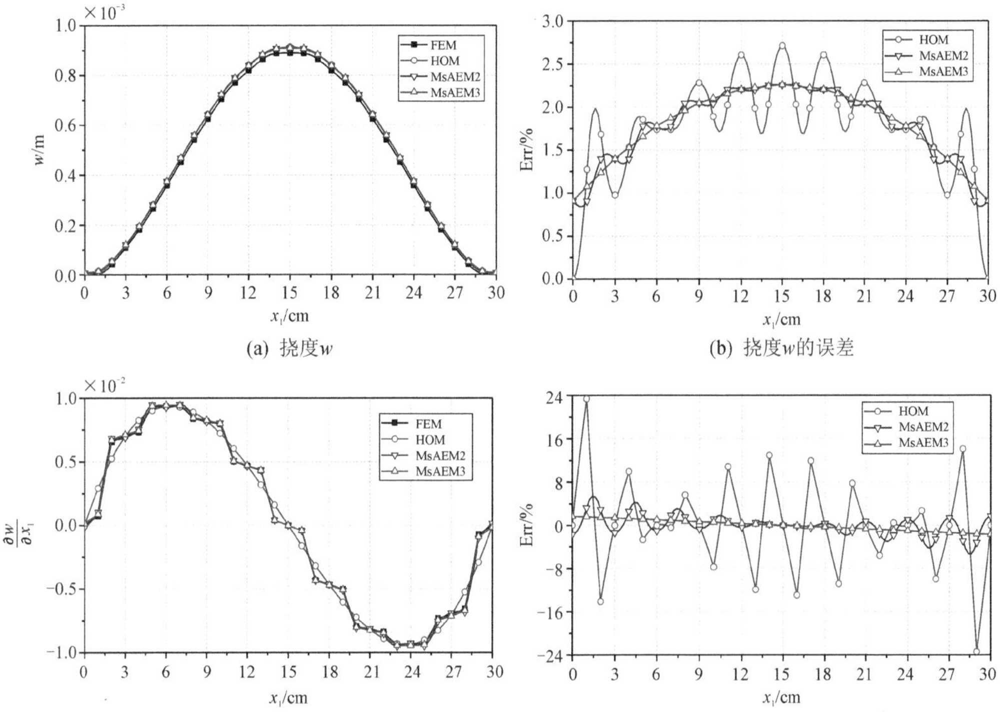

(a) 挠度w　(b) 挠度w的误差

(c) 转角$\partial w/\partial x_1$　(d) 转角$\partial w/\partial x_1$的误差

图 3.25　一对边固支层状周期薄板沿 A 线挠度及转角

表 3.12　一对边固支层状周期薄板的 DRSS

展开解	w	$\partial w/\partial x_1$
HOM	2.640 4	10.047 5
MsAEM2	2.598 6	2.711 2
MsAEM3	2.600 3	1.497 8

3.8　总　结

针对周期长梁和周期薄板静力学问题，本章系统地给出了双尺度渐近展开方法的理论推导公式。针对周期梁以及面内层状周期板，给出了单胞问题以及均匀化弯曲刚度的显式解析表达式。根据拉格朗日乘子法以及主从结点约束法给出了一般周期板单胞问题的有限元列式。单胞影响函数、均匀化挠度以及渐近展开阶次是影响双尺度渐近展开方法计算精度的关键因素，因此本章重点研究的是关于这三个因素的基础问题。

（1）单胞问题

周期梁、板皆由周期单胞组成，单胞是实现周期梁、板宏、细观尺度转换的重要媒介。单胞问题是双尺度渐近展开方法的核心问题，其计算精度直接影响等效刚度以及渐近展开项的计算精度。单胞问题求解的关键在于单胞周期约束条件的选取。本章根据单胞微结构周期分布的特点，基于单胞虚拟位移和虚拟内力的连续性要求，给出了单胞周期边界条件。此外，为了消除单胞刚体变形模式，引入了一个全局约束条件或归一化条件。对于周期梁、板问题，其单胞有多种选取方式，但是表征微结构非均匀性的影响函数却不会随单胞的不同选取而发生变化，周期梁、板的等效弯曲刚度也是如此。

(2) 展开项的物理意义

不同于 C^0 类周期复合材料结构的静力学问题，周期梁、板结构静力学问题的控制方程是含有周期振荡系数的四阶微分方程，其渐近展开解是由均匀化挠度和摄动挠度构成的，并且摄动挠度可以表示为各阶影响函数与均匀化挠度各阶导数的乘积。本章分别从力学角度和数学角度研究了周期梁、板问题的渐近展开理论。一方面，从力学角度看，单胞的影响函数可以看作是单胞的虚拟挠度，但不同阶影响函数的量纲不同。另一方面，类似振动力学中的模态叠加方法，各阶影响函数可以比拟为模态函数，而相对应的均匀化挠度导数可以比拟为其广义模态坐标。从单胞问题的虚拟载荷来看，二阶单胞的虚拟载荷仅在单胞材料突变处有非零值，反映了基本非均匀信息，而三阶虚拟载荷在域内均有非零值，因此三阶虚拟载荷可以反映更多的非均匀性信息。从数学角度看，周期欧拉梁、基尔霍夫板的静力学问题是 C^1 类问题，其一阶渐近展开项为零，二阶和三阶展开项是主要摄动项。根据双尺度收敛方法，随着尺度参数 ε 趋近于零，周期梁、板的真实挠度将收敛于均匀化挠度。

(3) 展开项数的选择

周期梁、板的渐近展开项不仅取决于单胞微结构的非均匀性，还与均匀化挠度及其导数相关。由于周期梁、板的等效刚度取决于单胞的二阶影响函数，且一阶摄动挠度等于零，因此周期梁、板的均匀化挠度可以很好地反映梁、板结构的变形，但随着单胞非均匀性和分布载荷函数幂次的增加，高阶渐近展开项的作用更加重要。一般而言，对于周期梁、板静力学问题，均匀化挠度的计算精度是足够的；但对于转角而言，二阶乃至三阶展开项的作用不可忽略。此外，随着梁、板分布载荷函数幂次的增加，需要考虑更多的展开项。

参考文献

[1] Kolpakov A G. Calculation of the characteristics of thin elastic rods with a periodic structure[J]. Journal of Applied Mathematics & Mechanics, 1991, 55: 358-365.

[2] Kolpakov A G. Variational principles for stiffnesses of a non-homogeneous beam[J]. Journal of the Mechanics and Physics of Solids, 1998, 46: 1039-1053.

[3] Kolpakov A G. Stressed Composite Structures: Homogenized Models for Thin-Walled Nonhomogeneous Structures with Initial Stresses[M]. New York: Springer-Verlag Berlin Heidelberg, 2004.

[4] Kalamkarov A L. On the determination of effective characteristics of cellular plates and shells of periodic structure[J]. Mechanics of Solids, 1987, 22: 175-179.

[5] Yi S A, Xu L, Cheng G D, et al. FEM formulation of homogenization method for effective properties of periodic heterogeneous beam and size effect of basic cell in thickness

direction[J]. Computers & Structures, 2015, 156: 1-11.
[6] Cai Y W, Xu L, Cheng G D. Novel numerical implementation of asymptotic homogenization method for periodic plate structures[J]. International Journal of Solids andStructures, 2014, 51: 284-292.
[7] Bensoussan A, Lions J L, Papanicolaou G. Asymptotic analysis for periodic structures [M]. Amsterdam: North-Holland, 1978.
[8] Oleinik O A, Shamaev A S, Yosifian G A. Mathematical problems in elasticity and homogenization[M]. Amsterdam: North-Holland, 1992.
[9] Dai G M, Zhang W H. Size effects of basic cell in static analysis of sandwich beams[J]. International Journal of Solids and Structures, 2008, 45: 2512-2533.
[10] Yi S N, Xu L, Cheng G D, et al. FEM formulation of homogenization method for effective properties of periodic heterogeneous beam and size effect of basic cell in thickness direction[J]. Computers and Structures, 2015, 156: 1-11.
[11] Nasution M R E, Watanabe N, Kondo A, et al. A novel asymptotic expansion homogenization analysis for 3-D composite with relieved periodicity in the thickness direction [J]. Composites Science and Technology, 2014, 97: 63-73.
[12] Rostam-Abadi F, Chen C M, Kikuchi N. Design analysis of composite laminate structures for light-weight armored vehicle by homogenization method[J]. Computers and Structures, 2000, 76: 319-335.
[13] Huang Z W, Xing Y F, Gao Y H. A two-scale asymptotic expansion method for periodic composite Euler beams[J]. Composite Structures, 2020, 241:112033.
[14] Huang Z W, Xing Y F, Gao Y H. Two-Scale Asymptotic Homogenization Method for Composite Kirchhoff Plates with in-Plane Periodicity[J]. Aerospace, 2022, 9: 751.
[15] Kirchhoff G. Über das Gleichgewicht und die Bewegung einer elastischen Scheibe[J]. Journal für die reine und angewandte Mathematik (Crelles Journal), 1850: 51-88.
[16] Love A E H. A Treatise on the Mathematical Theory of Elasticity[M]. London: Cambridge University Press, 1893.
[17] 胡海昌. 弹性力学的变分原理及其应用[M]. 北京: 科学出版社, 1981.
[18] 邢誉峰. 计算固体力学原理与方法[M]. 2 版. 北京: 北京航空航天大学出版社, 2019.
[19] Brezis H. Functional analysis, Sobolev spaces and partial differential equations[M]. New York: Springer Science & Business Media, 2011.
[20] Cioranescu D, Donato P. An Introduction to Homogenization[M]. New York: Oxford University Press Inc. , 2000.
[21] Pavliotis G, Stuart A. Multiscale methods: averaging and homogenization[M]. New York: Springer Science & Business Media, 2008.
[22] Pastukhova S. Operator error estimates for homogenization of fourth order elliptic equations[J]. St Petersburg Mathematical Journal, 2017, 28: 273-289.

第4章　周期梁结构等效刚度的多尺度预测方法

4.1　引　言

具有周期微结构的复合材料梁结构在工程中应用广泛，但由于其微结构复杂，采用三维有限元方法直接对其分析的计算成本巨大，因此，有必要对周期梁进行均匀化分析。由于周期梁在截面切向方向尤其是在挠度方法上或在厚度方向的单胞排列一般不具有周期性，已有的基于全向周期性假设的材料层次的均匀化方法，如多尺度渐近展开方法（或数学均匀化方法，也称渐近均匀化方法）不能直接用于分析周期梁的弯曲变形问题[1-2]。此外，对于具有周期微结构的三维复合材料梁，尤其是短梁，其实际变形远不满足平剖面假设，因此基于梁理论对其渐近展开分析得到的结果精度得不到保证[3]。

为了解决周期梁在横向变形方向周期性弱的问题，Kolpakov 等人[4-6]在三维理论框架下，提出了不同尺度坐标之间的变换关系，并根据周期梁结构的几何关系，不要求周期梁具有横向周期性，建立了一种周期梁的渐近展开理论。Yi 和 Xu 等人[2,7]在 Kolpakov 等工作[4-6]的基础上，根据欧拉梁和铁木辛柯（Timoshenko）梁理论，实现了周期梁等效刚度的有限元计算。此外，Yu 等人[8-10]利用变分渐近方法（Variational Asymptotic Method，VAM）发展了周期梁截面等效刚度的预测方法。Lee 等人[11]基于变分渐近方法考虑了周期梁的剪切变形，提出了适用于周期梁等效刚度的预测方法。然而，上述方法[2-11]或存在精度问题，或存在需要在通用有限元软件中用编程语言辅助实施的问题。因此，有必要建立一种更为准确且可以利用通用有限元软件现有模块直接实施的等效刚度预测方法。

在第 3 章中，首先基于欧拉梁理论，通过对细长三维周期梁沿着截面进行积分，从而把三维细长周期梁问题简化为一维细长周期梁问题；类似地，基于基尔霍夫板理论，通过对三维周期薄板沿着厚度方向进行积分，从而把三维周期薄板问题简化为二维周期薄板问题；然后，针对得到的一维周期梁和二维周期板，利用双尺度渐近展开方法得到了均匀化（或等效）弯曲刚度和细观挠度；最后，数值结果验证了方法的有效性，并利用数学方法证明了渐近展开解的收敛性。

与第 3 章不同，本章根据剪切梁理论，宏、细观变形相似和宏、细观内虚功等效，或宏、细观变形相似和宏、细观应变能等效原则，提出了两种针对周期复合材料梁结构的等效刚度预测方法[12-13]。本章 4.2 节介绍基于宏、细观变形相似和内虚功等效的等效刚度预测方法；4.3 节介绍基于宏、细观变形相似和应变能相等的等效刚度预测方法；4.4 节给出了结论。

4.2　内虚功等效方法

周期梁均匀化的关键在于如何建立其宏、细观尺度下变形之间的关系。本节通过提取具有代表性微结构的周期梁段(单胞),然后根据单胞宏、细观尺度的内虚功等效原则,给出周期梁等效刚度的表达式。

4.2.1　宏观位移和应变关系

在宏观尺度上,具有周期微结构的复合材料梁可以等效为如图 4.1 所示的均匀铁木辛柯梁,或一阶剪切梁,简称剪切梁。根据剪切梁理论,梁位移场可以表示为

$$\begin{cases}\bar{u}_1(x_1,x_2,x_3)=u(x_1)-x_2\theta_3(x_1)-x_3\theta_2(x_1)\\ \bar{u}_2(x_1,x_3)=v(x_1)+x_3\theta_1(x_1)\\ \bar{u}_3(x_1,x_2)=w(x_1)-x_2\theta_1(x_1)\end{cases}\tag{4.2.1}$$

式中:(u,v,w)为参考线上的宏观位移场,$\theta_i(i=1,2,3)$为绕 x_i 轴的截面转角。

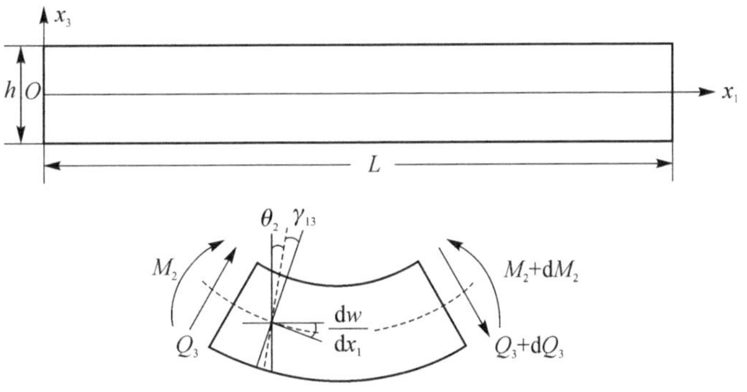

图 4.1　均匀 Timoshenko 梁及其微元

剪切梁的广义应变场定义如下:

$$\boldsymbol{e}^{\mathrm{T}}=[\varepsilon_1\quad \kappa_2\quad \kappa_3\quad \kappa_1\quad \gamma_{12}\quad \gamma_{13}]\tag{4.2.2}$$

式中

$$[\varepsilon_1\quad \kappa_2\quad \kappa_3\quad \kappa_1\quad \gamma_{12}\quad \gamma_{13}]=\left[\frac{\mathrm{d}u}{\mathrm{d}x_1}\quad -\frac{\mathrm{d}\theta_2}{\mathrm{d}x_1}\quad -\frac{\mathrm{d}\theta_3}{\mathrm{d}x_1}\quad \frac{\mathrm{d}\theta_1}{\mathrm{d}x_1}\quad \frac{\mathrm{d}v}{\mathrm{d}x_1}-\theta_3\quad \frac{\mathrm{d}w}{\mathrm{d}x_1}-\theta_2\right]\tag{4.2.3}$$

式中:ε_1 为梁拉伸正应变,κ_2 和 κ_3 分别为绕 x_2 轴和 x_3 轴的弯曲应变(曲率),κ_1 为扭转应变(扭率),γ_{12} 和 γ_{13} 为剪切应变。与此比较,在欧拉梁理论中,不考虑梁的剪切变形,其截面转角分别为

$$\theta_2=\frac{\mathrm{d}w}{\mathrm{d}x_1},\quad \theta_3=\frac{\mathrm{d}v}{\mathrm{d}x_1}\tag{4.2.4}$$

均匀剪切梁或宏观尺度的几何方程为

$$\bar{\varepsilon}_{ij}=\frac{1}{2}\left(\frac{\partial\bar{u}_i}{\partial x_j}+\frac{\partial\bar{u}_j}{\partial x_i}\right)\tag{4.2.5}$$

式中:i 和 j 取值为 1~3。将式(4.2.1)代入式(4.2.5)可得到剪切梁的应变场为

$$\bar{\boldsymbol{\varepsilon}}^{\mathrm{T}}=[\bar{\varepsilon}_{11}\quad \bar{\varepsilon}_{22}\quad \bar{\varepsilon}_{33}\quad 2\bar{\varepsilon}_{23}\quad 2\bar{\varepsilon}_{13}\quad 2\bar{\varepsilon}_{12}]\tag{4.2.6}$$

$$\begin{cases}\bar{\varepsilon}_{11}=\dfrac{\partial \bar{u}_1}{\partial x_1}=\dfrac{\partial u}{\partial x_1}-x_2\dfrac{\partial \theta_3}{\partial x_1}-x_3\dfrac{\partial \theta_2}{\partial x_1}\\ \bar{\varepsilon}_{22}=\dfrac{\partial \bar{u}_2}{\partial x_2}=0\\ \bar{\varepsilon}_{33}=\dfrac{\partial \bar{u}_3}{\partial x_3}=0\\ 2\bar{\varepsilon}_{23}=\dfrac{\partial \bar{u}_2}{\partial x_3}+\dfrac{\partial \bar{u}_3}{\partial x_2}=0\\ 2\bar{\varepsilon}_{13}=\dfrac{\partial \bar{u}_1}{\partial x_3}+\dfrac{\partial \bar{u}_3}{\partial x_1}=\dfrac{\partial w}{\partial x_1}-\theta_3-x_2\dfrac{\partial \theta_1}{\partial x_1}\\ 2\bar{\varepsilon}_{12}=\dfrac{\partial \bar{u}_1}{\partial x_2}+\dfrac{\partial \bar{u}_2}{\partial x_1}=\dfrac{\partial v}{\partial x_1}-\theta_2+x_3\dfrac{\partial \theta_1}{\partial x_1}\end{cases} \tag{4.2.7}$$

由式(4.2.2)、式(4.2.6)和式(4.2.7)可知，均匀梁的应变场取决于参考线上的广义应变场 $\boldsymbol{e}$，即

$$\bar{\varepsilon}=\boldsymbol{Te} \tag{4.2.8}$$

$$\boldsymbol{T}=[\boldsymbol{T}^{[1]}\quad \boldsymbol{T}^{[2]}\quad \boldsymbol{T}^{[3]}\quad \boldsymbol{T}^{[4]}\quad \boldsymbol{T}^{[5]}\quad \boldsymbol{T}^{[6]}]=\begin{bmatrix}1 & x_3 & x_2 & 0 & 0 & 0\\ 0 & 0 & 0 & 0 & 0 & 0\\ 0 & 0 & 0 & 0 & 0 & 0\\ 0 & 0 & 0 & 0 & 0 & 0\\ 0 & 0 & 0 & -x_2 & 0 & 1\\ 0 & 0 & 0 & x_3 & 1 & 0\end{bmatrix} \tag{4.2.9}$$

式中：$\boldsymbol{T}^{[\alpha]}$（$\alpha=1,2,\cdots,6$）表示矩阵 $\boldsymbol{T}$ 的第 α 列。从物理意义上看，**周期梁的等效刚度表示广义单位应变场下所对应的广义内力**，参见 4.2.3 小节。由于广义应变列向量 $\boldsymbol{e}$ 包含 6 个元素，因此等效刚度矩阵的维数是 6×6。为了得到等效刚度，需要考虑如下 6 种广义单位应变场：

$$\boldsymbol{e}^{[1]}=\begin{bmatrix}1\\0\\0\\0\\0\\0\end{bmatrix},\quad \boldsymbol{e}^{[2]}=\begin{bmatrix}0\\1\\0\\0\\0\\0\end{bmatrix},\quad \boldsymbol{e}^{[3]}=\begin{bmatrix}0\\0\\1\\0\\0\\0\end{bmatrix},\quad \boldsymbol{e}^{[4]}=\begin{bmatrix}0\\0\\0\\1\\0\\0\end{bmatrix},\quad \boldsymbol{e}^{[5]}=\begin{bmatrix}0\\0\\0\\0\\1\\0\end{bmatrix},\quad \boldsymbol{e}^{[6]}=\begin{bmatrix}0\\0\\0\\0\\0\\1\end{bmatrix} \tag{4.2.10}$$

根据式(4.2.8)可知，与广义单位应变场 $\boldsymbol{e}^{[\alpha]}$ 对应的宏观应变场为

$$\bar{\boldsymbol{\varepsilon}}^{[\alpha]}=\boldsymbol{Te}^{[\alpha]}=\boldsymbol{T}^{[\alpha]} \tag{4.2.11}$$

4.2.2 单胞问题和变形相似

本小节根据周期梁在宏观与细观尺度上的变形相似性原则，分析与宏观应变场 $\bar{\varepsilon}^{[\alpha]}$ 对应的单胞细观变形。

考虑如图 4.2 所示的周期梁。为了分析与宏观应变场 $\bar{\boldsymbol{\varepsilon}}^{[\alpha]}$ 对应的单胞细观变形，从周期梁中提取出一个代表体积单元，也称为单胞。与前两章相同，本章仍然用 D 表示单胞域。由于等效刚度与外载荷无关，因此考虑如下单胞自平衡方程及其他基本方程：

$$\frac{\partial \sigma_{ij}^{\varepsilon}}{\partial x_j}=0, \quad \boldsymbol{x} \in D \quad \text{自平衡方程} \tag{4.2.12}$$

$$\sigma_{ij}^{\varepsilon}=E_{ijmn}^{\varepsilon}\varepsilon_{mn}^{\varepsilon}, \quad \boldsymbol{x} \in D \quad \text{物理方程} \tag{4.2.13}$$

$$\varepsilon_{mn}^{\varepsilon}=\frac{1}{2}\left(\frac{\partial u_m^{\varepsilon}}{\partial x_n}+\frac{\partial u_n^{\varepsilon}}{\partial x_m}\right), \quad \boldsymbol{x} \in D \quad \text{几何方程} \tag{4.2.14}$$

$$\sigma_{ij}^{\varepsilon}n_j=0, \quad \boldsymbol{x} \in S_{\mathrm{np}} \quad \text{自由边界条件} \tag{4.2.15}$$

式中：u_m^{ε}、$\varepsilon_{mn}^{\varepsilon}$ 和 $\sigma_{ij}^{\varepsilon}$ 分别表示真实（或细观）位移、应变和应力；E_{ijmn}^{ε} 为四阶弹性张量；n_j 为非周期面上单位法向余弦；S_{np} 为非周期边界或者单胞内自由边界；i、j、m、n 取值为 1～3。如无特别说明，重复指标均满足 Einstein 求和约定。值得指出的是，在不至于引起混淆的前提下，这里单胞问题的坐标仍然用 $\boldsymbol{x}$ 表示。

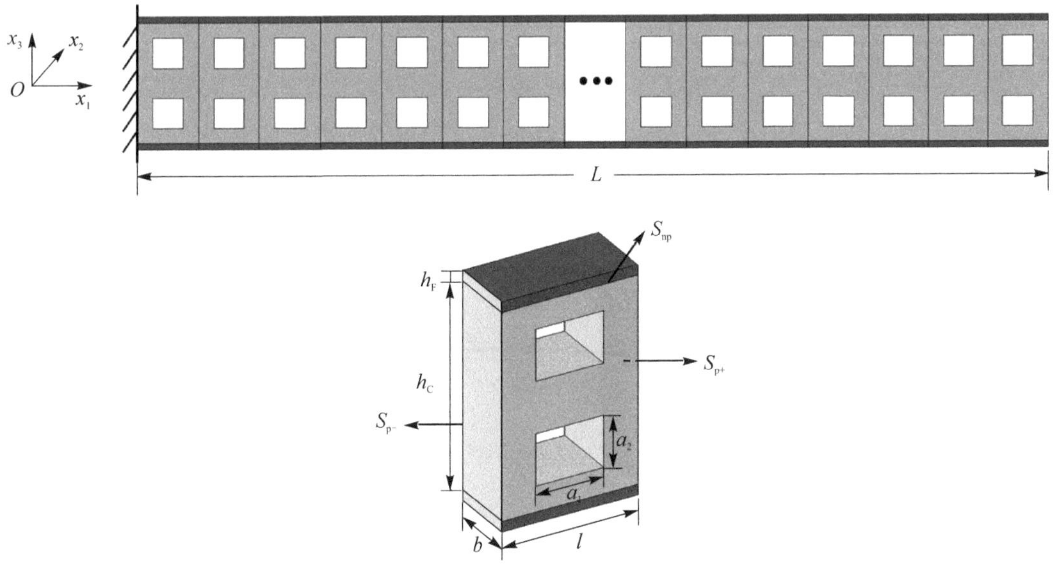

图 4.2　周期方形孔夹层梁及单胞

对于周期梁问题，其真实变量（带有上标 ε 的变量）如 u_m^{ε}，可以表示为宏观项（其上标用平划线表示）如 $\bar{u}_m$ 和摄动项（其上标用波浪线表示）如 $\tilde{u}_m$ 的叠加，即

$$u_m^{\varepsilon}=\bar{u}_m+\tilde{u}_m \tag{4.2.16}$$

$$\varepsilon_{mn}^{\varepsilon}=\bar{\varepsilon}_{mn}+\tilde{\varepsilon}_{mn} \tag{4.2.17}$$

$$\sigma_{mn}^{\varepsilon}=\bar{\sigma}_{mn}+\tilde{\sigma}_{mn} \tag{4.2.18}$$

式中：$\bar{u}_m$、$\bar{\varepsilon}_{mn}$ 和 $\bar{\sigma}_{mn}$ 分别为梁宏观位移、应变以及应力；$\tilde{u}_m$、$\tilde{\varepsilon}_{mn}$ 和 $\tilde{\sigma}_{mn}$ 分别为摄动位移、摄动应变和摄动应力。宏观尺度物理方程为

$$\bar{\sigma}_{ij}=E_{ijmn}^{\varepsilon}\bar{\varepsilon}_{mn} \tag{4.2.19}$$

摄动物理方程和几何方程为

$$\tilde{\sigma}_{ij}=E^{\varepsilon}_{ijmn}\tilde{\varepsilon}_{mn} \tag{4.2.20}$$

$$\tilde{\varepsilon}_{mn}=\frac{1}{2}\left(\frac{\partial\tilde{u}_m}{\partial x_n}+\frac{\partial\tilde{u}_n}{\partial x_m}\right) \tag{4.2.21}$$

将式(4.2.18)代入式(4.2.12)可得宏观应力和摄动应力的平衡方程

$$\frac{\partial\bar{\sigma}_{ij}}{\partial x_j}+\frac{\partial\tilde{\sigma}_{ij}}{\partial x_j}=0,\quad \boldsymbol{x}\in D \tag{4.2.22}$$

将式(4.2.19)～式(4.2.21)代入式(4.2.22),并利用 E^{ε}_{ijmn} 关于指标 $ijmn$ 的对称性可得单胞自平衡方程的另外一种形式:

$$\frac{\partial}{\partial x_j}\left(E^{\varepsilon}_{ijmn}\frac{\partial\tilde{u}_m}{\partial x_n}\right)=-\frac{\partial}{\partial x_j}(E^{\varepsilon}_{ijmn}\bar{\varepsilon}_{mn}),\quad \boldsymbol{x}\in D \tag{4.2.23}$$

由式(4.2.23)可看出,梁单胞的摄动位移场 $\tilde{u}_m$ 取决于所施加的宏观应变场 $\bar{\varepsilon}_{mn}$ 以及相应的单胞约束条件。对于周期梁的均匀化问题,宏观应变场 $\bar{\varepsilon}_{mn}$ 对应于均匀梁的广义单位应变场,如式(4.2.11)所示。值得指出的是,式(4.2.23)中是利用宏观应变场求摄动位移或摄动应变,这表明宏观变形和细观变形相似。

考虑到单胞是周期梁上一个具有周期性微结构的代表体积单元,因此其单胞问题式(4.2.23)的约束条件不仅取决于单胞材料的周期性分布,也取决于所施加的宏观应变场 $\bar{\varepsilon}_{mn}$。注意到 $\bar{\varepsilon}_{mn}$ 与梁轴向坐标 x_1 无关。单胞问题周期边界条件包括界面位移条件和法向应力条件,即

$$\tilde{u}_i\,|_{S_{p-}}=\tilde{u}_i\,|_{S_{p+}} \tag{4.2.24}$$

$$\tilde{\sigma}_{11}\,|_{S_{p-}}=-\tilde{\sigma}_{11}\,|_{S_{p+}} \tag{4.2.25}$$

式中:$S_{p\pm}$ 为周期梁的一对周期面,如图 4.2 所示。值得强调的是,周期条件式(4.2.24)约束了梁单胞绕 x_2 轴以及 x_3 轴的刚体转动。为了约束剩余的刚体位移模式,引入了如下的全局约束条件或归一化约束条件:

$$\frac{1}{|D|}\int_D\tilde{u}_i\,\mathrm{d}D=0,\quad i=1,2,3 \tag{4.2.26}$$

$$\frac{1}{|D|}\int_D\left(\frac{\partial\tilde{u}_2}{\partial x_3}-\frac{\partial\tilde{u}_3}{\partial x_2}\right)\mathrm{d}D=0 \tag{4.2.27}$$

式(4.2.26)约束了梁单胞位移场三个刚体平动,式(4.2.27)约束了单胞绕 x_1 轴的刚体平动。此外,式(4.2.26)和式(4.2.27)表明摄动变量在单胞体积上平均值为零,即归一化条件,这也意味着周期梁的真实(细观)变形与宏观变形在单胞上保持相似性。

值得注意的是,在周期条件式(4.2.24)、式(4.2.25)以及全局约束条件式(4.2.26)、式(4.2.27)下,单胞自平衡方程(4.2.23)有唯一解。但对于单位横向剪切应变状态 $\boldsymbol{e}^{[5]}$ 或者 $\boldsymbol{e}^{[6]}$,单胞的摄动变形产生零能模式,这是因为单胞的轴向周期边界条件无法约束轴向的纯剪变形。为了消除零能模式,根据剪切梁理论的平剖面假设,周期梁的截面转角应该与均匀梁的截面转角保持相似性,这也意味着由摄动变形 $\tilde{u}_1$ 引起的截面转角 $\tilde{\theta}_2$ 和 $\tilde{\theta}_3$ 应该为零。根据梁截面平均转角的定义[14],$\tilde{\theta}_2$ 和 $\tilde{\theta}_3$ 可表示为

$$\tilde{\theta}_2=\frac{1}{I_2}\int_A x_3\tilde{u}_1\,\mathrm{d}A \tag{4.2.28}$$

$$\widetilde{\theta}_3 = \frac{1}{I_3}\int_A x_2 \widetilde{u}_1 \mathrm{d}A \tag{4.2.29}$$

式中：I_2 和 I_3 分别为截面 A 绕 x_2 轴以及 x_3 轴的惯性矩。于是，可得到如下的单胞约束条件：

$$\frac{1}{|D|}\int_D \frac{1}{I_2} x_3 \widetilde{u}_1 \mathrm{d}D = 0 \tag{4.2.30}$$

$$\frac{1}{|D|}\int_D \frac{1}{I_3} x_2 \widetilde{u}_1 \mathrm{d}D = 0 \tag{4.2.31}$$

注意到，对于等截面的周期复合材料梁，与材料性质无关的 I_2 和 I_3 在单胞上为常数，于是单胞约束条件式(4.2.30)和式(4.2.31)可表示为

$$\frac{1}{|D|}\int_D x_3 \widetilde{u}_1 \mathrm{d}D = 0 \tag{4.2.32}$$

$$\frac{1}{|D|}\int_D x_2 \widetilde{u}_1 \mathrm{d}D = 0 \tag{4.2.33}$$

由此，利用单胞约束条件式(4.2.24)～式(4.2.27)以及约束条件式(4.2.32)、式(4.2.33)，可得到单胞问题的摄动位移场 $\widetilde{u}_m$，再利用式(4.2.17)和式(4.2.18)可求得宏观应变场 $\bar{\varepsilon}_{mn}$ 对应的真实(细观)应变 $\varepsilon^{\varepsilon}_{mn}$ 和真实(细观)应力 $\sigma^{\varepsilon}_{mn}$。下面给出周期梁等效刚度的具体求解过程。

4.2.3 内虚功等效和等效刚度

首先推导周期梁问题宏观内虚功和细观内虚功的表达式，然后根据内虚功等效原理给出周期梁等效刚度的表达式。

剪切梁的本构关系定义如下：

$$\bar{\boldsymbol{F}} = \boldsymbol{De} \tag{4.2.34}$$

$$\bar{\boldsymbol{F}}^{\mathrm{T}} = [N_1 \quad M_2 \quad M_3 \quad T_1 \quad Q_2 \quad Q_3] \tag{4.2.35}$$

$$\boldsymbol{D} = \begin{bmatrix} D_{11} & D_{12} & D_{13} & D_{14} & D_{15} & D_{16} \\ D_{21} & D_{22} & D_{23} & D_{24} & D_{25} & D_{26} \\ D_{31} & D_{32} & D_{33} & D_{34} & D_{35} & D_{36} \\ D_{41} & D_{42} & D_{43} & D_{44} & D_{45} & D_{46} \\ D_{51} & D_{52} & D_{53} & D_{54} & D_{55} & D_{56} \\ D_{61} & D_{62} & D_{63} & D_{64} & D_{65} & D_{66} \end{bmatrix} \tag{4.2.36}$$

式中：$\bar{\boldsymbol{F}}$ 为均匀梁的广义内力列向量；$\boldsymbol{D}$ 为待求的等效刚度矩阵；$\boldsymbol{e}$ 为均匀梁的广义应变列向量，其形式由式(4.2.2)给出。式(4.2.35)中广义内力 N_1、M_2、M_3、T_1、Q_2、Q_3 分别表示轴向力、绕 x_2 轴以及 x_3 轴的弯矩、扭矩以及沿 x_2 轴和 x_3 轴方向的剪切力。式(4.2.36)中主对角线元素 D_{11}～D_{66} 分别表示周期梁拉伸刚度、绕 x_2 轴和 x_3 轴的弯曲刚度、扭转刚度以及沿 x_2 轴和 x_3 轴的剪切刚度，非对角元素为耦合刚度项。

对于均匀等截面剪切梁，其刚度矩阵 $\boldsymbol{D}$ 的形式为

$$\boldsymbol{D}=\begin{bmatrix} EA & & & & & \\ & EI_2 & & & & \\ & & EI_3 & & & \\ & & & GI_{\mathrm{p}} & & \\ & & & & k_2GA & \\ & & & & & k_3GA \end{bmatrix}=\begin{bmatrix} D_{11} & & & & & \\ & D_{22} & & & & \\ & & D_{33} & & & \\ & & & D_{44} & & \\ & & & & D_{55} & \\ & & & & & D_{66} \end{bmatrix} \tag{4.2.37}$$

式中：E、G 分别为弹性模量和剪切模量；A 和 I_{p} 分别为梁的横截面积和极惯性矩，对于方形截面梁，$I_{\mathrm{p}}=0.141bh^3$，b 和 h 分别为梁的宽度和高度，可参见材料力学教科书；I_2 和 I_3 分别为 x_1-x_3 和 x_1-x_2 主弯曲平面内的截面惯性矩，k_2 和 k_3 分别为对应的剪切修正系数。

从物理意义上看，周期梁等效刚度 $\boldsymbol{D}$ 表示与宏观广义单位初应变 $\boldsymbol{e}$ 对应的宏观广义内力 $\bar{\boldsymbol{F}}$。因此，为了确定 $\boldsymbol{D}$，需要利用式(4.2.10)给出的 6 组广义单位初应变场。下面给出 $\boldsymbol{D}$ 的第 α 列，即 $\boldsymbol{D}_\alpha$ 的具体求解过程。

在宏观尺度上，若剪切梁处于宏观应变状态 $\boldsymbol{e}^{[\alpha]}$，则由式(4.2.34)可知广义内力为

$$\bar{\boldsymbol{F}}^{[\alpha]}=\boldsymbol{D}\boldsymbol{e}^{[\alpha]}=\boldsymbol{D}_\alpha \tag{4.2.38}$$

在细观尺度上，考虑在宏观应变 $\bar{\boldsymbol{\varepsilon}}^{[\alpha]}$ 作用下的单胞问题式(4.2.23)，其摄动变形可利用周期条件式(4.2.24)和式(4.2.25)以及全局约束条件式(4.2.26)、式(4.2.27)、式(4.2.32)和式(4.2.33)唯一确定，参见 4.2.2 小节。

为求得等效刚度 $\boldsymbol{D}_\alpha$，需要建立宏观尺度与细观尺度之间的联系。这里令宏观内虚功 $\int_l (\bar{\boldsymbol{F}}^{[\alpha]})^{\mathrm{T}}\delta\boldsymbol{e}\,\mathrm{d}x_1$ 与细观内虚功 $\int_D (\boldsymbol{\sigma}^{\varepsilon[\alpha]})^{\mathrm{T}}\delta\boldsymbol{\varepsilon}^{\varepsilon}\,\mathrm{d}D$ 相等，于是有

$$\int_l (\bar{\boldsymbol{F}}^{[\alpha]})^{\mathrm{T}}\delta\boldsymbol{e}\,\mathrm{d}x_1=\int_D (\boldsymbol{\sigma}^{\varepsilon[\alpha]})^{\mathrm{T}}\delta\boldsymbol{\varepsilon}^{\varepsilon}\,\mathrm{d}D \tag{4.2.39}$$

式中：l 为梁单胞的长度。为了便于推导，这里选取虚应变为

$$\begin{cases}\delta\boldsymbol{e}=\boldsymbol{e}^{[\beta]}\\ \delta\boldsymbol{\varepsilon}^{\varepsilon}=\boldsymbol{\varepsilon}^{\varepsilon[\beta]}\end{cases} \tag{4.2.40}$$

将式(4.2.40)和式(4.2.17)代入式(4.2.39)可得到

$$\int_l (\bar{\boldsymbol{F}}^{[\alpha]})^{\mathrm{T}}\boldsymbol{e}^{[\beta]}\,\mathrm{d}x_1=\int_D (\boldsymbol{\sigma}^{\varepsilon[\alpha]})^{\mathrm{T}}(\bar{\boldsymbol{\varepsilon}}^{[\beta]}+\tilde{\boldsymbol{\varepsilon}}^{[\beta]})\,\mathrm{d}D \tag{4.2.41}$$

根据式(4.2.38)，式(4.2.41)的左端项变为

$$\int_l (\bar{\boldsymbol{F}}^{[\alpha]})^{\mathrm{T}}\boldsymbol{e}^{[\beta]}\,\mathrm{d}x_1=\int_l (\boldsymbol{D}\boldsymbol{e}^{[\alpha]})^{\mathrm{T}}\boldsymbol{e}^{[\beta]}\,\mathrm{d}x_1=D_{\beta\alpha}l \tag{4.2.42}$$

因此，周期梁等效刚度可表示为

$$D_{\beta\alpha}=\frac{1}{l}\int_D (\boldsymbol{\sigma}^{\varepsilon[\alpha]})^{\mathrm{T}}(\bar{\boldsymbol{\varepsilon}}^{[\beta]}+\tilde{\boldsymbol{\varepsilon}}^{[\beta]})\,\mathrm{d}D \tag{4.2.43}$$

下面证明在梁单胞上，细观应力 $\boldsymbol{\sigma}^{\varepsilon[\alpha]}$ 在摄动应变 $\tilde{\boldsymbol{\varepsilon}}^{[\beta]}$ 上做的功为零，即

$$\int_D (\boldsymbol{\sigma}^{\varepsilon[\alpha]})^{\mathrm{T}}\tilde{\boldsymbol{\varepsilon}}^{[\beta]}\,\mathrm{d}D=0 \tag{4.2.44}$$

证明：

式(4.2.44)左端项可变为

$$\int_D (\boldsymbol{\sigma}^{\varepsilon[\alpha]})^{\mathrm{T}} \tilde{\boldsymbol{\varepsilon}}^{[\beta]} \mathrm{d}D = \int_D \sigma_{ij}^{\varepsilon[\alpha]} \frac{\partial \tilde{u}_i^{[\beta]}}{\partial x_j} \mathrm{d}D = \int_{\partial D} \sigma_{ij}^{\varepsilon[\alpha]} \tilde{u}_i^{[\beta]} n_j \mathrm{d}A - \int_D \frac{\partial \sigma_{ij}^{\varepsilon[\alpha]}}{\partial x_j} \tilde{u}_i^{[\beta]} \mathrm{d}D \tag{4.2.45}$$

式中：$\partial D = S_{\mathrm{np}} \cup S_{\mathrm{p}\pm}$ 表示梁单胞的自由面边界以及周期面边界，如图 4.2 所示。因此，由单胞自由面上牵引力为零的条件以及周期面上的应力连续性条件式(4.2.25)可得

$$\int_{\partial D} \sigma_{ij}^{\varepsilon[\alpha]} \tilde{u}_i^{[\beta]} n_j \mathrm{d}A = 0 \tag{4.2.46}$$

由于单胞上没有分布外力，根据单胞的自平衡方程(4.2.12)可知

$$\int_D \frac{\partial \sigma_{ij}^{\varepsilon[\alpha]}}{\partial x_j} \tilde{u}_i^{[\beta]} \mathrm{d}D = 0 \tag{4.2.47}$$

结合式(4.2.46)与式(4.2.47)，即可证明式(4.2.44)。将式(4.2.44)代入式(4.2.43)，周期梁的等效刚度 $D_{\beta\alpha}$ 为

$$D_{\beta\alpha} = \frac{1}{l}\int_D (\boldsymbol{\sigma}^{\varepsilon[\alpha]})^{\mathrm{T}} \bar{\boldsymbol{\varepsilon}}^{[\beta]} \mathrm{d}D = \frac{1}{l}\int_D (\boldsymbol{\sigma}^{\varepsilon[\alpha]})^{\mathrm{T}} \boldsymbol{T}^{[\beta]} \mathrm{d}D \tag{4.2.48}$$

根据式(4.2.11)和式(4.2.48)，等效刚度 $\boldsymbol{D}_\alpha$ 可写成如下形式：

$$\boldsymbol{D}_\alpha = \begin{bmatrix} D_{1\alpha} \\ D_{2\alpha} \\ D_{3\alpha} \\ D_{4\alpha} \\ D_{5\alpha} \\ D_{6\alpha} \end{bmatrix} = \frac{1}{l} \begin{bmatrix} \int_D \sigma_{11}^{\varepsilon[\alpha]} \mathrm{d}D \\ \int_D x_3 \sigma_{11}^{\varepsilon[\alpha]} \mathrm{d}D \\ \int_D x_2 \sigma_{11}^{\varepsilon[\alpha]} \mathrm{d}D \\ \int_D (x_3 \sigma_{12}^{\varepsilon[\alpha]} - x_2 \sigma_{13}^{\varepsilon[\alpha]}) \mathrm{d}D \\ \int_D \sigma_{12}^{\varepsilon[\alpha]} \mathrm{d}D \\ \int_D \sigma_{13}^{\varepsilon[\alpha]} \mathrm{d}D \end{bmatrix} = \frac{1}{l}\int_D \boldsymbol{T}^{\mathrm{T}} \boldsymbol{E} (\bar{\boldsymbol{\varepsilon}}^{[\alpha]} + \tilde{\boldsymbol{\varepsilon}}^{[\alpha]}) \mathrm{d}D \tag{4.2.49}$$

式中：$\boldsymbol{E}$ 为弹性常数矩阵，$\boldsymbol{T}$ 为式(4.2.9)中的转换矩阵。

值得注意的是，本方法所预测的周期梁等效刚度的大小与周期梁参考线的位置有关。参考线位置变化也只是横向移动，即坐标 x_2 和 x_3 的零点位置有移动，而坐标 x_1 的原点位置不变。如果单胞的坐标原点沿向量$(0, x_{20}, x_{30})$偏移，则与新位置的参考线对应的等效刚度矩阵为

$$\bar{\boldsymbol{D}} = (\boldsymbol{H}_2 \boldsymbol{H}_3)^{\mathrm{T}} \boldsymbol{D} \boldsymbol{H}_2 \boldsymbol{H}_3 \tag{4.2.50}$$

式中：$\boldsymbol{H}_2$ 和 $\boldsymbol{H}_3$ 分别为关于 x_2 轴和 x_3 轴的转换矩阵，其值为

$$\boldsymbol{H}_2 = \begin{bmatrix} 1 & 0 & -x_{20} & 0 & 0 & 0 \\ 0 & 1 & 0 & 0 & 0 & 0 \\ 0 & 0 & 1 & 0 & 0 & 0 \\ 0 & 0 & 0 & 1 & 0 & 0 \\ 0 & 0 & 0 & 0 & 1 & 0 \\ 0 & 0 & 0 & x_{20} & 0 & 1 \end{bmatrix}, \quad \boldsymbol{H}_3 = \begin{bmatrix} 1 & -x_{30} & 0 & 0 & 0 & 0 \\ 0 & 1 & 0 & 0 & 0 & 0 \\ 0 & 0 & 1 & 0 & 0 & 0 \\ 0 & 0 & 0 & 1 & 0 & 0 \\ 0 & 0 & 0 & -x_{30} & 1 & 0 \\ 0 & 0 & 0 & 0 & 0 & 1 \end{bmatrix} \tag{4.2.51}$$

4.2.4 单胞问题和等效刚度的有限元列式

周期梁结构等效刚度的预测精度取决于梁单胞问题式(4.2.23)的求解精度。通常采用有

限元方法求解单胞边值问题。本小节将根据虚功原理，通过拉格朗日乘子法和主从结点约束法引入单胞约束条件，给出梁单胞问题的有限元列式。不失一般性，下面以等效刚度矩阵 $\boldsymbol{D}$ 的 α 列，即 $\boldsymbol{D}_\alpha$ 为例，给出其基于有限元方法的求解过程。

第 1 步：单胞自平衡方程的有限元列式

根据虚功原理以及拉格朗日乘子法，考虑全局约束条件式(4.2.26)、式(4.2.27)、式(4.2.32)和式(4.2.33)的自平衡方程(4.2.23)的积分形式为

$$\int_D(\bar{\varepsilon}_{ij}^{[\alpha]}+\tilde{\varepsilon}_{ij}^{[\alpha]})E_{ijmn}^{\varepsilon}\delta(\bar{\varepsilon}_{mn}+\tilde{\varepsilon}_{mn})\mathrm{d}D+\lambda_i^{[\alpha]}\int_D\delta\tilde{u}_i\mathrm{d}D+\delta\lambda_i\int_D\tilde{u}_i^{[\alpha]}\mathrm{d}D+$$
$$\lambda_4^{[\alpha]}\int_D\delta(\partial\tilde{u}_2/\partial x_3-\partial\tilde{u}_3/\partial x_2)\mathrm{d}D+\delta\lambda_4\int_D(\partial\tilde{u}_2^{[\alpha]}/\partial x_3-\partial\tilde{u}_3^{[\alpha]}/\partial x_2)\mathrm{d}D+$$
$$\lambda_5^{[\alpha]}\int_D x_2\delta\tilde{u}_1\mathrm{d}D+\delta\lambda_5\int_D x_2\tilde{u}_1^{[\alpha]}\mathrm{d}D+\lambda_6^{[\alpha]}\int_D x_3\delta\tilde{u}_1\mathrm{d}D+\delta\lambda_6\int_D x_3\tilde{u}_1^{[\alpha]}\mathrm{d}D=0 \tag{4.2.52}$$

式中：$\lambda^{[\alpha]}$为拉格朗日乘子。

考虑到梁弹性张量 E_{ijmn}^{ε} 的对称性，式(4.2.52)可离散化为如下的矩阵形式：

$$\delta\tilde{\boldsymbol{u}}^{\mathrm{T}}(\boldsymbol{K}\tilde{\boldsymbol{u}}^{[\alpha]}-\boldsymbol{F}^{[\alpha]}+\boldsymbol{C}^{\mathrm{T}}\boldsymbol{\lambda}^{[\alpha]})+\delta\boldsymbol{\lambda}^{\mathrm{T}}\boldsymbol{C}\tilde{\boldsymbol{u}}^{[\alpha]}=0 \tag{4.2.53}$$

式中

$$\boldsymbol{K}=\sum_{e=1}\int_{D^e}\boldsymbol{B}^{\mathrm{T}}\boldsymbol{E}\boldsymbol{B}\mathrm{d}D^e \tag{4.2.54}$$

$$\boldsymbol{F}^{[\alpha]}=-\sum_{e=1}\int_{D^e}\boldsymbol{B}^{\mathrm{T}}\boldsymbol{E}\bar{\boldsymbol{\varepsilon}}^{[\alpha]}\mathrm{d}D^e \tag{4.2.55}$$

$$\boldsymbol{\lambda}^{[\alpha]}=[\lambda_1^{[\alpha]}\quad\lambda_2^{[\alpha]}\quad\lambda_3^{[\alpha]}\quad\lambda_4^{[\alpha]}\quad\lambda_5^{[\alpha]}\quad\lambda_6^{[\alpha]}]^{\mathrm{T}} \tag{4.2.56}$$

$$\boldsymbol{C}=\sum_{e=1}\int_{D^e}[\boldsymbol{N}_1;\boldsymbol{N}_2;\boldsymbol{N}_3;(\partial\boldsymbol{N}_2/\partial x_3-\partial\boldsymbol{N}_3/\partial x_2);x_2\boldsymbol{N}_1;x_3\boldsymbol{N}_1]\,\mathrm{d}D^e \tag{4.2.57}$$

$$\boldsymbol{N}_1=[1\quad 0\quad 0]\boldsymbol{N},\quad \boldsymbol{N}_2=[0\quad 1\quad 0]\boldsymbol{N},\quad \boldsymbol{N}_3=[0\quad 0\quad 1]\boldsymbol{N} \tag{4.2.58}$$

式中：$\boldsymbol{K}$ 为单胞的全局刚度矩阵，$\boldsymbol{B}$ 为单元的几何矩阵，$\boldsymbol{N}$ 为单元的形函数矩阵，$\boldsymbol{F}^{[\alpha]}$为宏观应变 $\bar{\boldsymbol{\varepsilon}}^{[\alpha]}$作用下的载荷列向量，$D^e$ 是单胞有限元模型第 e 个单元的积分域。

由于式(4.2.53)对于任意广义虚位移均成立，因此可得

$$\begin{bmatrix}\boldsymbol{K} & \boldsymbol{C}^{\mathrm{T}}\\ \boldsymbol{C} & \boldsymbol{0}\end{bmatrix}\begin{bmatrix}\tilde{\boldsymbol{u}}^{[\alpha]}\\ \boldsymbol{\lambda}^{[\alpha]}\end{bmatrix}=\begin{bmatrix}\boldsymbol{F}^{[\alpha]}\\ \boldsymbol{0}\end{bmatrix} \tag{4.2.59}$$

第 2 步：施加周期边界条件以求解 $\tilde{\boldsymbol{u}}^{[\alpha]}$

周期边界条件属于多自由度约束(MFCs)。处理 MFCs 的方法主要包括主从自由度法、拉格朗日乘子法以及罚方法等[15]。这里通过主从自由度法处理梁单胞的周期边界条件。在主从自由度法中，梁的两个周期面分别设置为主面和从面，并且从面上所有结点的变形均与相对应的主面上的结点变形保持一致。根据主从结点之间的关系，施加 MFCs，删除系统中的从结点，由此待求摄动变形 $\tilde{\boldsymbol{u}}^{[\alpha]}$可缩减为 $\hat{\boldsymbol{u}}^{[\alpha]}$，参见 2.3.2 小节中的式(2.3.40)，且其满足如下关系：

$$\tilde{\boldsymbol{u}}^{[\alpha]}=\tilde{\boldsymbol{T}}\hat{\boldsymbol{u}}^{[\alpha]} \tag{4.2.60}$$

式中：$\tilde{\boldsymbol{T}}$ 为主从结点的转换矩阵，或参见 2.3.2 小节中的式(2.3.41)。将式(4.2.60)代入式(4.2.53)，整理可得

$$\begin{bmatrix} \widetilde{\boldsymbol{T}}^{\mathrm{T}}\boldsymbol{K}\widetilde{\boldsymbol{T}} & \widetilde{\boldsymbol{T}}^{\mathrm{T}}\boldsymbol{C}^{\mathrm{T}} \\ \boldsymbol{C}\widetilde{\boldsymbol{T}} & \boldsymbol{0} \end{bmatrix} \begin{bmatrix} \hat{\boldsymbol{u}}^{[\alpha]} \\ \boldsymbol{\lambda}^{[\alpha]} \end{bmatrix} = \begin{bmatrix} \widetilde{\boldsymbol{T}}^{\mathrm{T}}\boldsymbol{F}^{[\alpha]} \\ \boldsymbol{0} \end{bmatrix} \tag{4.2.61}$$

求解式(4.2.61)可得主结点变形 $\hat{\boldsymbol{u}}^{[\alpha]}$，将其代入式(4.2.60)便可得到宏观应变工况 $\bar{\boldsymbol{\varepsilon}}^{[\alpha]}$ 下的摄动位移 $\widetilde{\boldsymbol{u}}^{[\alpha]}$。

第 3 步：计算等效刚度 $\boldsymbol{D}_\alpha$

利用第 2 步中求得的摄动变形 $\widetilde{\boldsymbol{u}}^{[\alpha]}$，根据等效刚度表达式(4.2.49)可得

$$\boldsymbol{D}_\alpha = \frac{1}{l}\int_D \boldsymbol{T}^{\mathrm{T}}\boldsymbol{E}(\bar{\boldsymbol{\varepsilon}}^{[\alpha]} + \boldsymbol{B}\widetilde{\boldsymbol{u}}^{[\alpha]})\mathrm{d}D \tag{4.2.62}$$

式中：$\boldsymbol{B}\widetilde{\boldsymbol{u}}^{[\alpha]} = \widetilde{\boldsymbol{\varepsilon}}^{[\alpha]}$。

值得指出的是，上述关于周期梁结构等效刚度的求解过程可直接通过商用有限元软件 COMSOL Multiphysics 实现，其中单胞问题的全局约束条件式(4.2.26)、式(4.2.27)、式(4.2.32)和式(4.2.33)可利用 COMSOL Multiphysics 上的物理场模块设定特定的全局方程和相应的弱贡献来实现。

4.2.5　数值比较和分析

本小节将针对不同的周期梁结构，分别计算其等效刚度，并与文献或者三维细网格有限元方法的结果进行对比，以验证所提出方法的有效性和准确性。在以下算例中，通过有限元软件 COMSOL Multiphysics 来实现预测周期梁结构等效刚度，单元类型为 20 结点的三维二次六面体单元，记为 C3D20 单元；另外，周期梁单胞的坐标原点均选在单胞的几何中心。

算例 1：矩形与圆形截面的均匀梁

考虑横截面分别为矩形和圆形的均匀梁结构，其截面如图 4.3(a)和(b)所示，其中 $a=b=1$ m，$d=2$ m。梁由各向同性材料组成，弹性模量 $E=1$ GPa，泊松比 $\nu=0.3$。单胞长度均为 $l=1$ m，分别离散为 8 000 个和 4 050 个 C3D20 单元，如图 4.4(a)和(b)所示。

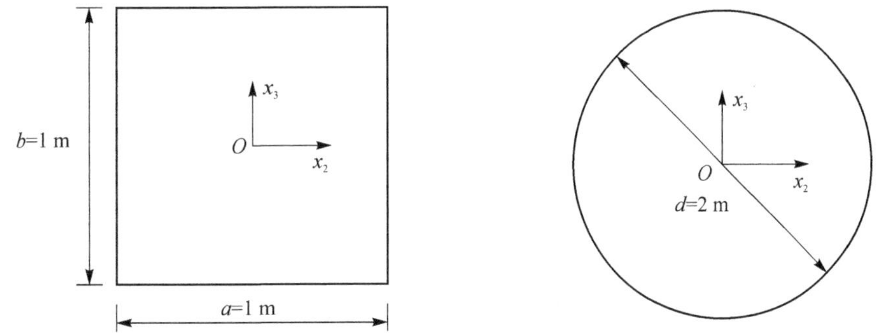

(a) 矩形截面　　(b) 圆形截面

图 4.3　单胞的矩形截面与圆形截面

表 4.1 给出了分别采用本方法得到的矩形截面梁与圆形截面梁的刚度和理论解，其中在理论解中矩形截面梁的剪切修正系数为 5/6[14]，圆形截面梁的剪切修正系数为 6/7[14]。由表 4.1 可以看到，对于均匀矩形截面梁与圆形截面梁，若保留 5 位有效数字，除了矩形截面的扭转刚度之外，本方法得到的等效刚度与理论解一致，理论解可参见式(4.2.37)。

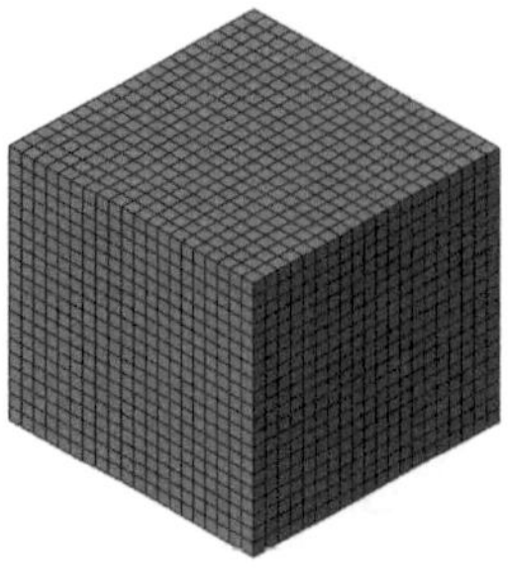

(a) 矩形截面单胞模型

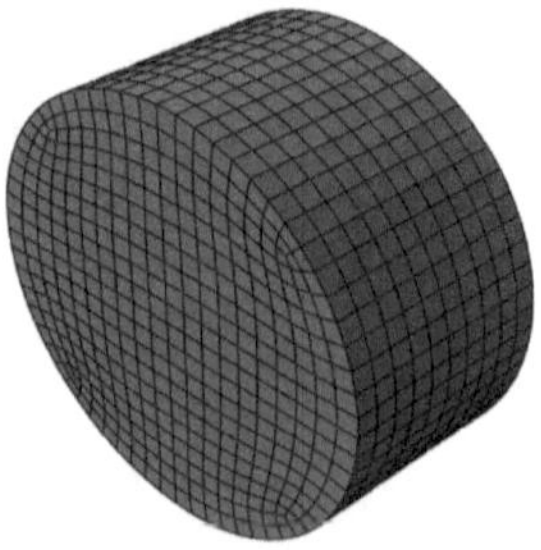

(b) 圆形截面单胞模型

图 4.4 矩形截面与圆形截面的单胞有限元模型

表 4.1 矩形截面梁与圆形截面梁的刚度

梁类型	方 法	D_{11}/N	D_{22} 或 D_{33}/(N·m^2)	D_{44}/(N·m^2)	D_{55} 或 D_{66}/N
矩形梁	本方法	$1.000\ 0\times10^9$	$8.333\ 3\times10^7$	$5.406\ 8\times10^7$	$3.205\ 1\times10^8$
	理论解	$1.000\ 0\times10^9$	$8.333\ 3\times10^7$	$5.423\ 1\times10^7$	$3.205\ 1\times10^8$
圆形梁	本方法	$3.141\ 6\times10^9$	$7.854\ 0\times10^8$	$6.041\ 5\times10^8$	$1.035\ 7\times10^9$
	理论解	$3.141\ 6\times10^9$	$7.854\ 0\times10^8$	$6.041\ 5\times10^8$	$1.035\ 7\times10^9$

算例 2：倒 T 形截面均匀梁

考虑长度为 $L=60$ m 的两端简支倒 T 形截面均匀梁[16]。梁截面如图 4.5(a)所示，其中 $b_2=2b_1=2$ m，$h_1=h_2=2$ m，单胞长度为 $l=1$ m。梁由各向同性材料组成，其弹性模量 $E=300$ GPa，泊松比 $\nu=0.49$，密度 $\rho=2\ 700$ kg/m^3。

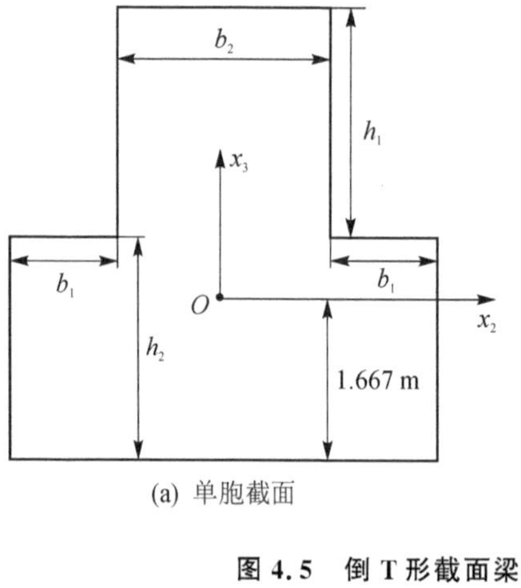

(a) 单胞截面

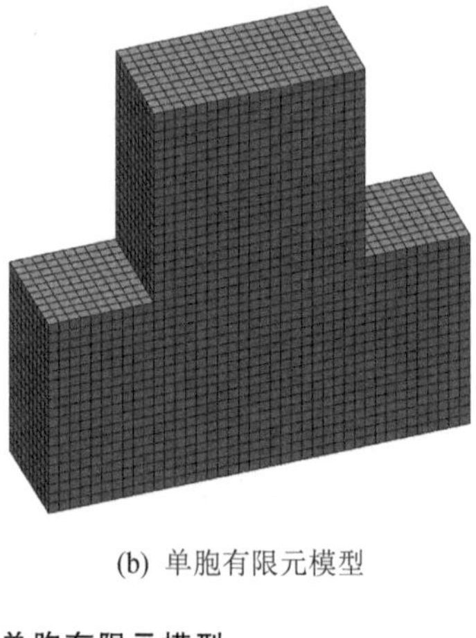

(b) 单胞有限元模型

图 4.5 倒 T 形截面梁的截面及单胞有限元模型

梁单胞划分为 12 000 个 C3D20 单元。表 4.2 和表 4.3 给出了本方法计算得到的等效刚度。本例中单胞的坐标原点与形心 O 重合。根据坐标原点偏移的转换刚度矩阵式(4.2.50)，令剪扭耦合刚度 D_{45} 为零可以得到倒 T 形截面梁相对形心的剪心位置为

$$\begin{cases} x_{2sc}=\dfrac{D_{65}D_{54}-D_{55}D_{64}}{D_{55}D_{66}-D_{56}D_{65}}=0\ \mathrm{m} \\ x_{3sc}=\dfrac{D_{54}D_{66}-D_{56}D_{64}}{D_{55}D_{66}-D_{56}D_{65}}=-0.221\ \mathrm{m} \end{cases} \tag{4.2.63}$$

由于倒 T 形截面梁的剪心与形心并不重合，这里将坐标原点设置在形心位置，因此产生非零的剪扭耦合刚度 D_{45}。

表 4.2　倒 T 形截面梁的等效刚度

D_{11}/N	D_{22}/(N·m^2)	D_{33}/(N·m^2)	D_{44}/(N·m^2)	D_{45}/(N·m)
3.600×10^{12}	4.400×10^{12}	3.600×10^{12}	1.536×10^{12}	-1.973×10^{11}

表 4.3 比较了本方法、Xu[7] 方法以及 VABS[16-17] 方法求得的等效剪切刚度，从中可以看出，三种方法的结果不同。为了进一步比较这三种方法的计算精度，考虑两端简支倒 T 形截面梁主弯曲 x_1-x_3 平面的自由振动问题。三种方法在 x_1-x_3 平面的弯曲刚度均为 $D_{22}=4.400\times10^{12}$ N·m^2。把梁结构离散为 46 080 个 C3D20 单元，并将该有限元结果作为参考解。此外，三种方法得到的均匀化梁弯曲固有频率都是基于剪切梁理论得到的解析解。表 4.4 给出了倒 T 形截面梁在 x_1-x_3 平面内的弯曲固有频率比较，从中可以看出，本方法的结果与有限元解吻合得最好。

表 4.3　倒 T 形截面梁的等效剪切刚度比较

方　法	D_{55}/N	D_{66}/N
本方法	8.936×10^{11}	8.178×10^{11}
Xu[7]	8.765×10^{11}	8.091×10^{11}
VABS[16-17]	8.784×10^{11}	8.118×10^{11}

表 4.4　倒 T 形截面梁前四阶固有弯曲频率

阶　次	频率/Hz（相对误差/%）			
	FEM	本方法	Xu[7]方法	VABS[16-17]方法
1	5.040	5.040 (−0.000)	5.039 (−0.020)	5.039 (−0.020)
2	19.649	19.647 (−0.010)	19.641 (−0.041)	19.643 (−0.031)
3	42.514	42.500 (−0.033)	42.474 (−0.094)	42.482 (−0.075)
4	71.977	71.917 (−0.084)	71.848 (−0.179)	71.870 (−0.149)

算例 3：周期方形孔夹层梁

考虑如图 4.2 所示的由 42 个周期单胞组成的方形孔夹层梁[18]，梁长为 84 cm。梁的材料属性以及单胞尺寸列举如下：

面板：弹性模量 $E_F=70$ GPa，泊松比 $\nu_F=0.34$，密度 $\rho_F=2\ 774$ kg/m^3。

夹心：弹性模量 $E_C=3.5$ GPa，泊松比 $\nu_C=0.34$，密度 $\rho_C=1\ 142$ kg/m^3。

单胞尺寸：长度 $l=2$ cm，宽度 $b=1$ cm，孔边长 $a_1=a_2=1$ cm，面板厚度 $h_F=0.2$ cm，夹层厚度 $h_C=4$ cm。

周期方形孔夹层梁单胞的有限元模型如图 4.6 所示，由于其截面的惯性矩 I_2 和 I_3 是关

于 x_1 轴的周期函数，因此为了保证均匀化刚度的计算精度，要求 $\tilde{\theta}_2$ 和 $\tilde{\theta}_3$ 在单胞截面 A、B、C 和 D 积分为零。表 4.5 给出了周期方形孔夹层梁的等效刚度。

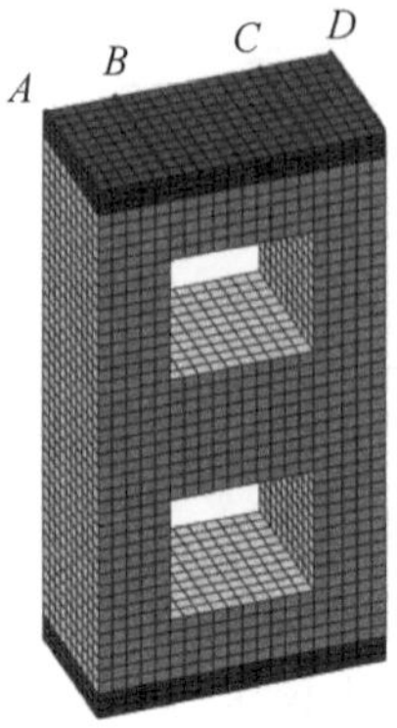

图 4.6 周期方形孔夹层梁单胞有限元模型

表 4.5 周期方形孔夹层梁的等效刚度

D_{11}/N	D_{22}/(N·m^2)	D_{33}/(N·m^2)	D_{44}/(N·m^2)	D_{55}/N	D_{66}/N
$3.558\,4\times10^6$	$1.353\,4\times10^3$	$2.974\,8\times10$	$1.136\,1\times10$	$5.303\,9\times10^5$	$1.513\,3\times10^5$

对于该周期方形孔夹层梁问题，Dai 等人[18]通过解析方法计算得到了弯曲刚度和剪切刚度，分别为 $D_{22}=1.378\,4\times10^3$ N·m^2 和 $D_{66}=1.160\,9\times10^6$ N。为了比较本方法和 Dai 方法的计算精度，考虑如图 4.2 所示的悬臂梁在 x_1-x_3 平面内的自由振动问题。采用单胞上体积平均值方法得到了等效密度和等效转动惯量，分别为

$$\overline{\rho A}=\frac{1}{l}\int_D \rho \mathrm{d}D=4.535\,6\times10^{-1}\ \mathrm{kg/m} \tag{4.2.64}$$

$$\overline{\rho I_2}=\frac{1}{l}\int_D \rho x_3^2 \mathrm{d}D=9.750\,5\times10^{-5}\ \mathrm{kg\cdot m} \tag{4.2.65}$$

将夹层梁离散为 144 000 个 C3D20 单元，并将该数值结果作为参考解。表 4.6 给出了前四阶弯曲固有频率。通过分析表 4.6 中的结果可得如下结论：

① 基于剪切梁理论的均匀化方法的固有频率精度比基于欧拉梁理论的均匀化方法的精度高，尤其是对于高阶频率。

② 与 Dai 方法结果相比，本方法的结果与三维有限元方法的结果吻合得更好。

表 4.6 周期方形孔夹层梁前四阶固有弯曲频率

阶 次	固有频率/Hz (相对误差/%)			
	FEM	本方法		Dai 方法[18]
		欧拉梁	剪切梁	剪切梁
1	$4.224\,0\times10$	$4.332\,2\times10(2.56)$	$4.206\,8\times10(-0.41)$	$4.3464\times10(2.90)$
2	$2.322\,3\times10^2$	$2.714\,8\times10^2(16.90)$	$2.276\,7\times10^2(-1.96)$	$2.652\,5\times10^2(14.22)$
3	$5.590\,6\times10^2$	$7.600\,6\times10^2(35.95)$	$5.408\,6\times10^2(-3.26)$	$7.139\,7\times10^2(27.71)$
4	$9.343\,5\times10^2$	$1.489\,2\times10^3(59.38)$	$8.945\,0\times10^2(-4.26)$	$1.328\,4\times10^3(42.17)$

算例 4：周期蜂窝夹层梁

考虑图 4.7 所示的由 20 个周期单胞组成的蜂窝夹层梁[18]，梁总长度 $L=20\sqrt{3}$ cm。梁的材料属性与算例 3 一致，单胞大小为：$l=\sqrt{3}$ cm，$b=1$ cm，$l_1=\sqrt{3}/3$ cm，$t=1/6$ cm，$h_F=0.2$ cm，$h_C=2$ cm。梁单胞模型包含 7 328 个 C3D20 六面体单元，如图 4.8 所示。

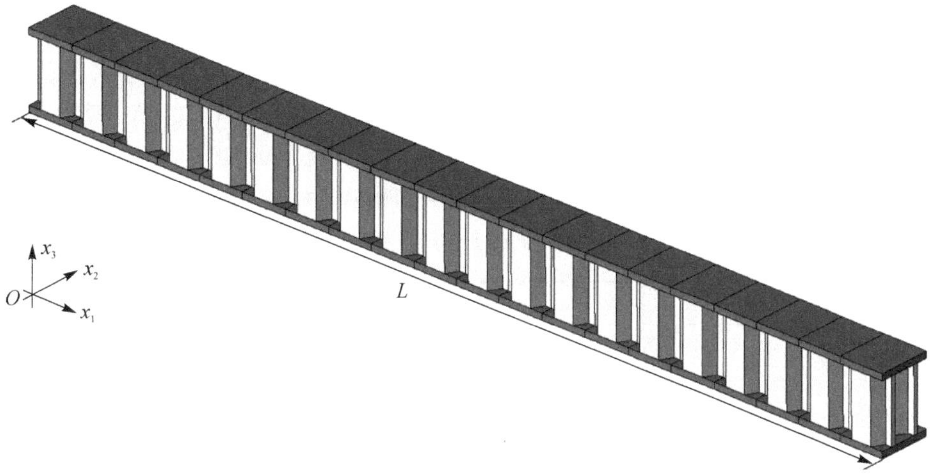

图 4.7　周期蜂窝夹层梁

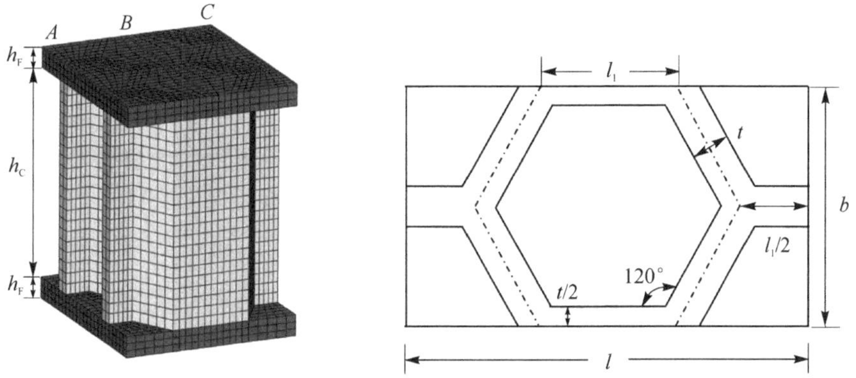

图 4.8　周期蜂窝夹层梁单胞模型及其蜂窝尺寸

由于梁截面的惯性矩 I_2 和 I_3 是关于 x_1 轴的周期函数，令摄动转角 $\tilde{\theta}_2$ 和 $\tilde{\theta}_3$ 在单胞截面 A、B 和 C 积分为零以保证均匀化刚度的计算精度。表 4.7 给出了利用本小节方法计算的等效刚度。在参考文献[18]中，Dai 等通过解析方法计算得到 x_1-x_3 平面内的弯曲刚度和剪切刚度分别为 $D_{22}=6.820\ 8\times10^2$ N·m² 和 $D_{66}=1.765\ 5\times10^6$ N。为了进一步比较所得等效刚度的计算精度，考虑如图 4.7 所示的一端固支情况的自由振动问题。等效密度和等效转动惯量分别为

$$\overline{\rho A}=\frac{1}{l}\int_D \rho \mathrm{d}D=3.615\ 0\times10^{-1}\ \mathrm{kg/m} \tag{4.2.66}$$

$$\overline{\rho I_2}=\frac{1}{l}\int_D \rho x_3^2 \mathrm{d}D=3.1579\times 10^{-5}\ \mathrm{kg\cdot m} \tag{4.2.67}$$

表 4.7 周期蜂窝夹层梁的等效刚度

D_{11}/N	D_{22}/(N·m^2)	D_{33}/(N·m^2)	D_{44}/(N·m^2)	D_{55}/N	D_{66}/N
5.6931×10^6	6.8439×10^2	1.8910×10^2	1.8134×10	4.7527×10^5	1.1466×10^5

周期蜂窝夹层梁的有限元模型包含 74 240 个 C3D20 单元，并把其结果作为参考解。表 4.8 给出了固有频率比较。从中可以看出，本均匀化方法结果与有限元结果吻合得更好，而 Dai 等人提出的解析方法难以准确刻画周期梁的变形，尤其是高阶变形，这是因为该解析方法对截面翘曲变形刻画得不够精确，导致其估算的等效刚度偏大。

表 4.8 周期蜂窝夹层梁前四阶弯曲固有频率

阶 次	固有频率/Hz (相对误差/%)		
	FEM	本方法	Dai 方法[18]
1	1.8344×10^2	$1.8243\times 10^2(-0.55)$	$2.0073\times 10^2(9.42)$
2	8.0112×10^2	$7.8732\times 10^2(-1.72)$	$1.19549\times 10^3(49.23)$
3	1.7063×10^3	$1.6693\times 10^3(-2.17)$	$3.1196\times 10^3(82.83)$
4	2.6040×10^3	$2.5379\times 10^3(-2.54)$	$5.6108\times 10^3(115.46)$

4.3 应变能等效方法

本节首先建立宏细观变量之间的关系，然后根据单胞宏、细观尺度应变能等效原则，得到了周期梁等效刚度的表达式。由于本节方法是基于多尺度渐近展开方法形成的，因此部分变量的表示方法与 4.2 节的不同。

4.3.1 宏观几何方程和本构方程

根据剪切梁平剖面假设，位移函数可以表达成

$$\begin{cases} u_1^0(x_1,x_2,x_3)=u^0(x_1)-x_2\theta_3(x_1)-x_3\theta_2(x_1) \\ u_2^0(x_1,x_2,x_3)=v^0(x_1)+x_3\theta_1(x_1) \\ u_3^0(x_1,x_2,x_3)=w^0(x_1)-x_2\theta_1(x_1) \end{cases} \tag{4.3.1}$$

式中：u^0、v^0 和 w^0 为参考线上的位移；u_m^0 $(m=1\sim3)$代表整个结构域中 x_m 方向上的位移函数；θ_1、θ_2 和 θ_3 代表截面绕着 x_1 轴、x_2 轴和 x_3 轴的转角。

在本小节关于周期梁的等效刚度预测中，主要考虑轴向拉伸刚度、两个主平面弯曲刚度、绕轴扭转刚度以及两个主平面的剪切刚度。此外，还考虑拉弯和剪扭耦合刚度，而不考虑其他耦合刚度。为满足上述假设，梁截面的坐标原点设在形心上，此时拉弯耦合刚度项为零，等效剪切梁的本构方程如下：

$$\begin{bmatrix} N_1 \\ M_3 \\ M_2 \\ T_1 \\ Q_2 \\ Q_3 \end{bmatrix} = \begin{bmatrix} D_{11} & & & & & \\ & D_{22} & & & & \\ & & D_{33} & & & \\ & & & D_{44} & D_{45} & D_{46} \\ & & & D_{54} & D_{55} & \\ & & & D_{64} & & D_{66} \end{bmatrix} \begin{bmatrix} \varepsilon_1 \\ \kappa_3 \\ \kappa_2 \\ \kappa_1 \\ \gamma_{12} \\ \gamma_{13} \end{bmatrix} \tag{4.3.2}$$

式中：$D_{\alpha\beta}(\alpha,\beta=1\sim6)$为等效刚度系数；$N_1$、$M_3$、$M_2$、$T_1$、$Q_2$ 和 Q_3 为结构内力，分别表示轴向力、绕 x_3 轴和 x_2 轴的弯矩、扭矩，以及沿 x_2 轴和 x_3 轴方向的剪切力；ε_1、κ_3、κ_2、κ_1、γ_{12} 和 γ_{13} 为广义应变向量 $\boldsymbol{e}^0$ 中的元素，其定义如下：

$$\begin{aligned} \boldsymbol{e}^0 &= [\varepsilon_1 \quad \kappa_3 \quad \kappa_2 \quad \kappa_1 \quad \gamma_{12} \quad \gamma_{13}]^{\mathrm{T}} \\ &= \left[\frac{\mathrm{d}u^0}{\mathrm{d}x_1} \quad -\frac{\mathrm{d}\theta_3}{\mathrm{d}x_1} \quad -\frac{\mathrm{d}\theta_2}{\mathrm{d}x_1} \quad \frac{\mathrm{d}\theta_1}{\mathrm{d}x_1} \quad \frac{\mathrm{d}v^0}{\mathrm{d}x_1}-\theta_3 \quad \frac{\mathrm{d}w^0}{\mathrm{d}x_1}-\theta_2\right]^{\mathrm{T}} \end{aligned} \tag{4.3.3}$$

值得指出的是，本小节中与 4.2 节中内力向量和广义应变向量第 2 和第 3 个元素的顺序相反，但刚度矩阵中第 2 和第 3 个对角元素都依次是 D_{22} 和 D_{33}，因此本小节这两个弯曲刚度对应的主平面与 4.2 节的不同。梁微元的自平衡方程为

$$\begin{cases} \dfrac{\mathrm{d}N_1}{\mathrm{d}x_1}=0, \quad -\dfrac{\mathrm{d}M_3}{\mathrm{d}x_1}+Q_2=0, \quad -\dfrac{\mathrm{d}M_2}{\mathrm{d}x_1}+Q_3=0 \\ \dfrac{\mathrm{d}T_1}{\mathrm{d}x_1}=0, \quad \dfrac{\mathrm{d}Q_2}{\mathrm{d}x_1}=0, \quad \dfrac{\mathrm{d}Q_3}{\mathrm{d}x_1}=0 \end{cases} \tag{4.3.4}$$

4.3.2　细观物理场和控制方程

三维细观单胞的自平衡方程为

$$\begin{cases} \sigma^{\varepsilon}_{ij,j}=0, & \boldsymbol{x}\in D \\ \sigma^{\varepsilon}_{ij}n_j=0, & \boldsymbol{x}\in S_{\mathrm{np}} \\ \sigma^{\varepsilon}_{ij}n_j=t_i, & \boldsymbol{x}\in S_{\mathrm{p}} \end{cases} \tag{4.3.5}$$

式中：D 表示单胞域；对于三维问题，式中以及本节后面用到的指标 i、j、m、n、k、$l=1\sim3$；$\boldsymbol{x}=(x_1,\ x_2,\ x_3)$为空间坐标向量；下标“,”代表对空间坐标求导数；$S_{\mathrm{np}}$ 和 S_{p} 分别代表单胞的非周期面（自由面）和周期面，见图 4.9；上标“ε”代表真实的细观场；$\sigma^{\varepsilon}_{ij}$ 是真实的细观应力场，对应的本构方程和几何方程为

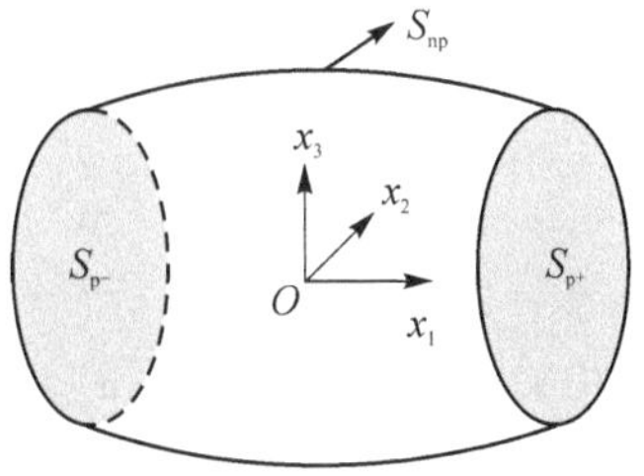

图 4.9　梁单胞的边界面示意图

$$\begin{cases} \sigma^{\varepsilon}_{ij}=E^{\varepsilon}_{ijmn}\varepsilon^{\varepsilon}_{mn} \\ \varepsilon^{\varepsilon}_{mn}=\dfrac{1}{2}(u^{\varepsilon}_{m,n}+u^{\varepsilon}_{n,m}) \end{cases} \tag{4.3.6}$$

式中：E^{ε}_{ijmn} 是四阶弹性张量，且满足轴向周期性；$\varepsilon^{\varepsilon}_{mn}$ 是细观应变；u^{ε}_m 是细观位移，根据多尺度渐近展开方法（MsAEM）的思想，将其表达式设为

$$u_m^{\varepsilon}=u_m^0+\overbrace{\underbrace{\underbrace{\chi_{1m}^{kl}u_{k,l}^0}_{\hat{u}_m^1}+\chi_{2m}^{klp}u_{k,lp}^0}_{\bar{u}_m^1}+\tilde{u}_m^1}^{u_m^1}=u_m^0+\bar{u}_m^1+\tilde{u}_m^1 \tag{4.3.7}$$

式中：$kl=11$，其原因可参见本小节末尾的总结；$u_{k,l}^0$ 和 $u_{k,lp}^0$ 是式(4.3.1)中 u_m^0 的一阶导数(应变)和二阶导数(应变梯度)；χ_{1m}^{kl} 和 χ_{2m}^{klp} 分别为单胞的一阶影响函数和二阶影响函数，参见第2章；$\bar{u}_m^1$ 可以理解为低阶摄动位移；$\tilde{u}_m^1$ 可以理解为高阶摄动位移，且在轴向具有周期性。

值得指出的是，式(4.3.7)中所构造的位移形式借鉴了 MsAEM 中的位移表达式的摄动展开形式。但是这两种位移表达式不同，主要不同点在于确定 χ_{1m}^{kl} 和 χ_{2m}^{klp} 控制方程的方法。在 MsAEM 中，参见第2章，χ_{1m}^{kl} 和 χ_{2m}^{klp} 的控制方程[19]是通过求解其 $O(\varepsilon^{-1})$ 和 $O(\varepsilon^0)$ 阶的控制方程获得的，而下面将给出的 χ_{1m}^{kl} 和 χ_{2m}^{klp} 的控制方程是根据满足相邻单胞界面处连续性条件的要求所构造的。

本方法中的一阶影响函数 $\chi_{1m}^{kl}(kl=11)$ 的域内控制方程和边界条件如下：

$$\begin{cases}[E_{ijmn}^{\varepsilon}(\chi_{1m,n}^{11}+I_{mn11})]_{,j}=0, & \boldsymbol{x}\in D\\ E_{ijmn}^{\varepsilon}(\chi_{1m,n}^{11}+I_{mn11})n_j=0, & \boldsymbol{x}\in S_{\mathrm{np}}\\ E_{ijmn}^{\varepsilon}\chi_{1m,n}^{11}n_j\big|_{S_{\mathrm{p}+}}=-E_{ijmn}^{\varepsilon}\chi_{1m,n}^{11}n_j\big|_{S_{\mathrm{p}-}}, & \boldsymbol{x}\in S_{\mathrm{p}\pm}\\ \chi_{1m}^{11}\big|_{S_{\mathrm{p}-}}=\chi_{1m}^{11}\big|_{S_{\mathrm{p}+}}, & \boldsymbol{x}\in S_{\mathrm{p}\pm}\end{cases} \tag{4.3.8}$$

式中：I_{mnkl} 为四阶单位张量，域内控制方程和 MsAEM 中的控制方程一致，但其中的边界条件反映了相邻单胞影响函数的连续性及虚拟力的连续性，与 MsAEM 中所使用的全周期边界条件有所不同。对于二阶影响函数 $\chi_{2m}^{klp}(klp=112$ 和 $113)$，其域内控制方程是在已建立的一阶影响函数控制方程的基础上根据相邻单胞界面处的连续性条件得到的，具体的推导过程可参见附录C。

本方法中的二阶影响函数 χ_{2m}^{klp} 的域内控制方程和边界条件如下：

$$\begin{cases}[E_{ijmn}^{\varepsilon}(\chi_{2m,n}^{11p}+\hat{\varepsilon}_{mn}^{1[p]}+\varepsilon_{mn}^{0[p]})]_{,j}=0, & \boldsymbol{x}\in D\\ E_{ijmn}^{\varepsilon}(\chi_{2m,n}^{11p}+\hat{\varepsilon}_{mn}^{1[p]}+\varepsilon_{mn}^{0[p]})n_j=0, & \boldsymbol{x}\in S_{\mathrm{np}}\\ E_{ijmn}^{\varepsilon}\chi_{2m,n}^{11p}n_j\big|_{S_{\mathrm{p}+}}=-E_{ijmn}^{\varepsilon}\chi_{2m,n}^{11p}n_j\big|_{S_{\mathrm{p}-}}, & \boldsymbol{x}\in S_{\mathrm{p}\pm}\\ \chi_{2m}^{11p}\big|_{S_{\mathrm{p}-}}=\chi_{2m}^{11p}\big|_{S_{\mathrm{p}+}}, & \boldsymbol{x}\in S_{\mathrm{p}\pm}\end{cases} \tag{4.3.9}$$

式中：$p=2$ 和 3；带有上标 $[p]$ 的场变量表示该场和 4.3.3 小节中第 p 个广义应变状态 $\boldsymbol{\varepsilon}^{0[p]}$ 相关。下面带有上标 $[\alpha]$ 和上标 $[\beta]$ 的场变量的含义也类似。值得指出的是，在式(4.3.8)和式(4.3.9)中未定义的影响函数(包括上标 $kl\neq11$ 的 χ_{1m}^{kl} 和 χ_{2m}^{klp}，以及 χ_{2m}^{111})，本方法默认其值均为零。

在式(4.3.7)中，χ_{1m}^{kl} 和 χ_{2m}^{kl} 可以通过求解式(4.3.8)和式(4.3.9)获得，而均匀化位移导数 $u_{k,l}^{0[\alpha]}$ 和 $u_{k,lp}^{0[\alpha]}$ 由 4.3.3 小节中的式(4.3.15)给出的第 α 个应变状态 $\boldsymbol{\varepsilon}^{0[\alpha]}$ 确定。注意，本方法与均匀化位移本身无关。对于式(4.3.7)中待定的 $\tilde{u}_m^{1[\alpha]}$，其控制方程和边界条件可以通过将式(4.3.7)代入式(4.3.5)中得到，形式如下：

$$
\begin{cases}
[E^{\varepsilon}_{ijmn}(\tilde{\varepsilon}^{1[\alpha]}_{mn}+\bar{\varepsilon}^{1[\alpha]}_{mn}+\varepsilon^{0[\alpha]}_{mn})]_{,j}=0, & \boldsymbol{x}\in D \\
E^{\varepsilon}_{ijmn}(\tilde{\varepsilon}^{1[\alpha]}_{mn}+\bar{\varepsilon}^{1[\alpha]}_{mn}+\varepsilon^{0[\alpha]}_{mn})n_j=0, & \boldsymbol{x}\in S_{\mathrm{np}} \\
E^{\varepsilon}_{ijmn}\tilde{\varepsilon}^{1[\alpha]}_{mn}n_j|_{S_{\mathrm{p+}}}=-E^{\varepsilon}_{ijmn}\tilde{\varepsilon}^{1[\alpha]}_{mn}n_j|_{S_{\mathrm{p-}}}, & \boldsymbol{x}\in S_{\mathrm{p\pm}} \\
\tilde{u}^{1[\alpha]}_{m}|_{S_{\mathrm{p-}}}=\tilde{u}^{1[\alpha]}_{m}|_{S_{\mathrm{p+}}}, & \boldsymbol{x}\in S_{\mathrm{p\pm}}
\end{cases}
\tag{4.3.10}
$$

式中：希腊字母 α 取值范围为 1～6。式(4.3.9)和式(4.3.10)中的应变 ε^{0}_{mn}、$\hat{\varepsilon}^{1}_{mn}$、$\bar{\varepsilon}^{1}_{mn}$ 和 $\tilde{\varepsilon}^{1}_{mn}$ 与其相关位移有如下几何关系：

$$
\begin{cases}
\varepsilon^{0}_{mn}=\dfrac{1}{2}(u^{0}_{m,n}+u^{0}_{n,m}) \\
\hat{\varepsilon}^{1}_{mn}=\dfrac{1}{2}(\hat{u}^{1}_{m,n}+\hat{u}^{1}_{n,m}) \\
\bar{\varepsilon}^{1}_{mn}=\dfrac{1}{2}(\bar{u}^{1}_{m,n}+\bar{u}^{1}_{n,m}) \\
\tilde{\varepsilon}^{1}_{mn}=\dfrac{1}{2}(\tilde{u}^{1}_{m,n}+\tilde{u}^{1}_{n,m})
\end{cases}
\tag{4.3.11}
$$

式中：$\hat{\varepsilon}^{1}_{mn}$ 和 $\bar{\varepsilon}^{1}_{mn}$ 由 ε^{0}_{mn} 和影响函数确定，参见式(4.3.7)。

值得指出的是，用于求解 $\chi^{kl}_{1m}(kl=11)$、$\chi^{klp}_{2m}(klp=112$ 和 $113)$ 和 $\tilde{u}^{1[\alpha]}_{m}$ 所施加的周期边界和全局约束条件是相同的。以 $\tilde{u}^{1[\alpha]}_{m}$ 为例，式(4.3.10)中给出了作用在一对周期面上 $S_{\mathrm{p\pm}}$ 的周期约束条件，该周期约束条件限制住了单胞绕 x_2 轴和 x_3 轴的刚体转动。为了消除其余的刚体模式以求解 $\tilde{u}^{1[\alpha]}_{m}$，还需引入如下全局约束或归一化条件：

$$
\begin{cases}
\langle \tilde{u}^{1[\alpha]}_{m}\rangle=0, \quad m=1\sim 3 \\
\langle \tilde{u}^{1[\alpha]}_{2,3}-\tilde{u}^{1[\alpha]}_{3,2}\rangle=0
\end{cases}
\tag{4.3.12}
$$

式中：$\langle\cdot\rangle=\dfrac{1}{|D|}\displaystyle\int_{D}\cdot\,\mathrm{d}D$ 是定义在单胞域 D 内的平均算子。

此外，为获得剪扭耦合刚度，在求解 $\tilde{u}^{1[4]}_{m}$ 时还施加了式(4.3.13)中的两个额外的全局约束条件，而在求解 $\chi^{kl}_{1m}(kl=11)$、$\chi^{klp}_{2m}(klp=112$ 和 $113)$ 和 $\tilde{u}^{1[\alpha]}_{m}(\alpha\neq 4)$ 时则不需要。值得强调的是，式(4.3.12)和式(4.3.13)中的全局约束条件都是基于宏细观变形相似而建立的。

$$
\begin{cases}
\langle x_3\tilde{u}^{1[4]}_{1}\rangle=0 \\
\langle x_2\tilde{u}^{1[4]}_{1}\rangle=0
\end{cases}
\tag{4.3.13}
$$

式(4.3.7)中的位移与 MsAEM 中的位移的不同之处在于：

① 式(4.3.9)中 $\chi^{11p}_{2m}(p=2$ 和 $3)$ 的控制方程是基于相邻单胞界面处的连续性条件构造的，而 MsAEM 中 χ^{klp}_{2m} 的控制方程[21]是通过求解 $O(\varepsilon^{0})$ 阶控制方程获得的，参见第 2 章。

② 由于拉伸应变是梁弯曲变形的主应变，因此式(4.3.7)中只考虑 $\chi^{kl}_{1m}(kl=11)$ 和 $\chi^{klp}_{2m}(klp=112$ 和 $113)$；而在 MsAEM 中需要考虑 $\chi^{kl}_{1m}(kl=11,22,33,23,13,12)$ 和 $\chi^{klp}_{2m}(klp=111,221,331,231,131,121,112,222,332,232,132,122,113,223,333,233,133,123)$。

③ 本小节中 χ^{kl}_{1m}、χ^{klp}_{2m} 和 $\tilde{u}^{1[\alpha]}_{m}$ 仅采用了轴向周期性条件，而 MsAEM 根据全周期性边界条件来求解 χ^{kl}_{1m} 和 χ^{klp}_{2m}。

④ 式(4.3.7)中 $\tilde{u}^{1[\alpha]}_{m}$ 为高阶摄动项，其含义不是类似 MsAEM 中所有高阶摄动项的简

单叠加，而是通过让 u_m^ε 满足单胞自平衡方程(4.3.5)来确定，也就是通过求解方程(4.3.10)来确定 $\tilde{u}_m^{1[\alpha]}$。

4.3.3 应变能相等和等效刚度

为获得梁的等效刚度 $D_{\alpha\beta}(\alpha,\beta=1\sim6)$，这里考虑如下 6 种广义应变状态[7]，分别是

$$\boldsymbol{e}^{0[1]}=\begin{bmatrix}1\\0\\0\\0\\0\\0\end{bmatrix},\quad \boldsymbol{e}^{0[2]}=\begin{bmatrix}0\\1\\0\\0\\0\\0\end{bmatrix},\quad \boldsymbol{e}^{0[3]}=\begin{bmatrix}0\\0\\1\\0\\0\\0\end{bmatrix},$$

$$\boldsymbol{e}^{0[4]}=\begin{bmatrix}0\\0\\0\\1\\0\\0\end{bmatrix},\quad \boldsymbol{e}^{0[5]}=\begin{bmatrix}0\\x_1\\0\\0\\C_{12}\\0\end{bmatrix},\quad \boldsymbol{e}^{0[6]}=\begin{bmatrix}0\\0\\x_1\\0\\0\\C_{13}\end{bmatrix}\tag{4.3.14}$$

式中：C_{12} 和 C_{13} 是待定常剪应变，由梁的自平衡方程(4.3.4)确定。借助广义应变和三维弹性应变之间的转换关系[12]，可以得到与 $\boldsymbol{e}^{0[\alpha]}$（或 $\boldsymbol{e}^{0[\beta]}$）对应的 6 种三维均匀化弹性应变 $\boldsymbol{\varepsilon}^{0[\alpha]}$（或 $\boldsymbol{\varepsilon}^{0[\beta]}$），其形式如下：

$$\boldsymbol{\varepsilon}^{0[1]}=\begin{bmatrix}1\\0\\0\\0\\0\\0\end{bmatrix},\quad \boldsymbol{\varepsilon}^{0[2]}=\begin{bmatrix}x_2\\0\\0\\0\\0\\0\end{bmatrix},\quad \boldsymbol{\varepsilon}^{0[3]}=\begin{bmatrix}x_3\\0\\0\\0\\0\\0\end{bmatrix},$$

$$\boldsymbol{\varepsilon}^{0[4]}=\begin{bmatrix}0\\0\\0\\0\\-x_2\\x_3\end{bmatrix},\quad \boldsymbol{\varepsilon}^{0[5]}=\begin{bmatrix}x_1x_2\\0\\0\\0\\0\\C_{12}\end{bmatrix},\quad \boldsymbol{\varepsilon}^{0[6]}=\begin{bmatrix}x_1x_3\\0\\0\\0\\C_{13}\\0\end{bmatrix}\tag{4.3.15}$$

根据式(4.3.14)中给定的广义应变状态，可以将刚度分为 3 类分别进行预测。第 1 类为 $D_{\alpha\alpha}(\alpha=1\sim4)$，第 2 类为 $D_{\alpha\alpha}(\alpha=5$ 和 $6)$，第 3 类为 $D_{\alpha4}$ 或 $D_{4\alpha}(\alpha=5$ 和 $6)$。

第 1 类： 在广义单位应变状态下，$D_{\alpha\alpha}(\alpha=1\sim4)$的刚度表达式为

$$D_{\alpha\alpha}=\frac{1}{l}\int_D \varepsilon_{ij}^{\varepsilon[\alpha]}E_{ijmn}^{\varepsilon}\varepsilon_{mn}^{\varepsilon[\alpha]}\,\mathrm{d}D\tag{4.3.16}$$

式中：l 代表单胞的长度。

这里以 D_{44} 为例来说明为什么可以通过式(4.3.16)来预测 $D_{\alpha\alpha}(\alpha=1\sim4)$。为预测 D_{44}，需要对宏观单胞(即剪切梁微元)施加如式(4.3.14)中所示的单位扭转应变 $\boldsymbol{e}^{0[4]}$，而对三维细观单胞施加式(4.3.15)中与之对应的 $\boldsymbol{\varepsilon}^{0[4]}$ 作为初应变，这个过程体现了多尺度方法需要遵循的宏细观变形相似原则。

宏观上，通过式(4.3.2)和式(4.3.14)中的 $\boldsymbol{e}^{0[4]}$ 可以得到如下宏观应变能：

$$U_e^{[44]}=\frac{1}{2}\int_{-l/2}^{l/2}\boldsymbol{e}^{0[4]\mathrm{T}}\boldsymbol{D}\boldsymbol{e}^{0[4]}\,\mathrm{d}x_1=\frac{l}{2}D_{44} \tag{4.3.17}$$

细观上，在 $\boldsymbol{\varepsilon}^{0[4]}$ 给定后，通过求解式(4.3.8)～式(4.3.10)可以获得单位扭转应变状态下的 $\varepsilon_{mn}^{\varepsilon[4]}$，进而获得单胞细观应变能，即

$$U_\varepsilon^{[44]}=\frac{1}{2}\int_D\varepsilon_{ij}^{\varepsilon[4]}E_{ijmn}^{\varepsilon}\varepsilon_{mn}^{\varepsilon[4]}\,\mathrm{d}D \tag{4.3.18}$$

根据宏细观应变能等效，即 $U_e^{[44]}=U_\varepsilon^{[44]}$，有

$$D_{44}=\frac{1}{l}\int_D\varepsilon_{ij}^{\varepsilon[4]}E_{ijmn}^{\varepsilon}\varepsilon_{mn}^{\varepsilon[4]}\,\mathrm{d}D \tag{4.3.19}$$

从式(4.3.19)可以看出，其和式(4.3.16)是一致的。

第 2 类： 对于剪切刚度 $D_{\alpha\alpha}(\alpha=5\sim6)$，可以通过式(4.3.14)中 $\boldsymbol{e}^{0[5]}$ 和 $\boldsymbol{e}^{0[6]}$ 两种线性曲率工况来预测。

以 D_{66} 为例。将 $\boldsymbol{e}^{0[6]}$ 代入广义本构关系式(4.3.2)可得

$$\begin{cases}N_1^{[6]}=0, & M_2^{[6]}=D_{33}x_1, & M_3^{[6]}=0,\\ T_1^{[6]}=D_{46}C_{13}, & Q_2^{[6]}=0, & Q_3^{[6]}=D_{66}C_{13}\end{cases} \tag{4.3.20}$$

将式(4.3.20)代入梁自平衡方程(4.3.4)中可得

$$C_{13}=D_{33}/D_{66} \tag{4.3.21}$$

根据式(4.3.14)中的 $\boldsymbol{e}^{0[6]}$、式(4.3.20)及式(4.3.21)，可得宏观应变能为

$$\begin{aligned}U_e^{[66]}&=\frac{1}{2}\int_{-l/2}^{l/2}\boldsymbol{e}^{0[6]\mathrm{T}}\boldsymbol{D}\boldsymbol{e}^{0[6]}\,\mathrm{d}x_1\\&=\frac{1}{2}\int_{-l/2}^{l/2}(D_{33}x_1^2+D_{33}^2/D_{66})\mathrm{d}x_1\\&=\frac{l^3D_{33}}{24}+\frac{lD_{33}^2}{2D_{66}}\end{aligned} \tag{4.3.22}$$

根据式(4.3.21)可将式(4.3.15)中的 $\boldsymbol{\varepsilon}^{0[6]}$ 变为

$$\begin{aligned}\boldsymbol{\varepsilon}^{0[6]}&=[x_1x_3\quad 0\quad 0\quad 0\quad C_{13}\quad 0]^{\mathrm{T}}\\&=[x_1x_3\quad 0\quad 0\quad 0\quad D_{33}/D_{66}\quad 0]^{\mathrm{T}}\end{aligned} \tag{4.3.23}$$

注意，单胞在以 x_1-x_3 或 x_1-x_2 平面内常剪切应变作为初应变的情况下，通过本小节方法计算得到的细观应变能为零，附录 D 给出了具体证明过程。因此，在计算单胞细观应变能时，可以只考虑如下初应变：

$$\boldsymbol{\varepsilon}^{0[6]}=[x_1x_3\quad 0\quad 0\quad 0\quad 0\quad 0]^{\mathrm{T}} \tag{4.3.24}$$

在由式(4.3.24)确定 $\boldsymbol{\varepsilon}^{0[6]}$ 后，通过求解方程(4.3.8)～方程(4.3.10)可以获得该应变工

况下的 $\varepsilon_{mn}^{\varepsilon[6]}$，进而可以得到单胞的细观应变能，其计算公式如下：

$$U_{\varepsilon}^{[66]}=\frac{1}{2}\int_{D}\varepsilon_{ij}^{\varepsilon[6]}E_{ijmn}^{\varepsilon}\varepsilon_{mn}^{\varepsilon[6]}\,\mathrm{d}D \tag{4.3.25}$$

根据宏细观应变能等效，即 $U_{e}^{[66]}=U_{\varepsilon}^{[66]}$，有

$$D_{66}=\frac{lD_{33}^{2}}{2(U_{\varepsilon}^{[66]}-l^{3}D_{33}/24)} \tag{4.3.26}$$

通过类似的分析，可以得到 D_{55}：

$$D_{55}=\frac{lD_{22}^{2}}{2(U_{\varepsilon}^{[55]}-l^{3}D_{22}/24)} \tag{4.3.27}$$

第 3 类：对于剪扭耦合刚度 $D_{\alpha4}(\alpha=5\sim6)$，可以通过宏观内力与平均细观应力等效而获得，其计算公式为

$$\begin{bmatrix}D_{54}\\D_{64}\end{bmatrix}=\frac{1}{l}\begin{bmatrix}\int_{D}\sigma_{12}^{\varepsilon[4]}\,\mathrm{d}D\\\int_{D}\sigma_{13}^{\varepsilon[4]}\,\mathrm{d}D\end{bmatrix} \tag{4.3.28}$$

值得指出的是，如果结构中其他耦合刚度不可忽略，即式(4.3.2)中的等效刚度矩阵中需要考虑更多的非对角元素，此时可通过给定更多应变工况并根据上述求解过程来获得。

讨论：

① 对于式(4.3.14)中给定的广义单位应变 $\boldsymbol{e}^{0[\alpha]}(\alpha=1\sim4)$，其对应的三维弹性应变 $\boldsymbol{\varepsilon}^{0[\alpha]}$ 与坐标 x_1 无关，即在轴向具有周期性。由于 χ_{1m}^{kl}、χ_{2m}^{klp} 和 $\tilde{u}_{m}^{1[\alpha]}$ 在轴向也具有周期性，所以式(4.3.7)中的 u_m^1 在轴向也是周期的。这意味着通过 χ_{1m}^{kl}、χ_{2m}^{klp} 和 $\tilde{u}_{m}^{1[\alpha]}$ 求解 u_m^1 和直接通过求解参考文献[7]中方程(4)获得 u_m^1 本质上是相同的。

② 对于式(4.3.14)中给定的线性曲率工况 $e^{0[\alpha]}(\alpha=5\sim6)$，其对应的三维弹性应变 $\boldsymbol{\varepsilon}^{0[\alpha]}$ 与坐标 x_1 相关，所以 u_m^1 在轴向不再具有周期性。此时，通过 χ_{1m}^{kl}、χ_{2m}^{klp} 和 $\tilde{u}_{m}^{1[\alpha]}$ 来求解 u_m^1 和直接求解参考文献[7]中方程(38)获得 u_m^1 本质上仍是相同的，且两种做法都能满足相邻单胞界面处的连续性条件。

③ 与直接用 $u_m^{\varepsilon}=u_m^0+u_m^1$ 预测等效刚度[7]相比，本方法用位移 $u_m^{\varepsilon}=u_m^0+\chi_{1m}^{kl}u_{k,l}^0+\chi_{2m}^{klp}u_{k,lp}^0+\tilde{u}_m^1$ 来预测等效刚度并没有降低求解效率。其原因在于它们求解的结构场变量数目相同。在参考文献[7]的方法中，需要求解 $u_m^{1[1]}$、$u_m^{1[2]}$、$u_m^{1[3]}$、$u_m^{1[4]}$、$u_m^{1[5]}$ 和 $u_m^{1[6]}$；而在本方法中，则是求解 χ_{1m}^{11}、χ_{2m}^{112}、χ_{2m}^{113}、$\tilde{u}_m^{1[4]}$、$\tilde{u}_m^{1[5]}$ 和 $\tilde{u}_m^{1[6]}$。之所以不求解 $\tilde{u}_m^{1[\alpha]}(\alpha=1\sim3)$，是因为其值均为零，具体可参见附录 C。

④ 与参考文献[7]中的相比，本方法的优势在于对于广义单位应变和线性曲率应变工况，均可以采用统一的周期边界条件和全局约束条件对相关单胞问题进行求解，且可以直接利用有限元软件 Comsol Multiphysics 现有模块来实现。

4.3.4 有限元列式

本小节首先利用加权残量法给出 4.3.2 小节和 4.3.3 小节中的控制方程的有限元列式。然后，利用主从自由度消除法[20]和拉格朗日乘子法[15]分别施加周期边界条件和全局约束条件。最后给出周期梁结构的等效刚度的计算公式。具体步骤如下：

步骤 1： 建立 χ_{1m}^{11} 的离散控制方程。

式(4.3.8)中域内控制方程的积分形式为

$$\int_D \delta v_i \left[E_{ijmn}^{\varepsilon}(\chi_{1m,n}^{11} + I_{mn11})\right]_{,j} \mathrm{d}D = 0 \tag{4.3.29}$$

式中：v_i 为权函数。对式(4.3.29)进行分部积分可得

$$\int_D \delta v_{i,j} \left[E_{ijmn}^{\varepsilon}(\chi_{1m,n}^{11} + I_{mn11})\right] \mathrm{d}D - \int_S \delta v_i \left[E_{ijmn}^{\varepsilon}(\chi_{1m,n}^{11} + I_{mn11})\right] n_j \mathrm{d}S = 0 \tag{4.3.30}$$

式中：n_j 为积分面 S 的法向余弦。令 $v_i = \chi_{1i}^{11}$，进一步利用 E_{ijmn}^{ε} 在轴向(x_1 方向)的周期性以及式(4.3.8)中关于 χ_{1i}^{11} 的边界条件，式(4.3.30)可简化为

$$\int_D \delta \chi_{1i,j}^{11} \left[E_{ijmn}^{\varepsilon}(\chi_{1m,n}^{11} + I_{mn11})\right] \mathrm{d}D = 0 \tag{4.3.31}$$

对式(4.3.31)进行有限元离散化后得

$$\delta(\boldsymbol{\chi}_1^{11})^{\mathrm{T}} \boldsymbol{K} \boldsymbol{\chi}_1^{11} = \delta(\boldsymbol{\chi}_1^{11})^{\mathrm{T}} \boldsymbol{F}_1^{11} \tag{4.3.32}$$

于是有

$$\boldsymbol{K}\boldsymbol{\chi}_1^{11} = \boldsymbol{F}_1^{11} \tag{4.3.33}$$

$$\boldsymbol{K} = \sum_{e=1} \int_{D^e} \boldsymbol{B}^{\mathrm{T}} \boldsymbol{E} \boldsymbol{B} \, \mathrm{d}D^e \tag{4.3.34}$$

$$\boldsymbol{F}_1^{11} = -\sum_{e=1} \int_{D^e} \boldsymbol{B}^{\mathrm{T}} \boldsymbol{E} \boldsymbol{\varepsilon}^{0[1]} \, \mathrm{d}D^e \tag{4.3.35}$$

式中：$\boldsymbol{K}$ 和 $\boldsymbol{F}_1^{11}$ 分别是单胞的整体刚度矩阵和一阶载荷列向量；D^e 为单胞内单元 e 所在的区域；$\boldsymbol{B}$ 是单元的应变-位移矩阵；$\boldsymbol{\varepsilon}^{0[1]}$ 为初始单位应变。

步骤 2： 建立 χ_{2m}^{11p} ($p=2\sim3$)的离散控制方程。

式(4.3.9)中域内控制方程的积分形式为

$$\int_D \delta v_i \left[E_{ijmn}^{\varepsilon}(\chi_{2m,n}^{11p} + \hat{\varepsilon}_{mn}^{1[p]} + \varepsilon_{mn}^{0[p]})\right]_{,j} \mathrm{d}D = 0 \tag{4.3.36}$$

对式(4.3.36)进行分部积分可得

$$\int_D \delta v_{i,j} \left[E_{ijmn}^{\varepsilon}(\chi_{2m,n}^{11p} + \hat{\varepsilon}_{mn}^{1[p]} + \varepsilon_{mn}^{0[p]})\right] \mathrm{d}D - \int_S \delta v_i \left[E_{ijmn}^{\varepsilon}(\chi_{2m,n}^{11p} + \hat{\varepsilon}_{mn}^{1[p]} + \varepsilon_{mn}^{0[p]})\right] n_j \mathrm{d}S = 0 \tag{4.3.37}$$

令 $v_i = \chi_{2i}^{11p}$，然后利用 E_{ijmn}^{ε} 和 $\varepsilon_{mn}^{0[p]}$ ($p=2\sim3$)在轴向的周期性、式(4.3.8)中关于 χ_{1i}^{11} 的边界条件以及式(4.3.9)中关于 χ_{2i}^{11p} 的边界条件，可推得式(4.3.37)中等式左边第二项为零，于是式(4.3.37)可以简化成

$$\int_D \delta \chi_{2i,j}^{11p} \left[E_{ijmn}^{\varepsilon}(\chi_{2m,n}^{11p} + \hat{\varepsilon}_{mn}^{1[p]} + \varepsilon_{mn}^{0[p]})\right] \mathrm{d}D = 0 \tag{4.3.38}$$

对式(4.3.38)进行有限元离散化后得

$$\boldsymbol{K}\boldsymbol{\chi}_2^{11p} = \boldsymbol{F}_2^{11p}, \quad p = 2, 3 \tag{4.3.39}$$

式中

$$\boldsymbol{F}_2^{11p} = -\sum_{e=1} \int_{D^e} \boldsymbol{B}^{\mathrm{T}} \boldsymbol{E} (\boldsymbol{\varepsilon}^{0[p]} + \hat{\boldsymbol{\varepsilon}}^{1[p]}) \, \mathrm{d}D^e \tag{4.3.40}$$

步骤 3： 建立 $\tilde{u}_m^{1[\alpha]}$ ($\alpha=4\sim6$)的离散控制方程。

式(4.3.10)中域内控制方程的积分形式为

$$\int_D \delta v_i \left[E^{\varepsilon}_{ijmn}(\tilde{\varepsilon}^{1[\alpha]}_{mn} + \bar{\varepsilon}^{1[\alpha]}_{mn} + \varepsilon^{0[\alpha]}_{mn})\right]_{,j} \mathrm{d}D = 0 \tag{4.3.41}$$

对式(4.3.41)进行分部积分可得

$$\int_D \delta v_{i,j} \left[E^{\varepsilon}_{ijmn}(\tilde{\varepsilon}^{1[\alpha]}_{mn} + \bar{\varepsilon}^{1[\alpha]}_{mn} + \varepsilon^{0[\alpha]}_{mn})\right] \mathrm{d}D - \int_S \delta v_i \left[E^{\varepsilon}_{ijmn}(\tilde{\varepsilon}^{1[\alpha]}_{mn} + \bar{\varepsilon}^{1[\alpha]}_{mn} + \varepsilon^{0[\alpha]}_{mn})\right] n_j \mathrm{d}S = 0 \tag{4.3.42}$$

令 $v_i = \tilde{u}^{1[\alpha]}_i$，然后利用 E^{ε}_{ijmn} 在轴向的周期性以及式(4.3.10)中关于 $\tilde{u}^{1[\alpha]}_i$ 的边界条件，式(4.3.42)成为

$$\int_D \delta\tilde{\varepsilon}^{1[\alpha]}_{ij} \left[E^{\varepsilon}_{ijmn}(\tilde{\varepsilon}^{1[\alpha]}_{mn} + \bar{\varepsilon}^{1[\alpha]}_{mn} + \varepsilon^{0[\alpha]}_{mn})\right] \mathrm{d}D - \int_{S_p} \delta\tilde{u}^{1[\alpha]}_i \left[E^{\varepsilon}_{ijmn}(\bar{\varepsilon}^{1[\alpha]}_{mn} + \varepsilon^{0[\alpha]}_{mn})\right] n_j \mathrm{d}S = 0 \tag{4.3.43}$$

进一步有

$$\boldsymbol{K}\tilde{\boldsymbol{u}}^{1[\alpha]} = \boldsymbol{F}^{[\alpha]} \tag{4.3.44}$$

$$\boldsymbol{F}^{[\alpha]} = -\sum_{e=1}\int_{D^e} \boldsymbol{B}^{\mathrm{T}}\boldsymbol{E}(\boldsymbol{\varepsilon}^{0[\alpha]} + \bar{\boldsymbol{\varepsilon}}^{1[\alpha]})\mathrm{d}D^e - \sum_{e=1}\int_{S^e_{p-}} \boldsymbol{N}^{\mathrm{T}}\boldsymbol{p}^{[\alpha]}\mathrm{d}S + \sum_{e=1}\int_{S^e_{p+}} \boldsymbol{N}^{\mathrm{T}}\boldsymbol{p}^{[\alpha]}\mathrm{d}S \tag{4.3.45}$$

式中：$\boldsymbol{N}$ 为形函数矩阵，且有

$$\begin{cases} \boldsymbol{p}^{[\alpha]} = [\sigma^{01[\alpha]}_{11} \quad \sigma^{01[\alpha]}_{12} \quad \sigma^{01[\alpha]}_{13}] \\ \sigma^{01[\alpha]}_{ij} = E^{\varepsilon}_{ijmn}(\varepsilon^{0[\alpha]}_{mn} + \bar{\varepsilon}^{1[\alpha]}_{mn}) \end{cases} \tag{4.3.46}$$

步骤4：在有限元列式(4.3.32)、式(4.3.39)以及式(4.3.44)中引入对应的周期边界和全局约束条件，以分别求解 χ^{11}_{1m}、χ^{11p}_{2m} 和 $\tilde{u}^{1[\alpha]}_m$。

下面以 χ^{11}_{1m} 为例来说明其具体过程。首先，为施加式(4.3.8)中所给周期边界条件，利用主从自由度消除法[20]将位于从面(这里选择右侧周期面 S_{p+})上的自由度消去。然后 χ^{11}_{1m} 可以用缩减后的 $\breve{\chi}^{11}_{1m}$ 表示，即

$$\boldsymbol{\chi}^{11}_1 = \boldsymbol{T}\breve{\boldsymbol{\chi}}^{11}_1 \tag{4.3.47}$$

式中：$\boldsymbol{T}$ 为转换矩阵，具体形式可参见参考文献[20]，或参见2.3.2小节中式(2.3.41)。将式(4.3.12)中的全局约束进行离散可得

$$\boldsymbol{C}\boldsymbol{\chi}^{11}_1 = \boldsymbol{0} \tag{4.3.48}$$

式中

$$\boldsymbol{C} = \sum_{e=1}\int_{D^e} \left[\boldsymbol{N}_1; \boldsymbol{N}_2; \boldsymbol{N}_3; \left(\frac{\mathrm{d}\boldsymbol{N}_2}{\mathrm{d}x_3} - \frac{\mathrm{d}\boldsymbol{N}_3}{\mathrm{d}x_2}\right)\right] D^e \tag{4.3.49}$$

$$\begin{cases} \boldsymbol{N}_1 = [1 \quad 0 \quad 0]\boldsymbol{N} \\ \boldsymbol{N}_2 = [0 \quad 1 \quad 0]\boldsymbol{N} \\ \boldsymbol{N}_3 = [0 \quad 0 \quad 1]\boldsymbol{N} \end{cases} \tag{4.3.50}$$

利用拉格朗日乘子法把离散后的全局约束式(4.3.48)引入到式(4.3.32)中有

$$\delta(\boldsymbol{\chi}^{11}_1)^{\mathrm{T}}\boldsymbol{K}\boldsymbol{\chi}^{11}_1 + \delta(\boldsymbol{\chi}^{11}_1)^{\mathrm{T}}\boldsymbol{C}^{\mathrm{T}}\boldsymbol{\lambda} + \delta\boldsymbol{\lambda}^{\mathrm{T}}\boldsymbol{C}\boldsymbol{\chi}^{11}_1 = \delta(\boldsymbol{\chi}^{11}_1)^{\mathrm{T}}\boldsymbol{F}^{11}_1 \tag{4.3.51}$$

于是有

$$\begin{bmatrix} \boldsymbol{K} & \boldsymbol{C}^{\mathrm{T}} \\ \boldsymbol{C} & \boldsymbol{0} \end{bmatrix} \begin{bmatrix} \boldsymbol{\chi}^{11}_1 \\ \boldsymbol{\lambda} \end{bmatrix} = \begin{bmatrix} \boldsymbol{F}^{11}_1 \\ \boldsymbol{0} \end{bmatrix} \tag{4.3.52}$$

把式(4.3.47)代入式(4.3.51)中得

$$\begin{bmatrix} \boldsymbol{T}^{\mathrm{T}}\boldsymbol{K}\boldsymbol{T} & \boldsymbol{T}^{\mathrm{T}}\boldsymbol{C}^{\mathrm{T}} \\ \boldsymbol{C}\boldsymbol{T} & \boldsymbol{0} \end{bmatrix} \begin{bmatrix} \breve{\boldsymbol{\chi}}_1^{11} \\ \boldsymbol{\lambda} \end{bmatrix} = \begin{bmatrix} \boldsymbol{T}^{\mathrm{T}}\boldsymbol{F}_1^{11} \\ \boldsymbol{0} \end{bmatrix} \tag{4.3.53}$$

通过求解方程(4.3.53),并利用式(4.3.47),可以得到 χ_{1m}^{11}。对于 χ_{2m}^{11p} 和 $\tilde{u}_m^{1[\alpha]}$ 可采用同样过程进行求解,其缩减后的 $\breve{\chi}_{2m}^{11p}$ 和 $\breve{u}_m^{1[\alpha]}$ 的计算公式分别为

$$\begin{bmatrix} \boldsymbol{T}^{\mathrm{T}}\boldsymbol{K}\boldsymbol{T} & \boldsymbol{T}^{\mathrm{T}}\boldsymbol{C}^{\mathrm{T}} \\ \boldsymbol{C}\boldsymbol{T} & \boldsymbol{0} \end{bmatrix} \begin{bmatrix} \breve{\boldsymbol{\chi}}_2^{11p} \\ \boldsymbol{\lambda} \end{bmatrix} = \begin{bmatrix} \boldsymbol{T}^{\mathrm{T}}\boldsymbol{F}_2^{11p} \\ \boldsymbol{0} \end{bmatrix} \tag{4.3.54}$$

$$\begin{bmatrix} \boldsymbol{T}^{\mathrm{T}}\boldsymbol{K}\boldsymbol{T} & \boldsymbol{T}^{\mathrm{T}}\boldsymbol{C}^{\mathrm{T}} \\ \boldsymbol{C}\boldsymbol{T} & \boldsymbol{0} \end{bmatrix} \begin{bmatrix} \breve{\boldsymbol{u}}^{1[\alpha]} \\ \boldsymbol{\lambda} \end{bmatrix} = \begin{bmatrix} \boldsymbol{T}^{\mathrm{T}}\boldsymbol{F}^{[\alpha]} \\ \boldsymbol{0} \end{bmatrix} \tag{4.3.55}$$

如 4.3.2 小节中所述,在求解 $\breve{u}_m^{1[\alpha]}$ 时还需施加式(4.3.13)中的约束。在这种情况下,式(4.3.55)中的 $\boldsymbol{C}$ 矩阵将被替换为

$$\boldsymbol{C} = \sum_{e=1} \int_{D^e} \left[\boldsymbol{N}_1 ; \boldsymbol{N}_2 ; \boldsymbol{N}_3 ; \left(\frac{\mathrm{d}\boldsymbol{N}_2}{\mathrm{d}x_3} - \frac{\mathrm{d}\boldsymbol{N}_3}{\mathrm{d}x_2} \right) ; x_2 \boldsymbol{N}_1 ; x_3 \boldsymbol{N}_1 \right] \mathrm{d}D^e \tag{4.3.56}$$

步骤 5: 求解等效刚度。

在得到 χ_{1m}^{11}、χ_{2m}^{11p} 和 $\tilde{u}_m^{1[\alpha]}$ 后,可通过式(4.3.7)、式(4.3.11)和式(4.3.15)获得细观应变 $\varepsilon_{mn}^{\varepsilon\,[\alpha]}$。最后根据式(4.3.16)和式(4.3.26)~式(4.3.28)求得等效刚度。

4.3.5　数值比较和分析

本小节将以几种梁结构作为数值分析对象,利用所提出的方法对不同梁结构的等效刚度进行预测,并与有限元结果和文献结果进行对比来说明所提出方法的有效性。有限元方法的结果都是通过软件 COMSOL Multiphysics 获得的。

算例 1: 考虑由图 4.10 所示的各向同性矩形截面梁,其弹性模量为 E=1 GPa,泊松比 ν=0.3。梁截面的高度为 h=1 m。梁的宽度 b 在 0.1~2 m 之间变化。以尺寸为 1 m×1 m×1 m 的单胞为例,其有限元模型包含 8 000 个二次六面体单元。

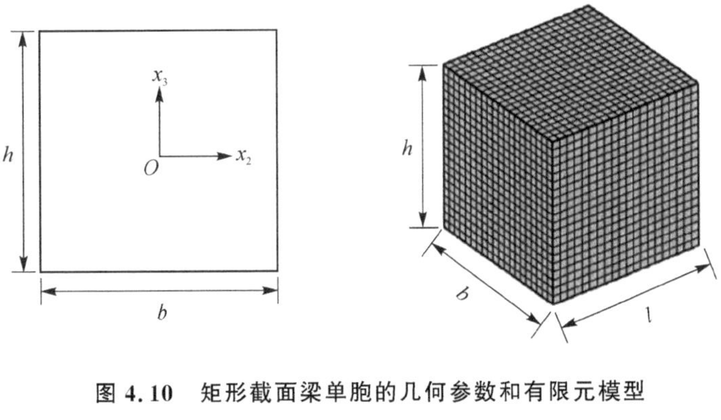

图 4.10　矩形截面梁单胞的几何参数和有限元模型

对于 b=1 m 时的方形截面梁,表 4.9 给出了本方法预测的等效刚度。对于本表及下面各表格中未给出的其他刚度,默认其值为零。从表 4.9 中可以看出,本方法与理论解基本一致,其中截面积 A=1 m^2,截面惯性矩 $I=bh^3/12$,截面极惯性矩 $I_{\mathrm{p}}=0.141bh^3$,剪切修正系数 $k=5/6$,理论解可参见式(4.2.37)。

表 4.9　方形截面均匀梁的等效刚度

	D_{11}/N	D_{22}/(N·m²)	D_{33}/(N·m²)	D_{44}/(N·m²)	D_{55}/N	D_{66}/N
本方法	1.0000×10^{9}	8.3333×10^{7}	8.3333×10^{7}	5.4068×10^{7}	3.1854×10^{8}	3.1854×10^{8}
理论解	1.0000×10^{9}	8.3333×10^{7}	8.3333×10^{7}	5.4231×10^{7}	3.2051×10^{8}	3.2051×10^{8}

对于具有不同长宽比的矩形截面梁，表 4.10 中将本小节方法获得的 x_1-x_3 平面的剪切修正系数与参考文献[7,21]中的结果进行了比较。从中可以看出，本方法结果与参考文献结果具有高度一致性。

表 4.10　不同长宽比的矩形截面梁的剪切修正系数

b	本方法	Renton 方法[21]	Xu 方法[7]
2.0	0.784	0.784	0.784
1.0	0.828	0.828	0.828
0.5	0.833	0.833	0.833
0.1	0.833	0.833	0.833

算例 2：考虑各向同性波纹梁[22]，材料的弹性模量 $E=206$ GPa，泊松比 $\nu=0.3$。图 4.11(a)中给出了单胞的几何参数示意图，其中 $t=12$ mm，$t_c=2$ mm，$f=20$ mm，$d_c=120$ mm，$b_c=\zeta d_c(\zeta=0.25\sim1.5)$。这些参数之间的关系如下式所示。单胞的宽度 $b=0.1$ mm。图 4.11(b)中给出了 $\zeta=0.25$ 时单胞有限元模型，其由 496 个二次四边形平面应力单元和 160 个二次三角形平面应力单元组成。

$$\begin{cases} d=d_c+t \\ b_c=p-2f \\ s=\sqrt{d_c^2+b_c^2}=\dfrac{d_c}{\sin\theta}=\dfrac{b_c}{\cos\theta} \\ \tan\theta=\dfrac{d_c}{p-2f} \end{cases} \tag{4.3.57}$$

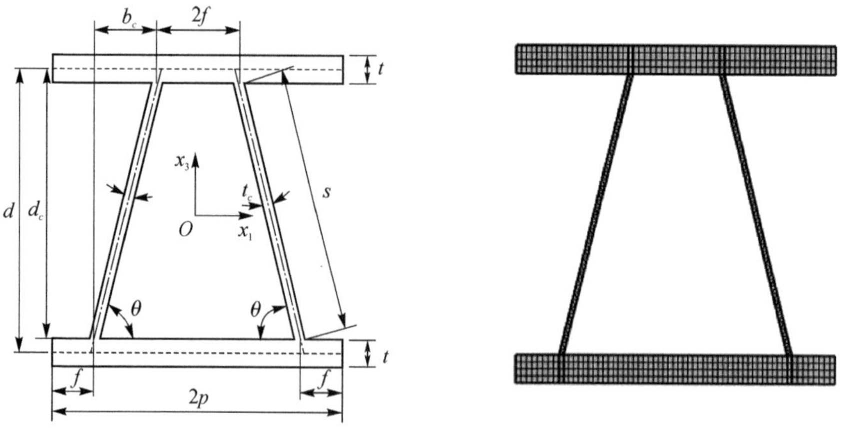

(a) 几何参数　　(b) 有限元模型

图 4.11　波纹梁单胞的几何参数和有限元模型

对于不同 ζ，表 4.11 把利用本方法和其他方法所获得的剪切刚度 D_{66} 进行了比较，从中可以看出，这些结果吻合得较好。

表 4.11　波纹梁结构的等效剪切刚度

$D_{66}/(Etb)$				
ζ	本方法	Lok 方法[22]	SMM 方法[23]	Xu 方法[7]
0.25	0.009 9	0.010 2	0.010 2	0.009 6
0.50	0.019 7	0.020 1	0.020 1	0.019 3
0.75	0.026 0	0.026 1	0.026 1	0.025 6
1.00	0.029 5	0.029 2	0.029 2	0.029 0
1.25	0.030 6	0.029 9	0.029 9	0.030 0
1.50	0.029 9	0.028 9	0.028 9	0.029 4

算例 3：考虑参考文献[7]中倒 T 形截面均匀梁，图 4.12 给出了单胞的几何参数和有限元模型，其中 $b_1=b_2=1$ m，$b_3=h_1=h_2=2$ m，$l=1$ m。单胞被离散成 12 000 个二次六面体单元。结构由弹性模量 $E=300$ GPa 和泊松比 $\nu=0.49$ 的各向同性材料组成。

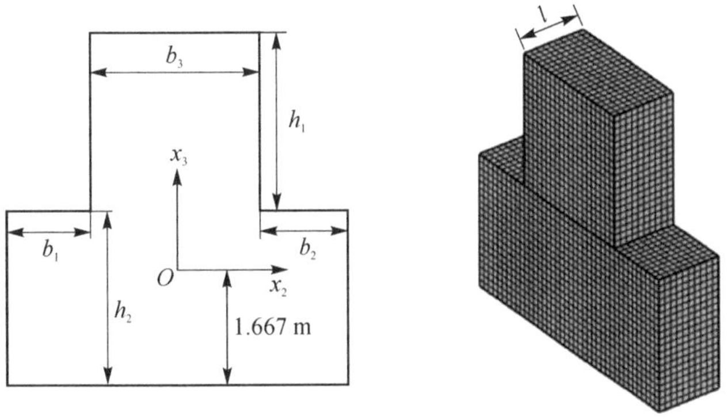

图 4.12　倒 T 形截面梁单胞的几何参数和有限元模型

为了满足式(4.3.2)中的本构假设并和已有文献结果进行对比，此处将坐标原点设置在距离底部 1.667 m 的形心处。表 4.12 比较了利用本方法、Xu 等人所提出的方法[7] 以及 VABS[16-17] 所预测的非零等效刚度，比较结果表明本方法结果与参考文献结果吻合较好。

表 4.12　倒 T 形截面梁的等效刚度

等效刚度	本方法	Xu 方法[7]	VABS 方法[16-17]
D_{11}/N	3.600×10^{12}	3.60×10^{12}	3.60×10^{12}
$D_{22}/(\mathrm{N\cdot m^2})$	3.600×10^{12}	3.60×10^{12}	3.60×10^{12}
$D_{33}/(\mathrm{N\cdot m^2})$	4.400×10^{12}	4.40×10^{12}	—
$D_{44}/(\mathrm{N\cdot m^2})$	1.538×10^{12}	1.49×10^{12}	—
D_{55}/N	8.815×10^{11}	8.765×10^{11}	8.784×10^{11}
D_{66}/N	8.132×10^{11}	8.091×10^{11}	8.118×10^{11}
$D_{45}/(\mathrm{N\cdot m})$	-1.970×10^{11}	—	—

为了更好地说明本方法的有效性，这里分析由 30 个单胞组成的梁的静挠度。该梁总长 $L=30$ m，左端固支，右端沿 x_3 方向作用大小为 $-1\ \mathrm{N/m^2}$ 的均布载荷。表 4.13 比较了不同方法所获得的右端面挠度 w^0，其中本方法和 Xu 等人提出的方法都是通过解析解表达式 $w^0=FL^3/(3D_{33})+FL/D_{66}(F=-12\ \mathrm{N})$ 获得的，参考解“FEM”是由包含12 000×30 个二次六面体单元的细网格模型得到的。下式给出了相对误差 RDiff 的定义。对比结果进一步说明了本方法在等效刚度预测上的有效性。

$$\mathrm{RDiff}=\frac{\text{其他方法}-\text{参考解}}{\text{参考解}}\times 100\% \tag{4.3.58}$$

表 4.13　倒 T 形截面梁右端面沿 x_3 方向的平均挠度

方　法	FEM 方法	本方法（RDiff）	Xu 方法[7]（RDiff）
10^9 · 挠度/m	−24.444	−24.988 (2.23%)	−24.990 (2.23%)

算例 4： 考虑图 4.13 所示的蜂窝梁结构[18]。该梁由 20 个单胞组成，其左端固支。图 4.14 为蜂窝截面的尺寸参数及包含 7 328 个二次六面体单元的单胞有限元模型。具体的尺寸参数为

$l=\sqrt{3}$ m，$b=1$ m，$l_1=\sqrt{3}/3$ m，$t=1/6$ m，$h_f=0.2$ m，$h_c=2$ m；

上下表面材料的弹性模量 $E_1=70$ GPa，泊松比 $\nu_1=0.34$，密度 $\rho_1=2\ 774\ \mathrm{kg/m^3}$；

中间芯层材料的弹性模量 $E_2=3.5$ GPa，泊松比 $\nu_2=0.34$，密度 $\rho_2=1\ 142\ \mathrm{kg/m^3}$。

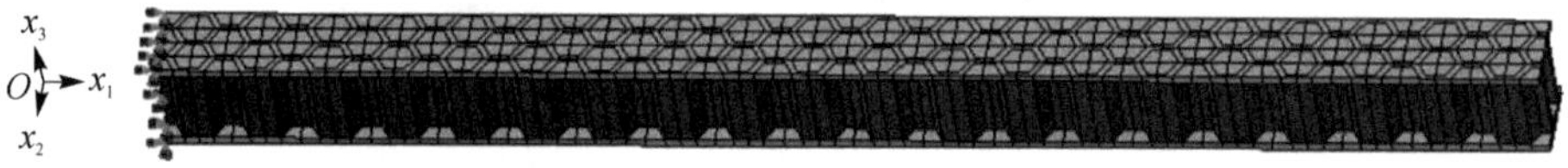

图 4.13　左端固支的蜂窝梁结构

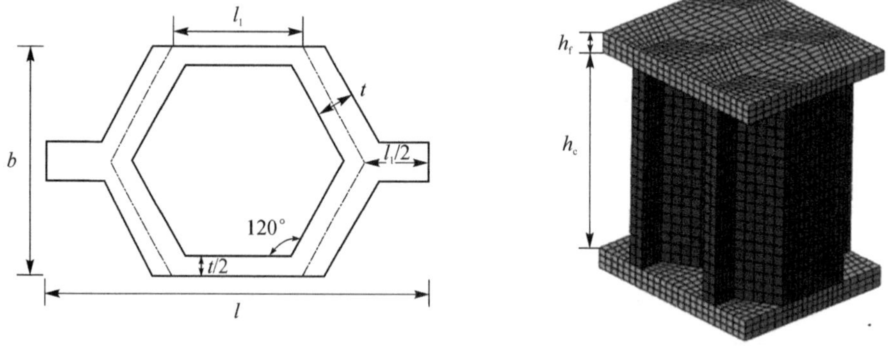

图 4.14　蜂窝梁单胞的几何参数和有限元模型

表 4.14 给出了本方法和 Huang 等人提出的方法[12]（也就是本章 4.2 节介绍的方法）所预测的等效刚度。对比结果表明，两种方法的计算结果仅在剪切刚度预测上有所不同，其原因在于两种方法在预测剪切刚度时使用了不同的应变状态。Huang 等人提出的方法[12]使用的是单位剪应变工况，而本方法使用的是线性曲率工况。

表 4.14　蜂窝梁的等效刚度

等效刚度	本方法	Huang 方法[12]
D_{11}/N	5.6931×10^{10}	5.6931×10^{10}
$D_{22}/(\mathrm{N\cdot m^2})$	1.8910×10^{10}	1.8910×10^{10}
$D_{33}/(\mathrm{N\cdot m^2})$	6.8439×10^{10}	6.8439×10^{10}
$D_{44}/(\mathrm{N\cdot m^2})$	1.8134×10^{9}	1.8134×10^{9}
D_{55}/N	1.7703×10^{10}	4.7527×10^{9}
D_{66}/N	1.1648×10^{9}	1.1466×10^{9}

为了更好地说明本章提出的两种方法的准确性，下面采用这两种方法分析该蜂窝梁结构的固有频率。这里仅考虑 x_1-x_3 平面上的弯曲频率。为获得该平面内的弯曲固有频率，除等效刚度 D_{33} 和 D_{66} 外，还需要如下两个等效惯性参数：

$$\overline{\rho A}=\frac{1}{l}\int_D\rho\mathrm{d}D=3.6150\times10^3\ \mathrm{kg/m}\tag{4.3.59}$$

$$\overline{\rho I_2}=\frac{1}{l}\int_D\rho x_3^2\mathrm{d}D=3.1579\times10^3\ \mathrm{kg\cdot m}\tag{4.3.60}$$

利用给出的等效刚度和等效惯性参数，可以通过解析求解方法计算解析固有频率，有关解析求解方法可以参见参考文献[24]。表 4.15 将根据这两种方法获得的弯曲固有频率解析解与 FEM 参考解进行了比较，其中参考解由包含 7 328×20 个二次六面体单元的细网格模型获得。比较结果表明，本方法预测的等效刚度更为准确，但两种方法的精度相差甚微。

表 4.15　蜂窝梁的弯曲频率　　rad/s

阶　次	FEM	本方法(RDiff/%)	Huang 方法[12](RDiff/%)
1	11.522 6	11.479 4(−0.37)	11.462 3(−0.52)
2	50.306 7	49.696 4(−1.21)	49.468 8(−1.67)
3	107.140 5	105.483 7(−1.55)	104.884 6(−2.11)
4	163.494 7	160.504 7(−1.83)	159.460 0(−2.47)

4.4　总　结

本章中针对周期复合材料梁结构问题，提出了两种梁截面等效刚度的预测方法。两种方法的思想都是基于宏细观等效原则建立了两种尺度之间的关系，进而得到等效刚度，从而将具有周期微结构的复合材料梁等效为一维均匀的 Timoshenko(铁木辛柯)梁，以降低求解维度从而提升固有模态等宏观信息的分析效率。周期梁结构的宏观问题以及细观单胞问题的求解是决定周期梁结构等效刚度预测精度的关键因素。

本章中首先提出了一种基于宏细观变形相似和内虚功等效的刚度预测方法(方法 1)。在该方法中，考虑了梁的 6 种广义单位应变状态，包括轴向拉伸、2 个横向弯曲、扭转以及 2 个横向剪切变形。把这 6 种宏观应变状态作为初应变，推导了单胞边值问题控制方程，并根据宏细观尺度的内虚功等效原理，给出了等效刚度的解析表达式。在求解单胞问题时，首先基于相邻单胞界面处位移和应力的连续性要求，给出了周期边界条件；此外，为了保证单胞宏细观尺度变形相似性，引入了 6 个全局约束条件。

本章中还提出了另外一种周期梁等效刚度的预测方法（方法 2）。该方法基于宏细观变形相似和应变能相等原则。为了准确描述单胞的细观变形模式，构造了新细观位移函数 $u_m^{\varepsilon}=u_m^0+\chi_{1m}^{kl}u_{k,l}^0+\chi_{2m}^{klp}u_{k,lp}^0+\tilde{u}_m^1$，其中前三项与多尺度渐近展开方法中的细观位移函数形式类似，但不同阶次影响函数的控制方程和边界条件是基于相邻单胞界面处的连续性以及周期特性构造的。不同于方法 1，本方法不再使用单位剪应变工况来预测剪切刚度，而是采用与梁端部剪力相关联的线性曲率工况来预测剪切刚度。

本章中提出的两种刚度预测方法的特点包括：

① 无论是方法 1 中求解摄动位移 $\tilde{u}_m$ 还是方法 2 中求解影响函数 χ_{rm} 和高阶摄动位移 $\tilde{u}_m^1$，施加的都是单胞周期边界条件和全局约束条件（或归一化条件），且这两种条件均可以直接在 Comsol Multiphysics 有限元软件中实现。

② 两种方法中，相邻单胞界面处的连续性条件都得到满足。

③ 两种方法适用于具有任意周期微结构的梁的等效刚度预测，包括拉伸、弯曲、扭转、剪切及其耦合刚度。在方法 1 中，给定一种单位应变工况便可求解出刚度矩阵中包括耦合刚度在内的一列元素，更为高效；在方法 2 中，线性曲率工况与结构实际受力工况更为符合，在预测剪切刚度时有精度优势。

总之，两种方法各具特色，可根据需求进行选择。

附录 C　二阶影响函数控制方程的推导过程

在周期梁单胞问题中，二阶影响函数控制方程 $\chi_{2m}^{klp}(klp=112,113)$ 的构造过程如下：

在确定等效刚度矩阵时，均匀化位移 $u_m^{0[\alpha]}$ 及其导数 $u_{k,l}^{0[\alpha]}$、$u_{k,lp}^{0[\alpha]}$ 和摄动位移 $\tilde{u}_m^{1[\alpha]}$ 都与式(4.3.15)给出的 6 种应变状态 $\boldsymbol{\varepsilon}^{0[\alpha]}$ 对应，这里 $\boldsymbol{\varepsilon}^{0[\alpha]}$ 相当于是初应变。

在式(4.3.7)中，与 $\boldsymbol{\varepsilon}^{0[\alpha]}$ 对应的 $u_m^{0[\alpha]}$、$u_{k,l}^{0[\alpha]}$ 和 $u_{k,lp}^{0[\alpha]}$ 在结构域内是连续的；χ_{1m}^{kl} 和 χ_{2m}^{klp} 在轴向具有周期性，且对于所有单胞相同；与 $\boldsymbol{\varepsilon}^{0[\alpha]}$ 对应的 $\tilde{u}_m^{1[\alpha]}$ 为用于满足自平衡方程的高阶摄动项，其在轴向具有周期性，但对于不同的单胞其值可能不同。因此，函数 $u_m^0+\chi_{1m}^{kl}u_{k,l}^0+\chi_{2m}^{klp}u_{k,lp}^0$ 在整个结构域上连续。为确保 $u_m^{\varepsilon}=u_m^0+\chi_{1m}^{kl}u_{k,l}^0+\chi_{2m}^{klp}u_{k,lp}^0+\tilde{u}_m^1$ 在图 C.1 所示的定义域上连续，$\tilde{u}_m^1$ 还需要满足下列条件：

$$(\tilde{u}_m^1)^{\text{单胞}1}\big|_{S_{\mathrm{P}^+}}=(\tilde{u}_m^1)^{\text{单胞}2}\big|_{S_{\mathrm{P}^-}} \tag{C.1}$$

下面将说明如何通过构造 $\chi_{2m}^{klp}(klp=112,113)$ 的控制方程能够使式(C.1)在 6 种给定应变工况 $\boldsymbol{\varepsilon}^{0[\alpha]}$ $(\alpha=1\sim6)$ 下均得到满足。

由于式(4.3.15)中给定的 $\boldsymbol{\varepsilon}^{0[\alpha]}$ $(\alpha=1\sim4)$ 均与 x_1 无关，所以图 C.1 中的两个单胞在这 4 种工况下均具有相同的初应变 $\boldsymbol{\varepsilon}^{0[\alpha]}$。由于通过求解方程得到的两个单胞的 $\tilde{u}_m^1$ 也相同，这意味着式(C.1)对 $\boldsymbol{\varepsilon}^{0[\alpha]}$ $(\alpha=1\sim4)$ 成立。

对于和 x_1 相关的 $\boldsymbol{\varepsilon}^{0[\alpha]}$ $(\alpha=5\sim6)$，左右两个单胞所受的初应变不同。当 $\alpha=5$ 时，单胞 2

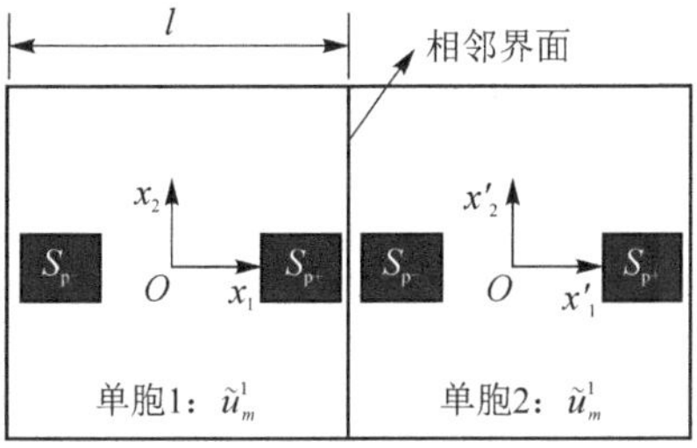

图 C.1　周期梁结构中相邻单胞示意图

的初应变为

$$\boldsymbol{\varepsilon}^{0\,[5]}=\begin{bmatrix}x_1x_2\\0\\0\\0\\0\\C_{12}\end{bmatrix}=\begin{bmatrix}x'_1x'_2\\0\\0\\0\\0\\C_{12}\end{bmatrix}+l\begin{bmatrix}x'_2\\0\\0\\0\\0\\0\end{bmatrix}\tag{C.2}$$

式中：$x_1=x'_1+l,x_2=x'_2$。

初应变 $\boldsymbol{\varepsilon}^{0\,[\alpha]}$ 相当于外载荷。利用线性系统的叠加原理，由式(C.2)可得

$$(\tilde{u}_m^{1\,[5]})^{单胞2}=(\tilde{u}_m^{1\,[5]})^{单胞1}+l\tilde{u}_m^{1\,[2]}\tag{C.3}$$

为了使式(C.1)成立，要求 $\tilde{u}_m^{1\,[2]}=0$。再利用 $\tilde{u}_m^{1\,[2]}=0$ 和式(4.3.15)中 $\boldsymbol{\varepsilon}^{0\,[2]}$，可将式(4.3.7)表示成

$$u_m^{\varepsilon\,[2]}=u_m^{0\,[2]}+\chi_{1m}^{kl}u_{k,l}^{0\,[2]}+\chi_{2m}^{klp}u_{k,lp}^{0\,[2]}+\tilde{u}_m^{1\,[2]}=u_m^{0\,[2]}+\hat{u}_m^{1\,[2]}+\chi_{2m}^{112}\tag{C.4}$$

将式(C.4)代入式(4.3.5)中的域内平衡方程，可得关于 χ_{2m}^{112} 的控制方程为

$$[E_{ijmn}^{\varepsilon}(\chi_{2m,n}^{112}+\hat{\varepsilon}_{mn}^{1\,[2]}+\varepsilon_{mn}^{0\,[2]})]_{,j}=0,\quad \boldsymbol{x}\in D\tag{C.5}$$

类似地，当 $\alpha=6$ 时，$\tilde{u}_m^{1\,[3]}=0$ 也应该成立，且 χ_{2m}^{113} 的控制方程如下：

$$[E_{ijmn}^{\varepsilon}(\chi_{2m,n}^{113}+\hat{\varepsilon}_{mn}^{1\,[3]}+\varepsilon_{mn}^{0\,[3]})]_{,j}=0,\quad \boldsymbol{x}\in D\tag{C.6}$$

上述为全部推导过程。值得指出的是，由于 $u_{k,lp}^{0\,[1]}=0$ 且 $u_m^{0\,[1]}+\chi_{1m}^{kl}u_{k,l}^{0\,[1]}$ 可满足自平衡方程(4.3.5)，所以有 $\tilde{u}_m^{1\,[1]}=0$。因此，在周期梁的等效刚度预测方法中，由于 $\tilde{u}_m^{1\,[1]}$、$\tilde{u}_m^{1\,[2]}$ 和 $\tilde{u}_m^{1\,[3]}$ 三者均为零，所以无需对其进行求解。

附录 D　细观应变能为零工况的证明

证明：在第 4.3 节周期梁的等效刚度预测方法中，单胞在以 x_1-x_3 或 x_1-x_2 平面内常剪切应变作为初应变的情况下，单胞的细观应变能为零。

这里以式(D.1)中的常剪应变状态为例来进行证明。

$$\boldsymbol{\varepsilon}^0=[0\quad 0\quad 0\quad 0\quad C_{13}\quad 0]^{\mathrm{T}}\tag{D.1}$$

式中：C_{13} 为 x_1-x_3 平面内常剪应变。与式(D.1)中应变状态对应的位移场为

$$\boldsymbol{u}^0=\begin{bmatrix}u_1^0\\u_2^0\\u_3^0\end{bmatrix}=\begin{bmatrix}C_{13}\eta x_3\\0\\C_{13}(1-\eta)x_1\end{bmatrix}=\begin{bmatrix}C_{13}(\eta-1)x_3\\0\\C_{13}(1-\eta)x_1\end{bmatrix}+\begin{bmatrix}C_{13}x_3\\0\\0\end{bmatrix} \tag{D.2}$$

其中 η 可为任意值。从式(D. 2)中可以看出，$\boldsymbol{u}^0$ 包含两部分，根据剪切梁的平剖面假设可知其中第一部分代表刚体旋转，对应的应变能为零。因此，这里仅考虑第二部分，即

$$\boldsymbol{u}^0=[C_{13}x_3\quad 0\quad 0]^{\mathrm{T}} \tag{D.3}$$

由于与式(D. 1)中非零剪应变 C_{13} 对应的影响函数 χ_{1m}^{13} 和 χ_{2m}^{13p} 默认为零，所以有 $\bar{u}_m^1=0$，于是式(4. 3. 7)变为

$$u_m^{\varepsilon}=u_m^0+\tilde{u}_m^1 \tag{D.4}$$

由式(4. 3. 10)，并利用式(D. 3)中 $\boldsymbol{u}^0$ 在轴向的周期性以及 $\bar{u}_m^1=0$，有

$$\begin{aligned}&\int_D \delta u_{i,j}^0 E_{ijmn}^{\varepsilon}(u_{m,n}^0+\tilde{u}_{m,n}^1)\mathrm{d}D\\&=\int_S \delta u_i^0 E_{ijmn}^{\varepsilon}(u_{m,n}^0+\tilde{u}_{m,n}^1)n_j\,\mathrm{d}S-\int_D [E_{ijmn}(u_{m,n}^0+\tilde{u}_{m,n}^1)]_{,j}\delta u_i^0\,\mathrm{d}D=0\end{aligned} \tag{D.5}$$

因为 E_{ijmn}^{ε}、ε_{kl}^0 和 $\tilde{u}_i^1$ 在 x_1 方向具有周期性且 $\bar{u}_m^1=0$，所以等式(4. 3. 43)左边第二项为零，于是有

$$\int_D \delta\tilde{\varepsilon}_{ij}^1[E_{ijmn}^{\varepsilon}(\tilde{\varepsilon}_{mn}^1+\bar{\varepsilon}_{mn}^1+\varepsilon_{mn}^0)]\mathrm{d}D=0 \tag{D.6}$$

结合式(D. 5)和式(D. 6)，并利用四阶弹性张量 E_{ijmn}^{ε} 的对称性($E_{ijmn}^{\varepsilon}=E_{jimn}^{\varepsilon}=E_{ijnm}^{\varepsilon}=E_{mnij}^{\varepsilon}$)和 $\bar{u}_m^1=0$，可得

$$\int_D \delta(\varepsilon_{ij}^0+\bar{\varepsilon}_{ij}^1+\tilde{\varepsilon}_{ij}^1)E_{ijmn}^{\varepsilon}(\varepsilon_{mn}^0+\bar{\varepsilon}_{mn}^1+\tilde{\varepsilon}_{mn}^1)\mathrm{d}D=0 \tag{D.7}$$

从式(D. 7)可知，单胞在常剪初应变状态下的细观应变能为零。对于 x_1-x_2 面的常剪应变，可证明该结论同样成立。

参考文献

[1] Dai G M, Zhang W H. Size effects of basic cell in static analysis of sandwich beams[J]. International Journal of Solids and Structures, 2008, 45: 2512-2533.

[2] Yi S N, Xu L, Cheng G D, et al. FEM formulation of homogenization method for effective properties of periodic heterogeneous beam and size effect of basic cell in thickness direction[J]. Computers and Structures, 2015, 156: 1-11.

[3] Huang Z W, Xing Y F, Gao Y H. A two-scale asymptotic expansion method for periodic composite Euler beams[J]. Composite Structures, 2020, 241:112033.

[4] Kolpakov A G. Calculation of the characteristic of thin elastic rods with a periodic structure[J]. Journal of Applied Mathematics and Mechanics, 1991, 55: 358-365.

[5] Kolpakov A G. Variational principles for stiffnesses of a non-homogeneous beam[J]. Journal of the Mechanics and Physics of Solids, 1998, 46: 1039-1053.

[6] Kolpakov A G. Stressed Composite Structures: Homogenized Models for Thin-Walled

Nonhomogeneous Structures with Initial Stresses[M]. New York: Springer-Verlag Berlin Heidelberg, 2004.
[7] Xu L, Cheng G D, Yi S N. A new method of shear stiffness prediction of periodic Timoshenko beams [J]. Mechanics of Advanced Materials and Structures, 2016, 23: 670-680.
[8] Yu W, Hodges D H. Generalized Timoshenko Theory of the Variational Asymptotic Beam Sectional Analysis[J]. Journal of the American Helicopter Society, 2005, 50(1): 46-55.
[9] Yu W, Hodges D H, Hong X, et al. Validation of the Variational Asymptotic Beam Sectional Analysis[J]. AIAA Journal, 2002, 40: 2105-2112.
[10] Yu W, Hodges D H, Volovoi V, et al. On Timoshenko-like modeling of initially curved and twisted composite beams[J]. International Journal of Solids & Structures, 2002, 39: 5101-5121.
[11] Lee C Y. Zeroth-Order Shear Deformation Micro-Mechanical Model for PeriodicHeterogeneous Beam-like Structures[J]. Journal of the Korean Society for Power System Engineering, 2015, 19: 55-62.
[12] Huang Z W, Xing Y F, Gao Y H. A new method of stiffness prediction for periodic beam-like structures[J]. Composite Structures, 2021, 267: 113892.
[13] Gao Y H, Huang Z W, Li G, et al. A novel stiffness prediction method with constructed microscopic displacement field for periodic beam like structures[J]. Acta Mechanica Sinica, 2022, 38: 421520.
[14] Cowper G R. The Shear Coefficient in Timoshenko's Beam Theory[J]. Journal of Applied Mechanics, 1966, 33: 335-340.
[15] Cook R D. Concepts and applications of finite element analysis[M]. New York: John wiley & sons, 2007.
[16] Hodges D H. Nonlinear Composite Beam Theory[M]. Massachusetts: American Institute of Aeronautics and Astronautics, 2006.
[17] Yu W, Hodges D H, Ho J C. Variational asymptotic beam sectional analysis - An updated version[J]. International Journal of Engineering Science, 2012, 59: 40-64.
[18] Dai G M, Zhang W H. Cell size effects for vibration analysis and design of sandwich beams[J]. Acta Mechanica Sinica, 2009, 25: 353-365.
[19] Xing Y F, Chen L. Accuracy of multiscale asymptotic expansion method[J]. Composite Structures, 2014, 112: 38-43.
[20] Yang Q S, Becker W. Effective stiffness and microscopic deformation of an orthotropic plate containing arbitrary holes[J]. Computers & Structures, 2004, 82: 2301-2307.
[21] Renton J D. Generalized beam theory applied to shear stiffness[J]. International Journal of Solids and Structures, 1991, 27: 1955-1967.
[22] Lok T S, Cheng Q H. Elastic stiffness properties and behavior of truss-core sandwich panel[J]. Journal of Structural Engineering-ASCE, 2000, 126: 552-559.

[23] Leekitwattana M，Boyd S W，Shenoi R A. Evaluation of the transverse shear stiffness of a steel bi-directional corrugated-strip-core sandwich beam[J]. Journal of Constructional Steel Research，2011，67：248-254.

[24] Li G，Xing Y F，Wang Z K，et al. Effect of boundary conditions and constitutive relations on the free vibration of nonlocal beams [J]. Results in Physics，2020，19：103414.

第5章 周期板结构等效刚度的多尺度预测方法

5.1 引 言

由周期微结构阵列在面内方向形成的周期板结构因具有卓越的综合性能,在工程实践中广泛应用。周期板具有多个尺度特征,考虑计算精度和计算效率的要求,采用多尺度方法对其进行均匀化分析是必要的。多尺度渐近展开方法(MsAEM)适用于分析周期板的面内变形问题,如第2章所述。由于周期板在横向(弯曲方向)或厚度方向一般不具有周期性,因此MsAEM不适用于周期板的弯曲问题[1-3],如图5.1所示。另外,本书第3章提出的基于薄板理论框架下的渐近展开分析方法不适用于分析周期中厚板的弯曲问题。

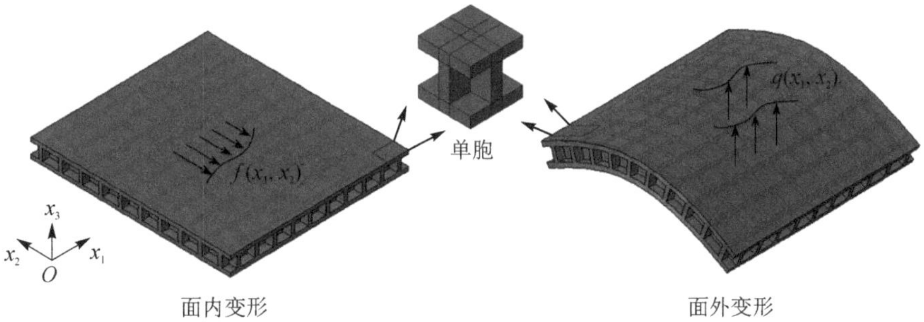

图5.1 周期板结构的面内和面外变形

为了实现周期中厚板等效刚度的预测,Kalamkarov等[4-8]在三维弹性理论框架下,放松了摄动变形在板厚度方向上的周期性要求,提出了一种求解周期Kirchhoff-Love板等效刚度的渐近分析方法。为了获得周期板的等效剪切刚度,Terada等人[9]提出利用宏观与细观变形之间的关系推导周期板的等效剪切刚度。通过构建宏观线性曲率状态和单胞宏细观能量等效原理,Xu等人[10]提出了一种有效预测周期板等效剪切刚度的新方法,该方法在求解剪切刚度时对单胞施加的不再是传统(或经典)的周期边界条件。Yu等人[11-13]在变分渐近方法(VAM)[14]的基础上,根据三维弹性理论和最小总势能原理求解了板的三维翘曲函数,推导了含几何非线性的复合材料板的等效刚度矩阵。Lee等人[15-16]在Yu等人[11-13]工作基础上先后提出了零阶剪切变形模型和精细力学模型来预测周期板等效刚度。然而,上述方法[4-13,15-16]或存在精度问题,或存在需要用编程语言才能在通用有限元软件中实现的问题。因此,需要建立一种更为准确且可以利用通用有限元软件现有模块直接实现的等效刚度预测方法。

基于周期板变形的跨尺度传递关系和Reissner(赖斯纳)-Mindlin(闵德林)板理论(也称一阶剪切板理论,或中厚板理论,本章简称之为剪切板理论),本章中提出了两种求解具有面内周期微结构的复合材料板的等效刚度预测方法[17-18]。本章内容是第 4 章内容的扩展，故两章内容的写法类似。本章 5.2 节介绍基于宏细观变形相似和内虚功等效的等效刚度预测方法；5.3 节介绍基于宏细观变形相似和应变能相等的等效刚度预测方法；5.4 节对两种方法进行了总结和比对。

5.2 内虚功等效方法

周期板结构由若干面内周期单胞阵列组成。在宏观上，周期板的线弹性变形与均匀板的类似；在细观上，周期板的变形是宏观变形与摄动变形的叠加。周期板均匀化的关键在于建立宏、细观尺度之间的变形传递关系。本节通过分析一个周期单胞，利用两尺度的内虚功等效原理以及变形相似原则，给出了周期板等效刚度的表达式。

5.2.1 宏观几何方程和 8 种广义应变状态

在宏观尺度上，具有周期微结构的板可以等效为如图 5.2 所示的均匀剪切板模型。根据剪切板理论，板的位移场可以表示为

$$\begin{cases}\bar{u}_1(x_1,x_2,x_3)=u(x_1,x_2)-x_3\theta_1(x_1,x_2)\\ \bar{u}_2(x_1,x_2,x_3)=v(x_1,x_2)-x_3\theta_2(x_1,x_2)\\ \bar{u}_3(x_1,x_2,x_3)=w(x_1,x_2)\end{cases} \tag{5.2.1}$$

式中：(u,v,w)为参考面上的宏观位移场，θ_1 和 θ_2 分别为绕 x_2 和 x_1 轴的法线转角。

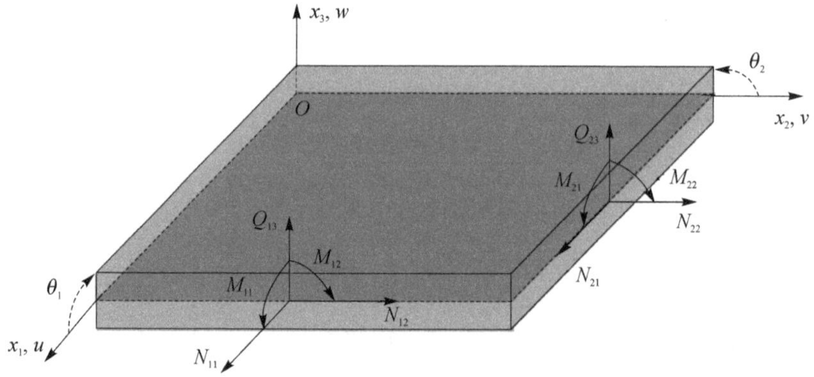

图 5.2 均匀剪切板模型

剪切板广义应变场的定义如下：

$$\boldsymbol{e}^{\mathrm{T}}=[\varepsilon_1\quad \varepsilon_2\quad \gamma_{12}\quad \kappa_1\quad \kappa_2\quad \kappa_{12}\quad \gamma_{13}\quad \gamma_{23}] \tag{5.2.2}$$

式中

$$\begin{aligned}&[\varepsilon_1\quad \varepsilon_2\quad \gamma_{12}\quad \kappa_1\quad \kappa_2\quad \kappa_{12}\quad \gamma_{13}\quad \gamma_{23}]\\ &=\left[\frac{\partial u}{\partial x_1}\quad \frac{\partial v}{\partial x_2}\quad \frac{\partial u}{\partial x_2}+\frac{\partial v}{\partial x_1}\quad -\frac{\partial \theta_1}{\partial x_1}\quad -\frac{\partial \theta_2}{\partial x_2}\quad -\frac{\partial \theta_1}{\partial x_2}-\frac{\partial \theta_2}{\partial x_1}\quad \frac{\partial w}{\partial x_1}-\theta_1\quad \frac{\partial w}{\partial x_2}-\theta_2\right]\end{aligned} \tag{5.2.3}$$

式中：ε_1 和 ε_2 为板沿 x_1 和 x_2 轴的拉伸应变，γ_{12} 为面内剪切应变，κ_1 和 κ_2 分别为绕 x_2 和 x_1 轴的弯曲应变(曲率)，κ_{12} 为扭转应变(扭率)，γ_{13} 和 γ_{23} 为横向剪切应变。与剪切板比较而言，在第 3 章介绍的薄板理论中，γ_{13} 和 γ_{23} 为零，法线转角分别为

$$\theta_1=\frac{\partial w}{\partial x_1},\quad \theta_2=\frac{\partial w}{\partial x_2} \tag{5.2.4}$$

对于三维均匀板，其几何方程满足

$$\bar{\varepsilon}_{ij}=\frac{1}{2}\left(\frac{\partial \bar{u}_i}{\partial x_j}+\frac{\partial \bar{u}_j}{\partial x_i}\right) \tag{5.2.5}$$

式中：i 和 j 的取值范围为 1～3。将式(5.2.1)代入式(5.2.5)可得到三维均匀板的应变场为

$$\boldsymbol{\varepsilon}^{\mathrm{T}}=\begin{bmatrix}\bar{\varepsilon}_{11} & \bar{\varepsilon}_{22} & \bar{\varepsilon}_{33} & 2\bar{\varepsilon}_{23} & 2\bar{\varepsilon}_{13} & 2\bar{\varepsilon}_{12}\end{bmatrix} \tag{5.2.6}$$

$$\begin{cases}\bar{\varepsilon}_{11}=\dfrac{\partial \bar{u}_1}{\partial x_1}=\dfrac{\partial u}{\partial x_1}-x_3\dfrac{\partial \theta_1}{\partial x_1}\\[2mm] \bar{\varepsilon}_{22}=\dfrac{\partial \bar{u}_2}{\partial x_2}=\dfrac{\partial v}{\partial x_2}-x_3\dfrac{\partial \theta_2}{\partial x_2}\\[2mm] \bar{\varepsilon}_{33}=\dfrac{\partial \bar{u}_3}{\partial x_3}=\dfrac{\partial w}{\partial x_3}=0\\[2mm] 2\bar{\varepsilon}_{23}=\dfrac{\partial \bar{u}_2}{\partial x_3}+\dfrac{\partial \bar{u}_3}{\partial x_2}=\dfrac{\partial w}{\partial x_2}-\theta_2\\[2mm] 2\bar{\varepsilon}_{13}=\dfrac{\partial \bar{u}_1}{\partial x_3}+\dfrac{\partial \bar{u}_3}{\partial x_1}=\dfrac{\partial w}{\partial x_1}-\theta_1\\[2mm] 2\bar{\varepsilon}_{12}=\dfrac{\partial \bar{u}_1}{\partial x_2}+\dfrac{\partial \bar{u}_2}{\partial x_1}=\dfrac{\partial u}{\partial x_2}+\dfrac{\partial v}{\partial x_1}-x_3\dfrac{\partial \theta_1}{\partial x_2}-x_3\dfrac{\partial \theta_2}{\partial x_1}\end{cases} \tag{5.2.7}$$

由式(5.2.2)、式(5.2.6)和式(5.2.7)可知，三维均匀板的应变场取决于参考面上的广义应变场，即

$$\bar{\boldsymbol{\varepsilon}}=\boldsymbol{T}\boldsymbol{e} \tag{5.2.8}$$

$$\boldsymbol{T}=\begin{bmatrix}\boldsymbol{T}^{[1]} & \boldsymbol{T}^{[2]} & \boldsymbol{T}^{[3]} & \boldsymbol{T}^{[4]} & \boldsymbol{T}^{[5]} & \boldsymbol{T}^{[6]} & \boldsymbol{T}^{[7]} & \boldsymbol{T}^{[8]}\end{bmatrix}=\begin{bmatrix}1 & 0 & 0 & x_3 & 0 & 0 & 0 & 0\\ 0 & 1 & 0 & 0 & x_3 & 0 & 0 & 0\\ 0 & 0 & 0 & 0 & 0 & 0 & 0 & 0\\ 0 & 0 & 0 & 0 & 0 & 0 & 0 & 1\\ 0 & 0 & 0 & 0 & 0 & 0 & 1 & 0\\ 0 & 0 & 1 & 0 & 0 & x_3 & 0 & 0\end{bmatrix} \tag{5.2.9}$$

式中：$\boldsymbol{T}^{[\alpha]}$($\alpha=1,2,\cdots,8$)表示矩阵 $\boldsymbol{T}$ 的第 α 列。从物理意义角度看，二维均匀板刚度的含义是广义单位应变场所对应的广义内力。由于剪切板包含 8 个广义应变，因此周期板等效刚度矩阵的维数是 8×8。为了预测周期板的所有等效刚度，本节利用如下 8 种广义单位应变场：

$$\boldsymbol{e}^{[1]}=\begin{bmatrix}1\\0\\0\\0\\0\\0\\0\\0\end{bmatrix},\quad \boldsymbol{e}^{[2]}=\begin{bmatrix}0\\1\\0\\0\\0\\0\\0\\0\end{bmatrix},\quad \boldsymbol{e}^{[3]}=\begin{bmatrix}0\\0\\1\\0\\0\\0\\0\\0\end{bmatrix},\quad \boldsymbol{e}^{[4]}=\begin{bmatrix}0\\0\\0\\1\\0\\0\\0\\0\end{bmatrix},$$

$$\boldsymbol{e}^{[5]}=\begin{bmatrix}0\\0\\0\\0\\1\\0\\0\\0\end{bmatrix},\quad \boldsymbol{e}^{[6]}=\begin{bmatrix}0\\0\\0\\0\\0\\1\\0\\0\end{bmatrix},\quad \boldsymbol{e}^{[7]}=\begin{bmatrix}0\\0\\0\\0\\0\\0\\1\\0\end{bmatrix},\quad \boldsymbol{e}^{[8]}=\begin{bmatrix}0\\0\\0\\0\\0\\0\\0\\1\end{bmatrix} \tag{5.2.10}$$

由式(5.2.8)可知，与广义应变场对应的宏观应变场为

$$\bar{\boldsymbol{\varepsilon}}^{[\alpha]}=\boldsymbol{T}\boldsymbol{e}^{[\alpha]}-\boldsymbol{T}^{[\alpha]} \tag{5.2.11}$$

值得指出的是，求解周期板等效刚度矩阵需要的 8 种广义应变场的选择并不是唯一的。为了便于求解周期板的单胞问题，式(5.2.10)给出的是相互独立的 8 种广义单位应变场。这些单位应变状态也可以保证摄动位移满足周期边界条件。

5.2.2 单胞问题控制微分方程和边界条件

本小节将根据周期板结构在宏观与细观尺度的变形相似性原则，研究在宏观应变场 $\bar{\boldsymbol{\varepsilon}}^{[\alpha]}$ 下的细观变形，这时 $\bar{\boldsymbol{\varepsilon}}^{[\alpha]}$ 相当于初应变。

考虑如图 5.3 所示的周期板结构。从周期板中提取出一个周期单胞，分析其在宏观应变场 $\bar{\boldsymbol{\varepsilon}}^{[\alpha]}$ 作用下的细观变形。由于等效刚度与外载荷无关，因此单胞的平衡方程(自平衡方程)、物理方程和几何方程分别为

$$\frac{\partial \sigma_{ij}^{\varepsilon}}{\partial x_j}=0,\quad \boldsymbol{x}\in D \tag{5.2.12}$$

$$\sigma_{ij}^{\varepsilon}=E_{ijmn}^{\varepsilon}\varepsilon_{mn}^{\varepsilon},\quad \boldsymbol{x}\in D \tag{5.2.13}$$

$$\varepsilon_{mn}^{\varepsilon}=\frac{1}{2}\left(\frac{\partial u_m^{\varepsilon}}{\partial x_n}+\frac{\partial u_n^{\varepsilon}}{\partial x_m}\right),\quad \boldsymbol{x}\in D \tag{5.2.14}$$

$$\sigma_{ij}^{\varepsilon}n_j=0,\quad \boldsymbol{x}\in S_{\mathrm{np}} \tag{5.2.15}$$

式中：u_m^{ε}、$\varepsilon_{mn}^{\varepsilon}$ 和 $\sigma_{ij}^{\varepsilon}$ 分别表示单胞上的真实或细观位移、应变和应力；E_{ijmn}^{ε} 为四阶弹性张量；n_j 为非周期面上单位法向余弦；D 为单胞域；S_{np} 为非周期边界或者单胞内自由边界；重复指标均满足求和约定。注意，与第 4 章的目的相同，本章也是通过单胞问题分析来预测等效刚度，这里宏观问题和单胞问题采用的也都是坐标 $\boldsymbol{x}$，但它们的定义域不同。

对于周期板问题，其细观变量可以表示为宏观项和摄动项的叠加，即

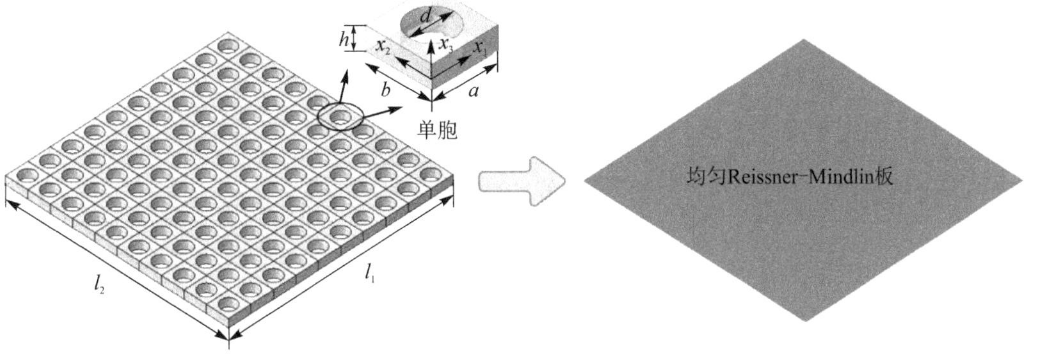

图 5.3　周期圆孔板及其单胞

$$\begin{cases} u_m^{\varepsilon} = \bar{u}_m + \tilde{u}_m \\ \varepsilon_{mn}^{\varepsilon} = \bar{\varepsilon}_{mn} + \tilde{\varepsilon}_{mn} \\ \sigma_{mn}^{\varepsilon} = \bar{\sigma}_{mn} + \tilde{\sigma}_{mn} \end{cases} \tag{5.2.16}$$

式中：$\bar{u}_m$、$\bar{\varepsilon}_{mn}$ 和 $\bar{\sigma}_{mn}$ 分别为板的宏观位移、应变以及应力；$\tilde{u}_m$、$\tilde{\varepsilon}_{mn}$ 和 $\tilde{\sigma}_{mn}$ 分别为摄动位移、应变和应力。宏观物理方程为

$$\bar{\sigma}_{ij} = E_{ijmn}^{\varepsilon} \bar{\varepsilon}_{mn} \tag{5.2.17}$$

摄动物理方程和几何方程分别为

$$\tilde{\sigma}_{ij} = E_{ijmn}^{\varepsilon} \tilde{\varepsilon}_{mn} \tag{5.2.18}$$

$$\tilde{\varepsilon}_{mn} = \frac{1}{2}\left(\frac{\partial \tilde{u}_m}{\partial x_n} + \frac{\partial \tilde{u}_n}{\partial x_m}\right) \tag{5.2.19}$$

将式(5.2.16)～式(5.2.19)代入式(5.2.12)可以把单胞平衡微分方程(5.2.12)变为

$$\frac{\partial}{\partial x_j}\left(E_{ijmn}^{\varepsilon} \frac{\partial \tilde{u}_m}{\partial x_n}\right) = -\frac{\partial}{\partial x_j}(E_{ijmn}^{\varepsilon} \bar{\varepsilon}_{mn}) \tag{5.2.20}$$

由式(5.2.20)可以看出，单胞的摄动位移 $\tilde{u}_m$ 取决于施加的宏观应变场 $\bar{\varepsilon}_{mn}$ 或应力场 $E_{ijmn}^{\varepsilon} \bar{\varepsilon}_{mn}$ 以及单胞约束条件。对于这里考虑的周期板均匀化问题，宏观应变场(可以理解为初应变)$\bar{\varepsilon}_{mn}$ 为三维均匀板的宏观应变场，如式(5.2.11)所示，或广义单位应变场 $\boldsymbol{e}$，如式(5.2.10)所示。

根据板微结构的周期性分布以及相邻单胞界面处位移和法向应力的连续性条件，单胞问题方程(5.2.20)应满足的周期条件为

$$\begin{cases} \tilde{u}_i \big|_{S_{\mathrm{p1-}}} = \tilde{u}_i \big|_{S_{\mathrm{p1+}}} \\ \tilde{u}_i \big|_{S_{\mathrm{p2-}}} = \tilde{u}_i \big|_{S_{\mathrm{p2+}}} \end{cases} \tag{5.2.21}$$

$$\begin{cases} \tilde{\sigma}_{11} \big|_{S_{\mathrm{p1-}}} = -\tilde{\sigma}_{11} \big|_{S_{\mathrm{p1+}}} \\ \tilde{\sigma}_{22} \big|_{S_{\mathrm{p2-}}} = -\tilde{\sigma}_{22} \big|_{S_{\mathrm{p2+}}} \end{cases} \tag{5.2.22}$$

式中：$S_{\mathrm{p}i\pm}$ 为周期板的两对周期面，如图 5.4 所示。周期条件仅约束了单胞的刚体转动。为了约束单胞的刚体平移，引入如下全局约束条件或归一化条件：

$$\frac{1}{|D|}\int_D \tilde{u}_i \mathrm{d}D = 0, \quad i = 1,2,3 \tag{5.2.23}$$

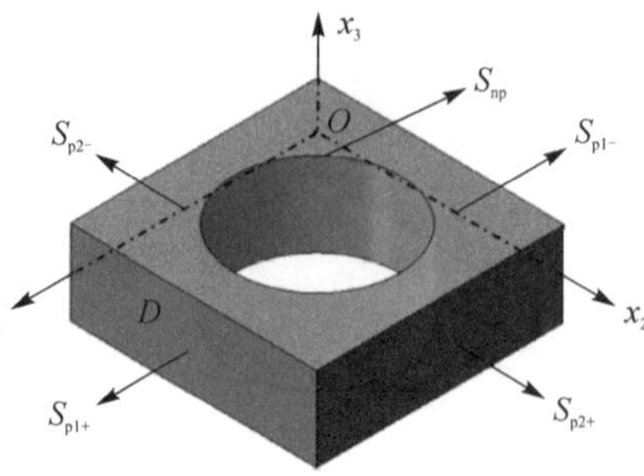

图 5.4　周期板单胞边界示意图

值得指出的是，式(5.2.23)表明摄动变形在单胞体积上的平均值为零，这也意味着周期板的细观变形与宏观变形在单胞上具有相似性，式(5.2.20)中用宏观应变场求摄动位移场也是保证宏细观变形相似的一种做法。

与第 4 章介绍的周期梁均匀化方法类似，在单位横向剪切应变状态 $\boldsymbol{e}^{[7]}$ 或者 $\boldsymbol{e}^{[8]}$ 作用下，单胞的摄动变形如图 5.5 所示，此时单胞的细观变形对应零能模式，这是因为单胞面内周期条件无法约束单胞面内变形。为了消除零能模式，引入如下两个全局约束条件：

$$\begin{cases} \dfrac{1}{|D|}\displaystyle\int_D x_3 \tilde{u}_1 \mathrm{d}D = 0 \\ \dfrac{1}{|D|}\displaystyle\int_D x_3 \tilde{u}_2 \mathrm{d}D = 0 \end{cases} \tag{5.2.24}$$

因此，根据单胞约束条件式(5.2.21)～式(5.2.24)，可求得单胞问题方程(5.2.20)中的摄动位移 $\tilde{u}_m$，然后结合式(5.2.16)可求得与宏观应变场 $\bar{\varepsilon}_{mn}$ 对应的细观应变 $\varepsilon^{\varepsilon}_{mn}$ 和细观应力 $\sigma^{\varepsilon}_{mn}$。下一小节中将给出等效刚度的具体求解方法。

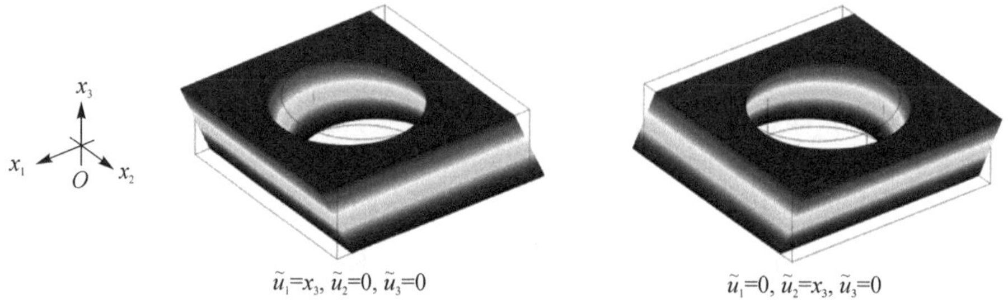

(a) $\boldsymbol{e}^{[7]}$　　(b) $\boldsymbol{e}^{[8]}$

图 5.5　对应零能模式的摄动位移状态

5.2.3　内虚功等效和等效刚度

本小节根据单胞宏观内虚功和细观内虚功的等效原理，推导出周期板等效刚度的表达式。

剪切板的广义本构关系(广义内力和广义应变的关系)为

$$\bar{\boldsymbol{F}} = \boldsymbol{D}\boldsymbol{e} \tag{5.2.25}$$

$$\bar{\boldsymbol{F}}^{\mathrm{T}} = [N_{11} \quad N_{22} \quad N_{12} \quad M_{11} \quad M_{22} \quad M_{12} \quad Q_{13} \quad Q_{23}] \tag{5.2.26}$$

$$\boldsymbol{D} = \begin{bmatrix} D_{11} & D_{12} & D_{13} & D_{14} & D_{15} & D_{16} & D_{17} & D_{18} \\ D_{21} & D_{22} & D_{23} & D_{24} & D_{25} & D_{26} & D_{27} & D_{28} \\ D_{31} & D_{32} & D_{33} & D_{34} & D_{35} & D_{36} & D_{37} & D_{38} \\ D_{41} & D_{42} & D_{43} & D_{44} & D_{45} & D_{46} & D_{47} & D_{48} \\ D_{51} & D_{52} & D_{53} & D_{54} & D_{55} & D_{56} & D_{57} & D_{58} \\ D_{61} & D_{62} & D_{63} & D_{64} & D_{65} & D_{66} & D_{67} & D_{68} \\ D_{71} & D_{72} & D_{73} & D_{74} & D_{75} & D_{76} & D_{77} & D_{78} \\ D_{81} & D_{82} & D_{83} & D_{84} & D_{85} & D_{86} & D_{87} & D_{88} \end{bmatrix} \tag{5.2.27}$$

式中：$\bar{\boldsymbol{F}}$ 为板的广义内力列向量，$\boldsymbol{D}$ 为待求的等效刚度矩阵，$\boldsymbol{e}$ 为板的广义应变列向量，N_{11}、N_{22} 为面内轴力，N_{12} 为面内剪力，M_{11}、M_{22} 和 M_{12} 为弯矩与扭矩，Q_{13} 和 Q_{23} 为面外剪力，如图 5.2 所示。

等效刚度 $\boldsymbol{D}$ 的物理意义为广义单位应变 $\boldsymbol{e}$ 对应的广义内力 $\bar{\boldsymbol{F}}$。为了便于比较，这里先给出均匀剪切板的刚度矩阵 $\boldsymbol{D}$，参见第 5.4 节和第 5.5 节。均匀薄板和剪切板采用的都是平面应力问题的物理方程，其中弹性矩阵为

$$\boldsymbol{E} = \frac{E}{1-\nu^2}\begin{bmatrix} 1 & \nu & \\ \nu & 1 & \\ & & (1-\nu)/2 \end{bmatrix} \tag{5.2.28}$$

于是板的面内刚度矩阵为

$$\boldsymbol{D}_{\text{面内}} = \boldsymbol{E}h = \frac{Eh}{1-\nu^2}\begin{bmatrix} 1 & \nu & \\ \nu & 1 & \\ & & (1-\nu)/2 \end{bmatrix} = \begin{bmatrix} D_{11} & D_{12} & \\ D_{21} & D_{22} & \\ & & D_{33} \end{bmatrix} \tag{5.2.29}$$

式中：E 和 ν 分别为弹性模量和泊松比，h 为板的厚度。板的弯曲刚度矩阵为

$$\boldsymbol{D}_{\text{弯曲}} = \frac{h^3}{12}\boldsymbol{E} = \frac{Eh^3}{12(1-\nu^2)}\begin{bmatrix} 1 & \nu & \\ \nu & 1 & \\ & & (1-\nu)/2 \end{bmatrix} = \begin{bmatrix} D_{44} & D_{45} & \\ D_{54} & D_{55} & \\ & & D_{66} \end{bmatrix} \tag{5.2.30}$$

剪切刚度为

$$D_{77} = D_{88} = kGh = \frac{kEh}{2(1+\nu)} \tag{5.2.31}$$

其中剪切修正系数通常为 $k=5/6$ 或 $\pi^2/12$。

下面给出利用式(5.2.10)中的 8 组广义单位应变场 $\boldsymbol{e}^{[\alpha]}$ 确定周期板等效刚度矩阵 $\boldsymbol{D}$ 的具体过程。在宏观尺度上，若板单胞处于宏观应变状态 $\boldsymbol{e}^{[\alpha]}$ 下，那么由式(5.2.25)可知，对应的广义内力为

$$\bar{\boldsymbol{F}}^{[\alpha]} = \boldsymbol{D}\boldsymbol{e}^{[\alpha]} = \boldsymbol{D}_{\alpha} \tag{5.2.32}$$

式中：$\bar{\boldsymbol{F}}^{[\alpha]}$ 的上标 $[\alpha]$ 表示与 $\boldsymbol{e}^{[\alpha]}$ 对应，$\boldsymbol{D}_{\alpha}$ 表示与 $\boldsymbol{e}^{[\alpha]}$ 对应的矩阵 $\boldsymbol{D}$ 的第 α 列。

在细观尺度上，对于在已知宏观应变状态 $\bar{\boldsymbol{\varepsilon}}^{[\alpha]}$ 作用下的单胞问题式(5.2.20)，可利用周期单胞条件式(5.2.21)～式(5.2.24)唯一确定其摄动位移，参见5.2.2小节。

根据宏观内虚功 $\int_A (\bar{\boldsymbol{F}}^{[\alpha]})^{\mathrm{T}} \delta \boldsymbol{e} \mathrm{d}A$ 与细观内虚功 $\int_D (\boldsymbol{\sigma}^{\varepsilon[\alpha]})^{\mathrm{T}} \delta \boldsymbol{\varepsilon}^{\varepsilon} \mathrm{d}D$ 的等效原理，有

$$\int_A (\bar{\boldsymbol{F}}^{[\alpha]})^{\mathrm{T}} \delta \boldsymbol{e} \mathrm{d}A = \int_D (\boldsymbol{\sigma}^{\varepsilon[\alpha]})^{\mathrm{T}} \delta \boldsymbol{\varepsilon}^{\varepsilon} \mathrm{d}D \tag{5.2.33}$$

式中：A 为单胞在参考面上的面积。

为了便于推导，把虚应变取为

$$\begin{cases} \delta \boldsymbol{e} = \boldsymbol{e}^{[\beta]} \\ \delta \boldsymbol{\varepsilon}^{\varepsilon} = \boldsymbol{\varepsilon}^{\varepsilon[\beta]} \end{cases} \tag{5.2.34}$$

将式(5.2.31)和式(5.2.16)代入式(5.2.33)可得

$$\int_A (\bar{\boldsymbol{F}}^{[\alpha]})^{\mathrm{T}} \boldsymbol{e}^{[\beta]} \mathrm{d}A = \int_D (\boldsymbol{\sigma}^{\varepsilon[\alpha]})^{\mathrm{T}} (\bar{\boldsymbol{\varepsilon}}^{[\beta]} + \tilde{\boldsymbol{\varepsilon}}^{[\beta]}) \mathrm{d}D \tag{5.2.35}$$

考虑式(5.2.25)，式(5.2.35)的左端项变为

$$\int_A (\bar{\boldsymbol{F}}^{[\alpha]})^{\mathrm{T}} \boldsymbol{e}^{[\beta]} \mathrm{d}A = \int_A (\boldsymbol{D}\boldsymbol{e}^{[\alpha]})^{\mathrm{T}} \boldsymbol{e}^{[\beta]} \mathrm{d}A = D_{\beta\alpha} \,|A| \tag{5.2.36}$$

把式(5.2.36)代入式(5.2.35)左端可得等效刚度为

$$D_{\beta\alpha} = \frac{1}{|A|} \int_D (\boldsymbol{\sigma}^{\varepsilon[\alpha]})^{\mathrm{T}} (\bar{\boldsymbol{\varepsilon}}^{[\beta]} + \tilde{\boldsymbol{\varepsilon}}^{[\beta]}) \mathrm{d}D \tag{5.2.37}$$

下面证明式(5.2.37)中细观应力 $\boldsymbol{\sigma}^{\varepsilon[\alpha]}$ 在摄动应变 $\tilde{\boldsymbol{\varepsilon}}^{[\beta]}$ 上所做的功为零，即

$$\int_D (\boldsymbol{\sigma}^{\varepsilon[\alpha]})^{\mathrm{T}} \tilde{\boldsymbol{\varepsilon}}^{[\beta]} \mathrm{d}D = 0 \tag{5.2.38}$$

证明：

式(5.2.38)中左端项可以变为

$$\int_D (\boldsymbol{\sigma}^{\varepsilon[\alpha]})^{\mathrm{T}} \tilde{\boldsymbol{\varepsilon}}^{[\beta]} \mathrm{d}D = \int_D \sigma_{ij}^{\varepsilon[\alpha]} \frac{\partial \tilde{u}_i^{[\beta]}}{\partial x_j} \mathrm{d}D = \int_{\partial D} \sigma_{ij}^{\varepsilon[\alpha]} \tilde{u}_i^{[\beta]} n_j \mathrm{d}S - \int_D \frac{\partial \sigma_{ij}^{\varepsilon[\alpha]}}{\partial x_j} \tilde{u}_i^{[\beta]} \mathrm{d}D \tag{5.2.39}$$

式中：$\partial D = S_{\mathrm{np}} \cup S_{\mathrm{pi}\pm}$ 表示单胞自由面边界及周期面边界，如图5.4所示。

根据单胞自由面上零牵引力条件以及周期面上的应力连续性条件可得

$$\int_{\partial D} \sigma_{ij}^{\varepsilon[\alpha]} \tilde{u}_i^{[\beta]} n_j \mathrm{d}S = 0 \tag{5.2.40}$$

由于单胞上没有分布外力，根据单胞自平衡方程(5.2.12)可得

$$\int_D \frac{\partial \sigma_{ij}^{\varepsilon[\alpha]}}{\partial x_j} \tilde{u}_i^{[\beta]} \mathrm{d}D = 0 \tag{5.2.41}$$

结合式(5.2.40)与式(5.2.41)可知式(5.2.38)成立。将式(5.2.38)代入式(5.2.37)可得等效刚度 $\mathrm{D}_{\beta\alpha}$ 为

$$D_{\beta\alpha} = \frac{1}{|A|} \int_D (\boldsymbol{\sigma}^{\varepsilon[\alpha]})^{\mathrm{T}} \bar{\boldsymbol{\varepsilon}}^{[\beta]} \mathrm{d}D \tag{5.2.42}$$

根据式(5.2.11)，周期板的第 α 列等效刚度 $\boldsymbol{D}_{\alpha}$ 可表示为如下的矩阵形式：

$$\boldsymbol{D}_\alpha=\begin{bmatrix}D_{1\alpha}\\D_{2\alpha}\\D_{3\alpha}\\D_{4\alpha}\\D_{5\alpha}\\D_{6\alpha}\\D_{7\alpha}\\D_{8\alpha}\end{bmatrix}=\frac{1}{|A|}\begin{bmatrix}\int_D\sigma_{11}^{\varepsilon[\alpha]}\mathrm{d}D\\\int_D\sigma_{22}^{\varepsilon[\alpha]}\mathrm{d}D\\\int_D\sigma_{12}^{\varepsilon[\alpha]}\mathrm{d}D\\\int_D x_3\sigma_{11}^{\varepsilon[\alpha]}\mathrm{d}D\\\int_D x_3\sigma_{22}^{\varepsilon[\alpha]}\mathrm{d}D\\\int_D x_3\sigma_{12}^{\varepsilon[\alpha]}\mathrm{d}D\\\int_D\sigma_{13}^{\varepsilon[\alpha]}\mathrm{d}D\\\int_D\sigma_{23}^{\varepsilon[\alpha]}\mathrm{d}D\end{bmatrix}=\frac{1}{|A|}\int_D\boldsymbol{T}^{\mathrm{T}}\boldsymbol{E}(\bar{\boldsymbol{\varepsilon}}^{[\alpha]}+\tilde{\boldsymbol{\varepsilon}}^{[\alpha]})\mathrm{d}D \tag{5.2.43}$$

式中：$\boldsymbol{E}$ 为弹性常数矩阵，$\boldsymbol{T}$ 为式(5.2.9)中的转换矩阵。

值得注意的是，本方法所预测的周期板等效刚度的大小与参考面的选取有关。若参考面沿向量$(0,0,x_{30})$偏移，则转换后的等效刚度矩阵为

$$\bar{\boldsymbol{D}}=\boldsymbol{H}^{\mathrm{T}}\boldsymbol{D}\boldsymbol{H} \tag{5.2.44}$$

式中：$\boldsymbol{H}$ 为转换矩阵，其形式为

$$\boldsymbol{H}=\begin{bmatrix}1&0&0&-x_{30}&0&0&0&0\\0&1&0&0&-x_{30}&0&0&0\\0&0&1&0&0&-x_{30}&0&0\\0&0&0&1&0&0&0&0\\0&0&0&0&1&0&0&0\\0&0&0&0&0&1&0&0\\0&0&0&0&0&0&1&0\\0&0&0&0&0&0&0&1\end{bmatrix} \tag{5.2.45}$$

对于周期板的等效刚度预测问题，单胞的选取方式并不唯一，如图 5.6 所示，但单胞的选取方式不影响单胞问题的求解以及等效刚度的大小。

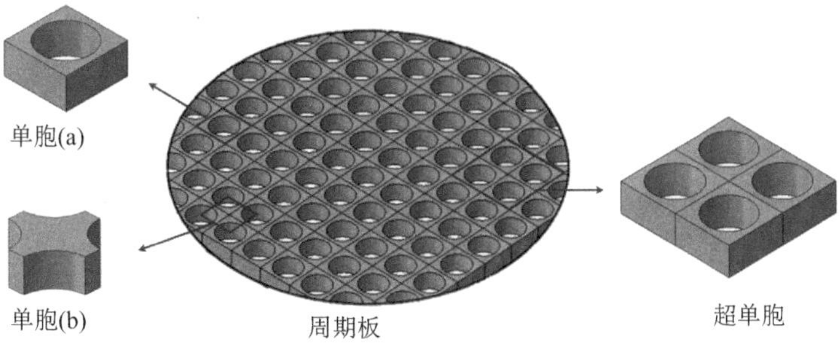

图 5.6　周期板的单胞类型

5.2.4 计算步骤和有限元列式

周期板等效刚度的计算精度很大程度上取决于单胞边值问题式(5.2.20)的求解。为了便于编程计算,本小节利用虚功原理给出单胞问题的有限元列式,其中单胞约束条件是通过拉格朗日乘子法和主从结点约束法引入的。具体过程包括三个步骤。

第1步:单胞自平衡方程有限元列式的建立

根据虚功原理以及拉格朗日乘子法,考虑全局约束条件式(5.2.23)和式(5.2.24)的自平衡方程(5.2.20)的变分形式为

$$\int_D (\bar{\varepsilon}_{ij}^{[\alpha]} + \tilde{\varepsilon}_{ij}^{[\alpha]}) E_{ijmn}^{\varepsilon} \delta(\bar{\varepsilon}_{mn} + \tilde{\varepsilon}_{mn}) \mathrm{d}D + \lambda_i^{[\alpha]} \int_D \delta\tilde{u}_i \mathrm{d}D + \delta\lambda_i \int_D \tilde{u}_i^{[\alpha]} \mathrm{d}D +$$
$$\lambda_4^{[\alpha]} \int_D x_3 \delta\tilde{u}_1 \mathrm{d}D + \delta\lambda_4 \int_D x_3 \tilde{u}_1^{[\alpha]} \mathrm{d}D + \lambda_5^{[\alpha]} \int_D x_3 \delta\tilde{u}_2 \mathrm{d}D + \delta\lambda_5 \int_D x_3 \tilde{u}_2^{[\alpha]} \mathrm{d}D = 0 \quad (5.2.46)$$

式中:$\lambda_i^{[\alpha]}$为拉格朗日乘子。

考虑弹性张量 E_{ijmn}^{ε} 的对称性,式(5.2.46)可离散化为如下矩阵形式:

$$\delta\tilde{\boldsymbol{u}}^{\mathrm{T}}(\boldsymbol{K}\tilde{\boldsymbol{u}}^{[\alpha]} - \boldsymbol{F}^{[\alpha]} + \boldsymbol{C}^{\mathrm{T}}\boldsymbol{\lambda}^{[\alpha]}) + \delta\boldsymbol{\lambda}^{\mathrm{T}}\boldsymbol{C}\tilde{\boldsymbol{u}}^{[\alpha]} = 0 \quad (5.2.47)$$

式中

$$\boldsymbol{K} = \sum_{e=1} \int_{D^e} \boldsymbol{B}^{\mathrm{T}} \boldsymbol{E} \boldsymbol{B} \mathrm{d}D^e \quad (5.2.48)$$

$$\boldsymbol{F}^{[\alpha]} = -\sum_{e=1} \int_{D^e} \boldsymbol{B}^{\mathrm{T}} \boldsymbol{E} \bar{\boldsymbol{\varepsilon}}^{[\alpha]} \mathrm{d}D^e \quad (5.2.49)$$

$$(\boldsymbol{\lambda}^{[\alpha]})^{\mathrm{T}} = [\lambda_1^{[\alpha]} \quad \lambda_2^{[\alpha]} \quad \lambda_3^{[\alpha]} \quad \lambda_4^{[\alpha]} \quad \lambda_5^{[\alpha]}] \quad (5.2.50)$$

$$\boldsymbol{C} = \sum_{e=1} \int_{D^e} [\boldsymbol{N}_1; \boldsymbol{N}_2; \boldsymbol{N}_3; x_3\boldsymbol{N}_1; x_3\boldsymbol{N}_2] \mathrm{d}D^e \quad (5.2.51)$$

$$\boldsymbol{N}_1 = [1 \quad 0 \quad 0]\boldsymbol{N}, \quad \boldsymbol{N}_2 = [0 \quad 1 \quad 0]\boldsymbol{N}, \quad \boldsymbol{N}_3 = [0 \quad 0 \quad 1]\boldsymbol{N} \quad (5.2.52)$$

式中:$\boldsymbol{K}$ 为单胞的全局刚度矩阵,$\boldsymbol{B}$ 为单元 D^e 的几何矩阵,$\boldsymbol{N}$ 为单元的形函数矩阵,$\boldsymbol{F}^{[\alpha]}$ 为由初始宏观应变 $\bar{\boldsymbol{\varepsilon}}^{[\alpha]}$ 引起的载荷列向量。

由于式(5.2.47)对于任意虚位移均成立,因此有

$$\begin{bmatrix} \boldsymbol{K} & \boldsymbol{C}^{\mathrm{T}} \\ \boldsymbol{C} & \boldsymbol{0} \end{bmatrix} \begin{bmatrix} \tilde{\boldsymbol{u}}^{[\alpha]} \\ \boldsymbol{\lambda}^{[\alpha]} \end{bmatrix} = \begin{bmatrix} \boldsymbol{F}^{[\alpha]} \\ \boldsymbol{0} \end{bmatrix} \quad (5.2.53)$$

第2步:引入周期边界条件

这里利用主从自由度消除法来处理单胞的周期边界条件式(5.2.21)。设置板单胞的主面与从面,根据主从结点之间的关系来施加多自由度约束,因此摄动位移 $\tilde{\boldsymbol{u}}^{[\alpha]}$ 缩减为 $\hat{\boldsymbol{u}}^{[\alpha]}$,二者满足如下关系:

$$\tilde{\boldsymbol{u}}^{[\alpha]} = \tilde{\boldsymbol{T}}\hat{\boldsymbol{u}}^{[\alpha]} \quad (5.2.54)$$

式中:$\tilde{\boldsymbol{T}}$ 为主从结点的转换矩阵,其形式可参见2.3.2小节中式(2.3.41)。将式(5.2.54)代入式(5.2.47)可得

$$\begin{bmatrix} \tilde{\boldsymbol{T}}^{\mathrm{T}}\boldsymbol{K}\tilde{\boldsymbol{T}} & \tilde{\boldsymbol{T}}^{\mathrm{T}}\boldsymbol{C}^{\mathrm{T}} \\ \boldsymbol{C}\tilde{\boldsymbol{T}} & \boldsymbol{0} \end{bmatrix} \begin{bmatrix} \hat{\boldsymbol{u}}^{[\alpha]} \\ \boldsymbol{\lambda}^{[\alpha]} \end{bmatrix} = \begin{bmatrix} \tilde{\boldsymbol{T}}^{\mathrm{T}}\boldsymbol{F}^{[\alpha]} \\ \boldsymbol{0} \end{bmatrix} \quad (5.2.55)$$

求解方程(5.2.55)可得到 $\hat{\boldsymbol{u}}^{[\alpha]}$,将其代入式(5.2.54)可得与宏观应变 $\bar{\boldsymbol{\varepsilon}}^{[\alpha]}$ 对应的细观位

移 $\tilde{\boldsymbol{u}}^{[\alpha]}$。

第 3 步：计算等效刚度 $\boldsymbol{D}_\alpha$

利用第 2 步中得到的 $\tilde{\boldsymbol{u}}^{[\alpha]}$，根据等效刚度表达式(5.2.43)可得

$$\boldsymbol{D}_\alpha = \frac{1}{|A|}\int_D \boldsymbol{T}^{\mathrm{T}}\boldsymbol{E}(\bar{\boldsymbol{\varepsilon}}^{[\alpha]} + \boldsymbol{B}\tilde{\boldsymbol{u}}^{[\alpha]})\mathrm{d}D \tag{5.2.56}$$

式中：$\boldsymbol{B}\tilde{\boldsymbol{u}}^{[\alpha]} = \tilde{\boldsymbol{\varepsilon}}^{[\alpha]}$。

从上述 3 个步骤可以看出，周期板等效刚度的求解工作主要是根据给定的初始宏观应变 $\bar{\boldsymbol{\varepsilon}}^{[\alpha]}$ 来求解摄动应变场。值得指出的是，可直接利用商用有限元软件 COMSOL Multiphysics 实现本方法以获得周期板等效刚度，其中单胞问题的全局约束条件式(5.2.23)和式(5.2.24)可利用 COMSOL Multiphysics 的物理场模块设定特定的全局方程和相应的弱贡献来实现。

5.2.5　数值比较和分析

本节计算具有不同周期微结构的周期板的等效刚度，以三维细网格有限元方法的结果作为参考解，以此验证本方法的有效性和准确性。在算例中，为了便于计算，单胞坐标原点均设置在单胞的几何中心。单胞边值问题的求解均采用有限元软件 COMSOL Multiphysics，使用单元类型为 20 结点的三维二次六面体单元(记为 C3D20)；周期板的动力学问题的求解采用的是有限元软件 ABAQUS，使用带有减缩积分的 20 结点的三维二次六面体单元(记为 C3D20R)；二维均匀板问题的求解采用的是有限元软件 COMSOL Multiphysics，使用的单元类型是 8 结点双弯曲厚壳单元(记为 S8)。

算例 1：各向同性均匀矩形板

考虑由各向同性材料组成的矩形板，其弹性模量 $E=1$ GPa，泊松比 $\nu=0.3$。板单胞如图 5.7 所示，其中 $a=b=h=1$ m。COMSOL 的单胞模型包括 20×20×20 个 C3D20 单元。

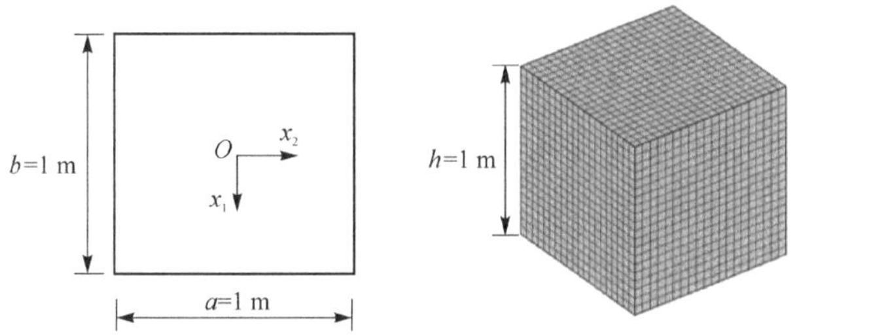

图 5.7　各向同性矩形板单胞及其有限元模型

表 5.1 给出了分别采用本方法和理论解求得的刚度，其中理论解中矩形板的剪切修正系数为 5/6[19]，与矩形截面梁的剪切修正系数相同。由表 5.1 可以看到，本方法得到的等效刚度与理论解一致，理论解的具体形式可参见 5.2.3 小节的内容。

表 5.1　各向同性矩形板刚度

方法	$10^{-9}\cdot D_{11}$ 或 $D_{22}/(\mathrm{N\cdot m^{-1}})$	$10^{-8}\cdot D_{33}/(\mathrm{N\cdot m^{-1}})$	$10^{-8}\cdot D_{12}/(\mathrm{N\cdot m^{-1}})$	$10^{-7}\cdot D_{44}$ 和 $D_{55}/(\mathrm{N\cdot m^{-1}})$	$10^{-7}\cdot D_{66}/(\mathrm{N\cdot m^{-1}})$	$10^{-7}\cdot D_{45}/(\mathrm{N\cdot m^{-1}})$	$10^{-8}\cdot D_{77}$ 或 $D_{88}/(\mathrm{N\cdot m^{-1}})$
本方法	1.098 9	3.846 2	3.296 7	9.157 5	3.205 1	2.747 3	3.205 1
理论解	1.098 9	3.846 2	3.296 7	9.157 5	3.205 1	2.747 3	3.205 1

算例 2：周期圆孔板

考虑如图 5.3 所示的四边固支周期圆孔板，板大小为 $l_1 \times l_2 \times h = 20\ \mathrm{cm} \times 20\ \mathrm{cm} \times 1\ \mathrm{cm}$，孔直径为 $d = 1.6\ \mathrm{cm}$，单胞大小为 $a \times b \times h = 2\ \mathrm{cm} \times 2\ \mathrm{cm} \times 1\ \mathrm{cm}$。单胞模型包含 3 432 个 C3D20 单元，如图 5.8 所示。板由各向同性材料组成，弹性模量 $E = 206\ \mathrm{GPa}$，泊松比 $\nu = 0.3$，密度为 $\rho = 7\ 850\ \mathrm{kg/m^3}$。

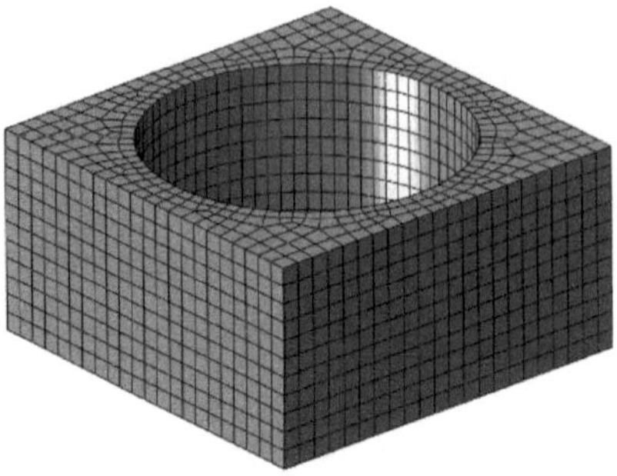

图 5.8　周期圆孔板单胞有限元模型

表 5.2 给出了本方法得到的周期圆孔板的等效刚度。

表 5.2　周期圆孔板等效刚度

$10^{-8} \cdot D_{11}$ 或 D_{22}/(N·m^{-1})	$10^{-7} \cdot D_{33}$/(N·m^{-1})	$10^{-7} \cdot D_{12}$/(N·m^{-1})	$10^{-3} \cdot D_{44}$ 或 D_{55}/(N·m)	$10^{-3} \cdot D_{66}$/(N·m)	$10^{-2} \cdot D_{45}$/(N·m)	$10^{-8} \cdot D_{77}$ 或 D_{88}/(N·m^{-1})
6.334 2	7.145 0	9.462 4	5.312 9	1.166 6	7.557 1	1.710 3

下式是采用 MsAEM 或渐近均匀化方法（AHM）得到的周期板的等效弹性模量。

$$
\boldsymbol{D}^0 = \begin{bmatrix} 7.042\,6 & & & & & \\ 1.332\,3 & 7.042\,6 & & & \text{对称} & \\ 2.512\,5 & 2.512\,5 & 11.75\,3 & & & \\ 0 & 0 & 0 & 2.552\,0 & & \\ 0 & 0 & 0 & 0 & 2.552\,0 & \\ 0 & 0 & 0 & 0 & 0 & 0.764\,4 \end{bmatrix} \times 10\ \mathrm{GPa} \tag{5.2.57}
$$

在计算 $\boldsymbol{D}^0$ 时，单胞的三个方向都采用了相同的周期边界条件，孔的内边界自由。

为了比较这里提出的均匀化方法与 AHM 的计算精度，考虑图 5.3 所示的四边固支周期圆孔板的自由振动问题，周期圆孔板的等效惯性系数分别计算如下：

$$
I_0 = \frac{1}{|A|}\int_D \rho^\varepsilon \mathrm{d}D = 39.042\ \mathrm{kg/m^2} \tag{5.2.58}
$$

$$
I_1 = \frac{1}{|A|}\int_D x_3 \rho^\varepsilon \mathrm{d}D = 0\ \mathrm{kg/m} \tag{5.2.59}
$$

$$
I_2 = \frac{1}{|A|}\int_D x_3^2 \rho^\varepsilon \mathrm{d}D = 3.253\,5 \times 10^{-4}\ \mathrm{kg} \tag{5.2.60}
$$

表 5.3 比较了有限元方法、AHM 方法以及本方法得到的固有频率，其中三维细网格有限

元模型采用 58 800 个 C3D20R 单元，并将其结果视为参考解。三维均匀板模型以及二维均匀板模型分别包含 7 500 个 C3D20R 单元和 2 500 个 S8 单元。相对误差定义如下：

$$相对误差=(均匀化解-参考解)/参考解\times 100\% \tag{5.2.61}$$

由表 5.3 可以看出：

① AHM 也具有较好的精度，这是因为其预测的周期圆孔板的等效模量具有足够的精度，其理由是在本算例中周期圆孔板不仅在面内有周期性，在厚度方向上也具有周期性（几何和材料属性沿板厚度方向保持不变）。

② 相比 AHM，本方法预测的固有频率与有限元的结果吻合得更好。

表 5.3　四边固支周期圆孔板前四阶固有频率

阶　次	固有频率/Hz（相对误差/%）		
	FEM（三维细网格模型）	本方法（二维均匀板模型）	AHM（三维均匀板模型）
1	$1.568\ 7\times10^3$	$1.549\ 0\times10^3(-1.25)$	$1.531\ 6\times10^3(-2.36)$
2	$3.167\ 8\times10^3$	$3.109\ 6\times10^3(-1.84)$	$3.097\ 5\times10^3(-2.22)$
3	$3.167\ 8\times10^3$	$3.109\ 6\times10^3(-1.84)$	$3.097\ 5\times10^3(-2.22)$
4	$4.447\ 7\times10^3$	$4.365\ 3\times10^3(-1.85)$	$4.269\ 8\times10^3(-4.00)$

算例 3：周期桁架夹层板

本算例考虑两个周期桁架夹层板[20]，其中 90°和 45°桁架夹层板的单胞截面形状如图 5.9 所示，几何参数如表 5.4 所列，单胞宽度均为 $b=50$ mm。夹层板由各向同性材料组成，其材料属性与算例 2 相同。

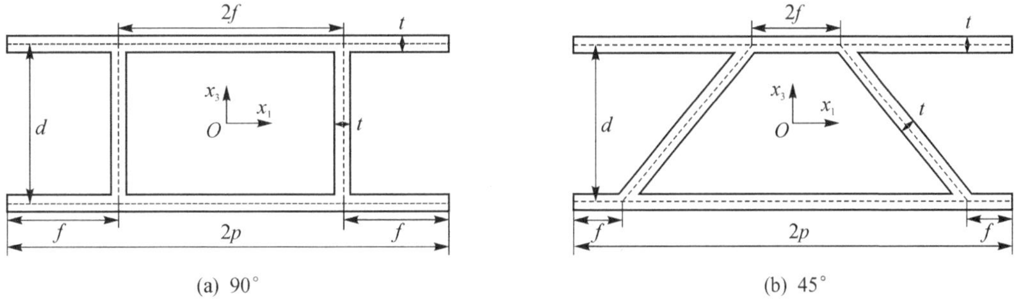

图 5.9　90°和 45°桁架夹层板截面图

表 5.4　90°和 45°桁架夹层板截面几何参数

类　型	p/mm	d/mm	f/mm	t/mm
90°	50	30	25	3
45°	50	30	10	3

为了预测周期桁架夹层板的等效刚度，将 90°桁架夹层板单胞离散为 16 920 个 C3D20 单元，45°桁架夹层板单胞离散为 9 975 个 C3D20 单元和 9 100 个 15 结点的二次三棱柱单元，如图 5.10 所示。表 5.5 给出了采用本方法和 Lok 方法[20]计算得到的等效刚度，其中 Lok 方法是解析方法，并且参考文献[20]只提供了等效弯曲刚度和剪切刚度的计算结果。可以看出，两

种方法的结果存在一定的差别。

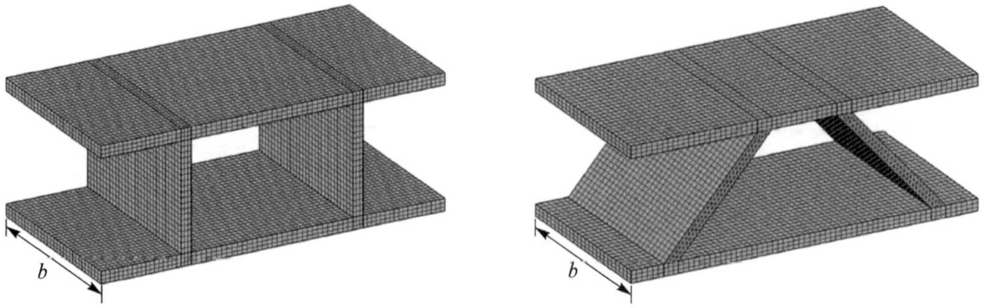

(a) 90°　　(b) 45°

图 5.10　90°和 45°桁架夹层板单胞有限元模型

表 5.5　90°和 45°桁架夹层板等效刚度

等效刚度	90°夹层板		45°夹层板	
	本方法	Lok 方法[20]	本方法	Lok 方法[20]
$D_{11}/(\mathrm{N\cdot m^{-1}})$	$1.364\,2\times10^{9}$	—	$1.371\,1\times10^{9}$	—
$D_{22}/(\mathrm{N\cdot m^{-1}})$	$1.692\,5\times10^{9}$	—	$1.831\,3\times10^{9}$	—
$D_{33}/(\mathrm{N\cdot m^{-1}})$	$4.800\,9\times10^{8}$	—	$5.423\,7\times10^{8}$	—
$D_{12}/(\mathrm{N\cdot m^{-1}})$	$4.092\,7\times10^{8}$	—	$4.113\,2\times10^{8}$	—
$D_{44}/(\mathrm{N\cdot m})$	$3.077\,0\times10^{5}$	$2.798\,1\times10^{5}$	$3.083\,4\times10^{5}$	$2.805\,8\times10^{5}$
$D_{55}/(\mathrm{N\cdot m})$	$3.269\,9\times10^{5}$	$2.983\,7\times10^{5}$	$3.354\,5\times10^{5}$	$3.084\,1\times10^{5}$
$D_{66}/(\mathrm{N\cdot m})$	$1.081\,6\times10^{5}$	$2.139\,2\times10^{5}$	$1.087\,0\times10^{5}$	$2.139\,2\times10^{5}$
$D_{45}/(\mathrm{N\cdot m})$	$9.230\,9\times10^{4}$	—	$9.250\,1\times10^{4}$	—
$D_{77}/(\mathrm{N\cdot m^{-1}})$	$2.402\,9\times10^{6}$	$2.580\,6\times10^{6}$	$1.233\,6\times10^{7}$	$1.649\,6\times10^{7}$
$D_{88}/(\mathrm{N\cdot m^{-1}})$	$1.229\,2\times10^{8}$	$1.463\,1\times10^{8}$	$8.585\,4\times10^{7}$	$9.463\,9\times10^{7}$

为了验证本方法和 Lok 方法的精度，下面分析由 15×15 个单胞组成的四边固支 90°和 45°桁架夹层板的自由振动问题。

对于 90°桁架夹层板，其三维模型包含 688 500 个 C3D20R 单元，二维均匀剪切板和薄板均包含 2 850 个 S8 单元。等效惯性系数为

$$\begin{cases}\bar{I}_0=\dfrac{1}{2pb}\displaystyle\int_D\rho\,\mathrm{d}D=59.817\,0\ \mathrm{kg/m^2}\\ \bar{I}_1=\dfrac{1}{2pb}\displaystyle\int_D\rho x_3\,\mathrm{d}D=0\ \mathrm{kg/m}\\ \bar{I}_2=\dfrac{1}{2pb}\displaystyle\int_D\rho x_3^2\,\mathrm{d}D=1.140\,5\times10^{-2}\ \mathrm{kg}\end{cases}\tag{5.2.62}$$

对于 45°桁架夹层板，其三维模型包含 520 200 个 C3D20R 单元和 688 500 个 10 结点二次四面体(C3D10)单元，二维均匀剪切板和薄板模型都包含 2 850 个 S8 单元。等效惯性系数为

$$\begin{cases}\bar{I}_0=\dfrac{1}{2pb}\displaystyle\int_D\rho\mathrm{d}D=65.084\ 6\ \mathrm{kg/m^2}\\ \bar{I}_1=\dfrac{1}{2pb}\displaystyle\int_\Delta\rho x_3\mathrm{d}D=0\ \mathrm{kg/m}\\ \bar{I}_2=\dfrac{1}{2pb}\displaystyle\int_D\rho x_3^2\mathrm{d}D=1.172\ 5\times10^{-2}\ \mathrm{kg}\end{cases}\tag{5.2.63}$$

表 5.6 和表 5.7 分别给出了 90°和 45°桁架夹层板的前四阶固有频率。从表 5.6 和表 5.7 中的结果可得出以下结论：

① 等效剪切板的固有频率与三维细网格有限元的结果吻合，这说明对于周期板问题，剪切变形不可忽略。

② 本方法得到的等效剪切板的固有频率比 Lok 方法的结果与有限元结果吻合得更好。

表 5.6　四边固支 90°桁架夹层板前四阶固有频率

阶　次	固有频率/Hz(相对误差/%)			
	FEM	本方法		Lok 方法[20]
		剪切板	薄　板	剪切板
1	$2.687\ 6\times10^3$	$2.687\ 7\times10^3$(0.00)	$3.188\ 3\times10^3$(18.63)	$2.649\ 5\times10^3$(−1.42)
2	$2.822\ 3\times10^3$	$2.822\ 5\times10^3$(0.01)	$4.075\ 9\times10^3$(44.42)	$2.845\ 5\times10^3$(0.82)
3	$3.040\ 2\times10^3$	$3.040\ 6\times10^3$(0.01)	$5.671\ 0\times10^3$(86.53)	$3.151\ 4\times10^3$(3.66)
4	$3.327\ 3\times10^3$	$3.327\ 9\times10^3$(0.02)	$7.957\ 4\times10^3$(139.15)	$3.536\ 8\times10^3$(6.30)

表 5.7　四边固支 45°桁架夹层板前四阶固有频率

阶　次	固有频率/Hz(相对误差/%)			
	FEM	本方法		Lok 方法[20]
		剪切板	薄　板	剪切板
1	$2.561\ 7\times10^3$	$2.582\ 6\times10^3$(0.82)	$3.047\ 0\times10^3$(18.94)	$2.592\ 3\times10^3$(1.19)
2	$2.918\ 6\times10^3$	$2.949\ 2\times10^3$(1.05)	$3.874\ 0\times10^3$(32.73)	$3.096\ 0\times10^3$(6.08)
3	$3.450\ 2\times10^3$	$3.523\ 0\times10^3$(2.11)	$5.359\ 5\times10^3$(55.34)	$3.826\ 7\times10^3$(10.91)
4	$4.060\ 0\times10^3$	$4.240\ 2\times10^3$(4.44)	$7.478\ 0\times10^3$(84.19)	$4.698\ 2\times10^3$(15.72)

下面的算例 4 和算例 5 主要是为了研究周期板厚度方向单胞的尺寸对本方法以及 AHM 计算精度的影响。定义尺度因子 n 为厚度方向上代表体积单元的最小数目，如图 5.11 所示。需要说明的是，随着尺度因子 n 的增大，周期单胞的尺寸相应减小，但材料体积分数不随 n 的增大而变化。

算例 4：周期矩形夹层板

考虑如图 5.11 所示的矩形夹层板，其包含 5 种不同类型的单胞。尺度因子 $n=1$ 的板由 15×15 个单胞组成，单胞的大小为 $a=1$ cm，$b=2$ cm，$h=2$ cm。板的材料属性列举如下：

材料 1：弹性模量 $E_1=70$ GPa，泊松比 $\nu_1=0.34$，密度 $\rho_1=2\ 774\ \mathrm{kg/m^3}$；

材料 2：弹性模量 $E_2=3.5$ GPa，泊松比 $\nu_2=0.34$，密度 $\rho_2=1\ 142\ \mathrm{kg/m^3}$。

针对不同的尺度因子，表 5.8 给出了等效刚度与等效惯性系数。从中可以看出，随着 n 的

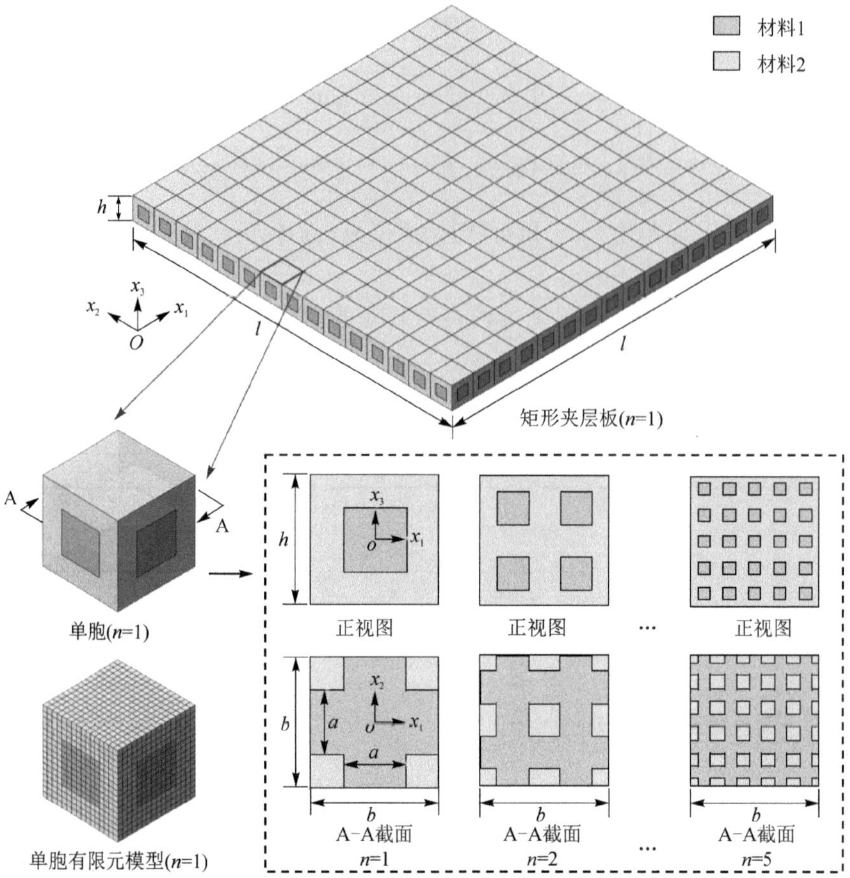

图 5.11 周期矩形夹层板及其单胞

增大，面内等效刚度(D_{11}、D_{22}、D_{33}、D_{12})变化较小，而弯曲刚度(D_{44}、D_{55}、D_{66}、D_{45})和剪切刚度(D_{77}、D_{88})变化显著，并逐渐趋近于一个稳定值。

表 5.8 周期矩形夹层板的等效刚度与等效惯性系数

尺度因子 n	1	2	3	4	5
D_{11} 或 $D_{22}/(\mathrm{N \cdot m^{-1}})$	4.8557×10^8	4.8642×10^8	4.8672×10^8	4.8687×10^8	4.8695×10^8
$D_{33}/(\mathrm{N \cdot m^{-1}})$	1.1737×10^8	1.1744×10^8	1.1746×10^8	1.1747×10^8	1.1747×10^8
$D_{12}/(\mathrm{N \cdot m^{-1}})$	1.2855×10^8	1.2910×10^8	1.2930×10^8	1.2939×10^8	1.2945×10^8
D_{44} 或 $D_{55}/(\mathrm{N \cdot m})$	6.1109×10^3	1.3671×10^4	1.5081×10^4	1.5579×10^4	1.5811×10^4
$D_{66}/(\mathrm{N \cdot m})$	1.9959×10^3	3.4394×10^3	3.7040×10^3	3.7965×10^3	3.8393×10^3
$D_{45}/(\mathrm{N \cdot m})$	1.7592×10^3	3.6563×10^3	4.0142×10^3	4.1421×10^3	4.2025×10^3
D_{77} 或 $D_{88}/(\mathrm{N \cdot m^{-1}})$	7.1888×10^7	3.9890×10^7	3.8981×10^7	3.8836×10^7	3.8797×10^7
$I_0/(\mathrm{kg \cdot m^{-2}})$	3.5080×10	3.5080×10	3.5080×10	3.5080×10	3.5080×10
$I_1/(\mathrm{kg \cdot m^{-1}})$	0	0	0	0	0
I_2/kg	8.6333×10^{-4}	1.0928×10^{-3}	1.1353×10^{-3}	1.1502×10^{-3}	1.1571×10^{-3}

针对周期矩形夹层板，对于不同的尺度因子 n，采用 AHM 计算得到的等效弹性矩阵相同，计算结果见下式。此外，周期矩形夹层板的均匀化密度也不随 n 变化，其结果为 $\rho^0=1\,754\ \mathrm{kg/m^3}$。

$$\boldsymbol{D}^0=\begin{bmatrix} 26.403 & & & & & \\ 8.525\,6 & 26.403 & & & \text{对称} & \\ 4.376\,0 & 4.376\,0 & 9.305\,0 & & & \\ 0 & 0 & 0 & 2.325\,5 & & \\ 0 & 0 & 0 & 0 & 2.325\,5 & \\ 0 & 0 & 0 & 0 & 0 & 5.859\,0 \end{bmatrix}\ \mathrm{GPa} \qquad (5.2.64)$$

为了研究本方法与 AHM 的精度，考虑四边固支矩形夹层板的自由振动问题。图 5.12 比较了不同尺度因子下不同方法得到的基频。可以看出，当 n 较小时，AHM(三维均匀板模型)得到的基频的相对误差较大，这是因为 n 较小时，周期板在厚度方向无法满足单胞周期性要求。然而，对不同的尺度因子，本方法(二维均匀板模型)得到的基频均与有限元的结果吻合得很好。

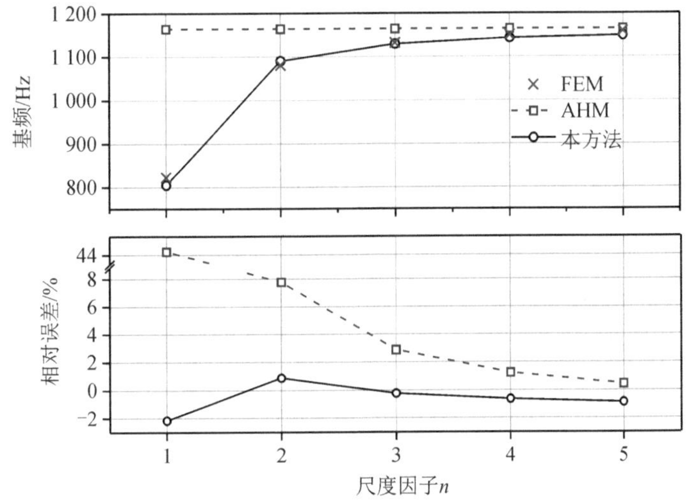

图 5.12　四边固支周期矩形夹层板基频随尺度因子 n 的变化图

算例 5：周期十字夹层板

考虑大小为 $l\times l\times h=22.5\ \mathrm{cm}\times22.5\ \mathrm{cm}\times1.5\ \mathrm{cm}$ 的周期十字夹层板，如图 5.13 所示。尺度因子 $n=1$ 的板由 15×15 个单胞组成，单胞的大小为 $b=1.5\ \mathrm{cm}$，$t=0.3\ \mathrm{cm}$。板的材料属性与算例 2 相同。

表 5.9 给出了本方法预测的等效刚度以及等效惯性系数，下式给出了采用 AHM 得到的等效弹性矩阵，其均匀化密度为 $\rho^0=4.835\,6\times10^3\ \mathrm{kg/m^3}$。

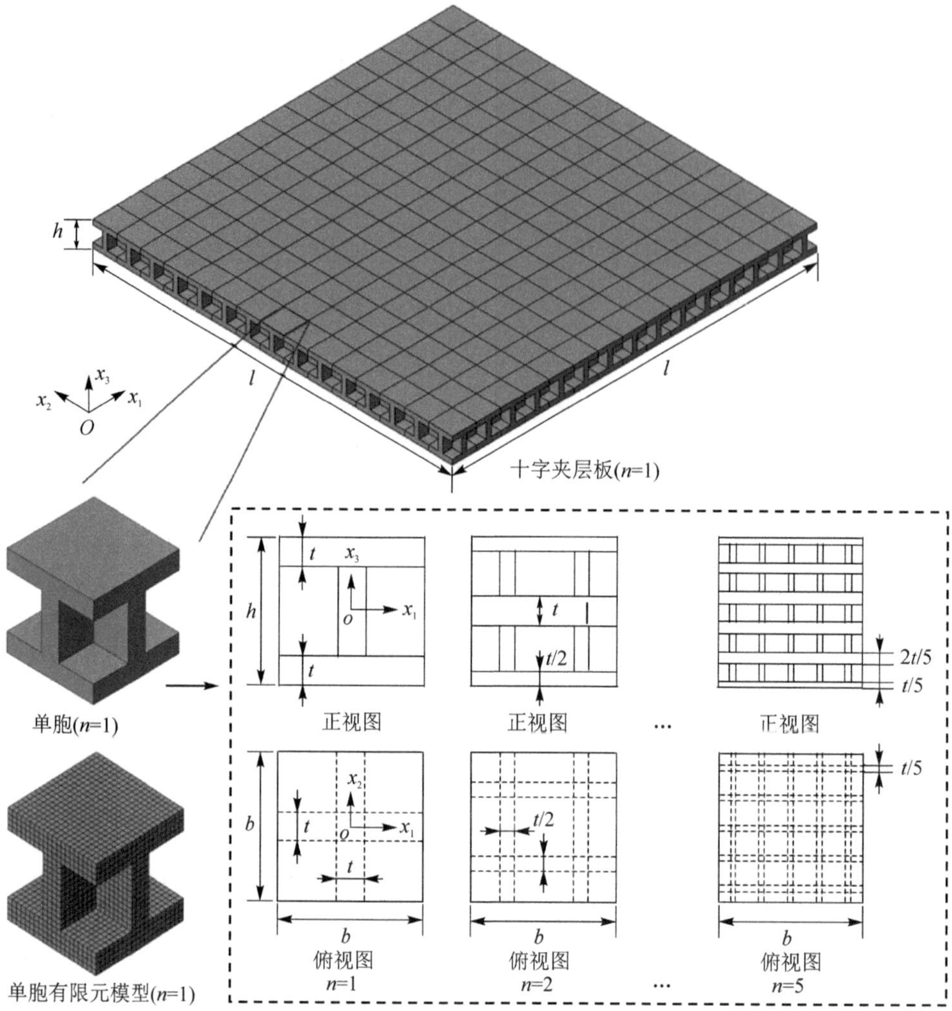

图 5.13 周期十字夹层板及其单胞

$$
\boldsymbol{D}^0 = \begin{bmatrix} 12.666 & & & & & \\ 3.792\,4 & 12.66\,6 & & & \text{对称} & \\ 2.850\,5 & 2.850\,5 & 9.536\,7 & & & \\ 0 & 0 & 0 & 2.294\,9 & & \\ 0 & 0 & 0 & 0 & 2.294\,9 & \\ 0 & 0 & 0 & 0 & 0 & 3.467\,4 \end{bmatrix} \times 10\ \text{GPa} \tag{5.2.65}
$$

表 5.9 周期十字夹层板的等效刚度与等效惯性系数

尺度因子 n	1	2	3	4	5
D_{11} 或 $D_{22}/(\mathrm{N\cdot m^{-1}})$	$1.767\,1\times10^9$	$1.769\,4\times10^9$	$1.770\,3\times10^9$	$1.770\,8\times10^9$	$1.771\,0\times10^9$
$D_{33}/(\mathrm{N\cdot m^{-1}})$	$5.200\,2\times10^8$	$5.200\,7\times10^8$	$5.200\,9\times10^8$	$5.200\,9\times10^8$	$5.201\,0\times10^8$
$D_{12}/(\mathrm{N\cdot m^{-1}})$	$4.433\,2\times10^8$	$4.424\,5\times10^8$	$4.420\,0\times10^8$	$4.417\,6\times10^8$	$4.416\,2\times10^8$

续表 5.9

尺度因子 n	1	2	3	4	5
D_{44} 或 D_{55}/(N·m)	$5.287\ 6\times10^{10}$	$3.807\ 6\times10^{10}$	$3.534\ 9\times10^{10}$	$3.440\ 2\times10^{10}$	$3.396\ 7\times10^{10}$
D_{66}/(N·m)	$1.812\ 8\times10^{10}$	$1.184\ 8\times10^{10}$	$1.068\ 4\times10^{10}$	$1.027\ 6\times10^{10}$	$1.008\ 7\times10^{10}$
D_{45}/(N·m)	$1.536\ 2\times10^{10}$	$1.007\ 0\times10^{10}$	$9.085\ 7\times10^{9}$	$8.738\ 2\times10^{9}$	$8.575\ 8\times10^{9}$
D_{77} 或 D_{88}/(N·m^{-1})	$2.277\ 5\times10^{10}$	$2.903\ 5\times10^{10}$	$2.919\ 2\times10^{10}$	$2.905\ 3\times10^{10}$	$2.894\ 7\times10^{10}$
I_0/(kg·m^{-2})	$7.253\ 4\times10$	$7.253\ 4\times10$	$7.253\ 4\times10$	$7.253\ 4\times10$	$7.253\ 4\times10$
I_1/(kg·m^{-1})	0	0	0	0	0
I_2/kg	$1.902\ 6\times10^{-3}$	$1.495\ 7\times10^{-3}$	$1.478\ 4\times10^{-3}$	$1.393\ 9\times10^{-3}$	$1.381\ 7\times10^{-3}$

为了比较本方法和 AHM 的精度，下面分析两对边固支、两对边自由的周期十字夹层板的自由振动问题。表 5.10 给出了 $n=1$ 时的第一阶面内固有频率。针对不同的尺度因子，图 5.14 比较了采用 FEM、本方法和 AHM 得到的基频。由表 5.10 和图 5.14 可以得到如下结论：

① AHM 和本方法均可以很好地分析周期十字夹层板的面内变形，这是因为周期板是由若干单胞面内阵列构成的，其面内变形可较好地满足 AHM 的周期性条件要求。

② 对于不同的尺度因子，本方法的结果均与有限元方法的结果吻合良好，而尺度因子较小时，AHM 的误差较大，但随着尺度因子的增大，AHM 的精度逐渐提高。

③ 尺度因子对 AHM 的计算精度的影响较大。为了使 AHM 获得更高的计算精度，周期板在厚度方向上的单胞数一般至少为 3 个。

表 5.10 周期十字夹层板($n=1$)第一阶面内固有频率

方 法	FEM	本方法(二维均匀板)	AHM(三维均匀板)
固有频率/Hz	$5.482\ 5\times10^{3}$	$5.475\ 1\times10^{3}$	$5.477\ 4\times10^{3}$
相对误差/%	—	−0.13	−0.09

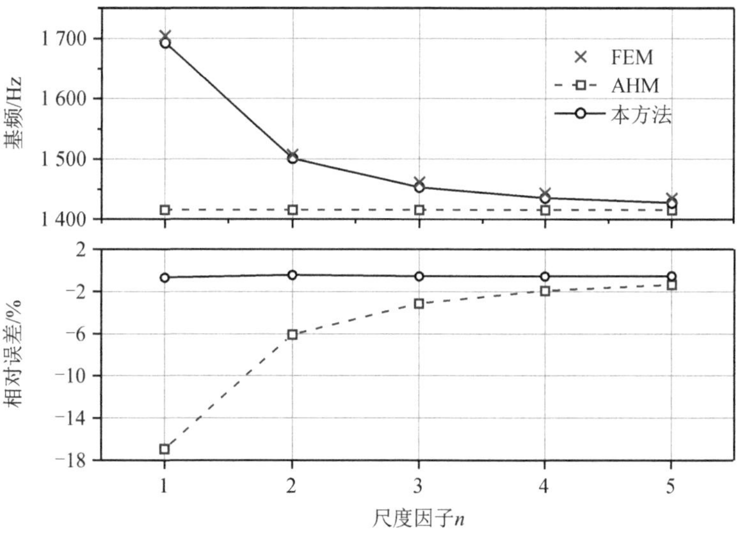

图 5.14 两对边固支周期十字夹层板基频随尺度因子的变化图

为了进一步研究长高比对周期方板自由振动问题计算精度的影响，在本算例的基础上，考虑尺度因子 $n=3$ 的周期十字夹层板，如图 5.15 所示。保持板的高度不变，只改变板的长度，表 5.11 比较了不同长高比的基频结果。由表 5.11 可知：

① 尺度因子 $n=3$ 已经较好地满足了厚度方向周期性的要求，因此长高比增大对 AHM 计算精度的影响较小；但随着板面内尺寸的增大，AHM 精度有轻微下降的趋势，这是因为相对面内的周期性而言，厚度方向周期性要求被满足的程度逐渐下降。

② 本方法得到的基频精度随着板长高比的增大而提高，这是因为随着长高比的增大，周期板的变形更接近于均匀剪切板的变形。

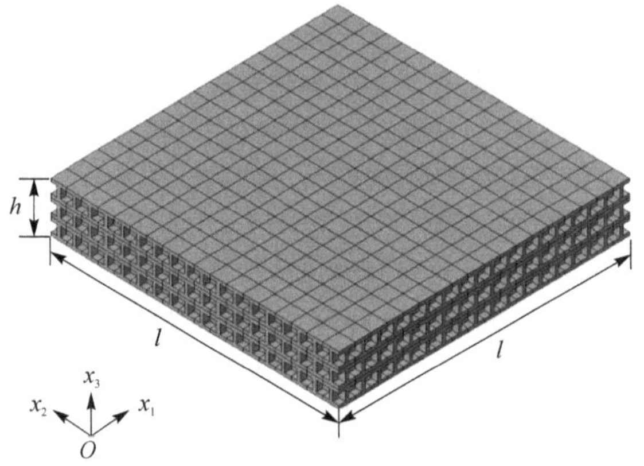

图 5.15　周期十字夹层板($n=3$)

表 5.11　不同长高比的周期十字夹层板的基频

长高比	基频/Hz(相对误差/%)		
	FEM	本方法	AHM
6	73.796	72.587(−1.64)	71.612(−2.96)
9	37.324	36.964(−0.96)	36.212(−2.98)
12	22.184	22.043(−0.64)	21.514(−3.02)
15	14.612	14.532(−0.55)	14.160(−3.09)
18	10.311	10.265(−0.45)	9.989 9(−3.11)
24	5.895 8	5.876 6(−0.33)	5.711 6(−3.12)
30	3.803 0	3.792 9(−0.27)	3.684 3(−3.12)

5.3　应变能等效方法

在建立宏细观变量之间关系的基础上，本节根据单胞宏、细观尺度应变能等效原则推得了周期板等效刚度的表达式。由于本节方法与多尺度渐近展开方法关联密切，因此部分变量的表示方法与 5.2 节的不同，而与第 2 章的类似。

5.3.1　宏观场的三类基本方程

根据剪切板理论，其位移函数为

$$\begin{cases} u_1^0(x_1,x_2,x_3)=u^0(x_1,x_2)-x_3\theta_1(x_1,x_2) \\ u_2^0(x_1,x_2,x_3)=v^0(x_1,x_2)-x_3\theta_2(x_1,x_2) \\ u_3^0(x_1,x_2,x_3)=w^0(x_1,x_2) \end{cases} \tag{5.3.1}$$

式中：u^0、v^0 和 w^0 为参考面上的宏观位移；$u_m^0(m=1\sim3)$代表单胞域中 x_m 方向上的宏观位移函数；θ_1 和 θ_2 为绕着 x_2 轴和 x_1 轴的法线转角，参见图 5.16。

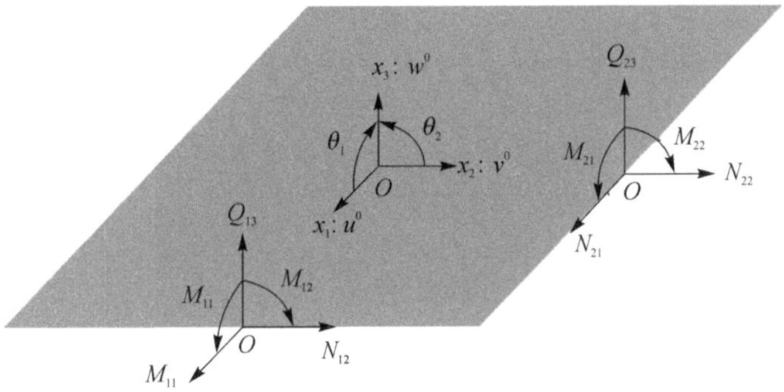

图 5.16　剪切板内力和位移示意图

宏观尺度上，等效均质剪切板的本构方程为

$$\boldsymbol{M}^0=\boldsymbol{D}\boldsymbol{e}^0 \tag{5.3.2}$$

$$\boldsymbol{M}^0=[N_{11}\quad N_{22}\quad N_{12}\quad M_{11}\quad M_{22}\quad M_{12}\quad Q_{13}\quad Q_{23}]^{\mathrm{T}} \tag{5.3.3}$$

$$\boldsymbol{e}^0=[\varepsilon_1\quad \varepsilon_2\quad \gamma_{12}\quad \kappa_1\quad \kappa_2\quad \kappa_{12}\quad \gamma_{13}\quad \gamma_{23}]^{\mathrm{T}} \tag{5.3.4}$$

$$\boldsymbol{D}=\left[\begin{array}{ccc|ccc|cc} D_{11} & D_{12} & D_{13} & D_{14} & D_{15} & D_{16} & & \\ & D_{22} & D_{23} & D_{15} & D_{25} & D_{26} & & \\ & & D_{33} & D_{16} & D_{26} & D_{36} & & \\ \hline & & & D_{44} & D_{45} & D_{46} & & \\ & & & & D_{55} & D_{56} & & \\ & & \text{对称} & & & D_{66} & & \\ \hline & & & & & & D_{77} & \\ & & & & & & & D_{88} \end{array}\right] \tag{5.3.5}$$

在式(5.3.2)～式(5.3.5)中，$\boldsymbol{D}$ 为等效刚度矩阵，其元素为 $D_{\alpha\beta}(\alpha,\beta=1\sim8)$；$\boldsymbol{M}^0$ 为宏观内力向量，其中 N_{11}、N_{22} 和 N_{12} 为 x_1-x_2 平面内的两个法向力和一个切向力，M_{11}、M_{22} 和 M_{12} 为两个弯矩和一个扭矩，Q_{13} 和 Q_{23} 为两个面外剪力，见图 5.16；$\boldsymbol{e}^0$ 为广义应变向量，其中 ε_1、ε_2 和 γ_{12} 为参考平面内两个正应变和一个剪应变，κ_1、κ_2 和 κ_{12} 为两个弯曲应变(曲率)和一个扭转应变(扭率)，γ_{13} 和 γ_{23} 为两个面外剪应变。根据平面弹性问题的几何方程，可得用参考平面内位移表示的 $\boldsymbol{e}^0$ 前 3 个元素的表达式，$\boldsymbol{e}^0$ 余下的 5 个元素为根据剪切板直法线假设定义的曲率、扭率和剪切应变，用 5 个独立位移表示的 $\boldsymbol{e}^0$ 的具体形式如下：

$$[\varepsilon_1\quad \varepsilon_2\quad \gamma_{12}\quad \kappa_1\quad \kappa_2\quad \kappa_{12}\quad \gamma_{13}\quad \gamma_{23}]=$$

$$\begin{bmatrix}\dfrac{\partial u^0}{\partial x_1} & \dfrac{\partial v^0}{\partial x_2} & \dfrac{\partial u^0}{\partial x_2}+\dfrac{\partial v^0}{\partial x_1} & -\dfrac{\partial \theta_1}{\partial x_1} & -\dfrac{\partial \theta_2}{\partial x_2} & -\dfrac{\partial \theta_1}{\partial x_2}-\dfrac{\partial \theta_2}{\partial x_1} & \dfrac{\partial w^0}{\partial x_1}-\theta_1 & \dfrac{\partial w^0}{\partial x_2}-\theta_2\end{bmatrix} \tag{5.3.6}$$

式(5.3.3)中的内力满足的自平衡方程如下：

$$\begin{cases}\dfrac{\partial N_{11}}{\partial x_1}+\dfrac{\partial N_{12}}{\partial x_2}=0\\ \dfrac{\partial N_{12}}{\partial x_1}+\dfrac{\partial N_{22}}{\partial x_2}=0\\ -\dfrac{\partial M_{11}}{\partial x_1}-\dfrac{\partial M_{12}}{\partial x_2}+Q_{13}=0\\ -\dfrac{\partial M_{12}}{\partial x_1}-\dfrac{\partial M_{22}}{\partial x_2}+Q_{23}=0\\ \dfrac{\partial Q_{13}}{\partial x_1}+\dfrac{\partial Q_{23}}{\partial x_2}=0\end{cases} \tag{5.3.7}$$

5.3.2 细观场的三类基本方程和边界条件

为获取细观信息，考虑如下定义在三维单胞域 D 内的自平衡方程：

$$\begin{cases}\sigma^{\varepsilon}_{ij,j}=0, & \boldsymbol{x}\in D\\ \sigma^{\varepsilon}_{ij}n_j=0, & \boldsymbol{x}\in S_{3\pm}\\ \sigma^{\varepsilon}_{ij}n_j=t_i, & \boldsymbol{x}\in S_{1\pm}\cup S_{2\pm}\end{cases} \tag{5.3.8}$$

式中：下标 i、j 的范围为 1～3；$\boldsymbol{x}=(x_1,x_2,x_3)$为空间坐标向量；$n_j$ 为单胞边界面单位外法向余弦；下标“,”代表对空间坐标进行求导；$S=S_{1\pm}\cup S_{2\pm}\cup S_{3\pm}$ 为单胞的边界面，且 $S_{3\pm}$ 为单胞的非周期面或自由面，$S_{1\pm}$ 和 $S_{2\pm}$ 为垂直 x_1 和 x_2 轴的两组周期面，如图 5.17 所示；t_i 为作用在周期面上的牵引力；上标“ε”代表真实的细观场；$\sigma^{\varepsilon}_{ij}$ 是真实的细观应力场。

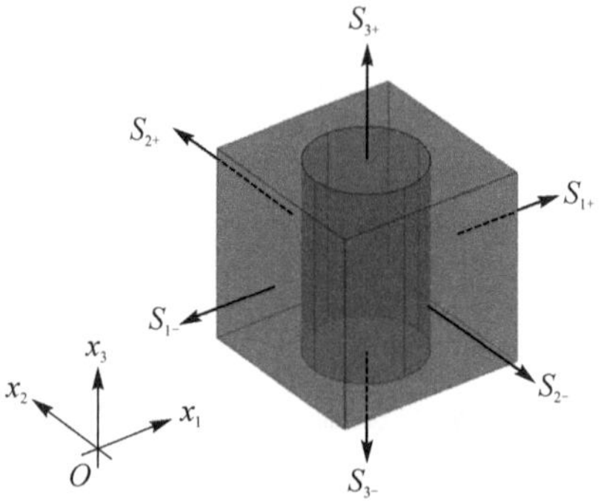

图 5.17 板单胞的边界面示意图

单胞问题的物理方程和几何方程如下：

$$\begin{cases}\sigma^{\varepsilon}_{ij}=E^{\varepsilon}_{ijmn}\varepsilon^{\varepsilon}_{mn}\\ \varepsilon^{\varepsilon}_{mn}=\dfrac{1}{2}(u^{\varepsilon}_{m,n}+u^{\varepsilon}_{n,m})\end{cases} \tag{5.3.9}$$

式中：E_{ijmn}^{ε} 是四阶弹性张量，且满足面内周期性；$\varepsilon_{mn}^{\varepsilon}$ 是细观应变；u_m^{ε} 是细观位移，其表达式如下：

$$u_m^{\varepsilon}=u_m^0+\overbrace{\underbrace{\underbrace{\chi_{1m}^{kl}u_{k,l}^0}_{\hat{u}_m^1}+\chi_{2m}^{klp}u_{k,lp}^0}_{\bar{u}_m^1}+\tilde{u}_m^1}^{u_m^1}=u_m^0+\bar{u}_m^1+\tilde{u}_m^1 \tag{5.3.10}$$

式中：$u_{k,l}^0$ 和 $u_{k,lp}^0$ 是式(5.3.1)中 u_m^0 的一阶导数(应变)和二阶导数(应变梯度)；χ_{1m}^{kl} 和 χ_{2m}^{klp} 分别为单胞的一阶影响函数和二阶影响函数；$\bar{u}_m^1$ 可以理解为低阶摄动位移；$\tilde{u}_m^1$ 为高阶摄动位移，且在面内具有周期性。

值得指出的是，借鉴于 MsAEM 中的细观位移函数形式，我们构造了式(5.3.10)中所示的位移函数形式。与梁问题情况类似，两种位移函数形式之间的最主要不同点在于影响函数 χ_{1m}^{kl} 和 χ_{2m}^{klp} 的控制方程及其推导方法。在 MsAEM 中，χ_{1m}^{kl} 和 χ_{2m}^{klp} 的控制方程[21]是在求解 $O(\varepsilon^{-1})$ 和 $O(\varepsilon^0)$ 阶平衡方程过程中获得的，参见第 2 章。而在本章中，χ_{1m}^{kl} 和 χ_{2m}^{klp} 的控制方程是根据相邻单胞界面处的连续性条件构造的。其中，一阶影响函数 $\chi_{1m}^{kl}(kl=11,22,12)$ 的域内控制方程和 MsAEM 的相同，但边界条件则是根据板的周期特性而构造的，具体形式如下：

$$\begin{cases}[E_{ijmn}^{\varepsilon}(\chi_{1m,n}^{kl}+I_{mnkl})]_{,j}=0, & \boldsymbol{x}\in D\\ E_{ijmn}^{\varepsilon}(\chi_{1m,n}^{kl}+I_{mnkl})n_j=0, & \boldsymbol{x}\in S_{3\pm}\\ \chi_{1m}^{kl}\big|_{S_{1-}}=\chi_{1m}^{kl}\big|_{S_{1+}}, & \boldsymbol{x}\in S_{1\pm}\\ E_{ijmn}^{\varepsilon}\chi_{1m,n}^{kl}n_j\big|_{S_{1+}}=-E_{ijmn}^{\varepsilon}\chi_{1m,n}^{kl}n_j\big|_{S_{1-}}, & \boldsymbol{x}\in S_{1\pm}\\ \chi_{1m}^{kl}\big|_{S_{2-}}=\chi_{1m}^{kl}\big|_{S_{2+}}, & \boldsymbol{x}\in S_{2\pm}\\ E_{ijmn}^{\varepsilon}\chi_{1m,n}^{kl}n_j\big|_{S_{2+}}=-E_{ijmn}^{\varepsilon}\chi_{1m,n}^{kl}n_j\big|_{S_{2-}}, & \boldsymbol{x}\in S_{2\pm}\end{cases} \tag{5.3.11}$$

式中：I_{mnkl} 为四阶单位张量。对于二阶影响函数 $\chi_{2m}^{klp}(klp=113,223,123)$，其域内控制方程是在已建立的一阶控制方程的基础上，根据相邻单胞界面处的连续性条件推导得到的，具体的推导过程可参见附录 E。χ_{2m}^{klp} 的边界条件仍是根据单胞的周期性构造的。二阶影响函数 χ_{2m}^{klp} 的域内控制方程和边界条件如下：

$$\begin{cases}[E_{ijmn}^{\varepsilon}(\chi_{2m,n}^{klp}+\hat{\varepsilon}_{mn}^{1\,[-k+2l+p]}+\varepsilon_{mn}^{0\,[-k+2l+p]})]_{,j}=0, & \boldsymbol{x}\in D\\ E_{ijmn}^{\varepsilon}(\chi_{2m,n}^{klp}+\hat{\varepsilon}_{mn}^{1\,[-k+2l+p]}+\varepsilon_{mn}^{0\,[-k+2l+p]})n_j=0, & \boldsymbol{x}\in S_{3\pm}\\ \chi_{2m}^{klp}\big|_{S_{1-}}=\chi_{2m}^{klp}\big|_{S_{1+}}, & \boldsymbol{x}\in S_{1\pm}\\ E_{ijmn}^{\varepsilon}\chi_{2m,n}^{klp}n_j\big|_{S_{1+}}=-E_{ijmn}^{\varepsilon}\chi_{2m,n}^{klp}n_j\big|_{S_{1-}}, & \boldsymbol{x}\in S_{1\pm}\\ \chi_{2m}^{klp}\big|_{S_{2-}}=\chi_{2m}^{klp}\big|_{S_{2+}}, & \boldsymbol{x}\in S_{2\pm}\\ E_{ijmn}^{\varepsilon}\chi_{2m,n}^{klp}n_j\big|_{S_{2+}}=-E_{ijmn}^{\varepsilon}\chi_{2m,n}^{klp}n_j\big|_{S_{2-}}, & \boldsymbol{x}\in S_{2\pm}\end{cases} \tag{5.3.12}$$

式中：带有上标“$[-k+2l+p]$”的应变表示其与 5.3.3 小节的第 $-k+2l+p$ 个宏观初应变状态相对应。以下带有上标“$[\alpha]$”或者“$[\beta]$”的场变量的含义也类似。

在式(5.3.10)中，影响函数 χ_{1m}^{kl} 和 χ_{2m}^{kl} 可以通过求解式(5.3.11)和式(5.3.12)获得，均匀化位移导数 $u_{k,l}^{0\,[\alpha]}$ 和 $u_{k,lp}^{0\,[\alpha]}$ 将根据 5.3.3 小节中式(5.3.18)给出的第 α 个初应变状态来确

定。由于式(5.3.10)中 u_m^ε 需要满足自平衡方程，因此将其代入方程(5.3.8)可得关于 $\tilde{u}_m^{1[\alpha]}$ 的域内控制方程和边界条件如下：

$$\begin{cases}[E_{ijmn}^\varepsilon(\tilde{\varepsilon}_{mn}^{1[\alpha]}+\bar{\varepsilon}_{mn}^{1[\alpha]}+\varepsilon_{mn}^{0[\alpha]})]_{,j}=0, & \boldsymbol{x}\in D\\ E_{ijmn}^\varepsilon(\tilde{\varepsilon}_{mn}^{1[\alpha]}+\bar{\varepsilon}_{mn}^{1[\alpha]}+\varepsilon_{mn}^{0[\alpha]})n_j=0, & \boldsymbol{x}\in S_{3\pm}\\ \tilde{u}_m^{1[\alpha]}\big|_{S_{1-}}=\tilde{u}_m^{1[\alpha]}\big|_{S_{1+}}, & \boldsymbol{x}\in S_{1\pm}\\ E_{ijmn}^\varepsilon\tilde{\varepsilon}_{mn}^{1[\alpha]}n_j\big|_{S_{1+}}=-E_{ijmn}^\varepsilon\tilde{\varepsilon}_{mn}^{1[\alpha]}n_j\big|_{S_{1-}}, & \boldsymbol{x}\in S_{1\pm}\\ \tilde{u}_m^{1[\alpha]}\big|_{S_{2-}}=\tilde{u}_m^{1[\alpha]}\big|_{S_{2+}}, & \boldsymbol{x}\in S_{2\pm}\\ E_{ijmn}^\varepsilon\tilde{\varepsilon}_{mn}^{1[\alpha]}n_j\big|_{S_{2+}}=-E_{ijmn}^\varepsilon\tilde{\varepsilon}_{mn}^{1[\alpha]}n_j\big|_{S_{2-}}, & \boldsymbol{x}\in S_{2\pm}\end{cases}\tag{5.3.13}$$

式中：α 取值范围为 1～8；式(5.3.12)和式(5.3.13)中的应变 ε_{mn}^0、$\hat{\varepsilon}_{mn}^1$、$\bar{\varepsilon}_{mn}^1$ 和 $\tilde{\varepsilon}_{mn}^1$ 与其相关位移之间的几何关系为

$$\begin{cases}\varepsilon_{mn}^0=\dfrac{1}{2}(u_{m,n}^0+u_{n,m}^0)\\ \hat{\varepsilon}_{mn}^1=\dfrac{1}{2}(\hat{u}_{m,n}^1+\hat{u}_{n,m}^1)\\ \bar{\varepsilon}_{mn}^1=\dfrac{1}{2}(\bar{u}_{m,n}^1+\bar{u}_{n,m}^1)\\ \tilde{\varepsilon}_{mn}^1=\dfrac{1}{2}(\tilde{u}_{m,n}^1+\tilde{u}_{n,m}^1)\end{cases}\tag{5.3.14}$$

值得指出的是，用于求解 $\chi_{1m}^{kl}(kl=11,22,12)$、$\chi_{2m}^{klp}(klp=113,223,123)$ 和 $\tilde{u}_m^{1[\alpha]}$ 所施加的周期边界和全局约束条件相同。以从方程(5.3.13)中求解 $\tilde{u}_m^{1[\alpha]}$ 为例，除了需要引入式(5.3.13)给出的周期边界条件之外，还需引入如下全局约束条件：

$$\langle\tilde{u}_m^{1[\alpha]}\rangle=0,\quad m=1\sim3\tag{5.3.15}$$

式中：$\langle\cdot\rangle=\dfrac{1}{|D|}\displaystyle\int_D\cdot\,\mathrm{d}D$ 是定义在单胞域 D 内的平均算子。

下面给出式(5.3.10)中的位移函数形式与 MsAEM 中的位移函数形式的不同之处：

(1) 二阶影响函数的控制方程及其推导方法不同

式(5.3.12)中关于 $\chi_{2m}^{klp}(klp=113,223,123)$ 的控制方程是基于相邻单胞界面处的连续性条件构造的；在 MsAEM 中，χ_{2m}^{klp} 的控制方程是在求解 $O(\varepsilon^0)$ 阶平衡方程的过程中获得的，参见第 2 章。

(2) 需要的影响函数数量不同

针对周期板结构，这里只考虑与面内相关的 3 个一阶影响函数 $\chi_{1m}^{kl}(kl=11,22,12)$ 和 3 个二阶影响函数 $\chi_{2m}^{klp}(klp=113,223,123)$；在 MsAEM 中，需要考虑 6 个一阶影响函数 $\chi_{1m}^{kl}(kl=11,22,33,23,13,12)$ 和 18 个二阶影响函数 $\chi_{2m}^{klp}(klp=111,221,331,231,131,121,112,222,332,232,132,122,113,223,333,233,133,123)$。

(3) 单胞问题边界条件不同

这里求解 χ_{1m}^{kl}、χ_{2m}^{klp} 和 $\tilde{u}_m^{1[\alpha]}$ 时考虑的仅是面内周期性边界条件；在 MsAEM 中，求解 χ_{1m}^{kl} 和 χ_{2m}^{klp} 时用到的是全周期性边界条件。

(4) 摄动项含义和确定方法不同

式(5.3.10)中 $\tilde{u}_m^{1[\alpha]}$ 为高阶摄动项,但其不是 MsAEM 中所有高阶摄动项的简单叠加,而是通过让细观位移 u_m^{ε} 满足单胞自平衡方程(5.3.8)来确定。

5.3.3 应变能等效和等效刚度

本小节将基于不同初应变工况下宏细观应变能相等原理,给出周期板等效刚度预测公式。考虑的 8 种广义应变工况[22]分别为

$$\boldsymbol{e}^{0[1]}=\begin{bmatrix}1\\0\\0\\0\\0\\0\\0\\0\end{bmatrix},\quad \boldsymbol{e}^{0[2]}=\begin{bmatrix}0\\1\\0\\0\\0\\0\\0\\0\end{bmatrix},\quad \boldsymbol{e}^{0[3]}=\begin{bmatrix}0\\0\\1\\0\\0\\0\\0\\0\end{bmatrix},\quad \boldsymbol{e}^{0[4]}=\begin{bmatrix}0\\0\\0\\1\\0\\0\\0\\0\end{bmatrix},$$

$$\boldsymbol{e}^{0[5]}=\begin{bmatrix}0\\0\\0\\0\\1\\0\\0\\0\end{bmatrix},\quad \boldsymbol{e}^{0[6]}=\begin{bmatrix}0\\0\\0\\0\\0\\1\\0\\0\end{bmatrix},\quad \boldsymbol{e}^{0[7]}=\begin{bmatrix}\tilde{D}_{11}x_1\\\tilde{D}_{21}x_1\\\tilde{D}_{31}x_1\\x_1\\0\\0\\C_{13}^{[7]}\\C_{23}^{[7]}\end{bmatrix},\quad \boldsymbol{e}^{0[8]}=\begin{bmatrix}\tilde{D}_{12}x_2\\\tilde{D}_{22}x_2\\\tilde{D}_{32}x_2\\0\\x_2\\0\\C_{13}^{[8]}\\C_{23}^{[8]}\end{bmatrix}\tag{5.3.16}$$

式中:C_{13} 和 C_{23} 分别为待定常剪应变,将根据宏观自平衡方程(5.3.7)来确定;$[\tilde{D}_{11}\quad\tilde{D}_{21}\quad\tilde{D}_{31}]^{\mathrm{T}}$ 和 $[\tilde{D}_{12}\quad\tilde{D}_{22}\quad\tilde{D}_{32}]^{\mathrm{T}}$ 分别为矩阵 $\tilde{\boldsymbol{D}}=-\boldsymbol{D}_{\mathrm{A}}^{-1}\boldsymbol{D}_{\mathrm{B}}$ 的第 1 列和第 2 列,其中

$$\boldsymbol{D}_{\mathrm{A}}=\begin{bmatrix}D_{11}&D_{12}&D_{13}\\&D_{22}&D_{23}\\\text{对称}&&D_{33}\end{bmatrix},\quad \boldsymbol{D}_{\mathrm{B}}=\begin{bmatrix}D_{14}&D_{15}&D_{16}\\&D_{25}&D_{26}\\\text{对称}&&D_{36}\end{bmatrix}\tag{5.3.17}$$

值得指出的是,式(5.3.16)中最后两个广义初应变状态形式如此复杂的理由是:为了确保在两种线性弯曲应变(曲率)($\kappa_1=x_1$ 和 $\kappa_2=x_2$)工况下,其对应的内力能满足自平衡方程(5.3.7)。为了实现这个目的,可以令 $\bar{\boldsymbol{N}}=[N_{11}\quad N_{22}\quad N_{12}]^{\mathrm{T}}=\boldsymbol{0}$[22]。从式(5.3.2)可知:

$$\bar{\boldsymbol{N}}=\boldsymbol{D}_{\mathrm{A}}\boldsymbol{\varepsilon}+\boldsymbol{D}_{\mathrm{B}}\boldsymbol{\kappa}$$

式中

$$\boldsymbol{\varepsilon}=[\varepsilon_1\quad\varepsilon_2\quad\gamma_{12}]^{\mathrm{T}}$$

$$\boldsymbol{\kappa}=[\kappa_1\quad\kappa_2\quad\kappa_{12}]^{\mathrm{T}}$$

如果 $\bar{\boldsymbol{N}}=\mathbf{0}$,那么

$$\boldsymbol{\varepsilon}=-\boldsymbol{D}_{\mathrm{A}}^{-1}\boldsymbol{D}_{\mathrm{B}}\boldsymbol{\kappa}=\widetilde{\boldsymbol{D}}\boldsymbol{\kappa}$$

由上式可推得式(5.3.16)中最后两种初应变状态的形式。从物理角度上看,$\bar{\boldsymbol{N}}=\mathbf{0}$ 保证了在没有外力的情况下,参考面内的两个平衡方程,即式(5.3.7)中的前两个方程可以得到满足。对于式(5.3.7)中的后三个面外或横向平衡方程,则可以通过未知待定常剪应变来保证满足,详见本小节下面“第 2 类”中的相关推导过程。

借助二维板广义应变和三维弹性应变之间的转换关系[17],也可以参见式(5.2.8),可得与 8 种广义应变 $\boldsymbol{e}^{0[\alpha]}$ 相对应的三维均匀化弹性初应变 $\boldsymbol{\varepsilon}^{0[\alpha]}$ 的形式如下:

$$\boldsymbol{\varepsilon}^{0[1]}=\begin{bmatrix}1\\0\\0\\0\\0\\0\end{bmatrix},\quad \boldsymbol{\varepsilon}^{0[2]}=\begin{bmatrix}0\\1\\0\\0\\0\\0\end{bmatrix},\quad \boldsymbol{\varepsilon}^{0[3]}=\begin{bmatrix}0\\0\\0\\0\\0\\1\end{bmatrix},\quad \boldsymbol{\varepsilon}^{0[4]}=\begin{bmatrix}x_3\\0\\0\\0\\0\\0\end{bmatrix},$$

$$\boldsymbol{\varepsilon}^{0[5]}=\begin{bmatrix}0\\x_3\\0\\0\\0\\0\end{bmatrix},\quad \boldsymbol{\varepsilon}^{0[6]}=\begin{bmatrix}0\\0\\0\\0\\0\\x_3\end{bmatrix},\quad \boldsymbol{\varepsilon}^{0[7]}=\begin{bmatrix}\widetilde{D}_{11}x_1+x_3x_1\\\widetilde{D}_{21}x_1\\0\\C_{23}^{[7]}\\C_{13}^{[7]}\\\widetilde{D}_{31}x_1\end{bmatrix},\quad \boldsymbol{\varepsilon}^{0[8]}=\begin{bmatrix}\widetilde{D}_{12}x_2\\\widetilde{D}_{22}x_2+x_3x_2\\0\\C_{23}^{[8]}\\C_{13}^{[8]}\\\widetilde{D}_{32}x_2\end{bmatrix}$$

(5.3.18)

根据式(5.3.16)中给定的 8 种广义单位应变状态,可以将刚度预测工作分为 2 类。第 1 类为使用 6 种广义单位应变工况来预测 $D_{\alpha\beta}(\alpha,\beta=1\sim6)$,第 2 类为使用 2 种线性弯曲应变工况来预测 $D_{\alpha\beta}(\alpha,\beta=7\sim8)$。下面给出具体过程。

第 1 类:刚度 $D_{\alpha\beta}(\alpha,\beta=1\sim6)$ 的预测表达式为

$$D_{\alpha\beta}=\frac{1}{ab}\int_D \varepsilon_{ij}^{\varepsilon[\alpha]}E_{ijmn}^{\varepsilon}\varepsilon_{mn}^{\varepsilon[\beta]}\,\mathrm{d}D \tag{5.3.19}$$

式中:a 和 b 分别代表单胞的长度和宽度。

这里以 D_{44} 为例,来说明为什么通过式(5.3.19)可以预测 $D_{\alpha\beta}(\alpha,\beta=1\sim6)$。为了预测 D_{44},在宏观单胞上施加单位弯曲初应变,如式(5.3.16)中的 $\boldsymbol{e}^{0[4]}$;在细观单胞上施加相应的三维弹性初应变,如式(5.3.18)中的 $\boldsymbol{\varepsilon}^{0[4]}$。利用式(5.3.2)和 $\boldsymbol{e}^{0[4]}$ 可以得到如下宏观应变能:

$$\begin{aligned}U_e^{[44]}&=\frac{1}{2}\int_{-b/2}^{b/2}\int_{-a/2}^{a/2}\boldsymbol{M}^{0[4]\mathrm{T}}\boldsymbol{e}^{0[4]}\,\mathrm{d}x_1\mathrm{d}x_2\\&=\frac{1}{2}\int_{-b/2}^{b/2}\int_{-a/2}^{a/2}\boldsymbol{e}^{0[4]\mathrm{T}}\boldsymbol{D}\boldsymbol{e}^{0[4]}\,\mathrm{d}x_1\mathrm{d}x_2=\frac{ab}{2}D_{44}\end{aligned} \tag{5.3.20}$$

该工况下,单胞的细观应变能为

$$U_\varepsilon^{[44]}=\frac{1}{2}\int_D \varepsilon_{ij}^{\varepsilon[4]} E_{ijmn}^{\varepsilon}\varepsilon_{mn}^{\varepsilon[4]}\,\mathrm{d}D \tag{5.3.21}$$

式中：与 $\boldsymbol{\varepsilon}^{0[4]}$ 相应的 $\boldsymbol{\varepsilon}^{\varepsilon[4]}$（或 $\varepsilon_{mn}^{\varepsilon[4]}$）可通过求解问题式(5.3.11)～式(5.3.13)获得。根据宏细观应变能等效，即

$$U_e^{[44]}=U_\varepsilon^{[44]}$$

于是有

$$D_{44}=\frac{1}{ab}\int_D \varepsilon_{ij}^{\varepsilon[4]} E_{ijmn}^{\varepsilon}\varepsilon_{mn}^{\varepsilon[4]}\,\mathrm{d}D \tag{5.3.22}$$

可以看到，式(5.3.22)和式(5.3.19)的形式相同。

第 2 类： 对于剪切刚度 $D_{\alpha\alpha}(\alpha=7\sim8)$，可以通过式(5.3.16)中 $\boldsymbol{e}^{0[7]}$ 和 $\boldsymbol{e}^{0[8]}$ 两种线性曲率工况来预测。

首先考虑广义初应变 $\boldsymbol{e}^{0[7]}$。将 $\boldsymbol{e}^{0[7]}$ 代入物理方程(5.3.2)，可得宏观内力 $\boldsymbol{M}^{0[7]}$，其元素为

$$\begin{cases}N_{11}^{[7]}=0,\quad N_{22}^{[7]}=0,\quad N_{12}^{[7]}=0,\\ M_{11}^{[7]}=\bar{D}_{11}x_1,\quad M_{22}^{[7]}=\bar{D}_{21}x_1,\quad M_{12}^{[7]}=\bar{D}_{31}x_1,\\ Q_{13}^{[7]}=D_{77}C_{13}^{[7]},\quad Q_{23}^{[7]}=D_{88}C_{23}^{[7]}\end{cases} \tag{5.3.23}$$

式中：$\begin{bmatrix}\bar{D}_{11} & \bar{D}_{21} & \bar{D}_{31}\end{bmatrix}^{\mathrm{T}}$ 为矩阵 $\bar{\boldsymbol{D}}=\boldsymbol{D}_{\mathrm{D}}-\boldsymbol{D}_{\mathrm{B}}^{\mathrm{T}}\boldsymbol{D}_{\Lambda}^{-1}\boldsymbol{D}_{\mathrm{B}}$ 的第 1 列，其中 $\boldsymbol{D}_{\mathrm{D}}$ 为

$$\boldsymbol{D}_{\mathrm{D}}=\begin{bmatrix}D_{44} & D_{45} & D_{46}\\ & D_{55} & D_{56}\\ \text{对称} & & D_{66}\end{bmatrix} \tag{5.3.24}$$

把式(5.3.23)代入宏观自平衡方程(5.3.7)中得常剪切应变为

$$\begin{cases}C_{13}^{[7]}=\bar{D}_{11}/D_{77}\\ C_{23}^{[7]}=\bar{D}_{31}/D_{88}\end{cases} \tag{5.3.25}$$

与广义初应变 $\boldsymbol{e}^{0[7]}$ 相对应的宏观应变能为

$$\begin{aligned}U_e^{[77]}&=\frac{1}{2}\int_{-b/2}^{b/2}\int_{-a/2}^{a/2}\boldsymbol{M}^{0[7]\mathrm{T}}\boldsymbol{e}^{0[7]}\,\mathrm{d}x_1\mathrm{d}x_2=\frac{1}{2}\int_{-b/2}^{b/2}\int_{-a/2}^{a/2}\boldsymbol{e}^{0[7]\mathrm{T}}\boldsymbol{D}\boldsymbol{e}^{0[7]}\,\mathrm{d}x_1\mathrm{d}x_2\\ &=\frac{1}{2}\int_{-b/2}^{b/2}\int_{-a/2}^{a/2}(\bar{D}_{11}x_1^2+\bar{D}_{11}^2/D_{77}+\bar{D}_{31}^2/D_{88})\mathrm{d}x_1\mathrm{d}x_2\\ &=\frac{1}{2}\left(\frac{a^3b\bar{D}_{11}}{12}+\frac{ab\bar{D}_{11}^2}{D_{77}}+\frac{ab\bar{D}_{31}^2}{D_{88}}\right)\end{aligned} \tag{5.3.26}$$

根据式(5.3.25)可以把式(5.3.18)中 $\boldsymbol{\varepsilon}^{0[7]}$ 改写为

$$\boldsymbol{\varepsilon}^{0[7]}=\begin{bmatrix}\tilde{D}_{11}x_1+x_3x_1 & \tilde{D}_{21}x_1 & 0 & \bar{D}_{31}/D_{88} & \tilde{D}_{11}/D_{77} & \tilde{D}_{31}x_1\end{bmatrix}^{\mathrm{T}} \tag{5.3.27}$$

注意，若以 x_1-x_3 或 x_2-x_3 平面内的常剪切应变作为初应变，则计算得到的细观应变能为零，具体证明过程参见附录 F。因此，细观应变能可直接看成是由如下初应变产生的：

$$\boldsymbol{\varepsilon}^{0[7]}=\begin{bmatrix}\tilde{D}_{11}x_1+x_3x_1 & \tilde{D}_{21}x_1 & 0 & 0 & 0 & \tilde{D}_{31}x_1\end{bmatrix}^{\mathrm{T}} \tag{5.3.28}$$

已知 $\boldsymbol{\varepsilon}^{0[7]}$，通过求解问题式(5.3.11)～问题式(5.3.13)可以得到相应的细观应变

$\boldsymbol{\varepsilon}^{\varepsilon[7]}$（或 $\varepsilon_{mn}^{\varepsilon[7]}$）。单胞的细观应变能为

$$U_{\varepsilon}^{[77]}=\frac{1}{2}\int_{D}\varepsilon_{ij}^{\varepsilon[7]}E_{ijmn}^{\varepsilon}\varepsilon_{mn}^{\varepsilon[7]}\mathrm{d}D \tag{5.3.29}$$

由宏细观应变能相等 $U_{e}^{[77]}=U_{\varepsilon}^{[77]}$ 可得

$$\frac{ab\bar{D}_{11}^{2}}{D_{77}}+\frac{ab\bar{D}_{31}^{2}}{D_{88}}=2U_{\varepsilon}^{[77]}-\frac{a^{3}b\bar{D}_{11}}{12} \tag{5.3.30}$$

式(5.3.30)为关于 D_{77} 和 D_{88} 的一个关系式。为了得到 D_{77} 和 D_{88}，还需要考虑广义初应变 $\boldsymbol{e}^{0[8]}$ 工况来建立二者之间的另外一个关系式。

类似上述分析，将 $\boldsymbol{e}^{0[8]}$ 代入物理方程得宏观内力 $\boldsymbol{M}^{0[8]}$，其元素为

$$\begin{cases}N_{11}^{[8]}=0, \quad N_{22}^{[8]}=0, \quad N_{12}^{[8]}=0,\\ M_{11}^{[8]}=\bar{D}_{12}x_{2}, \quad M_{22}^{[8]}=\bar{D}_{22}x_{2}, \quad M_{12}^{[8]}=\bar{D}_{32}x_{2},\\ Q_{13}^{[8]}=D_{77}C_{13}^{[8]}, \quad Q_{23}^{[8]}=D_{88}C_{23}^{[8]}\end{cases} \tag{5.3.31}$$

式中：$\begin{bmatrix}\bar{D}_{12} & \bar{D}_{22} & \bar{D}_{32}\end{bmatrix}^{\mathrm{T}}$ 为矩阵 $\bar{\boldsymbol{D}}=\boldsymbol{D}_{\mathrm{D}}-\boldsymbol{D}_{\mathrm{B}}^{\mathrm{T}}\boldsymbol{D}_{\Lambda}^{-1}\boldsymbol{D}_{\mathrm{B}}$ 的第 2 列。将式(5.3.31)代入宏观自平衡方程(5.3.7)中得

$$\begin{cases}C_{13}^{[8]}=\bar{D}_{32}/D_{77}\\ C_{23}^{[8]}=\bar{D}_{22}/D_{88}\end{cases} \tag{5.3.32}$$

与广义初应变 $\boldsymbol{e}^{0[8]}$ 对应的宏观应变能为

$$\begin{aligned}U_{e}^{[88]}&=\frac{1}{2}\int_{-b/2}^{b/2}\int_{-a/2}^{a/2}\boldsymbol{M}^{0[8]\mathrm{T}}\boldsymbol{e}^{0[8]}\mathrm{d}x_{1}\mathrm{d}x_{2}=\frac{1}{2}\int_{-b/2}^{b/2}\int_{-a/2}^{a/2}\boldsymbol{e}^{0[8]\mathrm{T}}\boldsymbol{D}\boldsymbol{e}^{0[8]}\mathrm{d}x_{1}\mathrm{d}x_{2}\\ &=\frac{1}{2}\int_{-b/2}^{b/2}\int_{-a/2}^{a/2}(\bar{D}_{22}x_{2}^{2}+\bar{D}_{32}^{2}/D_{77}+\bar{D}_{22}^{2}/D_{88})\mathrm{d}x_{1}\mathrm{d}x_{2}\\ &=\frac{1}{2}\left(\frac{ab^{3}\bar{D}_{22}}{12}+\frac{ab\bar{D}_{32}^{2}}{D_{77}}+\frac{ab\bar{D}_{22}^{2}}{D_{88}}\right)\end{aligned} \tag{5.3.33}$$

把式(5.3.32)代入式(5.3.18)中 $\boldsymbol{\varepsilon}^{0[8]}$ 得

$$\boldsymbol{\varepsilon}^{0[8]}=\begin{bmatrix}\tilde{D}_{12}x_{2} & \tilde{D}_{22}x_{2}+x_{3}x_{2} & 0 & \bar{D}_{22}/D_{88} & \bar{D}_{32}/D_{77} & \tilde{D}_{32}x_{2}\end{bmatrix}^{\mathrm{T}} \tag{5.3.34}$$

因为在常剪切应变 $C_{13}^{[8]}$ 和 $C_{23}^{[8]}$ 工况下，单胞的细观应变能为零，所以细观应变能仅由如下初应变产生：

$$\boldsymbol{\varepsilon}^{0[8]}=\begin{bmatrix}\tilde{D}_{12}x_{2} & \tilde{D}_{22}x_{2}+x_{3}x_{2} & 0 & 0 & 0 & \tilde{D}_{32}x_{2}\end{bmatrix}^{\mathrm{T}} \tag{5.3.35}$$

同样，已知初应变 $\boldsymbol{\varepsilon}^{0[8]}$，通过求解问题式(5.3.11)～问题式(5.3.13)可得相应的细观应变 $\boldsymbol{\varepsilon}^{\varepsilon[8]}$（或 $\varepsilon_{mn}^{\varepsilon[8]}$）。单胞的细观应变能为

$$U_{\varepsilon}^{[88]}=\frac{1}{2}\int_{D}\varepsilon_{ij}^{\varepsilon[8]}E_{ijmn}^{\varepsilon}\varepsilon_{mn}^{\varepsilon[8]}\mathrm{d}D \tag{5.3.36}$$

于是，由宏细观应变能相等 $U_{e}^{[88]}=U_{\varepsilon}^{[88]}$ 可得 D_{77} 和 D_{88} 之间的另一个关系式，即

$$\frac{ab\bar{D}_{32}^{2}}{D_{77}}+\frac{ab\bar{D}_{22}^{2}}{D_{88}}=2U_{\varepsilon}^{[88]}-\frac{ab^{3}\bar{D}_{22}}{12} \tag{5.3.37}$$

最后，通过联立求解方程(5.3.30)和方程(5.3.37)可得 D_{77} 和 D_{88}：

$$D_{77}=\frac{\dfrac{ab\bar{D}_{11}^{2}}{\bar{D}_{31}^{2}}-\dfrac{ab\bar{D}_{32}^{2}}{\bar{D}_{22}^{2}}}{\dfrac{1}{\bar{D}_{31}^{2}}\left(2U_{\varepsilon}^{[77]}-\dfrac{a^{3}b\bar{D}_{11}}{12}\right)-\dfrac{1}{\bar{D}_{22}^{2}}\left(2U_{\varepsilon}^{[88]}-\dfrac{ab^{3}\bar{D}_{22}}{12}\right)} \tag{5.3.38}$$

$$D_{88}=\frac{\dfrac{ab\bar{D}_{31}^{2}}{\bar{D}_{11}^{2}}-\dfrac{ab\bar{D}_{22}^{2}}{\bar{D}_{32}^{2}}}{\dfrac{1}{\bar{D}_{11}^{2}}\left(2U_{\varepsilon}^{[77]}-\dfrac{a^{3}b\bar{D}_{11}}{12}\right)-\dfrac{1}{\bar{D}_{32}^{2}}\left(2U_{\varepsilon}^{[88]}-\dfrac{ab^{3}\bar{D}_{22}}{12}\right)} \tag{5.3.39}$$

值得指出的是,本节未考虑与剪切刚度相耦合的刚度。若这部分刚度不可忽略,则可通过给定更多应变工况并根据上述过程来获得,或可借鉴 5.2 节的方法。

讨论:

① 由于式(5.3.18)中给定的三维弹性初应变 $\boldsymbol{\varepsilon}^{0[\alpha]}$ ($\alpha=1\sim6$)与坐标 x_1 和 x_2 无关,因此其在面内具有周期性,由此可知 χ_{1m}^{kl}、χ_{2m}^{klp} 和 $\tilde{u}_m^{1[\alpha]}$ 在面内也具有周期性,于是式(5.3.10)中 u_m^1 在面内是周期性的。这意味着,本节通过 χ_{1m}^{kl}、χ_{2m}^{klp} 和 $\tilde{u}_m^{1[\alpha]}$ 求解 u_m^1,与直接通过求解参考文献[10]中的方程(4)获得 u_m^1,在本质上是相同的。

② 由于三维弹性初应变 $\boldsymbol{\varepsilon}^{0[7]}$ 与坐标 x_1 相关,因此式(5.3.10)中的 $u_m^{1[7]}$ 在 x_1 方向非周期;类似地,因为初应变 $\boldsymbol{\varepsilon}^{0[8]}$ 与坐标 x_2 相关,所以式(5.3.10)中的 $u_m^{1[8]}$ 在 x_2 方向非周期。不过,本小节借助 χ_{1m}^{kl}、χ_{2m}^{klp} 和 $\tilde{u}_m^{1[7]}$ 来确定 $u_m^{1[7]}$,与通过求解参考文献[10]中方程(39)获得 $u_m^{1[7]}$,在本质上仍是相同的。对于工况 $\boldsymbol{\varepsilon}^{0[8]}$,也有类似的结论。

③ 与采用 $u_m^{\varepsilon}=u_m^0+u_m^1$ 预测等效刚度[10]相比,本节采用 $u_m^{\varepsilon}=u_m^0+\chi_{1m}^{kl}u_{k,l}^0+\chi_{2m}^{klp}u_{k,lp}^0+\tilde{u}_m^1$ 来预测刚度并没有降低效率,其原因在于两种方法求解的场变量数目都是 8 个。在 $u_m^{\varepsilon}=u_m^0+u_m^1$ 框架下,需要求解函数 $u_m^{1[1]}$、$u_m^{1[2]}$、$u_m^{1[3]}$、$u_m^{1[4]}$、$u_m^{1[5]}$、$u_m^{1[6]}$、$u_m^{1[7]}$ 和 $u_m^{1[8]}$;而在 $u_m^{\varepsilon}=u_m^0+\chi_{1m}^{kl}u_{k,l}^0+\chi_{2m}^{klp}u_{k,lp}^0+\tilde{u}_m^1$ 框架下,则是求解函数 χ_{1m}^{11}、χ_{1m}^{22}、χ_{1m}^{12}、χ_{2m}^{113}、χ_{2m}^{223}、χ_{2m}^{123}、$\tilde{u}_m^{1[7]}$ 和 $\tilde{u}_m^{1[8]}$。之所以不需要求解 $\tilde{u}_m^{1[\alpha]}$ ($\alpha=1\sim6$),是因为其值均为零,详细说明请参见附录 E。

④ 相比用 $u_m^{\varepsilon}=u_m^0+u_m^1$ 预测等效刚度的方法[10],本小节方法的优势是:对于单位广义初应变和线性弯曲初应变工况,均可以采用统一的周期边界条件和全局约束对相关单胞问题进行求解,且可以直接在有限元软件 Comsol Multiphysics 现有模块上实现。

5.3.4 计算步骤和有限元列式

下面将逐步给出实现本小节方法的计算步骤、有限元列式以及周期边界条件和全局约束条件的施加方法。

步骤 1: 建立 χ_{1m}^{kl} ($kl=11,22,12$)的离散控制方程。

式(5.3.11)中域内控制方程的积分形式为

$$\int_D \delta v_i\left[E_{ijmn}^{\varepsilon}(\chi_{1m,n}^{kl}+I_{mnkl})\right]_{,j}\mathrm{d}D=0 \tag{5.3.40}$$

式中:v_i 为任意权函数。对式(5.3.40)进行分部积分可得

$$\int_D \delta v_{i,j}\left[E^{\varepsilon}_{ijmn}(\chi^{kl}_{1m,n}+I_{mnkl})\right]\mathrm{d}D-\int_S \delta v_i\left[E^{\varepsilon}_{ijmn}(\chi^{kl}_{1m,n}+I_{mnkl})\right]n_j\,\mathrm{d}S=0 \quad (5.3.41)$$

令 $v_i=\chi^{kl}_{1i}$,进一步利用 E^{ε}_{ijmn} 在面内的周期性以及式(5.3.11)中关于 χ^{kl}_{1i} 的边界条件,则式(5.3.41)可简化为

$$\int_D \delta\chi^{kl}_{1i,j}\left[E^{\varepsilon}_{ijmn}(\chi^{kl}_{1m,n}+I_{mnkl})\right]\mathrm{d}D=0 \quad (5.3.42)$$

对式(5.3.42)进行离散化后可得

$$\delta(\boldsymbol{\chi}^{kl}_1)^{\mathrm{T}}\boldsymbol{K}\boldsymbol{\chi}^{kl}_1=\delta(\boldsymbol{\chi}^{kl}_1)^{\mathrm{T}}\boldsymbol{F}^{kl}_1 \quad (5.3.43)$$

式中:$kl=11,22,12$。由式(5.3.43)可得

$$\boldsymbol{K}\boldsymbol{\chi}^{kl}_1=\boldsymbol{F}^{kl}_1 \quad (5.3.44)$$

其中单胞的整体刚度 $\boldsymbol{K}$ 和一阶虚拟载荷列向量 $\boldsymbol{F}^{kl}_1$ 分别为

$$\boldsymbol{K}=\sum_{e=1}\int_{D^e}\boldsymbol{B}^{\mathrm{T}}\boldsymbol{E}\boldsymbol{B}\,\mathrm{d}D^e \quad (5.3.45)$$

$$\boldsymbol{F}^{kl}_1=-\sum_{e=1}\int_{D^e}\boldsymbol{B}^{\mathrm{T}}\boldsymbol{E}\boldsymbol{I}^{kl}\,\mathrm{d}D^e \quad (5.3.46)$$

式中:$\boldsymbol{B}$ 是单元的几何矩阵;$\boldsymbol{I}^{kl}$($kl=11,22,12$)分别为单位阵的第1列、第2列和第6列;D^e 为单胞内单元 e 所在的区域。

步骤2:建立 χ^{klp}_{2m}($klp=113,223,123$)的离散控制方程。

式(5.3.12)中域内控制方程的积分形式为

$$\int_D \delta v_i\left[E^{\varepsilon}_{ijmn}(\chi^{klp}_{2m,n}+\hat{\varepsilon}^{1[-k+2l+p]}_{mn}+\varepsilon^{0[-k+2l+p]}_{mn})\right]_{,j}\mathrm{d}D=0 \quad (5.3.47)$$

对式(5.3.47)进行分部积分可得

$$\int_D \delta v_{i,j}\left[E^{\varepsilon}_{ijmn}(\chi^{klp}_{2m,n}+\hat{\varepsilon}^{1[-k+2l+p]}_{mn}+\varepsilon^{0[-k+2l+p]}_{mn})\right]\mathrm{d}D-$$

$$\int_S \delta v_i\left[E^{\varepsilon}_{ijmn}(\chi^{klp}_{2m,n}+\hat{\varepsilon}^{1[-k+2l+p]}_{mn}+\varepsilon^{0[-k+2l+p]}_{mn})\right]n_j\,\mathrm{d}S=0 \quad (5.3.48)$$

令 $v_i=\chi^{klp}_{2i}$,然后利用式(5.3.11)和式(5.3.12)中与 χ^{kl}_{1i} 和 χ^{klp}_{2i} 相关的边界条件以及 E^{ε}_{ijmn}、$\varepsilon^{0[4]}_{mn}$(对应 $klp=113$)、$\varepsilon^{0[5]}_{mn}$(对应 $klp=223$)、$\varepsilon^{0[6]}_{mn}$(对应 $klp=123$)在面内的周期性,可知式(5.3.48)中左边第二项为零,于是式(5.3.48)可以简化为

$$\int_D \delta\chi^{klp}_{2i,j}\left[E^{\varepsilon}_{ijmn}(\chi^{klp}_{2m,n}+\hat{\varepsilon}^{1[-k+2l+p]}_{mn}+\varepsilon^{0[-k+2l+p]}_{mn})\right]\mathrm{d}D=0 \quad (5.3.49)$$

对式(5.3.49)进行有限元离散化后可得

$$\delta(\boldsymbol{\chi}^{klp}_2)^{\mathrm{T}}\boldsymbol{K}\boldsymbol{\chi}^{klp}_2=\delta(\boldsymbol{\chi}^{klp}_2)^{\mathrm{T}}\boldsymbol{F}^{klp}_2 \quad (5.3.50)$$

其中 $klp=113,223,123$。根据式(5.3.50)可得

$$\boldsymbol{K}\boldsymbol{\chi}^{klp}_2=\boldsymbol{F}^{klp}_2 \quad (5.3.51)$$

其中二阶虚拟载荷列向量为

$$\boldsymbol{F}^{klp}_2=-\sum_{e=1}\int_{D^e}\boldsymbol{B}^{\mathrm{T}}\boldsymbol{E}(\boldsymbol{\varepsilon}^{0[-k+2l+p]}+\hat{\boldsymbol{\varepsilon}}^{1[-k+2l+p]})\mathrm{d}D^e \quad (5.3.52)$$

步骤3:建立 $\tilde{u}^{1[\alpha]}_m$($\alpha=7\sim8$)的离散控制方程。

式(5.3.13)中域内控制方程的积分形式为

$$\int_D \delta v_i\left[E^{\varepsilon}_{ijmn}(\tilde{\varepsilon}^{1[\alpha]}_{mn}+\bar{\varepsilon}^{1[\alpha]}_{mn}+\varepsilon^{0[\alpha]}_{mn})\right]_{,j}\mathrm{d}D=0 \quad (5.3.53)$$

对式(5.3.53)进行分部积分可得

$$\int_D \delta v_{i,j}\left[E^{\varepsilon}_{ijmn}\left(\tilde{\varepsilon}^{1[\alpha]}_{mn}+\bar{\varepsilon}^{1[\alpha]}_{mn}+\varepsilon^{0[\alpha]}_{mn}\right)\right]\mathrm{d}D-\int_S \delta v_i\left[E^{\varepsilon}_{ijmn}\left(\tilde{\varepsilon}^{1[\alpha]}_{mn}+\bar{\varepsilon}^{1[\alpha]}_{mn}+\varepsilon^{0[\alpha]}_{mn}\right)\right]n_j\,\mathrm{d}S=0 \tag{5.3.54}$$

令 $v_i=\tilde{u}^{1[\alpha]}_i$,然后利用式(5.3.13)中关于 $\tilde{u}^{1[\alpha]}_i$ 的边界条件,式(5.3.54)可变为

$$\int_D \delta\tilde{\varepsilon}^{1[\alpha]}_{ij}\left[E^{\varepsilon}_{ijmn}\left(\tilde{\varepsilon}^{1[\alpha]}_{mn}+\bar{\varepsilon}^{1[\alpha]}_{mn}+\varepsilon^{0[\alpha]}_{mn}\right)\right]\mathrm{d}D-\int_{S_\mathrm{p}} \delta\tilde{u}^{1[\alpha]}_i\left[E^{\varepsilon}_{ijmn}\left(\bar{\varepsilon}^{1[\alpha]}_{mn}+\varepsilon^{0[\alpha]}_{mn}\right)\right]n_j\,\mathrm{d}S=0 \tag{5.3.55}$$

式中:$S_\mathrm{p}=S_{1\pm}\cup S_{2\pm}$,且 $S_{\mathrm{p}+}=S_{1+}\cup S_{2+}$ 和 $S_{\mathrm{p}-}=S_{1-}\cup S_{2-}$。对式(5.3.55)进行有限元离散可得

$$\delta(\tilde{\boldsymbol{u}}^{1[\alpha]})^\mathrm{T}\boldsymbol{K}\tilde{\boldsymbol{u}}^{1[\alpha]}=\delta(\tilde{\boldsymbol{u}}^{1[\alpha]})^\mathrm{T}\boldsymbol{F}^{[\alpha]} \tag{5.3.56}$$

由上式可得

$$\boldsymbol{K}\tilde{\boldsymbol{u}}^{1[\alpha]}=\boldsymbol{F}^{[\alpha]} \tag{5.3.57}$$

其中虚拟载荷列向量 $\boldsymbol{F}^{[\alpha]}$ 为

$$\boldsymbol{F}^{[\alpha]}=-\sum_{e=1}\int_{D^e}\boldsymbol{B}^\mathrm{T}\boldsymbol{E}(\boldsymbol{\varepsilon}^{0[\alpha]}+\bar{\boldsymbol{\varepsilon}}^{1[\alpha]})\mathrm{d}D^e-\sum_{e=1}\int_{S^e_{\mathrm{p}-}}\boldsymbol{N}^\mathrm{T}\boldsymbol{p}^{[\alpha]}\,\mathrm{d}S+\sum_{e=1}\int_{S^e_{\mathrm{p}+}}\boldsymbol{N}^\mathrm{T}\boldsymbol{p}^{[\alpha]}\,\mathrm{d}S \tag{5.3.58}$$

式中:$\boldsymbol{N}$ 为形函数矩阵,且有

$$\begin{cases}\boldsymbol{p}^{[\alpha]}=\left[\sigma^{01[\alpha]}_{11}\quad \sigma^{01[\alpha]}_{12}\quad \sigma^{01[\alpha]}_{13}\right] & \text{on } S_{1\pm}\\ \boldsymbol{p}^{[\alpha]}=\left[\sigma^{01[\alpha]}_{12}\quad \sigma^{01[\alpha]}_{22}\quad \sigma^{01[\alpha]}_{23}\right] & \text{on } S_{2\pm}\\ \sigma^{01[\alpha]}_{ij}=E^{\varepsilon}_{ijmn}\left(\varepsilon^{0[\alpha]}_{mn}+\bar{\varepsilon}^{1[\alpha]}_{mn}\right)\end{cases} \tag{5.3.59}$$

步骤4:在有限元列式(5.3.43)、式(5.3.50)以及式(5.3.56)中引入周期边界和全局约束条件,用以分别得到 χ^{kl}_{1m}、χ^{klp}_{2m} 和 $\tilde{u}^{1[\alpha]}_m$ 的唯一解。

下面以 χ^{kl}_{1m} 为例来说明具体施加过程。

首先,为施加式(5.3.11)中所给的周期边界条件,利用主从自由度消除法[23]将位于从面(这里指 $S_{\mathrm{p}1+}$ 和 $S_{\mathrm{p}2+}$)上的自由度消去,用 $\breve{\chi}^{kl}_{1m}$ 表示缩减后的 χ^{kl}_{1m},二者之间的关系为

$$\boldsymbol{\chi}^{kl}_1=\boldsymbol{T}\breve{\boldsymbol{\chi}}^{kl}_1 \tag{5.3.60}$$

式中:$\boldsymbol{T}$ 为转换矩阵。对式(5.3.15)中的全局约束进行离散可得

$$\boldsymbol{C}\boldsymbol{\chi}^{kl}_1=\boldsymbol{0} \tag{5.3.61}$$

其中

$$\boldsymbol{C}=\sum_{e=1}\int_{D^e}[\boldsymbol{N}_1;\boldsymbol{N}_2;\boldsymbol{N}_3]\,\mathrm{d}D^e \tag{5.3.62}$$

$$\begin{cases}\boldsymbol{N}_1=[1\quad 0\quad 0]\,\boldsymbol{N}\\ \boldsymbol{N}_2=[0\quad 1\quad 0]\,\boldsymbol{N}\\ \boldsymbol{N}_3=[0\quad 0\quad 1]\,\boldsymbol{N}\end{cases} \tag{5.3.63}$$

用拉格朗日乘子法将离散后的全局约束式(5.3.61)引入式(5.3.43)可得

$$\delta(\boldsymbol{\chi}^{kl}_1)^\mathrm{T}\boldsymbol{K}\boldsymbol{\chi}^{kl}_1+\delta(\boldsymbol{\chi}^{kl}_1)^\mathrm{T}\boldsymbol{C}^\mathrm{T}\boldsymbol{\lambda}+\delta\boldsymbol{\lambda}^\mathrm{T}\boldsymbol{C}\boldsymbol{\chi}^{kl}_1=\delta(\boldsymbol{\chi}^{kl}_1)^\mathrm{T}\boldsymbol{F}^{kl}_1 \tag{5.3.64}$$

于是有

$$\begin{bmatrix} \boldsymbol{K} & \boldsymbol{C}^{\mathrm{T}} \\ \boldsymbol{C} & \boldsymbol{0} \end{bmatrix} \begin{bmatrix} \boldsymbol{\chi}_1^{kl} \\ \boldsymbol{\lambda} \end{bmatrix} = \begin{bmatrix} \boldsymbol{F}_1^{kl} \\ \boldsymbol{0} \end{bmatrix} \tag{5.3.65}$$

将式(5.3.60)代入式(5.3.64)可得

$$\begin{bmatrix} \boldsymbol{T}^{\mathrm{T}}\boldsymbol{K}\boldsymbol{T} & \boldsymbol{T}^{\mathrm{T}}\boldsymbol{C}^{\mathrm{T}} \\ \boldsymbol{C}\boldsymbol{T} & \boldsymbol{0} \end{bmatrix} \begin{bmatrix} \breve{\boldsymbol{\chi}}_1^{kl} \\ \boldsymbol{\lambda} \end{bmatrix} = \begin{bmatrix} \boldsymbol{T}^{\mathrm{T}}\boldsymbol{F}_1^{kl} \\ \boldsymbol{0} \end{bmatrix} \tag{5.3.66}$$

通过求解方程(5.3.66)并利用式(5.3.60)可以得到 χ_{1m}^{kl}。对于 χ_{2m}^{klp} 和 $\tilde{u}_m^{1[\alpha]}$ 可采用同样过程进行求解,其缩减后的 $\breve{\chi}_{2m}^{klp}$ 和 $\breve{u}_m^{1[\alpha]}$ 的求解方程分别为

$$\begin{bmatrix} \boldsymbol{T}^{\mathrm{T}}\boldsymbol{K}\boldsymbol{T} & \boldsymbol{T}^{\mathrm{T}}\boldsymbol{C}^{\mathrm{T}} \\ \boldsymbol{C}\boldsymbol{T} & \boldsymbol{0} \end{bmatrix} \begin{bmatrix} \breve{\boldsymbol{\chi}}_2^{klp} \\ \boldsymbol{\lambda} \end{bmatrix} = \begin{bmatrix} \boldsymbol{T}^{\mathrm{T}}\boldsymbol{F}_2^{klp} \\ \boldsymbol{0} \end{bmatrix} \tag{5.3.67}$$

$$\begin{bmatrix} \boldsymbol{T}^{\mathrm{T}}\boldsymbol{K}\boldsymbol{T} & \boldsymbol{T}^{\mathrm{T}}\boldsymbol{C}^{\mathrm{T}} \\ \boldsymbol{C}\boldsymbol{T} & \boldsymbol{0} \end{bmatrix} \begin{bmatrix} \breve{\boldsymbol{u}}^{1[\alpha]} \\ \boldsymbol{\lambda} \end{bmatrix} = \begin{bmatrix} \boldsymbol{T}^{\mathrm{T}}\boldsymbol{F}^{[\alpha]} \\ \boldsymbol{0} \end{bmatrix} \tag{5.3.68}$$

步骤 5: 预测等效刚度。

在得到 χ_{1m}^{kl}、χ_{2m}^{klp} 和 $\tilde{u}_m^{1[\alpha]}$ 后,可通过式(5.3.10)、式(5.3.14)和式(5.3.18)获得真实应变 $\varepsilon_{mn}^{\varepsilon[\alpha]}$,再由式(5.3.19)、式(5.3.38)和式(5.3.39)可以预测等效刚度。

5.3.5 数值比较和分析

下面将通过几个数值算例来验证本小节提出的预测等效刚度方法的准确性和有效性。有限元方法的结果都是通过软件 COMSOL Multiphysics 获得的。

算例 1: 考虑一个弹性模量为 $E=1$ GPa、泊松比 $\nu=0.3$ 的各向同性均匀板。板的高度为 $h=1$ m。面内单胞长度为 $a=1$ m,宽度为 $b=1$ m,且被划分成 8 000 个二次六面体单元,如图 5.18 所示。坐标原点设在单胞中心处。

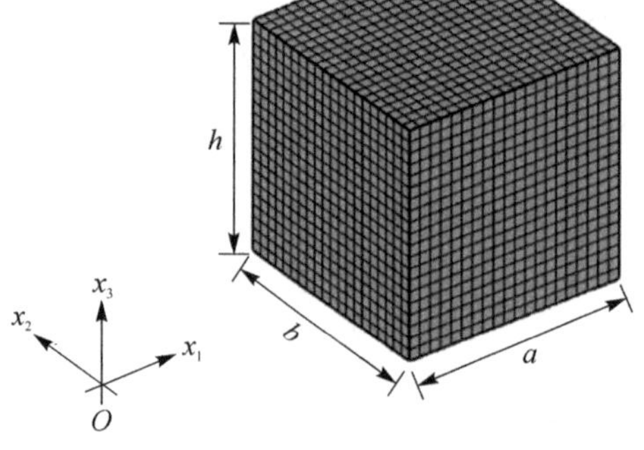

图 5.18 均匀板单胞的几何参数和有限元模型

表 5.12 给出了通过本方法预测的等效刚度和理论解[24],其中理论解也可参见 5.2.3 小节的内容。从表 5.12 中可以看出,本方法的结果与理论解一致,说明本方法的合理性。与 Xu 等人的工作[10]类似,图 5.19 给出了 $\sigma_{11}^{\varepsilon}$ 和 $\sigma_{13}^{\varepsilon}$ 在经过平面内一点 $(x_1, x_2)=(0.5\ \mathrm{m}, -0.5\ \mathrm{m})$ 沿着厚度坐标 x_3 方向的分布情况。可以看出,本方法的 $\sigma_{11}^{\varepsilon}$ 和 $\sigma_{13}^{\varepsilon}$ 与 Reissner 板理论[24]结果一致,即 $\sigma_{11}^{\varepsilon}$ 和 $\sigma_{13}^{\varepsilon}$ 是厚度坐标 x_3 的线性函数和二次函数。图 5.19 进一步说明,本方法构造

的位移函数可以准确表征剪应力的细观分布，从而使基于宏细观应变能相等的剪切刚度预测方法中不需要考虑剪切修正因子。

表 5.12　均匀板的等效刚度

刚度系数	理论解(5.2.3 小节公式)	本方法
$D_{11}/(\mathrm{N\cdot m^{-1}})$	$1.098\,9\times10^{9}$	$1.098\,9\times10^{9}$
$D_{22}/(\mathrm{N\cdot m^{-1}})$	$1.098\,9\times10^{9}$	$1.098\,9\times10^{9}$
$D_{12}/(\mathrm{N\cdot m^{-1}})$	$3.296\,7\times10^{8}$	$3.296\,7\times10^{8}$
$D_{33}/(\mathrm{N\cdot m^{-1}})$	$3.846\,2\times10^{8}$	$3.846\,2\times10^{8}$
$D_{44}/(\mathrm{N\cdot m})$	$9.157\,5\times10^{7}$	$9.157\,5\times10^{7}$
$D_{55}/(\mathrm{N\cdot m})$	$9.157\,5\times10^{7}$	$9.157\,5\times10^{7}$
$D_{45}/(\mathrm{N\cdot m})$	$2.747\,3\times10^{7}$	$2.747\,3\times10^{7}$
$D_{66}/(\mathrm{N\cdot m})$	$3.205\,1\times10^{7}$	$3.205\,1\times10^{7}$
$D_{77}/(\mathrm{N\cdot m^{-1}})$	$3.205\,1\times10^{8}$	$3.205\,1\times10^{8}$
$D_{88}/(\mathrm{N\cdot m^{-1}})$	$3.205\,1\times10^{8}$	$3.205\,1\times10^{8}$

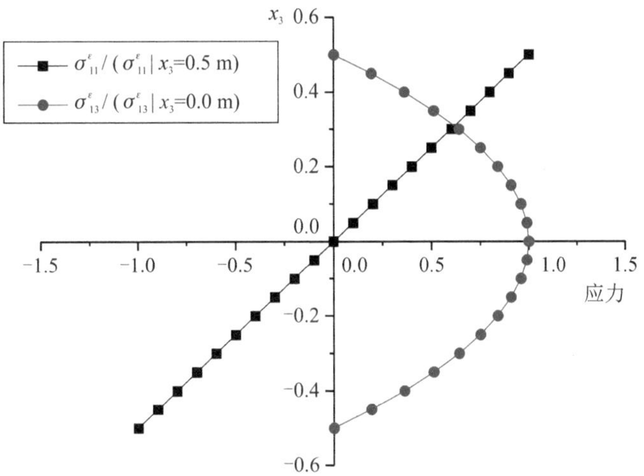

图 5.19　经过点$(x_1,x_2)=(0.5\ \mathrm{m},-0.5\ \mathrm{m})$沿厚度方向的均匀板应力分布

算例 2：考虑一铺层角度为$\theta=\pm55°$的双层层合板，其板结构和单胞如图 5.20 所示。所用材料的性能、几何参数和有限元模型与参考文献[9]中的一致。材料性质如表 5.13 所列，下标 L、T、N 分别表示 x_1、x_2、x_3 方向；几何参数 $a=1$ m，$b=1$ m，$h=1.27$ m，且两层厚度相同；单胞的有限元模型包含 1 400 个二次六面体单元。单胞的坐标原点在其中心。

表 5.13　层合板材料属性

E_L/GPa	E_T/GPa	E_N/GPa	ν_{LT}	ν_{LN}	ν_{TN}	G_{LT}/GPa	G_{NL}/GPa	G_{TN}/GPa
19.981	11.389	11.389	0.274	0.274	0.333	3.789	3.789	0.385

表 5.14 比较了本方法的等效刚度与参考文献中的结果[9,25]。从中可以看出，本方法的

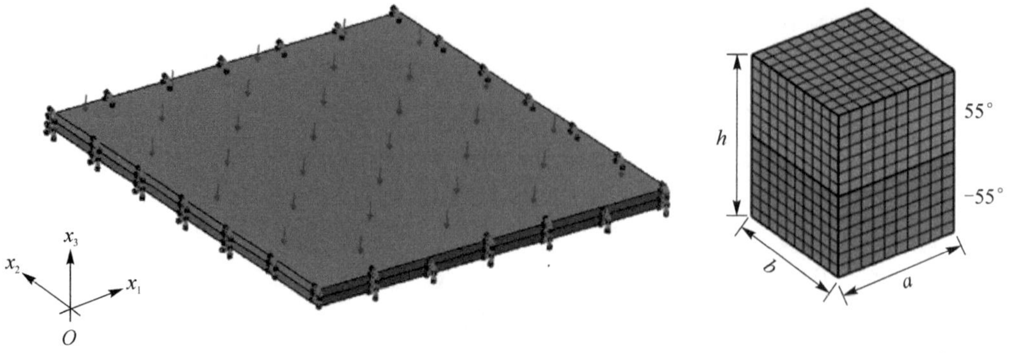

图 5.20　层合板结构及其单胞有限元模型

$D_{\alpha\beta}(\alpha=1\sim6)$与薄板理论(Classical Plate Theory,CPT)的理论解[25]以及数值板试验(实际上是一种均匀化方法)(Numerical Plate Testing,NPT)结果[9]一致。但预测的等效横向剪切刚度 $D_{\alpha\alpha}(\alpha=7\sim8)$存在明显差异,其中 CPT 的剪切刚度理论解大于 NPT 和本方法的原因是 CPT 没有考虑层间界面处剪切应力的不连续性,而 NPT 的剪切刚度与本方法的差异主要来源于两方面: ① 在预测剪切刚度时,NPT 使用的是单位应变工况,而本方法使用的是线性曲率工况;② 求解单胞问题时所施加的边界条件有差异。

表 5.14　层合板的等效刚度

刚度系数	CPT [25]	NPT[9]	本方法
$D_{11}/(\mathrm{N\cdot m^{-1}})$	1.58×10^{10}	1.58×10^{10}	1.58×10^{10}
$D_{22}/(\mathrm{N\cdot m^{-1}})$	1.96×10^{10}	1.96×10^{10}	1.96×10^{10}
$D_{12}/(\mathrm{N\cdot m^{-1}})$	7.25×10^{9}	7.25×10^{9}	7.25×10^{9}
$D_{33}/(\mathrm{N\cdot m^{-1}})$	7.92×10^{9}	7.92×10^{9}	7.92×10^{9}
D_{16}/N	-4.91×10^{8}	-4.91×10^{8}	4.91×10^{8}
D_{26}/N	-1.21×10^{9}	-1.21×10^{9}	1.21×10^{9}
$D_{44}/(\mathrm{N\cdot m})$	2.12×10^{9}	2.12×10^{9}	2.12×10^{9}
$D_{55}/(\mathrm{N\cdot m})$	2.64×10^{9}	2.64×10^{9}	2.64×10^{9}
$D_{45}/(\mathrm{N\cdot m})$	9.75×10^{8}	9.75×10^{8}	9.75×10^{8}
$D_{66}/(\mathrm{N\cdot m})$	1.06×10^{9}	1.06×10^{9}	1.06×10^{9}
$D_{77}/(\mathrm{N\cdot m^{-1}})$	2.82×10^{9}	1.03×10^{9}	1.14×10^{9}
$D_{88}/(\mathrm{N\cdot m^{-1}})$	1.59×10^{9}	5.82×10^{8}	5.96×10^{8}

为更好地比较不同方法预测的等效刚度的精度,这里进一步考虑如图 5.20 所示的由30×30 个单胞组成的板结构的静变形问题。板的四边固支,其上表面作用有压力 $p=1\ 000$ Pa。图 5.21 为不同方法得到的挠度变形示意图,其中 FEM 模型(参考解)包含 180 000 个二次六面体单元,CPT、NPT 和本方法采用的是包含 30×30 个二次板单元的等效板模型。式(5.3.69)定义了最大挠度(或在 x_3 方向上的最小位移)的相对误差 RDiff。从图中可以看出,CPT 解比参考解小 8.88%,表明 CPT 高估了剪切刚度;而 NPT 和本方法的最大挠度值均略高于参考

解，表明这两种方法预测的剪切刚度略低。此外，本方法的最大挠度值与参考解更为接近，说明了本方法的精度优势。

$$\mathrm{RDiff}=\frac{\text{其他方法}-\text{参考解}}{\text{参考解}}\times 100\% \tag{5.3.69}$$

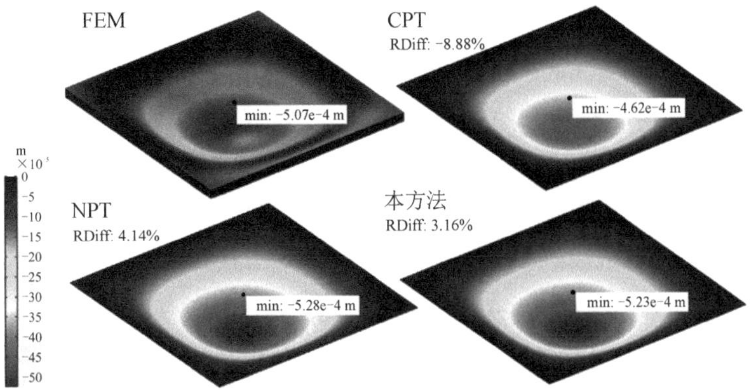

图 5.21 层合板的挠度变形图

算例 3： 如图 5.22 所示，考虑一个由 20×10 个单胞组成的周期板结构。所用的材料性能、几何参数和有限元模型与参考文献[9]中的相同。两种材料均为各向同性，其中材料 1 的弹性模量为 $E_1=5$ GPa，泊松比为 $\nu_1=0.3$；材料 2 的弹性模量为 $E_2=70$ GPa，泊松比为 $\nu_2=0.3$；几何参数为 $a=b=h=0.5$ m，$a_1=b_1=0.3$ m；单胞被划分为 1 000 个二次六面体单元。单胞的坐标原点设在中心。

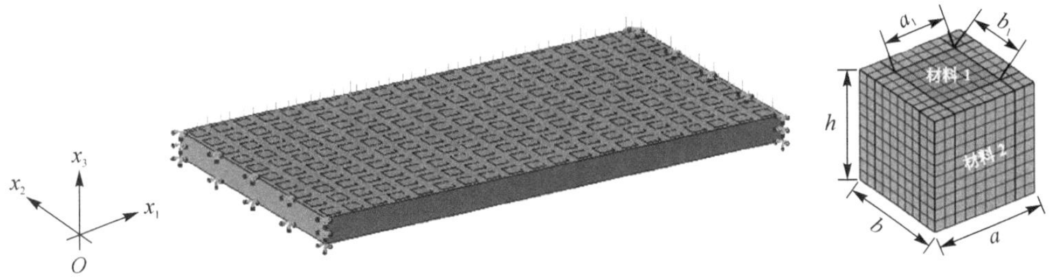

图 5.22 软夹杂板结构及其单胞有限元模型

表 5.15 比较了本方法与 NPT 的等效刚度。从中可以看出，除 D_{66}、D_{77} 和 D_{88} 外，两种方法预测结果基本相同。对于剪切刚度 D_{77} 和 D_{88}，两种方法之间存在较大差异的原因与算例 2 中的相同。扭转刚度 D_{66} 之间的差异主要在于两种方法所用的单胞应变工况及边界条件不同。与本方法中采用的广义单位扭转应变工况相比，NPT 方法在此基础上增加了两个应变项，用以保证用一个单胞或多个单胞能够获得相同的扭转刚度。不同于 NPT 方法，式(5.3.15)中的全局约束条件使得本方法所预测的等效刚度与选择的单胞形式无关。

为更好地说明 NPT 和本方法预测的等效刚度的精度，下面考虑如图 5.22 所示的由 20×10 个单胞所组成的板结构。板左右两边固支，在上表面施加压力 $p=1$ MPa。图 5.23 将 NPT 和本方法得到的挠度与用细网格有限元模型得到的参考解(FEM)进行了对比。细网格模型包含 1 000×20×10 个二次六面体单元，NPT 和本方法采用的等效板有限元模型包含

20×10 个二次板单元。比较结果表明，本方法的结果更精确，其相对误差仅为 0.27%。

表 5.15　软夹杂板的等效刚度

刚度系数	NPT[9]	本方法
$D_{11}/(\mathrm{N\cdot m^{-1}})$	1.83×10^{10}	1.84×10^{10}
$D_{22}/(\mathrm{N\cdot m^{-1}})$	1.83×10^{10}	1.84×10^{10}
$D_{12}/(\mathrm{N\cdot m^{-1}})$	3.85×10^{9}	3.86×10^{9}
$D_{33}/(\mathrm{N\cdot m^{-1}})$	3.73×10^{9}	3.74×10^{9}
$D_{44}/(\mathrm{N\cdot m})$	3.80×10^{8}	3.81×10^{8}
$D_{55}/(\mathrm{N\cdot m})$	3.80×10^{8}	3.81×10^{8}
$D_{45}/(\mathrm{N\cdot m})$	7.91×10^{7}	7.92×10^{7}
$D_{66}/(\mathrm{N\cdot m})$	1.24×10^{8}	9.55×10^{7}
$D_{77}/(\mathrm{N\cdot m^{-1}})$	4.90×10^{9}	6.07×10^{9}
$D_{88}/(\mathrm{N\cdot m^{-1}})$	4.90×10^{9}	6.07×10^{9}

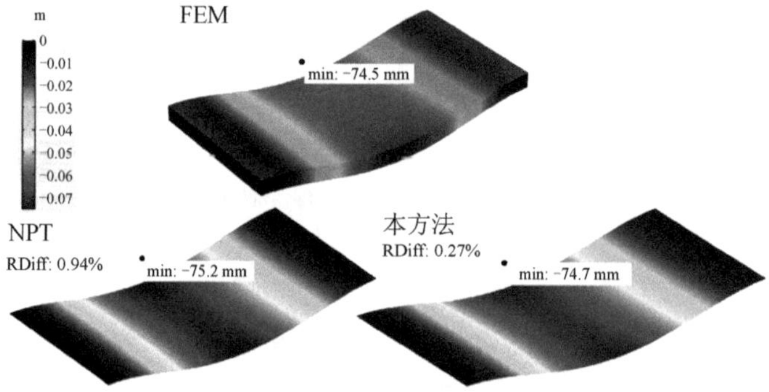

图 5.23　软夹杂板的挠度变形图

算例 4： 图 5.24 所示的是由两种材料组成的桁架夹层板[16,26-27]，其周期单胞如图 5.25 所示。组分材料均为各向同性：材料 1 的弹性模量为 $E_1=109.36$ GPa，泊松比为 $\nu_1=0.3$；材料 2 的弹性模量为 $E_2=209.482$ GPa，泊松比为 $\nu_2=0.063$。图 5.25 中单胞的几何参数为：$t_T=1.2$ mm，$t_B=7.49$ mm，$t_C=1.63$ mm，$p=25$ mm，$d=70$ mm，$\theta=85°$。单胞细观模型包含 41 120 个二次六面体单元。单胞坐标原点设置在距底部的$(t_B+d)/2$ 处。

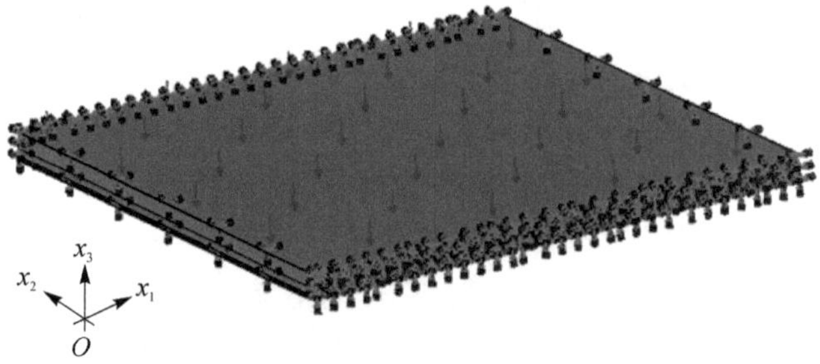

图 5.24　夹层板结构

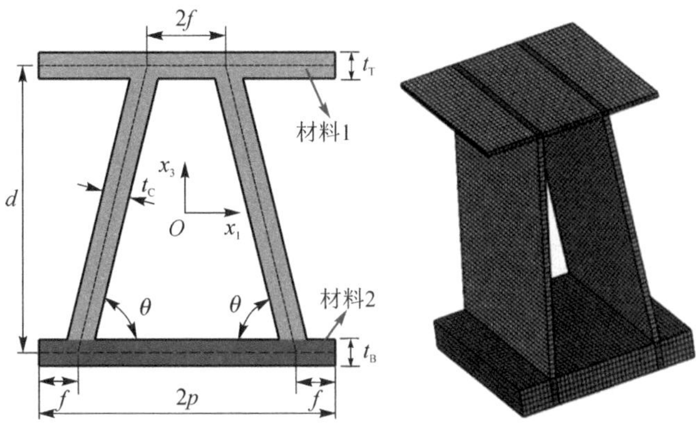

图 5.25　夹层板单胞的几何参数和有限元模型

表 5.16 将利用本方法所得到的等效刚度与 Sharma 等人[26]和 Lee 等人[16,27]所预测的结果进行了比较。从中可以看出，本方法的结果和参考结果基本一致，但仍存在细微差异。其中，与 Sharma 等人[26]结果存在差异的原因主要在于采用的单元类型不同，Sharma 等人[26]使用壳单元来建立单胞中的上下板及腹板，而本方法均使用实体单元。与 Lee 等人[16]在剪切刚度预测上的微小差异主要是由于理论和单胞有限元模型的不同引起的。

表 5.16　夹层板的等效刚度

刚度系数	Sharma 等人[26]	Lee 等人[16,27]	本方法
$D_{11}/(\mathrm{N\cdot m^{-1}})$	2.33×10^9	2.33×10^9	2.33×10^9
$D_{22}/(\mathrm{N\cdot m^{-1}})$	2.83×10^9	2.80×10^9	2.80×10^9
$D_{12}/(\mathrm{N\cdot m^{-1}})$	0.18×10^9	0.18×10^9	0.18×10^9
$D_{33}/(\mathrm{N\cdot m^{-1}})$	1.07×10^9	1.08×10^9	1.08×10^9
D_{14}/N	-71.45×10^6	-71.42×10^6	-71.42×10^6
D_{15}/N	-3.36×10^6	-3.31×10^6	-3.31×10^6
D_{25}/N	-71.45×10^6	-70.67×10^6	-70.67×10^6
D_{36}/N	-34.05×10^6	-34.06×10^6	-34.06×10^6
$D_{44}/(\mathrm{N\cdot m})$	2.85×10^6	2.87×10^6	2.87×10^6
$D_{55}/(\mathrm{N\cdot m})$	3.06×10^6	3.03×10^6	3.03×10^6
$D_{45}/(\mathrm{N\cdot m})$	0.22×10^6	0.22×10^6	0.22×10^6
$D_{66}/(\mathrm{N\cdot m})$	1.32×10^6	1.32×10^6	1.32×10^6
$D_{77}/(\mathrm{N\cdot m^{-1}})$	—	4.793×10^5	4.795×10^5
$D_{88}/(\mathrm{N\cdot m^{-1}})$	—	1.987×10^8	1.960×10^8

为更好地比较不同方法，包括 AHM、Lee 等人的方法以及本方法在预测等效刚度方面的准确性，这里考虑如图 5.24 所示的由30×30 个单胞所组成的板结构。板四边固支，其上表面作用有压力 $p=0.1$ MPa。表 5.17 为利用 AHM 所获得的等效弹性模量，根据该等效弹性模量可将该夹层板结构等效成一个均质板模型进行分析。图 5.26 将不同方法得到的挠度与参考解进行了对比，其中参考解(FEM)是由包含 41 120×30×30 个二次六面体单元的细网格模

型获得的，Lee 等人[16,27]方法、本方法以及 AHM 的结果是由包含 30×30 个二次板单元的等效板模型得到的。从图中可以看出，本方法的结果更为准确，而 AHM 的结果与参考解有明显的偏差。这进一步说明了本方法的有效性以及 AHM 在处理周期板结构时的局限性。

表 5.17 利用 AHM 得到的夹层板结构的等效弹性模量 GPa

E_{1111}	E_{2222}	E_{3333}	E_{1122}	E_{1133}	E_{2233}	E_{2323}	E_{1313}	E_{1212}
31.4	38.3	8.08	2.50	0.20	2.28	3.02	0.07	14.5

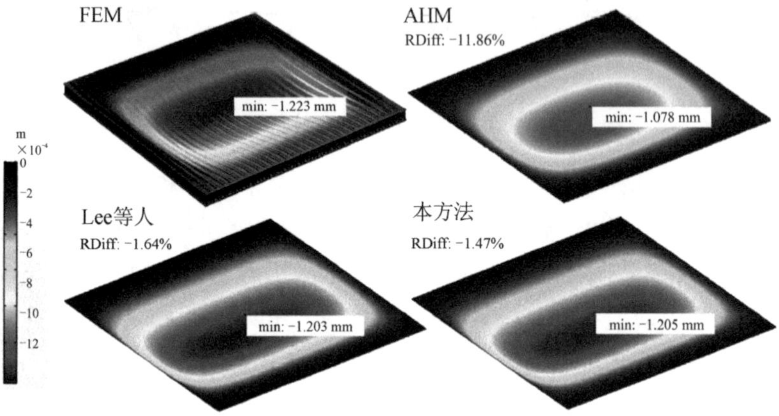

图 5.26 夹层板的挠度变形图

5.4 总 结

针对一般仅在面内具有周期性的板结构，本章中提出了两种预测等效刚度的均匀化方法。两种均匀化方法的理论基础分别为宏细观内虚功等效和宏细观应变能等效，以及宏细观变形相似。根据得到的等效刚度，从而将三维周期板问题简化为二维均匀 Reissner - Mindlin 板问题，大幅度提升了宏观性能(如固有模态)的分析效率。在所提出的两种均匀化方法中，核心问题仍是如何求解单胞问题。

本章中首先提出了一种基于宏细观变形相似和内虚功等效的刚度预测方法(方法 1)。在该方法中，考虑了板的 8 种广义单位初应变状态，包括 3 个面内应变状态、3 个面外应变状态以及 2 个剪切应变状态。根据 8 种初应变状态和单胞自平衡方程，建立了单胞边值问题，并根据两尺度的内虚功等效原理，给出了计算等效刚度的一般公式。在求解单胞问题时，首先根据板微结构的周期分布特征和相邻单胞界面处的连续性要求，确定了周期边界条件；此外，为了保证宏细观尺度上的变形相似性，引入了 5 个全局约束条件。

本章中所提出的另外一种预测周期板结构等效刚度的均匀化方法(方法 2)是基于宏细观变形相似和应变能等效。在该方法中，为准确描述细观变形模式，构造了一种新形式的位移函数 $u_m^\varepsilon = u_m^0 + \chi_{1m}^{kl} u_{k,l}^0 + \chi_{2m}^{klp} u_{k,lp}^0 + \tilde{u}_m^1$，其中前三项与多尺度渐近展开方法中细观位移的形式类似，但新形式位移函数中影响函数的控制方程和边界条件是基于相邻单胞界面处的连续性及周期性构造的。方法 1 用单位剪应变工况预测剪切刚度，而本方法是用线性曲率工况对应的应变状态进行宏细观分析来预测剪切刚度。此外，在求解单胞问题时，除了需要周期边界条件外，仅需要三个全局约束条件。

下面进一步总结两种刚度预测方法的特点：

① 无论是方法 1 中的摄动位移 $\tilde{u}_m$ 还是方法 2 中的影响函数和高阶摄动位移 $\tilde{u}_m^1$，单胞问题的边界条件皆包括周期边界条件和全局约束条件，且这两种约束条件均可以直接在 Comsol Multiphysics 等有限元软件中直接实现。

② 两种方法中的相邻单胞界面处的连续性条件都可以得到满足。

③ 由于周期板单胞的选取必须贯穿周期板的厚度方向，所以两种等效方法的精度不依赖于周期板厚度方向最小可重复性单胞的个数。

④ 两种方法适用于周期复合材料板结构的拉伸、弯曲、剪切及其耦合刚度的预测。方法 1 通过给定一种应变工况便可求解出刚度矩阵中包括耦合刚度在内的一列元素，更为高效；方法 2 采用线性曲率工况预测剪切刚度更具有精度优势。

总之，两种方法皆可以有效预测周期复合材料板结构的等效刚度，且各具特色。

附录 E　二阶影响函数控制微分方程的推导

在周期板单胞问题中，二阶影响函数控制方程 χ_{2m}^{klp} $(klp=113,223,123)$ 的构造过程如下：

在式(5.3.10)中，由给定应变状态 $\boldsymbol{\varepsilon}^{0[\alpha]}$ 决定的均匀化结构场函数 $u_m^{0[\alpha]}$、$u_{k,l}^{0[\alpha]}$ 和 $u_{k,lp}^{0[\alpha]}$ 在结构域内是连续的；χ_{1m}^{kl} 和 χ_{2m}^{klp} 在面内具有周期性，且对于所有单胞均相同；由 $\boldsymbol{\varepsilon}^{0[\alpha]}$ 决定的 $\tilde{u}_m^{1[\alpha]}$ 为用于满足自平衡方程(5.3.8)的高阶修正项，其在面内具有周期性，但对于不同单胞其值可能不同。综上，$u_m^0+\chi_{1m}^{kl}u_{k,l}^0+\chi_{2m}^{klp}u_{k,lp}^0$ 在整个结构域上是一个连续函数，但是为确保 $u_m^{\varepsilon}=u_m^0+\chi_{1m}^{kl}u_{k,l}^0+\chi_{2m}^{klp}u_{k,lp}^0+\tilde{u}_m^1$ 在图 E.1 所示的定义域上是连续的，则还需要满足下列条件：

$$(\tilde{u}_m^1)^{\text{单胞1}}\big|_{S_{1+}}=(\tilde{u}_m^1)^{\text{单胞2}}\big|_{S_{1-}} \tag{E.1}$$

$$(\tilde{u}_m^1)^{\text{单胞1}}\big|_{S_{2+}}=(\tilde{u}_m^1)^{\text{单胞3}}\big|_{S_{2-}} \tag{E.2}$$

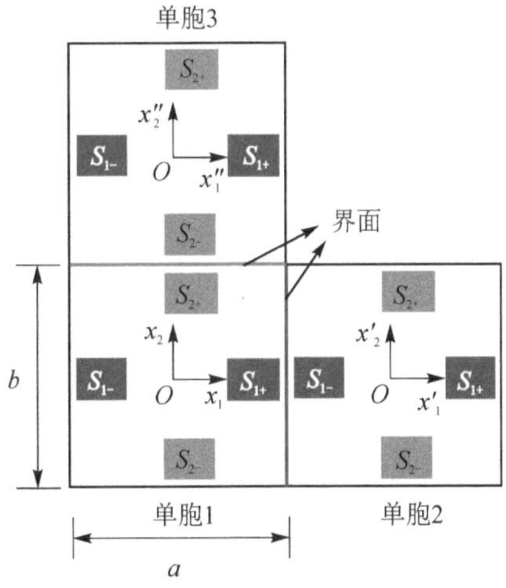

图 E.1　周期板结构中相邻单胞示意图

下面将说明如何通过构造 $\chi_{2m}^{klp}(klp=113,223,123)$ 的控制方程使式(E.1)和式(E.2)在 8 种给定应变工况 $\boldsymbol{\varepsilon}^{0[\alpha]}(\alpha=1\sim8)$ 下均得到满足。

由于式(5.3.18)中给定的 $\boldsymbol{\varepsilon}^{0[\alpha]}(\alpha=1\sim6)$ 均与 x_1 及 x_2 无关，所以图 E.1 中的三个单胞在这 6 种工况下均具有相同的初应变。进一步通过式(5.3.13)求解得到的三个单胞的 $\tilde{u}_m^1$ 也相同，这意味着式(E.1)和式(E.2)对 $\boldsymbol{\varepsilon}^{0[\alpha]}(\alpha=1\sim6)$ 成立。

对于式(5.3.18)中的 $\boldsymbol{\varepsilon}^{0[7]}$，由于其和 x_1 相关，所以单胞 1 和单胞 2 所受的初应变不同。此时，单胞 2 的初应变为

$$\boldsymbol{\varepsilon}^{0[7]}=\begin{bmatrix}\tilde{D}_{11}x_1+x_3x_1\\ \tilde{D}_{21}x_1\\ 0\\ C_{23}^{[7]}\\ C_{13}^{[7]}\\ \tilde{D}_{31}x_1\end{bmatrix}=\begin{bmatrix}\tilde{D}_{11}x'_1+x'_3x'_1\\ \tilde{D}_{21}x'_1\\ 0\\ C_{23}^{[7]}\\ C_{13}^{[7]}\\ \tilde{D}_{31}x'_1\end{bmatrix}+\begin{bmatrix}a\tilde{D}_{11}+ax'_3\\ a\tilde{D}_{21}\\ 0\\ 0\\ 0\\ a\tilde{D}_{31}\end{bmatrix}$$

$$=\begin{bmatrix}\tilde{D}_{11}x'_1+x'_3x'_1\\ \tilde{D}_{21}x'_1\\ 0\\ C_{23}^{[7]}\\ C_{13}^{[7]}\\ \tilde{D}_{31}x'_1\end{bmatrix}+a\tilde{D}_{11}\begin{bmatrix}1\\0\\0\\0\\0\\0\end{bmatrix}+a\tilde{D}_{21}\begin{bmatrix}0\\1\\0\\0\\0\\0\end{bmatrix}+a\tilde{D}_{31}\begin{bmatrix}0\\0\\0\\0\\0\\1\end{bmatrix}+a\begin{bmatrix}x'_3\\0\\0\\0\\0\\0\end{bmatrix}\tag{E.3}$$

通过式(E.3)可得

$$(\tilde{u}_m^{1[7]})^{单胞2}=(\tilde{u}_m^{1[7]})^{单胞1}+a\tilde{D}_{11}\tilde{u}_m^{1[1]}+a\tilde{D}_{21}\tilde{u}_m^{1[2]}+a\tilde{D}_{31}\tilde{u}_m^{1[3]}+a\tilde{u}_m^{1[4]}\tag{E.4}$$

由于 $u_{k,lp}^{0[\alpha]}=0$ 且 $u_m^{0[\alpha]}+\chi_{1m}^{kl}u_{k,l}^{0[\alpha]}(\alpha=1\sim3)$ 两项即可满足自平衡方程，所以有 $\tilde{u}_m^{1[\alpha]}=0\ (\alpha=1\sim3)$。进一步有

$$(\tilde{u}_m^{1[7]})^{单胞2}=(\tilde{u}_m^{1[7]})^{单胞1}+a\tilde{u}_m^{1[4]}\tag{E.5}$$

此时若使式(E.1)成立，则要求 $\tilde{u}_m^{1[4]}=0$。利用 $\tilde{u}_m^{1[4]}=0$ 和式(5.3.18)中 $\boldsymbol{\varepsilon}^{0[4]}$，可将式(5.3.10)表示成

$$u_m^{\varepsilon[4]}=u_m^{0[4]}+\chi_{1m}^{kl}u_{k,l}^{0[4]}+\chi_{2m}^{klp}u_{k,lp}^{0[4]}+\tilde{u}_m^{1[4]}=u_m^{0[4]}+\hat{u}_m^{1[4]}+\chi_{2m}^{113}\tag{E.6}$$

将式(E.6)代入式(5.3.8)中的域内平衡方程，可得到 χ_{2m}^{113} 的域内控制方程

$$[E_{ijmn}^{\varepsilon}(\chi_{2m,n}^{113}+\hat{\varepsilon}_{mn}^{1[4]}+\varepsilon_{mn}^{0[4]})]_{,j}=0,\quad \boldsymbol{x}\in D\tag{E.7}$$

同理，为保证在 $\boldsymbol{\varepsilon}^{0[8]}$ 工况下单胞 1 和单胞 3 的界面处的连续性，$(\tilde{u}_m^{1[8]})^{单胞1}=(\tilde{u}_m^{1[8]})^{单胞3}$ 应成立，所以有 $\tilde{u}_m^{1[5]}=0$。由 $\tilde{u}_m^{1[5]}=0$ 和式(5.3.18)中的 $\boldsymbol{\varepsilon}^{0[5]}$，可得 χ_{2m}^{223} 的域内控制方程如下：

$$[E_{ijmn}^{\varepsilon}(\chi_{2m,n}^{223}+\hat{\varepsilon}_{mn}^{1[5]}+\varepsilon_{mn}^{0[5]})]_{,j}=0,\quad \boldsymbol{x}\in D\tag{E.8}$$

为进一步获得 χ_{2m}^{123} 的域内控制方程，考虑如下应变工况：

$$\boldsymbol{e}^{0\,[9]}=\begin{bmatrix}\widetilde{D}_{13}x_1\\ \widetilde{D}_{23}x_1\\ \widetilde{D}_{33}x_1\\ 0\\ 0\\ x_1\\ C_{13}^{[9]}\\ C_{23}^{[9]}\end{bmatrix}\rightarrow\boldsymbol{\varepsilon}^{0\,[9]}=\begin{bmatrix}\widetilde{D}_{13}x_1\\ \widetilde{D}_{23}x_1\\ 0\\ C_{23}^{[9]}\\ C_{13}^{[9]}\\ \widetilde{D}_{33}x_1+x_3x_1\end{bmatrix}\tag{E.9}$$

其中 $\left[\widetilde{D}_{13}\quad\widetilde{D}_{23}\quad\widetilde{D}_{33}\right]^{\mathrm{T}}$ 为矩阵 $\widetilde{\boldsymbol{D}}=-\boldsymbol{D}_{\Lambda}^{-1}\boldsymbol{D}_{\mathrm{B}}$ 的第 3 列，具体可参见式(5.3.17)中 $\boldsymbol{D}_{\Lambda}$ 和 $\boldsymbol{D}_{\mathrm{B}}$ 的定义。式(E.9)中的应变状态可以确保自平衡方程(5.3.8)得到满足，参见 5.3.3 小节。此时，为保证在 $\boldsymbol{\varepsilon}^{0\,[9]}$ 工况下单胞 1 和单胞 2 的界面处的连续性，应有 $\tilde{u}_m^{1\,[6]}=0$，且 χ_{2m}^{123} 的域内控制方程为

$$[E_{ijmn}^{\varepsilon}(\chi_{2m,n}^{123}+\hat{\varepsilon}_{mn}^{1\,[6]}+\varepsilon_{mn}^{0\,[6]})]_{,j}=0,\quad \boldsymbol{x}\in D\tag{E.10}$$

最后，从式(E.7)、式(E.8)以及式(E.10)中可以观察出，$\chi_{2m}^{klp}(klp=113,223,123)$ 的域内控制方程可以统一表达成

$$[E_{ijmn}^{\varepsilon}(\chi_{2m,n}^{klp}+\hat{\varepsilon}_{mn}^{1\,[-k+2l+p]}+\varepsilon_{mn}^{0\,[-k+2l+p]})]_{,j}=0,\quad \boldsymbol{x}\in D\tag{E.11}$$

推导结束。

附录 F　细观应变能为零工况的证明

证明：在第 5.3 节周期板的等效刚度预测方法中，在以 x_1-x_3 或 x_2-x_3 平面内常剪切应变作为初应变的情况下，单胞的细观应变能为零。

这里以 x_1-x_3 平面内常剪应变工况为例来进行证明。

$$\boldsymbol{\varepsilon}^0=[0\quad 0\quad 0\quad 0\quad C_{13}\quad 0]^{\mathrm{T}}\tag{F.1}$$

式中：C_{13} 为 x_1-x_3 平面内常剪应变。与式(F.1)中应变状态相对应的位移场为

$$\boldsymbol{u}^0=\begin{bmatrix}C_{13}\eta x_3\\ 0\\ C_{13}(1-\eta)x_1\end{bmatrix}=\begin{bmatrix}C_{13}(\eta-1)x_3\\ 0\\ C_{13}(1-\eta)x_1\end{bmatrix}+\begin{bmatrix}C_{13}x_3\\ 0\\ 0\end{bmatrix}\tag{F.2}$$

其中 η 可为任意值。从式(F.2)中可以看出，$\boldsymbol{u}^0$ 包含两部分。其中第一部分代表刚体旋转，不产生应变能。因此，这里仅考虑第二部分：

$$\boldsymbol{u}^0=[C_{13}x_3\quad 0\quad 0]^{\mathrm{T}}\tag{F.3}$$

由于与式(F.1)中非零剪应变 C_{13} 相对应的影响函数 χ_{1m}^{13} 为零，所以有 $\bar{u}_m^1=0$，且式(5.3.10)可进一步表达成

$$u_m^{\varepsilon}=u_m^0+\tilde{u}_m^1\tag{F.4}$$

由式(5.3.13)、E_{ijmn}^{ε} 和式(F.3)中 $\boldsymbol{u}^0$ 在面内的周期性、$\bar{u}_m^1=0$ 以及式(F.1)中 ε_{kl}^0，有

$$\int_D \delta u_{i,j}^0 E_{ijmn}^{\varepsilon}(u_{m,n}^0+\tilde{u}_{m,n}^1)\mathrm{d}D=$$

$$\int_S \delta u_i^0 E_{ijmn}^{\varepsilon}(u_{m,n}^0 + \tilde{u}_{m,n}^1) n_j \mathrm{d}S - \int_D \delta u_i^0 [E_{ijmn}^{\varepsilon}(u_{m,n}^0 + \tilde{u}_{m,n}^1)]_{,j} \mathrm{d}D = 0 \tag{F.5}$$

因为 E_{ijmn}^{ε}、ε_{kl}^0 和 $\tilde{u}_i^1$ 在面内具有周期性且 $\bar{u}_m^1=0$，所以等式(5.3.55)左边第二项为零，进一步有

$$\int_D \delta\tilde{\varepsilon}_{ij}^1 [E_{ijmn}^{\varepsilon}(\tilde{\varepsilon}_{mn}^1 + \bar{\varepsilon}_{mn}^1 + \varepsilon_{mn}^0)] \mathrm{d}D = 0 \tag{F.6}$$

结合式(F.5)和式(F.6)，并利用四阶弹性张量 E_{ijmn}^{ε} 的对称性($E_{ijmn}^{\varepsilon}=E_{jimn}^{\varepsilon}=E_{ijnm}^{\varepsilon}=E_{mnij}^{\varepsilon}$)和 $\bar{u}_m^1=0$，可得

$$\int_D \delta(\varepsilon_{ij}^0 + \bar{\varepsilon}_{ij}^1 + \tilde{\varepsilon}_{ij}^1) E_{ijmn}^{\varepsilon}(\varepsilon_{mn}^0 + \bar{\varepsilon}_{mn}^1 + \tilde{\varepsilon}_{mn}^1) \mathrm{d}D = 0 \tag{F.7}$$

从式(F.7)可知，单胞在常剪初应变状态下的细观应变能为零。同理，对于 $x_2 - x_3$ 面内的常剪应变，结论同样成立。证明结束。

参考文献

[1] Nasution M R E, Watanabe N, Kondo A, et al. A novel asymptotic expansion homogenization analysis for 3-D composite with relieved periodicity in the thickness direction [J]. Composites Science and Technology, 2014, 97: 63-73.

[2] Rostam - Abadi F, Chen C M, Kikuchi N. Design analysis of composite laminate structures for light-weight armored vehicle by homogenization method[J]. Computers and Structures, 2000, 76: 319-335.

[3] Huang Z W, Xing Y F, Gao Y H. Effective Inertia Coefficients Prediction and Cell Size Effects in Thickness Direction of Periodic Composite Plates[J]. International Journal of Structural Stability and Dynamics, 2022, 2350003.

[4] Kalamkarov A L. On the determination of effective characteristics of cellular plates and shells of periodic structure[J]. Mechanics of Solids, 1987, 22: 175-179.

[5] Kalamkarov A L. The thermoelasticity problem for structurally nonuniform shells of regular structure[J]. Journal of Applied Mechanics & Technical Physics, 1989, 30: 981-988.

[6] Kalamkarov A L, Andrianov I V, Danishevskyy V V. Asymptotic Homogenization of Composite Materials and Structures [J]. Applied Mechanics Reviews, 2009, 62: 669-676.

[7] Kalamkarov A L, Georgiades A. Modeling of smart composites on account of actuation, thermal conductivity and hygroscopic absorption[J]. Composites Part B: Engineering, 2002, 33: 141-152.

[8] Kalamkarov A L, Kolpakov A G. A new asymptotic model for a composite piezoelastic plate[J]. International Journal of Solids and Structures, 2001, 38: 6027-6044.

[9] Terada K, Hirayama N, Yamamoto K, et al. Numerical plate testing for linear two-scale analyses of composite plates with in-plane periodicity[J]. International Journal for Numerical Methods in Engineering, 2016, 105: 111-137.

[10] Xu L, Cheng G D. Shear stiffness prediction of Reissner-Mindlin plates with periodic microstructures[J]. Mechanics of Advanced Materials and Structures, 2017, 24: 271-286.

[11] Yu W, Hodges D H, Volovoi V V. Asymptotic construction of Reissner-like compositeplate theory with accurate strain recovery[J]. International Journal of Solids and Structures, 2002, 39: 5185-5203.

[12] Yu W B, Hodges D H, Volovoi V V. Asymptotic generalization of Reissner-Mindlin theory: Accurate three-dimensional recovery for composite shells[J]. Computer Methods in Applied Mechanics and Engineering, 2002, 191: 5087-5109.

[13] Yu W B, Hodges D H, Volovoi V V. Asymptotically accurate 3-D recovery from Reissner-like composite plate finite elements[J]. Computers and Structures, 2003, 81: 439-454.

[14] Berdichevskii V L. Variational-asymptotic method of constructing a theory of shells [J]. Journal of Applied Mathematics and Mechanics, 1979, 43: 711-736.

[15] Lee C Y. Zeroth-order shear deformation micro-mechanical model for composite plates with in-plane heterogeneity[J]. International Journal of Solids and Structures, 2013, 50: 2872-2880.

[16] Lee C Y, Yu W B, Hodges D H. Refined modeling of composite plates with in-plane heterogeneity[J]. Zamm-Zeitschrift Fur Angewandte Mathematik Und Mechanik, 2014, 94: 85-100.

[17] Huang Z W, Xing Y F, Gao Y H. A new method of stiffness prediction for composite plate structures with in-plane periodicity [J]. Composite Structures, 2022, 280: 114850.

[18] Gao Y H, Huang Z W, Xing Y F. A novel stiffness prediction method with constructed microscopic displacement field for periodic composite plates[J]. Mechanics of Advanced Materials and Structures, 2023, 30(8): 1514-1529.

[19] Cowper G R. The Shear Coefficient in Timoshenko's Beam Theory[J]. Journal of Applied Mechanics, 1966, 33: 335-340.

[20] Lok T S, Cheng Q H. Elastic Stiffness Properties and Behavior of Truss-Core Sandwich Panel[J]. Journal of Structural Engineering, 2000, 126: 552-559.

[21] Xing Y F, Chen L. Accuracy of multiscale asymptotic expansion method[J]. Composite Structures, 2014, 112: 38-43.

[22] 徐亮. 周期梁板结构等效剪切刚度的预测及双尺度并发拓扑优化设计[D]. 大连：大连理工大学，2018.

[23] Yang Q S, Becker W. Effective stiffness and microscopic deformation of an orthotropic plate containing arbitrary holes[J]. Computers & Structures, 2004, 82: 2301-2307.

[24] Reissner E. On Bending of Elastic Plates[J]. Quarterly of Applied Mathematics, 1947, 5: 55-68.

[25] Barbero E J. Introduction to Composite Materials Design[M]. Philadelphia, PA: CRC

Press, 2011.

[26] Sharma B V S, Haftka R T. Homogenization of Plates with Microstructure and Application to Corrugated Core Sandwich Panels[A]. Proceedings of the 51st AIAA/ASME/ASCE /AHS/ASC Structures, Structural Dynamics, and Materials Conference [C]. Florida: AIAA, 2010.

[27] Lee C Y, Yu W B. Homogenization and dimensional reduction of composite plates with in-plane heterogeneity[J]. International Journal of Solids and Structures, 2011, 48: 1474-1484.

第6章 周期梁和板结构细观应力的预测方法

6.1 引 言

复合材料在工程领域中的应用越来越广泛，其细观材料分布和几何构型比以前更加复杂，这导致有限元分析工作量巨大。为了降低计算成本，学者们发展了多尺度方法和均匀化方法，以获得宏观性能参数，参见前几章内容。此外，学者们也关心复合材料结构细观信息如细观应力等，也就是强度分析等工作。利用第1章介绍的多尺度特征单元方法可以有效地分析周期复合材料结构细观位移和细观应力。第2章介绍的多尺度渐近展开方法虽然也可以用于分析细观应力，但由于其摄动位移通常不满足结构边界条件，因此在结构边界及其附近区域，其分析结果精度较低。

周期复合材料梁板结构是工程中应用最广泛的构件。为了提高计算效率，其细观应力分析方法离不开均匀化方法。变分渐近梁截面分析（Variational Asymptotic Beam Sectional analysis，VABS）[1-8]方法是一种有效的方法，其中考虑了欧拉梁模型和不同阶次的剪切梁模型。基于欧拉梁理论，Huang等人[9]建立了具有周期系数的四阶常微分方程的双尺度渐近展开方法，参见第3章内容，并用双尺度收敛法[10-11]证明了具有渐近展开形式的挠度的收敛性。以一阶剪切梁理论为基础，学者们[12-14]基于单胞在宏观和细观尺度上的应变能等效求得了等效刚度。对于周期板结构，不同学者基于不同的思路提出了均匀化方法。例如，在变分渐近法（VAM）的基础上，发展了复合材料层合板壳的渐近修正理论[15-17]。Lee等人建立了周期复合材料板力学分析的不同阶次模型[18-20]。

在得到周期梁板的等效刚度后，如何获得复合材料梁板的三维细观场已成为人们关注的问题。在VABS方法中，在获得均匀化截面刚度后，把原来的非均匀三维问题分解为二维（2D）截面问题和一维（1D）均匀梁问题，然后通过二维截面细观场与一维宏观量的关系，精确计算截面上的三维位移、应变和应力[6-7,21-23]；学者们还建立了纤维增强聚合物层合梁[24]局部恢复的变分渐近降维模型。Liu等人[25]提出了一种基于结构基因组力学的复合材料梁均匀化和细观场分析的新方法。Kashefi等人[26]基于Giavotto梁理论[27]再现了箱梁桥面的三维局部场。Dhadwal等人[28]提出了一种多层梁局部应力精确计算的多场变分公式。Xu等人[29-30]先后对周期复合材料梁的Saint-Venant和Almansi-Michell问题进行了求解，除了在结构边界附近的结果不理想外，不同荷载工况下的局部应力的计算精度都比较高。相对周期梁结构而言，关于周期板细观场分析的工作较少[15-20,31-32]。

Gao等人[14,33]提出的周期梁板的均匀化方法具有实用性，参见第4章和第5章的内容。在该均匀化方法基础上，本章中提出了预测三维周期梁[34]和板结构细观应力的叠加方法。该叠加方法的新颖之处在于：把求解单胞问题得到的细观应力场作为基应力场，利用宏细观内虚功等效原理确定叠加系数，等效原理保证了本章工作的准确性。本章6.2节和6.3节分别基于周期梁[14]、板[33]的均匀化方法推导了其细观应力求解公式，并给出了若干数值算例。

6.2 周期梁的细观应力预测方法

本节首先介绍基于剪切梁理论建立的三维周期梁的均匀化方法[14]，然后基于内虚功等效以及叠加原理给出周期梁细观应力的求解公式，最后把本方法与参考文献中的方法以及有限元结果进行了比较。

6.2.1 均匀化方法

下面简要回顾周期梁的均匀化或等效刚度预测方法[14]，参见第4章。在该方法中，将非均匀三维梁结构等效为具有等效刚度的均匀一阶剪切梁(本章简称为剪切梁)，均匀化过程如图6.1所示。

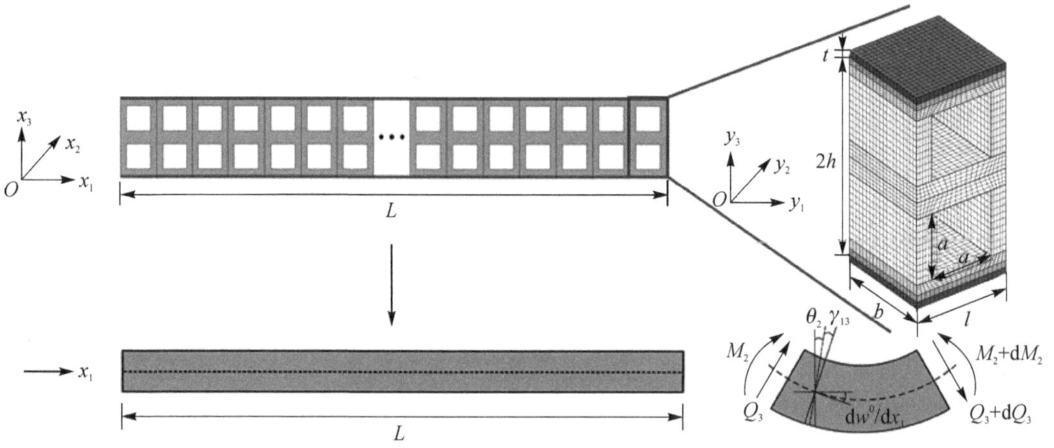

图 6.1 均匀化过程示意图

均匀剪切梁的广义本构关系为

$$\boldsymbol{F}=\boldsymbol{D}\boldsymbol{e}^{0} \tag{6.2.1}$$

$$\boldsymbol{F}=\begin{bmatrix}N_1\\M_3\\M_2\\T_1\\Q_2\\Q_3\end{bmatrix},\quad \boldsymbol{D}=\begin{bmatrix}D_{11}&&&&&\\&D_{22}&&&&\\&&D_{33}&&&\\&&&D_{44}&D_{45}&D_{46}\\&&&D_{54}&D_{55}&\\&&&D_{64}&&D_{66}\end{bmatrix},\quad \boldsymbol{e}^{0}=\begin{bmatrix}\varepsilon_1\\\kappa_3\\\kappa_2\\\kappa_1\\\gamma_{12}\\\gamma_{13}\end{bmatrix} \tag{6.2.2}$$

式中：$\boldsymbol{F}$ 和 $\boldsymbol{e}^0$ 分别表示广义内力和广义应变，$\boldsymbol{D}$ 为对称等效刚度矩阵。值得注意的是，这里除了考虑对角刚度 $D_{\alpha\alpha}(\alpha=1\sim6)$外，还考虑常见的拉弯耦合刚度($D_{12}$，$D_{13}$)和剪扭耦合刚度($D_{45}$，$D_{46}$)，并通过将坐标原点设置在单胞中心来消除拉弯耦合项。

为确定剪切梁的等效刚度 $D_{\alpha\beta}(\alpha,\beta=1\sim6)$，考虑6种梁的广义应变状态 $\boldsymbol{e}^{0[\alpha]}$ 或 $\boldsymbol{e}^{0[\beta]}$，其形式为

$$\boldsymbol{e}^{0[1]}=\begin{bmatrix}1\\0\\0\\0\\0\\0\end{bmatrix},\quad \boldsymbol{e}^{0[2]}=\begin{bmatrix}0\\1\\0\\0\\0\\0\end{bmatrix},\quad \boldsymbol{e}^{0[3]}=\begin{bmatrix}0\\0\\1\\0\\0\\0\end{bmatrix},\quad \boldsymbol{e}^{0[4]}=\begin{bmatrix}0\\0\\0\\1\\0\\0\end{bmatrix},\quad \boldsymbol{e}^{0[5]}=\begin{bmatrix}0\\y_1\\0\\0\\C_{12}\\0\end{bmatrix},\quad \boldsymbol{e}^{0[6]}=\begin{bmatrix}0\\0\\y_1\\0\\0\\C_{13}\end{bmatrix}\tag{6.2.3}$$

式中：$C_{12}=D_{22}/D_{55}$，$C_{13}=D_{33}/D_{66}$。根据三维线弹性体的几何关系和剪切梁的位移场，可以得到与 $\boldsymbol{e}^{0[\alpha]}$ 或 $\boldsymbol{e}^{0[\beta]}$ 对应的 6 个均匀三维弹性应变 $\boldsymbol{\varepsilon}^{0[\alpha]}$ 或 $\boldsymbol{\varepsilon}^{0[\beta]}$ 为

$$\boldsymbol{\varepsilon}^{0[1]}=\begin{bmatrix}1\\0\\0\\0\\0\\0\end{bmatrix},\quad \boldsymbol{\varepsilon}^{0[2]}=\begin{bmatrix}y_2\\0\\0\\0\\0\\0\end{bmatrix},\quad \boldsymbol{\varepsilon}^{0[3]}=\begin{bmatrix}y_3\\0\\0\\0\\0\\0\end{bmatrix},$$

$$\boldsymbol{\varepsilon}^{0[4]}=\begin{bmatrix}0\\0\\0\\0\\-y_2\\y_3\end{bmatrix},\quad \boldsymbol{\varepsilon}^{0[5]}=\begin{bmatrix}y_1y_2\\0\\0\\0\\0\\C_{12}\end{bmatrix},\quad \boldsymbol{\varepsilon}^{0[6]}=\begin{bmatrix}y_1y_3\\0\\0\\0\\C_{13}\\0\end{bmatrix}\tag{6.2.4}$$

式中：$\boldsymbol{\varepsilon}^{0}=[\varepsilon_{11}^{0}\quad \varepsilon_{22}^{0}\quad \varepsilon_{33}^{0}\quad 2\varepsilon_{23}^{0}\quad 2\varepsilon_{13}^{0}\quad 2\varepsilon_{12}^{0}]$，$y_1$、$y_2$ 和 y_3 为三维单胞的局部坐标。

利用均匀化初始应变状态 $\boldsymbol{\varepsilon}^{0[\alpha]}$（或 $\varepsilon_{mn}^{0[\alpha]}$）、弹性张量 E_{ijmn}（对于三维问题 $i,j,m,n=1,2,3$）以及参考文献[14]中的约束条件（包括周期性和归一化条件），从如下单胞域 D 内的自平衡方程可以求解得到翘曲应变 $\varepsilon_{mn}^{1[\alpha]}$。

$$\begin{cases}\sigma_{ij,j}^{[\alpha]}=0\\ \sigma_{ij}^{[\alpha]}=E_{ijmn}\varepsilon_{mn}^{[\alpha]}\\ \varepsilon_{mn}^{[\alpha]}=\varepsilon_{mn}^{0[\alpha]}+\varepsilon_{mn}^{1[\alpha]}\end{cases}\tag{6.2.5}$$

求解方程(6.2.5)的详细过程可以参见参考文献[14]中 2.2 节的内容，或本书第 4 章 4.3.2 小节的内容。根据式(6.2.5)中第 3 个关系式和第 2 个关系式可以分别得到相应的 6 个细观应变场 $\varepsilon_{mn}^{[\alpha]}$ 和细观应力场 $\sigma_{ij}^{[\alpha]}$。然后，通过以下公式计算等效刚度系数：

$$D_{\alpha\alpha}=\frac{1}{l}\int_D \varepsilon_{ij}^{[\alpha]}E_{ijmn}\varepsilon_{mn}^{[\alpha]}\,\mathrm{d}D,\quad \alpha=1\sim 4\tag{6.2.6}$$

$$D_{55}=\frac{lD_{22}^{2}}{\int_D \varepsilon_{ij}^{[5]}E_{ijmn}\varepsilon_{mn}^{[5]}\,\mathrm{d}D-l^{3}D_{22}/12}\tag{6.2.7}$$

$$D_{66}=\frac{lD_{33}^{2}}{\int_{D}\varepsilon_{ij}^{[6]}E_{ijmn}\varepsilon_{mn}^{[6]}\,\mathrm{d}D-l^{3}D_{33}/12} \tag{6.2.8}$$

剪扭耦合刚度则通过以下公式计算：

$$\begin{bmatrix}D_{54}\\D_{64}\end{bmatrix}=\frac{1}{l}\begin{bmatrix}\int_{D}\sigma_{12}^{[4]}\,\mathrm{d}D\\\int_{D}\sigma_{13}^{[4]}\,\mathrm{d}D\end{bmatrix} \tag{6.2.9}$$

式中：l 为单胞长度。在这种均匀化方法中，对于具有其他种类耦合的梁结构，需要考虑更多的应变状态来确定对应的耦合刚度。

根据求得的等效刚度，可以得到与给定外载荷相应的均匀化位移和内力。但还不能直接用于分析与强度相关的细观应力。为了计算三维非均匀周期梁结构在真实载荷作用下的细观应力，可以利用叠加原理，其中将上述求得的单胞问题的 6 个细观应力场 $\sigma_{ij}^{[\alpha]}$ 作为基应力场。

为使基应力场的物理意义更明确（也可以理解为，先构造彼此正交的单位初应变状态，然后用与之相应的单胞细观应力函数作为基函数），下面将式(6.2.3)中最后两个线性曲率工况替换为如下两个单位剪切应变工况：

$$\begin{cases}\boldsymbol{e}^{0[5]*}=[0\quad 0\quad 0\quad 0\quad 1\quad 0]^{\mathrm{T}}\\\boldsymbol{e}^{0[6]*}=[0\quad 0\quad 0\quad 0\quad 0\quad 1]^{\mathrm{T}}\end{cases} \tag{6.2.10}$$

存在如下线性变换关系：

$$\begin{cases}\boldsymbol{e}^{0[5]*}=(\boldsymbol{e}^{0[5]}-y_1\boldsymbol{e}^{0[2]})/C_{12}\\\boldsymbol{e}^{0[6]*}=(\boldsymbol{e}^{0[6]}-y_1\boldsymbol{e}^{0[3]})/C_{13}\end{cases} \tag{6.2.11}$$

进而有

$$\begin{cases}\varepsilon_{mn}^{[5]*}=(\varepsilon_{mn}^{[5]}-y_1\varepsilon_{mn}^{[2]})/C_{12}\\\sigma_{ij}^{[5]*}=(\sigma_{ij}^{[5]}-y_1\sigma_{ij}^{[2]})/C_{12}\end{cases} \tag{6.2.12}$$

$$\begin{cases}\varepsilon_{mn}^{[6]*}=(\varepsilon_{mn}^{[6]}-y_1\varepsilon_{mn}^{[3]})/C_{13}\\\sigma_{ij}^{[6]*}=(\sigma_{ij}^{[6]}-y_1\sigma_{ij}^{[3]})/C_{13}\end{cases} \tag{6.2.13}$$

在式(6.2.10)～式(6.2.13)中，带有上标“$[\alpha]*$”($\alpha=1\sim6$)的场变量对应剪切梁的 6 种广义单位初应变状态；并且对于 $\alpha=1\sim4$，有

$$\boldsymbol{e}^{0[\alpha]*}=\boldsymbol{e}^{0[\alpha]},\quad \varepsilon_{mn}^{[\alpha]*}=\varepsilon_{mn}^{[\alpha]},\quad \sigma_{ij}^{[\alpha]*}=\sigma_{ij}^{[\alpha]} \tag{6.2.14}$$

例如，$\boldsymbol{e}^{0[5]*}$ 表示剪切梁的一种单位剪切应变状态，而 $\varepsilon_{mn}^{[5]*}$ 和 $\sigma_{ij}^{[5]*}$ 表示与该单位剪切状态相应的细观应变和细观应力。

从式(6.2.12)～式(6.2.14)可知，虽然广义初应变状态从 $\boldsymbol{e}^{0[\alpha]}$ 变成了广义单位初应变状态 $\boldsymbol{e}^{0[\alpha]*}$，但与 $\boldsymbol{e}^{0[\alpha]*}$ 对应的单胞细观应力 $\sigma_{ij}^{[\alpha]*}$ 不需要重新计算，只需要利用式(6.2.12)～式(6.2.14)就可以根据已经求得的单胞细观应力 $\sigma_{ij}^{[\alpha]}$ 来获得 $\sigma_{ij}^{[\alpha]*}$。

6.2.2 细观应力的叠加求解方法

在 6.2.1 小节中，给定初始应变状态 $\boldsymbol{\varepsilon}^{0[\alpha]}$，通过求解单胞问题式(6.2.5)得到了相应的

6 个细观应变场 $\varepsilon_{mn}^{[\alpha]}$ 和细观应力场 $\sigma_{ij}^{[\alpha]}$，进而可以得到与广义单位应变对应的细观应变 $\varepsilon_{mn}^{[\alpha]*}$ 和细观应力场 $\sigma_{ij}^{[\alpha]*}$。

为了用单胞问题的细观应力场 $\sigma_{ij}^{[\alpha]*}$（也可以用 $\sigma_{ij}^{[\alpha]}$，见本小节末段）来预测三维非均匀梁结构在外载荷作用下产生的细观应力场 $\sigma_{ij}(x_1,\boldsymbol{y})$，基于叠加原理我们提出了一种计算方法，其公式如下：

$$\sigma_{ij}(x_1,\boldsymbol{y})=a_\alpha(x_1)\sigma_{ij}^{[\alpha]*}(\boldsymbol{y})=a_1\sigma_{ij}^{[1]*}+a_2\sigma_{ij}^{[2]*}+\cdots+a_6\sigma_{ij}^{[6]*} \tag{6.2.15}$$

式中：x_1 为均匀化梁的轴向宏观坐标，$\boldsymbol{y}=(y_1,y_2,y_3)$为三维单胞的局部坐标。式(6.2.15)可以写成

$$\boldsymbol{\sigma}=a_1\boldsymbol{\sigma}^{[1]*}+a_2\boldsymbol{\sigma}^{[2]*}+\cdots+a_6\boldsymbol{\sigma}^{[6]*}=a_\alpha\boldsymbol{\sigma}^{[\alpha]*} \tag{6.2.16}$$

式中

$$\boldsymbol{\sigma}=\begin{bmatrix}\sigma_{11} & \sigma_{22} & \sigma_{33} & \sigma_{23} & \sigma_{13} & \sigma_{12}\end{bmatrix}^{\mathrm{T}} \tag{6.2.17}$$

$$\boldsymbol{\sigma}^{[\alpha]*}=\begin{bmatrix}\sigma_{11}^{[\alpha]*} & \sigma_{22}^{[\alpha]*} & \sigma_{33}^{[\alpha]*} & \sigma_{23}^{[\alpha]*} & \sigma_{13}^{[\alpha]*} & \sigma_{12}^{[\alpha]*}\end{bmatrix}^{\mathrm{T}} \tag{6.2.18}$$

下面根据结构的宏观内虚功和细观内虚功在两个尺度上等效来确定叠加系数 a_α。梁结构的宏观内虚功为

$$\int_L(\boldsymbol{F}^{\mathrm{T}}\delta\boldsymbol{e}^0)\mathrm{d}x_1 \tag{6.2.19}$$

式中：L 为梁结构的长度，$\boldsymbol{F}$ 为梁结构在真实载荷作用下的广义内力，$\delta\boldsymbol{e}^0$ 为广义虚应变。梁的细观内虚功为

$$\iiint_\Omega\langle\boldsymbol{\sigma}^{\mathrm{T}}\delta\boldsymbol{\varepsilon}\rangle\mathrm{d}x_1\mathrm{d}x_2\mathrm{d}x_3 \tag{6.2.20}$$

式中：Ω 表示梁结构区域；$\boldsymbol{\sigma}$ 为单胞中在真实载荷作用下的细观应力；$\langle\cdot\rangle$是定义在单胞域 D 上的平均算子：

$$\langle g\rangle=\frac{1}{|D|}\int_D(g)\mathrm{d}D=\frac{1}{|D|}\iiint_D(g)\mathrm{d}y_1\mathrm{d}y_2\mathrm{d}y_3 \tag{6.2.21}$$

令梁结构的宏观内虚功和细观内虚功相等，得

$$\int_L(\boldsymbol{F}^{\mathrm{T}}\delta\boldsymbol{e}^0)\mathrm{d}x_1=\iiint_\Omega\langle\boldsymbol{\sigma}^{\mathrm{T}}\delta\boldsymbol{\varepsilon}\rangle\mathrm{d}x_1\mathrm{d}x_2\mathrm{d}x_3 \tag{6.2.22}$$

令虚应变 $\delta\boldsymbol{e}^0$ 和虚应变 $\delta\boldsymbol{\varepsilon}$ 分别为

$$\begin{cases}\delta\boldsymbol{e}^0=\boldsymbol{e}^{0[\beta]*}\\ \delta\boldsymbol{\varepsilon}=\boldsymbol{\varepsilon}^{[\beta]*}\end{cases} \tag{6.2.23}$$

将式(6.2.23)代入式(6.2.22)得

$$\int_L(\boldsymbol{F}^{\mathrm{T}}\boldsymbol{e}^{0[\beta]*})\mathrm{d}x_1=\iiint_\Omega\langle\boldsymbol{\sigma}^{\mathrm{T}}\boldsymbol{\varepsilon}^{[\beta]*}\rangle\mathrm{d}x_1\mathrm{d}x_2\mathrm{d}x_3 \tag{6.2.24}$$

将式(6.2.16)代入式(6.2.24)得

$$\int_L(\boldsymbol{F}^{\mathrm{T}}\boldsymbol{e}^{0[\beta]*})\mathrm{d}x_1=\iiint_\Omega a_\alpha\langle\boldsymbol{\sigma}^{[\alpha]*\mathrm{T}}\boldsymbol{\varepsilon}^{[\beta]*}\rangle\mathrm{d}x_1\mathrm{d}x_2\mathrm{d}x_3 \tag{6.2.25}$$

根据单胞域内的内虚功等效，参见第 4 章，可以得到等效刚度系数与单胞细观内虚功的关系：

$$\langle\boldsymbol{\sigma}^{[\alpha]*\mathrm{T}}\boldsymbol{\varepsilon}^{[\beta]*}\rangle=lD_{\alpha\beta}/D \tag{6.2.26}$$

式中：l 和 D 分别为单胞长度和体积。将式(6.2.26)代入式(6.2.25)可以得到

$$\int_L (\boldsymbol{F}^{\mathrm{T}} \boldsymbol{e}^{0[\beta]*} - D_{\alpha\beta} a_\alpha) \mathrm{d}x_1 = 0 \tag{6.2.27}$$

为了使式(6.2.27)对任意工况都成立，我们令

$$\boldsymbol{F}^{\mathrm{T}} \boldsymbol{e}^{0[\beta]*} - D_{\alpha\beta} a_\alpha = 0 \tag{6.2.28}$$

式(6.2.28)对于 $\beta=1\sim6$ 都成立，也就是

$$\begin{cases} \boldsymbol{F}^{\mathrm{T}} \boldsymbol{e}^{0[1]*} - D_{\alpha1} a_\alpha = 0 \\ \boldsymbol{F}^{\mathrm{T}} \boldsymbol{e}^{0[2]*} - D_{\alpha2} a_\alpha = 0 \\ \qquad\vdots \\ \boldsymbol{F}^{\mathrm{T}} \boldsymbol{e}^{0[6]*} - D_{\alpha6} a_\alpha = 0 \end{cases} \tag{6.2.29}$$

或者写成矩阵的形式

$$[\boldsymbol{e}^{0[1]*} \quad \boldsymbol{e}^{0[2]*} \quad \cdots \quad \boldsymbol{e}^{0[6]*}]^{\mathrm{T}} \boldsymbol{F} - \boldsymbol{D}\boldsymbol{a} = \boldsymbol{0} \tag{6.2.30}$$

式中

$$\boldsymbol{a} = [a_1 \quad a_2 \quad a_3 \quad a_4 \quad a_5 \quad a_6]^{\mathrm{T}} \tag{6.2.31}$$

因为 $[\boldsymbol{e}^{0[1]*} \quad \boldsymbol{e}^{0[2]*} \quad \cdots \quad \boldsymbol{e}^{0[6]*}]$ 为单位矩阵，于是式(6.2.30)变为

$$\boldsymbol{F} = \boldsymbol{D}\boldsymbol{a} \tag{6.2.32}$$

因此

$$\boldsymbol{a} - \boldsymbol{D}^{-1}\boldsymbol{F} \tag{6.2.33}$$

于是我们可以利用式(6.2.16)计算在真实外载荷作用下梁结构的三维细观应力。根据式(6.2.1)可知

$$\boldsymbol{a} = \boldsymbol{D}^{-1}\boldsymbol{F} = \boldsymbol{e}^0 \tag{6.2.34}$$

式中：$\boldsymbol{e}^0$ 为外载荷作用下产生的一维剪切梁的广义应变。

一般情况下，周期梁细观结构存在一定的对称性，使得其不会出现刚度耦合效应。在这种情况下，若单胞局部坐标系原点设在单胞形心处，则得到的等效刚度矩阵为对角矩阵，此时求解细观应力的式(6.2.15)变为

$$\sigma_{ij} = \frac{N}{D_{11}} \sigma_{ij}^{[1]*} + \frac{M_3}{D_{22}} \sigma_{ij}^{[2]*} + \frac{M_2}{D_{33}} \sigma_{ij}^{[3]*} + \frac{T}{D_{44}} \sigma_{ij}^{[4]*} + \frac{Q_2}{D_{55}} \sigma_{ij}^{[5]*} + \frac{Q_3}{D_{66}} \sigma_{ij}^{[6]*} \tag{6.2.35}$$

值得指出的是，梁结构的细观应力也可以用与式(6.2.3)中广义初应变状态对应的单胞细观应力来计算，即

$$\sigma_{ij}(x_1, y) = a'_1 \sigma_{ij}^{[1]} + a'_2 \sigma_{ij}^{[2]} + a'_3 \sigma_{ij}^{[3]} + a'_4 \sigma_{ij}^{[4]} + a'_5 \sigma_{ij}^{[5]} + a'_6 \sigma_{ij}^{[6]} \tag{6.2.36}$$

下面确定式(6.2.36)中的待定系数 $a'_\alpha(\alpha=1\sim6)$。

将式(6.2.12)中的第 2 个关系式和式(6.2.13)中的第 2 个关系式一起代入式(6.2.15)中得

$$\begin{aligned} \sigma_{ij}(x_1, y) &= \sum_{\alpha=1}^{4} a_\alpha \sigma_{ij}^{[\alpha]} + a_5 \frac{\sigma_{ij}^{[5]} - y_1 \sigma_{ij}^{[2]}}{C_{12}} + a_6 \frac{\sigma_{ij}^{[6]} - y_1 \sigma_{ij}^{[3]}}{C_{13}} \\ &= a_1 \sigma_{ij}^{[1]} + \left(a_2 - \frac{a_5 y_1}{C_{12}}\right) \sigma_{ij}^{[2]} + \left(a_3 - \frac{a_6 y_1}{C_{13}}\right) \sigma_{ij}^{[3]} + \end{aligned}$$

$$a_4\sigma_{ij}^{[4]}+\frac{a_5}{C_{12}}\sigma_{ij}^{[5]}+\frac{a_6}{C_{13}}\sigma_{ij}^{[6]} \tag{6.2.37}$$

比较式(6.2.36)和式(6.2.37)可得

$$\begin{cases} a_1'=a_1, \quad a_2'=a_2-\dfrac{a_5y_1}{C_{12}} \\ a_3'=a_2-\dfrac{a_5y_1}{C_{12}}, a_4'=a_4 \\ a_5'=\dfrac{a_5}{C_{12}}, \quad a_6'=\dfrac{a_6}{C_{13}} \end{cases}$$

并且存在如下关系：

$$\boldsymbol{a}'=[\boldsymbol{e}^{0[1]} \quad \boldsymbol{e}^{0[2]} \quad \cdots \quad \boldsymbol{e}^{0[6]}]^{-1}\boldsymbol{a} \tag{6.2.38}$$

式中

$$\boldsymbol{a}'=[a_1' \quad a_2' \quad \cdots \quad a_6']^{\mathrm{T}} \tag{6.2.39}$$

根据式(6.2.15)与式(6.2.36)计算的周期梁的细观应力一定是相同的。式(6.2.38)意味着如下关系：

$$\{\boldsymbol{\sigma}^{[1]} \quad \boldsymbol{\sigma}^{[2]} \quad \cdots \quad \boldsymbol{\sigma}^{[6]}\}\boldsymbol{a}'=\{\boldsymbol{\sigma}^{[1]*} \quad \boldsymbol{\sigma}^{[2]*} \quad \cdots \quad \boldsymbol{\sigma}^{[6]*}\}\boldsymbol{a} \tag{6.2.40}$$

或

$$\{\boldsymbol{\sigma}^{[1]} \quad \boldsymbol{\sigma}^{[2]} \quad \cdots \quad \boldsymbol{\sigma}^{[6]}\}=\{\boldsymbol{\sigma}^{[1]*} \quad \boldsymbol{\sigma}^{[2]*} \quad \cdots \quad \boldsymbol{\sigma}^{[6]*}\}[\boldsymbol{e}^{0[1]} \quad \boldsymbol{e}^{0[2]} \quad \cdots \quad \boldsymbol{e}^{0[6]}] \tag{6.2.41}$$

6.2.3　数值算例比较及分析

本小节通过几个算例验证所提出方法在预测复合材料梁细观应力时的有效性。所有算例中，结构坐标系原点皆设置在左端中心。用“FEM”表示利用有限元软件 Comsol 得到的参考解。

算例 1：方孔三明治梁

考虑周期三明治梁[7]，如图 6.1 所示。与单胞相关的参数为 $l=1.5$ m，$b=1.5$ m，$a=1$ m，$t=0.1$ m，$2h=3$ m。该梁的长度为 $L=60$ m(40 个单胞)。梁上下表面材料参数为$E_1=70$ GPa，$\nu_1=0.34$，夹芯部分的材料参数为 $E_2=3.5$ GPa，$\nu_2=0.34$。单胞细观模型包含 18 400 个二次六面体单元，梁结构模型包含 736 000 个二次六面体单元。

梁的左端固支，右端自由，自由端作用有力矩 $M_2=1.60\times10^5$ N·m。图 6.2～图 6.4 把用本小节方法得到的直线($x_1=30$ m，$x_2=0$)处的细观应力分量 σ_{11}、σ_{22} 以及 σ_{33} 与 VABS[7] 和 FEM 结果进行了比较。比较结果表明，本方法与参考文献结果以及有限元解吻合，验证了本方法的准确性。

算例 2：三向孔洞梁

这里考虑三向穿孔悬臂梁，如图 6.5 所示。单胞的几何参数为 $a=1.2$ m，$l=b=h=2$ m。由 20 个单胞组成的梁长度 $L=40$ m。材料参数为 $E=206$ GPa，$\nu=0.3$。单胞被划分为 2 816 个二次六面体单元，整个结构共有 56 320 个单元。

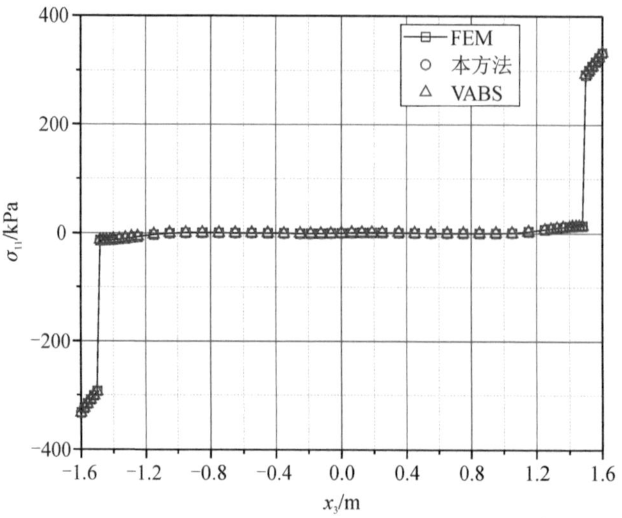

图 6.2　三明治梁直线($x_1=30$ m,$x_2=0$)处 σ_{11} 沿 x_3 的分布

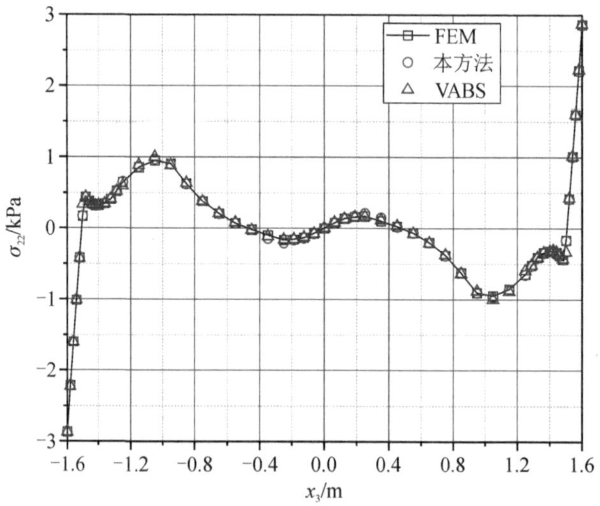

图 6.3　三明治梁直线($x_1=30$ m,$x_2=0$)处 σ_{22} 沿 x_3 的分布

梁的上表面承受分布载荷 $q_3=-1\ 000$ Pa (沿 x_3 方向),前表面承受分布载荷 $q_2=2\ 000$ Pa (沿 x_2 方向)。下面分别考虑如图 6.5 所示 A 线 ($x_1=20$ m,$x_2=0.8$ m)和 B 线 ($x_1=10$ m,$x_3=0.8$ m)上的应力 σ_{11}、σ_{12} 及 σ_{13}。图 6.6~图 6.8 比较了本方法与 FEM 得到的 A 线上的应力结果,图 6.9~图 6.11 给出了 B 线上应力结果的对比。从中可以看出,本方法细观应力与参考解吻合。

算例 3:蜂窝夹层梁

在本例中,考虑图 6.12 中的蜂窝夹芯梁,见第 4 章参考文献[18]。蜂窝的几何参数为 $l=\sqrt{3}$ m,$b=1$ m,$l_1=(\sqrt{3}/3)$ m,$t=(1/6)$m,$h_f=0.2$ m,$h_c=2$ m。该梁由 20 个单胞组成。上下表面材料参数为$E_1=7$ GPa,$\nu_1=0.34$;夹芯材料为 $E_2=3.5$ GPa,$\nu_2=0.34$。单胞有限元模型包含 7 328 个二次六面体单元,整个结构有限元模型共有 146 560 个单元。

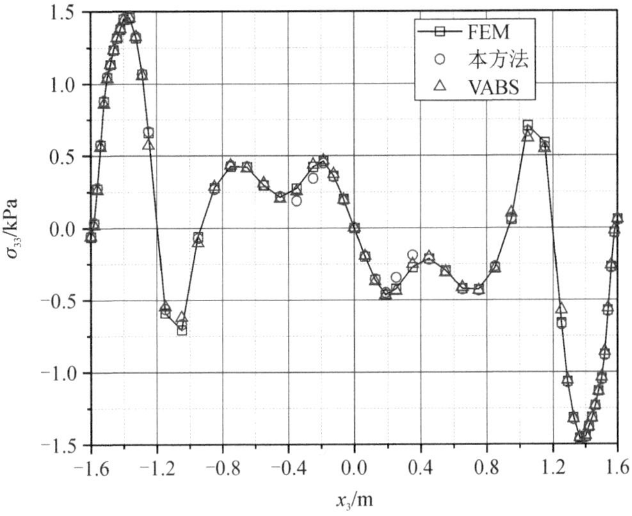

图 6.4　三明治梁直线($x_1=30$ m,$x_2=0$)处 σ_{33} 沿 x_3 的分布

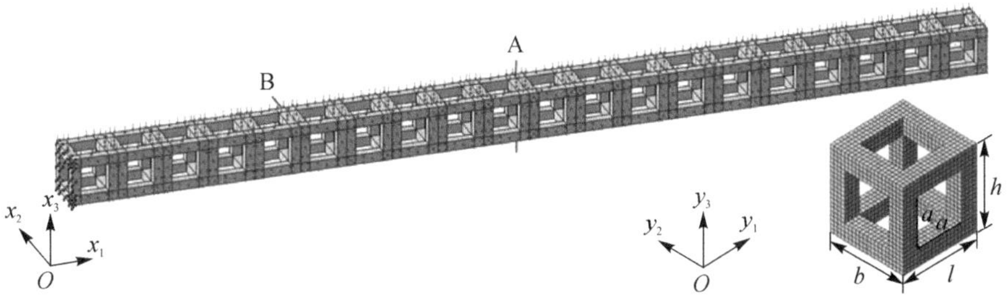

图 6.5　三向孔洞梁及其单胞有限元模型

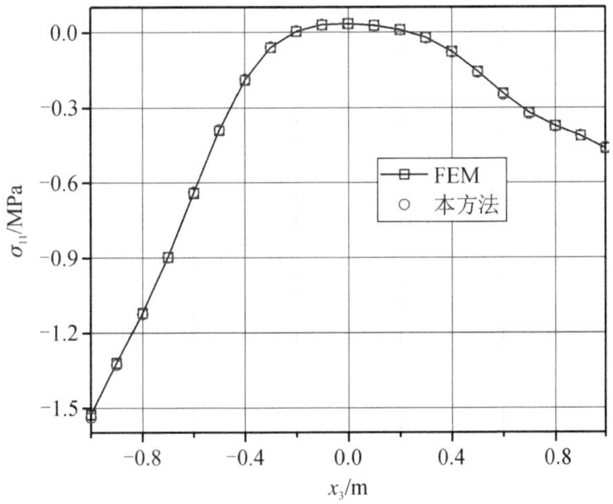

图 6.6　三向孔洞梁 σ_{11} 沿着 A 线的分布

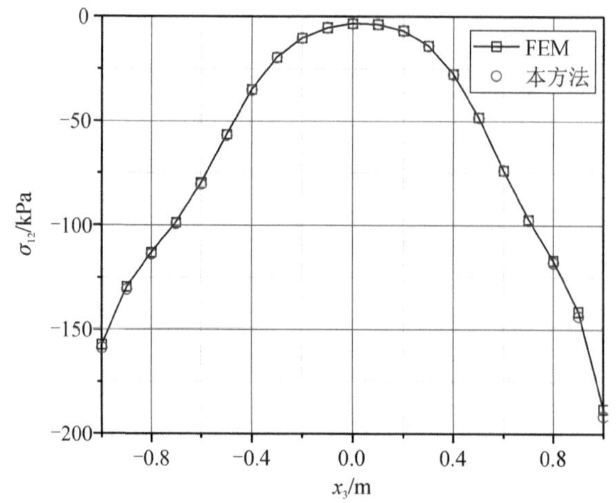

图 6.7　三向孔洞梁 $\boldsymbol{\sigma}_{12}$ 沿着 A 线的分布

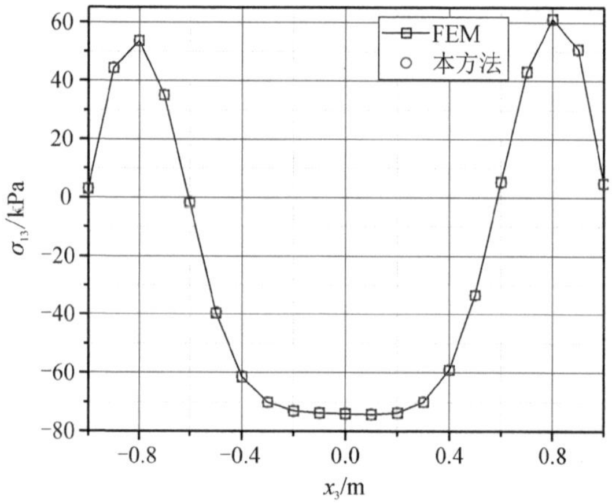

图 6.8　三向孔洞梁 $\boldsymbol{\sigma}_{13}$ 沿着 A 线的分布

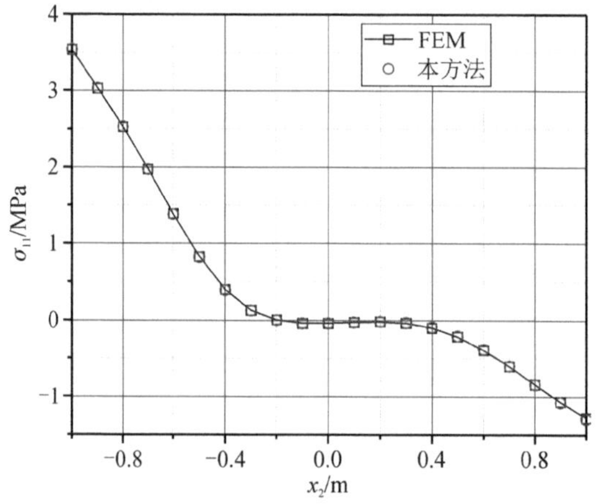

图 6.9　三向孔洞梁 $\boldsymbol{\sigma}_{11}$ 沿着 B 线的分布

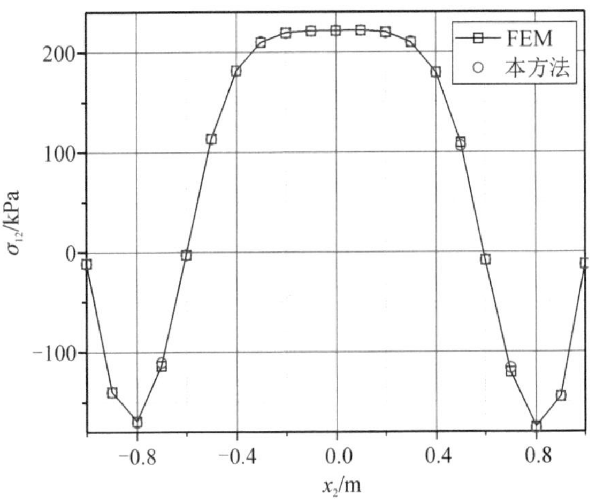

图 6.10　三向孔洞梁 $\boldsymbol{\sigma}_{12}$ 沿着 B 线的分布

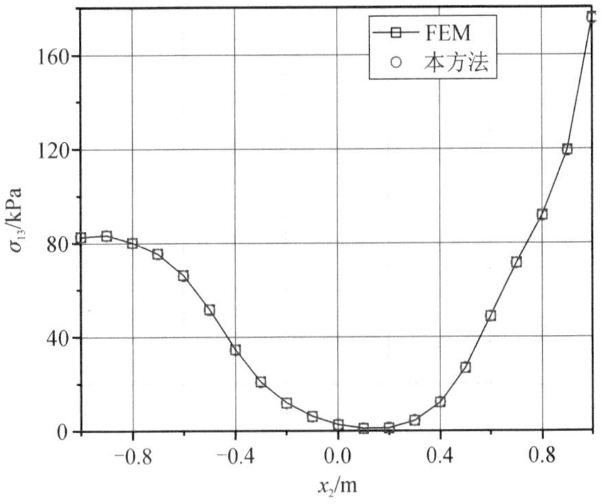

图 6.11　三向孔洞梁 $\boldsymbol{\sigma}_{13}$ 沿着 B 线的分布

该悬臂梁的自由端面承受布载荷 $q=-1\ 000$ Pa 的作用。这里利用本方法计算了图 6.12 中所示 C 线（$x_1=(4.5\sqrt{3})$ m，$x_2=0$）、D 线（$x_1=(23\sqrt{3}/3)$ m，$x_2=0$）和 E 线（$x_1=(59\sqrt{3}/6)$ m，$x_2=0.5$ m）处的细观应力 σ_{11} 和 σ_{13}，并与 FEM 的结果进行了对比，如图 6.13～图 6.18 所示。本方法的结果与 FEM 参考解吻合得较好，再一次说明本方法能够用于计算具有复杂微结构的复合材料梁的细观应力。

算例 4：倒 T 形截面梁

考虑一个倒 T 形截面梁（见第 4 章参考文献[16]），如图 6.19 所示，其截面的几何参数为 $b_1=b_2=1$ m，$b_3=h_1=h_2=2$ m，单胞长为 1 m。梁长度为 40 m，由 40 个单胞构成。材料参数为 $E=300$ GPa，$\nu=0.49$。坐标原点建立在截面的形心 O 处。

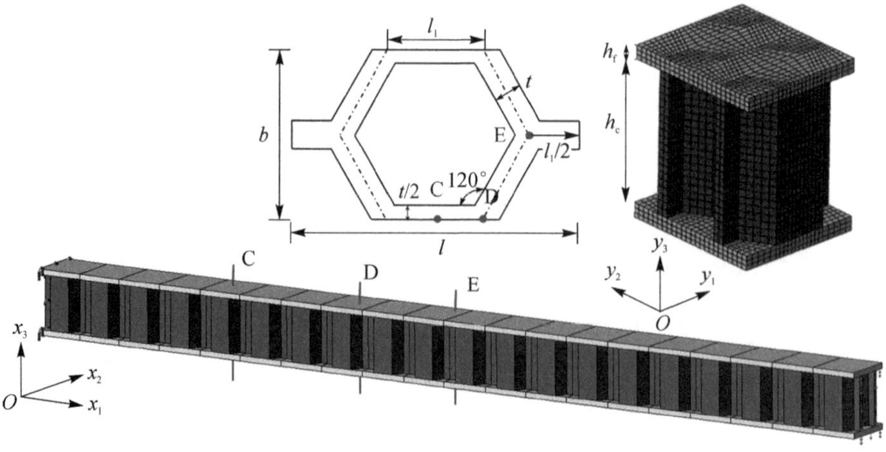

图 6.12　蜂窝梁及其单胞有限元模型

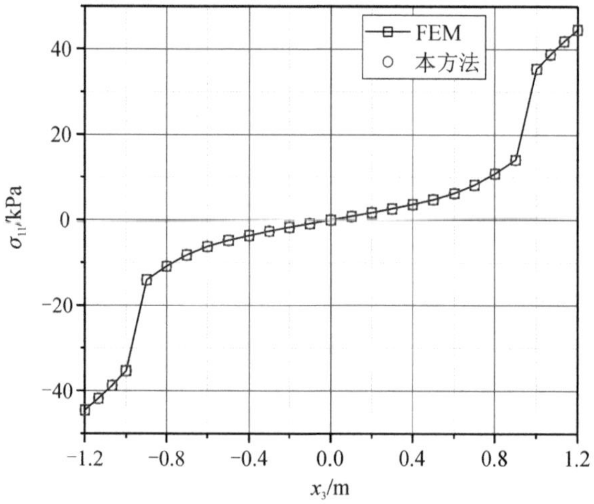

图 6.13　蜂窝梁 $\boldsymbol{\sigma}_{11}$ 沿着 C 线的分布

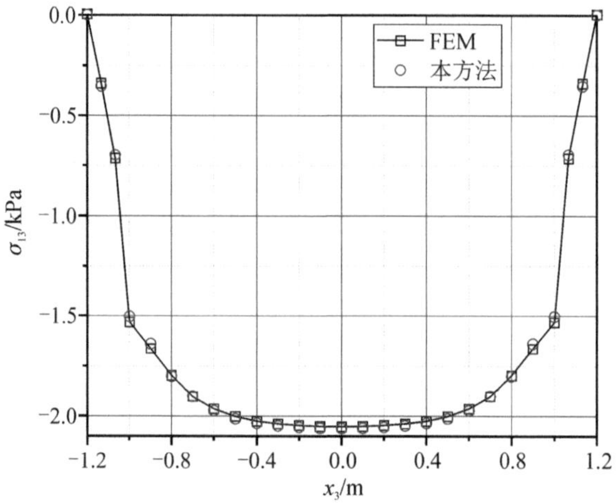

图 6.14　蜂窝梁 $\boldsymbol{\sigma}_{13}$ 沿着 C 线的分布

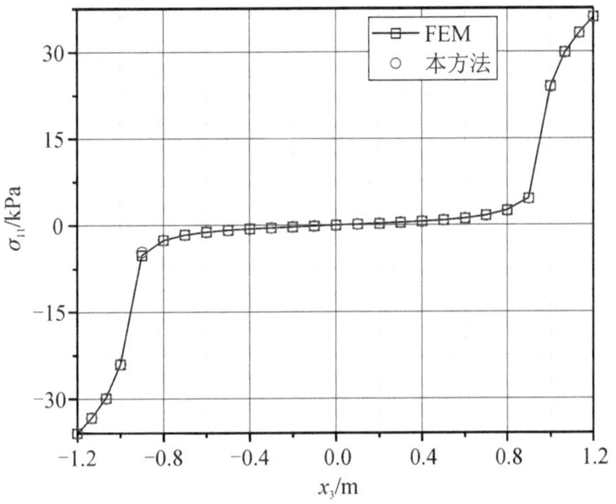

图 6.15　蜂窝梁 $\boldsymbol{\sigma}_{11}$ 沿着 D 线的分布

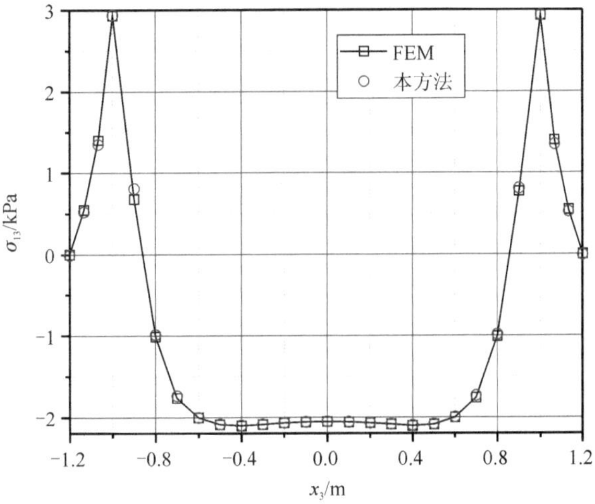

图 6.16　蜂窝梁 $\boldsymbol{\sigma}_{13}$ 沿着 D 线的分布

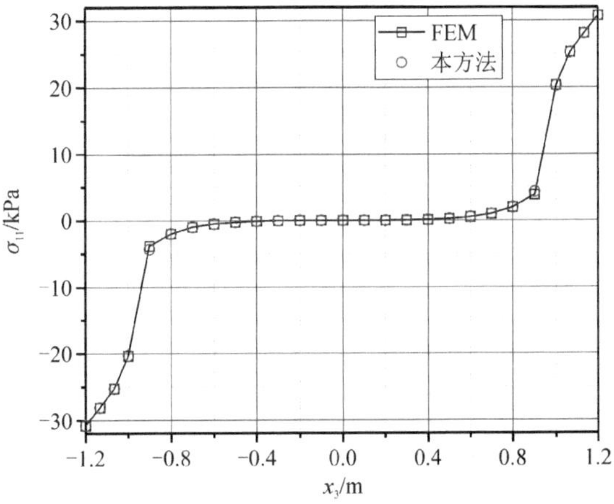

图 6.17　蜂窝梁 $\boldsymbol{\sigma}_{11}$ 沿着 E 线的分布

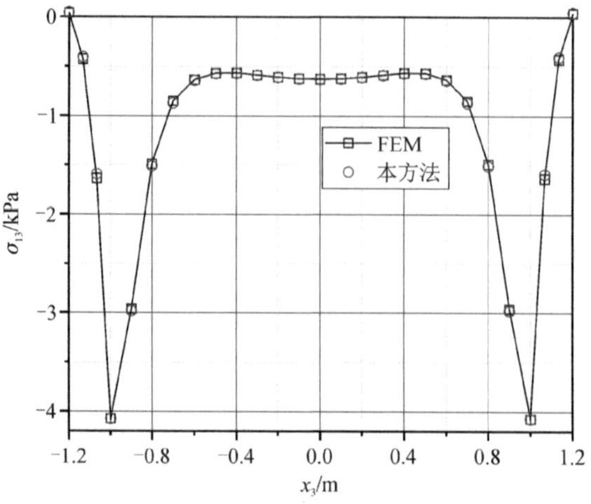

图 6.18　蜂窝梁 σ_{13} 沿着 E 线的分布

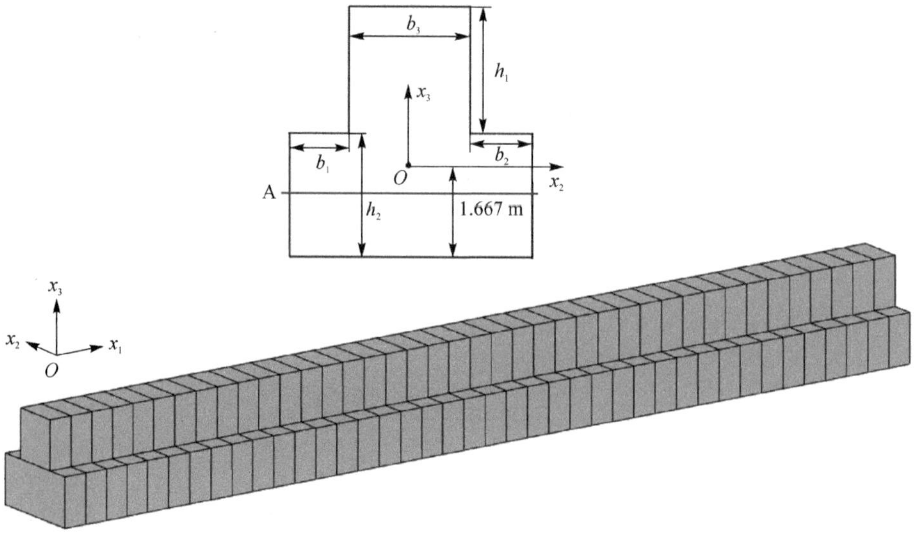

图 6.19　倒 T 形截面梁

梁的左端固支，右端自由。自由端面作用有沿着 x_2 方向、大小为 1 000 Pa 的均匀分布力，其合力为沿着 x_2 方向、作用于自由端面形心位置、大小为 12 000 N 的集中剪力。该梁形心和扭心不重合，即存在剪扭耦合。在作用在形心位置的载荷作用下，将产生扭转变形。

考虑如图 6.19 所示 A 线($x_1 = 20$ m，$x_3 = -0.667$ m)处的应力分布规律。图 6.20～图 6.22 比较了本方法和 FEM 的应力分量 σ_{11}、σ_{12} 和 σ_{13}，其中"忽略耦合"的结果是根据式(6.2.35)计算的，"考虑耦合"的结果是由式(6.2.15)得到的。

从比较结果中可以看出：① "考虑耦合"和"忽略耦合"方法得到的正应力 $\boldsymbol{\sigma}_{11}$ 基本相同，这是因为剪扭耦合对正应力的影响较小，主要对切应力的影响较大；② 考虑刚度耦合时的计算精度远高于忽略刚度耦合时的计算精度。该算例结果说明，对于存在刚度耦合的情况，本方法也具有较好的适用性。

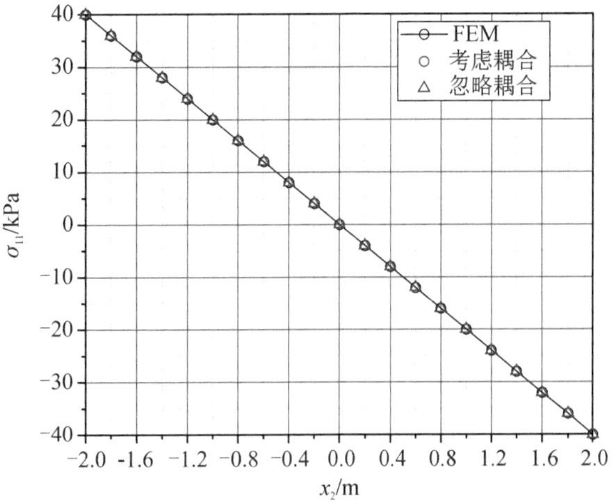

图 6.20　倒 T 形梁 σ_{11} 沿着 A 线的分布

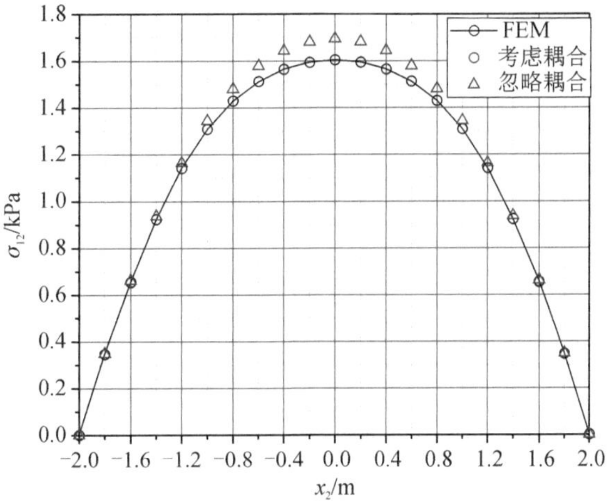

图 6.21　倒 T 形梁 σ_{12} 沿着 A 线的分布

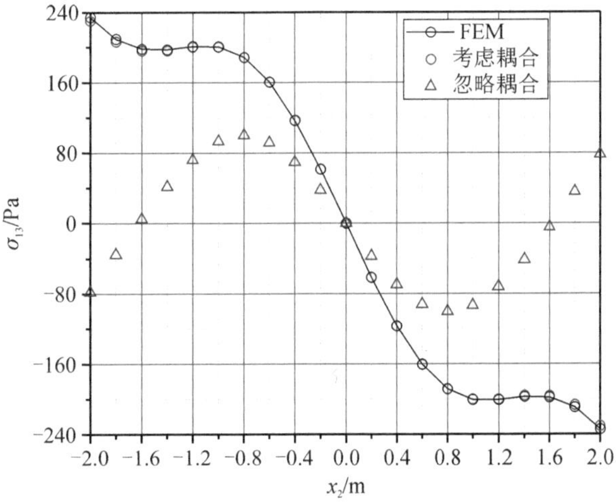

图 6.22　倒 T 形梁 σ_{13} 沿着 A 线的分布

6.3 周期板的细观应力预测方法

这里首先介绍基于剪切板理论建立的三维周期板的均匀化方法[33]，然后给出基于内虚功等效以及叠加原理建立的周期板细观应力的计算公式，最后把本方法与参考文献中的方法以及有限元法的结果进行了比较。

6.3.1 均匀化方法

下面首先简要回顾基于剪切板理论建立的三维周期板的等效刚度预测方法[33]，也可参见第5章。等效均匀化剪切板的广义本构关系为

$$\boldsymbol{F}=\boldsymbol{D}\boldsymbol{e}^{0} \tag{6.3.1}$$

式中

$$\boldsymbol{F}=\begin{bmatrix} N_{11}\\ N_{22}\\ N_{12}\\ M_{11}\\ M_{22}\\ M_{12}\\ Q_{13}\\ Q_{23}\end{bmatrix},\quad \boldsymbol{D}=\begin{bmatrix} D_{11} & D_{12} & D_{13} & D_{14} & D_{15} & D_{16} & & \\ D_{21} & D_{22} & D_{23} & D_{24} & D_{25} & D_{26} & & \\ D_{31} & D_{32} & D_{33} & D_{34} & D_{35} & D_{36} & & \\ D_{41} & D_{42} & D_{43} & D_{44} & D_{45} & D_{46} & & \\ D_{51} & D_{52} & D_{53} & D_{54} & D_{55} & D_{56} & & \\ D_{61} & D_{62} & D_{63} & D_{64} & D_{65} & D_{66} & & \\ & & & & & & D_{77} & \\ & & & & & & & D_{88}\end{bmatrix},\quad \boldsymbol{e}^{0}=\begin{bmatrix} \varepsilon_{1}\\ \varepsilon_{2}\\ \gamma_{12}\\ \kappa_{1}\\ \kappa_{2}\\ \kappa_{12}\\ \gamma_{13}\\ \gamma_{23}\end{bmatrix} \tag{6.3.2}$$

式中：$\boldsymbol{F}$ 和 $\boldsymbol{e}^{0}$ 分别表示剪切板的广义内力和广义应变，$\boldsymbol{D}$ 为对称等效刚度矩阵。为了确定等效刚度系数 $D_{\alpha\beta}(\alpha,\beta=1\sim8)$，考虑了 8 种广义应变状态，记作 $\boldsymbol{e}^{0[\alpha]}$，具体形式为

$$\boldsymbol{e}^{0[1]}=\begin{bmatrix}1\\0\\0\\0\\0\\0\\0\\0\end{bmatrix},\quad \boldsymbol{e}^{0[2]}=\begin{bmatrix}0\\1\\0\\0\\0\\0\\0\\0\end{bmatrix},\quad \boldsymbol{e}^{0[3]}=\begin{bmatrix}0\\0\\1\\0\\0\\0\\0\\0\end{bmatrix},\quad \boldsymbol{e}^{0[4]}=\begin{bmatrix}0\\0\\0\\1\\0\\0\\0\\0\end{bmatrix},\quad \boldsymbol{e}^{0[5]}=\begin{bmatrix}0\\0\\0\\0\\1\\0\\0\\0\end{bmatrix},$$

$$\boldsymbol{e}^{0\,[6]}=\begin{bmatrix}0\\0\\0\\0\\0\\1\\0\\0\end{bmatrix},\quad \boldsymbol{e}^{0\,[7]}=\begin{bmatrix}\widetilde{D}_{11}x_1\\\widetilde{D}_{21}x_1\\\widetilde{D}_{31}x_1\\x_1\\0\\0\\C_{13}^{[7]}\\C_{23}^{[7]}\end{bmatrix},\quad \boldsymbol{e}^{0\,[8]}=\begin{bmatrix}\widetilde{D}_{12}x_2\\\widetilde{D}_{22}x_2\\\widetilde{D}_{32}x_2\\0\\x_2\\0\\C_{13}^{[8]}\\C_{23}^{[8]}\end{bmatrix}\tag{6.3.3}$$

式中：C_{13} 和 C_{23} 是待定的常剪应变，将根据宏观自平衡方程（5.3.7）来确定；$\begin{bmatrix}\widetilde{D}_{11} & \widetilde{D}_{21} & \widetilde{D}_{31}\end{bmatrix}^{\mathrm{T}}$ 和 $\begin{bmatrix}\widetilde{D}_{12} & \widetilde{D}_{22} & \widetilde{D}_{32}\end{bmatrix}^{\mathrm{T}}$ 是矩阵 $\widetilde{\boldsymbol{D}}=-\boldsymbol{D}_{\Lambda}^{-1}\boldsymbol{D}_{\mathrm{B}}$ 的第 1 列和第 2 列，其中

$$\boldsymbol{D}_{\Lambda}=\begin{bmatrix}D_{11} & D_{12} & D_{13}\\D_{21} & D_{22} & D_{23}\\D_{31} & D_{32} & D_{33}\end{bmatrix},\quad \boldsymbol{D}_{\mathrm{B}}=\begin{bmatrix}D_{14} & D_{15} & D_{16}\\D_{24} & D_{25} & D_{26}\\D_{34} & D_{35} & D_{36}\end{bmatrix}\tag{6.3.4}$$

与 $\boldsymbol{e}^{0\,[\alpha]}$ 对应的 8 个三维初应变场为 $\boldsymbol{\varepsilon}^{0\,[\alpha]}$，具有如下形式：

$$\boldsymbol{\varepsilon}^{0\,[1]}=\begin{bmatrix}1\\0\\0\\0\\0\\0\end{bmatrix},\quad \boldsymbol{\varepsilon}^{0\,[2]}=\begin{bmatrix}0\\1\\0\\0\\0\\0\end{bmatrix},\quad \boldsymbol{\varepsilon}^{0\,[3]}=\begin{bmatrix}0\\0\\0\\0\\0\\1\end{bmatrix},\quad \boldsymbol{\varepsilon}^{0\,[4]}=\begin{bmatrix}x_3\\0\\0\\0\\0\\0\end{bmatrix},\quad \boldsymbol{\varepsilon}^{0\,[5]}=\begin{bmatrix}0\\x_3\\0\\0\\0\\0\end{bmatrix},$$

$$\boldsymbol{\varepsilon}^{0\,[6]}=\begin{bmatrix}0\\0\\0\\0\\0\\x_3\end{bmatrix},\quad \boldsymbol{\varepsilon}^{0\,[7]}=\begin{bmatrix}\widetilde{D}_{11}x_1+x_3x_1\\\widetilde{D}_{21}x_1\\0\\C_{23}^{[7]}\\C_{13}^{[7]}\\\widetilde{D}_{31}x_1\end{bmatrix},\quad \boldsymbol{\varepsilon}^{0\,[8]}=\begin{bmatrix}\widetilde{D}_{12}x_2\\\widetilde{D}_{22}x_2+x_3x_2\\0\\C_{23}^{[8]}\\C_{13}^{[8]}\\\widetilde{D}_{32}x_2\end{bmatrix}\tag{6.3.5}$$

根据均匀化初应变状态 $\boldsymbol{\varepsilon}^{0\,[\alpha]}$（或 $\varepsilon_{mn}^{0\,[\alpha]}$）、弹性张量 E_{ijmn}（对于三维问题 $i,j,m,n=1,2,3$）以及相应的单胞周期性和归一化条件[33]，通过求解如下单胞域 D 内的自平衡方程

$$\begin{cases}\sigma_{ij,j}^{[\alpha]}=0\\\sigma_{ij}^{[\alpha]}=E_{ijmn}\varepsilon_{mn}^{[\alpha]}\\\varepsilon_{mn}^{[\alpha]}=\varepsilon_{mn}^{0\,[\alpha]}+\varepsilon_{mn}^{1\,[\alpha]}\end{cases}\tag{6.3.6}$$

可以得到翘曲应变 $\varepsilon_{mn}^{1\,[\alpha]}$，进而得到相应的 8 个细观应变场 $\varepsilon_{mn}^{[\alpha]}$ 以及细观应力场 $\sigma_{ij}^{[\alpha]}$。根据单胞的宏观应变能和细观应变能等价，可以确定等效刚度矩阵。

当 $\alpha,\beta=1\sim6$ 时，等效刚度系数的计算公式为

$$D_{\alpha\beta}=\frac{1}{|A|}\int_D \varepsilon_{ij}^{[\alpha]}E_{ijmn}\varepsilon_{mn}^{[\beta]}\mathrm{d}D \tag{6.3.7}$$

式中：$|A|$为单胞的参考面面积。对于 D_{77} 和 D_{88}，可以从下列方程组求解得到：

$$\frac{ab\bar{D}_{11}^2}{D_{77}}+\frac{ab\bar{D}_{31}^2}{D_{88}}=\int_D \varepsilon_{ij}^{[7]}E_{ijmn}\varepsilon_{mn}^{[7]}\mathrm{d}D-\frac{a^3b\bar{D}_{11}}{12} \tag{6.3.8}$$

$$\frac{ab\bar{D}_{32}^2}{D_{77}}+\frac{ab\bar{D}_{22}^2}{D_{88}}=\int_D \varepsilon_{ij}^{[8]}E_{ijmn}\varepsilon_{mn}^{[8]}\mathrm{d}D-\frac{ab^3\bar{D}_{22}}{12} \tag{6.3.9}$$

式中：a 和 b 分别为单胞的长度和宽度；$\bar{D}_{ij}$ 是矩阵 $\bar{\boldsymbol{D}}=\boldsymbol{D}_{\mathrm{D}}-\boldsymbol{D}_{\mathrm{B}}^{\mathrm{T}}\boldsymbol{D}_{\mathrm{A}}^{-1}\boldsymbol{D}_{\mathrm{B}}$ 中的元素，其中

$$\boldsymbol{D}_{\mathrm{D}}=\begin{bmatrix}D_{44} & D_{45} & D_{46}\\ D_{54} & D_{55} & D_{56}\\ D_{64} & D_{65} & D_{66}\end{bmatrix} \tag{6.3.10}$$

为了利用叠加方法计算三维复合材料板结构的细观应力，可以把求解单胞问题得到的细观应力场 $\boldsymbol{\sigma}^{[\alpha]}$ 作为下面介绍的叠加方法中的基应力场，$\boldsymbol{\sigma}^{[\alpha]}$ 的形式为

$$\boldsymbol{\sigma}^{[\alpha]}=\begin{bmatrix}\sigma_{11}^{[\alpha]} & \sigma_{22}^{[\alpha]} & \sigma_{33}^{[\alpha]} & \sigma_{23}^{[\alpha]} & \sigma_{13}^{[\alpha]} & \sigma_{12}^{[\alpha]}\end{bmatrix}^{\mathrm{T}} \tag{6.3.11}$$

为了使叠加方法的物理意义更加明确，与 6.2 节中方法类似，也可以用与广义单位初应变相应的单胞细观应力来计算周期板结构在外力作用下的细观应力。

首先将式(6.3.3)中最后两个线性曲率工况通过线性变换替换为两个单位剪切应变工况：

$$\begin{cases}\boldsymbol{e}^{0[7]*}=\begin{bmatrix}0 & 0 & 0 & 0 & 0 & 0 & 1 & 0\end{bmatrix}^{\mathrm{T}}\\ \boldsymbol{e}^{0[8]*}=\begin{bmatrix}0 & 0 & 0 & 0 & 0 & 0 & 0 & 1\end{bmatrix}^{\mathrm{T}}\end{cases} \tag{6.3.12}$$

并且令

$$\boldsymbol{e}^{0[\alpha]*}=\boldsymbol{e}^{0[\alpha]},\quad \boldsymbol{\varepsilon}^{0[\alpha]*}=\boldsymbol{\varepsilon}^{0[\alpha]},\quad \boldsymbol{\sigma}^{[\alpha]*}=\boldsymbol{\sigma}^{[\alpha]},\quad \alpha=1\sim 6 \tag{6.3.13}$$

式中：$\boldsymbol{e}^{0[\alpha]*}$ 表示广义单位初应变；带有上标“$[\alpha]*$”的其他物理量表示与 $\boldsymbol{e}^{0[\alpha]*}$ 对应。

为了能够应用与式(6.3.3)中的广义初应变状态 $\boldsymbol{e}^{0[\alpha]}$ 相应的单胞细观应力 $\boldsymbol{\sigma}^{[\alpha]}$ 来表示与 $\boldsymbol{e}^{0[\alpha]*}$ 相对应的 $\boldsymbol{\sigma}^{[\alpha]*}$，由于式(6.3.13)的成立，下面只需要介绍如何根据 $\boldsymbol{e}^{0[\alpha]}$ 来表示 $\boldsymbol{e}^{0[7]*}$ 和 $\boldsymbol{e}^{0[8]*}$。首先进行如下变换：

$$\begin{aligned}\bar{\boldsymbol{e}}^{0[7]}&=\boldsymbol{e}^{0[7]}-\tilde{D}_{11}x_1\boldsymbol{e}^{0[1]}-\tilde{D}_{21}x_1\boldsymbol{e}^{0[2]}-\tilde{D}_{31}x_1\boldsymbol{e}^{0[3]}-x_1\boldsymbol{e}^{0[4]}\\ &=\begin{bmatrix}0 & 0 & 0 & 0 & 0 & 0 & C_{13}^{[7]} & C_{23}^{[7]}\end{bmatrix}^{\mathrm{T}}\end{aligned} \tag{6.3.14}$$

$$\begin{aligned}\bar{\boldsymbol{e}}^{0[8]}&=\boldsymbol{e}^{0[8]}-\tilde{D}_{12}x_2\boldsymbol{e}^{0[1]}-\tilde{D}_{22}x_2\boldsymbol{e}^{0[2]}-\tilde{D}_{32}x_2\boldsymbol{e}^{0[3]}-x_2\boldsymbol{e}^{0[5]}\\ &=\begin{bmatrix}0 & 0 & 0 & 0 & 0 & 0 & C_{13}^{[8]} & C_{23}^{[8]}\end{bmatrix}^{\mathrm{T}}\end{aligned} \tag{6.3.15}$$

于是有如下关系成立：

$$\begin{cases}\bar{\boldsymbol{e}}^{0[7]}=C_{13}^{[7]}\boldsymbol{e}^{0[7]*}+C_{23}^{[7]}\boldsymbol{e}^{0[8]*}\\ \bar{\boldsymbol{e}}^{0[8]}=C_{13}^{[8]}\boldsymbol{e}^{0[7]*}+C_{23}^{[8]}\boldsymbol{e}^{0[8]*}\end{cases} \tag{6.3.16}$$

从上式可以得到

$$\begin{cases}\boldsymbol{e}^{0[7]*}=\dfrac{C_{23}^{[8]}\bar{\boldsymbol{e}}^{0[7]}-C_{23}^{[7]}\bar{\boldsymbol{e}}^{0[8]}}{C_{23}^{[8]}C_{13}^{[7]}-C_{13}^{[8]}C_{23}^{[7]}}\\[2ex] \boldsymbol{e}^{0[8]*}=\dfrac{C_{13}^{[7]}\bar{\boldsymbol{e}}^{0[8]}-C_{13}^{[8]}\bar{\boldsymbol{e}}^{0[7]}}{C_{13}^{[7]}C_{23}^{[8]}-C_{23}^{[7]}C_{13}^{[8]}}\end{cases} \tag{6.3.17}$$

对于线弹性系统，应力也存在类似于上面关于初应变的变换关系，即

$$\begin{cases}\bar{\boldsymbol{\sigma}}^{[7]}=\boldsymbol{\sigma}^{[7]}-\tilde{D}_{11}x_1\boldsymbol{\sigma}^{[1]}-\tilde{D}_{21}x_1\boldsymbol{\sigma}^{[2]}-\tilde{D}_{31}x_1\boldsymbol{\sigma}^{[3]}-x_1\boldsymbol{\sigma}^{[4]}\\ \bar{\boldsymbol{\sigma}}^{[8]}=\boldsymbol{\sigma}^{[8]}-\tilde{D}_{12}x_2\boldsymbol{\sigma}^{[1]}-\tilde{D}_{22}x_2\boldsymbol{\sigma}^{[2]}-\tilde{D}_{32}x_2\boldsymbol{\sigma}^{[3]}-x_2\boldsymbol{\sigma}^{[5]}\end{cases} \tag{6.3.18}$$

$$\begin{cases}\boldsymbol{\sigma}^{[7]*}=\dfrac{C_{23}^{[8]}\bar{\boldsymbol{\sigma}}^{[7]}-C_{23}^{[7]}\bar{\boldsymbol{\sigma}}^{[8]}}{C_{23}^{[8]}C_{13}^{[7]}-C_{13}^{[8]}C_{23}^{[7]}}\\ \boldsymbol{\sigma}^{[8]*}=\dfrac{C_{13}^{[7]}\bar{\boldsymbol{\sigma}}^{[8]}-C_{13}^{[8]}\bar{\boldsymbol{\sigma}}^{[7]}}{C_{13}^{[7]}C_{23}^{[8]}-C_{23}^{[7]}C_{13}^{[8]}}\end{cases} \tag{6.3.19}$$

6.3.2　细观应力的叠加求解方法

这里依然利用叠加原理，将真实应力场写成基应力场的线性组合形式：

$$\sigma_{ij}(x_1,x_2,\boldsymbol{y})=a_\alpha(x_1,x_2)\sigma_{ij}^{[\alpha]*}(\boldsymbol{y})=a_1\sigma_{ij}^{[1]*}+a_2\sigma_{ij}^{[2]*}+\cdots+a_8\sigma_{ij}^{[8]*} \tag{6.3.20}$$

式中：x_1、x_2 为均匀化板的宏观坐标，$\boldsymbol{y}=(y_1,y_2,y_3)$为三维单胞的局部坐标。式(6.3.20)也可以写成

$$\boldsymbol{\sigma}=a_1\boldsymbol{\sigma}^{[1]*}+a_2\boldsymbol{\sigma}^{[2]*}+\cdots+a_8\boldsymbol{\sigma}^{[6]*}=a_\alpha\boldsymbol{\sigma}^{[\alpha]*} \tag{6.3.21}$$

式中

$$\boldsymbol{\sigma}=[\sigma_{11}\quad\sigma_{22}\quad\sigma_{33}\quad\sigma_{23}\quad\sigma_{13}\quad\sigma_{12}]^{\mathrm{T}} \tag{6.3.22}$$

式中：$\boldsymbol{\sigma}$ 为在真实载荷作用下的单胞细观应力。令板结构的宏观内虚功与细观内虚功相等可得

$$\int_A(\boldsymbol{F}^{\mathrm{T}}\delta\boldsymbol{e})\mathrm{d}A=\iiint_\Omega\langle\boldsymbol{\sigma}^{\mathrm{T}}\delta\boldsymbol{\varepsilon}\rangle\mathrm{d}x_1\mathrm{d}x_2\mathrm{d}x_3 \tag{6.3.23}$$

式中：A 和 Ω 分别表示板参考面面积和板结构区域；$\boldsymbol{F}$ 为板在真实载荷作用下的广义内力，$\delta\boldsymbol{e}$ 为板的广义虚应变；$\delta\boldsymbol{\varepsilon}$ 为单胞虚应变；$\langle\cdot\rangle$是定义在单胞域 D 上的平均算子：

$$\langle\cdot\rangle=\frac{1}{|D|}\int_D(\cdot)\mathrm{d}D=\frac{1}{|D|}\iiint_D(\cdot)\mathrm{d}y_1\mathrm{d}y_2\mathrm{d}y_3 \tag{6.3.24}$$

把虚应变 $\delta\boldsymbol{e}$ 和 $\delta\boldsymbol{\varepsilon}$ 选取为

$$\begin{cases}\delta\boldsymbol{e}=\boldsymbol{e}^{0[\beta]*}\\ \delta\boldsymbol{\varepsilon}=\boldsymbol{\varepsilon}^{[\beta]*}\end{cases} \tag{6.3.25}$$

将式(6.3.25)及式(6.3.21)代入式(6.3.23)得

$$\int_A(\boldsymbol{F}^{\mathrm{T}}\boldsymbol{e}^{0[\beta]*})\mathrm{d}A=\iiint_\Omega a_\alpha\langle(\boldsymbol{\sigma}^{[\alpha]*})^{\mathrm{T}}\boldsymbol{\varepsilon}^{[\beta]*}\rangle\mathrm{d}x_1\mathrm{d}x_2\mathrm{d}x_3 \tag{6.3.26}$$

式中：$\boldsymbol{e}^{0[\beta]*}$ 是前面定义的广义单位虚应变。根据单胞域内的内虚功等效，可以得到单胞细观内虚功与等效刚度系数之间的关系：

$$\langle(\boldsymbol{\sigma}^{[\alpha]*})^{\mathrm{T}}\boldsymbol{\varepsilon}^{[\beta]*}\rangle=AD_{\alpha\beta}/D \tag{6.3.27}$$

式中：$A\times h=D$。将式(6.3.27)代入式(6.3.26)得

$$\int_A(\boldsymbol{F}^{\mathrm{T}}\boldsymbol{e}^{0[\beta]*}-D_{\alpha\beta}a_\alpha)\mathrm{d}A=0 \tag{6.3.28}$$

为了使式(6.3.28)在任意情况下都成立，令

$$\boldsymbol{F}^{\mathrm{T}}\boldsymbol{e}^{0[\beta]*}-D_{\alpha\beta}a_\alpha=0 \tag{6.3.29}$$

式(6.3.29)对于$\beta=1\sim8$都成立,即

$$\begin{cases}\boldsymbol{F}^{\mathrm{T}}\boldsymbol{e}^{0[1]*}-D_{\alpha1}a_{\alpha}=0\\ \boldsymbol{F}^{\mathrm{T}}\boldsymbol{e}^{0[2]*}-D_{\alpha2}a_{\alpha}=0\\ \qquad\vdots\\ \boldsymbol{F}^{\mathrm{T}}\boldsymbol{e}^{0[8]*}-D_{\alpha8}a_{\alpha}=0\end{cases}\tag{6.3.30}$$

或写成矩阵的形式

$$[\boldsymbol{e}^{0[1]*}\quad \boldsymbol{e}^{0[2]*}\quad \cdots\quad \boldsymbol{e}^{0[8]*}]^{\mathrm{T}}\boldsymbol{F}-\boldsymbol{D}\boldsymbol{a}=\boldsymbol{0}\tag{6.3.31}$$

式中

$$\boldsymbol{a}=[a_1\quad a_2\quad a_3\quad a_4\quad a_5\quad a_6\quad a_7\quad a_8]^{\mathrm{T}}\tag{6.3.32}$$

因为$[\boldsymbol{e}^{0[1]*}\quad \boldsymbol{e}^{0[2]*}\quad \cdots\quad \boldsymbol{e}^{0[8]*}]$为单位矩阵,因此有

$$\boldsymbol{a}=\boldsymbol{D}^{-1}\boldsymbol{F}\tag{6.3.33}$$

若利用下式计算细观应力

$$\sigma_{ij}(x_1,x_2,\boldsymbol{y})=a'_{\alpha}(x_1,x_2)\sigma_{ij}^{[\alpha]}(\boldsymbol{y})=a'_1\sigma_{ij}^{[1]}+a'_2\sigma_{ij}^{[2]}+\cdots+a'_8\sigma_{ij}^{[8]}\tag{6.3.34}$$

则其中的系数为

$$\boldsymbol{a}'=[\boldsymbol{e}^{0[1]}\quad \boldsymbol{e}^{0[2]}\quad \cdots\quad \boldsymbol{e}^{0[8]}]^{-1}\boldsymbol{a}\tag{6.3.35}$$

式中

$$\boldsymbol{a}'-[a'_1\quad a'_2\quad \cdots\quad a'_8]^{\mathrm{T}}\tag{6.3.36}$$

式(6.3.35)意味着如下关系:

$$\{\boldsymbol{\sigma}^{[1]}\quad \boldsymbol{\sigma}^{[2]}\quad \cdots\quad \boldsymbol{\sigma}^{[8]}\}=\{\boldsymbol{\sigma}^{[1]*}\quad \boldsymbol{\sigma}^{[2]*}\quad \cdots\quad \boldsymbol{\sigma}^{[8]*}\}[\boldsymbol{e}^{0[1]}\quad \boldsymbol{e}^{0[2]}\quad \cdots\quad \boldsymbol{e}^{0[8]}]\tag{6.3.37}$$

6.3.3 数值算例比较及分析

本小节通过几个数值算例来验证该方法在预测复合材料板细观应力上的有效性。板的坐标原点设在板参考面的中心。在数值结果比较中,用“FEM”表示由有限元软件 Comsol 利用二次六面体单元得到的结果,并将其作为参考解。

算例 1:均匀板

首先考虑一个均匀板,边长$L_1=L_2=10$ m,单胞为边长$l=1$ m 的正方体,单胞有限元模型如图 6.23 所示,包含 1 000 个二次六面体单元。板由$10\times10=100$个单胞组成,其材料参数为$E=1$ GPa,$\nu=0.3$。

考虑四边固支(CCCC)以及悬臂板(CFFF)两种边界条件情况。板的上表面作用有分布载荷$q=-1\ 000$ Pa。为不失一般性,下面把用叠加方法得到的 A 线($x_1=-1$ m,$x_2=-2$ m)上的应力沿着厚度方向的分布与有限元结果进行比较。

图 6.24~图 6.28 给出了四边固支情况的比较,悬臂板情况的应力如图 6.29~图 6.33 所示。从图中可以看出,叠加方法可以较为准确地预测均匀板的细观应力。对图进行仔细观察还可以发现,四边固支情况的正应力误差要大于悬臂板的情况,尤其是在板的上表面附近。推测其原因是:CCCC 情况的面内内力的计算精度低于 CFFF 情况。

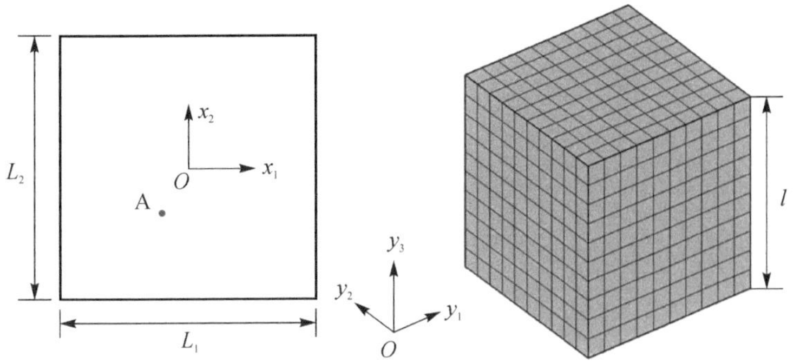

图 6.23　均匀板及单胞有限元模型

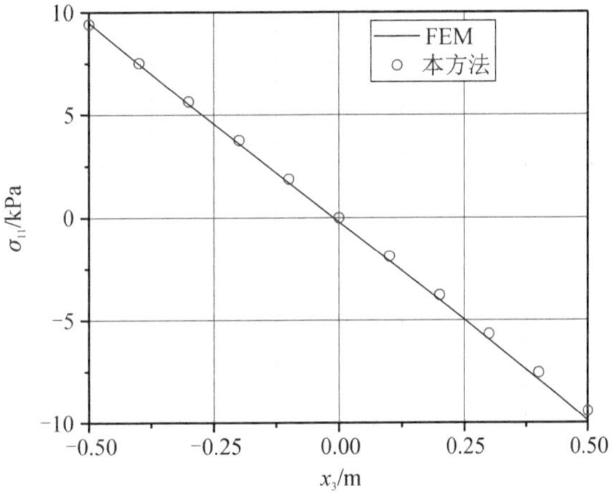

图 6.24　CCCC 均匀板 A 线上 $\boldsymbol{\sigma}_{11}$ 沿着厚度方向的分布

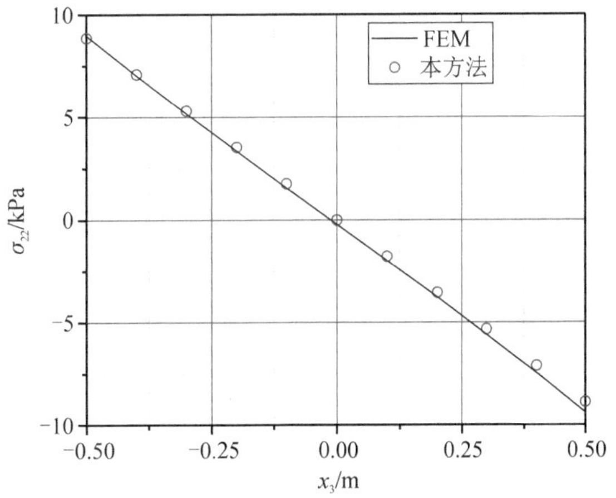

图 6.25　CCCC 均匀板 A 线上 $\boldsymbol{\sigma}_{22}$ 沿着厚度方向的分布

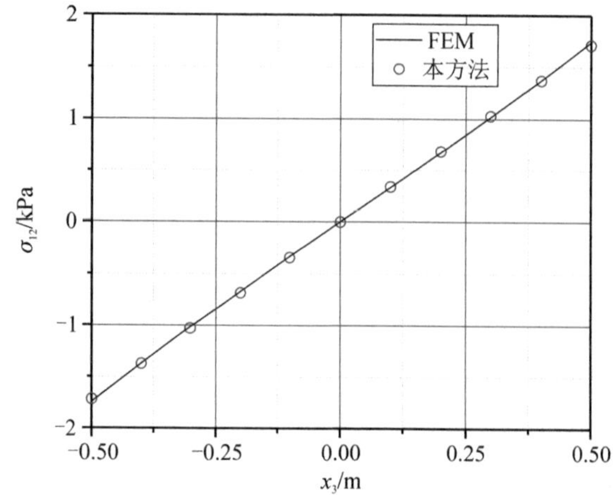

图 6.26 CCCC 均匀板 A 线上 $\boldsymbol{\sigma}_{12}$ 沿着厚度方向的分布

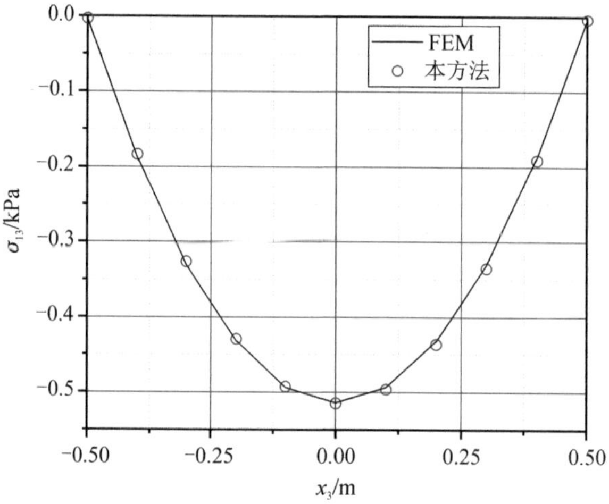

图 6.27 CCCC 均匀板 A 线上 $\boldsymbol{\sigma}_{13}$ 沿着厚度方向的分布

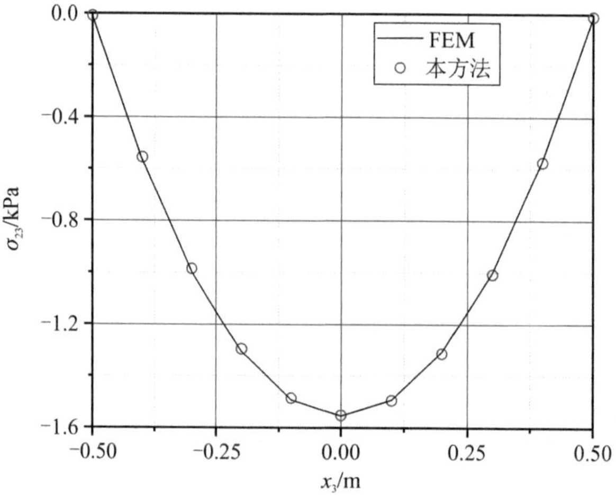

图 6.28 CCCC 均匀板 A 线上 $\boldsymbol{\sigma}_{23}$ 沿着厚度方向的分布

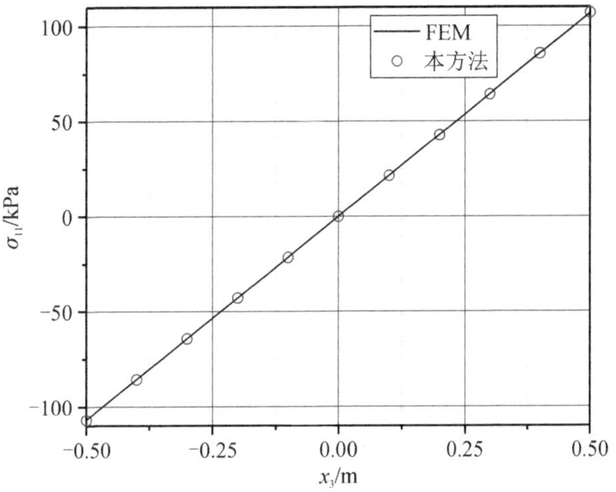

图 6.29　CFFF 均匀板 A 线上 $\boldsymbol{\sigma}_{11}$ 沿着厚度方向的分布

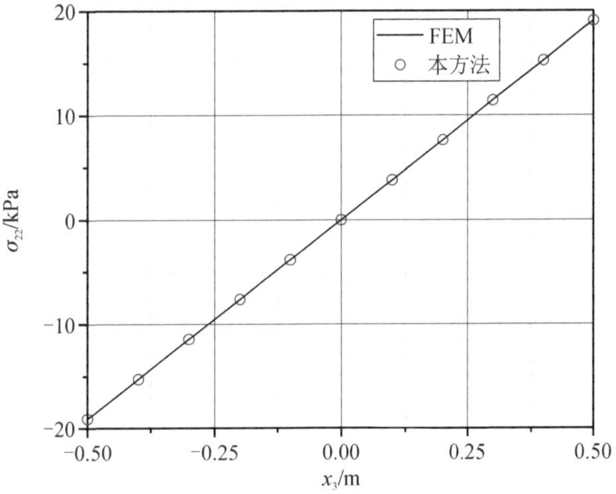

图 6.30　CFFF 均匀板 A 线上 $\boldsymbol{\sigma}_{22}$ 沿着厚度方向的分布

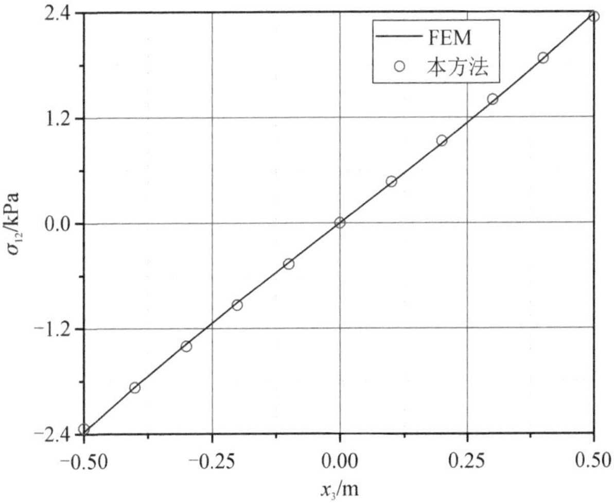

图 6.31　CFFF 均匀板 A 线上 $\boldsymbol{\sigma}_{12}$ 沿着厚度方向的分布

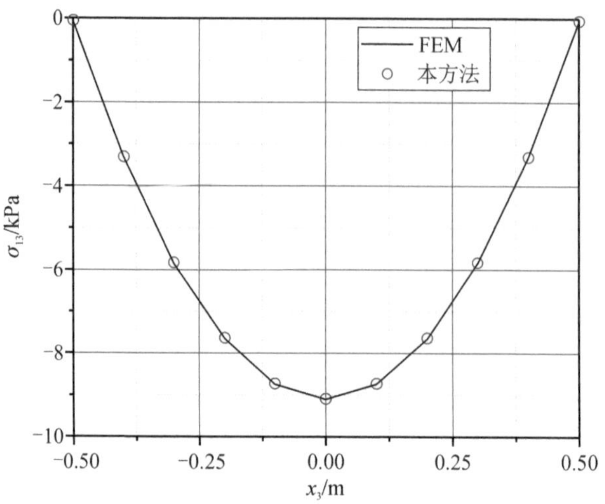

图 6.32　CFFF 均匀板 A 线上 σ_{13} 沿着厚度方向的分布

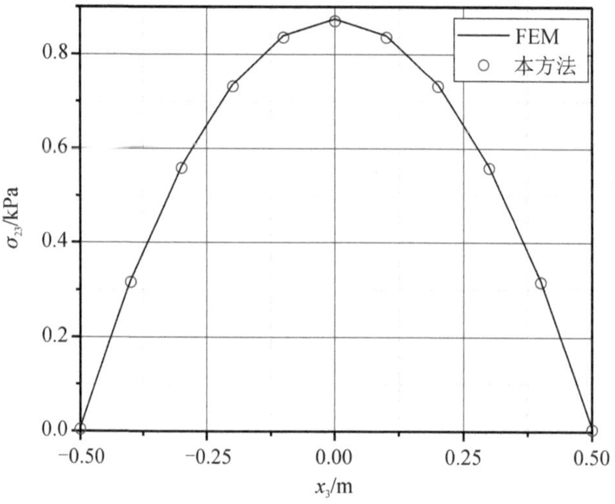

图 6.33　CFFF 均匀板 A 线上 σ_{23} 沿着厚度方向的分布

算例 2：层合板

如图 6.34 所示，考虑一层合板，其单胞仍为边长 $l=1$ m 的正方体。板包括 5 层，每层厚度为 $d=0.2$ m。板由 16×16=256 个单胞组成。单胞有限元模型包括 8 000 个二次六面体单元。各层材料均为横观各向同性，其参数为：$E_{11}=120$ GPa，$E_{22}=E_{33}=7.7$ GPa，$\nu_{12}=\nu_{13}=0.3$，$\nu_{23}=0.4$，$G_{12}=G_{13}=4.3$ GPa，$G_{23}=3.4$ GPa。铺层方式如图 6.34 所示，其中 0°铺层表示材料主方向 1 与 x_1 方向相同，90°铺层表示材料主方向 1 与 x_2 方向相同。

板的边界条件为四边固支(CCCC)，上表面作用沿着负 x_3 方向的分布载荷 $q=-1\ 000$ Pa。用叠加方法计算了 B 线($x_1=-3$ m，$x_2=-1$ m)上的应力沿着厚度方向的分布，并与有限元参考解进行了比较，如图 6.35～图 6.39 所示。从图中可以看出：各个应力分量都与参考解吻合；三个面内应力误差最大的位置位于板面；两个面外剪应力误差最大的位置位于板的内部。

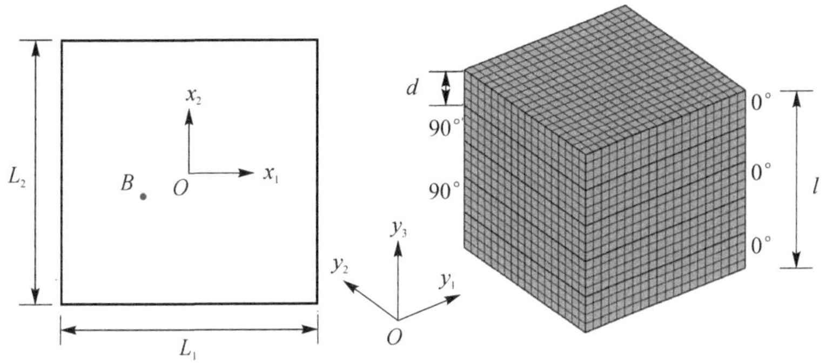

图 6.34 层合板及单胞有限元模型

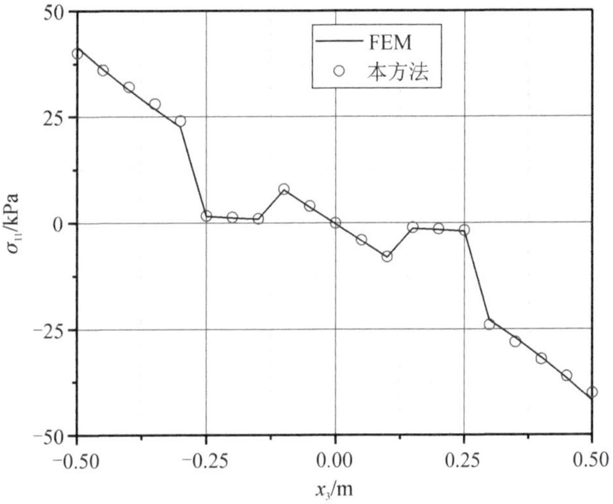

图 6.35 CCCC 层合板 B 线上 $\boldsymbol{\sigma}_{11}$ 沿着厚度方向的分布

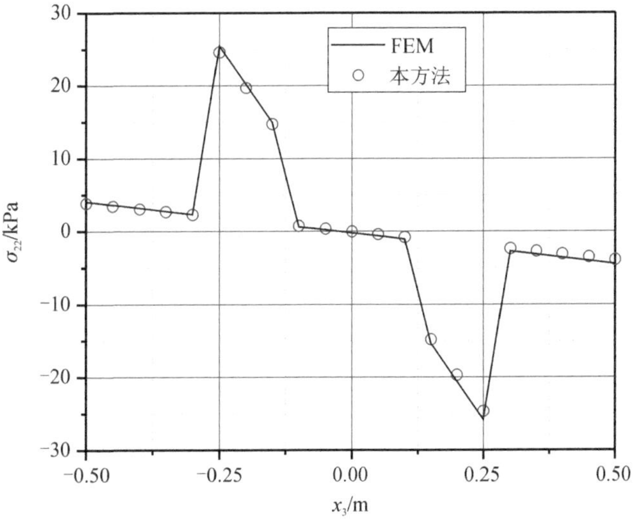

图 6.36 CCCC 层合板 B 线上 $\boldsymbol{\sigma}_{22}$ 沿着厚度方向的分布

算例 3：蜂窝板

图 6.40 所示蜂窝板的单胞的几何参数与图 6.12 所示单胞的几何参数相同，材料参数为 $E_1=7$ GPa，$\nu_1=0.34$（上下表面材料）；$E_2=3.5$ GPa，$\nu_2=0.34$（夹芯材料）。板由 16×16=256 个单胞组成，板的长宽分别为 $L_1=16\sqrt{3}$ m，$L_2=32$ m。单胞有限元模型包括 7 328 个二次六面体单元。

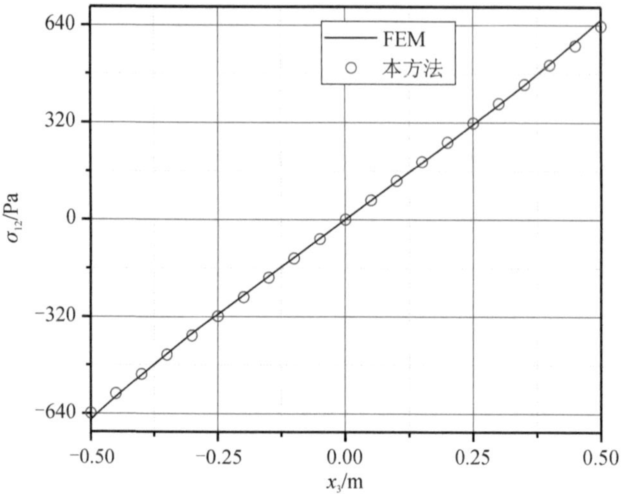

图 6.37　CCCC 层合板 B 线上 σ_{12} 沿着厚度方向的分布

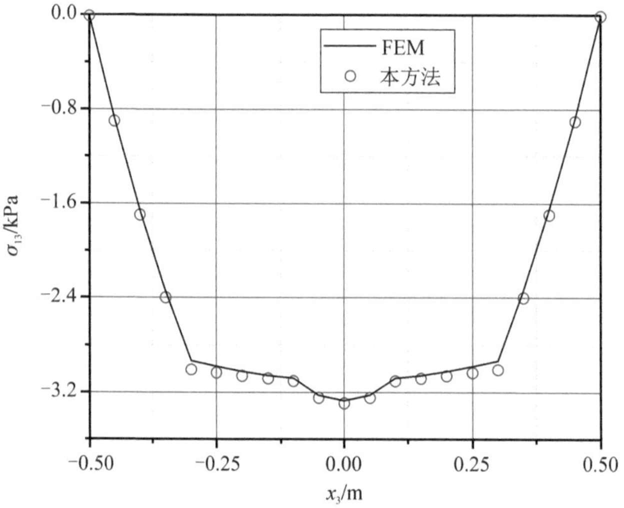

图 6.38　CCCC 层合板 B 线上 σ_{13} 沿着厚度方向的分布

板的边界条件仍为四边固支（CCCC），上表面作用有分布载荷 $q=-1\,000$ Pa。用叠加方法计算 C 线（$x_1=-4\sqrt{3}$ m，$x_2=-6.5$ m）上的应力，并将其与参考解进行了对比，如图 6.41～图 6.45 所示。从图中可以看出：各个应力分量与参考解基本吻合，尤其是面外剪切应力；三个面内应力误差最大的位置位于板上下表面及附近区域。

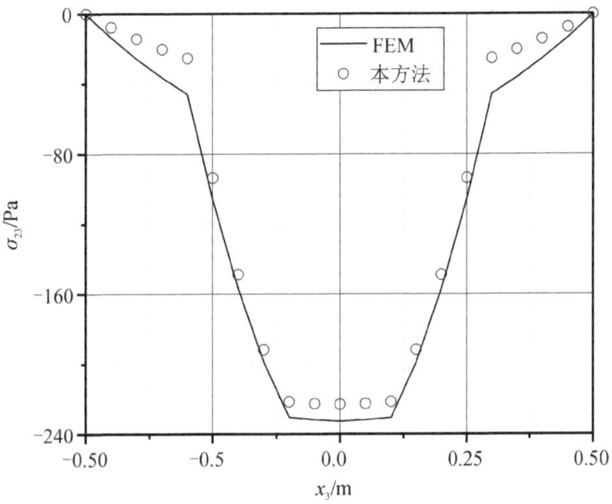

图 6.39　CCCC 层合板 B 线上 $\boldsymbol{\sigma}_{23}$ 沿着厚度方向的分布

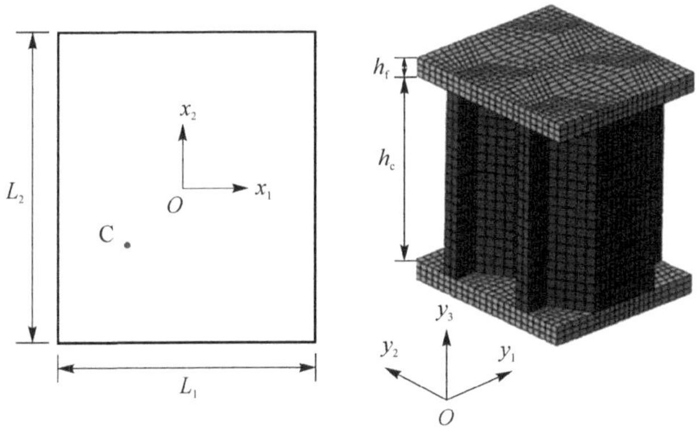

图 6.40　蜂窝板及单胞有限元模型

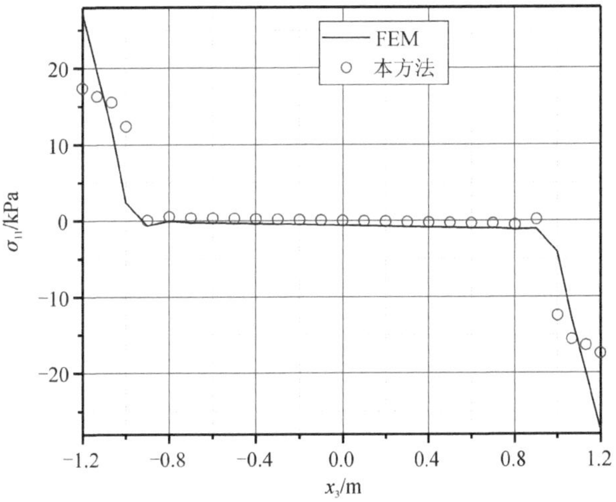

图 6.41　CCCC 蜂窝板 C 线上 $\boldsymbol{\sigma}_{11}$ 沿着厚度方向的分布

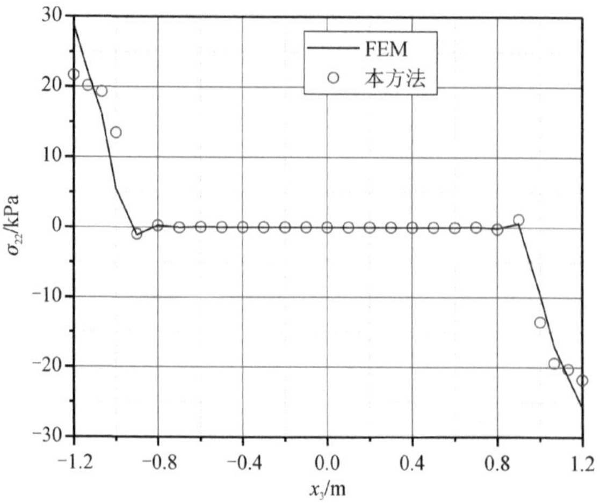

图 6.42　CCCC 蜂窝板 C 线上 $\boldsymbol{\sigma}_{22}$ 沿着厚度方向的分布

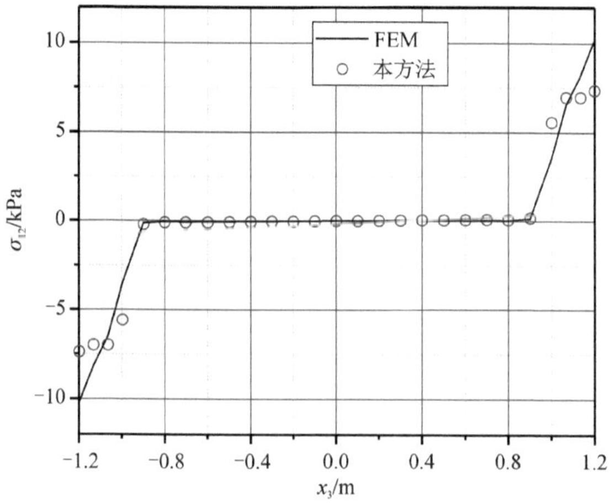

图 6.43　CCCC 蜂窝板 C 线上 $\boldsymbol{\sigma}_{12}$ 沿着厚度方向的分布

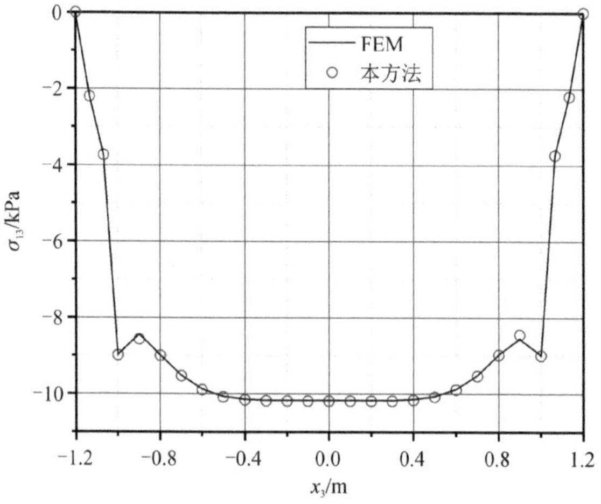

图 6.44　CCCC 蜂窝板 C 线上 $\boldsymbol{\sigma}_{13}$ 沿着厚度方向的分布

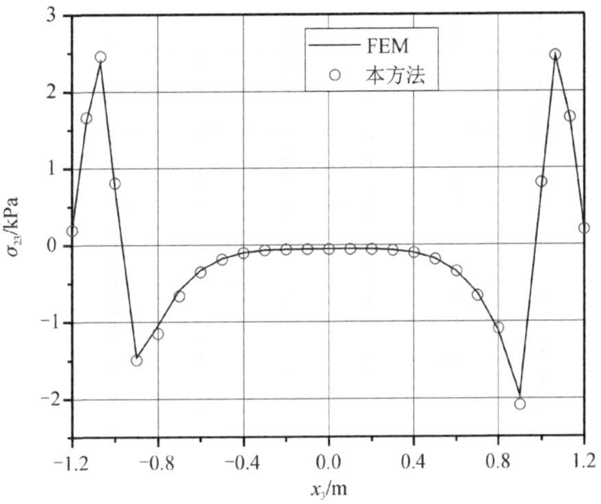

图 6.45　CCCC 蜂窝板 C 线上 $\boldsymbol{\sigma}_{23}$ 沿着厚度方向的分布

6.4　总　结

本书第 4 章和第 5 章分别给出了复合材料周期梁和板的等效刚度预测方法，两种均匀化方法分别基于一阶剪切梁理论和一阶剪切板理论。本章以第 4 章和第 5 章为基础给出了快速计算周期复合材料梁和板结构细观应力的方法。该方法的步骤如下。

步骤 1：等效刚度的预测

给定广义初应变状态，考虑宏细观变形相似条件，根据单胞宏细观内虚功等效或单胞宏细观应变能等效原理，预测周期梁和板结构的等效刚度，见第 4 章和第 5 章内容。

步骤 2：应力基函数的确定

在步骤 1 中，根据单胞周期边界条件和归一化条件求解单胞问题得到了单胞细观应力，进而得到了等效刚度。在这一步中，把求得的单胞细观应力函数作为基函数，采用叠加方法计算梁板结构的细观应力。

步骤 3：叠加系数的确定

根据梁板结构内虚功等效原理，确定叠加分析方法中的待定系数。为了保证计算精度，需要保证在真实载荷作用下广义内力的计算精度，尤其是板的情况。叠加分析方法实际上是 Ritz 方法，因此叠加系数也可以称为 Ritz 坐标或广义坐标。对于与广义单位初应变所对应的细观应力基函数，Ritz 坐标的物理意义是结构在真实载荷作用下产生的均匀化梁板结构的广义应变。

在叠加分析方法中，广义初应变具有明确的物理含义，包括拉伸、弯曲、扭转和剪切变形，并且广义初应变与单位初应变可以互相表示。由于单位初应变之间彼此正交，相互独立，因此与之相应的单胞细观应力也彼此独立，这是叠加分析方法成立的数学基础。

在具有不同微结构的梁板结构和载荷工况下，叠加分析方法得到的应力与三维有限元法结果吻合，这验证了叠加分析方法的有效性和可行性。由于本方法通过分析单胞的细观力学问题来预测整个周期梁板结构的细观应力，因此与三维有限元方法相比，具有效率优势；随着单胞数量的增加，该优势愈加显著，并且该方法的精度越高。

值得指出的是，由于周期梁板结构的边界区域的周期性得不到保证，因此在这些区域，叠加分析方法结果的精度偏低，甚至不正确。如何对叠加分析方法进行改进是值得关注的问题。可以借鉴2.7节中的方法：取出边界层，在其内部边界施加用叠加方法计算出的应力，然后利用三维有限元方法对边界层单独进行分析，这样可以大幅度提高边界层细观应力的计算精度。

参考文献

[1] Cesnik C E S, Hodges D H, Sutyrin V G. Cross-sectional analysis of composite beams including large initial twist and curvature effects[J]. AIAA Journal 1996, 34: 1913-1920.

[2] Cesnik C E S, Sutyrin V G, Hodges D H. Refined theory of twisted and curved composite beams: The role of short-wavelength extrapolation[J]. International Journal of Solids and Structures, 1996, 33: 1387-1408.

[3] Cesnik C E S, Hodges D H. VABS: A New Concept for Composite Rotor Blade Cross-Sectional Modeling[J]. Journal of the American Helicopter Society, 1997, 42: 27-38.

[4] Popescu B, Hodges D H. On asymptotically correct Timoshenko-like anisotropic beam theory[J]. International Journal of Solids and Structures, 2000, 37: 535-558.

[5] Yu W, Hodges D H, Volovoi V, et al. On Timoshenko-like modeling of initially curved and twisted composite beams[J]. International Journal of Solids and Structures, 2002, 39: 5101-5121.

[6] Yu W, Hodges D H, Ho J C. Variational asymptotic beam sectional analysis-An updated version[J]. International Journal of Engineering Science, 2012, 59: 40-64.

[7] Lee C Y, Yu W B. Variational asymptotic modeling of composite beams with spanwise heterogeneity[J]. Computers & Structures, 2011, 89: 1503-1511.

[8] Lee C. Zeroth-Order Shear Deformation Micro-Mechanical Model for Periodic Heterogeneous Beam-like Structures[J]. Journal of the Korean Society for Power System Engineering, 2015, 19: 55-62.

[9] Huang Z W, Xing Y F, Gao Y H. A two-scale asymptotic expansion method for periodic composite Euler beams[J]. Composite Structures, 2020, 241: 112033.

[10] Allaire G. Two-scale convergence: A new method in periodic homogenization[J]. Pitman Research Notes Mathematics Series, 1994: 1-14.

[11] Allaire G G. Homogenization and Two-Scale Convergence[J]. SIAM Jourmalon Mathematical Analysis, 1992, 23: 1482-1518.

[12] Xu L, Cheng G D, Yi S N. A new method of shear stiffness prediction of periodic Timoshenko beams[J]. Mechanics of Advanced Materials and Structures, 2016, 23: 670-680.

[13] Huang Z W, Xing Y F, Gao Y H. A new method of stiffness prediction for periodic beam-like structures[J]. Composite Structures, 2021, 267: 113892.

[14] Gao Y H, Huang Z W, Li G, et al. A novel stiffness prediction method with constructed microscopic displacement field for periodic beam like structures[J]. Acta Mechanica Sinica, 2022, 38: 421520.

[15] Sutyrin V G, Hodges D H. On asymptotically correct linear laminated plate theory[J]. International Journal of Solids and Structures, 1996, 33(25): 3649-3671.

[16] Yu W B, Hodges D H, Volovoi V V. Asymptotic construction of Reissner-like composite plate theory with accurate strain recovery[J]. International Journal of Solids and Structures, 2002, 39(20): 5185-5203.

[17] Yu W B, Hodges D H, Volovoi V V. Asymptotic generalization of Reissner-Mindlin theory: accurate three-dimensional recovery for composite shells[J]. Computer Methods in Applied Mechanics and Engineering, 2002, 191(44): 5087-5109.

[18] Lee C Y, Yu W B. Homogenization and dimensional reduction of composite plates with in-plane heterogeneity[J]. International Journal of Solids and Structures, 2011, 48(10): 1474-1484.

[19] Lee C Y. Zeroth-order shear deformation micro-mechanical model for composite plates with in-plane heterogeneity[J]. International Journal of Solids and Structures, 2013, 50(19): 2872-2880.

[20] Lee C Y, Yu W B, Hodges D H. Refined modeling of composite plates with in-plane heterogeneity[J]. Zamm Journal of Applied Mathematics & Mechanics, 2014, 94(1-2): 85-100.

[21] Yu W B, Volovoi V V, Hodges D H, et al. Validation of the Variational Asymptotic Beam Sectional Analysis[J]. AIAA Journal, 2002, 40: 2105-2112.

[22] Yu W B, Hodges D H. Generalized Timoshenko theory of the variational asymptotic beam sectional analysis[J]. Journal of the American Helicopter Society, 2005, 50: 46-55.

[23] Wang Q, Yu W B. Variational-asymptotic modeling of the thermoelastic behavior of composite beams[J]. Composite Structures, 2011, 93: 2330-2339.

[24] Xiao P, Zhong Y F, Dan L, et al. Accurate recovery of 3D local field in FRP laminated beam based on asymptotic dimension reduction model[J]. Construction and Building Materials, 2019, 207: 357-372.

[25] Liu X, Yu W B. A novel approach to analyze beam-like composite structures using mechanics of structure genome[J]. Advances in Engineering Software, 2016, 100: 238-251.

[26] Kashefi K, Sheikh A H, Ali M S M, et al. An efficient modelling approach based on a rigorous cross-sectional analysis for analysing box girder bridge superstructures[J]. Advances in Structural Engineering, 2016, 19: 513-528.

[27] Giavotto V, Borri M, Mantegazza P, et al. Anisotropic beam theory and applications[J]. Computers and Structures, 1983, 16: 403-413.

[28] Dhadwal M K, Jung S N. Multifield Variational Sectional Analysis for Accurate Stress

Computation of Multilayered Composite Beams [J]. AIAA Journal, 2019, 57: 1702-1714.

[29] Xu L, Cheng G D. On the solutions to the Saint-Venant problem of heterogeneous beam-like structures with periodic microstructures[J]. Internation Journal of Mechanical Sciences, 2019, 163: 105123.

[30] Xu L, Qian Z H. On the Almansi-Michell solution and its numerical implementation for heterogeneous beams with periodic microstructures subject to periodically-varying loads[J]. Composite Structures, 2020, 250: 112540.

[31] Yu W B, Hodges D H. Asymptotic approach for thermoelastic analysis of laminated composite plates[J]. Journal of Engineering Mechanics, 2004, 130(5): 531-540.

[32] Yu W B, Hodges D H. A simple thermopiezoelastic model for smart composite plates with accurate stress recovery [J]. Smart Materials and Structures, 2004, 13(4): 926-938.

[33] Gao Y H, Huang Z W, Xing Y F. A novel stiffness prediction method with constructed microscopic displacement field for periodic composite plates[J]. Mechanics of Advanced Materials and Structures, 2022: 2035861.

[34] Xing Y F, Meng L Y, Huang Z W, et al. A Novel Efficient Prediction Method for Microscopic Stresses of Periodic Beam-like Structures[J]. Aerospace, 2022, 9: 553.

第7章　层合板等效刚度的预测方法

7.1　引　言

层合板在航空航天等工程中得到了广泛应用。层合板也具有周期性，可以利用前几章介绍的多尺度方法、基于变形相似和内虚功等效建立的均匀化方法、基于变形相似和应变能等效建立的均匀化方法来分析其宏细观力学特性。不过，由于层合板面内尺寸远大于其厚度，并且每一层的材料通常是正交各向异性或横观各向同性，可以利用基于薄板理论和一阶剪切板理论建立的层合板理论来有效分析其宏观等效刚度和强度[1-4]。在本章中，把基于薄板理论建立的层合板理论称为经典层合板理论，把基于一阶剪切板理论建立的层合板理论称为剪切层合板理论。

用细观力学方法研究复合材料等效弹性性能时，通常采用等应变场(iso-strain)或等应力场(iso-stress)假设，参见1.2.1小节内容，然后通过求解适当的边值问题得到平均应力和平均应变，进而得到等效弹性性能。这一思想为预测复合材料等效弹性性能提供了一条有效途径，并得到了一些有用结果。然而，在非均匀介质中，这两种假设都是不正确的。

在等应变场或等应力场假设下，通常只能得到一个或一部分宏观弹性性能参数，并且这类方法通常不考虑等效弹性性能参数之间的关系。事实上，等效弹性性能是非均匀介质固有的物理特性，已知非均匀介质的细观结构及组分相的物理特性后，其等效弹性性能也就确定了，与其应力应变状态无关。为了提高等效弹性性能的预测精度，陈作荣和诸德超等[5]提出了基于理想界面假设的均匀化方法。与假设应变场或应力场等传统均匀化方法不同，该均匀化方法不假设应变或应力状态，而直接从组分相本构方程出发，并考虑组分相界面连续性要求，将等效弹性张量作为一个整体来求解。

本章首先介绍三维各向异性体本构关系，然后介绍单层板材料的本构关系，包括面内应力-应变关系和横向剪应力-应变关系。在此基础上，分别介绍经典层合板理论和剪切层合板理论。最后介绍基于理想界面假设建立的均匀化方法，并给出单向纤维增强复合材料和颗粒增强复合材料的等效弹性参数的解析解。

7.2　各向异性弹性体的应力-应变关系

为了便于理解本章内容，下面简要介绍各向异性弹性体的应力-应变关系，也就是物理方程[1-2]。考虑处于平衡状态的线弹性连续体。选取相互正交的三个平面，其法线分别平行于三个坐标轴 x_1、x_2 和 x_3，也可以对应记为 x、y 和 z，或1、2和3。应力分量记为

$$\sigma_x, \sigma_y, \sigma_z, \tau_{yz}, \tau_{zx}, \tau_{xy}$$

或记为如下张量形式：

$$\sigma_{11}, \sigma_{22}, \sigma_{33}, \tau_{23}, \tau_{31}, \tau_{12}$$

或简记为

$$\sigma_1,\sigma_2,\sigma_3,\sigma_4,\sigma_5,\sigma_6$$

应变也可以采用类似的记法。表 7.1 中给出了应力符号和应变符号，其中 $\gamma_{ij}(i\neq j)$ 表示工程剪应变，$\varepsilon_{ij}(i\neq j)$ 表示张量剪应变。

表 7.1　应力和应变的张量符号与简写符号的对照表

应　力		应　变	
张量符号	简写符号	张量符号	简写符号
σ_{11}	σ_1	ε_{11}	ε_1
σ_{22}	σ_2	ε_{22}	ε_2
σ_{33}	σ_3	ε_{33}	ε_3
$\sigma_{23}=\tau_{23}$	σ_4	$\varepsilon_{23}=\frac{1}{2}\gamma_{23}$	ε_4
$\sigma_{31}=\tau_{31}$	σ_5	$\varepsilon_{31}=\frac{1}{2}\gamma_{31}$	ε_5
$\sigma_{12}=\tau_{12}$	σ_6	$\varepsilon_{12}=\frac{1}{2}\gamma_{12}$	ε_6

应力和应变的关系可以用张量表示为

$$\sigma_{ij}=C_{ijkl}\varepsilon_{kl} \tag{7.2.1}$$

$$\varepsilon_{ij}=S_{ijkl}\sigma_{kl} \tag{7.2.2}$$

式中：C_{ijkl} 和 S_{ijkl} 分别为四阶对称刚度张量和柔度张量，指标 $i,j,k,l=1,2,3$。应力和应变的关系也可以用下面的矩阵形式表示：

$$\boldsymbol{\sigma}=\boldsymbol{C}\boldsymbol{\varepsilon} \tag{7.2.3}$$

$$\boldsymbol{\varepsilon}=\boldsymbol{S}\boldsymbol{\sigma} \tag{7.2.4}$$

式中

$$\begin{cases}\boldsymbol{\sigma}^{\mathrm{T}}=[\sigma_1\quad\sigma_2\quad\sigma_3\quad\sigma_4\quad\sigma_5\quad\sigma_6]\\ \boldsymbol{\varepsilon}^{\mathrm{T}}=[\varepsilon_1\quad\varepsilon_2\quad\varepsilon_3\quad\varepsilon_4\quad\varepsilon_5\quad\varepsilon_6]\end{cases} \tag{7.2.5}$$

刚度矩阵 $\boldsymbol{C}$ 和柔度矩阵 $\boldsymbol{S}$ 为对称矩阵，其形式为

$$\boldsymbol{C}=\begin{bmatrix}C_{11} & C_{12} & \cdots & C_{16}\\ C_{12} & C_{22} & \cdots & C_{26}\\ \vdots & \vdots & \ddots & \vdots\\ C_{16} & C_{26} & \cdots & C_{66}\end{bmatrix} \tag{7.2.6}$$

$$\boldsymbol{S}=\begin{bmatrix}S_{11} & S_{12} & \cdots & S_{16}\\ S_{12} & S_{22} & \cdots & S_{26}\\ \vdots & \vdots & \ddots & \vdots\\ S_{16} & S_{26} & \cdots & S_{66}\end{bmatrix} \tag{7.2.7}$$

并且 $\boldsymbol{C}$ 和 $\boldsymbol{S}$ 互为逆矩阵，即

$$\boldsymbol{CS}=\boldsymbol{I} \tag{7.2.8}$$

式中：$\boldsymbol{I}$ 为单位矩阵。矩阵 $\boldsymbol{C}$ 和 $\boldsymbol{S}$ 分别具有 21 个独立元素，也就是说，一般材料具有 21 个独立弹性常数。工程中常遇到的复合材料为正交各向异性材料和横观各向同性材料。

7.2.1　正交各向异性材料

若一种材料有两个正交的材料性能对称面，则材料关于与这两个对称面相垂直的第三个平面也对称。正交各向异性材料的独立弹性常数只有 9 个，其刚度矩阵 $\boldsymbol{C}$ 和柔度矩阵 $\boldsymbol{S}$ 分别具有如下形式：

$$\boldsymbol{C}=\begin{bmatrix} C_{11} & C_{12} & C_{13} & 0 & 0 & 0 \\ C_{12} & C_{22} & C_{23} & 0 & 0 & 0 \\ C_{13} & C_{23} & C_{33} & 0 & 0 & 0 \\ 0 & 0 & 0 & C_{44} & 0 & 0 \\ 0 & 0 & 0 & 0 & C_{55} & 0 \\ 0 & 0 & 0 & 0 & 0 & C_{66} \end{bmatrix} \tag{7.2.9}$$

$$\boldsymbol{S}=\begin{bmatrix} S_{11} & S_{12} & S_{13} & 0 & 0 & 0 \\ S_{12} & S_{22} & S_{23} & 0 & 0 & 0 \\ S_{13} & S_{23} & S_{33} & 0 & 0 & 0 \\ 0 & 0 & 0 & S_{44} & 0 & 0 \\ 0 & 0 & 0 & 0 & S_{55} & 0 \\ 0 & 0 & 0 & 0 & 0 & S_{66} \end{bmatrix} \tag{7.2.10}$$

对于正交各向异性材料，当坐标轴方向与材料弹性主轴方向一致时，应力-应变具有如下的简单关系：

$$\begin{cases} \sigma_1 = C_{11}\varepsilon_1 + C_{12}\varepsilon_2 + C_{13}\varepsilon_3 \\ \sigma_2 = C_{12}\varepsilon_1 + C_{22}\varepsilon_2 + C_{23}\varepsilon_3 \\ \sigma_3 = C_{13}\varepsilon_1 + C_{23}\varepsilon_2 + C_{33}\varepsilon_3 \\ \sigma_4 = C_{44}\varepsilon_4 \\ \sigma_5 = C_{55}\varepsilon_5 \\ \sigma_6 = C_{66}\varepsilon_6 \end{cases} \tag{7.2.11}$$

$$\begin{cases} \varepsilon_1 = S_{11}\sigma_1 + S_{12}\sigma_2 + S_{13}\sigma_3 \\ \varepsilon_2 = S_{12}\sigma_1 + S_{22}\sigma_2 + S_{23}\sigma_3 \\ \varepsilon_3 = S_{13}\sigma_1 + S_{23}\sigma_2 + S_{33}\sigma_3 \\ \varepsilon_4 = S_{44}\sigma_4 \\ \varepsilon_5 = S_{55}\sigma_5 \\ \varepsilon_6 = S_{66}\sigma_6 \end{cases} \tag{7.2.12}$$

从式(7.2.11)和式(7.2.12)可以看出，若正交各向异性材料的主轴方向与坐标方向一致，则正应力只引起线应变，剪应力只引起剪应变。

柔度矩阵 $\boldsymbol{S}$ 可以用工程弹性常数如广义弹性模量 E_i、泊松比 ν_{ij} 和剪切模量 G_{ij} 来表示，形式如下：

$$
\boldsymbol{S}=\begin{bmatrix}
\frac{1}{E_1} & -\frac{\nu_{12}}{E_2} & -\frac{\nu_{13}}{E_3} & 0 & 0 & 0 \\
-\frac{\nu_{21}}{E_1} & \frac{1}{E_2} & -\frac{\nu_{23}}{E_3} & 0 & 0 & 0 \\
-\frac{\nu_{31}}{E_1} & -\frac{\nu_{32}}{E_2} & \frac{1}{E_3} & 0 & 0 & 0 \\
0 & 0 & 0 & \frac{1}{G_{23}} & 0 & 0 \\
0 & 0 & 0 & 0 & \frac{1}{G_{31}} & 0 \\
0 & 0 & 0 & 0 & 0 & \frac{1}{G_{12}}
\end{bmatrix} \tag{7.2.13}
$$

式中：E_1、E_2 和 E_3 分别是 1、2 和 3 主轴方向的弹性模量。其含义是：只有一个主轴方向有正应力作用时，该正应力与该方向线应变的比值，即

$$E_i=\frac{\sigma_i}{\varepsilon_i},\quad i=1,2,3 \tag{7.2.14}$$

泊松比 ν_{ij} 的含义是：只有 σ_j 存在时，i 方向线应变与 j 方向线应变的比值的负值，即

$$\nu_{ij}=-\frac{\varepsilon_i}{\varepsilon_j},\quad i=1,2,3 \tag{7.2.15}$$

其中泊松比的范围为(−1,1/2)。而弹性常数 G_{23}、G_{31} 和 G_{12} 分别为 2－3 平面、3－1 平面和 1－2 平面内的剪切弹性模量。另外，由于 $S_{ij}=S_{ji}$，因此有如下关系：

$$\frac{\nu_{ij}}{E_j}=\frac{\nu_{ji}}{E_i},\quad i,j=1,2,3,\text{但 } i\neq j \tag{7.2.16}$$

于是只有三个泊松比是独立的。上式也称为麦克斯韦定理，常用来检查材料是否是正交各向异性的。由于 $\boldsymbol{C}=\boldsymbol{S}^{-1}$，因此刚度矩阵系数 C_{ij} 可以用柔度矩阵系数 S_{ij} 表示如下：

$$
\begin{cases}
C_{11}=\dfrac{S_{22}S_{33}-S_{23}^2}{S}, & C_{12}=\dfrac{S_{13}S_{23}-S_{12}S_{33}}{S} \\
C_{22}=\dfrac{S_{11}S_{33}-S_{13}^2}{S}, & C_{13}=\dfrac{S_{12}S_{23}-S_{13}S_{22}}{S} \\
C_{33}=\dfrac{S_{22}S_{11}-S_{12}^2}{S}, & C_{23}=\dfrac{S_{13}S_{12}-S_{11}S_{23}}{S} \\
C_{44}=\dfrac{1}{S_{44}},\quad C_{55}=\dfrac{1}{S_{55}},\quad C_{66}=\dfrac{1}{S_{66}}
\end{cases} \tag{7.2.17}
$$

式中

$$S=S_{11}S_{22}S_{33}-S_{11}S_{23}^2-S_{22}S_{13}^2-S_{33}S_{12}^2-2S_{12}S_{13}S_{23}$$

7.2.2 横观各向同性材料

若弹性体材料内有一轴线，在垂直于该轴线的任意平面内，各点的弹性性能在各个方向都相同，则此材料为横观各向同性材料，此平面称为各向同性面。

横观各向同性材料具有 5 个独立参数，柔度矩阵和刚度矩阵分别为

$$
\boldsymbol{S}=\begin{bmatrix}
S_{11} & S_{12} & S_{13} & 0 & 0 & 0 \\
S_{12} & S_{11} & S_{13} & 0 & 0 & 0 \\
S_{13} & S_{13} & S_{33} & 0 & 0 & 0 \\
0 & 0 & 0 & S_{44} & 0 & 0 \\
0 & 0 & 0 & 0 & S_{44} & 0 \\
0 & 0 & 0 & 0 & 0 & 2(S_{11}-S_{12})
\end{bmatrix} \tag{7.2.18}
$$

$$
\boldsymbol{C}=\begin{bmatrix}
C_{11} & C_{12} & C_{13} & 0 & 0 & 0 \\
C_{12} & C_{11} & C_{13} & 0 & 0 & 0 \\
C_{13} & C_{13} & C_{33} & 0 & 0 & 0 \\
0 & 0 & 0 & C_{44} & 0 & 0 \\
0 & 0 & 0 & 0 & C_{44} & 0 \\
0 & 0 & 0 & 0 & 0 & \frac{1}{2}(C_{11}-C_{12})
\end{bmatrix} \tag{7.2.19}
$$

7.2.3 各向同性材料

各向同性材料中的每一点在任意方向上的弹性性能皆相同，其柔度矩阵和刚度矩阵分别为

$$
\boldsymbol{S}=\begin{bmatrix}
S_{11} & S_{12} & S_{12} & 0 & 0 & 0 \\
S_{12} & S_{11} & S_{12} & 0 & 0 & 0 \\
S_{12} & S_{12} & S_{11} & 0 & 0 & 0 \\
0 & 0 & 0 & 2(S_{11}-S_{12}) & 0 & 0 \\
0 & 0 & 0 & 0 & 2(S_{11}-S_{12}) & 0 \\
0 & 0 & 0 & 0 & 0 & 2(S_{11}-S_{12})
\end{bmatrix} \tag{7.2.20}
$$

$$
\boldsymbol{C}=\begin{bmatrix}
C_{11} & C_{12} & C_{12} & 0 & 0 & 0 \\
C_{12} & C_{11} & C_{12} & 0 & 0 & 0 \\
C_{12} & C_{12} & C_{11} & 0 & 0 & 0 \\
0 & 0 & 0 & \frac{1}{2}(C_{11}-C_{12}) & 0 & 0 \\
0 & 0 & 0 & 0 & \frac{1}{2}(C_{11}-C_{12}) & 0 \\
0 & 0 & 0 & 0 & 0 & \frac{1}{2}(C_{11}-C_{12})
\end{bmatrix} \tag{7.2.21}
$$

上面介绍的是材料主轴坐标系内的应力-应变关系。若主轴方向与连续体分析坐标轴方向不一致，且需要知道在分析坐标系中的应力和应变分量时，则要对应力和应变进行变换，附录 G 给出了应力变换矩阵和应变变换矩阵。

7.3 单层材料的应力-应变关系

下面先考虑主轴方向的应力和应变关系，然后再考虑主方向弹性常数与非主方向弹性常

数的变换关系[2]。

7.3.1 平面应力状态

若单层材料处于平面应力状态,则对于正交各向异性材料,其物理方程为

$$\begin{cases}\boldsymbol{\varepsilon}:=\begin{bmatrix}\varepsilon_1\\ \varepsilon_2\\ \gamma_{12}\end{bmatrix}=\begin{bmatrix}S_{11} & S_{12} & 0\\ S_{12} & S_{22} & 0\\ 0 & 0 & S_{66}\end{bmatrix}\begin{bmatrix}\sigma_1\\ \sigma_2\\ \tau_{12}\end{bmatrix}:=\boldsymbol{S\sigma}\\ \varepsilon_3=S_{13}\sigma_1+S_{23}\sigma_2\end{cases}\tag{7.3.1}$$

式中

$$\begin{cases}S_{11}=\dfrac{1}{E_1},\quad S_{22}=\dfrac{1}{E_2},\quad S_{66}=\dfrac{1}{G_{12}},\\ S_{12}=-\dfrac{\nu_{21}}{E_1}=-\dfrac{\nu_{12}}{E_2},\quad S_{13}=-\dfrac{\nu_{31}}{E_1},\quad S_{23}=-\dfrac{\nu_{32}}{E_2}\end{cases}\tag{7.3.2}$$

式中不包含的应力分量和应变分量皆为零。式(7.3.1)中“:=”的含义是“定义为”或“设为”,下面公式中的“:=”的含义相同。用应变表示应力的物理方程为

$$\boldsymbol{\sigma}=\begin{bmatrix}\sigma_1\\ \sigma_2\\ \tau_{12}\end{bmatrix}=\begin{bmatrix}Q_{11} & Q_{12} & 0\\ Q_{12} & Q_{22} & 0\\ 0 & 0 & Q_{66}\end{bmatrix}\begin{bmatrix}\varepsilon_1\\ \varepsilon_2\\ \gamma_{12}\end{bmatrix}:=\boldsymbol{Q\varepsilon}\tag{7.3.3}$$

其中刚度矩阵 $\boldsymbol{Q}$ 可由 $\boldsymbol{S}$ 的逆来确定其具体形式,即

$$\begin{cases}Q_{11}=\dfrac{S_{22}}{S_{11}S_{22}-S_{12}^2},\quad Q_{22}=\dfrac{S_{11}}{S_{11}S_{22}-S_{12}^2},\\ Q_{12}=\dfrac{-S_{12}}{S_{11}S_{22}-S_{12}^2},\quad Q_{66}=\dfrac{1}{S_{66}}\end{cases}\tag{7.3.4}$$

值得注意的是,式(7.3.3)中用的是 Q_{ij} 而不是 C_{ij},这是由于在平面应力状态,前者小于或等于后者,参见式(7.2.17),因此有些文献上也称 $\boldsymbol{Q}$ 为折减刚度矩阵。用工程弹性常数表示的 Q_{ij} 的形式如下:

$$\begin{cases}Q_{11}=\dfrac{E_1}{1-\nu_{12}\nu_{21}},\quad Q_{22}=\dfrac{E_2}{1-\nu_{12}\nu_{21}},\\ Q_{12}=\dfrac{\nu_{21}E_2}{1-\nu_{12}\nu_{21}}=\dfrac{\nu_{12}E_1}{1-\nu_{12}\nu_{21}},\quad Q_{66}=G_{12}\end{cases}\tag{7.3.5}$$

对于处于平面应力状态的正交各向异性单层材料而言,只有 4 个独立弹性常数 E_1、E_2、G_{12} 和 ν_{12}。刚度矩阵 $\boldsymbol{Q}$ 和柔度矩阵 $\boldsymbol{S}$ 中的独立元素个数也都只有 4 个。

对于各向同性材料,物理方程变为

$$\begin{bmatrix}\varepsilon_1\\ \varepsilon_2\\ \gamma_{12}\end{bmatrix}=\begin{bmatrix}S_{11} & S_{12} & 0\\ S_{12} & S_{11} & 0\\ 0 & 0 & 2(S_{11}-S_{12})\end{bmatrix}\begin{bmatrix}\sigma_1\\ \sigma_2\\ \tau_{12}\end{bmatrix}\tag{7.3.6}$$

$$\begin{bmatrix}\sigma_1\\ \sigma_2\\ \tau_{12}\end{bmatrix}=\begin{bmatrix}Q_{11} & Q_{12} & 0\\ Q_{12} & Q_{11} & 0\\ 0 & 0 & Q_{66}\end{bmatrix}\begin{bmatrix}\varepsilon_1\\ \varepsilon_2\\ \gamma_{12}\end{bmatrix}\tag{7.3.7}$$

式中

$$\begin{cases} S_{11}=\dfrac{1}{E}, \quad S_{12}=-\dfrac{\nu}{E}, \quad 2(S_{11}-S_{12})=\dfrac{1}{G} \\ Q_{11}=\dfrac{E}{1-\nu^2}, \quad Q_{12}=\dfrac{\nu E}{1-\nu^2}, \quad Q_{66}=G \end{cases} \tag{7.3.8}$$

上面介绍了单层材料主方向的应力-应变关系。但实际上层合板中的单层材料的主方向与层合板总坐标或分析坐标 $x-y$ 的方向不一致。为了能够在统一的坐标系 $x-y$ 中分析层合板的刚度,需要知道单层材料在非主方向也就是 x 和 y 方向的弹性系数(称为偏轴弹性系数)与材料主方向弹性系数之间的关系。下面介绍平面应力状态的这种关系。

设 θ 是从 x 轴转到 1 轴的角度,逆时针方向为正,如图 7.1 所示。根据图 7.2 中微元体的平衡条件,可以给出的(x,y)坐标系内的应力分量与(1,2)坐标系内的应力分量的关系为

$$\begin{bmatrix} \sigma_1 \\ \sigma_2 \\ \tau_{12} \end{bmatrix} = \boldsymbol{T} \begin{bmatrix} \sigma_x \\ \sigma_y \\ \tau_{xy} \end{bmatrix} \tag{7.3.9}$$

式中:坐标转换矩阵 $\boldsymbol{T}$ 为

$$\boldsymbol{T}=\begin{bmatrix} \cos^2\theta & \sin^2\theta & 2\sin\theta\cos\theta \\ \sin^2\theta & \cos^2\theta & -2\sin\theta\cos\theta \\ -\sin\theta\cos\theta & \sin\theta\cos\theta & \cos^2\theta-\sin^2\theta \end{bmatrix} \tag{7.3.10}$$

上式也可以根据附录 G 中的式(G.1)得到。

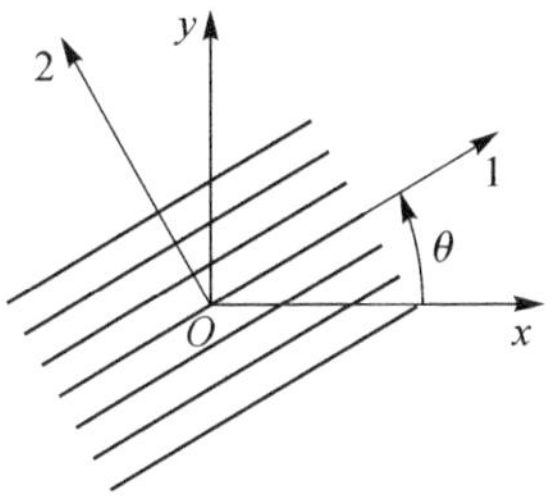

图 7.1　两种平面坐标系

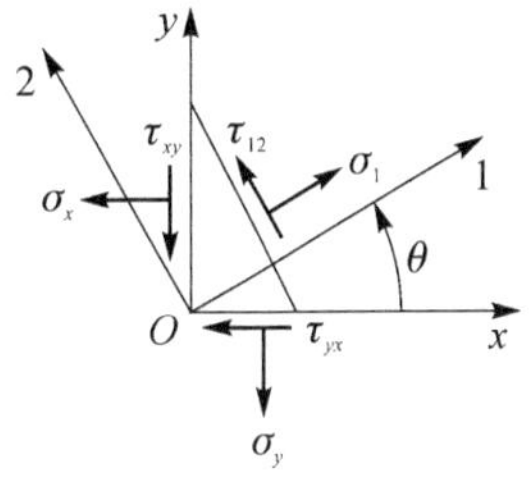

图 7.2　微元体受力分析

应变也存在类似的转换关系:

$$\begin{bmatrix} \varepsilon_1 \\ \varepsilon_2 \\ \gamma_{12} \end{bmatrix} = (\boldsymbol{T}^{-1})^{\mathrm{T}} \begin{bmatrix} \varepsilon_x \\ \varepsilon_y \\ \gamma_{xy} \end{bmatrix} \tag{7.3.11}$$

参见附录 G 中的式(G.2)。因此,对于正交各向异性材料的平面应力状态,(x,y)坐标系内的应力-应变关系为

$$\begin{bmatrix} \sigma_x \\ \sigma_y \\ \tau_{xy} \end{bmatrix} = \boldsymbol{T}^{-1} \begin{bmatrix} \sigma_1 \\ \sigma_2 \\ \tau_{12} \end{bmatrix} = \boldsymbol{T}^{-1}\boldsymbol{Q} \begin{bmatrix} \varepsilon_1 \\ \varepsilon_2 \\ \gamma_{12} \end{bmatrix} = \boldsymbol{T}^{-1}\boldsymbol{Q}(\boldsymbol{T}^{-1})^{\mathrm{T}} \begin{bmatrix} \varepsilon_x \\ \varepsilon_y \\ \gamma_{xy} \end{bmatrix} := \bar{\boldsymbol{Q}} \begin{bmatrix} \varepsilon_x \\ \varepsilon_y \\ \gamma_{xy} \end{bmatrix} \tag{7.3.12}$$

其中刚度矩阵及其元素为

$$\bar{\boldsymbol{Q}}=\boldsymbol{T}^{-1}\boldsymbol{Q}(\boldsymbol{T}^{-1})^{\mathrm{T}}=\begin{bmatrix}\bar{Q}_{11} & \bar{Q}_{12} & \bar{Q}_{16}\\ \bar{Q}_{12} & \bar{Q}_{22} & \bar{Q}_{26}\\ \bar{Q}_{16} & \bar{Q}_{26} & \bar{Q}_{66}\end{bmatrix} \tag{7.3.13}$$

$$\begin{cases}\bar{Q}_{11}=Q_{11}\cos^4\theta+2(Q_{12}+2Q_{66})\sin^2\theta\cos^2\theta+Q_{22}\sin^4\theta\\ \bar{Q}_{22}=Q_{11}\sin^4\theta+2(Q_{12}+2Q_{66})\sin^2\theta\cos^2\theta+Q_{22}\cos^4\theta\\ \bar{Q}_{12}=(Q_{11}+Q_{22}-4Q_{66})\sin^2\theta\cos^2\theta+Q_{12}(\cos^4\theta+\sin^4\theta)\\ \bar{Q}_{16}=(Q_{11}-Q_{12}-2Q_{66})\sin\theta\cos^3\theta+(Q_{12}-Q_{22}+2Q_{66})\cos\theta\sin^3\theta\\ \bar{Q}_{26}=(Q_{11}-Q_{12}-2Q_{66})\cos\theta\sin^3\theta+(Q_{12}-Q_{22}+2Q_{66})\sin\theta\cos^3\theta\\ \bar{Q}_{66}=(Q_{11}+Q_{22}-2Q_{12}-2Q_{66})\sin^2\theta\cos^2\theta+Q_{66}(\cos^4\theta+\sin^4\theta)\end{cases} \tag{7.3.14}$$

若用应力表示应变，则有

$$\begin{bmatrix}\varepsilon_x\\ \varepsilon_y\\ \gamma_{xy}\end{bmatrix}=\boldsymbol{T}^{\mathrm{T}}\begin{bmatrix}\varepsilon_1\\ \varepsilon_2\\ \gamma_{12}\end{bmatrix}=\boldsymbol{T}^{\mathrm{T}}\boldsymbol{S}\begin{bmatrix}\sigma_1\\ \sigma_2\\ \tau_{12}\end{bmatrix}=\boldsymbol{T}^{\mathrm{T}}\boldsymbol{S}\boldsymbol{T}\begin{bmatrix}\sigma_x\\ \sigma_y\\ \tau_{xy}\end{bmatrix}:=\bar{\boldsymbol{S}}\begin{bmatrix}\sigma_x\\ \sigma_y\\ \tau_{xy}\end{bmatrix} \tag{7.3.15}$$

式中：柔度矩阵及其元素为

$$\bar{\boldsymbol{S}}=\boldsymbol{T}^{\mathrm{T}}\boldsymbol{S}\boldsymbol{T}^{\mathrm{T}}=\begin{bmatrix}\bar{S}_{11} & \bar{S}_{12} & \bar{S}_{16}\\ \bar{S}_{12} & \bar{S}_{22} & \bar{S}_{26}\\ \bar{S}_{16} & \bar{S}_{26} & \bar{S}_{66}\end{bmatrix} \tag{7.3.16}$$

$$\begin{cases}\bar{S}_{11}=S_{11}\cos^4\theta+2(S_{12}+2S_{66})\sin^2\theta\cos^2\theta+S_{22}\sin^4\theta\\ \bar{S}_{22}=S_{11}\sin^4\theta+(2S_{12}+S_{66})\sin^2\theta\cos^2\theta+S_{22}\cos^4\theta\\ \bar{S}_{12}=(S_{11}+S_{22}-S_{66})\sin^2\theta\cos^2\theta+S_{12}(\cos^4\theta+\sin^4\theta)\\ \bar{S}_{16}=(2S_{11}-2S_{12}-S_{66})\sin\theta\cos^3\theta+(2S_{12}-2S_{22}+S_{66})\cos\theta\sin^3\theta\\ \bar{S}_{26}=(2S_{11}-2S_{12}-S_{66})\cos\theta\sin^3\theta+(2S_{12}-2S_{22}+S_{66})\sin\theta\cos^3\theta\\ \bar{S}_{66}=4\left(S_{11}+S_{22}-2S_{12}-\dfrac{1}{2}S_{66}\right)\sin^2\theta\cos^2\theta+S_{66}(\cos^4\theta+\sin^4\theta)\end{cases} \tag{7.3.17}$$

7.3.2 面外剪应力状态

对于正交各向异性材料，面外剪应力和应变之间的物理方程为

$$\begin{bmatrix}\gamma_{23}\\ \gamma_{31}\end{bmatrix}=\begin{bmatrix}S_{44} & 0\\ 0 & S_{55}\end{bmatrix}\begin{bmatrix}\tau_{23}\\ \tau_{31}\end{bmatrix}:=\boldsymbol{S}_{\gamma}\begin{bmatrix}\tau_{23}\\ \tau_{31}\end{bmatrix} \tag{7.3.18}$$

式中

$$S_{44}=\frac{1}{G_{23}},\quad S_{55}=\frac{1}{G_{31}} \tag{7.3.19}$$

用面外剪应变表示面外剪应力的物理方程为

$$\begin{bmatrix}\tau_{23}\\ \tau_{31}\end{bmatrix}=\begin{bmatrix}Q_{44} & 0\\ 0 & Q_{55}\end{bmatrix}\begin{bmatrix}\gamma_{23}\\ \gamma_{31}\end{bmatrix}:=\boldsymbol{Q}_{\gamma}\begin{bmatrix}\gamma_{23}\\ \gamma_{31}\end{bmatrix}\tag{7.3.20}$$

其中

$$Q_{44}=\frac{1}{S_{44}}=G_{23},\quad Q_{55}=\frac{1}{S_{55}}=G_{31}\tag{7.3.21}$$

对于各向同性材料，物理方程变为

$$\begin{bmatrix}\gamma_{23}\\ \gamma_{31}\end{bmatrix}=\begin{bmatrix}S_{44} & 0\\ 0 & S_{44}\end{bmatrix}\begin{bmatrix}\tau_{23}\\ \tau_{31}\end{bmatrix}\tag{7.3.22}$$

$$\begin{bmatrix}\tau_{23}\\ \tau_{31}\end{bmatrix}=\begin{bmatrix}Q_{44} & 0\\ 0 & Q_{44}\end{bmatrix}\begin{bmatrix}\gamma_{23}\\ \gamma_{31}\end{bmatrix}\tag{7.3.23}$$

式中

$$S_{44}=\frac{1}{G},\quad Q_{44}=G\tag{7.3.24}$$

为了能够在统一的坐标系(x,y)中分析层合板的面外剪切刚度，也需要知道单层材料的偏轴弹性系数与材料主方向弹性系数之间的关系。如图 7.3 所示，θ 是从 x 轴转到 1 轴的角度，逆时针方向为正，可以从图中的微元体受力分析得到坐标系(x,y)中的剪应力分量与(1,2)坐标系内的剪应力分量的平衡关系为

$$\begin{bmatrix}\tau_{23}\\ \tau_{31}\end{bmatrix}=\boldsymbol{T}_{\gamma}\begin{bmatrix}\tau_{yz}\\ \tau_{zx}\end{bmatrix}\tag{7.3.25}$$

其中坐标转换矩阵 $\boldsymbol{T}_{\gamma}$ 为

$$\boldsymbol{T}_{\gamma}=\begin{bmatrix}\cos\theta & -\sin\theta\\ \sin\theta & \cos\theta\end{bmatrix}\tag{7.3.26}$$

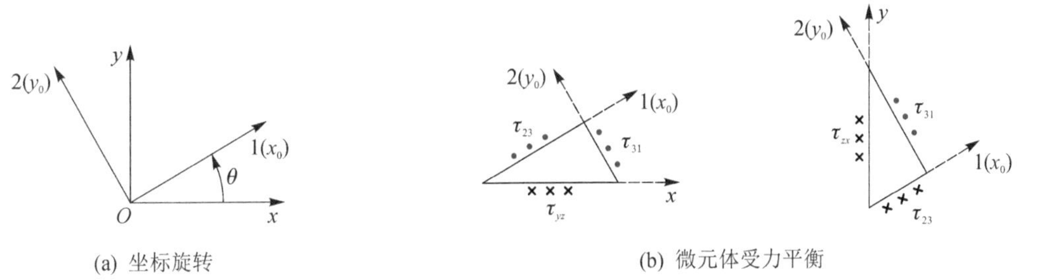

图 7.3　坐标旋转和微元体受力平衡

根据附录 G 中的式(G.1)和式(G.2)可知，应变也存在相同的变换关系：

$$\begin{bmatrix}\gamma_{23}\\ \gamma_{31}\end{bmatrix}=\boldsymbol{T}_{\gamma}\begin{bmatrix}\gamma_{yz}\\ \gamma_{zx}\end{bmatrix}\tag{7.3.27}$$

两个坐标系中的应变变换关系也可以通过下面的推导过程得到。

根据图 7.3(a)，存在如下坐标和位移变换关系：

$$\begin{cases}x=x_0\cos\theta-y_0\sin\theta\\ y=x_0\sin\theta+y_0\cos\theta\\ z=z_0\end{cases}\tag{7.3.28}$$

$$\begin{cases} u = u_0 \cos\theta - v_0 \sin\theta \\ v = u_0 \sin\theta + v_0 \cos\theta \\ w = w_0 \end{cases} \tag{7.3.29}$$

或者

$$\begin{cases} x_0 = x\cos\theta + y\sin\theta \\ y_0 = -x\sin\theta + y\cos\theta \\ z_0 = z \end{cases} \tag{7.3.30}$$

$$\begin{cases} u_0 = u\cos\theta + v\sin\theta \\ v_0 = -u\sin\theta + v\cos\theta \\ w_0 = w \end{cases} \tag{7.3.31}$$

式中：u_0、v_0 是沿着主方向 1、2 的位移，u、v 是沿着 x、y 方向的位移。几何方程为

$$\begin{cases} \gamma_{23} = \dfrac{\partial v_0}{\partial z_0} + \dfrac{\partial w_0}{\partial y_0} = \dfrac{\partial v_0}{\partial z} + \dfrac{\partial w}{\partial x}\dfrac{\partial x}{\partial y_0} + \dfrac{\partial w}{\partial y}\dfrac{\partial y}{\partial y_0} \\ \gamma_{31} = \dfrac{\partial u_0}{\partial z_0} + \dfrac{\partial w_0}{\partial x_0} = \dfrac{\partial u_0}{\partial z} + \dfrac{\partial w}{\partial x}\dfrac{\partial x}{\partial x_0} + \dfrac{\partial w}{\partial y}\dfrac{\partial y}{\partial x_0} \end{cases} \tag{7.3.32}$$

将式(7.3.28)和式(7.3.31)代入式(7.3.32)可得

$$\begin{cases} \gamma_{23} = -\sin\theta \dfrac{\partial u}{\partial z} + \cos\theta \dfrac{\partial v}{\partial z} - \sin\theta \dfrac{\partial w}{\partial x} + \cos\theta \dfrac{\partial w}{\partial y} \\ \quad = \cos\theta\left(\dfrac{\partial v}{\partial z} + \dfrac{\partial w}{\partial y}\right) - \sin\theta\left(\dfrac{\partial u}{\partial z} + \dfrac{\partial w}{\partial x}\right) \\ \quad = \gamma_{yz}\cos\theta - \gamma_{zx}\sin\theta \\ \gamma_{31} = \cos\theta \dfrac{\partial u}{\partial z} + \sin\theta \dfrac{\partial v}{\partial z} + \cos\theta \dfrac{\partial w}{\partial x} + \sin\theta \dfrac{\partial w}{\partial y} \\ \quad = \cos\theta\left(\dfrac{\partial u}{\partial z} + \dfrac{\partial w}{\partial x}\right) + \sin\theta\left(\dfrac{\partial v}{\partial z} + \dfrac{\partial w}{\partial y}\right) \\ \quad = \gamma_{zx}\cos\theta + \gamma_{yz}\sin\theta \end{cases} \tag{7.3.33}$$

即

$$\begin{bmatrix} \gamma_{23} \\ \gamma_{31} \end{bmatrix} = \begin{bmatrix} \cos\theta & -\sin\theta \\ \sin\theta & \cos\theta \end{bmatrix} \begin{bmatrix} \gamma_{yz} \\ \gamma_{zx} \end{bmatrix} \tag{7.3.34}$$

因此，坐标系(x，y)内的剪应力-应变关系为

$$\begin{bmatrix} \tau_{yz} \\ \tau_{zx} \end{bmatrix} = \boldsymbol{T}_\gamma^{-1} \begin{bmatrix} \tau_{23} \\ \tau_{31} \end{bmatrix} = \boldsymbol{T}_\gamma^{-1}\boldsymbol{Q}_\gamma \begin{bmatrix} \gamma_{23} \\ \gamma_{31} \end{bmatrix} = \boldsymbol{T}_\gamma^{-1}\boldsymbol{Q}_\gamma\boldsymbol{T}_\gamma \begin{bmatrix} \gamma_{yz} \\ \gamma_{zx} \end{bmatrix} := \bar{\boldsymbol{Q}}_\gamma \begin{bmatrix} \gamma_{yz} \\ \gamma_{zx} \end{bmatrix} \tag{7.3.35}$$

式中

$$\boldsymbol{Q}_\gamma = \begin{bmatrix} \boldsymbol{Q}_{44} & 0 \\ 0 & \boldsymbol{Q}_{55} \end{bmatrix} \tag{7.3.36}$$

$$\bar{\boldsymbol{Q}}_\gamma = \boldsymbol{T}_\gamma^{-1}\boldsymbol{Q}_\gamma\boldsymbol{T} = \begin{bmatrix} \bar{\boldsymbol{Q}}_{44} & \bar{\boldsymbol{Q}}_{45} \\ \bar{\boldsymbol{Q}}_{45} & \bar{\boldsymbol{Q}}_{55} \end{bmatrix} \tag{7.3.37}$$

$$\begin{cases} \bar{Q}_{44} = Q_{44}\cos^2\theta + Q_{55}\sin^2\theta \\ \bar{Q}_{55} = Q_{55}\cos^2\theta + Q_{44}\sin^2\theta \\ \bar{Q}_{45} = (Q_{55} - Q_{44})\sin\theta\cos\theta \end{cases} \tag{7.3.38}$$

若用应力表示应变，则有

$$\begin{bmatrix} \gamma_{yz} \\ \gamma_{zx} \end{bmatrix} = \boldsymbol{T}_{\gamma}^{-1}\begin{bmatrix} \gamma_{23} \\ \gamma_{31} \end{bmatrix} = \boldsymbol{T}_{\gamma}^{-1}\boldsymbol{S}_{\gamma}\begin{bmatrix} \tau_{23} \\ \tau_{31} \end{bmatrix} = \boldsymbol{T}_{\gamma}^{-1}\boldsymbol{S}_{\gamma}\boldsymbol{T}_{\gamma}\begin{bmatrix} \tau_{yz} \\ \tau_{zx} \end{bmatrix} := \bar{\boldsymbol{S}}_{\gamma}\begin{bmatrix} \tau_{yz} \\ \tau_{zx} \end{bmatrix} \tag{7.3.39}$$

式中

$$\boldsymbol{S}_{\gamma} = \begin{bmatrix} S_{44} & 0 \\ 0 & S_{55} \end{bmatrix} \tag{7.3.40}$$

$$\bar{\boldsymbol{S}}_{\gamma} = \boldsymbol{T}_{\gamma}^{-1}\boldsymbol{S}_{\gamma}\boldsymbol{T}_{\gamma} = \begin{bmatrix} \bar{S}_{44} & \bar{S}_{45} \\ \bar{S}_{45} & \bar{S}_{55} \end{bmatrix} \tag{7.3.41}$$

$$\begin{cases} \bar{S}_{44} = S_{44}\cos^2\theta + S_{55}\sin^2\theta \\ \bar{S}_{55} = S_{55}\cos^2\theta + S_{44}\sin^2\theta \\ \bar{S}_{45} = (S_{55} - S_{44})\sin\theta\cos\theta \end{cases} \tag{7.3.42}$$

7.4　经典层合板的等效刚度

层合板是由两层或两层以上的单层板粘合在一起成为整体的结构元件，如图 7.4 所示，其长度、宽度和高度分别为 a、b 和 t。层合板在厚度方向具有宏观非均质性，其可以引起耦合效应，即层合板面内力会引起弯曲变形(弯曲和扭曲)，而弯曲内力(弯矩和扭矩)会引起面内变形。第 7.3 节介绍的单层板的物理方程适用于层合板的每一层。

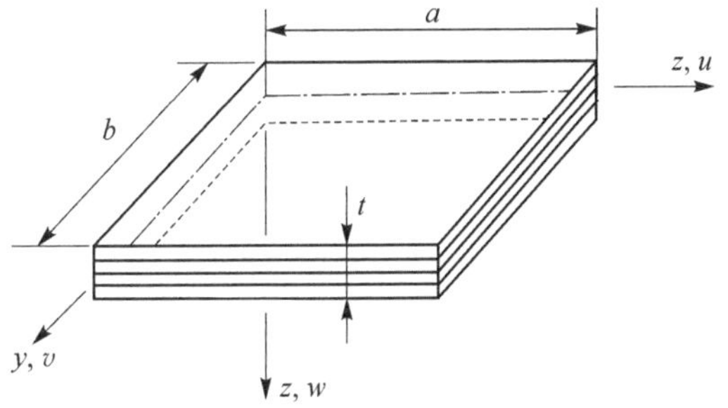

图 7.4　层合板

这里考虑薄层合板，其基本假设和基本方程与均质薄板的相同[1,3-4]，参见 3.2.2 小节。

根据薄板基本假设，薄层合板的位移函数为

$$\begin{cases} w(x,y,z)=w(x,y) \\ u(x,y,z)=u_0-z\dfrac{\partial w}{\partial x} \\ v(x,y,z)=v_0-z\dfrac{\partial w}{\partial y} \end{cases} \tag{7.4.1}$$

其中 w 也称为挠度函数，是薄层合板的独立位移函数；u_0 和 v_0 为中面（也称为参考面）面内位移。把式(7.4.1)代入薄板的面内几何方程得

$$\begin{cases} \varepsilon_x=\dfrac{\partial u}{\partial x}=\dfrac{\partial u_0}{\partial x}-z\dfrac{\partial^2 w}{\partial x^2} \\ \varepsilon_y=\dfrac{\partial v}{\partial y}=\dfrac{\partial v_0}{\partial y}-z\dfrac{\partial^2 w}{\partial y^2} \\ \gamma_{xy}=\dfrac{\partial u}{\partial y}+\dfrac{\partial v}{\partial x}=\left(\dfrac{\partial u_0}{\partial y}+\dfrac{\partial v_0}{\partial x}\right)-2z\dfrac{\partial^2 w}{\partial x\partial y} \end{cases} \tag{7.4.2}$$

或写成

$$\begin{bmatrix} \varepsilon_x \\ \varepsilon_y \\ \gamma_{xy} \end{bmatrix}=\begin{bmatrix} \varepsilon_x^0 \\ \varepsilon_y^0 \\ \gamma_{xy}^0 \end{bmatrix}+z\begin{bmatrix} \kappa_x \\ \kappa_y \\ \kappa_{xy} \end{bmatrix} \tag{7.4.3}$$

其中的中面应变为

$$\boldsymbol{\varepsilon}^0=\begin{bmatrix} \varepsilon_x^0 \\ \varepsilon_y^0 \\ \gamma_{xy}^0 \end{bmatrix}=\begin{bmatrix} \dfrac{\partial u_0}{\partial x} \\ \dfrac{\partial v_0}{\partial y} \\ \dfrac{\partial u_0}{\partial y}+\dfrac{\partial v_0}{\partial x} \end{bmatrix} \tag{7.4.4}$$

中面曲率为

$$\boldsymbol{\kappa}=\begin{bmatrix} \kappa_x \\ \kappa_y \\ \kappa_{xy} \end{bmatrix}=\begin{bmatrix} -\dfrac{\partial^2 w}{\partial x^2} \\ -\dfrac{\partial^2 w}{\partial y^2} \\ -\dfrac{\partial^2 w}{\partial x\partial y} \end{bmatrix} \tag{7.4.5}$$

于是，根据式(7.3.12)可得第 k 层的应力函数为

$$\begin{bmatrix} \sigma_x \\ \sigma_y \\ \tau_{xy} \end{bmatrix}=\bar{\boldsymbol{Q}}\begin{bmatrix} \varepsilon_x \\ \varepsilon_y \\ \gamma_{xy} \end{bmatrix}=\bar{\boldsymbol{Q}}\left\{\begin{bmatrix} \varepsilon_x^0 \\ \varepsilon_y^0 \\ \gamma_{xy}^0 \end{bmatrix}+z\begin{bmatrix} \kappa_x \\ \kappa_y \\ \kappa_{xy} \end{bmatrix}\right\} \tag{7.4.6}$$

根据式(7.4.6)中第 k 层的应力，可以定义层合板的内力和内力矩，参见图 7.5 和图 7.6。

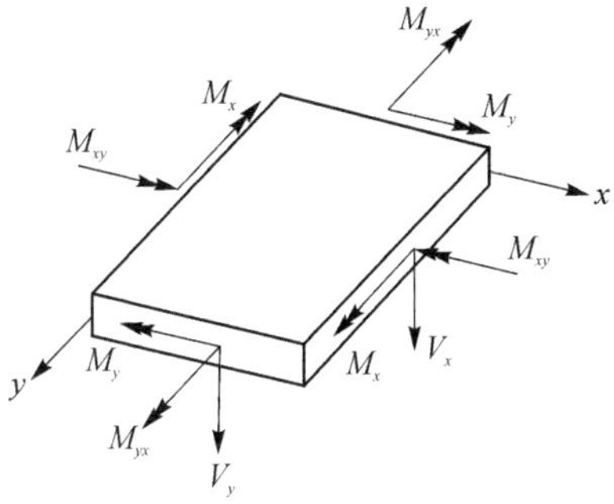

图 7.5　层合板的内力矩

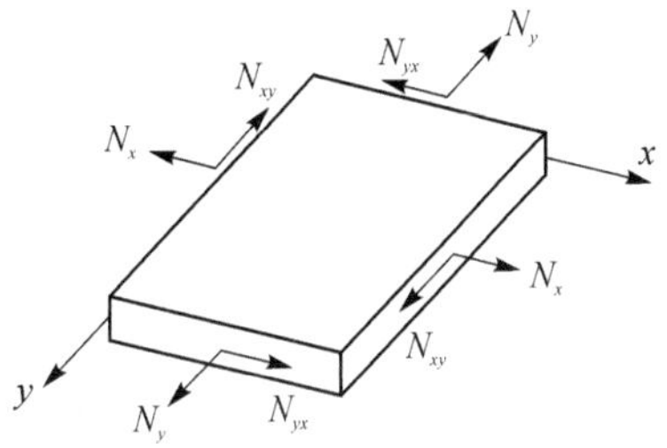

图 7.6　层合板的面内力

层合板的内力和内力矩的定义式为

$$\begin{cases} \boldsymbol{N}:=\begin{bmatrix} N_x \\ N_y \\ N_{xy} \end{bmatrix}=\int_{-\frac{t}{2}}^{\frac{t}{2}}\begin{bmatrix} \sigma_x \\ \sigma_y \\ \tau_{xy} \end{bmatrix}\mathrm{d}z=\sum_{k=1}^{n}\int_{z_{k-1}}^{z_k}\begin{bmatrix} \sigma_x \\ \sigma_y \\ \tau_{xy} \end{bmatrix}_k\mathrm{d}z \\ \boldsymbol{M}:=\begin{bmatrix} M_x \\ M_y \\ M_{xy} \end{bmatrix}=\int_{-\frac{t}{2}}^{\frac{t}{2}}\begin{bmatrix} \sigma_x \\ \sigma_y \\ \tau_{xy} \end{bmatrix}z\,\mathrm{d}z=\sum_{k=1}^{n}\int_{z_{k-1}}^{z_k}\begin{bmatrix} \sigma_x \\ \sigma_y \\ \tau_{xy} \end{bmatrix}_k z\,\mathrm{d}z \end{cases} \tag{7.4.7}$$

其中 n 为层合板的总层数,每一层的 z 坐标如图 7.7 所示。把式(7.4.6)代入式(7.4.7)得

$$\begin{cases} \begin{bmatrix} N_x \\ N_y \\ N_{xy} \end{bmatrix}=\sum_{k=1}^{n}\bar{\boldsymbol{Q}}_k\int_{z_{k-1}}^{z_k}\left\{\begin{bmatrix} \varepsilon_x^0 \\ \varepsilon_y^0 \\ \gamma_{xy}^0 \end{bmatrix}+z\begin{bmatrix} \kappa_x \\ \kappa_y \\ \kappa_{xy} \end{bmatrix}\right\}\mathrm{d}z \\ \begin{bmatrix} M_x \\ M_y \\ M_{xy} \end{bmatrix}=\sum_{k=1}^{n}\bar{\boldsymbol{Q}}_k\int_{z_{k-1}}^{z_k}\left\{\begin{bmatrix} \varepsilon_x^0 \\ \varepsilon_y^0 \\ \gamma_{xy}^0 \end{bmatrix}+z\begin{bmatrix} \kappa_x \\ \kappa_y \\ \kappa_{xy} \end{bmatrix}\right\}z\,\mathrm{d}z \end{cases} \tag{7.4.8}$$

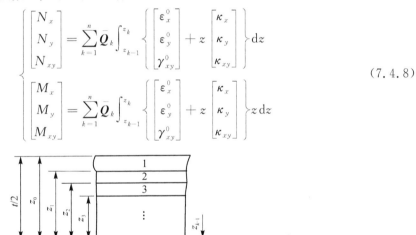

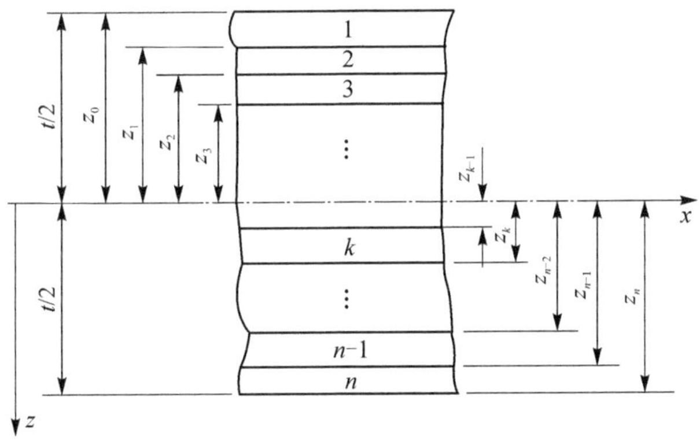

图 7.7　层合板中各单层的厚度方向 z 坐标[2]

由于中面应变和中面曲率定义在中面,与 z 无关,因此式(7.4.8)可变为

$$\begin{cases}\begin{bmatrix}N_x\\N_y\\N_{xy}\end{bmatrix}=\begin{bmatrix}A_{11}&A_{12}&A_{16}\\A_{12}&A_{22}&A_{26}\\A_{16}&A_{26}&A_{66}\end{bmatrix}\begin{bmatrix}\varepsilon_x^0\\\varepsilon_y^0\\\gamma_{xy}^0\end{bmatrix}+\begin{bmatrix}B_{11}&B_{12}&B_{16}\\B_{12}&B_{22}&B_{26}\\B_{16}&B_{26}&B_{66}\end{bmatrix}\begin{bmatrix}\kappa_x\\\kappa_y\\\kappa_{xy}\end{bmatrix}\\\begin{bmatrix}M_x\\M_y\\M_{xy}\end{bmatrix}=\begin{bmatrix}B_{11}&B_{12}&B_{16}\\B_{12}&B_{22}&B_{26}\\B_{16}&B_{26}&B_{66}\end{bmatrix}\begin{bmatrix}\varepsilon_x^0\\\varepsilon_y^0\\\gamma_{xy}^0\end{bmatrix}+\begin{bmatrix}D_{11}&D_{12}&D_{16}\\D_{12}&D_{22}&D_{26}\\D_{16}&D_{26}&D_{66}\end{bmatrix}\begin{bmatrix}\kappa_x\\\kappa_y\\\kappa_{xy}\end{bmatrix}\end{cases}\tag{7.4.9}$$

式中

$$\begin{cases}A_{ij}=\sum_{k=1}^{n}(\bar{Q}_{ij})_k(z_k-z_{k-1})\\B_{ij}=\dfrac{1}{2}\sum_{k=1}^{n}(\bar{Q}_{ij})_k(z_k^2-z_{k-1}^2)\\D_{ij}=\dfrac{1}{3}\sum_{k=1}^{n}(\bar{Q}_{ij})_k(z_k^3-z_{k-1}^3)\end{cases}\tag{7.4.10}$$

式中：A_{ij}、B_{ij} 和 D_{ij} 依次称为拉伸刚度、耦合刚度和弯曲刚度。注意上式中的 D_{ij} 与前几章中介绍的周期梁板等效刚度系数没有直接对应关系。式(7.4.9)也可以写成如下矩阵形式：

$$\begin{cases}\boldsymbol{N}=\boldsymbol{A}\boldsymbol{\varepsilon}^0+\boldsymbol{B}\boldsymbol{\kappa}\\\boldsymbol{M}=\boldsymbol{B}\boldsymbol{\varepsilon}^0+\boldsymbol{D}\boldsymbol{\kappa}\end{cases}\tag{7.4.11}$$

式中

$$\boldsymbol{A}=[A_{ij}],\quad \boldsymbol{B}=[B_{ij}],\quad \boldsymbol{D}=[D_{ij}]$$

从式(7.4.11)可以得到如下关系：

$$\begin{cases}\boldsymbol{\varepsilon}^0=\boldsymbol{A}'\boldsymbol{N}+\boldsymbol{B}'\boldsymbol{M}\\\boldsymbol{\kappa}=\boldsymbol{B}'^{\mathrm{T}}\boldsymbol{N}+\boldsymbol{D}'\boldsymbol{M}\end{cases}\tag{7.4.12}$$

式中

$$\begin{cases}\boldsymbol{A}'=\boldsymbol{A}^{-1}+\boldsymbol{A}^{-1}\boldsymbol{B}(\boldsymbol{D}-\boldsymbol{B}\boldsymbol{A}^{-1}\boldsymbol{B})^{-1}\boldsymbol{B}\boldsymbol{A}^{-1}\\\boldsymbol{B}'=-(\boldsymbol{A}^{-1}\boldsymbol{B})(\boldsymbol{D}-\boldsymbol{B}\boldsymbol{A}^{-1}\boldsymbol{B})^{-1}\\\boldsymbol{D}'=(\boldsymbol{D}-\boldsymbol{B}\boldsymbol{A}^{-1}\boldsymbol{B})^{-1}\end{cases}\tag{7.4.13}$$

式中：$\boldsymbol{A}'$、$\boldsymbol{B}'$和 $\boldsymbol{D}'$分别称为面内柔度矩阵、耦合柔度矩阵和弯曲柔度矩阵。

上述刚度系数和柔度系数是在直法线假设前提下推导的，有关理论称为经典层合板理论。值得指出的是：

① B_{ij} 和 D_{ij} 与中面或参考面位置相关，参考面位置不同，二者大小不同。

② 一般层合板的物理关系很复杂，除了 $\boldsymbol{B}$ 刻画的拉弯耦合之外，还有 A_{16} 和 A_{26} 描述的拉剪耦合，以及 D_{16} 和 D_{26} 刻画的弯扭耦合。

③ 拉弯耦合效应一般会增大挠度，降低屈曲载荷和固有振动频率；弯扭耦合也存在类似的作用，因此通常认为耦合效应减小等效刚度。

④ 为了消除耦合效应，理论上可以采用对称铺层。

⑤ 单层板没有拉弯耦合；各向同性、横观各向同性、材料主轴(1,2)和坐标(x,y)方向一致的正交各向异性单层板没有拉剪和弯扭耦合，但一般的各向异性单层板存在拉剪和弯扭耦

合关系。

下面给出各向同性单层板的刚度。各向同性材料有两个独立的弹性参数。设弹性模量为 E，泊松比为 ν。由式(7.3.7)和式(7.3.8)可得

$$\begin{cases} Q_{11}=Q_{22}=\dfrac{E}{1-\nu^2}, \quad Q_{12}=\dfrac{\nu E}{1-\nu^2}, \\ Q_{66}=\dfrac{E}{2(1+\nu)}=G, \quad Q_{16}=Q_{26}=0 \end{cases} \tag{7.4.14}$$

设板厚为 t，$\bar{Q}_{ij}=Q_{ij}$，z 的坐标原点在板的中心，则由式(7.4.10)可得

$$\begin{cases} A_{11}=A_{22}=A, \quad A_{12}=\nu A, \quad A_{16}=A_{26}=0, \quad A_{66}=\dfrac{1-\nu}{2}A \\ B_{ij}=0 \\ D_{11}=D_{22}=D, \quad D_{12}=\nu D, \quad D_{16}=D_{26}=0, \quad D_{66}=\dfrac{1-\nu}{2}D \end{cases} \tag{7.4.15}$$

式中

$$A=\frac{Et}{1-\nu^2}, \quad D=\frac{Et^3}{12(1-\nu^2)} \tag{7.4.16}$$

由式(7.4.15)可以看出，各向同性单层板没有拉弯耦合，也没有拉剪和弯扭耦合。各向同性单层板的内力和应变的关系为

$$\begin{bmatrix} N_x \\ N_y \\ N_{xy} \end{bmatrix}=A\begin{bmatrix} 1 & \nu & 0 \\ \nu & 1 & 0 \\ 0 & 0 & (1-\nu)/2 \end{bmatrix}\begin{bmatrix} \varepsilon_x^0 \\ \varepsilon_y^0 \\ \gamma_{xy}^0 \end{bmatrix} \tag{7.4.17}$$

$$\begin{bmatrix} M_x \\ M_y \\ M_{xy} \end{bmatrix}=D\begin{bmatrix} 1 & \nu & 0 \\ \nu & 1 & 0 \\ 0 & 0 & (1-\nu)/2 \end{bmatrix}\begin{bmatrix} \kappa_x \\ \kappa_y \\ \kappa_{xy} \end{bmatrix} \tag{7.4.18}$$

7.5　剪切层合板的等效刚度

仍然考虑图 7.4 所示的层合板，其长度、宽度和高分别为 a、b 和 t。根据剪切板的基本假设，其位移函数为

$$\begin{cases} w(x,y,z)=w(x,y) \\ u(x,y,z)=u_0-z\theta_1 \\ v(x,y,z)=v_0-z\theta_2 \end{cases} \tag{7.5.1}$$

式中：θ_1 和 θ_2 为绕着 y 轴和 x 轴的法线转角，参见图 5.2。剪切板几何方程为

$$\begin{cases} \varepsilon_x=\dfrac{\partial u}{\partial x}=\dfrac{\partial u_0}{\partial x}-z\dfrac{\partial \theta_1}{\partial x} \\ \varepsilon_y=\dfrac{\partial v}{\partial y}=\dfrac{\partial v_0}{\partial y}-z\dfrac{\partial \theta_2}{\partial y} \\ \gamma_{xy}=\dfrac{\partial u}{\partial y}+\dfrac{\partial v}{\partial x}=\left(\dfrac{\partial u_0}{\partial y}+\dfrac{\partial v_0}{\partial x}\right)-\left(\dfrac{\partial \theta_1}{\partial y}+\dfrac{\partial \theta_2}{\partial x}\right) \end{cases} \tag{7.5.2}$$

$$\begin{cases} \gamma_{yz} = \dfrac{\partial w}{\partial y} + \dfrac{\partial v}{\partial z} = \dfrac{\partial w}{\partial y} - \theta_2 \\ \gamma_{zx} = \dfrac{\partial w}{\partial x} + \dfrac{\partial u}{\partial z} = \dfrac{\partial w}{\partial x} - \theta_1 \end{cases} \tag{7.5.3}$$

式(7.5.2)也可以写成

$$\begin{bmatrix} \varepsilon_x \\ \varepsilon_y \\ \gamma_{xy} \end{bmatrix} = \begin{bmatrix} \varepsilon_x^0 \\ \varepsilon_y^0 \\ \gamma_{xy}^0 \end{bmatrix} + z \begin{bmatrix} \kappa_x \\ \kappa_y \\ \kappa_{xy} \end{bmatrix} \tag{7.5.4}$$

式中：面内应变 $\boldsymbol{\varepsilon}^0$ 与经典板情况相同，而参考面曲率为

$$\boldsymbol{\kappa} = \begin{bmatrix} \kappa_x \\ \kappa_y \\ \kappa_{xy} \end{bmatrix} = \begin{bmatrix} -\dfrac{\partial \theta_1}{\partial x} \\ -\dfrac{\partial \theta_2}{\partial y} \\ -\left(\dfrac{\partial \theta_1}{\partial y} + \dfrac{\partial \theta_2}{\partial x} \right) \end{bmatrix} \tag{7.5.5}$$

根据式(7.3.12)可得第 k 层的面内应力函数为

$$\begin{bmatrix} \sigma_x \\ \sigma_y \\ \tau_{xy} \end{bmatrix} = \bar{\boldsymbol{Q}} \begin{bmatrix} \varepsilon_x \\ \varepsilon_y \\ \gamma_{xy} \end{bmatrix} = \bar{\boldsymbol{Q}} \left\{ \begin{bmatrix} \varepsilon_x^0 \\ \varepsilon_y^0 \\ \gamma_{xy}^0 \end{bmatrix} + z \begin{bmatrix} \kappa_x \\ \kappa_y \\ \kappa_{xy} \end{bmatrix} \right\} \tag{7.5.6}$$

其形式与经典层合板理论的相同。层合板的内力和内力矩的定义式也与经典层合板理论的相同，其形式为

$$\begin{cases} \boldsymbol{N} = \begin{bmatrix} N_x \\ N_y \\ N_{xy} \end{bmatrix} = \displaystyle\int_{-\frac{t}{2}}^{\frac{t}{2}} \begin{bmatrix} \sigma_x \\ \sigma_y \\ \tau_{xy} \end{bmatrix} \mathrm{d}z = \sum_{k=1}^{n} \int_{z_{k-1}}^{z_k} \begin{bmatrix} \sigma_x \\ \sigma_y \\ \tau_{xy} \end{bmatrix}_k \mathrm{d}z \\ \boldsymbol{M} = \begin{bmatrix} M_x \\ M_y \\ M_{xy} \end{bmatrix} = \displaystyle\int_{-\frac{t}{2}}^{\frac{t}{2}} \begin{bmatrix} \sigma_x \\ \sigma_y \\ \tau_{xy} \end{bmatrix} z\,\mathrm{d}z = \sum_{k=1}^{n} \int_{z_{k-1}}^{z_k} \begin{bmatrix} \sigma_x \\ \sigma_y \\ \tau_{xy} \end{bmatrix}_k z\,\mathrm{d}z \end{cases} \tag{7.5.7}$$

把式(7.5.6)代入式(7.5.7)得

$$\begin{cases} \begin{bmatrix} N_x \\ N_y \\ N_{xy} \end{bmatrix} = \displaystyle\sum_{k=1}^{n} \bar{\boldsymbol{Q}}_k \int_{z_{k-1}}^{z_k} \left\{ \begin{bmatrix} \varepsilon_x^0 \\ \varepsilon_y^0 \\ \gamma_{xy}^0 \end{bmatrix} + z \begin{bmatrix} \kappa_x \\ \kappa_y \\ \kappa_{xy} \end{bmatrix} \right\} \mathrm{d}z \\ \begin{bmatrix} M_x \\ M_y \\ M_{xy} \end{bmatrix} = \displaystyle\sum_{k=1}^{n} \bar{\boldsymbol{Q}}_k \int_{z_{k-1}}^{z_k} \left\{ \begin{bmatrix} \varepsilon_x^0 \\ \varepsilon_y^0 \\ \gamma_{xy}^0 \end{bmatrix} + z \begin{bmatrix} \kappa_x \\ \kappa_y \\ \kappa_{xy} \end{bmatrix} \right\} z\,\mathrm{d}z \end{cases} \tag{7.5.8}$$

余下步骤与 7.4 节相同。最后可以得到如下内力和应变之间的关系：

$$\begin{cases} \boldsymbol{N} = \boldsymbol{A\varepsilon}^0 + \boldsymbol{B\kappa} \\ \boldsymbol{M} = \boldsymbol{B\varepsilon}^0 + \boldsymbol{D\kappa} \end{cases} \tag{7.5.9}$$

由此可见，利用剪切层合板理论，得到的拉伸刚度 $\boldsymbol{A}$、拉弯耦合刚度 $\boldsymbol{B}$ 和弯曲刚度 $\boldsymbol{D}$ 与用经典

层合板理论得到的结果相同。

层合板的剪力定义为

$$\begin{bmatrix} V_x \\ V_y \end{bmatrix} = \int_{-\frac{t}{2}}^{\frac{t}{2}} \begin{bmatrix} \tau_{yz} \\ \tau_{zx} \end{bmatrix} \mathrm{d}z = \sum_{k=1}^{n} \int_{z_{k-1}}^{z_k} \begin{bmatrix} \tau_{yz} \\ \tau_{zx} \end{bmatrix}_k \mathrm{d}z \tag{7.5.10}$$

其中剪力 V_x 和 V_y 的方向如图 7.5 所示。把式(7.3.35)代入式(7.5.10)得

$$\begin{bmatrix} V_x \\ V_y \end{bmatrix} = \sum_{k=1}^{n} (\bar{\boldsymbol{Q}}_\gamma)_k \int_{z_{k-1}}^{z_k} \begin{bmatrix} \gamma_{yz} \\ \gamma_{zx} \end{bmatrix} \mathrm{d}z \tag{7.5.11}$$

由于剪应变与 z 无关,因此式(7.5.11)可变为

$$\begin{bmatrix} V_x \\ V_y \end{bmatrix} = \begin{bmatrix} D_{44} & D_{45} \\ D_{45} & D_{55} \end{bmatrix} \begin{bmatrix} \gamma_{yz} \\ \gamma_{zx} \end{bmatrix} \tag{7.5.12}$$

其中层合板剪切刚度系数为

$$D_{ij} = \sum_{k=1}^{n} (\bar{Q}_{ij})_k (z_k - z_{k-1}) \tag{7.5.13}$$

值得指出的是:

① 基于剪切层合板理论,在计算式(7.5.13)中的单层板刚度 $\bar{Q}_{ij}$ 时,需要考虑剪切修正系数。譬如,对于正交各向异性材料,$C_{44}=k_{23}G_{23}$,$C_{55}=k_{31}G_{31}$,其中 k_{23} 和 k_{31} 分别为 2 - 3 面和 3 - 1 面的剪切修正系数。

② 式(7.5.12)中的刚度系数 D_{ij} 与前几章中介绍的周期板等效刚度系数没有直接对应关系。

下面给出各向同性单层板的剪切刚度。各向同性材料有两个独立的弹性参数。设弹性模量为 E,泊松比为 ν,$C_{44}=kG$,其中 k 为剪切修正系数。由式(7.3.38)可得

$$\bar{Q}_{44}=kG,\quad \bar{Q}_{55}=kG,\quad \bar{Q}_{45}=0 \tag{7.5.14}$$

设板厚为 t,z 的坐标原点在板的中心,则由式(7.5.13)可得

$$D_{44}=kGt,\quad D_{55}=kGt,\quad D_{45}=0 \tag{7.5.15}$$

7.6　基于理想界面的均匀化方法

在理想界面的均匀化方法中[5],要求应变张量的面内分量和应力张量的面外分量在穿过不同材料相界面时保持连续。

为便于把理想界面的均匀化方法与层合板理论进行比较,下面用该均匀化方法研究层合介质的宏观等效弹性性能。为了简便起见,考虑层合板的每一层材料均为正交各向异性,并且各层材料主轴与层合板坐标轴同向。若两个坐标系坐标方向不同,则需要对应力和应变进行变换,附录 G 给出了变换矩阵。

7.6.1　等效刚度的推导过程

考虑如图 7.7 所示的层合板,各层的厚度为 $h^{(k)}(k=1,2,\cdots,n)$。对于具有其他弹性对称性的材料,下面的分析方法同样适用。第 k 层的本构关系为

$$\boldsymbol{\sigma}^{(k)} = \boldsymbol{C}^{(k)} \boldsymbol{\varepsilon}^{(k)} \tag{7.6.1}$$

式中：刚度矩阵 $\boldsymbol{C}$ 的形式可以参见式(7.2.9)，而用张量符号表示的应力向量 $\boldsymbol{\sigma}$、应变向量 $\boldsymbol{\varepsilon}$ 分别为

$$\begin{cases}\boldsymbol{\sigma}^{\mathrm{T}}=[\sigma_{11}\quad\sigma_{22}\quad\sigma_{33}\quad\tau_{23}\quad\tau_{31}\quad\tau_{12}]\\ \boldsymbol{\varepsilon}^{\mathrm{T}}=[\varepsilon_{11}\quad\varepsilon_{22}\quad\varepsilon_{33}\quad\gamma_{23}\quad\gamma_{31}\quad\gamma_{12}]\end{cases}\tag{7.6.2}$$

把 $\boldsymbol{\sigma}$ 和 $\boldsymbol{\varepsilon}$ 的元素沿着相邻板面或界面的切线方向和法向方向进行重新组合可得

$$\begin{cases}\boldsymbol{\sigma}_{\mathrm{i}}=[\sigma_{11}\quad\sigma_{22}\quad\tau_{12}]^{\mathrm{T}}\\ \boldsymbol{\sigma}_{\mathrm{o}}=[\sigma_{33}\quad\tau_{23}\quad\tau_{31}]^{\mathrm{T}}\end{cases}\tag{7.6.3}$$

$$\begin{cases}\boldsymbol{\varepsilon}_{\mathrm{i}}=[\varepsilon_{11}\quad\varepsilon_{22}\quad\varepsilon_{12}]^{\mathrm{T}}\\ \boldsymbol{\varepsilon}_{\mathrm{o}}=[\varepsilon_{33}\quad\varepsilon_{23}\quad\varepsilon_{31}]^{\mathrm{T}}\end{cases}\tag{7.6.4}$$

其中下标“i”和“o”分别表示面内(in-plane)和面外(out of plane)。于是，式(7.6.1)变为

$$\begin{bmatrix}\boldsymbol{\sigma}_{\mathrm{i}}\\ \boldsymbol{\sigma}_{\mathrm{o}}\end{bmatrix}^{(k)}=\begin{bmatrix}\boldsymbol{C}_{\mathrm{ii}} & \boldsymbol{C}_{\mathrm{io}}\\ \boldsymbol{C}_{\mathrm{oi}} & \boldsymbol{C}_{\mathrm{oo}}\end{bmatrix}^{(k)}\begin{bmatrix}\boldsymbol{\varepsilon}_{\mathrm{i}}\\ \boldsymbol{\varepsilon}_{\mathrm{o}}\end{bmatrix}^{(k)}\tag{7.6.5}$$

式中

$$\boldsymbol{C}_{\mathrm{ii}}=\begin{bmatrix}C_{11} & C_{12} & 0\\ C_{12} & C_{22} & 0\\ 0 & 0 & C_{66}\end{bmatrix}\tag{7.6.6}$$

$$\boldsymbol{C}_{\mathrm{oo}}=\begin{bmatrix}C_{33} & 0 & 0\\ 0 & C_{44} & 0\\ 0 & 0 & C_{55}\end{bmatrix}\tag{7.6.7}$$

$$\boldsymbol{C}_{\mathrm{io}}=\boldsymbol{C}_{\mathrm{oi}}^{\mathrm{T}}=\begin{bmatrix}C_{13} & 0 & 0\\ C_{23} & 0 & 0\\ 0 & 0 & 0\end{bmatrix}\tag{7.6.8}$$

由式(7.6.5)可得用面内应变和面外应力表示的面内应力和面外应变公式：

$$\begin{bmatrix}\boldsymbol{\sigma}_{\mathrm{i}}\\ \boldsymbol{\varepsilon}_{\mathrm{o}}\end{bmatrix}^{(k)}=\begin{bmatrix}\boldsymbol{D}_{\mathrm{ii}} & \boldsymbol{D}_{\mathrm{io}}\\ \boldsymbol{D}_{\mathrm{oi}} & \boldsymbol{D}_{\mathrm{oo}}\end{bmatrix}^{(k)}\begin{bmatrix}\boldsymbol{\varepsilon}_{\mathrm{i}}\\ \boldsymbol{\sigma}_{\mathrm{o}}\end{bmatrix}^{(k)}\tag{7.6.9}$$

其中

$$\begin{cases}\boldsymbol{D}_{\mathrm{ii}}=\boldsymbol{C}_{\mathrm{ii}}-\boldsymbol{C}_{\mathrm{io}}\boldsymbol{C}_{\mathrm{oo}}^{-1}\boldsymbol{C}_{\mathrm{oi}}\\ \boldsymbol{D}_{\mathrm{io}}=-\boldsymbol{D}_{\mathrm{oi}}^{\mathrm{T}}=\boldsymbol{C}_{\mathrm{io}}\boldsymbol{C}_{\mathrm{oo}}^{-1}\\ \boldsymbol{D}_{\mathrm{oo}}=\boldsymbol{C}_{\mathrm{oo}}^{-1}\end{cases}\tag{7.6.10}$$

根据理想界面连续性要求：应变张量的面内分量和应力张量的面外分量在穿过界面时保持连续，因此，令

$$\begin{bmatrix}\boldsymbol{\varepsilon}_{\mathrm{i}}\\ \boldsymbol{\sigma}_{\mathrm{o}}\end{bmatrix}^{(k)}=\boldsymbol{\xi}(z)\begin{bmatrix}\bar{\boldsymbol{\varepsilon}}_{\mathrm{i}}\\ \bar{\boldsymbol{\sigma}}_{\mathrm{o}}\end{bmatrix}\tag{7.6.11}$$

或

$$\begin{bmatrix}\varepsilon_{11}\\ \varepsilon_{22}\\ \varepsilon_{12}\\ \sigma_{33}\\ \tau_{23}\\ \tau_{31}\end{bmatrix}^{(k)}=\begin{bmatrix}\xi_{11}(z)&&&&&\\ &\xi_{22}(z)&&&&\\ &&\xi_{33}(z)&&&\\ &&&\xi_{44}(z)&&\\ &&&&\xi_{55}(z)&\\ &&&&&\xi_{66}(z)\end{bmatrix}\begin{bmatrix}\bar{\varepsilon}_{11}\\ \bar{\varepsilon}_{22}\\ \bar{\varepsilon}_{12}\\ \bar{\sigma}_{33}\\ \bar{\tau}_{23}\\ \bar{\tau}_{31}\end{bmatrix} \tag{7.6.12}$$

式中：$\bar{\boldsymbol{\varepsilon}}_{\mathrm{i}}$ 和 $\bar{\boldsymbol{\sigma}}_{\mathrm{o}}$ 分别表示平均等效应变的面内分量和平均等效应力的面外分量，对角阵 $\boldsymbol{\xi}(z)$ 为 z 的连续函数，用来描述非均匀介质内部应力场和应变场随着 z 的变化，且满足

$$\frac{1}{t}\int_{-t/2}^{t/2}\boldsymbol{\xi}(z)\mathrm{d}z=\boldsymbol{I} \tag{7.6.13}$$

式中：$\boldsymbol{I}$ 为单位矩阵，$\boldsymbol{\xi}(z)$对角元素的具体形式取决于非均匀介质的细观结构、组分相的性能及边界条件。由于这里关心的是非均匀介质的等效性能，因此 $\boldsymbol{\xi}(z)$的平均特性更重要。平均等效应力的面内分量和平均等效应变的面外分量可根据下式得到：

$$\begin{bmatrix}\bar{\boldsymbol{\sigma}}_{\mathrm{i}}\\ \bar{\boldsymbol{\varepsilon}}_{\mathrm{o}}\end{bmatrix}=\frac{1}{t}\sum_{k=1}^{n}\int_{z_{k-1}}^{z_k}\begin{bmatrix}\boldsymbol{\sigma}_{\mathrm{i}}\\ \boldsymbol{\varepsilon}_{\mathrm{o}}\end{bmatrix}^{(k)}\mathrm{d}z \tag{7.6.14}$$

把式(7.6.9)代入式(7.6.14)得

$$\begin{bmatrix}\bar{\boldsymbol{\sigma}}_{\mathrm{i}}\\ \bar{\boldsymbol{\varepsilon}}_{\mathrm{o}}\end{bmatrix}=\frac{1}{t}\sum_{k=1}^{n}\begin{bmatrix}\boldsymbol{D}_{\mathrm{ii}}&\boldsymbol{D}_{\mathrm{io}}\\ \boldsymbol{D}_{\mathrm{oi}}&\boldsymbol{D}_{\mathrm{oo}}\end{bmatrix}^{(k)}\int_{z_{k-1}}^{z_k}\begin{bmatrix}\boldsymbol{\varepsilon}_{\mathrm{i}}\\ \boldsymbol{\sigma}_{\mathrm{o}}\end{bmatrix}^{(k)}\mathrm{d}z \tag{7.6.15}$$

把式(7.6.11)代入式(7.6.15)可得

$$\begin{bmatrix}\bar{\boldsymbol{\sigma}}_{\mathrm{i}}\\ \bar{\boldsymbol{\varepsilon}}_{\mathrm{o}}\end{bmatrix}=\frac{1}{t}\sum_{k=1}^{n}\begin{bmatrix}\boldsymbol{D}_{\mathrm{ii}}&\boldsymbol{D}_{\mathrm{io}}\\ \boldsymbol{D}_{\mathrm{oi}}&\boldsymbol{D}_{\mathrm{oo}}\end{bmatrix}^{(k)}\int_{z_{k-1}}^{z_k}\boldsymbol{\xi}(z)\mathrm{d}z\begin{bmatrix}\bar{\boldsymbol{\varepsilon}}_{\mathrm{i}}\\ \bar{\boldsymbol{\sigma}}_{\mathrm{o}}\end{bmatrix}:=\bar{\boldsymbol{D}}\begin{bmatrix}\bar{\boldsymbol{\varepsilon}}_{\mathrm{i}}\\ \bar{\boldsymbol{\sigma}}_{\mathrm{o}}\end{bmatrix} \tag{7.6.16}$$

式中

$$\bar{\boldsymbol{D}}=\begin{bmatrix}\bar{\boldsymbol{D}}_{\mathrm{ii}}&\bar{\boldsymbol{D}}_{\mathrm{io}}\\ \bar{\boldsymbol{D}}_{\mathrm{oi}}&\bar{\boldsymbol{D}}_{\mathrm{oo}}\end{bmatrix}=\sum_{k=1}^{n}\alpha^{(k)}\begin{bmatrix}\boldsymbol{D}_{\mathrm{ii}}&\boldsymbol{D}_{\mathrm{io}}\\ \boldsymbol{D}_{\mathrm{oi}}&\boldsymbol{D}_{\mathrm{oo}}\end{bmatrix}^{(k)}\frac{1}{h^{(k)}}\int_{z_{k-1}}^{z_k}\boldsymbol{\xi}(z)\mathrm{d}z \tag{7.6.17}$$

式中

$$\alpha^{(k)}=\frac{z_k-z_{k-1}}{t}=\frac{h^{(k)}}{t},\quad 且\sum_{k=1}^{n}\alpha^{(k)}=1 \tag{7.6.18}$$

对于一阶近似，可以令

$$\boldsymbol{\xi}(z)=\boldsymbol{I} \tag{7.6.19}$$

式(7.6.13)得到满足。根据式(7.6.17)有

$$\bar{\boldsymbol{D}}=\sum_{k=1}^{n}\alpha^{(k)}\begin{bmatrix}\boldsymbol{D}_{\mathrm{ii}}&\boldsymbol{D}_{\mathrm{io}}\\ \boldsymbol{D}_{\mathrm{oi}}&\boldsymbol{D}_{\mathrm{oo}}\end{bmatrix}^{(k)} \tag{7.6.20}$$

重新排列式(7.6.16)得

$$\begin{bmatrix}\bar{\boldsymbol{\sigma}}_{\mathrm{i}}\\ \bar{\boldsymbol{\sigma}}_{\mathrm{o}}\end{bmatrix}=\begin{bmatrix}\bar{\boldsymbol{C}}_{\mathrm{ii}}&\bar{\boldsymbol{C}}_{\mathrm{io}}\\ \bar{\boldsymbol{C}}_{\mathrm{oi}}&\bar{\boldsymbol{C}}_{\mathrm{oo}}\end{bmatrix}\begin{bmatrix}\bar{\boldsymbol{\varepsilon}}_{\mathrm{i}}\\ \bar{\boldsymbol{\varepsilon}}_{\mathrm{o}}\end{bmatrix} \tag{7.6.21}$$

式中

$$\begin{cases}\bar{\boldsymbol{C}}_{\mathrm{ii}}=\bar{\boldsymbol{D}}_{\mathrm{ii}}-\bar{\boldsymbol{D}}_{\mathrm{io}}\bar{\boldsymbol{D}}_{\mathrm{oo}}^{-1}\bar{\boldsymbol{D}}_{\mathrm{oi}}\\ \bar{\boldsymbol{C}}_{\mathrm{io}}=-\bar{\boldsymbol{C}}_{\mathrm{oi}}^{\mathrm{T}}=\bar{\boldsymbol{D}}_{\mathrm{io}}\bar{\boldsymbol{D}}_{\mathrm{oo}}^{-1}\\ \bar{\boldsymbol{C}}_{\mathrm{oo}}=\bar{\boldsymbol{D}}_{\mathrm{oo}}^{-1}\end{cases} \tag{7.6.22}$$

由式(7.6.21)可得层合板的宏观等效应力、应变关系，即

$$\bar{\boldsymbol{\sigma}}=\bar{\boldsymbol{C}}\bar{\boldsymbol{\varepsilon}} \tag{7.6.23}$$

其中等效弹性矩阵 $\bar{\boldsymbol{C}}$ 的非零元素为

$$\bar{C}_{ij}=\sum_{k=1}^{n}\alpha^{(k)}\left[C_{ij}^{(k)}-\frac{C_{i3}^{(k)}C_{3j}^{(k)}}{C_{33}^{(k)}}\right]+\frac{\sum\limits_{k=1}^{n}\alpha^{(k)}\dfrac{C_{i3}^{(k)}}{C_{33}^{(k)}}\sum\limits_{l=1}^{n}\alpha^{(l)}\dfrac{C_{3j}^{(l)}}{C_{33}^{(l)}}}{\sum\limits_{k=1}^{n}\dfrac{\alpha^{(k)}}{C_{33}^{(k)}}}\quad(i,j=1,2,3) \tag{7.6.24}$$

$$\bar{C}_{ii}=\frac{1}{\sum\limits_{k=1}^{n}\dfrac{\alpha^{(k)}}{C_{ii}^{(k)}}}\quad(i=4,5),\quad \bar{C}_{66}=\sum_{k=1}^{n}\alpha^{(k)}C_{66}^{(k)} \tag{7.6.25}$$

至此得到了层合板的三维等效本构关系。式(7.6.24)和式(7.6.25)表明：不能把等效刚度矩阵写成体积加权平均的形式 $\bar{\boldsymbol{C}}=\sum v^{(k)}\boldsymbol{C}^{(k)}$（等应变模型，也就是平均刚度方法），也不能把等效柔度矩阵写成体积加权平均的形式 $\bar{\boldsymbol{S}}=\sum v^{(k)}\boldsymbol{S}^{(k)}$（等应力模型，也就是平均柔度方法），参见 1.2.1 小节。

已有大量文献建立了研究单向纤维增强复合材料和颗粒增强复合材料等效弹性性能的预测方法。下面用上面介绍的基于理想界面的均匀化方法[5]来预测它们的等效弹性性能。

7.6.2 单向纤维增强复合材料

单向纤维增强复合材料通常是关于纤维轴向统计横观各向同性的。为预测单向纤维增强复合材料的等效弹性性能，不妨令图 7.8 中纤维方向沿 1 轴，2－3 平面为横观各向同性平面。

引用统计平均的思想：式(7.6.23)给出的层合介质的等效弹性张量在 2－3 平面内等概率分布，则统计横观各向同性介质的等效弹性性能可由下式得到：

$$\boldsymbol{C}^{*}=\frac{1}{2\pi}\int_{0}^{2\pi}\boldsymbol{T}_{\varepsilon}^{\mathrm{T}}(\varphi)\bar{\boldsymbol{C}}\boldsymbol{T}_{\varepsilon}(\varphi)\mathrm{d}\varphi \tag{7.6.26}$$

式中：$\boldsymbol{T}_{\varepsilon}$ 为应变变换矩阵，见附录 G，其中坐标轴夹角余弦为

$$l_1=1,\quad m_1=0,\quad n_1=0$$
$$l_2=0,\quad m_2=\cos\varphi,\quad n_2=\sin\varphi$$
$$l_3=0,\quad m_3=-\sin\varphi,\quad n_3=\cos\varphi$$

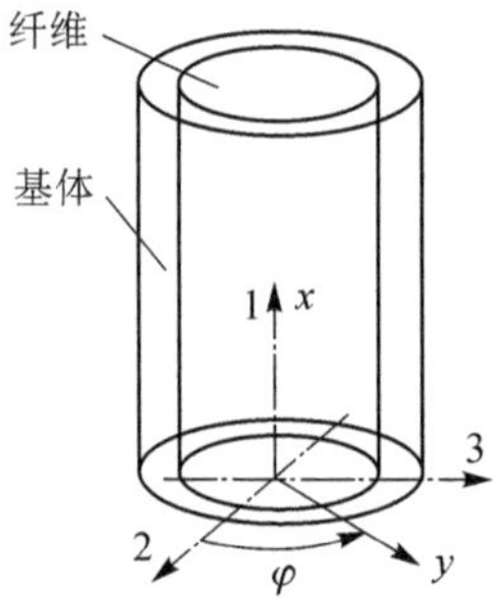

图 7.8　单向纤维增强复合材料模型

由式(7.6.26)得

$$\begin{cases}C_{11}^{*}=\bar{C}_{11}\\C_{12}^{*}=C_{13}^{*}=(\bar{C}_{12}+\bar{C}_{13})/2\\C_{22}^{*}=C_{33}^{*}=[3(\bar{C}_{22}+\bar{C}_{33})+2\bar{C}_{23}+4\bar{C}_{44}]/8\\C_{23}^{*}=(6\bar{C}_{23}+\bar{C}_{22}+\bar{C}_{33}-4\bar{C}_{44})/8\\C_{44}^{*}=(C_{22}^{*}-C_{23}^{*})/2=(\bar{C}_{22}+\bar{C}_{33}+4\bar{C}_{44}-2\bar{C}_{23})/8\\C_{55}^{*}=C_{66}^{*}=(\bar{C}_{55}+\bar{C}_{66})/2\end{cases}\tag{7.6.27}$$

对于横观各向同性材料(1轴为横观各向同性轴),用工程弹性系数表示刚度系数的公式为

$$\begin{cases}C_{11}=\dfrac{(1-\nu_{23})E_1}{1-\nu_{23}-2\dfrac{E_2}{E_1}\nu_{12}^2}\\C_{12}=C_{13}=\dfrac{\nu_{12}E_2}{1-\nu_{23}-2\dfrac{E_2}{E_1}\nu_{12}^2}\\C_{22}=C_{33}=\dfrac{\left(1-\dfrac{E_2}{E_1}\nu_{12}^2\right)E_2}{(1+\nu_{23})\left(1-\nu_{23}-2\dfrac{E_2}{E_1}\nu_{12}^2\right)}\\C_{23}=\dfrac{\left(\nu_{23}+\dfrac{E_2}{E_1}\nu_{12}^2\right)E_2}{(1+\nu_{23})\left(1-\nu_{23}-2\dfrac{E_2}{E_1}\nu_{12}^2\right)}\\C_{44}=G_{23}\\C_{55}=C_{66}=G_{12}\end{cases}\tag{7.6.28}$$

也可以用刚度系数来表示弹性常数,即

$$\begin{cases}E_1=C_{11}-\dfrac{2C_{12}^2}{C_{22}+C_{23}}\\G_{12}=G_{13}=C_{55}=C_{66}\\\nu_{12}=\dfrac{C_{12}}{C_{22}+C_{23}}\\E_2=\dfrac{[C_{11}(C_{22}+C_{23})-2C_{12}^2](C_{22}-C_{23})}{C_{11}C_{22}-C_{12}^2}\\\nu_{23}=\dfrac{C_{11}C_{23}-C_{12}^2}{C_{11}C_{22}-C_{12}^2}\end{cases}\tag{7.6.29}$$

考虑纤维为横观各向同性、基体为各向同性的情况。根据式(7.6.29)可得纤维增强复合材料的等效弹性参数为

$$
\begin{cases}
E_{\mathrm{A}}^{*}=E_{1}^{*}=C_{11}^{*}-\dfrac{2C_{12}^{*}}{C_{22}^{*}+C_{23}^{*}} \\[2ex]
\nu_{\mathrm{A}}^{*}=\nu_{12}^{*}=\nu_{13}^{*}=\dfrac{C_{12}^{*}}{C_{22}^{*}+C_{23}^{*}} \\[2ex]
G_{\mathrm{A}}^{*}=G_{12}^{*}=G_{13}^{*}=C_{55}^{*}=C_{66}^{*} \\[2ex]
E_{\mathrm{T}}^{*}=E_{2}^{*}=\dfrac{\left[C_{11}^{*}(C_{22}^{*}+C_{23}^{*})-2C_{12}^{*2}\right](C_{22}^{*}-C_{23}^{*})}{C_{11}^{*}C_{22}^{*}-C_{12}^{*2}} \\[2ex]
\nu_{\mathrm{T}}^{*}=\nu_{23}=\dfrac{C_{11}^{*}C_{23}^{*}-C_{12}^{*2}}{C_{11}^{*}C_{22}^{*}-C_{12}^{*2}}
\end{cases}
\tag{7.6.30}
$$

式中：下标 A(轴向)和 T(切向)分别表示各向同性轴方向和各向同性面。根据式(7.6.24)和式(7.6.25)以及式(7.6.27)～式(7.6.29)可得用纤维和基体弹性参数表示的纤维增强复合材料的等效弹性参数为

$$
\begin{cases}
E_{\mathrm{A}}^{*}=\dfrac{V_{\mathrm{f}}E_{\mathrm{fA}}}{1-\dfrac{E_{\mathrm{fT}}}{E_{\mathrm{fA}}}\nu_{\mathrm{fA}}^{2}}+\dfrac{V_{\mathrm{m}}E_{\mathrm{m}}}{1-\nu_{\mathrm{m}}^{2}}+\dfrac{B^{2}}{A}-\dfrac{\left(\dfrac{V_{\mathrm{f}}E_{\mathrm{fT}}\nu_{\mathrm{fA}}}{1-\dfrac{E_{\mathrm{fT}}}{E_{\mathrm{fA}}}\nu_{\mathrm{fA}}^{2}}+\dfrac{V_{\mathrm{m}}E_{\mathrm{m}}\nu_{\mathrm{m}}}{1-\nu_{\mathrm{m}}^{2}}+\dfrac{BC}{A}\right)^{2}}{\dfrac{V_{\mathrm{f}}E_{\mathrm{fT}}}{1-\dfrac{E_{\mathrm{fT}}}{E_{\mathrm{fA}}}\nu_{\mathrm{fA}}^{2}}+\dfrac{V_{\mathrm{m}}E_{\mathrm{m}}}{1-\nu_{\mathrm{m}}^{2}}+\dfrac{C^{2}}{A}} \\[4ex]
G_{\mathrm{A}}^{*}=\dfrac{1}{2}\left(V_{\mathrm{f}}G_{\mathrm{fA}}+V_{\mathrm{m}}G_{\mathrm{m}}+\dfrac{1}{\dfrac{V_{\mathrm{f}}}{G_{\mathrm{fA}}}+\dfrac{V_{\mathrm{m}}}{G_{\mathrm{m}}}}\right) \\[4ex]
\nu_{\mathrm{A}}^{*}=\dfrac{\dfrac{V_{\mathrm{f}}E_{\mathrm{fT}}\nu_{\mathrm{fA}}}{1-\dfrac{E_{\mathrm{fT}}}{E_{\mathrm{fA}}}\nu_{\mathrm{fA}}^{2}}+\dfrac{V_{\mathrm{m}}E_{\mathrm{m}}\nu_{\mathrm{m}}}{1-\nu_{\mathrm{m}}^{2}}+\dfrac{BC}{A}}{\dfrac{V_{\mathrm{f}}E_{\mathrm{fT}}}{1-\dfrac{E_{\mathrm{fT}}}{E_{\mathrm{fA}}}\nu_{\mathrm{fA}}^{2}}+\dfrac{V_{\mathrm{m}}E_{\mathrm{m}}}{1-\nu_{\mathrm{m}}^{2}}+\dfrac{C^{2}}{A}} \\[4ex]
\nu_{\mathrm{T}}^{*}=1-\dfrac{2\left(\dfrac{V_{\mathrm{f}}E_{\mathrm{fT}}}{1-\dfrac{E_{\mathrm{fT}}}{E_{\mathrm{fA}}}\nu_{\mathrm{fA}}^{2}}+\dfrac{V_{\mathrm{m}}E_{\mathrm{m}}}{1-\nu_{\mathrm{m}}^{2}}+\dfrac{B^{2}}{A}\right)}{\Delta}\cdot\dfrac{V_{\mathrm{f}}E_{\mathrm{fT}}}{1-\dfrac{E_{\mathrm{fT}}}{E_{\mathrm{fA}}}\nu_{\mathrm{fA}}^{2}}+\dfrac{V_{\mathrm{m}}E_{\mathrm{m}}}{1-\nu_{\mathrm{m}}^{2}}+\dfrac{(D-1)^{2}}{A}+\dfrac{4}{\dfrac{V_{\mathrm{f}}}{G_{\mathrm{fT}}}+\dfrac{V_{\mathrm{m}}}{G_{\mathrm{m}}}} \\[4ex]
E_{\mathrm{T}}^{*}=\dfrac{1+\nu_{\mathrm{T}}^{*}}{4}\left[\dfrac{V_{\mathrm{f}}E_{\mathrm{fT}}}{1-\dfrac{E_{\mathrm{fT}}}{E_{\mathrm{fA}}}\nu_{\mathrm{fA}}^{2}}+\dfrac{V_{\mathrm{m}}E_{\mathrm{m}}}{1-\nu_{\mathrm{m}}^{2}}+\dfrac{(D-1)^{2}}{A}+\dfrac{4}{\dfrac{V_{\mathrm{f}}}{G_{\mathrm{fT}}}+\dfrac{V_{\mathrm{m}}}{G_{\mathrm{m}}}}\right]
\end{cases}
\tag{7.6.31}
$$

式中

$$\begin{cases} A = V_f \dfrac{\left(1+\nu_{fT}\right)\left(1-\nu_{fT}-2\dfrac{E_{fT}}{E_{f\Lambda}}\nu_{f\Lambda}^2\right)}{\left(1-\dfrac{E_{fT}}{E_{f\Lambda}}\nu_{f\Lambda}^2\right)E_{fT}} + V_m \dfrac{1-\nu_m-2\nu_m^2}{(1-\nu_m)E_m} \\ B = V_f \dfrac{\nu_{f\Lambda}(1+\nu_{fT})}{1-\dfrac{E_{fT}}{E_{f\Lambda}}\nu_{f\Lambda}^2} + V_m \dfrac{\nu_m}{1-\nu_m} \\ C = V_f \dfrac{1+\nu_{fT}}{1-\dfrac{E_{fT}}{E_{f\Lambda}}\nu_{f\Lambda}^2} + \dfrac{V_m}{1-\nu_m} \\ D = V_f \dfrac{\nu_{fT}+\dfrac{E_{fT}}{E_{f\Lambda}}\nu_{f\Lambda}^2}{1-\dfrac{E_{fT}}{E_{f\Lambda}}\nu_{f\Lambda}^2} + V_m \dfrac{\nu_m}{1-\nu_m} \\ \Delta = \left(\dfrac{V_f E_{f\Lambda}}{1-\dfrac{E_{fT}}{E_{f\Lambda}}\nu_{f\Lambda}^2} + \dfrac{V_m E_m}{1-\nu_m^2} + \dfrac{B^2}{A}\right) \cdot \left[3\left(\dfrac{V_f E_{f\Lambda}}{1-\dfrac{E_{fT}}{E_{f\Lambda}}\nu_{f\Lambda}^2} + \dfrac{V_m E_m}{1-\nu_m^2} + \dfrac{D^2+1}{A}\right) + \right. \\ \qquad \left. \dfrac{2D}{A} + \dfrac{4}{\dfrac{V_f}{G_{fT}}+\dfrac{V_m}{G_m}}\right] - 2\left(\dfrac{V_f E_{f\Lambda}\nu_{fT}}{1-\dfrac{E_{fT}}{E_{f\Lambda}}\nu_{f\Lambda}^2} + \dfrac{V_m E_m \nu_m}{1-\nu_m^2} + \dfrac{BC}{A}\right)^2 \end{cases} \tag{7.6.32}$$

式中：下标 f 和 m 分别表示纤维和基体，V 表示体积比，且 $V_f+V_m=1$。

算例：表 7.2 给出了基体与纤维的弹性性能。表 7.3 是 Hashin[6]（1979）给出的弹性性能的上、下界。表 7.4 是根据式（7.6.31）计算的结果。

表 7.2　纤维与基体的弹性性能[6]

材　料	E_Λ/GPa	ν_Λ	G_Λ/GPa	E_T/GPa	ν_T	G_T/GPa
基体	3.45	0.35	1.28	3.45	0.35	1.28
纤维	345.0	0.20	2.07	9.66	0.30	3.72

比较表 7.3 和表 7.4 可以看到本方法（基于理想界面假设的均匀化方法）结果的准确性：轴向弹性模量 E_Λ 与精确解[6]几乎一致；另外 4 个弹性参数完全落在边界内[6]。图 7.9～图 7.14 分别给出了 E_Λ、E_T、G_Λ、G_T、ν_Λ 和 ν_T 随纤维体积比 V_f 的变化规律。

表 7.3　复合材料等效弹性特性边界[6]

V_f	E_Λ/GPa	$\nu_{\Lambda(-)}$	$\nu_{\Lambda(+)}$	$G_{\Lambda(-)}$/GPa	$G_{\Lambda(+)}$/GPa	$E_{T(-)}$/GPa	$E_{T(+)}$/GPa	$\nu_{T(-)}$	$\nu_{T(+)}$	$G_{T(-)}$/GPa	$G_{T(+)}$/GPa
0.0	3.45	0.35	0.35	1.28	1.28	3.45	3.45	0.35	0.35	1.28	1.28
0.2	71.7	0.315	0.318	1.40	1.41	4.57	4.68	0.484	0.497	1.53	1.57
0.4	140.0	0.283	0.287	1.54	1.55	5.40	5.61	0.443	0.466	1.85	1.94

续表 7.3

V_f	E_Λ/GPa	$\nu_{\Lambda(-)}$	$\nu_{\Lambda(+)}$	$G_{\Lambda(-)}$/GPa	$G_{\Lambda(+)}$/GPa	$E_{T(-)}$/GPa	$E_{T(+)}$/GPa	$\nu_{T(-)}$	$\nu_{T(+)}$	$G_{T(-)}$/GPa	$G_{T(+)}$/GPa
0.6	208.3	0.253	0.257	1.70	1.71	6.46	6.70	0.398	0.423	2.28	2.39
0.8	276.6	0.226	0.228	1.88	1.88	7.81	8.03	0.350	0.369	2.86	2.97
1.0	345.0	0.20	0.20	2.07	2.07	9.66	9.66	0.30	0.30	3.72	3.72

表 7.4　理想界面均匀化方法结果

V_f	E_Λ/GPa	υ_Λ	G_Λ/GPa	E_T/GPa	ν_T	G_T/GPa
0.0	3.45	0.35	1.28	3.45	0.35	1.28
0.2	71.79	0.315	1.41	4.667	0.488	1.569
0.4	140.1	0.284	1.55	5.548	0.453	1.91
0.6	208.4	0.255	1.706	6.61	0.412	2.33
0.8	276.7	0.227	1.88	7.87	0.364	2.89
1.0	345.0	0.20	2.07	9.66	0.30	3.72

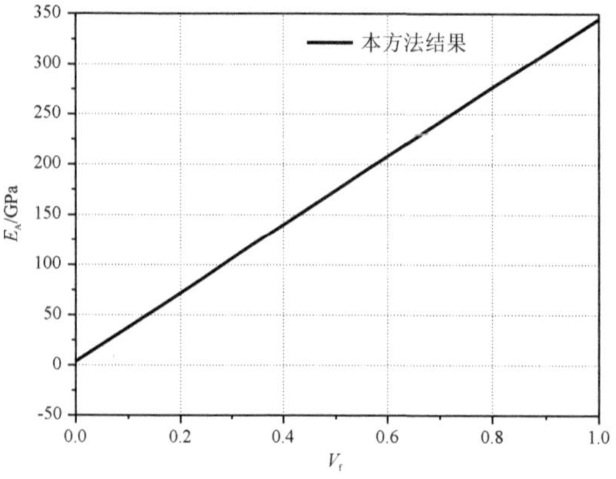

图 7.9　轴向弹性模量

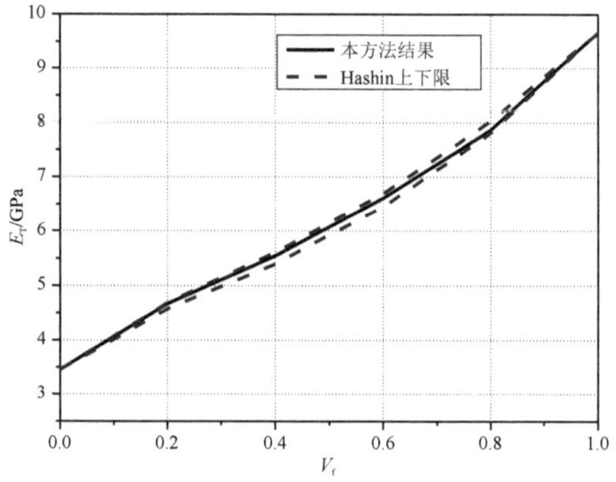

图 7.10　横向弹性模量

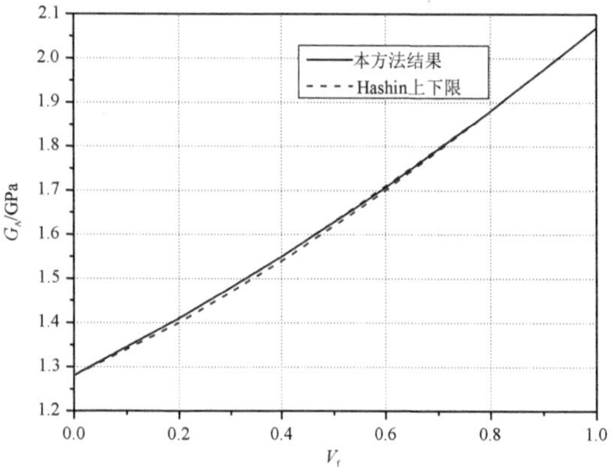

图 7.11　轴向剪切模量

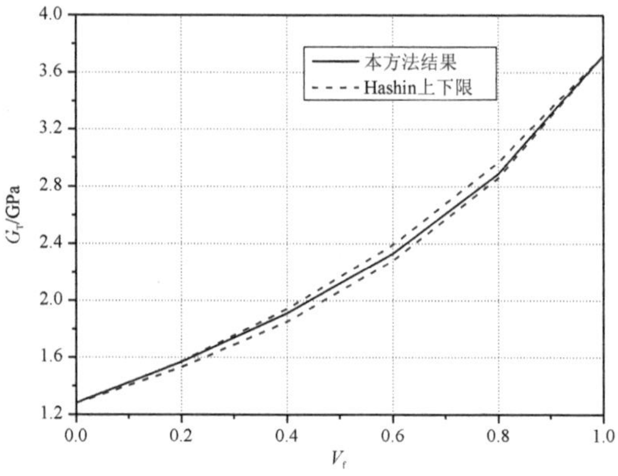

图 7.12　横向剪切模量

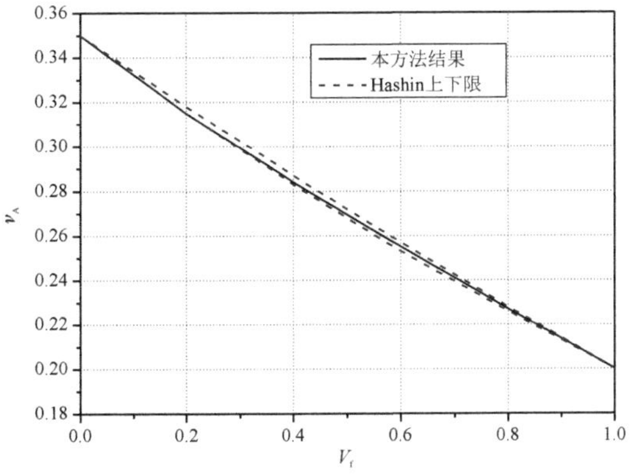

图 7.13　轴向泊松比

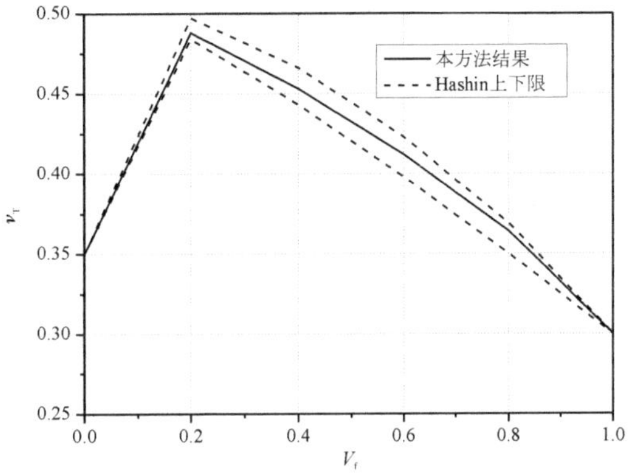

图 7.14　横向泊松比

从图 7.9～图 7.14 可以看出：① E_Λ 与纤维体积比近似呈线性关系，且该直线几乎与“混合定律”预测的结果[6]重合；② E_T、G_Λ、G_T、ν_Λ 和 ν_T 与纤维体积比 V_f 之间则完全是非线性关系。这说明在一定条件下，用“混合定律”预测等效纵向弹性模量可得到满意的结果，而其他几个弹性模量则不能用“混合定律”预测。此外，还可以看出：

① 在纤维体积比较小时，本方法预测的横向弹性模量 E_T 和横向剪切模量 G_T 接近上界，纤维体积比较大时则接近下界；

② 在大纤维体积比和小纤维体积比时，横向泊松比 ν_T 接近上界，在中等纤维体积比时则接近下界。

7.6.3　颗粒增强复合材料

颗粒增强复合材料通常是统计各向同性的，参见图 7.15。由于统计横观各向同性的等效弹性性能在空间各方向上等概率分布，因此统计各向同性颗粒增强复合材料的等效弹性性能可以由方向平均得到：

$$\begin{cases} C_{11}^{**} = \dfrac{1}{4\pi}\displaystyle\int_0^{2\pi}\int_0^{\pi} C_{11}^{*}(\theta,\varphi)\sin\theta\,\mathrm{d}\theta\,\mathrm{d}\varphi \\ C_{12}^{**} = \dfrac{1}{4\pi}\displaystyle\int_0^{2\pi}\int_0^{\pi} C_{12}^{*}(\theta,\varphi)\sin\theta\,\mathrm{d}\theta\,\mathrm{d}\varphi \end{cases} \tag{7.6.33}$$

式中

$$\begin{cases} C_{11}^{*}(\theta,\varphi) = \bar{C}_{11}\cos^4\theta + (2\bar{C}_{12} + 4\bar{C}_{55})\sin^2\theta\cos^2\theta + \bar{C}_{22}\sin^4\theta \\ C_{12}^{*}(\theta,\varphi) = (\bar{C}_{11} + \bar{C}_{22} - 4\bar{C}_{55})\sin^2\theta\cos^2\theta\cos^2\varphi + \bar{C}_{12}(\sin^4\theta + \cos^4\theta)\cos^2\varphi + \\ \qquad (\bar{C}_{12}\cos^2\theta + \bar{C}_{23}\sin^2\theta)\sin^2\varphi \end{cases} \tag{7.6.34}$$

由式(7.6.33)可得

$$\begin{cases} C_{11}^{**} = (3\bar{C}_{11} + 4\bar{C}_{12} + 8\bar{C}_{22} + 8\bar{C}_{55})/15 \\ C_{12}^{**} = (\bar{C}_{11} + 8\bar{C}_{12} + \bar{C}_{22} + 5\bar{C}_{23} - 4\bar{C}_{55})/15 \end{cases} \tag{7.6.35}$$

对于各向同性介质有

$$\begin{cases} C_{11}^{**} = K^{**} + 4G^{**}/3 \\ C_{12}^{**} = K^{**} - 2G^{**}/3 \end{cases} \tag{7.6.36}$$

式中：K^{**} 和 G^{**} 分别是等效体积模量和剪切模量。联立求解方程(7.6.35)和方程(7.6.36)，可得统计各向同性颗粒增强复合材料的宏观等效弹性常数为

$$\begin{cases} K^{**} = (\bar{C}_{11} + 4\bar{C}_{12} + 2\bar{C}_{22} + 2\bar{C}_{23})/9 \\ G^{**} = (2\bar{C}_{11} - 4\bar{C}_{12} + 7\bar{C}_{22} - 5\bar{C}_{23} + 12\bar{C}_{55})/30 \end{cases} \tag{7.6.37}$$

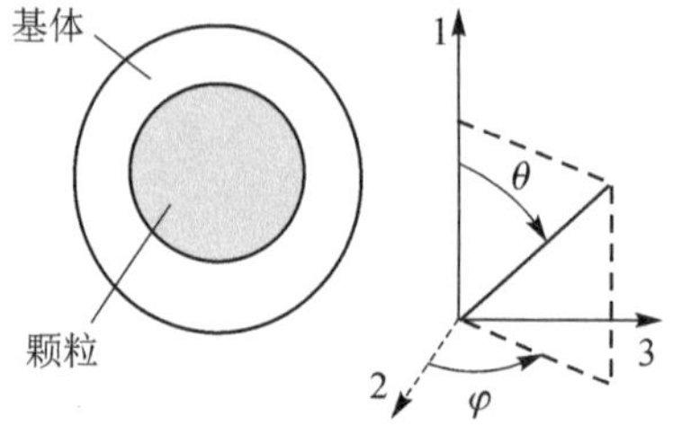

图 7.15　颗粒增强复合材料

若颗粒与基体均为弹性各向同性，下面根据式(7.6.24)、式(7.6.25)和式(7.6.37)给出用颗粒和基体参数表示 K^{**} 和 G^{**} 的公式：

$$K^{**} = \frac{1}{9}\left\{3\left(\frac{V_p E_p}{1-\nu_p^2} + \frac{V_m E_m}{1-\nu_m^2}\right) + 4\left(\frac{V_p E_p \nu_p}{1-\nu_p^2} + \frac{V_m E_m \nu_m}{1-\nu_m^2}\right) + \frac{2\left(\frac{V_p \nu_p}{1-\nu_p} + \frac{V_m \nu_m}{1-\nu_m}\right) + 7\left(\frac{V_p \nu_p}{1-\nu_p} + \frac{V_m \nu_m}{1-\nu_m}\right)^2}{V_p \frac{1-\nu_p-2\nu_p^2}{(1-\nu_p)E_p} + V_m \frac{1-\nu_m-2\nu_m^2}{(1-\nu_m)E_m}}\right. \tag{7.6.38}$$

$$G^{**} = \frac{1}{30}\left\{9\left(\frac{V_p E_p}{1-\nu_p^2} + \frac{V_m E_m}{1-\nu_m^2}\right) - 4\left(\frac{V_p E_p \nu_p}{1-\nu_p^2} + \frac{V_m E_m \nu_m}{1-\nu_m^2}\right) + \frac{5\left[\left(\frac{V_p \nu_p}{1-\nu_p} + \frac{V_m \nu_m}{1-\nu_m}\right)^2 - \left(\frac{V_p \nu_p}{1-\nu_p} + \frac{V_m \nu_m}{1-\nu_m}\right)\right]}{V_p \frac{1-\nu_p-2\nu_p^2}{(1-\nu_p)E_p} + V_m \frac{1-\nu_m-2\nu_m^2}{(1-\nu_m)E_m}} + \frac{12}{\frac{V_p}{G_p} + \frac{V_m}{G_m}}\right\} \tag{7.6.39}$$

式中：下标 p(particulate)表示颗粒。V 表示体积比，且 $V_p + V_m = 1$。根据弹性模量之间的关系，有

$$E^{**} = \frac{9K^{**}G^{**}}{3K^{**} + G^{**}}, \quad \nu^{**} = \frac{3K^{**} - 2G^{**}}{2(3K^{**} + G^{**})} \tag{7.6.40}$$

可得等效弹性模量和泊松比。

以上应用统计平均的思想得到了统计横观各向同性及统计各向同性介质的等效弹性特性。Wu 和 McCullough[7](1977)讨论了弹性张量统计平均的物理意义。实际上，用统计平均思想得到横观各向同性和各向同性等效弹性特性时，其对应的模型分别是复合圆柱模型和复

合圆球模型,这两种模型在几何上分别是横观各向同性和各向同性。也可直接用理想界面均匀化方法研究复合圆柱模型和复合圆球模型,其结果与统计平均方法结果相同。

算例: 考虑碳化钨-钴合金。该合金由碳化钨增强颗粒嵌在基体钴中组成,是统计各向同性的。颗粒和基体的力学性质如下:

$$E_{\mathrm{m}}=210\ \mathrm{GPa},\quad \nu_{\mathrm{m}}=0.3,\quad G_{\mathrm{m}}=80.5\ \mathrm{GPa},\quad K_{\mathrm{m}}=175\ \mathrm{GPa}$$

$$E_{\mathrm{p}}=710.4\ \mathrm{GPa},\quad \nu_{\mathrm{p}}=0.22,\quad G_{\mathrm{p}}=290.3\ \mathrm{GPa},\quad K_{\mathrm{p}}=420.7\ \mathrm{GPa}$$

表 7.5 给出了 Hashin - Strickman 边界[8],参见 1.2.2 小节内容,表 7.6 是根据式(7.6.38)~式(7.6.40)计算的结果及 Nishimatsu 和 Gurland[9](1960)的实验结果。

表 7.5　Hashin - Strickman 边界

V_{p}	$6.9^{-1}\cdot E_{(-)}$/GPa	$6.9^{-1}\cdot E_{(+)}$/GPa	$\nu_{(-)}$	$\nu_{(+)}$	$6.9^{-1}\cdot G_{(-)}$/GPa	$6.9^{-1}\cdot G_{(+)}$/GPa	$6.9^{-1}\cdot K_{(-)}$/GPa	$6.9^{-1}\cdot K_{(+)}$/GPa
0.0	30.0	30.0	0.3	0.3	11.5	11.5	25.0	25.0
0.1	33.433 2	34.844 2	0.289 2	0.293 5	12.923 3	13.513 5	26.987 1	27.553 7
0.2	37.373 5	40.121	0.279 1	0.286 5	14.524 9	15.68 3	29.180 1	30.274 2
0.3	41.816 2	45.788 6	0.27	0.279 5	16.340 3	18.027 2	31.612 8	33.178 5
0.35	44.257 6	48.784 8	0.265 7	0.276	17.342 1	19.271 6	32.931 7	34.705 4
0.4	46.866	51.898 4	0.2616	0.272 5	18.415 7	20.568 2	34.326 8	36.285 7
0.5	52.658 7	58.509 4	0.253 9	0.265 2	20.810 9	23.331 7	37.373 8	39.618
0.6	59.373 4	65.690 5	0.246 6	0.257 6	23.606 3	26.348 5	40.819 2	43.200 7
0.63	61.601 6	67.967 7	0.244 5	0.255 2	24.538 3	27.308 2	41.942 4	44.328 6
0.7	67.251 6	73.522 5	0.239 6	0.249 5	26.911 2	29.655	44.746 6	47.063 1
0.78	74.611 7	80.321	0.234 3	0.242 6	30.022 9	32.537 9	48.307 4	50.377 2
0.8	76.626 7	82.101 9	0.232 9	0.240 8	30.878 8	33.295	49.264 6	51.239 4
0.9	87.973 3	91.544 1	0.226 4	0.231 1	35.730 9	37.321 6	54.517 3	55.769 4
1.0	102.0	102.0	0.22	0.22	41.8	41.8	60.7	60.7

表 7.6　理想界面均匀化方法结果及实验结果[9]

V_{p}	参考文献[9]实验结果	理想界面均匀化方法结果			
	$6.9^{-1}\cdot E$/GPa	$6.9^{-1}\cdot E$/GPa	ν	$6.9^{-1}\cdot G$/GPa	$6.9^{-1}\cdot K$/GPa
0.0	30.0	30.0	0.3	11.5	25.0
0.1	33.0	34.84	0.289	13.51	27.52
0.2	—	39.836	0.279 6	15.566	30.127
0.3	—	45.056	0.271 4	17.719	32.853 5
0.35	46.0	47.770 2	0.267 7	18.841 6	34.269 6
0.4	—	50.568	0.264	20.0017	35.727
0.5	55.0	56.474	0.257 4	22.457 5	38.790 8
0.6	—	62.922	0.250 9	25.150 1	42.105 5
0.63	61.5	64.993 7	0.249	26.017 7	43.161 4

续表 7.6

V_p	参考文献[9]实验结果	理想界面均匀化方法结果			
	$6.9^{-1}\cdot E$/GPa	$6.9^{-1}\cdot E$/GPa	ν	$6.9^{-1}\cdot G$/GPa	$6.9^{-1}\cdot K$/GPa
0.7	—	70.142	0.244 5	28.179 9	45.762 1
0.78	72.5	76.719	0.239 2	30.955 4	49.025 2
0.8	—	78.510 4	0.237 8	31.714 3	49.900 8
0.9	88.0	88.693 1	0.23	36.053 8	54.750 8
1.0	102.0	102.0	0.22	41.8	60.7

图 7.16 给出了根据式(7.6.38)～式(7.6.40)得到的等效弹性性能与颗粒体积含量的关系曲线。

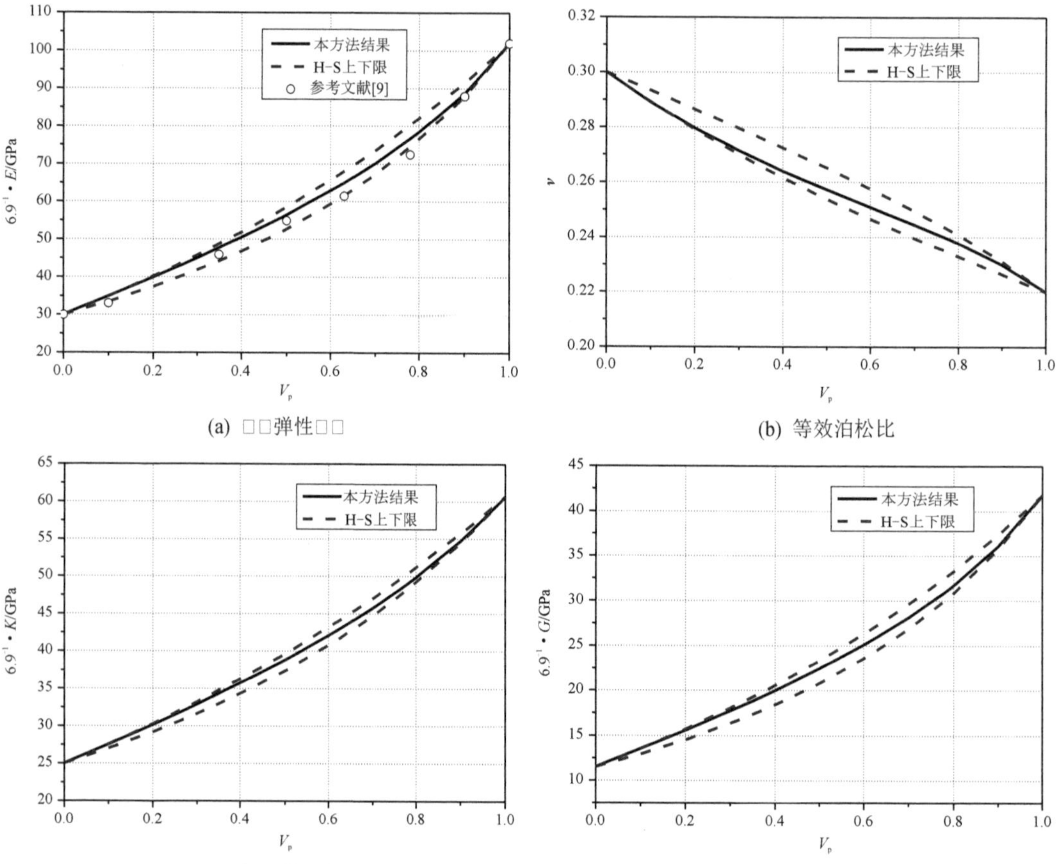

(a) □□弹性□□　　(b) 等效泊松比

(c) 等效体积模量　　(d) 等效剪切模量

图 7.16　钨-钴合金的等效弹性性能

从图 7.15 可以看出，理想界面均匀化方法的结果位于 H－S 边界内，并与实验结果吻合得很好。这进一步表明理想界面均匀化方法的可靠性。

由于单向纤维增强复合材料和颗粒增强复合材料的代表单元体的几何结构比较简单，并且有关分析理论也比较成熟，因此对于这两种情况，尽管理想界面均匀化方法得到了满意结果，但并未充分体现该方法的优点。对于细观结构复杂的纺织复合材料，用于分析单向纤维增强复合材料和颗粒增强复合材料的力学模型通常不再适用，层合板理论模型亦过于简化。而该均匀化方法，直接从本构方程出发，通过满足理想界面连续条件，考虑纤维与基体间的相互作用，且不涉及求解复杂场的问题，因此适合于分析纺织、编织等结构复杂的复合材料的宏观力学性能。

7.7 总　结

层合板理论是分析非均匀层合板宏观等效弹性性能的一种有效方法，其精度得到了实验验证。经典层合板理论和剪切层合板理论预测的拉伸刚度和弯曲刚度以及耦合刚度是相同的，但利用剪切层合板理论还可以得到面外剪切刚度。

与等应变和等应力模型类似，层合板理论也不考虑界面的连续性，并且得到的是等效刚度而不是等效弹性模量。在层合板理论中，为了得到等效刚度矩阵，通过应力或应力一次矩沿着厚度积分建立了均匀内力和内力矩与参考面拉伸应变和弯曲应变的关系；在这个过程中，没有考虑层合板界面面内应变的连续性和面外应力的连续性。

与层合板理论不同，基于理想界面假设的均匀化方法直接从各组分的物理方程出发，将应力张量和应变张量在界面处分解为互相正交的面内分量和面外分量；通过满足理想界面的面内应变和面外应力连续条件，求得等效弹性张量。基于理想界面的均匀化方法不涉及求解复杂场问题，因此理论上该方法也适用于复杂对象，如复杂编织复合材料等。

附录 G　应力转换矩阵和应变转换矩阵

不同直角坐标系之间的应力转换矩阵为

$$\boldsymbol{T}_\sigma=\begin{bmatrix} l_1^2 & m_1^2 & n_1^2 & 2m_1n_1 & 2n_1l_1 & 2l_1m_1 \\ l_2^2 & m_2^2 & n_2^2 & 2m_2n_2 & 2n_2l_2 & 2l_2m_2 \\ l_3^2 & m_3^2 & n_3^2 & 2m_3n_3 & 2n_3l_3 & 2l_3m_3 \\ l_2l_3 & m_2m_3 & n_2n_3 & m_2n_3+m_3n_2 & n_2l_3+n_3l_2 & l_2m_3+l_3m_2 \\ l_3l_1 & m_3m_1 & n_3n_1 & m_3n_1+m_1n_3 & n_3l_1+n_1l_3 & l_3m_1+l_1m_3 \\ l_1l_2 & m_1m_2 & n_1n_2 & m_1n_2+m_2n_1 & n_1l_2+n_2l_1 & l_1m_2+l_2m_1 \end{bmatrix} \tag{G.1}$$

不同直角坐标系之间的应变转换矩阵为

$$\boldsymbol{T}_\varepsilon=\begin{bmatrix} l_1^2 & m_1^2 & n_1^2 & m_1n_1 & n_1l_1 & l_1m_1 \\ l_2^2 & m_2^2 & n_2^2 & m_2n_2 & n_2l_2 & l_2m_2 \\ l_3^2 & m_3^2 & n_3^2 & m_3n_3 & n_3l_3 & l_3m_3 \\ 2l_2l_3 & 2m_2m_3 & 2n_2n_3 & m_2n_3+m_3n_2 & n_2l_3+n_3l_2 & l_2m_3+l_3m_2 \\ 2l_3l_1 & 2m_3m_1 & 2n_3n_1 & m_3n_1+m_1n_3 & n_3l_1+n_1l_3 & l_3m_1+l_1m_3 \\ 2l_1l_2 & 2m_1m_2 & 2n_1n_2 & m_1n_2+m_2n_1 & n_1l_2+n_2l_1 & l_1m_2+l_2m_1 \end{bmatrix} \tag{G.2}$$

式中：l_i、m_i、n_i（$i=1,2,3$）分别表示局部坐标系（如材料主轴坐标系）的坐标轴与总体参考坐标系的对应坐标轴之间夹角的方向余弦，例如 l_1、m_1、n_1 分别为局部坐标 1 轴与全局坐标 x、y、z 轴之间夹角的余弦。应力转换矩阵与应变转换矩阵之间具有如下关系：

$$\boldsymbol{T}_{\sigma}^{-1}=\boldsymbol{T}_{\varepsilon}^{\mathrm{T}}, \quad \boldsymbol{T}_{\varepsilon}^{-1}=\boldsymbol{T}_{\sigma}^{\mathrm{T}} \tag{G.3}$$

参考文献

[1] 蒋咏秋,陆逢升,顾志建. 复合材料力学[M]. 西安：西安交通大学出版社,1990.

[2] 沈观林,胡更开,刘彬. 复合材料力学[M]. 2 版. 北京：清华大学出版社,2006.

[3] 邢誉峰. 计算固体力学原理与方法[M]. 2 版. 北京：北京航空航天大学出版社,2019.

[4] 邢誉峰. 工程振动基础[M]. 3 版. 北京：北京航空航天大学出版社,2020.

[5] Chen Z R, Zhu D C, Lu M, et al. A homogenization scheme and its application to evaluation of elastic properties of three-dimensional braided composites [J]. Composites: Part B, 2001, 32: 67-86.

[6] Hashin Z. Analysis of properties of fiber composites with anisotropic constituents [J]. Journal of Applied Mechanics, 1979, 46(3): 543-550.

[7] Wu C T D, McCullough R L. Constitutive relationships for heterogeneous materials [C]//Holister G S. Developments in Composite Materials-1. Applied Science Publishers Ltd., London, 1977: 119-187.

[8] Hashin Z, Shtrikman S. A variational approach to the theory of the elastic behaviour of multiphase materials [J]. Journal of the Mechanics and Physics of Solids, 1963, 11: 127-140.

[9] Nishimatsu C, Gurland J. Experimental survey of the deformation of the hard-ductile two-phase alloy system Wc-Co [J]. Transactions of America Society for Metals, 1960, 52: 469-484.